雾霾气溶胶污染化学及防治技术

李尉卿　李　睿　张光红　编著

中国环境出版集团·北京

图书在版编目（CIP）数据

雾霾气溶胶污染化学及防治技术/李尉卿，李睿，张光红
编著. —北京：中国环境出版集团，2022.12

ISBN 978-7-5111-5416-3

Ⅰ. ①雾… Ⅱ. ①李…②李…③张… Ⅲ. ①气溶
胶—空气污染—污染防治—研究 Ⅳ. ①X513

中国版本图书馆 CIP 数据核字（2022）第 248056 号

责任编辑 孟亚莉
封面设计 彭 杉

出版发行 中国环境出版集团
 （100062 北京市东城区广渠门内大街 16 号）
 网 址：http://www.cesp.com.cn
 电子邮箱：bjgl@cesp.com.cn
 联系电话：010-67112765（编辑管理部）
 发行热线：010-67125803，010-67113405（传真）
印 刷 北京中科印刷有限公司
经 销 各地新华书店
版 次 2022 年 12 月第 1 版
印 次 2022 年 12 月第 1 次印刷
开 本 787×1092 1/16
印 张 34.75
字 数 690 千字
定 价 190.00 元

序

　　《雾霾气溶胶污染化学及防治技术》是一部针对雾霾污染、污染物源解析的基础科学问题和雾霾防治的应用型科学问题的基础科学著作。

　　本书是作者经过大量试验、研究，对多地企业污染治理调研，对发现问题探讨并查阅国内外大量文献，总结、梳理撰写出来的。本书着眼于当前社会关注的热门话题——雾霾气溶胶污染物来源及其分布、成因、特征、影响和防治，并做出了较为细致的叙述和分析，重点探讨了雾霾气溶胶污染途径。主要阐述了雾霾气溶胶各种化学物质的来源、产生过程及影响环境的二次气溶胶的光化学过程、大气雾霾中各种污染物的存在形式，雾霾气溶胶污染物对环境的危害作用，气溶胶污染物对人体健康的影响和危害。其中又在硫氧化物、氮氧化物、氨、挥发性有机物的污染和转化，硫酸盐、硝酸盐、铵盐和有机二次气溶胶对雾霾的贡献方面进行了详细论述。作者借助参考文献和调查、试验讨论了对二氧化硫、氮氧化物、挥发性有机物等工业过程的治理方案，以及雾霾发生后的应急防治措施、方法设计和各种对策，对当前的雾霾防治起到了一定的参考作用。书中还对机动车尾气对大气雾霾的贡献和防治技术重点进行了论述，讨论了汽车尾气的产生、减排、催化和新能源汽车技术及对大气环境的改善。

　　《雾霾气溶胶污染化学及防治技术》是环境科学重要内容的组成部分。它从化学反应和环境科学的角度揭示了气溶胶中污染物之间的相互作用，揭示了化学与环境科学和气象科学之间的密切关系。它不仅是大气科学专业人员的参考书，同时也是环境科学和大气污染控制学专业的参考书，也可作为在校大学生、研究生和博士生重要的参考读物。

魏复盛

2021 年 11 月

前　言

随着我国工业、交通及城市化的发展，环境问题不断出现，尤其是环境空气质量出现了恶化现象。近年来，雾和霾不断袭扰我国北方地区，影响了工业和城市的发展。研究雾霾的形成、化学机理、污染状况和空气治理已成为当务之急。

雾霾污染化学是综合环境科学、气象科学、化学及气溶胶科学的一门新兴分支学科，也是一门边缘学科，它涉及的范围广、学科多，既涉及物理学、化学、生物学、数学和环境科学的基础知识，又涉及专业性较强的气象学、大气物理学、大气化学、大气光学、医学学和工业制造等专业知识，还涉及雾霾气溶胶的采样、测量分析、大气污染控制工程、工业窑炉、化学工程、交通科学、建筑科学、饮食卫生和计算机科学等应用型知识。

浓雾和霾是气象灾害的一种。我国气象工作者从 20 世纪 40 年代开始研究霾的污染特性，并整理记录霾引起的气象灾害。对雾的科学研究，大约开始于 20 世纪 30 年代。人们真正将雾和霾分别进行研究还是从 21 世纪开始。主要研究内容为雾和霾的物理性质、存在状态及变化规律和趋势等。吴兑等对雾、霾的定义、分类、标准和物理气象表征进行了较为深入地研究；李子华等对地区性浓雾的物理结构、雾水化学特征进行了研究；翟崇治等对城市霾的污染特征进行了研究。

目前，虽然工业的迅速发展给人们带来了丰富的物质资料和精神财富，但也极其严重地导致了未曾预料和预防的资源短缺、环境污染、生态破坏等重大问题。大气环境作为人类共同赖以生存的基本条件受到了污染威胁，作为环保工作的重要组成部分，必须对其制定严格有效的、可持续的大气污染治理措施，以扭转目前大气环境失衡，促进社会与环境协调、有利于国民健康的发展。

随着我国对环境保护的不断重视，环境科研技术水平的不断提高，我国从事雾霾研究和雾霾污染治理的人员越来越多，对雾霾的研究也越来越深入。已出版的《雾和霾》《地区性浓雾物理》《城市灰霾监测与研究初论》《燃烧源可吸入颗粒物的物理化学特性》《大气气溶胶污染化学基础》《探秘 $PM_{2.5}$》《大气气溶胶和雾霾新论》等著作，以及相关刊物发表的有关雾霾易出现区域的调查研究和源解析方面的论文与报告，都从不同的角度阐述了雾霾气溶胶的物理化学特性、产生过程、对环境和人类危害途径、观测采样手段以及雾霾气溶胶的测量分析方法；研究了雾霾气溶胶的发生源，化学组成及其引起的环境效应。这些著作和文章大都涉及雾霾气溶胶产生的基本原理和基础研究，很少涉及气溶胶的采样分析、污染途径和雾霾气溶胶污染治理的应用研究。国内对于雾霾污染气象及其污染治理方面的研究还处于起步阶段，有关雾霾污染化学方面的研究和有关雾霾气溶胶污染治理研究方面的著作还较少。

鉴于此，作者根据近些年来对雾霾气溶胶研究、监测、分析和对大气污染物治理的实践经验，参考国内外有关雾霾气溶胶成因、污染状况、监测、治理等方面的著作，动态编著本书。作者是想通过近年来对雾霾气溶胶的布点、采集、测量分析、溯源、研究和雾霾气溶胶污染的治理实践，将雾霾气溶胶的污染途径、污染物对人体体内的生理动向和危害及国内外的基础理论研究结合在一起，用化学的方法将雾霾气溶胶的防治理论和实践得以提升，以便为我国的雾霾污染治理提供理论基础和实践经验。

本书共分 10 章，第 1 章绪论，重点介绍雾霾气溶胶污染化学的研究方法和内容，以及大气的化学组成、大气的物理性质、大气环境污染问题等基础内容。第 2 章雾霾污染化学的基本概念，讲述了雾霾气溶胶的定义、产生、分类；雾霾气溶胶的主要物理化学性质，化学组成及雾霾污染的基本概念。第 3 章雾霾气溶胶污染物的来源及分布，介绍了雾霾气溶胶污染物的来源、形成过程及在大气中的各种分布，还介绍了污染物气象基础知识。第 4 章雾霾气溶胶的污染途径，主要介绍了雾霾气溶胶各种化学物质的形成原理和污染途径。第 5 章大气雾霾气溶胶的来源解析技术，讲述了源解析的各种方法和技术，介绍了雾霾气溶胶来源的解析方法、解析模型、成分谱建立、解析结果分析及其在污染源解析中的应用。第 6 章雾霾气溶胶的采样、分析和质量控制，介绍了气溶胶的各种采样布点、采样方法及采样的质量控制方法。第 7 章雾霾气溶胶粒子数浓度分析和质量浓度无损化学成分分析，介绍了采样后气溶胶的制样、无机成分分析技术及有机物化学成分分析技术和质量控制方法。第 8 章大气污染气象学，讲述了与雾霾相关的污染气象知识，以及雾霾在形成发展过程中气象条件提供的主要因素。第 9 章雾霾气溶胶污染的控制和治理，主要讲述了雾霾污染的控制和治理技术，介绍雾霾防治、方法设计和各种对策。第 10 章机动车尾气对大气雾霾的贡献和防治技术，主要探讨了机动车汽车尾气对雾霾的贡献过程和相关的防治技术。

本书与其他有关雾霾气溶胶论述不同的是重点论述了二次气溶胶的形成机制，如硫酸盐、硝酸盐、铵盐、挥发性有机物形成物的形成机制和对雾霾的影响；着重论述了雾霾源头的防治技术及突发性治理技术。

《雾霾气溶胶污染化学及防治技术》是一部针对雾霾污染、大气污染控制工程专业、环境污染化学专业、大气气溶胶化学、污染物源解析、雾霾防治的应用型基础科学。从化学和化学反应的角度揭示雾霾气溶胶中污染物之间的相互作用，揭示化学与环境科学和气象科学之间的密切关系。它不仅是大气科学专业人员的参考书，也是环境科学和大气污染控制学专业的参考书，也可作为在校大学生、研究生和博士生阅读的参考书。

本书由河南省科学院教授级高级工程师李尉卿、河南省冶金研究所有限责任公司工程师张光红和澳大利亚弗林德斯（Flinders）大学博士李睿编著。李尉卿编写了第2、3、4、5、6、7、9章和第10章；李睿编写了第1章和第8章，并承担了外国文献的查阅和翻译工作；张光红编写了第10章；最后由李尉卿统稿。

作者在编著本书的过程中参阅了大量的国内外有关大气气溶胶、雾霾污染治理研究和大气化学方面的专著及近30年的最新文献，并做了大量的雾霾气溶胶采样、分析和雾霾气溶胶污染防治工作，力求涉及的知识最新、最能说明问题。但是，由于雾霾污染化学涉及的内容非常庞杂，是一门交叉性和综合性很强的学科，要想将国内外的资料合理地梳理出来加以应用，实在是一件很难的事情，也由于作者水平有限，本书在编著过程中肯定存在着许多错误和遗漏，作者尽量加以避免，若有疏漏及不足之处，敬请广大读者和同仁批评指正。

本书在编著过程中得到了河南省冶金研究所有限责任公司有关领导和同志的大力支持，在此表示深切感谢。

作者

2021 年 11 月于郑州

目 录

第1章 绪 论

1.1 雾霾污染化学的概述

1.1.1 雾霾污染化学的定义

雾霾污染化学是指用化学手段和气象学的手段研究大气雾霾中污染物化学变化的自然科学。进一步地讲，它是指以雾和霾为研究对象，以空气为载体，以液滴和固态粒子为介质，以化学和气象学为理论基础与基本手段来研究雾霾中无机化学物质及其有害的有机化学物质和生物化学物质，在大气雾霾环境中的分布、存在状态、化学反应、生物反应、运移规律、归宿以及它们对环境和气象现象产生影响的一门自然学科。

1.1.2 雾霾污染化学与其他学科的关系

环境空气是全世界共有的公共自然资源，它的流动性将影响一个地区、一个地域，整个国家甚至整个洲际的空气质量。它是人类不分地域、不分贵贱、不分职务高低都要呼吸和接触的重要食粮。如果人类生存的环境被污染，环境空气中的雾霾气溶胶浓度加重，而且不加以很好的防护治理，则无人能逃脱危害甚至危及生命。

目前，雾霾污染化学研究正在成为环境科学的重要分支学科，而且具有极强的边缘性和交叉性。它所涉及的领域与大气环境学、大气化学、大气物理学、气象学、大气污染工程学、环境医学、分析化学和环境生物学等学科都是密切相关的。

总而言之，大气雾霾污染化学是一门研究大气环境中有害气溶胶污染物的排放、物理运移、气象变化、化学性质、化学反应过程、化学反应机理及其在生物体内生理化学作用和控制方法的科学。

1.2 雾霾污染化学的研究内容及其研究方法

众所周知，化学这门科学，是打开宇宙一切物质组成的万能钥匙。利用化学科学可以研究雾霾气溶胶的化学组成和气溶胶在大气中的化学反应历程、气溶胶在生物体内的生理效应、宇宙各星体体系大气的组成和相关联系。雾霾化学是研究雾和霾的专门化学。它是在普通化学的基础原理上，结合气象学、大气化学，深入雾霾内部研究其化学组成、化学反应、光化学分解及合成，利用目前世界上先进的探测设备和监测仪器研究雾霾粒子的数浓度、质量浓度，采集雾滴和霾粒子。利用先进的化学和物理分析仪器探测气溶胶内在的形貌特性和单体气溶胶质粒的电化学特征；探测气溶胶内的晶体结构，探索这些晶体在各个化学过程中的作用；研究雾霾的质量时空分布；研究雾霾气溶胶在各个区域的粒径分布和荷电分布，从中寻找分布规律。分析雾霾粒子中各种化学元素和有机化合物的成分，从而解析雾霾粒子的来源。从化学和气象学的角度研究雾霾污染物的污染途径、控制方法和防治措施。

1.2.1　雾霾污染化学的主要研究内容

1.2.1.1　雾霾气溶胶的概念

雾霾气溶胶是大气气溶胶的一种形式，是大气环境中污染的一项特定成分。它分布于地球大气层的对流层和平流层的下层部分，其中对流层的雾霾污染物对人和动植物的生存环境影响最大。对流层中的雾霾气溶胶污染不仅受对流层气象因素的影响，还受地球表面自然环境的影响，同时也受人为因素的影响，而人为因素的影响和气象因素的结合是造成雾霾污染的主要原因之一。例如，人为排放的 SO_2、NO_x、NH_3、$VOCs$、O_3 等污染物能在大气化学的作用下，形成二次气溶胶，吸收大气中的水分膨胀壮大，在不良气象（静风、稳压、湿度、气温适合）的作用下成为影响人类视觉的雾霾颗粒，即人们谈之色变的雾霾。

迄今为止，世界气象组织还没有对霾作出准确的定义。我国气象专家将霾定义为：空气中的矿物沉积、海盐、硫酸与硝酸微滴、硫酸盐与硝酸盐、碳氢化合物、黑碳粒子能使大气浑浊、视野模糊并导致空气的能见度下降，水平能见度小于 10 km 时，将这种造成视程障碍的非水成物组成的气溶胶系统称为霾。《大气科学词典》指出：霾是悬浮在大气中的大量微小尘粒、烟粒或盐粒的集合体。组成霾的粒子极小，不能用肉眼分辨，当大气凝结核由于各种原因长大形成霾时，在城市空气严重污染的区域内，霾就会频繁出现。

1.2.1.2　雾霾气溶胶在大气环境中的分布

大气气溶胶系统包括作为分散相的液态和固态质粒以及作为分散介质的空气。在距地表 90 km 以下的大气层，空气主要由常态成分和可变成分组成，还有一部分微量稀有气体，它们与大气气溶胶质粒有着密切的关系。对大气质量和天气气候有重大影响的气溶胶质粒有一半以上是由空气中的微量气体元素经过各种化学过程和物理过程转化而来的，因此气溶胶质粒在某种意义上可以说是微量气体元素的汇。微量气体元素与气溶胶质粒一样在地球上有其化学循环。它们源自地球，在大气中的滞留期间一起参与输送、混合、稀释、腾升、凝并、沉降，最终被从大气中移除，而且有些微量气体元素与气溶胶粒子会一起直接影响全球气象和气候。一般来说，气溶胶质粒的化学性质不活泼，但对云雾、降水的形成能起到中心核化作用，某些微量气体元素以不同形式参与化学反应。在大气气溶胶的研究中，气溶胶质粒在空气中的分散作用是它的重要特征。

雾霾气溶胶往往以尘、飘尘、烟、飞尘、云、雾和霾的状态存在。在不同的季节、时节、地域、气候它们的存在形式有所不同，其分布状态也有所不同。它们有时薄、有时厚，尺度或大或小，或上或下，或烟或尘，或雾或霾，或云或雨。

1.2.1.3 雾霾气溶胶中的化学元素

雾霾气溶胶是大气气溶胶组成的一部分，目前人们熟知的雾霾气溶胶是对自然环境和人类生存有害的物质。它主要是由气态物质、无机粒子、有机物质和液体粒子组成的混合体。气溶胶中几乎包括了自然界存在的所有元素，而雾霾气溶胶则受地域环境的影响，如湿润的海洋雾霾气溶胶的化学元素组成与海水的元素组成相似，钠、镁、碘、氯等是主要组成元素；干燥洁净的陆地气溶胶的化学组成与各区域地壳表层的元素组成相似，硅、铝、铁、镁、钙、锰是主要组成元素；城市雾霾气溶胶综合了地壳元素和各种人为污染源带来的污染元素，主要由二氧化硫、氮氧化物、硅、铝、钙、铁、元素碳和挥发性有机物（VOCs），以及铜、铅、锌、镉、铬、砷、汞等有害元素组成。城市气溶胶的主要化学元素基本来自人为污染，污染严重的地方就形成 $PM_{2.5}$、PM_{10} 聚集，当浓度超过一定标准限值就形成了所谓的霾。

雾霾气溶胶中的化学物质可分为：水溶性化学物质，酸溶性化学物质，水和酸都不溶的化学物质，有机化合物。

雾霾中水溶性和酸溶性气溶胶主要有硫酸盐、硝酸盐、氯化物、碳酸盐、氟化物、硫化物、磷酸盐、VOCs 及少量的有机酸。酸不溶性、水不溶性和难溶性化学物质主要有硅酸盐、一些金属氧化物、惰性元素和碳。雾霾气溶胶中的水溶性阳离子有 K^+、Na^+、NH_4^+、Ca^{2+}、Mg^{2+}、Fe^{3+}、Al^{3+}、Cr^{6+}、Zn^{2+}、Pb^{2+} 和 Cu^{2+}等；阴离子有 SO_4^{2-}、NO_3^-、Cl^-、S^{2-}、CO_3^{2-}、F^- 和 ClO_3^- 等。雾霾气溶胶中的酸与水难溶和不溶氧化物有 PbO_2、SiO_2、CrO_3、Al_2O_3、Fe_2O_3 和 TiO_2 等。雾霾气溶胶中的挥发性有机物如烯烃类、多环芳烃、苯并芘类、多氯联苯、呋喃类、二噁英、杂环胺类和 N-亚硝基类等。

1.2.2 雾霾气溶胶污染物及其污染化学

雾霾气溶胶污染物是指分散介质为气体的胶体物质中存在着大量浓度且达到长时间影响人类视觉环境，危害人体健康和动植物生长及对大气环境造成一定程度损害的悬浮物质，大致可包括粉尘、烟雾、飞灰、液滴、降尘等。这些物质中包含有重金属离子、有害阴离子、病菌、引起人类和动物致病的花粉与微细尘埃等。其实雾霾中危害人体健康的主要是各种粒子中的化学污染物、病菌和致敏花粉。本书主要研究雾霾化学污染物及其对环境的危害程度。

从前面所讲的对雾、霾、雾霾、大气气溶胶污染化学的定义可知，雾霾污染化学的研究对象就是大气环境中的固、液混合体系和受其污染的受体，以及受污染的化学过程和生物化学过程。

1.2.3 研究雾霾气溶胶污染途径及控制方法

1.2.3.1 雾霾气溶胶的污染途径

（1）在人类活动强度不大时，雾霾主要是自然现象，主要来自风沙尘，当风速减小之后，便出现浮尘，继续演变就成为无法识别的源，而当大气层结稳定时便使尘粒浓度增加至一定程度就会影响到能见度，在视觉上产生朦胧感，这便是霾。目前世界上的重霾天气主要来自人为源，即当人类将大量排放的一次性粒子、气体污染物转换成二次粒子以及汽车尾气等污染物排放到大气中时，在低压、微风或静风的条件下，便不易扩散，进而与低层空气中的水汽相结合，便形成霾。霾会对大气形成较严重的污染，给人类造成比较严重的危害。要解决大气的污染问题，必须了解和研究气溶胶的来源与污染途径。

（2）研究雾霾气溶胶在大气中的水平和垂直分布状况及运移规律，了解其在大气中不同层面、不同地点、不同位置、不同时间存在的厚度、浓度及污染的程度。研究气溶胶中无机物质和有机物质从一种物质变换成另一种物质的化学反应历程及其对环境的影响程度。

1.2.3.2 雾霾污染物的控制

研究雾霾污染物的来源和形成机理的主要目的是寻找雾霾污染物的污染控制理论基础和治理依据。雾霾污染物的控制可分为：源头控制、局部治理、生物控制、面源治理和突发性严重雾霾治理等。

源头控制，即从污染的源头查找污染物、列出污染源清单、限制污染物的排放、改进燃料、改革生产工艺、选用优良的源头治理措施的流程来控制污染物的产生。局部治理，即对已经局部污染的大气空间，采用先进的技术措施进行治理，如在污染的空间喷洒降尘剂、将新空气引入市区、人工降雨等手段。生物控制，即利用生物吸附技术、植物拦截技术以吸收大气气溶胶中的粉尘及有毒物质，利用生物与气溶胶中的有害物质进行反应从而消除或控制污染物。面源治理和突发性严重雾霾治理，即对大面积污染的气溶胶大气空间，在天气条件允许的情况下，控制温度条件和湿度条件向污染的气溶胶发射一定量的制冷剂，制造局部风，干扰大气逆温效果，使污染物扩散。另外，可以施加污染物清除剂，使其与污染的气溶胶发生物理化学作用，像人工增雨一样，将无毒、无害、无污染的化学物质发射到雾霾严重的大气空间，使雾霾粒子凝结成大核，形成雾滴或雨滴降落在地面，达到大面积清除雾霾的目的。

1.2.4 雾霾气溶胶污染化学研究的方法

雾霾气溶胶污染化学研究的方法较多，但是研究气溶胶的步骤一般为：①寻找污染源；②列出污染源清单；③调查源发生地域的局地气象条件，采集污染源样品；④在不同区域、不同高度采集雾霾气溶胶样品；⑤测试其化学成分，研究其特性；⑥观察样品中各种粒子的形貌；⑦分析其污染化学过程；⑧解析城市污染物的源成分；⑨对污染物的污染程度进行评估；⑩根据其特性和评价，研究雾霾治理的方案。

1.2.4.1 讨论和研究雾霾气溶胶的物理与化学特性

（1）根据气象知识和我国及世界各地发生雾霾的情况，依据世界气象组织和我国气象权威部门的规定来定义大气中的雾和霾，并对雾、霾进行科学分类，结合雾霾的运移规律追溯和预测雾霾的形成、扩散规律，对雾霾气溶胶的物理与化学性质进行讨论和研究。

（2）根据国内外有关学者对雾霾气溶胶研究的成果和研究理论，探索雾霾气溶胶的物理和化学形成过程，利用理论模型探索雾霾与气象条件的内在联系，将这一理论运用到实践研究中，再将实践研究成果总结归纳为理论，进而完善对雾霾气溶胶的物理与化学性质的研究，使雾霾的定义更加清晰。

（3）利用国内外的数学模型对各种污染源进行源解析，分析各种污染物在雾霾气溶胶中所占的比例和所起的作用，进一步研究破解雾霾污染物对大气的影响。

（4）研究雾霾气溶胶的化学浓度和物理浓度及其中的各种无机化学成分和有机化学成分，以及晶体化学物质组成。研究各种化学污染物在大气中的反应历程和反应，以及在雾霾去除中的作用。

1.2.4.2 研究雾霾气溶胶样品中各种粒子的物理形貌

（1）利用光学显微镜、电子显微镜和 X 射线衍射仪研究和观察雾霾气溶胶样品中的矿物组成、物理形貌和晶体结构，进一步了解雾霾气溶胶的物理和化学性质。

（2）利用电子显微镜观察雾霾气溶胶中各种微生物、病菌、细菌和致敏花粉的存在状态，利用能谱技术了解雾霾中主要元素的含量，了解和研究含有这些物质的雾霾气溶胶以及对人体的危害作用。

1.2.4.3　研究雾霾气溶胶样品的采集、处理和分析方法

（1）雾霾气溶胶样品的采集与平时的颗粒物样品采集不同，由于要分析其中的多种元素，无论从滤膜的准备、采集时间、采集地点、频率、事后处理都有明确规定和严格管理。雾霾气溶胶样品的采集是研究其性质的最前端、最基础的步骤。能否顺利研究，首先要将样品采集的地点、位置、时间和数量达到最优化，为后续样品的处理和分析奠定良好的基础。

（2）雾霾气溶胶样品从采集到物理与化学性质的分析要经过必要的前处理，样品处理的方法是否得当，将直接影响后续的分析结果、源解析结果及后续的效果。因此，研究采集后雾霾气溶胶样品的处理方法，以确保样品分析结果的真实性和代表性也是本书研究的关键。

（3）雾霾污染物分析的结果直接反映了雾霾气溶胶的化学性质和大气的质量状况，使用不同的分析仪器、不同的分析方法所得到的结果会有所差异。另外，在测定气溶胶中不同物质或不同性质时需要选用不同的仪器，如测定气溶胶质量浓度时需要用恒温重量法，以天平和恒温箱为主要仪器；测定气溶胶中的无机元素时需要用 X 荧光、原子吸收、原子荧光 ICP 或 ICP-MS 等光谱仪之类的仪器；测定挥发性有机物时需用气相色谱和质谱之类的仪器；测定气溶胶中可溶性离子时需用离子色谱仪；有些样品还要进行无损分析或微区分析时应采用电子探针分析；测定气溶胶的数浓度则需要粒子计数器和粒子色谱仪。

1.2.4.4　大气污染源排放清单的研究

大气污染源排放清单的研究是雾霾源解析、空气质量预测模型及大气环境容量测算的基础，对雾霾污染的成因、演变过程和污染物分布起到重要作用。因此，利用国内外先进技术和资料研究雾霾污染源清单也是本书研究的内容之一。

1.2.4.5　研究雾霾气溶胶的源解析

源解析即追溯雾霾污染物的来源。主要流程为：在研究和分析雾霾气溶胶化学元素和化合物的基础上，根据各种化学元素的特性和污染途径追溯气溶胶的来源，再根据污染物的量和危害程度评定气溶胶的污染水平和要采取的防范措施。

1.2.4.6　研究雾霾气溶胶污染的防治方法

在源解析并弄清雾霾污染物的来源和化学浓度及数浓度的基础上，从源头做起，加强工业污染源的源头治理。利用大气动力学、物理学、化学方法研究污染物的治理方法和防治措施，将大气中的有害气溶胶浓度降到最低，有效地控制大气污染物降到最低限

度和最小影响范围。所采用的治理方法应尽量以物理方法为主，以化学方法为辅，所采用的化学方法应以不产生二次污染和不对人体健康、周边环境产生影响为基准。

本章参考文献

[1] A.R. Evanoski-Cole，K.A. Gebhart，et al. Composition and sources of winter haze in the Bakken oil and gas extraction region[J]. Atmospheric Environment，2017（156）：77-87.

[2] Boris Bonn，Mark G Lawrence. Influence of Biogenic Secondary Organic Aerosol Formation Approaches on Atmospheric Chemistry[J].Journal of Atmospheric Chemistry，2005，51：235-270.

[3] Hans-Werner Jacobi，Birgit Hilker.A mechanism for the photochemical transformation of nitrate in snow[J]. Journal of Photochemistry and Photobiology A：Chemistry，2007（185）：371-382.

[4] Paul A.Baron，Klaus Willeke. 气溶胶测量：原理、技术及应用[M]. 白志鹏，张灿译. 北京：化学工业出版社，2007.

[5] Wang Minxing, Zhang Renjian, Pu Yifen.Recent Researches on Aerosol in China[J]. Advances in Atmospheric Sciences，2001，18（4）：576-586.

[6] Yong-Ping Wu，Chun-yangzi Zhu. Mathematical modeling of Fog-Haze evolution[J]. Chaos，Solitons and Fractals，2018（10）：1-4.

[7] 郝吉明. 马广大. 大气污染控制工程（第二版）[M]. 北京：高等教育出版社，2002.

[8] 李蔚卿，崔娟. 郑州市大气气溶胶浓度和质量浓度时空变化研究[J]. 气象与环境科学，2010（2）：7-13.

[9] 李蔚卿，杜光俊，王梦. 郑州市 2012—2014 年春节期间大气污染物浓度时空变化特征研究[J]. 气象与环境科学，2015，38（4）：12-21.

[10] 刘田,裴宗平. 枣庄市大气颗粒物扫描电镜分析和来源识别[J]. 环境科学与管理,2009(2):155-159.

[11] 齐一谨，赵起超，李怀瑞，等. 关于郑州市冬春季大气 VOCs 污染特征及源解析[J]. 环境科学与技术，2018，41（1）：237-244.

[12] 吴兑，吴晓京，朱小详. 雾和霾[M]. 北京：气象出版社，2009.

[13] 吴兑. 温室气体与温室效应[M]. 北京：气象出版社，2003.

[14] 章澄昌，周文贤. 大气气溶胶教程[M]. 北京：气象出版社，1995.

[15] 周广胜. 全球碳循环[M]. 北京：气象出版社，2003.

[16] 朱坦，冯银厂. 大气颗粒物来源解析原理、技术及应用[M]. 北京：科学出版社，2012.

第 2 章　雾霾污染化学的基本概念

2.1　引　论

雾和霾是常见的大气气溶胶形式，是最常见的一种天气现象，而霾、雾霾、光化学烟雾和酸雾是几种环境污染现象。它们对人类的危害随着工业化、城镇化及交通的进展加快而显现，且不断加重，不仅会导致公路、铁路、水路、航空交通受阻，还会使电网发生故障，给人类生活和身体健康造成诸多影响。

雾霾污染化学是一门集环境保护科学、工业污染源排放科学、气象科学、大气污染控制学、大气化学、环境化学和大气气溶胶化学于一体的边缘性分支学科。该学科是以人类生存环境为出发点，利用气象科学、化学、物理学、工业和农业方面及环境科学的知识，讨论研究地球雾霾气溶胶污染物的化学特征及其内在规律和对外界的影响，解析污染物的来源，并以此溯源，控制其污染途径，治理其污染现状和突发性雾霾控制削减。

本书主要从化学的角度研究雾霾气溶胶对环境的污染、对人类的危害，研究雾霾气溶胶中各种物质之间的化学反应及气溶胶中各种化学元素在气象环境过程中的污染行为；研究气溶胶中化学元素对生物体的生理作用；还研究讨论了国外雾霾气溶胶的变化规律。

有关雾霾污染的事件世界上早有先例。最早报道的大气污染中毒事件发生在 1930 年 12 月，即比利时马斯河谷事件。由于当地工厂排放了大量的二氧化硫、氯化物和氮氧化物等污染物，使马斯河谷地区形成烟雾和霾逆温层，所有毒性物质无法扩散，造成了数以千计的居民中毒，60 余人死亡。1948 年 10 月底，美国的多诺拉小镇，由于受反气旋和逆温的控制，持续有雾霾出现，空气中二氧化硫和金属粉尘等迅速聚集，无法扩散，造成了 6 000 多人中毒，17 人死亡，这是世界上第二个引起轰动的大气污染事件。世界闻名的伦敦烟雾事件发生在 1952 年 12 月初，由于城市上空有两个逆温层生成并结合在一起，使近地面的二氧化硫、氮氧化物、工业粉尘等污染物得不到扩散，大量聚集在近地面，严重的雾霾笼罩着伦敦上空，致使成千上万的居民患上了呼吸道疾病，4 天内约有 4 000 人丧生，在此后的 2 个月内还有 8 000 人陆续死亡。1961 年日本"四日哮喘病"的雾霾污染事件惊动世界，在日本东部海岸的四日市 100 多个中小型企业排放的大量粉尘和二氧化硫在恶劣气象条件下形成雾霾，污染物得不到扩散，数千人出现支气管炎症，并发生病变，造成了 10 余人死亡。

这些事件表明，大气污染物存在于逆温层较厚的大气雾霾时，会发生复杂的物理化学反应，会有新的有毒物质形成，甚至毒性比原污染物大得多，例如，二氧化硫在大气中被氧化后与雾滴结合形成硫酸气溶胶，毒性提高 10 倍以上，受光化学烟雾的影响，毒性会加倍增长。二氧化硫在空气中被氧化，与水发生反应生成硫酸或与金属离子反应生成硫酸盐；氮氧化物与空气中的水分反应生成硝酸或硝酸盐，且大雾不散，使一些在酸性介质下生存的病毒和细菌大量繁殖蔓延，给环境和人类带来灾难性的疾病。

造成环境空气质量恶化的主要是各类产生化学物质的工业排放气态污染物、自然界的沙尘、各种扬尘、建筑粉尘、汽车排放出来的尾气。这些粒子是雾霾气溶胶的一次性颗粒物，还有一些气态污染物在排放到大气的过程中与空气中的氧气、水分、光及紫外线发生化学反应，生成所谓的二次粒子，促使大气雾霾的形成，造成环境的严重污染，破坏了原始环境。

事实上，地球上每一个人都生活在由各种化学物质组成的大气气溶胶世界里，而每个气溶胶颗粒都是由化学元素组成的，也就是说人类每时每刻都在与气溶胶化学打交道。天气的变化，大气质量的变化，生态环境的变化，人类生活环境的变化都与大气气溶胶的化学成分变化有关。因此，研究大气气溶胶化学对改善人类的生存环境和人类的可持续发展起着至关重要的作用。

环境条件的异常变化是否会造成环境与人体之间的生态平衡破坏，一方面取决于环境因素的特性、变化的程度和持续的时间；另一方面还取决于个人的机体状况和自身的调节能力。一般情况下，当环境条件变化对人体的影响程度较小时，机体可以适应，不会引起生理的异常变化；如果影响程度较大，则会引起生理的异常变化。这时机体将呈现代偿状态而调节生理，如调节能力较强，机体可保持相对稳定，不会出现疾病的临床症状；如果有害因素持续时间较长，或剂量不断增加，超过了人体的生理调节范围，机体便会出现该有害因素导致的特有疾病，严重时甚至会出现死亡。

有关大气气溶胶物理和化学特性的研究在我国已有不少学者论述。王明星编著的《大气化学》，章澄昌、周文贤编著的《大气气溶胶教程》，秦瑜、赵春生编著的《大气化学基础》，唐孝炎等编著的《大气环境化学》，赵睿新编写的《环境污染化学》，赵景联主编的《环境生物化学》，李蔚卿编著的《大气气溶胶污染化学基础》都从不同层面揭示了大气气溶胶和雾霾气溶胶的物理化学组成与性质。国内各类环境科学杂志也发表了多篇有关大气气溶胶化学和雾霾气溶胶污染、监测及治理的文章。如朱坦、冯银厂的《大气颗粒物来源解析原理、技术及应用》；李尉卿观察论述了郑州市 2012—2014 年春节期间大气污染物浓度时空变化特征；汤莉莉、张运江等讨论了南京持续雾霾天气中亚微米细颗粒物化学组分及其光学性质；常青、杨复沫等论述了北京冬季雾霾天气下颗粒物及其化学组成的粒径分布特征；齐一谨、赵起超、李怀瑞等论述了郑州市冬春季大气 VOCs 污染特征及源解析。国外有关雾霾气溶胶化学和大气颗粒物化学的论述则更多，A.R. Evanoski-Cole，K.A. Gebhart，B.C. Sive 等研究了巴肯油气开采地区冬季阴霾的组成和来源；P.Hegde 等以雾霾和尘埃事件的案例研究了印度坎普尔（Kanpur）城市地区气溶胶光学性质的变异性；S. Q. Dotse，L. Dagar 等研究了东南亚雾霾事件对文莱达鲁萨兰高浓度 PM_{10} 的影响；Norela，M.S. Saidah，M. Mahmud 等研究分析了 2005 年马来西亚雾霾的化学成分等。

2.2　雾、霾和雾霾气溶胶

雾和霾气溶胶是大气气溶胶的一种。它们是以气体为载体（即分散介质）、以液体（雾或水分）和固体（霾或细颗粒物）为分散相长期悬浮在大气体环境中、能够观察或测量的固体和液体粒子的混合性胶体，是一种对人的视觉和感官带来影响的天气现象。

2.2.1　胶体及雾霾气溶胶

由于雾霾是一种气溶胶，具有胶体的性质，因此，在论述雾霾气溶胶之前，首先要了解胶体和大气气溶胶的概念。

2.2.1.1　胶体

胶体是一种分散质粒子直径介于粗分散体系和溶液之间的一类分散体系，这是一种高度分散的多相不均匀体系。通常规定胶体颗粒的大小为 1～100 nm（按胶体颗粒的直径计），小于 1 nm 的颗粒为分子或离子分散体系，大于 100 nm 的颗粒为粗分散体系。准确地讲，粒子大小在 1～100 nm 的物质称为胶体。

按分散剂的不同胶体可分为气溶胶、液溶胶、固溶胶三类。

①气溶胶——分散质、分散剂都是气态物质，如雾、霾、云、烟、大气颗粒物等，长时间悬浮在空气中能被观察或测量的液体或固体粒子。

②液溶胶——分散质、分散剂都是液态物质，如 $Fe(OH)_3$ 胶体和人体的血液等。

③固溶胶——分散质、分散剂都是固态物质，如有色玻璃、合金等。

按分散相质点的大小，将分散体系分为粗分散体系、胶体分散体系和分子或离子分散体系，见表 2-1。

表 2-1　分散体系按分散相质点大小分类

名称	质点大小	性质
粗分散体系（悬浮液，乳状液）	>100 nm	热力学不稳定，动力学不稳定，不能透过滤纸，扩散慢，一般在光学显微镜下可见
胶体分散体系	1～100 nm	热力学不稳定（大分子溶液除外），动力学稳定，能透过滤纸，扩散慢，超显微镜下可见
分子或离子分散体系	<1 nm	均相系，热力学稳定，能透过滤纸，扩散快，超显微镜下不可见

分散体系按分散相和分散介质的聚焦状态，可分为泡沫、气溶胶、乳状液、凝胶、溶胶、固体溶液等，见表 2-2。

表 2-2　分散体系按分散相和分散介质的聚焦状态分类

分散相	分散介质	名称	实例
气态	液态	泡沫	海浪飞沫
	固态	固体泡沫	泡沫塑料
液态	气态	气溶胶	云、雾、霾
	液态	乳状液	牛奶
	固态	凝胶（冻胶）	硅凝胶
固态	气态	气溶胶	烟尘、大气飘尘
	液态	溶胶	泥浆
	固态	固体溶液	合金、有色玻璃

2.2.1.2　胶体的性质

胶体的性质体现在以下几方面。

①丁达尔效应：当一束光通过胶体时，从入射光的垂直方向上可看到有一条光带，这个现象叫丁达尔现象。

②电泳现象：由于胶体微粒表面积大，能吸附带电荷的离子，使胶粒带电。在电场作用下，胶体微粒可向某一极定向移动。胶粒带电情况：金属氢氧化物、金属氧化物和碘化银的胶粒一般带正电荷，而金属硫化物和硅酸的胶粒一般带负电荷。

③凝聚现象：加入电解质或加入带相反电荷的溶胶或加热均可使胶体发生凝聚。加入电解质中和了胶粒所带的电荷，使胶粒形成大颗粒而沉淀。一般规律是电解质离子电荷数越多，胶体凝聚的能力越强。

④双电层现象：整个胶体是电中性的。胶体粒子由于吸附或电离，表面上带有电荷，因而分散介质必然带有数量相等、电性相反的电荷，称为反离子或电离子。反离子一方面受到胶体粒子表面电荷的吸引，趋向于排列在紧靠胶体粒子表面的地方，另一方面，由于热运动，反离子又会向离开胶体粒子表面的方向扩散。当静电吸引与热扩散平衡时，在胶体粒子与分散介质上就形成了一个双电层。

2.2.1.3 大气气溶胶

大气气溶胶是指悬浮于大气中的固体和液体微粒与气体载体组成的多相体系，是以悬浮于大气中的颗粒物和大气液滴（如水分、硫酸雾等）为分散相组成的混合体系。大气气溶胶的大小通常取 10^{-3} μm 的分子团到 10 μm 的尘粒、液滴，相应的质量变化达 15 个量级。同时气溶胶的数浓度变化也可达到 14 个量级。大气气溶胶还存在着一些痕量稀有气体，它们与气溶胶质粒有着密切的关系，对大气质量和气候变化有着重大的影响，因此，气溶胶质粒在某种意义上可称为大气中痕量气体的汇。

2.2.1.4 雾霾气溶胶

雾霾气溶胶是大气气溶胶的组成成分之一，是大气空间中悬浮的固体和液体粒子共同组成的多相体系，是液态雾滴粒子和固态粒子能长期悬浮在大气中、能观察或测量的固体和液体粒子的混合体。具体来说，雾霾气溶胶是以固体或液体为分散相，分散介质为气体所形成的胶体体系。气溶胶粒子的粒径为 0.001～100 μm。雾霾气溶胶中的固体微粒也称为大气颗粒物。

作为大气气溶胶的一种形式，雾霾气溶胶同样具有胶体的 4 种特性，即丁达尔效应、电泳现象、凝聚现象和双电层现象。由此可见，雾霾气溶胶是胶体的一种气、液、固态混合体形式。

雾霾气溶胶引起的丁达尔效应表现在，当光线照射到粒子上时，若粒子直径比光的波长大很多倍，则在粒子表面产生反射作用。若粒子直径小于波长时，则粒子对入射光产生散射作用，光波可绕过粒子向各个方向传播。雾霾气溶胶固体粒子的粒径在 1～100 nm，较可见光的波长（400～750 nm）短，可见光通过雾霾气溶胶时，以散射为主。根据 Rayleigh 公式，散射光强度 I 可用式（2-1）表示：

$$I = \frac{24\pi^3 v V^2}{\lambda^4}\left(\frac{n_1^2 - n_2^2}{n_1^2 - 2n_2^2}\right)I_0 \tag{2-1}$$

式中，I_0——入射光强度；

λ——入射光波长；

v—— 单位体积内粒子数；

V——单个粒子的体积；

n_1——分散相折射率；

n_2——分散介质折射率。

雾霾气溶胶电泳现象表现在大气气溶胶粒子的带电现象。众所周知，自然界中的金属离子通常是带正电荷的，常被称作阳离子。而与水反应形成的氢氧根离子及与氧反应形成的酸根离子（例如，硫酸根、硝酸根、氯离子、硅酸根及磷酸根等）是带负电荷的，常被称为阴离子。化学中的正负离子是相互吸引的，并向某一方向移动，这就是电泳现象。雾霾气溶胶的电泳现象还表现在空中的雷电现象，即当大气气溶胶的厚度达到一定尺度、空气湿度达到一定量时，便会产生雷电现象，使雾霾气溶胶带电。

雾霾气溶胶的凝聚现象表现为，固体粒子的中心核作用和吸附作用及液态粒子的黏结聚合作用，即以大的固体粒子为中心，吸附周边的固体细粒子和液体粒子，在液态粒子的黏结聚合作用下达到凝聚，增大粒度的目的。

雾霾气溶胶的双电层现象表现为，大气中气溶胶粒子由于吸附或电离，其表面带有电荷，因而分散介质必须带有数量相等、电性相反的电荷，它们被称为反离子或电离子。反离子受到胶体粒子表面电荷的吸引，趋向于排列在紧靠胶体粒子表面的地方；另外，由于热运动，反离子又会向离开胶体表面的方向扩散。当静电吸引与热扩散达到平衡时，在胶体粒子表面与分散介质上就会形成一个双电层。这样的双电层称为溶胶双电层。

2.2.2　雾、霾和雾霾气溶胶的区别

2.2.2.1　雾气溶胶

雾是水汽凝结（华）物悬浮于大气边界层内，即贴地表空气中悬浮的大量水滴或冰晶微粒的乳白色集合体，大气中悬浮水凝结，水平能见度降至 1 km 以下时称为雾，能见度在 1～10 km 时称为轻雾；能见度在 500 m～1 km 时，称为薄雾；能见度在 50～500 m 时，称为中、常雾；能见度小于 50 m 时，称为重雾或浓雾。近地面小于或等于 2 m 的雾，称为地面雾。

2.2.2.2　雾气溶胶的形成

简单地说，形成雾的机制是近地面空气由于降温或水汽含量增加而达到饱和，水汽凝结或凝华而形成。

雾的形成有两个条件：一个是空气湿度达到过饱和；另一个是空气中有足够的凝结核。雾形成于地面以上几米至几十米。空气增湿和降温是空气达到饱和的两个重要途径。形成雾的机制很复杂，地面（特别是水面）的蒸发和降水滴在地表附近的蒸发常能使地面空气饱和，暖湿气块和干冷气块混合也常使干冷气块达到饱和。冷却过程更多，如地

面和低层大气的夜间辐射冷却、暖空气与冷下垫面的接触冷却、湍流运动引起的热量输送造成的湍流冷却和暖空气平流到冷下垫面上的平流冷却等。冷却和增湿过程可以形成各种类型的雾。不同类型的雾与地面的特征有着密切的关系。

2.2.2.3 雾气溶胶的分类

雾滴形成的必要条件是过饱和状态，主要是由于地面辐射冷却使贴地气层变冷而形成的；由于暖湿空气移动行驶于冷的陆面或水面，因冷却导致气温降低而形成的雾。

根据雾形成过程不同可分为辐射雾、平流雾、上坡雾、蒸发雾和混合雾。

（1）辐射雾

由地面辐射冷却作用致使地面气层变冷而形成的雾。地面和贴地层空气的辐射降温率达到 10℃/h 左右，如果空气湿度大，就会形成雾。雾形成之后，降温中心将逐渐抬升而位于雾的上部，地面则因雾层覆盖增强了向下辐射而使有效辐射减小，不再降温，甚至因土壤层向上传热而增高温度，并出现超绝热温度层结。辐射雾形成的有利条件如下：

①晴天夜晚：有利于地面辐射冷却，使地面上的空气层温度降低，不至于受到云层保温效应的影响。

②风速微弱：一般以 1～3 m/s 为宜，这时可产生乱流，导致适当的垂直混合，有利于近地面一定厚度的气层冷却而降温，此时水汽多半集中在这一气层。

③水汽充沛：底层空气中水汽充足，湿度较大，遇到气温降低时即产生凝结而形成雾。

④层结条件：近地面气层比较稳定或有逆温存在时，就有利于水汽和尘埃的聚集，如果又有辐射冷却作用便易于水汽凝结形成雾。当近地面气层不稳定时，就有利于上下层热量的交换和水汽扩散，而不利于雾的形成。

辐射雾有明显的年、月、日变化。它一般在夜间生成，日出前后最浓，上午 8～10时，温度逐渐升高，雾滴不断蒸发消散。陆地辐射雾冬秋两季最多。因为在这段时间里多晴朗天气，夜长昼短，地面和近地层空气净辐射处于负值的时间长，辐射冷却比较强烈。从天气系统来讲，高压系统内天空晴朗，地面有效辐射强，风速较小，有利于发展适度的湍流，因此有利于辐射雾的形成。

（2）平流雾

由大气平流产生的雾统称为平流雾。平流雾又可分为平流冷却雾和平流蒸发雾。

平流雾的形成条件：①暖湿空气与冷下垫面的温差较大：平流逆温和聚集水汽。②暖湿空气的湿度较大：水汽条件。③适中的风速（2～7 m/s）和风向。④层结较稳定的逆温层。

当暖湿空气因平流运动到冷的下垫面时，空气与下垫面之间的湿热交换使空气冷却从而达到饱和，凝结成雾，这种雾就是平流冷却雾。冷空气流到暖的水面时，由于水汽大量从温度较高的水面蒸发到冷空气中，增加了空气中的水汽使之达到饱和，也可能凝结成雾，这就是平流蒸发雾。实际上，平流雾的形成除了由于热量交换外，还有空气混合的问题。

（3）蒸发雾

蒸发雾是冷空气流经暖水面上，由于暖水面的蒸发，使得冷空气中的水汽增加，造成饱和而产生凝结形成雾。

①蒸发雾的特征：蒸发雾一般不太厚，通常为 50～100 m，大致与逆温层的下界高度一致。蒸发雾既不稳定也不均匀，随生随消，时浓时淡。

②蒸发雾形成的条件：蒸发雾又可分为海洋雾和河湖秋季雾。冬季冷空气从大陆流向暖海洋上形成海洋雾。这类雾在极地区域特别强。在不冻的海湾及冬季冰窟上经常出现这种雾。当湖中及湖内水面比陆面暖得多时，如果有较冷空气流到水面上，由于强烈的蒸发而形成河湖秋季雾。这种雾常见于秋天的早晨。

（4）混合雾

两个接近饱和的气团在水平方向相互混合达到饱和后发生凝结而形成的雾称为混合雾。

混合雾形成的条件：①两个参与混合的气团温差要大于 10℃，各自的相对湿度要大于 95%且越大越有利。这类雾有时出现在海陆气温相差很大而风微弱时的海岸附近。②降水是产生混合雾所需要的条件，对辐射雾、平流雾则起一定的消散作用。

（5）上坡雾

这是潮湿空气沿着山坡上升，绝热冷却使空气达到过饱和而产生的雾。上坡雾形成时，潮湿空气层必须是对流性稳定层结，山坡坡度必须较小，雾出现在迎风坡上。否则形成对流，雾就难以形成。上坡雾在山区最为常见。当有暖湿气流流经时，沿山坡上抬而形成上坡雾。

2.2.2.4　霾气溶胶

（1）霾气溶胶的定义

霾，也称灰霾（烟雾），是指由大量的悬浮在大气中的微小尘粒、硫酸盐、硝酸盐、铵盐和挥发性有机物转换的二次细微粒子、烟粒和盐粒等颗粒物在低层大气的稳定层下部累积所形成的集合体。霾是一种由大气污染所造成的能见度降低的气象现象。霾的核心物质是空气中悬浮的尘埃颗粒和二次形成的气溶胶粒子，气象学上称为霾气溶胶粒子。如果天气晴朗，空气比较干燥稳定，风又小，大量细小的、肉眼看不到的干湿尘粒均匀地浮游在空中，使空气变得混浊，远处的光亮物体呈现出黄色或红色，使黑色物体略微呈现蓝色。

霾气溶胶又称大气棕色云，在《地面气象观测规范》中，霾天气被定义为："大量极细微的干尘粒等均匀地浮游在空中，使水平能见度小于 10 km 的空气普遍有混浊现象，使远处光亮物微带黄、红色，使黑暗物体微带蓝色。"

空气中的灰尘、硫酸液滴、硝酸液滴、有机碳氢化合物液滴等粒子可使大气变混浊，视野变模糊并导致能见度下降，如果水平能见度小于 10 km 时，将由这种物质组成的气溶胶造成的视程障碍称为霾（haze）或灰霾（dust-haze）。一般相对湿度小于 80%时的大气混浊视野模糊导致的能见度降低是霾造成的，相对湿度大于 90%时的大气混浊视野模糊导致的能见度降低是雾造成的，相对湿度介于 80%～90%时的大气混浊视野模糊导致的能见度降低是霾和雾的混合物共同造成的，但其主要成分是霾。霾的厚度比较厚，可达 1～3 km。由于灰尘、硫酸液滴、硝酸液滴或者是尘埃、硫酸盐、硝酸盐等粒子组成的霾，其散射波长较长的光比较多，因而霾看起来呈黄色或橙灰色。从形成过程来考虑，霾是相对较干、湿度小于 80%的气溶胶，可由一次粒子和二次粒子产生，其中霾气溶胶的一次粒子是指污染物以颗粒物形式直接排放到大气中的粒子，包括被风扬起的细沙和微尘，海水溅沫蒸发而成的颗粒，火山喷发的散落物，森林或其他生物体燃烧的烟尘，人类燃烧矿物燃料排放的烟尘以及人类在工业、农业和矿业生产与生活过程中排放的颗粒物、液滴等；二次粒子是指排放到大气中的气态污染物，例如 SO_2、NO_x、NH_3 和 VOCs 等气体污染物经过复杂的大气物理、化学、生物过程，在大气中生成的气溶胶粒子，如硫酸盐、硝酸盐、铵盐和新生成的有机粒子等。

（2）霾与雾的区别

近年来有人将霾和雾混称为雾霾，其实雾与霾从某种角度来说是有很大差别的。雾和霾相同之处都是视程障碍物。但雾与霾的形成原因和条件却有很大的差别。

霾与雾的区别在于发生霾时相对湿度不大，而雾中的相对湿度是饱和的（如有大量凝结核存在时，相对湿度不一定达到 100%就可能出现饱和）。水分含量达 90%以上的叫雾，水分含量低于 80%的叫霾。介于 80%～90%的是雾和霾的混合物，但主要成分是霾。就能见度来区分：如果目标物的水平能见度降低到 1 km 以内，就是雾；水平能见度在 1～10 km 的，称为轻雾或霭；水平能见度小于 10 km，且是灰尘颗粒造成的，就是霾或灰霾。霾的厚度比较厚，可达 1～3 km，一般霾的日变化不明显。霾与雾和云不一样，与晴空区之间没有明显的边界，霾粒子的分布比较均匀，因而在霾中能见度非常均匀；而且霾粒子的粒径比较小，为 0.003～10 μm，平均直径在 0.3～1 μm，肉眼看不到空中飘浮的粒子。由矿物尘、硫酸盐、硝酸盐、碳氢化合物、黑碳、硫酸和硝酸微滴等粒子组成的霾，其散射波长较长的可见光比较多，因而霾看起来呈黄色或橙灰色。

霾是由天然的沙尘、海盐、火山灰、土壤挥发物、花粉和工业废气中的颗粒物、汽车尾气、挥发性有机物等污染物排放所造成的。空气中的灰尘、硫酸、硫酸盐、硝酸、硝酸盐、铵盐、有机碳氢化合物等粒子是霾气溶胶的主要成分。

（3）霾的形成机制

通常认为霾的形成主要是由于气流运动（风）引起扬尘造成的，但实际上其内在机理要复杂得多。空气中的各种悬浮颗粒、气体分子、碳分子、硫酸盐、硝酸盐等粒子，在光、温度等特定条件下发生物理变化和化学反应，形成一种相对稳定的微粒分布结构，如果大气中存在一定浓度的水蒸气，就会形成更复杂的气溶胶系统，这是霾气溶胶的形成基础。雾霾气溶胶系统一旦形成就会相对稳定地存在一定时间，直至在水平风的作用下减弱，完成一个周期。

在大多数情况下，形成雾霾天气的原因是，在大气环流相对稳定的时期，大气层结稳定，近地层空气流动（风速）很小，大气层形成上暖下冷的"逆温层"，加上近地层空气湿度大，以及各种污染物的堆积，从而形成了霾天气。霾和雾看似相似，实际上却不相同。雾是接近地面的水蒸气，遇冷凝结后飘浮在空气中的小水滴。霾是空气中微小的可吸入颗粒物累积得过多而形成的一种薄薄的"灰幕"。霾作为一种自然现象，其成因有以下 4 个条件。

①风速降低。近年来，随着城市建设的迅速发展，高楼越建越高，越建越多，使城市表面粗糙度增加，从而增加了对风的阻挡和摩擦作用，使风流经城区时风速明显减弱，有些地方大气对流不顺畅，增加了城市热岛效应，静风现象也增多，不利于大气污染物的扩散和稀释。空气对流趋势明显减弱，静风现象增多，不利于大气污染物向外围扩散稀释，导致霾天气的形成。

②区域中存在一个较稳定的大气层结，垂直方向上出现逆温。霾天气形成与气象条件紧密相关，最主要是出现逆温层，好比一个锅盖覆盖在城市上空，这种高空的气温比低空气温更高的逆温现象，使得大气层低空的空气垂直运动受到限制，导致污染物难以向高空扩散，被阻滞在低空和近地面。污染物积累形成了一种相对较薄的"屏幕"。秋、冬两季是霾天气发生的高发时期，这也是秋冬季节容易形成逆温层的原因所致。

③大气中悬浮细微粒子的积累。霾是含湿量较小的一种气溶胶，它们由一次粒子和二次粒子在大气中的积累而形成，其中气溶胶的一次粒子是指直接以颗粒物的形式排放到大气中的气溶胶粒子，主要包括工业、农业生产过程中排放的颗粒物，人类燃烧矿物燃料排放的烟尘，被风扬起的细沙和微尘，火山喷发的散落颗粒物，森林或其他生物体燃烧的烟尘颗粒等；二次粒子排放到大气中的气态污染物，如 SO_2、NO_x、氨及挥发性有机物等经过复杂的大气化学过程和光化学过程，在大气中转化生成的气溶胶粒子。

④大气光化学和物理化学反应导致雾霾产生。当在特定的物理化学条件和气象条件下，大气污染物可以相互作用、转化形成新的污染物，甚至产生无法预知的恶劣环境条

件，致使光化学烟雾产生。新转化的粒子形成后会吸收大气中的水分，从而增大了粒子的粒径和体积，使大气的能见度逐渐模糊并降低。

当水汽凝结加剧、空气湿度增大时，霾就会转化为雾。霾发生时相对湿度小于80%，而雾中的相对湿度是饱和的，若有大量凝结核存在时，相对湿度不一定达到100%就可能出现饱和。也就是说，出现雾时，空气潮湿；出现霾时，空气则相对干燥，空气相对湿度通常在 60%以下。其形成是由于大量极细微的尘粒、烟粒、盐粒等均匀或非均匀地浮游在空中，使有效水平能见度小于10 km 的空气混浊的现象，用符号"∞"表示。由于雾霾、轻雾、沙尘暴、扬沙、浮尘等天气现象，都是因浮游在空中大量极微细的尘粒或烟粒等影响致使有效水平能见度小于10 km。当气象专业人员都难以区分雾和霾时，必须结合天气背景、天空状况、空气湿度、颜色气味及卫星监测等因素来综合分析判断，才能得出正确结论，有时雾和霾的天气现象是相互转换的。

2.2.3 雾霾气溶胶的一般性质及其浓度

大气中悬浮着各种固体和液体粒子，例如，一次粒子（交通排放的尘埃、工业排放的烟尘、农业和植物排放的微生物、植物孢子、花粉）和二次无机粒子（如硫酸盐、硝酸盐、氯化物、铵盐等）、二次有机粒子（如挥发性有机物生成的有机气溶胶）。由水和冰组成的云雾滴、冰晶和雨雪及由液体和固体粒子混合组成的雾、霾和霭等微细粒子。这些粒子具有独立的物理化学性质。

2.2.3.1 雾霾气溶胶的一般特性

（1）雾霾气溶胶和大气气溶胶粒子一样具有分布不均匀、变化复杂、范围小的特点

雾霾气溶胶多集中于大气的底层，对云的凝结核、雨滴、冰晶形成和对降水的形成能起到重要作用。雾霾气溶胶可以改变云的存在时间，能够在云的表面产生化学反应，决定降水量的多少，影响大气成分。

（2）雾霾气溶胶引起的特征胶体效应

雾霾气溶胶中的粒子具有很多特有的动力性质、光学性质、电学性质。当光线照射到粒子上时，若粒子直径比光的波长大很多倍，则在粒子表面产生反射作用；若粒子直径小于波长时，则粒子对入射光产生散射作用，光波可绕过粒子向各个方向传播。雾霾气溶胶除了具有前述的丁达尔效应、在大气中不稳定性、凝结作用外，还具有成核作用。

（3）雾霾气溶胶中固体粒子的成核作用

大气雾霾中的颗粒物具有成核作用。由于大气颗粒物表面具有吸附作用以及带有电荷，有带电颗粒物的粒子可以相互紧密黏合，或者在固体表面上黏合、聚集，从而使小

颗粒物形成较大的聚集体，从而发生沉降等一系列变化。成核作用又分为同类成核和异类成核两种。

1）同类成核：蒸发气体中液滴的最初形成过程中，有些情况下没有凝结核，也可以形成液滴，这个过程称为同类成核或自动成核，这种情况下通常需要的饱和度范围为 2～10。在 293 K（20℃）和饱和度为 3.5 或更高的情况下，纯净水蒸气通过同类成核自动形成液滴，对应于开尔文直径 0.001 7 μm，该过程需要有 90 个分子的分子簇。

2）异类成核：这一过程与亚微米级的粒子有关，称为凝结核。每立方厘米大气中含有数以万计的核，在超饱和状态下，不溶解的核是凝结的产生源，且润湿的固体核子表面将成为蒸汽分子的吸附层。在某种超饱和状态下，如果核子直径大于开尔文直径，核子恰似一个围绕有水蒸气分子的液滴，水蒸气将凝结在核子表面。

大气中存在有可溶性气溶胶核，这些核对气溶胶的形成非常重要。通常大气中含有大量的可溶性核，它们由可溶性物质的水滴蒸发后留下的残余物质形成，其中很多是来自海水液滴中的 NaCl，这些液滴由海洋中海浪活动和气泡作用而形成。还有来自陆地的 $(NH_4)_2SO_4$、Na_2SO_4、K_2SO_4、$CaCl_2$、$MgCl_2$、NaCl、KCl、$AlBr_3$ 和 NH_4NO_3 等，它们由工业废气排放或在大气中的硫氧化物、氯化物或氮氧化物与金属离子反应而形成。这些可溶性核具有很强的亲水性，它们可以将周围的水分子吸附到自己的身边形成液滴并使液滴在低饱和度下也能生长。

当液滴中存在可溶盐时，随着液滴蒸发或生长，有两种效应在起作用。随着液滴蒸发，水分消失，盐的浓度增加，液滴中水分的亲水性增强。另一种效应是开尔文效应，由于随着液滴变小，需要提高蒸气压，这种效应将导致平衡蒸气压提高。

3）雾霾气溶胶液滴的蒸发过程。纯净液滴（没有溶解盐类）的蒸发过程与生长过程很相似，只是其发展方向与生长方向相反。当蒸气分压小于饱和蒸气压时，液滴蒸发，蒸发造成的粒子缩小率可以用式（2-2）计算。在蒸发过程中，括号里面的各项都是负值，因为增长率是负的，所以它表示因蒸发而造成的粒子缩小。

$$\frac{\mathrm{d}(d_p)}{\mathrm{d}t} = \frac{4D_vM}{\rho_p d_p R}\left(\frac{p_\infty}{T_\infty} - \frac{p_d}{T_d}\right)\phi \qquad (d_p > \lambda) \qquad (2\text{-}2)$$

式中，ρ_p——液体密度；

p_d——蒸汽在液滴表面的分压；

R——气体常数，取值为 8.31 J/（K·mol）；

T_d——液滴温度；

D_v——水蒸气分子的扩散系数，20℃时为 $2.4×10^{-5}$ m^2/s（0.24 cm/s）；

M——液体分子量；

ϕ ——Fuchs 修正系数；

t ——液滴变化所需的时间；

∞ ——远离粒子的状态；

d ——粒子表面状态；

p ——蒸汽在液滴周围的分压。

对于挥发性粒子如水或酒精，应在温度较低的条件下计算 p_d，温度 T_d 由式（2-3）算出。

$$T_d = T_\infty + \frac{(6.65 + 0.345T_\infty + 0.003\,1T_\infty^2)(S_R - 1)}{1 + (0.082 + 0.007\,82T_\infty)S_R} \qquad (2\text{-}3)$$

对于粒径大于 50 μm 的液滴粒子，应校正水蒸气从液滴表面扩散而造成的分裂，分裂是由液滴沉降造成的。这种作用可以使 50 μm 和 100 μm 的粒子蒸发率分别提高 10% 和 31%。

（4）雾霾气溶胶的凝聚作用

凝聚（coagulation）是气溶胶粒子相互碰撞而引起的气溶胶的生长过程。由布朗运动造成的碰撞过程称为热凝聚过程，由外力引起的碰撞过程称为运力凝聚过程。热凝聚过程与凝结增大的过程在某种程度上比较相似，所不同的是，热凝聚过程是其他粒子扩散到某一粒子表面而不是分子扩散到粒子表面。热凝聚不需要超饱和度，是单一过程，是与无蒸发对应的等效过程。粒子间大量碰撞可导致粒度增大、气溶胶数量浓度降低。凝聚不改变质量浓度。

1）简单分散凝聚。简单分散凝聚过程中有 3 个假设：①粒子是单分散性的；②这些粒子一旦接触就会相互黏附；③这些粒子生长得很慢。其中②和③适用于大多数气溶胶粒子和多种情况。气溶胶在做布朗运动的同时能像气体分子一样扩散，但其扩散空间很小，故气溶胶粒子的扩散系数为气体分子扩散系数的 10^6 倍。

表 2-3 列出了标准状态下不同尺度粒子的凝聚系数。在常态下，粒度的增加范围受到限制，凝聚系数可以看作是常数，凝聚速度仅与数量浓度的平方成正比，因此，数量浓度高时，凝聚是一个快速过程；数量浓度低时，凝聚是一个慢速过程。

表 2-3　标准状态下不同尺度粒子的凝聚系数

粒子直径/ μm	凝聚系数/（m³/s）	粒子直径/μm	凝聚系数/（m³/s）
0.05	9.9×10^{-10}	1	3.4×10^{-10}
0.10	7.2×10^{-10}	5	3.0×10^{-16}
0.50	5.8×10^{-10}		

注：凝聚系数的单位为 cm³/s 时，表中的值乘以 10^6。

粒度随数量浓度的降低而增大，但在封闭系统内，粒子质量将保持恒定。如果数量浓度降低到原来的 1/2，那么质量（体积）就集中在一半的粒子上，所以每个粒子的质量（体积）将是原来的 2 倍。如果数量浓度超过 10^{12} 个/m^3，那么几分钟内就可以看到非常明显的凝聚。

2）雾霾气溶胶的多分散性凝聚。雾霾气溶胶是多分散性的，情况也很复杂。由于凝聚过程中由粒子到每个粒子表面受扩散系数控制，因此，当具有高扩散系数的小粒子向大粒子的表面扩散时，凝聚进度会提高。粒度相差 10 倍的粒子，凝聚速度提高 3 倍，粒度相差 100 倍的粒子，凝聚速度提高 25 倍以上。

3）雾霾气溶胶的动力学凝聚。由外力引起气溶胶粒子相对运动（不是布朗运动引起的）而凝聚的过程称为动力学凝聚。当粒子的数量浓度越大时，凝聚速度也越快。由于不同粒径气溶胶粒子的沉降速率不同，所以在不同粒径的沉降粒子间存在相对运动。这里所指的外力是电力场、温度场、气流梯度场和气体密度场，粒子在场中受到确定方向的力而产生凝聚。

碰撞过程的空气动力很复杂，大粒子如雨滴与微米级粒子或更大的气溶胶粒子碰撞而沉降。除了大粒子外，其他粒子的碰撞效率都很低。在外力的作用下，当粒子以高速度通过气溶胶时，会发生相同的碰撞过程。如液体空气清洁剂的喷射液（用于清洁空气）正是利用这种原理捕获粒子。

在梯度流速中，由于流线上的粒子速度不同，速度大的粒子最终将超过速度较小的粒子。如果粒子足够大，就会因大粒子的阻拦产生粒子间的碰撞接触。在湍流中，粒子沿着流速梯度较大的复杂路径运动。这种大梯度及粒子的内部阻拦作用使粒子间产生湍流凝聚相对运动。

雾霾气溶胶粒子参与了大气中云、雾、霾、雨、雹和雪的形成与沉降，如果大气中没有气溶胶粒子的存在，雾霾就无法消散，云和雾就无法成核，雨和雪就无法凝结，降水就无法产生。

2.2.3.2　雾霾气溶胶粒子在大气中的浓度

雾霾气溶胶粒子的浓度有有效浓度和质量浓度之分，它们受地域环境（如城市、乡村、工业区、居民区、平原和山区）、季节、气象等条件和因素的影响。雾霾气溶胶固体粒子的平均质量浓度，在清洁空气中为 0.02 mg/m^3，在城市污染空气中为 0.06～0.2 mg/m^3，严重污染区高达 2 mg/m^3。颗粒数浓度，在清洁空气中约为 10^2 个/cm^3，污染空气中约为 10^5 个/cm^3。据统计，我国 33 个城市，空气中悬浮气溶胶粒子年日平均浓度为 0.164～1.358 mg/m^3，平均为 0.6 mg/m^3。北方城市年日平均浓度为 0.427～1.358 mg/m^3，郑州市 2006 年的春季 PM$_{10}$ 的平均浓度为 0.206～0.429 mg/m^3，全部超过我国大气环境质量二级标准，

89.5%的城市超过三级标准。南方城市年日平均浓度为 0.164～0.541 mg/m³，平均为 0.33 mg/m³，普遍超过一级标准，50%的城市超过二级标准，重庆市超过三级标准。远大于美国城市 1961—1965 年水平，平均浓度为 0.113～0.180 mg/m³。

据生态环境部发布的《2018 年全国生态环境质量简况》得知，全国 338 个地级及以上城市中，有 121 个城市环境空气质量达标，占全部城市数的 35.8%；338 个地级及以上城市平均优良天数比例为 79.3%；PM$_{2.5}$年均质量浓度为 39 μg/m³，为国家一级标准 [《环境空气质量标准》（GB 3095—2012）一级标准规定为 35 μg/m³] 的 1.1 倍以上；上海 PM$_{2.5}$ 的质量浓度达到 60 μg/m³ 左右，是世界卫生安全标准（10 μg/m³）的 6 倍。338 个地级及以上城市 PM$_{10}$ 年平均质量浓度为 71 μg/m³，为国家一级标准 [《环境空气质量标准》（GB 3095—2012）规定为 50 μg/m³] 的 1.4 倍。

2019 年中国 98%的城市空气质量超过了世界卫生组织的"全球空气质量指导值"，在 2019 年《世界空气质量报告》中，中国有 47 个城市跻身污染最严重的 100 个城市之列。

2005—2017 年，我国与其他国家合作对长江三角洲、京津冀、珠江三角洲的雾霾气溶胶进行了监测研究。这些研究包括对 NaCl、SO$_2$、NO$_x$、PM$_{10}$、PM$_{2.5}$、硫酸盐、硝酸盐和多环芳烃等的存在状态、在大气中的分布及对环境和人体的影响等进行监测。表 2-4 列出了我国不同地区的雾霾气溶胶中的离子浓度和多环芳烃浓度。

表 2-4　我国不同地区的雾霾气溶胶中的离子浓度和多环芳烃浓度

城市	多环芳烃/（ng/m³）	SO$_4^{2-}$/（μg/m³）	NO$_3^-$/（μg/m³）	NH$_4^+$/（μg/m³）	PM$_{2.5}$/（μg/m³）	Cl$^-$/（μg/m³）
青岛市春季	32.75（2006）	12.46	9.94	7.79（2016）		2.16（2013）
北京市冬季	6.31	13.4	20.5	10.7	116.4（2016）	
南京市冬季	68.5	8.41	7.83	6.85	96.82	3.94（2015）
上海市春季	11.9	10.23	9.21	4.51	72.2±35.3	2.37（2014）
广州市春季	14.5（1999）	7.94	4.76	3.25	43.80（2010）	
厦门市冬季	3.94	5.49	4.29	77.8	1.47（2014）	
重庆市	25.36（2007）	26.00	2.97	10.30	99.46	1.12（2012）
兰州市	533（2005）	14.23	6.89	0.49	98.00	3.88（2015）
沈阳市	71.5（2016）	17.30	14.90	7.28	106.00	3.43（2013）
郑州市春季	20.4（2017）	48.95	27.92	18.21	140.00	6.69（2008）
郑州市秋季	10.3（2017）	44.88	37.95	17.85	75.83	5.79（2008）

　　SO_2 是一种毒性的气体，是雾霾气溶胶成分之一，转变为硫酸或硫酸盐气溶胶后，其毒性大大增强，SO_2 转化为硫酸和硫酸盐是在大气微粒表面上进行的。因此，认为硫酸烟雾的危害是 SO_2 和大气微粒共同作用的结果。大气中的 SO_2 浓度是衡量大气质量的标准之一，也是测试能否出现硫酸烟雾或酸雨的重要指标。1952 年 12 月 5—8 日在伦敦上空出现的严重硫酸烟雾，SO_2 浓度高达 3.75 mg/m^3，烟尘最高浓度达 4.4 mg/m^3，造成了 3 500～4 000 人死亡。1962 年 12 月 3—7 日 SO_2 的严重超标又在伦敦上空上演，在与 1952 年冬季类似的天气条件下，又出现了一次大的烟雾，而且大气中 SO_2 浓度高于 1952 年烟雾时期，造成了 340 人死亡。

　　在光化学烟雾形成过程中，除了形成 O_3 和 PAN 等外，还形成含有 95%微粒直径小于 0.5 μm 的硝酸盐、硫酸盐和挥发性有机物转化物，呈现浅蓝色烟雾。它除了刺激眼睛外，还可能有致癌作用。据悉，我国兰州市也出现过光化学烟雾，1974—1979 年监测资料记载，兰州西固工业区上空夏季 O_3 小时平均浓度常超过 100 ppb[①]，PAN 有时高达 24 ppb。1974—1977 年监测，大气 PM_{10} 日平均浓度夏季为 0.3～0.88 mg/m^3，冬季为 1.2～3.5 mg/m^3。其中 Pb 平均浓度达 0.86 μg/m^3。1980—1981 年冬季的 PM_{10} 中苯并[a]芘含量约为 0.05 μg/m^3，与 20 世纪 50—60 年代欧美和日本一些较重的污染城市大气中苯并[a]芘最高浓度相近。

2.3　雾霾气溶胶的主要物理化学性质

2.3.1　雾霾气溶胶的物理性质

　　霾是由空气中的灰尘、硫酸、硝酸、有机碳氢化合物等各种物质的混合物粒子组成的，主要是悬浮于大气中的大量微细烟粒、尘粒、二次粒子、微生物、花粉和盐粒在底层大气的稳定层面下部积累形成的。在空气比较干燥稳定，静风或微风时，这些微细粒子浮游于大气中，使空气变得浑浊，视野模糊并导致能见度下降，空中的物体呈现黄色、红色或褐色，水平能见度小于 10 km。霾形成时空气中的相对湿度小于 80%。

2.3.1.1　霾粒子分布及大小尺度

　　霾粒子的分布比较均匀，而且霾粒子的尺度比较小，为 0.001～10 μm，平均直径在 1～2 μm，是肉眼看不到的空中飘浮的颗粒物。

---

① 1 ppb=0.001 μg/mL。

2.3.1.2 雾霾气溶胶粒子的形状

雾霾气溶胶的形状和固体粒子的形状一样，它们还具有各种各样的不规则形体，例如，近似球形、柱形、片状、针状、雪花状等。组成大多数气溶胶粒子的形状是不规则的，少量也会有规则的结晶状态，大部分近似于球形，在雾和云中的液体粒子也近似于球形。粒子的不规则形状可分为以下 5 类：

①近似于立方体——粒子的 3 个方向的尺寸大致相同；

②板状——在两个方向上有比第三个方向上更大的长度，如矿物尘和土壤尘气溶胶粒子；

③针状——在一个方向上有比另外两个方向上更大的长度，如一些气溶胶中的钾盐晶体；

④粒状——类似于圆柱状，又非圆柱状，如无机碳粒或烟尘碳粒、植物花粉等；

⑤絮状——由多个粒子连接在一起，在电子显微镜下观察像棉絮一样，如有机高分子聚合物气溶胶颗粒。

对于①类粒子可用球及立方体来近似，而②类粒子可近似于 l/d 很小的圆柱体或 $\beta \to 0$ 的扁圆形，③类粒子可认为是 l/d 很大的圆柱体或 $\beta \to \infty$ 的长椭圆体，椭圆系统可用于几乎所有情况。一些气溶胶粒子的球形度（ϕ）测定值见表 2-5。

表 2-5　一些气溶胶粒子的球形度测定值　　　　　　　　单位：μm

粒子	球形度（ϕ）	粒子	球形度（ϕ）
铁触媒尘粒子	0.578	二氧化硅细尘粒子	0.554～0.628
粉碎的固体材料粉尘粒子	0.630	磨细的媒尘粒子	0.696
沙尘粒子	0.534～0.628		

2.3.1.3 雾霾气溶胶粒子的密度

单位体积内气溶胶的质量称为气溶胶的密度，单位为 mg/m³。气溶胶在不同来源的情况和试验条件具有不同的密度值，因此气溶胶的密度分为真密度和堆积密度。气溶胶真密度指将吸附在气溶胶粒子凹凸表面、内部空隙以及粒子之间的空气排除后测得颗粒自身的密度，用符号 ρ_p 表示；堆积密度指包括颗粒物粒子内部空隙和颗粒物粒子之间气体空间在内的颗粒物密度，用符号 ρ_b 表示。颗粒物真密度与堆积密度之间存在如下关系：

$$\rho_b = (1-\varepsilon)\rho_p \qquad (2-4)$$

式中，ε——空隙率，指尘粒之间的空隙体积与包含空隙和粉体在内的总体积之比。

可见，对同一种尘粒，$\rho_b < \rho_p$。如硅酸盐水泥气溶胶尘粒（0.7～91 μm），其 ρ_p=3.12 kg/cm³，ρ_b=1.50 kg/cm³；煤燃烧产生的飞灰气溶胶粒子（0.7～5.6 μm），其 ρ_p=2.20 kg/cm³，ρ_b=1.07 kg/cm³。对某些种类的气溶胶尘粒，ρ_p 为定值，而 ρ_b 则随着 ε 变化而变化。ε 值与尘粒种类、粒径、充填方式等因素有关。粒径越细，吸附的空气就越多，则 ε 值越大；在挤压或振动过程中充填，ε 值减小。

气溶胶粒子的密度是影响粒子运动的重要因素，重力作为粒子所受的一种外力，与粒子的密度成正比，粒子的密度越大，则粒子运动中的惯性力也越大。

粒子的化学组成决定了其密度的大小，粒子的密度与大体积的相同物质的密度不同，元素和各种纯成分的真密度可在有关资料中查到，而在气体介质中测定的气溶胶粒子的表观密度通常与资料中相差 2～10 倍。由于粒子的形状不规则，其动力形状系数大于 1.0，沉降速度将减小，由沉降或空气动力技术测得的密度值大约是单一粒子的真值的一半。

粒子单位体积的表面积比同物质的大体积的表面积大大增加，能使化学反应特别是氧化反应的机会增加，如果粒子是金属，氧化后其密度比原来的粒子的密度要低。由于有气体吸附在大的表面积上，可使粒子的表观密度发生变化。在潮湿条件下，吸湿后的粒子通常变得更紧密，这可增加表观密度。

2.3.1.4 雾霾气溶胶的吸附性能

雾霾气溶胶中污染物粒径在 10 μm 以上的颗粒物受到地球重力的影响，能够克服空气浮力作用而沉降到地面。对于粒径小于 10 μm 的颗粒，由于污染物粒子受到的地球引力不能克服的空气浮力，所以污染物粒子在空气中呈飘浮状态，随着空气的上下对流、水平运动和湍流运动而到处飘浮，粒径为 0.01～0.1 μm 的粒子在大气中做布朗运动。大气中大的污染粒子表面粗糙，具有微孔结构，加上颗粒物在大气中不断地与大气分子摩擦使之表面带电，因此，雾霾气溶胶粒子具有强烈的吸附作用。大气中的气体或者液滴，甚至雾霾微粒都能被大的粒子所吸附，使得粒子体积增大。

吸附是气体分子从固体或液体粒子周围空气中运移到固体表面。发生在固体粒子表面的吸附类型有两种，即物理吸附和化学吸附。物理吸附是气体通过范德华力将微细液态或固态气溶胶粒子吸着在较大气溶胶粒子表面。当气态的临界温度高于固体粒子周围的空气温度时，会发生物理吸附，这是一个快速稳定的吸附过程，所以气体分子到达粒子表面的扩散速度通常受到限制。如果饱和度小于 0.05，物理吸附通常不显著，当饱和度等于或大于 0.8 时，可以形成相当于几个分子粒径厚度的吸附层。如果粒子处于吸附平衡状态，减小气体压力将导致吸附的气体分子从粒子表面向气体转移。

化学吸附与物理吸附大致相同，不同的是，化学吸附是利用化学键将气体分子结合在粒子表面。气体的临界温度高于或低于固体粒子周围空气温度时，都能发生化学吸附。

在化学吸附中，只形成一个单层，不同于物理吸附，化学吸附是不可逆的过程，因为化学键比范德华力强得多。气相扩散速率或反应速率都能控制化学吸附的速度。随着完整单层的形成，吸附速度会变慢。在一些情况下，首先通过物理吸附将分子吸附到固体表面，然后通过缓慢反应进行化学吸附。

2.3.1.5　雾霾气溶胶粒子的比表面积

单位体积或质量的气溶胶粒子具有的总表面积称为气溶胶尘粒的比表面积，其单位为 m^2/m^3 或 m^2/kg。比表面积表示气溶胶粒子群的总的粒度比表面积，它会影响气溶胶粒子的润湿性、吸附性和黏附性，可用于研究粒子层的流体阻力及化学反应、传质、传热等现象。气溶胶粒子粒径越小，呈现的比表面积越大，其物理和化学活性越显著。例如，边长为 1 cm 的立方体，表面积为 $1^2 \times 6\ cm^2$，$1/n\ cm$ 边长的小立方体，表面积为 $6 \times 1/n^2\ cm^2$。比表面积是气溶胶粒子的重要特征。粒子比表面积分布在很宽的数值范围内，可从 $50\ cm^2/g$（扬尘）到 $1 \times 10^6\ cm^2/g$（炭黑）。一些工业粉尘分散相的比表面积见表 2-6。

表 2-6　一些工业粉尘分散相的比表面积

粉尘气溶胶名称	粉尘气溶胶粒径/μm	比表面积/（cm^2/g）
新产生的香烟烟雾	0.6	100 000
细粒子飞灰	5	6 000
粗粒子飞灰	25	1 700
水泥煅烧烟尘	13	2 400
冶铁高炉烟尘	8	4 000
新生炭黑	0.03	1 100 000
粉状活性炭	—	8 000 000
细沙	500	50

2.3.1.6　雾霾气溶胶的光学性质

雾霾气溶胶的光学性质主要表现在对光的散射和吸收方面，气溶胶粒子对光散射和吸收的有效范围为 $0.1 \sim 1.0\ \mu m$。如烟尘、细粒子、有机物粒子及二次粒子，其中以含碳组分的颗粒对光的吸收最为强烈，能使大气的能见度降低。也就是说雾霾气溶胶粒子具有消光作用。

（1）大小质粒的散射作用

可见光波长约 $0.55\ \mu m$，对比光波波长非常小的气溶胶质粒，如 $r \leqslant 0.05\ \mu m$，此时由光波产生的局部电场在任何时刻都可以看作是均匀的。假设介质的折射指数为1，其中雾霾气溶胶粒子为单分散的光学各相同性的小球，其散射系数（Rayleigh 散射系数）为：

$$\sigma_s = N\pi r^2 \frac{128\pi^4 r^4}{3\lambda^4}\left(\frac{n^2-1}{n^2+2}\right) \qquad (2\text{-}5)$$

式中，σ_s——气溶胶的散射系数；

　　　N——单分散气溶胶的浓度；

　　　r——质粒半径；

　　　n——光的折射率；

　　　λ——光的波长。

当气溶胶质粒粒径增大到一定程度，使入射光束在散射质粒内形成三维电荷分布，具有四极矩和高极矩时，需用比 Rayleigh 散射公式更复杂的方法来处理。

（2）雾霾气溶胶群体的消光

与大气其他气溶胶相似，当雾霾气溶胶以群体出现时，具有一定的尺度分布，其形状不完全是球体。但由于粒子的随机取向，使得它们的行为大概来说类似于等效球体群，应以弥散理论近似处理气溶胶群体的散射消光问题。

当散射介质较浓时，粒子除受到入射光的照射外，还受到周围体积的散射在与入射光相同方向的散射光的照射，故产生的散射辐射包括入射光导致的部分（一次散射）和散射光导致的部分（二次散射、三次散射……），即多次散射，使比尔定律不再成立。例如，比较浓的雾霾出现时，就会受到多次的散射影响。厚度大的云和较浓的雾也会受到多次散射的影响。

雾霾气溶胶粒子对太阳光辐射具有吸收、散射作用，它能屏蔽一部分太阳光，使地面接收到的太阳光辐射减少，使地球大气气温下降，起到太阳伞作用。如果雾霾气溶胶固体粒子浓度较大、面积较广，如火山爆发所形成的火山灰，会对地球局部区域或整个大陆产生降温作用。

2.3.1.7　雾霾气溶胶的电学性质

（1）荷电性

通常，雾霾气溶胶粒子表面都带有一定的电荷，几乎所有的粒子，无论是天然的，还是人为的，都具有一定程度的荷电性，雨滴通常是荷电的，闪电证明了这一自然荷电过程。气溶胶粒子在其产生和运动过程中，由于碰撞、摩擦、放射线照射、电晕放电以及接触带电体等原因，就会带有大量的电荷。其中，一些气溶胶粒子带负电荷，一些带正电荷，还有一些粒子不带电荷。气溶胶所带电荷的性质和数目取决于粒径的大小、极性、表面状态和介电常数等。一般情况下，粒径大于 3 μm 的粒子表面常带负电荷，小于 0.01 μm 的粒子带正电荷，0.01～0.1 μm 的粒子两种情况都有。所有的自然气溶胶粒子和工业气溶胶尘粒正电荷与负电荷两部分几乎相等，所以任何悬浮在空气中的气溶胶整体多呈中性。雾和霾的荷电程度比尘粒低，一般情况下，刚生成的雾是不荷电的，烟雾的电荷不是源于机械作用，而是源于高温火焰。由于低温烟雾没有离子来源，因此它们最初是不荷电的。

气溶胶荷电后，某些物理性质，如凝聚性、附着性及在气体中的稳定性等将发生改变，并增加对人体的危害。雾霾气溶胶颗粒随着比表面积增大、含水量减少及温度升高，荷电量增加。几种雾霾气溶胶粒子的荷电性见表 2-7。

表 2-7 几种雾霾气溶胶粒子的荷电性

气溶胶粒子	电荷分布/%			比电荷/（C/g）	
	正电荷	负电荷	中性	正电荷	负电荷
飞灰	31	26	43	6.3×10^{-6}	7.0×10^{-6}
石膏尘粒	44	50	6	5.3×10^{-10}	5.3×10^{-10}
冶铜尘粒	40	50	10	6.7×10^{-10}	1.3×10^{-10}
冶铅烟雾	25	25	50	1.0×10^{-12}	1.0×10^{-12}
实验室油烟	0	0	100	0	0

雾霾气溶胶粒子所带电荷的数目，可影响其凝聚速率、沉降速度和大气的导电性，由于硫酸盐、硝酸盐、铵盐等二次粒子大都带有负电荷，因此通常污染区域的大气导电性较清洁区域的导电性低。把已经凝聚在一起的颗粒物粒子分离开来会产生荷电，湿度对荷电没有任何影响。非极性液体的雾化不产生荷电粒子，极性液体的粒子上带电荷。非极性液体也会产生荷电液滴，但它们比极性液体少几个数量级。

（2）雾霾气溶胶的导电性

大气气溶胶的比电阻能表现出气溶胶微粒的导电性能，其表示方法可用电阻率表示，单位为Ω·cm。气溶胶的比电阻除取决于它的化学成分外，还与测定时的环境条件有关，如温度、湿度以及气溶胶的粒度和松散度等，只是一种可以相互比较的表观电阻率。气溶胶的比电阻包括容积比电阻和表面比电阻：容积比电阻是指气溶胶微粒依靠其内在的电子或离子进行的颗粒本体的容积导电；表面比电阻是指气溶胶微粒依靠其表面因吸附水分或其他化学物质而形成的化学膜进行表面导电。粉尘气溶胶的导电性通常用式（2-6）表示：

$$\rho_d = \frac{V}{j\delta} \tag{2-6}$$

式中，V——通过粉尘气溶胶层的电压，V；

j——通过粉尘气溶胶层的电流密度，A/cm²；

δ——粉尘气溶胶层的厚度，cm。

2.3.1.8　雾霾气溶胶的黏附性

气溶胶粒子之间相互凝聚的可能性称为气溶胶粒子的黏附性。从微观上看，气溶胶粒子之间产生的各种黏附力主要有分子引力（范德华引力）、毛细管作用力和静电引力（库仑力）。如果气溶胶尘粒细小、表面粗糙且形状不规则、含水量高且润湿性好、浓度高和荷电量大，其黏附性能就会增大。此外，气溶胶尘粒黏附性还与固体表面粗糙度、周围介质性质及气溶胶的流动状况有关。在光滑无可溶性和黏性物质的固体表面上与低速气流中运动的粒子不易被黏附，在气体中的粒子黏附要比液体中容易得多。气溶胶微粒由于黏性力的作用，在相互碰撞中会导致粒度的凝聚变大，有助于气溶胶微粒的沉降和捕集。气溶胶微粒的黏附性分为非黏性、微黏性、中黏性和强黏性 4 种，见表 2-8。

表 2-8　部分气溶胶的黏性分类

序号	分类	断裂强度/Pa	气溶胶粒子
1	不黏性	>60	干矿渣粉、石英粉、干黏土等
2	微黏性	60～300	含有不完全燃烧产物的飞灰、焦粉、干煤粉、页岩灰、干滑石粉、高炉灰、炉料粉等
3	中黏性	300～600	完全燃烧的飞灰、泥煤粉、泥煤灰、湿煤粉、金属粉、黄铁矿粉、氧化铅粉、氧化锌粉、氧化锡粉、干水泥粉、炭黑、干牛奶粉、面粉、锯末等
4	强黏性	>600	潮湿空气中的水泥、石膏粉、雪花石膏粉、熟料灰、钠盐、纤维尘（如石棉、棉纤维、毛纤维）等

2.3.1.9　雾霾气溶胶粒子的润湿性

气溶胶微粒与液态溶液相互附着或吸附的难易程度称为气溶胶微粒的润湿性。气溶胶微粒的润湿性取决于液体分子的表面张力，表面张力越小的液体对气溶胶尘粒的润湿性越强。例如，水的表面张力比酒精或煤油大，其对气溶胶微粒的润湿性就较差。因此，各种气溶胶微粒对液体具有不同的亲和能力，当气溶胶微粒与液滴接触时，如果能扩大接触面而相互附着的气溶胶微粒称为亲水性气溶胶微粒，反之，接触面趋于缩小而不能相互附着的气溶胶微粒则称为疏水性气溶胶微粒。

气溶胶微粒的润湿性还与气溶胶微粒的粒径大小、比表面积、理化性质及所处状态等因素有关。例如，石英的亲水性好，但粉碎成粉状后亲水能力大幅降低。一般来说，小于 5 μm 尤其是 1 μm 以下的气溶胶粒子就难以被水润湿。这是由于细的粒子的比表面积大，对气体有很强的吸附作用，表面存在着一层气膜，只有当气溶胶微粒与水滴之间以较高的相对速度运动而冲破气膜时，才会相互附着。此外，气溶胶微粒的润湿性还会随着液体表面张力增大而减小，随着温度降低而增大，随着压力升高而增强。

2.3.2 雾霾气溶胶的化学性质

由霾的定义可知，霾主要是由悬浮于大气中的微细颗粒物、微细水雾滴和二次粒子硫酸盐、硝酸盐、铵盐及挥发性有机物组成，霾的化学组成要比雾的化学组成复杂得多，霾中的颗粒物是由许多无机粒子和有机粒子组成的。

雾霾的另一主要成分为无机碳和有机碳化合物，尤其是有机碳能严重影响人体健康，如多环芳烃（PAHs）、苯并[a]芘、杂环胺类、二噁英和挥发性有机物，它们是由于石油、煤等化石燃料及木材、烟草等有机物不完全燃烧而产生的。排放的 PAHs 可直接进入大气，并吸附于气溶胶固体粒子上，随之被人体吸收进入体内。PAHs 具有致癌、致突变、致畸作用，其代表物苯并[a]芘是最具致癌性的物质，能诱发皮肤癌、肺癌和胃癌。空气中的 PAHs 可以与 O_3、NO_x、HNO_3 等反应，转化成致癌或诱变作用更强的化合物，从而对人体健康构成威胁。

雾霾气溶胶粒子中一些金属和重金属化合物的毒性很强，如 As、Hg、Cd、Cr、Ni、Pb、V 等元素及其形成的化合物，其中以 Pb 在空气和霾中存在最普遍，它的主要来源是铅冶炼过程、铅玻璃制造过程、汽车尾气排放和矿物油燃烧。Pb 对人体神经系统、消化系统和肾等有明显的损害作用。Pb 对神经系统的损害是通过对脑细胞和神经的未知生化效应来实现的，这种效应可引起因抽搐而造成的头痛、脑麻醉、失明和智力迟钝等。此外，As、Hg、Cd、Cr 和 V 在大气气溶胶和霾气溶胶中也普遍存在。表 2-9 列出了雾霾气溶胶中颗粒物富集的化学物质。

表 2-9　雾霾气溶胶中颗粒物富集的化学物质

霾中物质	化学成分及生物成分
霾气溶胶粗粒子	Si、Mn、Al、Ca、Mg、Fe、Na、K、Zn、As、Ti、Ba、Cu、Cd、Cr、Ni、Sr、V、Pb、Hg 和稀土元素
霾气溶胶细粒子	Si、Mn、Al、Ca、Mg、Fe、Na、K、Zn、As、Ti、Ba、Cu、Cd、Cr、Ni、Sr、V、Pb、Hg 和稀土元素
霾气溶胶碳粒子	无机碳和有机碳（包括苯并[a]芘、二噁英、多环芳烃及杂环胺类），挥发性有机物
霾气溶胶生物质	抗原生物体、微生物、病毒素（内毒素和其他）、花粉、植物和动物碎片
霾二次气溶胶	硫酸盐尘埃、硝酸盐尘埃、铵盐尘埃、氯化物尘埃、地壳矿物（晶态）、扬尘等
霾粒子可溶性离子	SO_4^{2-}、NO_2^-、NO_3^-、F^-、Cl^-、Br^-、PO_4^{3-}

2.3.2.1　霾的化学成分

由于雾霾气溶胶粒子来源不同，组分差异较大；不同粒径的粒子，其化学成分有很大差异。如硫酸盐气溶胶粒子的粒径一般为 $0.1~\mu m < d < 2.0~\mu m$，为细粒子，地壳元素（Si、

Al、Ca、Ti、Fe 等）主要存在于气溶胶粒子的粗粒子中。一般干净大陆上空的气溶胶粒子的化学元素组成与地壳中的化学元素组成较为相近；海洋上空的气溶胶粒子的化学元素组成与海洋的化学元素组成相近；火山喷发到大气中的火山灰的化学元素与地壳内部的化学元素相近。大气气溶胶粒子 50%～80%由无机物组成，一般情况下，有机成分占大气气溶胶粒子总重量的 10%～30%。表 2-10 列出了我国部分城市雾霾气溶胶微粒的化学组成。

表 2-10　我国部分城市雾霾气溶胶微粒的化学组成

城市名称	化学元素及化合物
北京市区	Al、Si、S、C、Cl、K、Ca、Ti、Fe、Mn、Ba、As、Cd、Sc、Cu、V、Cr、Ni、Se、Br、Sr、Pb、VOCs、Hg、H_2SO_4、HNO_3、NH_4^+、SO_4^{2-}、NO_3^-、CO_3^{2-}
北京北郊	Al、Si、S、C、Cl、K、Ca、Ti、Fe、Mn、Ba、As、Cd、Sc、Cu、V、Cr、Ni、Se、Br、Sr、Pb、Na、Mg、Zn、P、Rb、Sb、Ga、Ce、Mo、La、Co、Nd、Th、Sc、Cs、W、U、Hf、Sn、Yb、Eu、Ta、Tb、Lu、Hg、VOCs、H_2SO_4、HNO_3、NH_4^+、SO_4^{2-}、NO_3^-、CO_3^{2-}
武汉市区	Al、S、Si、C、Cl、Ca、P、K、V、Ti、Fe、Mn、Ba、As、Cd、Sc、Cu、Cr、Co、Ni、Pb、Zn、Zr、Hg、VOCs、H_2SO_4、HNO_3、NH_4^+、SO_4^{2-}、NO_3^-、CO_3^{2-}
广州市区	Al、S、Si、C、Br、Ca、Se、Ga、Ge、Rb、Sr、Mo、Rh、Pd、Ag、Sn、Sb、Te、I、Cs、La、W、U、Hg、Au、VOCs、H_2SO_4、HNO_3、NH_4^+、SO_4^{2-}、NO_3^-、CO_3^{2-}
重庆市区	Al、Si、C、Ca、P、K、V、Ti、Fe、Mn、Ba、As、Cd、Sc、Cu、Cr、Co、Ni、Pb、Zn、Zr、S、Cl、Hg、VOCs、H_2SO_4、HNO_3、NH_4^+、SO_4^{2-}、NO_3^-、CO_3^{2-}、Cl^-
兰州市区	Al、Si、Br、C、Ca、Se、Ga、Ge、Rb、Sr、Mo、Rh、Pd、Ag、Sn、Sb、Te、I、Cs、La、W、U、Hg、Au、As、VOCs、H_2SO_4、HNO_3、NH_4^+、SO_4^{2-}、NO_3^-、CO_3^{2-}
郑州市区	Al、S、Cl、C、K、Ca、Ti、Fe、Mn、Ba、As、Cd、Sc、Cu、V、Cr、Ni、Se、Br、Sr、Pb、Na、Mg、Zn、P、Mo、La、Co、Nd、Th、Sc、Hg、Sn、Ta、Tb、Lu、Tl、Si、Hg、VOCs、H_2SO_4、HNO_3、NH_4^+、SO_4^{2-}、NO_3^-
驻马店市	Al、S、C、Cl、K、Ca、Ti、Fe、Mn、Ba、As、Cd、Sc、Cu、V、Cr、Ni、Se、Br、Sr、Pb、Na、Mg、Zn、P、Mo、La、Co、Sc、Sn、Yb、Eu、Ta、Tb、Lu、Si、Hg、VOCs、H_2SO_4、HNO_3、NH_4^+、SO_4^{2-}、NO_3^-、CO_3^{2-}
洛阳市区	Al、C、Cl、K、Ca、Ti、Fe、Mn、Ba、As、Cd、Sc、Cu、V、Cr、Ni、Se、Br、Sr、Pb、Na、Mg、Zn、P、Mo、La、Co、Nd、Th、Sn、Yb、Eu、Ta、Tb、Lu、Si、Hg、VOCs、H_2SO_4、HNO_3、NH_4^+、SO_4^{2-}、NO_3^-、CO_3^{2-}
商丘市区	Al、S、Cl、K、Ca、Ti、Fe、Mn、Ba、As、Cd、Sc、Cu、V、Cr、Ni、Se、Br、Sr、Pb、Na、Mg、Zn、P、Mo、La、Co、Nd、Th、Sc、Sn、Yb、Eu、Ta、Tb、Lu、Si、Hg、VOCs、H_2SO_4、HNO_3、NH_4^+、SO_4^{2-}、NO_3^-
开封市区	Al、S、C、Cl、K、Ca、Fe、Mn、Ba、As、Cd、Sc、Cu、V、Cr、Ni、Se、Br、Sr、Pb、Na、Mg、Zn、Hg、Ti、As、Co、VOCs、H_2SO_4、HNO_3、NH_4^+、SO_4^{2-}、NO_3^-、CO_3^{2-}
鹤壁市	Al、S、C、Cl、K、Ca、Ti、Fe、Mn、Ba、As、Cd、Sc、Cu、V、Cr、Ni、Se、Br、Sr、Pb、Na、Mg、Zn、P、Mo、La、Co、Sc、Sn、Yb、Eu、Ta、Tb、Lu、Si、Hg、VOC、H_2SO_4、HNO_3、NH_4^+、SO_4^{2-}、NO_3^-、CO_3^{2-}

气溶胶中还含有2%～10%被称为生物气溶胶的各种微生物,如酵母菌、生物孢子、花粉、细菌、病毒等。在污染的大气中,有机化合物的含量虽然不高,但种类很多,是气溶胶中的主要有毒有害成分,目前已报道的有200多种。大气气溶胶粒子中的有机物主要是碳原子数在16～28的脂肪族烃类、多环芳烃、醛、酮、环氧化合物的过氧化物、酯和醌。表2-11为美国EPA重点控制空气有害有毒污染物名单。

表2-11 美国EPA重点控制空气有害有毒污染物名单

	有机污染物
卤代脂肪烃	氯仿;溴仿;四氯化碳;氯甲烷;溴甲烷;碘甲烷;氯乙烷;1,2-二氯乙烷;1,1-二氯乙烷;1,1,2-三氯乙烷;1,1,1-三氯乙烷;二溴乙烷;1,1,2,2-四氯乙烷;六氯乙烷;1,2-二氯丙烷;1,3-二氯丙烷;1,3-二溴-3-氯丙烷;氯乙烯;溴乙烯;1,1-二氯乙烯;三氯乙烯;四氯乙烯;丙烯基氯;氯丁二烯;六氯丁二烯;六氯环戊二烯;二氯甲烷
醛酮	甲醛;乙醛;丙醛;丙烯醛;2-丁酮;甲基异丁基酮;苯乙酮;2-氯代苯乙酮;苯醌
醚类	双(氯甲基)醚;甲基氯甲基醚,二氯乙醚(2,2′-二氯乙醚);甲基特丁基醚;乙二醇醚类
酚类	酚;邻苯二酚;对苯二酚;D-甲酚;m-甲酚;p-甲酚;4-硝基苯酚;2,4-二硝基苯酚;4,6-二硝基邻甲酚及其盐类;2,4,5-三氯苯酚;2,4,6-三氯苯酚;五氯酚
单环及多环芳烃	苯(包括汽油中的苯);乙苯;甲苯;o-二甲苯;m-二甲苯;p-二甲苯;苯乙烯;枯烯(异丙基苯);联苯;氯苯;1,4-二氯苯;1,2,4-三氯苯;三氯甲苯;苄基氯;五氯硝基苯;氧化苯乙烯;萘;3,3-二氯苯茚;PCBs(多氯联苯类)
杂环化合物	环氧乙烷;1,2-环氧丙烷;环氧丁烷;表氯乙醇(3-氯-1,2-环氧丙烷);氯丙啶;2-甲基-氮丙啶;1,4-二噁烷;β-丙醇酸内酯;氧芴类;N-亚硝基吗啉;喹啉;二噁英
醇酸酯类	甲醇;乙二醇;丙烯酸,丙烯酸乙酯;氯乙酸;氨基甲酸乙酯;醋酸乙烯酯;异丁烯酸甲酯;马来酐;异氰酸甲酯;1,6-己二异氰酸甲酯;2,4-甲苯二异氰酸酯;硫酸二甲酯;二乙基硫酸酯;1,3-丙磺酸内酯;亚甲基二苯二异氰酸酯
酞酸酯	二甲基酞酸酯;邻苯二甲酸二丁酯;双-(2-乙基己基)酞酸酯;邻苯二甲酸酐
胺类	氯胺;苯胺;对苯二胺;三乙胺;二乙醇胺;甲基联胺;N-硝基二甲胺;邻甲苯胺;2,4-甲苯二胺;联苯胺;二甲基甲酰胺;乙酰胺;2-乙酰胺氟;丙烯酰胺;己内酰胺;4-氨基联苯;N,N-二乙基苯胺(N,N-二甲基苯胺);3,3′-二甲基联苯胺;4,4-亚甲基双(2-氯苯胺);o-茴香胺;邻联(二)茴香胺;二甲基氨基甲酰氯;六甲基磷三胺;二甲基胺基偶氮苯;4,4′-五甲基双苯胺;肼;1,1-二甲基肼;1,2-二苯肼
硝基(亚硝基)化合物	2-硝基丙烷;硝基苯;2,4-二硝基甲苯;4-硝基联苯;N-亚硝基-N-甲基脲
农药	开谱丹;胺甲萘(西维因);DDE;氯丹;敌敌畏;七氯;六氯苯;异佛尔酮;林丹(γ-六氯环己烷,所有异构体);甲氯氧基DDT;二氯二苯乙醇酸乙酯(杀螨酯);2,4-D(2,4-二氯苯氧基乙酸)及其盐类,酯类;对硫磷;残杀威;毒杀芬;氟乐灵(茄科宁)
其他	乙腈;丙烯腈;重氮甲烷;氰化合物;氰氨基化钙;二硫化碳;硫化羰;亚乙基硫脲;己烷;1,3-丁二烯;2,2,4-三甲基戊烷;光气;多环化合物;焦炉排放物
无机污染物	氨;氯;氯化氢;氟化氢;磷化氢;硫化氢;元素磷;四氯化钛;硒化合物;锑化合物;铍化合物;镉化合物;铬化合物;钴化合物;铅化合物;锰化合物;汞化合物;镍化合物;无机砷化合物(包括H_3As);放射性核素(包括氡);石棉;细矿物纤维

全球范围内，无论在城市市中区和郊区，还是在农村气溶胶中都含有 PAHs，凡是含有 PAHs 的地方，都有 BaP 的存在。大气气溶胶中 BaP 的含量一般约为 1 ng/m³，工业区的 BaP 要比城区高，冬季比夏季高，居民区冬季和夏季的 BaP 浓度可相差 1～4 倍，而在工业区相差较小。表 2-12 为我国部分城市雾霾气溶胶中 BaP 的浓度。

表 2-12　我国部分城市雾霾气溶胶中 BaP 的浓度

城市与地区	时间/年	浓度/（ng/m³）	城市与地区	时间/年	浓度/（ng/m³）
北京城区	2000	0.18～79.6	杭州（PM₂.₅）	2006	2.0～2.35
北京市（PM₂.₅）	2016—2017	5.20	江苏南通市	2010	5.88
上海城区	2005—2006	2.57～2.68	武汉市（PM₂.₅）	2012	8.88
济南	2004（冬季）	50.95	天津 16 区降尘	2002—2003	0.11～5.66
石家庄（冬季）（PM₁₀）	2015—2016	12.07～39.15	南京城区	2001—2002	5.10
天津市	2002	0.25～2.80	沈阳市（PM₁₀）	2016	0.68～27.1
太原市	2007—2008	6～46	包头（城区）	2012	0.82～13.96
铜陵	2004	8.5～42	长春市（夏季）	2017	0.12～3.20
河北省（PM₁₀）	2005—2006	5.44～31.25	哈尔滨	2007	0.14～1.90
广州市（PM₂.₅）	2015	0.09～5.44	厦门市	2004	0.02～1.13

2.3.2.2　雾霾气溶胶的化学反应

雾霾气溶胶粒子可以发生三种化学反应：①气溶胶粒子各组分间的化学反应；②不同化学组分的粒子间的化学反应；③粒子与周围气体相中一种或更多成分的化学反应。第一种反应由一般的化学动力学控制；第二种反应在很大程度上由其他粒子的速率控制，一旦不同的粒子相互接触，化学动力学就会促使其反应进行；第三种反应由气体分子到达粒子表面的速率控制。与普通的化学反应相同，大气气溶胶的化学反应也分为酸碱中和反应、氧化还原反应、光化学反应、催化反应等。

（1）酸碱中和反应

由于自然界和人为排放的气溶胶中含有大量的碱性粒子和酸性粒子，如 $CaCO_3$、Na_2CO_3、CaO、$Ca(OH)_2$、Al_2O_3、$Al(OH)_3$、MgO、$Mg(OH)_2$、NH_3 等碱性物质，与 SO_4^{2-}、NO_3^-、Cl^- 和 F^- 等酸性阴离子，在大气水分的参与下就会发生酸碱化学反应。其化学反应如下：

$$Ca^{2+} + SO_4^{2-} \rightleftharpoons CaSO_4 \tag{2-7}$$

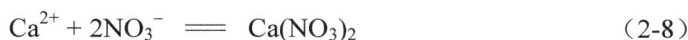
$$Ca^{2+} + 2NO_3^- \rightleftharpoons Ca(NO_3)_2 \tag{2-8}$$

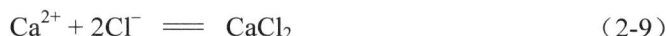
$$Ca^{2+} + 2Cl^- \rightleftharpoons CaCl_2 \tag{2-9}$$

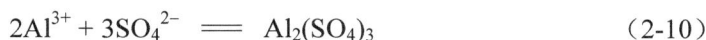
$$2Al^{3+} + 3SO_4^{2-} \rightleftharpoons Al_2(SO_4)_3 \tag{2-10}$$

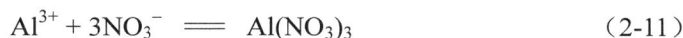
$$Al^{3+} + 3NO_3^- \rightleftharpoons Al(NO_3)_3 \tag{2-11}$$

$$Al^{3+} + 3Cl^- \Longrightarrow AlCl_3 \tag{2-12}$$

$$2NH_4^+ + SO_4^{2-} \Longrightarrow (NH_4)_2SO_4 \tag{2-13}$$

$$NH_4^+ + NO_3^- \Longrightarrow NH_4NO_3 \tag{2-14}$$

$$NH_4^+ + Cl^- \Longrightarrow NH_4Cl \tag{2-15}$$

（2）氧化还原反应

随着工业的发展，人类向大气中排放了大量的硫酸雾、SO_2、NO_x、H_2S、HCl 和 HF 等氧化性和还原性气体，这些气体在大气中与氧或 OH 自由基发生还原反应或氧化反应。气溶胶中也存在着大量的氧化性物质和还原性物质，这些氧化还原性物质除在气溶胶之间发生氧化还原反应之外，还与大气中的氧化还原性气体进行反应。常见的化学反应如下：

$$2SO_2 + O_2 \Longrightarrow 2SO_3 \tag{2-16}$$

$$SO_3 + H_2O \Longrightarrow H_2SO_4 \text{ 或 } SO_2 + H_2O \Longrightarrow H_2SO_3 \Longrightarrow HSO_3^- + H^+ \tag{2-17}$$

$$2SO_2（aq） + O_2（aq） + 2H_2O \xrightarrow{\text{颗粒物}} 2H_2SO_4（aq） \tag{2-18}$$

$$CH_3C（O）O_2 \cdot + SO_2 \longrightarrow CH_3C（O）O \cdot + SO_3 \tag{2-19}$$

（3）光化学反应

大气中的光化学反应是由原子、分子、自由基或离子吸收光子引起的物理和化学反应。在 NO、NO_2 和 O_2 组成的基本光化学反应中，可从 NO_2 光解开始，当 $\lambda < 400$ nm 时，NO_2 可以光解为 NO 与 O：

$$NO_2 + h\nu \longrightarrow NO + O \tag{2-20}$$

当 SO_2 受到 $\lambda < 218$ nm 的太阳辐射时 SO_2 就会发生光解反应：

$$SO_2 + h\nu \xrightarrow{\lambda < 218nm} SO + O \cdot \tag{2-21}$$

大气气溶胶中醛类能在小于 313 nm 的光辐射下发生光解反应：

$$RCHO + h\nu \longrightarrow R + HC（O） \cdot \tag{2-22}$$

醛类的光解反应速率大约是 NO_2 光解反应速率的 1%。甲醛的吸收光谱中，在 $\lambda = 295$ nm 处有最大吸收波长，此时的最大吸收系数 $\varepsilon = 0.4$。甲醛的光解反应如下：

$$HCHO + h\nu \longrightarrow H \cdot + HC（O） \cdot \tag{2-23}$$

$$HCHO + h\nu \longrightarrow H_2 + CO \tag{2-24}$$

式中，ν——光子的能量，频率；

h——普朗克常数，$h = 6.625\,6 \times 10^{-34}$ J。

雾霾气溶胶中的有机物，特别是多环芳烃在大气中是很难进行光化学分解的。但雾霾气溶胶中的有机物如果吸收了大于 290 nm 的光辐射，就能在光的作用下缓慢地发生光化学反应，例如，对草快农药在低层大气中可被光解生成盐酸甲胺，其化学式如下：

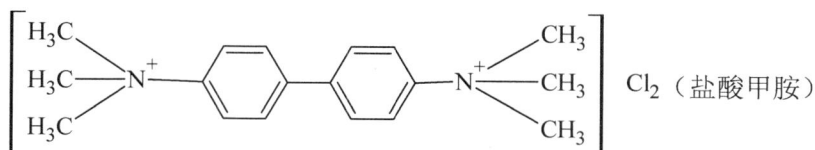

$$\left[\begin{array}{c} H_3C \\ H_3C \\ H_3C \end{array} N^+ - - N^+ \begin{array}{c} CH_3 \\ CH_3 \\ CH_3 \end{array} \right] Cl_2 \text{（盐酸甲胺）}$$

（4）催化反应

由于大气中含有各种化学气体（如 SO_2、NH_3、NO、NO_2 等），气溶胶中含有各种过渡元素离子（如 Cu^{2+}、Fe^{3+}、V^{5+}、Mn^{2+}、Cr^{6+}等）及氧化物（如 CuO、Fe_2O_3、Cr_2O_3），为大气的化学反应提供了足够的比表面积和大量的催化物质及巨大的化学能量，从而促进了大气化学催化反应和生物化学反应。使大气中的 SO_2 被氧化成 SO_3，进而变成硫酸或硫酸盐，与大气中的水结合形成硫酸雨；使氮氧化物变成硝酸盐，与大气中的水结合形成硝酸雨；使 CO_2 变成碳酸盐和有机物，再经生物反应实现碳循环。大气中的氨或铵离子与氮氧化合物结合在催化剂的作用下选择性地发生催化还原反应：

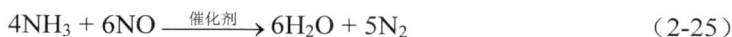

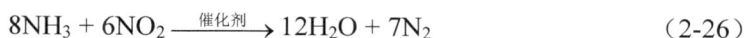

$$4NH_3 + 6NO \xrightarrow{\text{催化剂}} 6H_2O + 5N_2 \qquad (2\text{-}25)$$

$$8NH_3 + 6NO_2 \xrightarrow{\text{催化剂}} 12H_2O + 7N_2 \qquad (2\text{-}26)$$

$$4NH_3 + 2NO_2 + O_2 \xrightarrow{\text{催化剂}} 6H_2O + 3N_2 \qquad (2\text{-}27)$$

$$4NH_3 + 4NO + O_2 \xrightarrow{\text{催化剂}} 6H_2O + 4N_2 \qquad (2\text{-}28)$$

上述反应已被用于现阶段工业生产中的燃料燃烧脱氮。脱氮效率可达 98%以上，有效地消除了氮氧化物的工业污染。上述反应同时还伴随着一系列副反应：

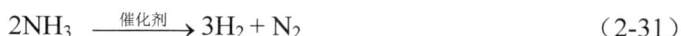

$$4NH_3 + 3O_2 \xrightarrow{\text{催化剂}} 6H_2O + 2N_2 \qquad (2\text{-}29)$$

$$2NH_3 + 2O_2 \xrightarrow{\text{催化剂}} 3H_2O + N_2O \qquad (2\text{-}30)$$

$$2NH_3 \xrightarrow{\text{催化剂}} 3H_2 + N_2 \qquad (2\text{-}31)$$

在悬浮气体与粒子间的化学反应中，上述反应的任何一步都可能控制反应速度。即使距离很短，气体分子扩散到固体粒子内部的速度也较慢，扩散到液体粒子内部的速度较快，并可通过内部循环而增大。如果反应由气体分子到达粒子表面的速率控制，那么最大反应速度为：

$$R_R = \frac{2\pi d_P D_V P}{kT} \qquad (d_p > \lambda) \qquad (2\text{-}32)$$

式中，R_R——反应速度，个/s。

在相同的温度条件下，与凝结过程相同，这种情况称为扩散控制反应。

由于雾霾气溶胶粒子的化学组成不同，不同的气溶胶粒子具有不同的化学性质。雾霾气溶胶粒子表面的无机元素都有可能对空气中的 SO_2、NO、CO、有机物起到催化作用，例如，颗粒物中 Mn^{2+}、Fe^{2+}、Cu^{2+}能催化 SO_2 氧化成 SO_3。

（5）雾霾气溶胶中的化学晶体物质

雾霾气溶胶中存在着各种各样的晶体物质，某些晶体物质既污染环境，又影响大气降水。气溶胶中的晶体物质分为可溶性晶体和难溶性晶体，它们主要存在于 $PM_{2.5}$ 和 PM_{10} 中。如 $(NH_4)_2SO_4$（图 2-1）、NaCl（图 2-2）、$CaCl_2$、$NaNO_3$、KCl、NH_4Cl、NH_4NO_3 都是可溶性晶体。

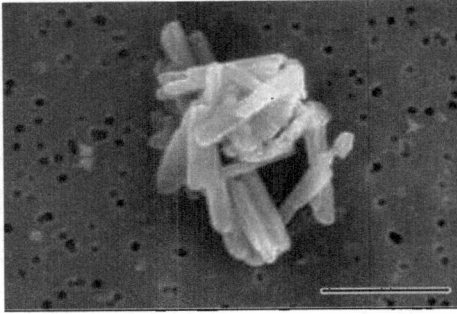

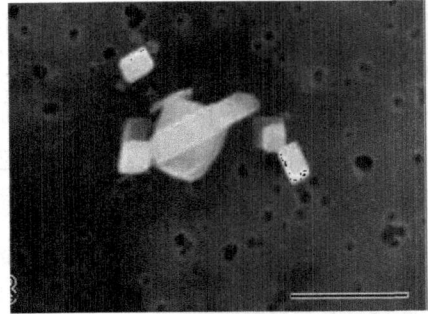

图 2-1 大气气溶胶中的 $(NH_4)_2SO_4$ 晶体形貌　　图 2-2 大气气溶胶中的 NaCl 晶体形貌

按照晶体对称划分，可溶性晶体分为立方形、正交型、单斜型、四方、六方、三方型和三斜等晶系。

这些易潮解晶体物质中的阳离子多以 K^+、Na^+、NH_4^+、Mg^{2+} 为主，阴离子多以 Cl^-、NO_3^-、SO_4^{2-} 和 OH^- 为主。以这些离子化合而成的晶体化合物都是吸水后发生膨胀的化合物，它们是雾霾中的二次粒子，是影响大气能见度的主要物质。同时这些离子都有可能成为暖云降雨时的催化剂，阴离子也有可能成为污染环境的酸雨成云剂。

不溶性和难溶性晶体，如 $Mg(OH)_2$、AgI、Al_2O_3、PbI_2、ZnS、NH_4F、α -SiO_2 等，属于难溶性或不溶性的六方晶体。

不溶性或难溶性的六方晶体物质中以 Ag^+、Pb^{2+}、Cu^{2+}、Fe^{2+}、Zn^{2+} 等金属阳离子为主，多以 I^-、S^{2-}、OH^- 等阴离子为主。这些六方晶体物质虽然不溶或难溶于水，但是它们的表面都会吸附空气中的水分，有些晶体物质还会成为大气中其他物质化学反应的催化剂，成为人工降雨或降雪的催化剂，例如，AgI、PbI_2 和 CuS。有些晶体物质还会起到加速雾霾沉降的作用。

2.3.2.3 雾霾气溶胶的生态效应和生物效应

（1）雾霾气溶胶的生态效应

雾霾气溶胶可以影响动物和人类的健康，引发各种疾病。大气中的化学成分可以通过催化剂因素引发环境污染，如伦敦烟雾事件；大气中的氟利昂和其他温室气体，可以破坏臭氧层，引起温室效应，从而引发全球范围内的生态环境变化。

雾霾气溶胶的生态效应主要表现在烃类污染物能够形成光化学物。排放到大气中的烟雾具有强烈的刺激性，它具有氧化性，能使橡胶开裂，对植物的光合作用产生危害。雾霾气溶胶粒子沉降在植物叶面上，粒子遮挡了叶面气孔或者被植物叶面气孔所吸收而进入气孔内，阻碍了植物叶面的光合作用。长时间滞留于叶面的大气颗粒物在空气中与水接触，会产生酸性物质而侵蚀植物叶面组织，使植物叶子枯黄、脱落，影响植物产量。雾霾气溶胶粒子落到植物叶面上覆盖面积比较大的，就会影响植物的光合作用。

大气颗粒物上往往吸附有各种微生物，如各种细菌、病毒等，从而使接触到这些气溶胶颗粒较多的人群产生细菌性和病毒性的流行性疾病，造成人体健康和社会不稳定效应。

（2）雾霾气溶胶的生物效应和对人体的危害

雾霾气溶胶对人体健康的影响具有广泛、长期、慢性作用等特点。雾霾气溶胶可导致多种疾病的发病率、死亡率上升，是呼吸道炎症、慢性支气管炎、哮喘、肺气肿等，以及促发肺心病、心血管疾病的危险因素。如果长期暴露在雾霾中就可能引发肺癌。有研究表明雾霾中的 PM_{10} 每增加 $10\ \mu g/m^3$，每日死亡率就会上升 10%，呼吸道疾病会上升 3.4%，心血管病会增加 1.4%，哮喘病上升 3%，心肺功能会下降 0.1%。

雾霾中的固体粒子和液态粒子进入人体，危害人体健康，尤其对呼吸系统和心血管系统造成危害。由于雾霾气溶胶中的硫酸雾粒子的毒性比气态二氧化硫的毒性高出 10 倍以上，硫酸雾滴进入人体后，能附着在肺泡上刺激肺泡，增加气流阻力使呼吸困难，引起肺水肿和肺硬化，严重时导致死亡。除此之外，还有气溶胶中的细粒子，这是因为有毒成分大部分都集中在细粒子中。

雾霾气溶胶粒子进入人体的唯一途径是呼吸道，较大的粒子可能停留在鼻腔以及鼻咽部，细小的烟尘可进入并停留在肺部。一般情况下，粒径在 $10\ \mu m$ 以上的粒子可以滞留在呼吸道中；粒径小于或等于 $10\ \mu m$ 的悬浮气溶胶粒子具有极大的比表面积，它们吸附大量的可溶性有机物，特别是那些致突变、致癌物，这些粒子到达肺部后，通过肺细胞的毛细管转移，与人体内的其他敏感组织接触，产生遗传毒理作用。一般来说，$5\sim10\ \mu m$ 的粒子大部分沉积在呼吸道中，被分泌的黏液黏附，可随痰排出；小于 $5\ \mu m$ 的粒子则深入肺部，$0.01\sim0.1\ \mu m$ 的微粒，有 50% 以上将沉积在肺腔中，引起各种尘肺病。突发的高浓度气溶胶污染物可发生急性中毒，甚至在短时间内死亡。

本章参考文献

[1]　Paul A.Baron, Klaus Willeke. 气溶胶测量：原理、技术及应用[M]. 白志鹏，张灿译. 北京：化学

工业出版社，2007.

[2] 张志强，等. 大气气溶胶中若干有机物的含量和季节变化[J]. 中国海洋大学学报，2005，35（4）：661-664.

[3] 祁士华，盛国英，叶兆贤，等. 珠江三角洲地区大气气溶胶中有机污染物背景研究[J]. 中国环境科学，2000（3）：225-228.

[4] 李秋歌，高士翔，王格慧，等. 南京市大气气溶胶中多环芳烃的污染趋势[J]. 南京大学学报（自然科学版），2007，43（5）：556-560.

[5] 邓小红，宋仲容，李晓. 重庆主城区大气环境质量变化分析及对策[J]. 中国环境监测，2007，23（3）：85-88.

[6] 张国权. 气溶胶力学——除尘净化理论基础[M]. 北京：中国环境科学出版社，1987.

[7] 郝吉明，马广大. 大气污染控制工程[M]. 北京：高等教育出版社，2002.

[8] 莫天麟. 大气化学基础[M]. 北京：气象出版社，1988.

[9] 于凤莲. 城市大气气溶胶细粒子的化学成分及来源[J]. 气象，2002，28（11）：1-4.

[10] Allen T. 颗粒大小测定（第三版）[M]. 喇华璞，等译. 北京：中国建筑工业出版社，1984.

[11] 刘钰，魏全伟，王路光，等. 河北省大气 PM_{10} 中多环芳烃的污染特征及苯并[a]芘等效毒性评价[J]. 环境与健康杂志，2009，26（10）：908-910.

[12] 李拥军，陈瑞，刘小云，等. 兰州市空气 $PM_{2.5}$ 中四种水溶性无机盐含量及季节性变化分析[J]. 国外医学地理分册，2015，38（1）：24-27.

[13] 张云，张成君. 兰州市大气降尘中 PAHs 分布与生态风险评价[J]. 环境监测管理与技术，2008，20（5）：20-24.

[14] 彭华. 郑州市环境空气中多环芳烃污染状况及变化规律的研究[J]. 中国环境监测，2008，4（24）：75-78.

[15] 杜刚，刘洋. 沈阳市大气可吸入颗粒物中多环芳烃污染特征研究[J]. 现代科学仪器，2006（3）：77-78.

[16] 李尉卿. 大气气溶胶污染化学基础[M]. 郑州：黄河水利出版社，2010.

[17] 贾岳清，殷惠民，周瑞，等. 北京初冬季 $PM_{2.5}$ 中无机元素与二次水溶性离子浓度特征[J]. 环境化学，2018，37（12）：2767-2777.

[18] 章澄昌，周文贤. 大气气溶胶教程[M]. 北京：气象出版社，1995.

[19] IPCC. Chamte change: scientific hasis 2001[M].Cambridge: Cambridge University Press，2001：291-306.

[20] 李尉卿，崔娟. 郑州市大气气溶胶数浓度和质量浓度时空变化研究[J]. 气象与环境科学，2010，33（2）：7-13.

[21] 庄国顺. 大气气溶胶和雾霾新论[M]. 上海：上海科学技术出版社，2019.

[22] Wang H L，Qiao L P，Lou S R，et al. Chemical composition of PM2.5 and meteorological impact among three years in urban Shanghai，China[J]. Journal of Cleaner Production，2016，112：1302-1311.

[23] 马莹，吴兑，刘建，等. 广州干湿季典型灰霾过程水溶性离子成分对比分析[J]. 环境科学学报，2017，

37（1）：73-81.

[24] 邹亚娟，金承钰，舒加乐，等. 上海春季 $PM_{2.5}$ 和 $PM_{1.0}$ 水溶性无机离子含量特征[J]. 实验室研究与探索，2015（1）：34.

[25] 翟崇治. 城市灰霾监测与研究初论——以重庆市主城区为例[M]. 重庆：西南师范大学出版社，2012.

[26] 张棕巍，胡恭任，于瑞莲，等. 厦门市大气 $PM_{2.5}$ 中水溶性离子污染特征及来源解析[J]. 中国环境科学，2016，36（7）：1947-1954.

[27] 廖碧婷，吴兑，常越，等. 广州地区 SO_4^{2-}、NO_3^-、NH_4^+ 与相关气体污染特性的研究[J]. 环境科学学报，2014，34（6）：1551-1559.

[28] David G. Streets，Carolyne Yu，Ye Wu，et al. 1 Aerosol trends over China，1980-2000. Atmospheric Research，2008（88）：174-182.

[29] Xinhui Bi，Bernd R.T. Simoneit，Guoying Sheng aet Composition and major sources of organic compounds in urban aerosols. Atmospheric Research，2008（88）：256-265.

[30] Roger Atkinson .Atmospheric chemistry of VOCs and NO_x[J]. Atmospheric Environment，2000（34）：2063-2101.

[31] Olivier Favez，Hé lène Cachier，Jean Sciare. Characterization and contribution to $PM_{2.5}$ of semi-volatile aerosols in Paris（France）[J]. Atmospheric Environment，2007（41）：7969-7976.

[32] Hegde P ，Sudheer A K，Sarin M M. Chemical characteristics of atmospheric aerosols over suthwest coast of India [J]. Atmospheric Environment，2007（41）：7751-7766.

[33] Roy M Harrison，Jianxin Yin. Sources and processes affecting carbonaceous aerosol in central England [J]. Atmospheric Environment，2008（42）：1413-1423.

[34] 吴兑，吴晓京，朱小详. 雾和霾[M]. 北京：气象出版社，2009.

[35] 黄翠. 重庆市典型点位 $PM_{2.5}$ 中水溶性离子来源与特征解析[D]. 重庆工商大学学报，2014：15-17.

[36] 曲健，李晶. 沈阳市城区采暖期 $PM_{2.5}$ 中水溶性离子的化学特征[J]. 中国环境监测，2015，31（5）：57-60.

[37] 董喆，姜楠. 郑州市大气 $PM_{2.5}$ 中多环芳烃的污染特征及健康风险评价[J]. 郑州大学学报（理学版），2020，52（2）：108-113.

[38] 李晶，祝琳琳，王男，等. 沈阳市大气 $PM_{2.5}$ 中多环芳烃的污染特征及来源解析[J]. 环境监测管理与技术，2019，31（1）：24-28.

[39] 魏巍，孙萌，代玮. 青岛市重污染天气期间 $PM_{2.5}$ 中水溶性离子特征分析[J]. 黑龙江科学，2019（10）：26-27.

[40] 徐东群，张文丽，戚其平，等. 大气颗粒物污染特征及细颗粒物整体生物效应的研究[C]. 中华预防医学会会议论文集，2002：89-90.

[41] DouoLAS W，Dockery S C D，Xiping Xu，et al. An association between air pollution and mortality in six U.S cities[J]. The New England J Med，1993（329）：1753-1759.

[42] 魏复盛,景立新,林贻菲. 美国新的清洁空气法和空气有毒物质的控制[J]. 环境监测管理与技术,1993,5（3）：8-10.

[43] 熊胜春,陈颖军,支国瑞,等. 上海市大气颗粒物中多环芳烃的季节变化特征和致癌风险评价[J]. 环境化学,2009,28（1）：117-120.

[44] 王莉,吴宇峰,李利荣,等. 天津市环境空气中苯并[a]芘的变化趋势[J]. 环境科学与技术,2005,28（12）：156-157.

[45] 曾凡刚,王关玉,田健,等. 北京市部分地区大气气溶胶中多环芳烃污染特征及污染源探讨[J]. 环境科学学报,2002,22（3）：284-288.

[46] 梅建鸣. 铜陵市环境空气苯并[a]芘污染现状分析[J]. 皖西学院学报,2005,21（5）：55-57.

[47] 李强. 济南市大气颗粒物上多环芳烃的分析和来源解析研究[D]. 济南：山东大学,2006：1.

[48] 李韵谱,刘喆,唐志刚. 北京市某城区大气 PM$_{2.5}$ 中苯并[a]芘暴露的人群致癌风险评估[J]. 实用预防医学,2021,28（9）：1025-1030.

[49] 焦荔,包贞,洪盛茂,等. 杭州市大气细颗粒物 PM$_{2.5}$ 中多环芳烃含量特征研究[J]. 中国环境监测,2009,25（1）：67-70.

[50] 吴鹏,汤春艳,於香湘. 长江中下游某城市环境空气中苯并[a]芘的时空分布及成因分析[J]. 中国环境监测,2013,29（6）：49-51.

[51] 杭维琦,薛光璞. 南京市环境空气中苯并[a]芘的时空分布[J]. 环境科学与技术,2005,28（6）：50-52.

[52] 李晶,曲健,李哲,等. 沈阳市环境空气 PM$_{10}$ 中多环芳烃（PAHs）的污染特征及来源研究[J]. 环境科学与管理,2019,2.

[53] 于秋颖. 包头市 2012—2013 年环境空气中苯并[a]芘调查监测分析及对策[J]. 中国科技纵横,2014（19）：1-2.

[54] 马万里,李一凡,孙德智,等. 哈尔滨市大气气相中多环芳烃的研究[J]. 环境科学,2009,30（11）：3167-3172.

[55] 印红玲,洪华生,叶翠杏,等. 厦门城市气溶胶 PM$_{10}$ 中多环芳烃的健康风险评估[C]. 第三届全国环境化学学术大会论文集,2005：26-27.

[56] 段二红,张薇薇,李璇,等. 石家庄市采暖期大气细颗粒物中 PAHs 污染特征[J]. 环境科学研究,2018,32（2）：193-201.

第3章　雾霾气溶胶污染物的来源及分布

3.1　雾霾气溶胶污染物的来源

雾霾气溶胶污染物的来源是大气气溶胶研究的一大重要课题。雾霾气溶胶的污染源可分为自然源、人为源、地球化学源和二次形成的气溶胶。

3.1.1　雾霾气溶胶的天然来源

一些自然气溶胶粒子是从发生源直接释放到大气中而形成的，这种颗粒物叫作一次气溶胶。气溶胶的天然来源包括沙尘暴、土壤扬尘、海盐、植物花粉、孢子、细菌等，自然界中的灾害事件，如火山爆发向大气中排放了大量的火山灰，森林大火或裸露的原煤自燃事件都会将大量细颗粒物输送到大气层中。

3.1.1.1　火山爆发产生的火山灰及其环境污染

在一些火山活跃的国家和地区经常会发生火山爆发的地质事件及环境事件。火山爆发，喷出的火山灰，受其危害的区域可达几十千米，甚至上百千米。受到火山灰气溶胶粒子污染的区域可达上千千米，甚至上万千米。火山灰气溶胶粒子浓度大的区域会形成霾，如果空气中的湿度大，有可能形成雾霾。随着大气的扩散，一些火山灰将被散落到地球的每个角落。全球火山爆发频率在"二战"前每年 16～18 次，"二战"后每年发生 30～40 次，产生的火山灰粒子达（0.25～1.5）×10^8 t。

1982 年墨西哥的厄奇冲火山爆发，在 20～26 km 高空形成大范围的含硫量极高的火山气溶胶层，几乎遍布全球大气层。1991 年菲律宾皮纳图博火山爆发是 20 世纪最大规模的火山爆发，火山喷发带来的危害一直不断地影响着大气环境。在拉基火山喷发期间，硫酸盐气溶胶使牲畜牧场和饮用水中的氟化物污染严重，导致饥荒造成冰岛约 20%的人口流失。

中国最早记录的活火山是山西大同聚乐堡的昊天寺，它在北魏（公元 5 世纪）时还在喷发（据《山海经》记载）；东北的五大连池火山在 1719 年至 1721 年，猛烈喷发，"飞出者皆黑石硫黄之类，热气逼人 30 余里"（据《宁古塔记略》记载）。1916 年和 1927 年，台湾东部海区的海底火山先后爆发过两次，呈现出"一半是海水，一半是火焰"，蔚为壮观；1951 年 5 月，新疆于田以南昆仑山中部有一座火山爆发，当时浓烟滚滚，形成了一座 145 m 高的锥状体；台湾北部海拔 1 130 m 的活火山——七星山，迄今还在喷发着 SO_2 气体。

　　火山活动喷发出来的物质，包括气体、液体、固体三类。气体喷发物中以水汽最多，一般占 60%~90%；其他成分有 CO_2、CO、H_2S、SO_2、HF、HCl、NH_4Cl、Cl_2、S、N_2 等。在火山活动前后及喷发过程中都可能有气体喷出。液体喷发物以各种熔岩为主，按成分有超基性、基性、中性、酸性、碱性等不同类别。熔岩冷却凝固后形成的岩石称为火山岩或喷出岩。喷出的固体粉状物质为火山灰，根据岩性不同其主要化学成分为 SiO_2：50%~70%；Al_2O_3：13.5%~32%；Fe_2O_3：1.1%~13.8%；CaO：3%~30%；MgO：1%~6%；P_2O_5：0.3%~1.5%；Ti_2O_3：0.1%~1.0%；K_2O：0.1%~2.5%；Na_2O：1.5%~4.6%；MnO：0.5%~2%；SO_3：0.1%~0.5%；烧失量：0.5%~5%。

3.1.1.2　来自森林火灾的雾霾气溶胶

　　世界上的森林火灾几乎每年都有发生，尤其在炎热的夏秋两季是森林火灾爆发的高发期。1987 年 5 月，黑龙江省大兴安岭林区发生特大森林火灾。这场火灾的过火面积 101 万 hm^2，其中有林面积 70 万 hm^2。烧毁储木场成林木 85 万 m^3，火灾对林业资源的破坏、对生态环境的影响难以计算。

　　在国外一些森林覆盖面积大的国家森林火灾爆发的概率非常大，如 1997 年燃烧达数月之久的印度尼西亚森林大火引发了遮天蔽日的烟雾，造成了 265 人被浓烟呛死，4.5 万人生病和数百万人呼吸不适。烟雾困扰还给自然环境和交通带来极大危害，并影响动植物及海洋生物的繁殖和生长。长时间的烟雾弥漫，阳光隐晦，许多植物都无法进行光合作用，干扰了其正常生长，一些蔬菜的块根都会发育不良。动物与昆虫也大受影响，因为它们是凭借阳光的感应而活动的，蜂蝶因此可能无法传授花粉，而影响植物依季节生产果实。农作物得不到充足的阳光普照，收成和质量将受到影响。浓雾还对海洋中的珊瑚和浮游生物的生长产生很大影响，会使海底生物无法获得充足的食物来源。印度尼西亚苏门答腊岛 2016 年 8 月 26 日发生的森林大火导致了周边国家发生严重雾霾，航班被迫取消。

　　森林燃烧所产生的烟主要是粒径较大的气溶胶微粒和细微粒，颗粒的大小在 0.01~60 μm，大部分为 0.1~1.0 μm。美国每年森林火灾产生的烟气微粒物质量高达 350 万 t。

　　林火产生的烟雾能大大降低大气能见度。森林燃烧产生的微粒物质、气体和水蒸气在高温下的混合物也会产生大量的悬浮性的气溶胶，使大气能见度受到严重的影响。当发生特大森林火灾时，强烈的上升气流会携带大量灰尘到空中。据估计，全球由于森林火灾平均每年有大约 800 万 t 尘埃气溶胶被释放到大气中。由于气溶胶粒子和水汽造成散射，对局部地区的大气能见度产生影响。

3.1.1.3　雾霾中海盐气溶胶的来源

海盐气溶胶是通过不同的物理过程所产生的，最常见的一种为海浪形成所产生的泡泡和海洋表面浪花破碎产生，产生过程非常复杂，洋面气泡的破裂是形成海盐气溶胶的重要来源。海水中的盐分由这一过程散布在大气中，这一过程通常在海面上有着强烈的风速时最常见。当海面上风速很强与其他悬浮微粒浓度很低时，海盐为云凝结核与太阳短波散射的主要来源。

此外，海盐为非常有效率的云凝结核，因此在悬浮微粒间接辐射效应的研究上为很重要的悬浮微粒种类。

海盐气溶胶是由洋面气泡崩裂破碎而形成的，图 3-1 示意了海水气泡产生气溶胶的过程。水中气泡一旦形成，因浮力作用上升到水面的气泡顶部首先破裂，气泡上部凸出海面变成帽状液膜。海水从液膜不断下泄，膜帽变得不稳定，当液膜的表面张力不能维持时，膜帽爆破产生粒径很小的液滴。通过液膜震动形成膜滴；爆破后原泡的下半球为低压区，膜帽边缘的海水回流冲击，在原泡底部喷射水柱，水柱上升时因压差减小而断裂形成水柱滴。海水气泡的直径在 100 μm 左右。射流滴的尺度大约为气泡直径的 15%。一个气泡可以生成 1～10 个射流滴。直径 2 mm 的气泡产生的射流滴能抛射到距海面 18 cm 的高度，比它大或小的气泡产生的射流滴都达不到这样的高度。直径 2 mm 的气泡产生的一个射流滴的质量大约为 1.5×10^{-7} g，相当于干核尺度为 25 μm；100 μm 气泡的射流滴为 1.9×10^{-11} g，相当于干核尺度为 1.3 μm；20 μm 的气泡产生 1.5×10^{-13} g 的射流滴，相当于干核尺度为 0.3 μm，更小的气泡被海水吸收，不会产生液滴。因而射流滴的下限大约为 10^{-13} g。直径大于 7～8 mm 的气泡通过膜破裂，产生 5～30 μm 的液滴，相当于干核尺度为 0.6～3.8 μm。小气泡产生膜滴尺度也小，6 mm 气泡可产生 10～1 000 个膜滴，而直径小于 0.3 mm 的气泡不产生膜滴，只产生射流滴。膜滴粒子质量在 10^{-15}～2×10^{-13} g，相当于干核尺度在 0.07～0.3 μm，主要集中在 2×10^{-14} g，相当于 0.1 μm 尺度的干核。浪花碎滴的生成与风速和海水性质有关。海盐气溶胶对海洋大气化学有相当大的影响，已经有人对浪花有关的物理化学过程进行了多方面的研究。

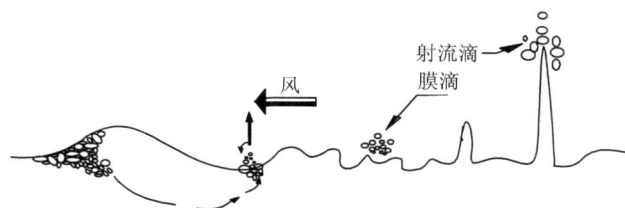

图 3-1　海水气泡破裂生成气溶胶粒子的示意图

此外，二甲基硫酸也为海上主要悬浮微粒的来源之一。当温室效应增强时，此效应会造成海水较以往不寻常的蒸发，在某些地区会使海水盐度升高。有一些微藻为了适应海水盐度的上升，会分泌一种二甲基硫酸化学物质来保护自己。当这些藻类被其他生物捕食或死亡后，其二甲基硫酸就进入海水中，然后再随浪花破碎、扩散进入大气层中。这一效应可以帮助降低地球表层的温度，因为当二甲基硫酸进入大气层后，它会马上被氧化成甲基磺酸颗粒。这种颗粒是形成云颗粒的一种云凝聚核。

3.1.1.4　沙尘风沙气溶胶

地球的陆地面积共有 1.49 亿 km²，沙漠面积约占陆地面积的 10%（0.15 亿 km²），还有 43% 的土地面积正面临沙漠化。我国有八大沙漠、四大沙地，主要分布在西北及北部地区，西起塔里木盆地，东至松嫩平原西部，东西长 4 500 km，南北宽 600 km 的沙漠地带，总面积占国土面积的 1/4 左右，并且每年以 2 400 km² 的速度向外扩展。

沙漠在大风的作用下极易把沙尘扬起，形成沙或沙尘暴天气。沙尘气溶胶的污染使受沙尘暴影响地区的大气质量严重下降。从全球气溶胶粒子的来源看，干旱地区和沙漠地区的扬尘及其尘暴是天然大气气溶胶粒子的重要来源。每年因沙漠和风沙为全球大气带来的气溶胶为（0.5～2.5）×10⁸ t。

沙尘气溶胶的主要化学成分为 Si、Al、Fe、Na、K、Ca、Mn、Mg 等常见地壳元素。另外，还有 Cl、Cu、I、Ti、V、La、Ce、Nd、Sm、Tb、Yb、Lm、U、Au、As、Sb、Ba、Rb、Se、Th、Cr、Sr、Ag、Zr、Cs、Ni、Sc、Zn、Ta、Co、Br、W、Mo、Ga 等微量元素和稀土元素。

沙尘气溶胶中的无机阴、阳离子浓度，由于气溶胶中所含有的 Cl、K、Ca 和 Mg 成分不是都能溶解于水，用离子色谱（IC）方法测定其浓度一般都低于实际值，又由于许多离子诸如碳酸盐和有机离子不能被测定，故阴离子浓度之和不等于阳离子浓度之和。方宗义报道了北京和河西走廊金昌市咀山沙尘气溶胶无机离子的浓度，北京的 Ca^{2+} 浓度最高，而咀山 SO_4^{2-} 最高，依次是 Cl^-、Na^+、K^+、Mg^{2+} 和 NO_3^-，而 NH_4^+ 浓度最低，这些离子浓度在有沙尘暴时比无沙暴时的浓度高数倍甚至超过一个量级，其中以 Cl^-、Ca^{2+} 和 SO_4^{2-} 浓度增加最多。沙尘气溶胶中碱性离子 Ca^{2+} 的浓度在沙尘暴期间超量级的增加，对局地酸雨可起到缓解作用。根据我国酸雨分布，华北和西北地区酸雨发生的频率较低，这可能与该地区沙尘暴频繁发生产生的气溶胶粒子呈碱性有关。

3.1.1.5　地面扬尘气溶胶

扬尘是指地表松散物质在自然力或人力作用下进入环境空气中形成的一定粒径范围的空气颗粒物。扬尘气溶胶是指扬尘粒子小于或等于 10 μm 的飘浮于大气中的细微扬尘颗粒物。

（1）扬尘气溶胶的来源及产生原理

地表的一切松散物质都是扬尘潜在的直接来源，其种类广泛而复杂，例如，路面、硬化地面、屋顶等上面的积尘，裸露地面及山体或因为干旱少雨使地球表面的土壤出现干裂，农田表层松散松弛，河流干枯，各种原料堆、废物堆中的一些细尘颗粒裸露在空气当中，在风力的作用下向大气中扩散，并游移在大气中，继而产生扬尘气溶胶。

形成扬尘气溶胶有 4 个条件：①有贴地层的层流副层较大的风速，足以使尘粒与地表面剥离；②颗粒之间的凝结力小到颗粒能在外界扰动下克服凝结力的束缚；③颗粒直径小到 100 μm 以下，扬尘气溶胶的粒径则小于或等于 10 μm；④有外界的扰动，空气的扰动或人类活动的扰动。

从气象学的原理分析，条件①和条件③是主要条件。一般天气情况下，贴地层总是存在较大的风速梯度，近靠地面的薄层内风速基本上是趋于零的，地表面的风是无法将物质构成的粒子从物质表面剥离出来，只有靠层流的副层来完成。在紧贴地面的大气有几毫米厚度的层流副层，它的运动主要由空气的黏性决定，其上为湍流起作用的近地层。在中性层结大气条件下，近地层的水平风速廓线可表示为：

$$\frac{\mathrm{d}u}{\mathrm{d}Z} = \frac{u_*}{ku} \tag{3-1}$$

$$\frac{u}{u_*} = \frac{1}{k}\ln\left(\frac{Z}{Z_0}\right) \tag{3-2}$$

式中，u_*——摩擦速度，$u_* = \sqrt{\dfrac{S}{\rho}}$；

    S——空气的动量通量；

    ρ——空气密度；

    Z_0——粗糙度；

    k——卡曼常数，$k = 0.417$。

当 $Z_0 = 0$ 时，式（3-2）无任何意义，在 Z_0 附近黏性起主要作用。$Z = \dfrac{\eta}{\rho u_*}$，它通常小于 1 mm，所以粒子首先要跳到 Z_0 高度以上，才能被湍流涡旋夹带着向上输送。一些细微的颗粒长期悬浮于大气中，便形成了扬尘。

（2）扬尘气溶胶的种类

1）土壤风沙尘气溶胶。土壤尘（图 3-2）指直接来源于裸露地表（如农田、裸露山体、滩涂、干涸的河谷、未硬化或绿化的空地等）的尘土刮风时扬起的气溶胶。对于城市而言，除了本地及周边地区的风沙尘（图 3-3）外，长距离传输的沙尘也是不容忽视的尘源。

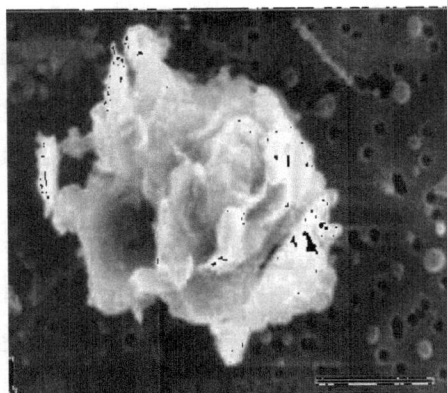

图 3-2 气溶胶中土壤扬尘微观形貌

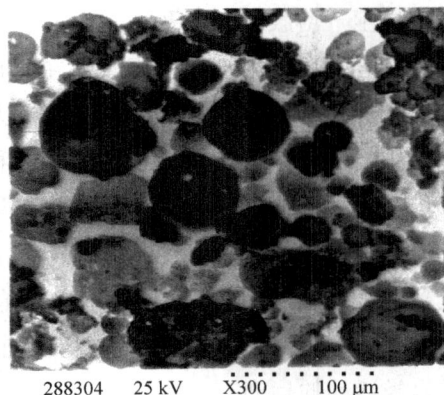

图 3-3 气溶胶中风沙扬尘采样放大图

2）道路扬尘气溶胶。道路扬尘气溶胶是道路上的积尘在一定的动力条件（风力、机动车碾压或人群活动）的作用下，一次或多次扬起并混合，进入环境空气中形成不同粒度分布的尘粒气溶胶。道路积尘主要来源于以下几个方面：①邻近地区由于风蚀、水蚀带来的泥沙与尘土；②生物碎屑，如枯枝落叶，草坪、树木修剪时遗留的碎屑经过干燥、碾压形成尘粒气溶胶；③大气降尘。

3）堆场扬尘气溶胶。堆场扬尘是指各种工业料堆（如煤堆、砂石堆及矿石堆场等）、建筑料堆（如砂石、水泥、石灰等）、工业固体废物（如冶炼渣、化工渣、燃煤灰渣、废矿石、尾矿和其他工业固体废物）、建筑渣土及垃圾、生活垃圾等由于堆积和装卸操作以及风蚀作用等造成的扬尘。

4）施工扬尘气溶胶。施工扬尘气溶胶是指在城市市政建设、建筑物建造与拆迁、设备安装工程及装修工程等施工场所和施工过程中产生的固体气溶胶粒子。目前，我国正处于城市建设的高峰时期，建筑、拆迁、道路施工及堆料、运输遗撒等施工过程中产生的建筑尘，已成为城市重要的扬尘气溶胶来源。

（3）扬尘气溶胶的化学组成

扬尘气溶胶的化学组成与尘源和地域有着密切的关系。一般情况下，扬尘气溶胶的化学组成与地壳土壤元素相近，其主要元素有 Si、Al、Ca、Fe、Mg、Na、K、S 和有机物等。微量元素则由于尘源和地域的不同可能含有 As、Ba、B、Cu、Cr、Mn、Ni、Pb、Sr、Ti、V、Zn、Zr 等。有些地区的扬尘中还含有 Ag、Be、Bi、Cd、Hg、Mo、Sb、Se 痕量元素、放射性元素和稀土元素。但是，世界各地和我国各地的扬尘气溶胶中的组分没有明显规律。表 3-1 列出了我国几个城市道路扬尘气溶胶和土壤风沙尘气溶胶的化学成分谱。

表 3-1　我国几个城市道路扬尘气溶胶和土壤风沙尘气溶胶化学成分谱　　　单位：%

化学组成	太原		开封		郑州		石家庄		济南	
	道路尘	土壤尘	道路尘	土壤尘	道路尘	土壤尘	道路尘	土壤尘	道路尘	土壤尘
Na	0.668	0.709	1.854	1.710	2.123	2.082	0.585	0.754	1.248	0.313
Mg	1.532	1.643	1.166	0.910	1.168	1.255	0.957	1.732	2.312	1.499
Al	6.264	8.971	7.493	9.082	9.077	7.578	7.181	7.845	6.969	6.176
Si	22.327	26.096	25.01	23.49	24.443	25.749	16.969	24.914	15.711	25.348
P	0.133	0.102	0.113	0.081	0.120	0.088	0.112	0.104	0.101	0.092
K	1.349	1.683	0.827	0.816	0.932	0.915	1.342	2.098	1.454	2.212
Ca	19.708	9.119	6.373	7.007	9.148	5.628	6.371	4.680	18.029	4.911
Ti	0.286	0.421	0.258	0.161	0.359	0.423	0.457	0.463	0.551	0.453
V	0.006	0.009	0.003	0.003	0.013	0.013	0.005	0.010	0.012	0.010
Cr	0.008	0.010	0.017	0.006	0.008	0.006	0.005	0.021	0.102	0.007
Mn	0.053	0.072	0.040	0.027	0.077	0.063	0.065	0.083	0.110	0.113
Fe	3.319	4.075	2.302	2.547	5.227	3.604	4.141	4.525	6.037	3.592
Co	0.002	0.002	0.003	0.001	0.003	0.002	0.002	0.002	0.004	0.003
Ni	0.003	0.005	0.003	0.005	0.006	0.006	0.004	0.005	0.003	0.004
Cu	0.009	0.010	0.003	0.007	0.018	0.006	0.008	0.005	0.023	0.008
Zn	0.031	0.022	0.008	0.046	0.147	0.054	0.081	0.013	0.133	0.019
As	0.001	0.001	0.001	0.001	0.001	0.001	0.000	0.000	0.001	0.001
Cd	0.040	0.056	0.000	0.000	0.001	0.001	0.070	0.064	0.001	0.070
Pb	0.010	0.010	0.001	0.005	0.007	0.004	0.024	0.005	0.006	0.004
Tc	12.212	6.058	1.681	4.065	10.988	4.418	10.646	5.746	9.502	4.291 6
OC	10.678	3.948	0.920	2.121	1.822	10 686	9.752	5.322	6.364	3.963 9
NH_4^+	0.021	0.028	0.000	0.003	0.447	0.259	—	—	0.010	0.017
Cl^-	0.295	0.051	0.003	0.022	0.026	0.124	0.134	1.172	0.303	0.064
NO_3^-	0.000	0.000	0.000	0.002	0.222	0.034	0.134	1.257	0.192	0.2151
SO_4^{2-}	1.784	0.568	0.004	0.156	2.397	0.246	3.195	2.983	3.398	0.926

　　由表 3-1 化学分析数据表明，各地的道路扬尘气溶胶组分主要是 Si、Al、Fe、Ca、Mg、Na、K 和 Tc。

　　（4）天体物质陨落带来的气溶胶

　　宇宙尘是地球的物质来源之一，也是大气层中气溶胶的来源之一，经统计，自远古代以来地表中均发现有宇宙尘。其现代沉降率约为 $5×10^5$ t/a。地层、岩浆岩和深海沉积物中的宇宙尘研究，可作为深海沉积物层序的划分依据，也可作为地层对比和岩石成因的一种标志。

　　太阳系中出现陨星的平均高度为 95 km。约在 80 km 高度绝大多数陨星因高速运行产生强烈摩擦生热而燃烧消融。很少一部分被称为陨石的物质落至地面。大多数陨星非常小，只有那些经过燃烧急剧减速达到燃烧点温度以下的才能残存，称为微陨石。这些来自黄道平面的行星际尘埃，其直径为 1～100 μm。由陨星正气凝成的烟粒子更小，直径 10^{-2}～1 μm。

平流层中的粒径为 10 μm 左右的粒子多半保留有原始流星体的结构和成分，形状不规则，为多矿物集合体。主要矿物为橄榄石、顽火辉石、斜方辉石、铁镍金属、陨硫铁、碳化硅和石英等。部分宇宙气溶胶尘粒具有松散多孔状结构，有的尘粒还含有含水层状硅酸盐矿物，含碳 2.2%～15%，与碳质球粒陨石相接近。

张秀英等研究了随州陨石的全分析，数据如下：SiO_2：39.59%～39.77%；Al_2O_3：2.21%～2.23%；FeO：14.54%～15.12%；MgO：24.84%～24.85%；CaO：1.76%～1.80%；K_2O：0.11%；Na_2O：0.93%～0.94%；TiO_2：0.11%；P_2O_5：0.23%；MnO：0.38%；Cr_2O_3：0.59%；TFe：22.11%～22.24%；Ni：1.23%～1.26%；Co：0.064%；FeS：6.61%；Cu：0.013%～0.044%；Zn：0.012%～0.035%；C：0.038%～0.059%。

钟红海等用中子活化法研究了随州的陨石微量元素，数据如下：Co：566 μg/g；Zn：53.5 μg/g；Ti：733 μg/g；Sr：13.3 μg/g；V：71.7 μg/g；Ce：1.37 μg/g；Nd：1.05 μg/g；As：1.68 μg/g；Se：17.1 μg/g；Ba：4.64 μg/g；Sb：116 ng/g；La：324 ng/g；Sm：210 ng/g；Eu：82.1 ng/g；Gd：396 ng/g；Tb：80.1 ng/g；Yb：210 ng/g；Lu：37.7 ng/g；Cs：77.7 ng/g；Br：97.2 ng/g；U：10.4 ng/g；Th：36.9 ng/g；Au：168 ng/g；Ir：442 ng/g；Ru：831 ng/g。

宇宙尘埃对天然气溶胶贡献了部分微量元素和稀土元素。其中的一些有害元素（如放射性元素和重金属）会给环境带来影响，是研究雾霾气溶胶不可忽视的部分。

（5）大气生物气溶胶的来源

大气生物气溶胶的来源主要是生物的各种微粒，如花粉、真菌菌丝体的碎片或真菌孢子、细菌细胞和孢子、病毒、原生动物、昆虫的排泄物或碎片、哺乳动物的毛发或皮肤鳞片，以及有机物的其他成分、残留物、产出物，如细菌脂多糖，即内毒素或真菌毒枝菌素。细菌气溶胶广泛存在于室内和室外空气中。室外空气中大于 0.2 μm 的所有粒子，30%是生物粒子。

生物源的花粉源一般以面源的形式出现，季节性较强，一般集中在春季和秋季，例如，春季的月季花、油菜花、杨树花、槐树花、柳树花、梨花、桃花、小麦花、悬铃木花等扬花传粉，秋季的玉米花、水稻花、高粱花、桂花、菊花等开花授粉，是大气生物气溶胶的主要来源。

3.1.2　雾霾气溶胶的人为来源

工业生产活动和农业生产活动、交通机械、车辆排放、建筑粉尘和生活燃烧排放等产生的气溶胶属于原生源中的人为源。主要分为居民生活污染源、工业污染源和交通污染源三大类。

3.1.2.1　居民生活气态污染源

居民生活气态污染源是指居民、酒店、饭店等日常烧饭、取暖、沐浴等活动，燃烧化石燃料向大气中排放的污染气体（如烟气、SO_2、NO_x、CO、CO_2、挥发性有机物等）、液态物质（如油烟类气、液滴）和固体（如烟尘中的粉尘、烟炱等颗粒状污染物等）。居民家庭、饭店、办公场所、商场、娱乐场所使用的空调、冰箱排放的含氟气体、室内粉尘粒子、电视机排放的静电辐射尘粒等。另外，还有来自人体排泄所造成的 H_2S、NH_3 和 CH_4 气体，因倾倒生活垃圾造成的粉尘污染和生物病菌类等。这类污染源属于固定源，具有分布广、排量大、污染程度低等特点，是城市大气气溶胶污染的重要来源。其中酒店、餐馆及茶馆、浴房等服务业，多位于闹市区或居民生活区，其排放的 SO_2、NO_2、油烟气不但污染了周围的空气，也对居民的生活及身体健康造成一定的危害。

3.1.2.2　工业大气气溶胶污染源

工业大气气溶胶污染源主要来自工业生产。在工业生产过程中所需的动力、热能、电能等主要来自燃料的燃烧。工业生产过程种类繁多，许多生产过程都会产生种类不同的粉尘气溶胶。同时在工业生产过程中，由于所用原料、生产方式等的不同，还会有大量不同种类的有害物质和气体进入大气中。特别是一些仍然在使用陈旧落后工艺的传统行业，其对大气的污染更为严重。产生粉尘气溶胶的生产过程均与工艺特点及生产设备有关，这种由于生产过程而产生的粉尘气溶胶称为生产性粉尘气溶胶。生产性粉尘气溶胶主要来自以下工业部门。

（1）冶金工业部门

黑色冶金企业中的选矿厂、烧结厂、焦化厂、耐火材料厂、炼铁厂、炼钢厂、轧钢厂、铁合金厂等工厂的生产过程都会产生大量的粉尘性气溶胶。

选矿厂中的矿石破碎、筛分、选矿、过滤、矿石运输等过程都有粉尘产生。烧结厂原料的储备、混合配料和烧结等过程均会产生大量的粉尘。焦化厂煤炭的储备、焦炉的装煤、推焦、炼焦、熄焦等过程均会产生大量的烟尘。烧制耐火材料的原料加工储备、原料煅烧、检选、破碎、粉碎、混合、运输、成型、干燥、浇成和成品存放等过程，还有镁砂、白云石砂、冶金石灰、配料、烧成等车间的生产过程都产生大量的粉尘和烟气。炼铁厂中原料车间的储运过程，铸矿石储备、破碎、铁机室的碾泥、装卸和铁水罐修理过程都会产生粉尘气溶胶。在炼钢厂中，原料的加工储备、准备车间散装物料的装卸、化铁炉、混铁炉和冶炼车间的平炉、转炉、电炉等都会产生大量的粉尘气溶胶。铁合金厂主要冶炼各类铁合金材料和还原剂，在生产过程中，原料加工、焙烧、冶炼、精整、回收等过程都会产生大量的粉尘。钢铁厂燃用焦炭，使用各种矿物原料加之粉碎、运输、卸料和炉膛高温可向大气中排放含铁的微细粉尘、碳酸钙粉尘、粉煤灰、焦炭尘粒、作为助熔剂的萤石粉和 HF、CO 和 HC 等。尤其是炼焦行业向大气中排放大量的炭黑微粒和有机碳，它是大气一次气溶胶中有机物的主要组成部分。

Al_2O_3 生产无论采用拜耳法、烧结法和联合法都会使用大量的铝土矿石，在矿石的破碎过程中会产生大量的铝矾土粉尘气溶胶，在提取 Al_2O_3 过程中，煤气发生炉也会向大气中排放飞灰、煤尘、焦油和烃类。Al_2O_3 电解生产企业在还原铝的过程中，由于采用了冰晶石（CaF_2）熔融剂，电解铝时在排放的气体中会有一定量的含氟颗粒物和 HF 排放出来，造成生产厂周围大气气溶胶中氟化物的严重超标。

有色冶金企业中的铅冶炼、锌冶炼、铜冶炼等生产过程都会产生粉尘气溶胶，例如，铜冶炼厂中的备料和干燥车间，包括精矿仓库、熔剂工段（熔剂仓库、破碎和筛分等）、配料和干燥工段等。产生粉尘颗粒物的主要工序有熔剂（石英石、石灰石、磁铁矿）的破碎、转运及混合料的卸料和转运。在冶炼车间中，粉尘是由于精矿和熔剂在炉顶加料时产生的。铅冶炼厂中，烧结车间准备工段的稿矿、熔剂、燃料破碎系统散发的粉尘较为严重，烧结机尾是烟尘气溶胶污染最为严重的环节。烧结块的转运、破碎、筛分等过程也都会产生大量粉尘。铅熔炼车间备料工段中，在装卸烧结块、焦炭和熔剂时产生大量粉尘。

（2）化工部门

如化工厂、化肥厂、炼油厂、电化厂、沥青厂、油毡纸厂、颜料厂等。各种化工原料的生产过程都会产生粉尘。

炼油厂向大气中排放油烟粒子、CO、SO_2、NO_x、HC 和粉尘。此外，化工、化肥、农药、制药行业由于选用的原料绝大多数为化学品，所以，它们除了因化学反应和挥发排放 SO_2、NO_x、H_2S、酸雾、CO 之外还排放各种颗粒物。此类污染源由于工矿企业的生产性质和流程工艺的不同，其所排放的污染物种类和数量大不相同，但共同的特点是排放源集中、浓度高、局地污染强度高，是城市大气污染的罪魁祸首。

（3）电力工业部门

火力发电厂由于锅炉燃用大量的煤炭和各种油料，在运输、粉碎及燃烧过程中向大气排放大量的粉煤灰、飞灰和煤尘。燃烧向大气中排放出大量的有害气体。这些污染物的主要化学成分是无机碳和有机碳、SiO_2、Al_2O_3、Fe_2O_3 和 CaO 等。排出的气态污染物有 SO_2、NO_x、CO、HC 等。

（4）机械工业部门

铸造车间的铸件大部分是在砂模内进行浇铸的，在运输和使用型砂、铸件熔砂清理过程中产生大量的粉尘。

　　铸造车间通常包括砂处理、砂准备及砂再生工序，熔化工序，造型、浇铸及落砂工序，泥芯、清理工序，实验室及辅助部分都会产生大量粉尘。

　　表面处理车间在酸洗、电镀、钝化、氧化、皂化、铅阳极氧化前的光化、铅合金阳极氧化处理、铅阳极氧化后的封闭处理、磷化、浸亮等过程会产生大量的粉尘和热处理化学药物气溶胶。熔剂车间，主要是煅烧和加工供给炼钢、炼铁作熔剂及辅助材料用的白云石、石灰和石灰石，还要对焦炭粉、硅铁粉、耐火砖粉、煤粉等进行碾碎、筛分，对铁矿石、锰矿石、铁矾土、萤石等进行操作，这些过程中的装卸、运输、破碎、筛分等都会产生大量粉尘。

　　（5）轻工部门

　　如造纸厂、橡胶厂、陶瓷厂、碳素厂、制革厂、制糖厂、塑料厂、卷烟厂、纺织厂、冰晶石厂、合成洗涤剂厂等。橡胶厂中，作为添加剂的碳酸钙、陶土、滑石粉以及作为掺合料的炭黑，在加工、运输过程中都会产生大量的粉尘气溶胶。陶瓷厂中，原料的制备（如瓷泥的破碎、筛分、粉碎、混合等）、瓷坯的加工等过程都会产生大量粉尘。卷烟厂也会向大气中排放烟叶粉尘、烤烟烟尘、香料气溶胶等。

　　（6）建筑材料工业部门

　　如水泥厂、玻璃厂、砖瓦厂、石膏矿、石棉矿、石墨矿、玻璃棉矿、矿石粉厂等。水泥厂中的主要设备，如加水泥回转窑、烘干机、冷却机和各种破碎设备等都是尘源。此外，还有原料和成品的装卸、运输和包装等过程，也都会产生大量的粉尘。玻璃厂生产过程中，在对原料（砂岩、硅砂、白云石、长石、石灰石、菱镁石、纯碱、芒硝、萤石和硼砂等）进行破碎、粉磨、筛分、称量、配料、混合、输送及玻璃池窑高温熔炼时均会产生大量粉尘。普通砖瓦厂使用的主要原料是黏土、页岩、煤矸石、煤、粉煤灰等，在生产过程中，对原料进行破碎、筛分、搅拌、运输时都会产生大量的粉尘气溶胶。对半成品的干燥和运输业会产生大量的粉尘颗粒物。使用的轮窑、隧道窑和倒焰窑等在焙烧过程中也会排放大量烟尘气。表 3-2 列出了各类工业企业排向大气中的主要污染物。

　　我国 2019 年城市废气中颗粒物的排放量见表 3-3。从表 3-3 可以看出，城市的颗粒物主要来自工业粉尘，年增长率在 8.5% 左右。

表 3-2　各类工业企业排向大气中的主要污染物

工业部门	产生污染物的企业	排放的主要污染物
电力	火力发电厂	粉煤灰、飞灰、煤尘、SO_2、NO_x、CO、苯
冶金	钢铁厂	烟尘、SO_2、NO_x、CO、氧化铁尘、氧化钙尘、碳酸钙尘、锰尘
	有色冶金	飞灰、氟化钙尘、各种有色金属尘（如 Pb、Zn、Cd、Cr、Cu、Al）、SO_2
	炼焦厂	烟尘、焦炭粒、SO_2、CO、H_2S、Na、苯、酚、烃类
化工	石油化工厂	SO_2、H_2S、NO_x、氰化物、氯化物、烃类
	氮肥厂	烟尘、NO_x、CO、NH_4^+、硫酸气溶胶
	磷肥厂	烟尘、氰化物、硫酸气溶胶
	硫酸厂	SO_2、NO_x、As、硫酸气溶胶
	氯碱厂	Cl_2、HCl
	化学纤维厂	烟尘、H_2S、NH_4^+、CS_2、甲醇、丙酮、二氯甲苯
	合成橡胶厂	丁二烯、苯乙烯、己戊烯、己戊二烯、丙烯腈、二氯乙醚、乙硫醇、氯甲烷
	农药厂	As、Hg、Cl_2、各种农药中间体和产品
	水晶石厂	HF、含氟颗粒物
机械	机械加工厂	铸造烟尘、热处理化学药物气溶胶
轻工	造纸厂	烟尘、硫醇、H_2S
	卷烟厂	烟叶粉尘、烤烟烟尘、香料气溶胶
	纺织厂	纤维飘尘
	制革厂、印染厂	铬盐气溶胶、恶臭气体
建材	水泥厂	水泥粉尘、煤炭粉尘、土壤粉尘、烟尘
	玻璃、陶瓷厂	SiO_2、HF、SO_2、H_2S、含氟粉尘
	砖瓦、石材厂	$CaCO_3$ 尘、煤尘、飞灰、SO_2、H_2S

表 3-3　我国 2019 年城市废气中颗粒物的排放量　　　　　　单位：万 t

城市	排放量	城市	排放量	城市	排放量
重庆	16.841 4	乌鲁木齐	4.438 7	呼和浩特	2.073 8
贵阳	12.983 2	福州	4.364	天津	2.683 3
昆明	8.258 1	银川	4.294	长沙	2.628 9
哈尔滨	8.098 8	成都	4.155 4	南宁	2.233
南京	7.745 2	石家庄	3.575	南昌	2.004 2
合肥	7.64	广州	3.509 1	上海	1.821 8
长春	7.287 1	杭州	3.425 6	西安	1.808
西宁	5.688	太原	3.163 6	济南	1.766 6
兰州	5.601 7	武汉	3.007 8	北京	1.603 1
沈阳	4.803 6	郑州	2.938 2	拉萨	0.780 8

3.1.2.3　交通污染源

由汽车、飞机、火车和轮船等交通运输工具运行时向大气中排放的烟尘和尾气称为交通流动污染源，由修建公路、铁路、机场和海港码头时向大气排放的粉尘、烟气、沥青气溶胶称为交通固定污染源，二者总称为交通污染源。交通污染源的主要污染物是烟尘、有机碳、多环芳烃化合物、苯并[a]芘、NO_x、SO_2、土壤粉尘、有害金属和非金属元素尘埃等，是城市大气环境恶化的主要原因之一。

①汽车自身排放的尾气气溶胶。汽车排放的尾气已成了大气污染的主要污染源。城市空气中有害物质的 60% 是汽车排放出来的。汽车排放的主要污染物有 CO、NO_x、HC和 Pb（如果使用含铅汽油）；柴油车排放的污染物主要有 NO_x、PM、HC、CO 和 SO_2。当汽车发动机燃用合格汽油且运行正常时，CO 占排放物的 2.7%，而减速时为 3.95%，低速运行时为 6.9%。与发达国家相比，我国机动车污染物排放量相当惊人。以日本东京为例，20 世纪 90 年代东京拥有机动车 400 万辆，而 CO 和 NO_x 的排放量基本分别稳定在 10 万 t 和 5 万 t 左右，而北京市 1995 年机动车仅为 100 万辆，CO 和 NO_x 的排放量却分别高达 97.2 万 t 和 9.8 万 t，大约分别为日本排放量的 10 倍和 2 倍。

汽车行驶造成的自身磨损与消耗（如轮胎、刹车垫的磨损，尾气净化装置的老化与消耗等）及尾气排放：汽车排放出来的尾气是 200 余种化学物质的混合物，包括气味浓烈具有强烈刺激作用的乙醛、氧化氮、碳氢化合物，燃料未燃烧或燃烧不完全的组分、未经分解的碳氢化合物、乙烯、戊烯等未饱和烃。

②铁路上奔驰的内燃柴油机车燃烧会排放出有机碳，如多环芳烃化合物、NO_x、SO_2。

③飞机在起飞时会向空气中排放出燃烧不完全的碳氢化合物、VOC、CO 和 CO_2，在天空飞行的过程中也会排放出大量的含碳氢化合物尾气、NO_x、SO_2 和甲烷等。

④船舶柴油机排放对环境和人类健康的影响也非常严重，其主要排放及污染物有 NO_x、HC、CO_2、SO_2、烟尘等。NO_x、HC 和 O_2 在阳光照射下会发生光化学反应产生光化学烟雾。

3.1.2.4　农业污染源

农业污染源主要是施用农药、化肥、有机粪肥和秸秆焚烧等过程产生的有害物质挥发、扩散，以及施用后期 NO_x、CH_4、挥发性农药成分从土壤中逸散进入大气等形成的污染源。施用农药时，一部分农药会以粉尘等颗粒物形式逸散到大气中，残留在作物上或黏附在作物表面的仍可挥发到大气中，进入大气的农药可以被悬浮的颗粒物吸收并随气流向各地输送，造成农药的大气污染。大气农药污染源主要为农药仓库、种子拌药场所以及使用杀虫剂和矿物肥料的土地本身。棉花在加工过程中，会有古仁乐生灭菌剂和灭尔谷仁消毒剂释放出来，污染大气甚至可能波及很远的地方。

生物质燃烧已成为全球重要的大气微痕量成分排放源，其排放及二次形成的气溶胶颗粒物、污染气体（CO、SO_2、NO_x、O_3 等）对区域和局地空气质量、大气化学过程乃至气候变化产生重要影响。我国是一个农业大国，每年有大量的农作物秸秆产生。长江三角洲地区由于其经济较为发达，生活方式得以改变，原本用于薪柴的秸秆被大量露天焚烧。秸秆的无序焚烧导致空气中烟尘、颗粒物和其他污染物的浓度急剧增加，空气质量下降，所排放的污染物在不利于污染物扩散的天气形势下，导致了本地空气质量的恶化，并且向没有秸秆焚烧的城市群输送，给人民生活和环境保护造成了不良影响，对本身就不容乐观的城市空气质量造成了非常严重的影响。

王丹等（2007）利用离子色谱对秸秆燃烧排放颗粒物样品的可溶性组分进行测试，结果见表 3-4。

表 3-4 各类型秸秆燃烧排放颗粒物中水溶性离子的排放因子

秸秆种类	阳离子					阴离子				
	Na^+	NH_4^+	K^+	Mg^{2+}	Ca^{2+}	F^-	Cl^-	NO_2^-	NO_3^-	SO_4^{2-}
麦秸秆										
陕西西安/（g/kg）	0.034	nd	0.982	0.004	0.062	0.001	0.969	nd	nd	0.167
河北唐山/（g/kg）	0.225	0.032	0.546	0.006	0.079	0.006	0.909	0.021	nd	0.207
平均值/（g/kg）	0.13	0.016	0.764	0.005	0.071	0.004	0.939	0.011	nd	0.187
百分比/%	6.12	0.75	35.94	0.24	3.34	0.14	44.17	0.52	nd	8.8
稻谷秸秆										
江苏常州/（g/kg）	0.084	nd	0.58	0.001	0.044	0.001	0.689	nd	nd	0.243
江苏淮安/（g/kg）	0.097	0.007	1.074	0.01	0.083	0.001	1.194	0.01	0.08	0.22
湖北谷城/（g/kg）	0.041	nd	0.271	0.003	0.02	nd	0.382	nd	nd	0.139
四川自贡/（g/kg）	0.038	nd	0.381	nd	0.029	nd	0.462	nd	nd	0.128
广西灵山/（g/kg）	0.062	nd	0.387	0.006	0.067	0.001	0.672	0.004	0.65	0.075
平均值/（g/kg）	0.064	0.001	0.539	0.004	0.049	0.001	0.68	0.003	0.146	0.161
百分比/%	4.25	0.07	35.14	0.26	3.2	0.07	44.42	0.2		10.52
玉米秸秆										
山东阳谷/（g/kg）	0.063	nd	0.22	0.003	0.057	0.003	0.477	nd	nd	0.13
吉林白城/（g/kg）	0.147	0.002	0.124	nd	0.134	0.004	0.345	0.021	nd	0.181
河南洛阳/（g/kg）	0.063	nd	0.165	0.029	0.029	0.003	0.285	nd	0.076	0.063
内蒙古呼和浩特/（g/kg）	0.079	nd	0.239	0.001	0.036	0.001	0.395	nd	nd	0.141
平均值/（g/kg）	0.088	0.001	0.187	0.001	0.064	0.003	0.376	0.005	0.019	0.129
百分比/%	10.09	0.12	21.45	0.12	7.34	0.344	43.01	0.57	nd	14.79
棉花秸秆										
新疆石河子/（g/kg）	0.102	nd	0.735	nd	0.046	nd	0.726	nd	nd	0.216
百分比/%	5.59	nd	40.27	nd	2.52	nd	39.78	nd	nd	11.84
总体平均值/（g/kg）	0.086	0.003	0.475	0.003	0.057	0.002	0.625	0.005	0.018	0.159
总体百分比/%	6	0.21	33.15	0.21	3.98	0.14	43.62	0.35	nd	11.1

注：nd 表示未检出。

3.1.2.5　气溶胶中微生物的来源

气溶胶中的微生物大多来自土壤、水体或病人、病畜等生物体的排泄物。大多微生物寄生于动物或人体内，它们可通过呼吸道排出直接污染大气，还可以排泄物的方式如痰液、粪便或病体患处的汁液及沾染病毒的纱布和胶布排放到空气中，土壤中的微生物随扬尘进入大气中，与大气中的液体和气体形成气溶胶而污染环境。因食物污染而产生的腐烂变质，也是微生物污染来源之一。

室外环境的空气中微生物的浓度与当地的人口密度、植被群落、地表铺垫、气温高低、湿度大小、气流方向、日照强度等因素有密切关系。通常情况下，靠近地面的空气污染最严重，随着高度的增加，空气中微生物的数量逐渐减少，在氧气稀少的平流层大气中几乎没有微生物。一些植物的花粉是过敏性污染物，如臭蒿、艾蒿、茵陈蒿、豚草等植物的花粉能够引起过敏性哮喘。柳树、杨树等树木的种子生长有种缨（细毛），种子成熟时在大气中飘游，可对人体健康和各种室外活动带来影响。

在通风不良、人员较多的室内环境中，空气中的微生物较多，过敏性病原体（如尘螨）是家庭生活中的主要生物污染物。尘螨主要滋生在家庭卧室中，可以隐藏在衣服以及各种纤维制品中。螨虫体积微小，可在大气中飘游、迁移，从而造成污染。螨虫及其分泌物和排泄物都可引起哮喘、鼻炎、湿疹。

在很多行业及职业的环境中，生物活性有机材料的处理会成为生物气溶胶高强度排放源，这些生物活性有机材料包括植物、干草、稻草、木材、谷类、烟草、棉花、有机废物、废水或金属加工中的液体。在农业和园林环境中，对真菌和放线菌孢子的暴露可能非常严重。鸟类和啮齿类动物的粪便是病毒和真菌的来源之一。

在人类居住的环境中，由于建筑结构中微生物的生长，静止的水是微生物生长的良好场所，是潜在的生物气溶胶来源之一。除水之外，微生物在少量的蛋白质存在的建筑材料中，如纤维、木材、石棉、膨胀珍珠岩、蛭石和建筑涂料中等都有可能成为生物气溶胶的生长繁衍之处。在室内环境中，人、猫、狗的皮肤屑、尘螨和蟑螂的排泄物也是空气中细菌的来源之一。

大气气溶胶中可能存在的有毒物质种类很多，包括有机化合物、无机化合物、有机金属化合物、各种形式的痕量金属、溶液、蒸汽，以及来自植物或动物的化合物。许多生物体本身多具有毒性污染物，例如，各种细菌和病菌，大气中寿命较强的微生物要属霉菌、酵母菌、枯草杆菌、细球菌等。真菌孢子对空气的污染一年四季都存在，常见的真菌有青霉菌、曲霉菌、丛梗孢菌、色串孢菌等。

3.2 雾霾气溶胶的形成机理和过程

质粒的聚合可改变气溶胶的尺度谱，但不会引起质量浓度的变化，而系统内部的气体向质粒的转化过程，既改变尺度谱特征，又使质量浓度增加。气体与粒子转化过程主要在于掌握其机制和了解转化速率。气体与粒子转化一般包括匀质气相核化过程和质粒表面或液滴内的物理、化学作用。

雾霾气溶胶粒子是通过物理和化学过程形成的，首先是气溶胶粒子的成核过程，即气体向固体或液体粒子的转化过程。这个过程，从大气动力学的角度可分为以下4个阶段：

①均相成核或非均相成核，形成细粒子分散在大气中；

②在细粒子表面经过多相气体反应，使粒子长大；

③由于布朗运动凝聚和湍流凝聚粒子进一步增大；

④经干沉降（重力沉降或与地面撞击后沉降）和湿沉降（淋雨或冲刷）进行清除。

以上过程属于物理过程，但也是以化学反应为推力的过程，即在大气中的化学反应提供了分子物质或自由基，它们在互相碰撞中结合成分子团或沉积在已有的核上。

气溶胶粒子的形成过程分为原生一次性和次生二次性粒子。其形成过程大体上可分为以下两部分：

①粉碎生成部分，即液体粉碎产生的海水飞沫蒸发和固体粉碎产生的扬尘。

海盐气溶胶的来源是这一形成过程中的原生一次性"破碎生成"的气溶胶。

②气体与粒子的转化，其转化过程如下：

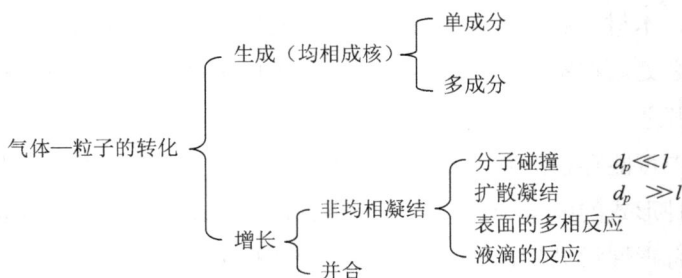

上述 l 为分子自由程，d_p 为粒子的粒径。当粒子粒径非常小时，其凝结增长需用分子运动理论来解释，当粒径很大时，可用气体的扩散凝结理论来解释；考虑到化学反应则有发生在粒子表面的多相反应和液滴内的液相反应。

硫酸盐气溶胶、汽车排气中的 NO、HC 等发生光化学反应生成的 O_3、过氧乙酰硝酸酯等是产生过程中的次生二次性"气体—粒子的转化"气溶胶。

3.2.1　气溶胶粒子形成的匀质成核原理和过程

当某物种的蒸汽在气体中达到一定饱和度时，由单个蒸汽分子凝结成分子团的过程，称为匀质成核。

若要有较大的成核速度，必须要有较大的过饱和度。但在自然界中实际上不容易发生均相成核作用。这是因为自然界中物种过饱和度不是很高，且大气中成核胚芽很少是单一组分的物质，往往是多种物质的聚合体，其形成初期都要在大小超过某一临界值后才能形成稳定的胚芽并不断长大，这是气体分子向气溶胶粒子转化初期的一般规律。

自由能障决定于介质的组成、温度和压强，通过改变这些因子以期减小自由能障，即可引起溶胶的不稳定性，从而产生核化和聚合现象。从一个连续相形成新相质粒的现象称为核化。一般可分为两种核化，即匀质核化和异质核化。匀质核化不出现在有外来物质的条件下，蒸汽在由同类蒸汽分子组成的胚胎上核化。同时相应的核化过程还分为同分子（仅含一个分子物质）和异分子（其中液滴由两种或两种以上蒸汽物质组成）。匀质核化过程分为两种核化过程。

（1）匀质同分子成核

匀质同分子核化要求单一蒸汽物质的自身核化，不包含外在核或核表面，蒸汽必须是过饱和的。

（2）匀质异分子成核

两种或两种以上蒸汽物质的自身核化，不包含外在和或表面。也就是说，当同时出现两种或两种以上的蒸汽时，虽然组成的蒸汽各自均不饱和，但是只要对于液滴相应组分的蒸汽是饱和的，仍可发生核化。因此当混合蒸汽相对于纯物质虽为欠饱和时，只要它相对于这些物质的溶液是过饱和的，即可发生异分子核化。

3.2.2　气溶胶粒子的非匀相成核

非匀相成核是气溶胶粒子成核的一种方式。气态分子吸附在大气中已存在的固态或液态粒子表面上而造成的原粒子长大的过程。当大气含有悬浮的外来粒子时蒸汽分子凝结在该核的表面，这一过程称为非均相成核。在有各种水溶性物质存在或者有现成的亲水性粒子存在时，常比纯水更加容易成核，形成胚芽。

3.2.3　气溶胶异质核化

异质核化是指蒸汽在外在物质（如离子或海盐）或表面上的核化。在异质核化过程中，成核作用主要决定于过饱和度，也与核的化学组成有关，一般可考虑两种凝结核，即可溶性核和不溶性核。可溶性核凝结蒸汽使核溶解，变成溶液微粒，其性质不同于纯液滴。异质核化也分为两种核化过程：

①异质同分子成核：单一蒸汽物质在外在物质上的核化；

②异质异分子核化：两种或两种以上蒸汽物质在外在物质的核化。

燃料在燃烧过程中产生的烟尘气溶胶，按其生成机理可分为气态析出型烟气、液态剩余型烟气和固态剩余型烟尘三种。

1）由气态烃类可燃物质，包括固体燃料中的挥发性气体、已蒸发的液体燃料气和气体燃料，在高温缺氧条件下热解生成固体粒子（炭黑或积炭）。这种粒子粒径很小，粒径范围为 0.01～0.2 μm，在燃烧过程中生成数量非常多，尤其是在混合气氛较差的扩散燃烧中，炭黑可以增强火焰的辐射能力，易附着于物体而难以清除。

碳氢化合物是在缺氧条件下，经过一系列气相脱氢聚合反应而生成气态析出型烟尘。如一次热分解反应产物：

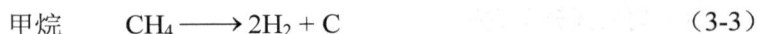

$$甲烷\quad CH_4 \longrightarrow 2H_2 + C \tag{3-3}$$

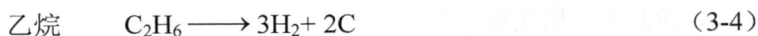

$$乙烷\quad C_2H_6 \longrightarrow 3H_2 + 2C \tag{3-4}$$

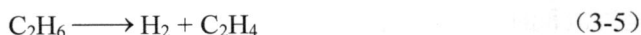

$$C_2H_6 \longrightarrow H_2 + C_2H_4 \tag{3-5}$$

烃类除了一次反应生成炭黑以外，其生成物乙烯（C_2H_4）还可以进行多次脱氢聚碳反应，在温度达到 900～1 100℃以上时：

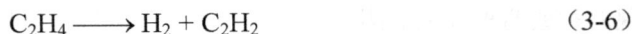

$$C_2H_4 \longrightarrow H_2 + C_2H_2 \tag{3-6}$$

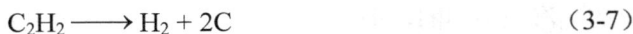

$$C_2H_2 \longrightarrow H_2 + 2C \tag{3-7}$$

当温度刚超过 500℃时：

$$3C_2H_4 \longrightarrow 3H_2 + C_6H_6 \tag{3-8}$$

形成的芳香烃 C_6H_6 继续缩合成多环芳烃，随着温度升高和反应时间延长，多环芳烃进一步聚碳脱氢，聚合物的质量不断增加，最终形成高分子的炭黑。

2）液体燃料不完全燃烧时形成的固体剩余颗粒物称为液态剩余型烟气。其生成途径有两个：①雾化的重质油滴，在高温下蒸发产生油蒸气燃烧的同时，一边膨胀发泡，一边聚缩固化，最终生成称为炭胞或油灰的、粒径为 5～300 μm、表面光滑致密、内部是絮状且难以燃烧的微小的空心焦粒；②油雾滴与炽热固体壁面接触时，若油雾滴尚未被充分氧化，会发生高温裂解，最终形成的颗粒较大，称为石油焦的不定形结焦。

3）固体燃料燃烧过程中形成的固体剩余颗粒物，包括未燃尽无定形固定碳粒和灰分。固态剩余型烟尘，是指固体燃料燃烧的以气态方式排入大气的剩余物，即飞灰。飞灰的粒径一般为 3～100 μm，其排放浓度和粒度与燃料性质、燃烧方式、烟气流速、锅炉型号和运行参数等因素有关。

3.3　二次雾霾气溶胶的形成机理和过程

排放到大气中的颗粒物、水汽、花粉、细菌、病毒、SO_2、NO_x、VOCs 和 NH_3 等都是初级气溶胶，即一次气溶胶。这些物质进入大气后会遇到各种氧化剂、催化剂、自由基和各种波长的光线。它们就会和这些物质发生化学反应，并发生气—粒转化形成二次霾气溶胶。

3.3.1　SO_2 的氧化和转化

3.3.1.1　SO_2 的产生

大气雾霾气溶胶中，硫氧化物主要来源于石化燃料的可燃硫燃烧，在燃料中它们常以无机硫化物、有机硫化物以及硫化氢的形式存在，在燃烧过程中很容易与氧发生反应生成硫氧化物。存在于燃料煤中的无机硫化物，主要形式是 FeS_2。由于无机硫的分解速度很慢，当煤受热分解时，在一定的燃烧状态下，煤中的部分无机硫被挥发出来。当燃烧温度小于 500℃时，在还原性气氛（缺氧）和有足够的滞留时间的条件下，无机硫将分解成 S、H_2S 等气态产物，其中单质硫和 H_2S 反应后生成 SO_2；而必须在温度高于 1 400℃，并滞留更长时间分解成 Fe 和 S 等，进而氧化成 SO_2。在氧化气氛（富氧）下，FeS_2 可以直接氧化成 SO_2，其反应如下：

$$4FeS_2 + 11O_2 \longrightarrow 2Fe_2O_3 + 8SO_2 \tag{3-9}$$

残留在焦炭中的无机硫与灰中碱金属氧化物反应生成硫酸盐，并在灰渣中固定下来。

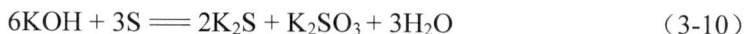

$$6KOH + 3S \Longrightarrow 2K_2S + K_2SO_3 + 3H_2O \tag{3-10}$$

$$Ca(OH)_2 + SO_3 \Longrightarrow CaSO_4 + H_2O \tag{3-11}$$

煤或燃料油中的有机硫可能以硫醇、硫茂、硫化物或二硫化物中任意一种形式出现，而硫化氢主要存在于燃料油中。均匀分布在煤中的结构疏松的有机硫在低于 427℃下热解，而结构密致的有机硫在高于 527℃后分解释放，其主要挥发性气体也是 H_2S。有机硫化物和硫化氢中的硫元素遇到氧首先进行如下总体反应：

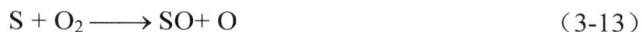

$$H_2S + O_2 \longrightarrow SO + H_2O \tag{3-12}$$

$$S + O_2 \longrightarrow SO + O \tag{3-13}$$

生成中间产物 SO，然后通过下列主要反应：

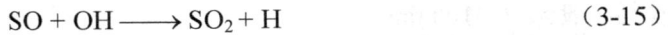

$$SO + O_2 \longrightarrow SO_2 + O \qquad\qquad (3-14)$$

$$SO + OH \longrightarrow SO_2 + H \qquad\qquad (3-15)$$

燃烧产生的 SO_2 对碳氢化合物和氢的氧化物都有一种阻化作用。这种阻化作用促使了 SO_2 的形成，例如，在富氧条件下硫醇的氧化，即使温度约为 300℃ 时 S 也会全被转化成 SO_2。当温度较低时，在缺氧条件下可以生成 SO_2 和一些其他产物，如醛和甲醇。

3.3.1.2 SO_3 的生成

含硫燃料在燃烧时产生的稳定产物是 SO_2 与 SO_3，但 SO_3 的含量甚微。SO_2 与 SO_3 在燃烧过程中可以相互转化，生成 SO_3 的主要反应机理为：

$$SO_2 + O + M \longrightarrow SO_3 + M \qquad\qquad (3-16)$$

式中，M 为吸收能量的第三体。而 SO_3 向 SO_2 转化的主要反应为：

$$SO_3 + O \longrightarrow SO_2 + O_2 \qquad\qquad (3-17)$$

$$SO_3 + M \longrightarrow SO_2 + O + M \qquad\qquad (3-18)$$

实质上，SO_2 转化成 SO_3 的过程相当缓慢。根据化学动力学计算，在贫氧的燃烧中，高温时的热力学平衡有利于 SO_2 的生成，低温时有利于形成 SO_3。

燃料中的氢在燃烧中生成水蒸气，与 SO_3 反应形成硫酸蒸汽。随着烟气温度的降低，硫酸蒸汽的平衡浓度增加，因而硫酸蒸汽通常在低温烟气中形成。一般烟气温度冷却到 200℃ 左右开始生成硫酸蒸汽，当烟气温度降到 130℃ 时，几乎全部转化成了 H_2SO_4。

影响 SO_3 生成浓度的主要因素有：①燃料中含硫量越高，SO_3 浓度越高；②火焰温度越高，氧原子的浓度就越大，则 SO_3 浓度越高；③火焰越长，即反应时间越长，SO_3 浓度也越高；④高温区过剩空气系数越大，SO_3 浓度也越高；⑤燃料中含灰量越多，催化作用越强，SO_3 浓度也越高。

SO_2 与其他大气污染物形成的光化学反应物质，或在大气中催化反应生成的 SO_3、H_2SO_4 与各种硫酸盐等是空气污染重要因素之一。

3.3.2 NO_x 的生成和转化

大气中以气态存在的氮化物有：N_2O、NO、NO_2、NH_3、HNO_2、HNO_3 及少量 N_2O_3、N_2O_4、NO_3 和 N_2O_5 等。

3.3.2.1 NO_x 的产生

天然排放的 NO_x 主要来自土壤和海洋中有机物的分解，属于自然界的氮循环过程。生物源包括：

①由生物体腐烂形成的硝酸盐，经细菌作用产生的 NO 及随后缓慢氧化形成的 NO_2；

②生物源产生的 N_2O 氧化成 NO：

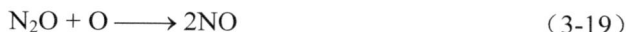

$$N_2O + O \longrightarrow 2NO \tag{3-19}$$

③有机体中氨基酸分解的氨经过 OH 自由基氧化形成的 NO_x：

$$NH_3 + OH \longrightarrow NH_2 + H_2O \tag{3-20}$$

$$NH_2 + 4OH \longrightarrow NO + 3H_2O \tag{3-21}$$

人为活动排放的 NO，大部分来自化石燃料的燃烧过程，如汽车、飞机、内燃机及工业窑炉的燃烧过程；也来自生产、使用硝酸的过程，如氮肥厂、有机中间体厂、有色及黑色金属冶炼厂等。

在高温燃烧条件下，NO_x 主要以 NO 的形式存在，最初排放的 NO_x 中 NO 约占 95%。而 NO 在大气中极易与空气中的氧发生反应生成 NO_2，故大气中 NO_x 普遍以 NO_2 的形式存在。空气中的 NO 和 NO_2 通过光化学反应，相互转化而达到平衡。

此外，NO_x 还可以因飞行器在平流层中排放废气，逐渐积累，而使其浓度增大。NO_x 再与平流层内的 O_3 发生反应生成 NO 与 O_2，NO 与 O_3 进一步反应生成 NO_2 和 O_2，从而打破 O_3 平衡，使 O_3 浓度降低，导致臭氧层的耗损。

3.3.2.2 NO_x 的转化

N_2O_3、N_2O_4、NO_3、N_2O_5 和 HNO_3 在大气中极不稳定，在常温下极易转化为 NO 和 NO_2：

$$N_2O_3 \longrightarrow NO + NO_2 \tag{3-22}$$

$$N_2O_4 \longrightarrow 2NO_2 \tag{3-23}$$

$$NO_3 + hv \ (0.541 \ \mu m) \longrightarrow NO_2 + O \tag{3-24}$$

$$NO_3 + hv \ (<10 \ \mu m) \longrightarrow NO + O_2 \tag{3-25}$$

$$NO_3 + NO \longrightarrow 2NO_2 \tag{3-26}$$

$$HNO_2 + hv \ (<400 \ nm) \longrightarrow HO + NO \tag{3-27}$$

由于大气中存在着热反应和光化学反应，在大气中上述物种不易测到，测出的只是 NO 和 NO_2。

NO_2 的主要转化途径。NO_2 在大气中主要发生以下反应：

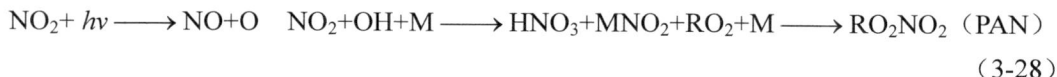

$$NO_2 + hv \longrightarrow NO + O \quad NO_2 + OH + M \longrightarrow HNO_3 + MNO_2 + RO_2 + M \longrightarrow RO_2NO_2 \ (PAN) \tag{3-28}$$

$$NO_2 + RO + M \longrightarrow RONO_2 \quad NO_2 + O_3 \longrightarrow NO_3 + O_2 \quad NO_2 + NO_3 + M \longrightarrow N_2O_5 + M \tag{3-29}$$

$$N_2O_5 + H_2O \longrightarrow 2HNO_3 \quad NH_3 + HNO_3 \longrightarrow NH_4NO_3$$

$$2NO_2 + NaCl \longrightarrow NaNO_3 + NOCl \tag{3-30}$$

从上述反应可以看出，NO_x 的最终归宿是形成硝酸和硝酸盐。也就是说，氮氧化物是自然界和人为排放的大气中的一次污染物，硝酸和硝酸盐是由 NO_x 在大气中进一步反应转化而成的二次污染物，即二次雾霾粒子。

3.3.3 铵盐的致霾作用及其前提物——氨的来源

铵盐是由氨转化而来的雾霾气溶胶中的二次粒子。在城市大气中，它与大气中的二次污染物硫酸和硝酸结合形成硫酸铵、硫酸氢铵和硝酸铵。自然和人为排放的氮氧化物在大气中进一步氧化，并与工业和农业排放的氨（NH_3）形成极易吸水的硫酸铵、硫酸氢铵和硝酸铵，在雾霾中起到极其重要的污染作用。

3.3.3.1 大气氨的农业来源

NH_3 根据各个区域的特征不同，其来源也不同。美国和欧洲的畜牧业以及农田施肥是大气中 NH_3 最主要的来源，占大气中总氨排放量的 80% 以上。G L Velthof 等于2009 年研究了荷兰农业对大气中氨气的排放，其中，50% 来源于动物排泄物排放，37%来源于肥料的应用，9% 来源于矿物质氮，3% 来源于肥料的堆放储存，1% 来源于放牧；家禽排泄物中 NH_3 的排放占总氮的 22%，猪的占 20%，牛的占 15%，其他家畜的占12%。

农业家畜氨的排放与粪便管理的所有阶段有关：饲养动物、粪便和浆液的储存和农业用地（包括作物和改良的草地）的应用，以及牧场上放牧的家畜。牲畜只转化少量的氮，它们饲料中的氮用于生产奶、蛋、肉和羊毛，家畜的全球氮利用效率从山羊的 4%、牛的 8%、猪的 21% 到家禽的 34%，平均值为 11%。摄入的其余氮则以尿液和粪便（肥料）的形式排出体外。例如，西欧、新西兰和北美的高产奶牛的氮排泄量在 $100\sim160\,kg/a$。

农业是全球 NH_3 的主要来源，其中畜牧业的贡献率约为 80%，氮肥施用的贡献率约为 20%。化肥制造是通过把惰性气体 N_2 转变为 NH_3 的过程，从而使土地肥沃，生产出更多的粮食，随着人们使用氮肥的增加，化肥施用释放出的 NH_3 也在增加，氮肥中主要含有尿素、NH_3HCO_3 等，这些物质通过土壤微生物的分解，会释放大量的 NH_3 进入大气中。表 3-5 列出了目前世界各地使用的氮肥类型及其配方和氮含量。其中，NH_4HCO_3 极易挥发，其用量基本上都集中在中国。当尿素施肥于土壤中后在脲酶的作用下经过 $2\sim3$ 天的时间才首先转化为 NH_4HCO_3。

表 3-5　世界各种氮肥类型及其用量

肥料类型	化学配方	含氮量/%	全球消费量/(Mt N/a) [a]	全球消费占比/% [b]
硫酸铵	$(NH_4)_2SO_4$	21	3.4	3.3
尿素	$CO(NH_2)_2$	47	56.8	55.8
硝酸铵	NH_4NO_3	35	5	4.9
硝酸铵钙	NH_4NO_3、$CaCO_3$ 和 $MgCO_3$ 的混合	28	3.2	3.1
无水氨	NH_3	82	3.7	3.6
氮溶液	$CO(NH_2)_2$、NH_4NO_3 和 H_2O 的混合	28～32	5	4.9
碳酸氢铵	NH_4HCO_3	18	7.3	7.2
磷酸氢二铵	$(NH_4)_2PO_4$	19	7	6.9
氮磷钾肥	N-P-K	17	8.5	8.3
其他复合肥	N-P	31	1.9	1.9
总计			101.8	99.9

注：a. 来源于国际肥料组织（International Fertilizer Association，IFA），网址 http://www.org/ifa/ifadata/search；

b. 消费占比是指各分项肥料的消费量除以全球氮肥总消费量。

3.3.3.2　大气中氨的工业源

大气中 NH_3 的工业源主要包括与能源消耗有关的化石燃料燃烧、工业加工和交通。估算能源消耗的 NH_3 排放的研究非常有限且不确定性大。其原因可能是，跟畜禽养殖和氮肥施用等农业源相比，与能源消耗相关的 NH_3 排放量非常少。但是，更多的证据表明，机动车的 NH_3 排放是城市 NH_3 的一个重要来源。

3.3.3.3　机动车氨排放对环境的影响

NH_3 的交通源产生和排放，与20世纪70年代以来汽车工业引入三元催化器（TWCC）以 NO_x 排放密切相关。产生过程包含两个步骤：首先是水汽和汽车排放的 CO 生成 H_2，即：

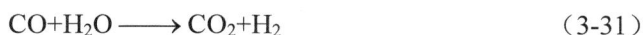

$$CO+H_2O \longrightarrow CO_2+H_2 \tag{3-31}$$

其次，产生的 H_2 与 NO 或者与 NO 和 CO 一起，在催化器表面生成 NH_3，即：

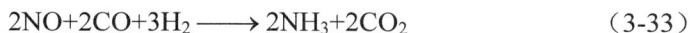

$$2NO+5H_2 \longrightarrow 2NH_3+2H_2O \tag{3-32}$$

$$2NO+2CO+3H_2 \longrightarrow 2NH_3+2CO_2 \tag{3-33}$$

重型柴油车也需要减少 NO_x 排放。与汽油车不同的是它采用的是选择性催化还原（SCR）技术，将尿素溶液作为还原剂喷入车辆排气系统后 NH_3 逃逸或泄漏。其具体工作原理如下：

$$4NH_3+4NO+O_2 \longrightarrow 4N_2+6H_2O \tag{3-34}$$

$$2NH_3+NO_2+NO \longrightarrow 2N_2+3H_2O \tag{3-35}$$

L64 L

$$4NH_3+3NO_2 \longrightarrow 3.5N_2+6H_2O \qquad\qquad (3\text{-}36)$$

在城市，NH_3 来源很多。由于三元催化器的使用，汽车尾气排放被认为是 NH_3 的来源之一，但是也有研究认为汽车尾气对 NH_3 的贡献很小，当汽车尾气排放 50ppb 的 NO 时，同时还排放 $0.5\sim0.9$ ppb 的 NH_3。城市及城市周边化工企业对城市的 NH_3 贡献也比较大，但如果做好 NH_3 排放源的控制，则会很好地减少工业对城市 NH_3 的贡献。

3.3.4 挥发性有机物的产生和转化

挥发性有机物是大气中普遍存在的一类化合物，具有分子量较小、饱和蒸气压高、沸点较低、亨利常数较大、辛烷值较小等特征。由于分子量较小，因此在通常条件下容易汽化。它们可在有机物质的生成过程中形成，并挥发逃逸到大气中。

大气中的 VOCs 有甲烷烃和非甲烷烃之分，而大气中的 CH_4 是丰度最高的气态有机物，占气态有机物的 $80\%\sim85\%$。CH_4 除了在大气中有温室效应作用外，还在大多数光化学反应中显示惰性，是一种无害烃。

3.3.4.1 挥发性有机物的产生源

挥发性有机物的工业来源主要来自燃料燃烧和交通运输产生的工业废气、汽车尾气、光化学污染等。

挥发性有机物的生活来源主要来自燃煤和天然气等燃烧产物、吸烟、采暖和烹调等的烟雾，建筑和装饰材料、家具、家用电器、清洁剂和人体本身的排放等。按行业分，可分为：烟草行业；油墨、有机溶剂；纺织品行业；鞋类制品所用的胶水等；玩具行业：涂改液、香味玩具等；家具装饰材料：涂料、油漆、胶黏剂等；汽车配件材料：胶水、油漆等；电子电器行业：在较高温度下使用时会挥发出 VOC、电子五金的清洁溶剂等；其他：洗涤剂、清洁剂、衣物柔顺剂、化妆品、办公用品、壁纸及其他装饰品。另外，VOC 在机械行业所使用的机油经过与机器的摩擦增温也会产生 VOCs；在一些石化燃料加工的过程中也会产生大量的 VOCs。

人们常接触的挥发性有机物是在室内装饰过程中，来自油漆、涂料和胶黏剂挥发物质。一般油漆中挥发性有机物含量在 $0.4\sim1.0$ mg/m^3。一般情况下，油漆施工后的 10 小时内，可挥发出 90%，而溶剂中的挥发性有机物则在油漆风干过程中只释放总量的 25%。

VOC 的主要成分有烃类、卤代烃、氧烃和氮烃，它包括：苯系物、有机氯化物、氟利昂系列、有机酮、胺、醇、醚、酯、酸和石油烃化合物等。VOC 是挥发性有机化合物的英文简称，通常说的墙面漆中对人体有害的化学物质（重金属除外）就是指 VOC。这些挥发性有机化合物包括甲醛、氨、乙二醇、酯类等。

3.3.4.2　挥发性有机物的转化——二次气溶胶

大气气溶胶中的有机物包括污染源直接排放的一次有机物和挥发性有机物（VOCs）通过大气光化学氧化形成的二次有机物。与一次有机物相比，二次有机物具有较强的极性、吸湿性和溶解性。二次有机气溶胶的形成是目前大气化学过程中研究的热点之一。

挥发性芳香族化合物是二次气溶胶最重要的人为源前提物，城市大气中 50%～70%的二次气溶胶来自苯及其衍生物。芳香烃占据了欧洲和北美城市大气烃混合物的 45%左右，其中甲苯（邻-，间-，对-）、二甲苯（o-，m-，p-Xylene）、1,2,4-三甲苯（1,2,4-Trimethylbenzene）和乙苯（Ethylbenzene）6 种苯系物占芳香烃的 60%～75%。Goldan 等研究的结果表明，在乡村大气中，芳香烃占 VOCs 浓度的 1.7%左右，主要是烯烃（异戊二烯占 37%，α-蒎烯占 3.5%，β-蒎烯占 2%）和含氧有机物占 46%。

（1）二次有机气溶胶的形成机制

通常气态有机物转化为二次有机气溶胶要经过两个步骤：第一是 ROGs（反应有机气体）与·OH、NO_3、O_3 等大气氧化剂的气相反应，第二是半挥发二次产物在气—粒两相的可逆分配过程。二次气溶胶的形成还受到气溶胶中其他无机、有机组分及温度、光等诸多因素的影响。许多研究把 OC/EC 的比值是否大于 2.0 或 2.4 作为有无二次有机气溶胶生成的判定条件。

从污染源排放的 VOC 在大气氧化过程中生成二次有机气溶胶取决于两个因素：一是污染物排放速率，二是排放 VOC 物种的化学活性。气—粒转化模式预测二次有机气溶胶的产率可能是气溶胶质量浓度的函数，即高浓度的气溶胶粒子可以作为晶核促进半挥发性有机物在颗粒物上凝聚核反应。半挥发性有机物的增加将促进二次有机气溶胶成倍增加，二次有机气溶胶形成后，又会导致更多半挥发性有机物分配到固定相中，如此反复导致半挥发性前体物增加 1 倍，二次有机碳的产率会增加 3 倍。因此，控制各种污染源的 VOC 排放是降低二次有机碳产率和有机气溶胶浓度的有效方法。

（2）二次有机气溶胶在雾霾中的分布

二次有机气溶胶是城市雾霾气溶胶的重要组成部分，研究者发现二次有机气溶胶在有机气溶胶中的比例通常占到 50%以上。

总体上我国地区的二次有机气溶胶分布呈现较大的区域差异。东部地区的二次有机气溶胶地表浓度和柱浓度均高于西部地区，南部地区高于北部地区。这与二次有机气溶胶前体物的排放分布和气候特征有关。我国地区二次有机气溶胶前体物的排放主要集中在东部和南部，而前体物排放分布分别以人为源和自然源为主。且南方的温暖气候，有利于二次有机气溶胶（SOA）前体物的气相反应，进而增加二次有机气溶胶的产生。二次气溶胶的地表浓度和色谱柱浓度分布高度吻合，但 SOA 地表浓度的高值出现在华北平原，而柱浓度的高值区则出现在南方中部地区，这表明 SOA 分布随高度上升而改变。

Zhang Meigen 利用 Models-3 区域多尺度空气质量（CMAQ）建模系统和区域大气建模系统（RAMS）的气象场来分析东亚地区有机碳（OC）气溶胶的水平分布。

Qinwen Tan 等对我国成都市的 VOC 研究表明：夏秋季以烷烃和含氧挥发性有机物（OVOC）为主，研究确定了成都的 6 种挥发性有机化合物来源，即①燃烧源；②汽车尾气；③区域背景；④工业制造；⑤天然来源和二次排放；⑥溶剂利用。其中汽车尾气源、溶剂利用源和工业制造源是成都的主要 VOCs 源。通常，芳族化合物、OVOC 和烯烃对 O_3 形成潜能（OFP）的贡献最大，这是由于最大增量反应性（MIR）值较高和浓度较高所致。醛、甲苯、间/对二甲苯在不同地区对总臭氧形成潜能的贡献最大。它们的高光化学反应性和高浓度确保了它们是城市臭氧形成的最大贡献者，分别占总臭氧形成潜能的 9.61%～23.7%，11.7%～22.0%，11.7%～22.0%。乙烯、丙烯和异戊烷也是大多数区域臭氧形成的关键物质。

为了研究不同时间段之间以及不同月份和地点之间 VOCs 浓度的变化，Qinwen Tan 等比较了来自不同地区的 99 种 VOCs 的日变化。在上午和下午时段，VOC 混合比的变化规律与图 3-4 中的平均值一致，并具有各自的特性。来自不同区域的不同月份的上午（AM）和下午（PM）所测得的 VOCs 的平均混合比。1 月份区域的二次有机气溶胶的形

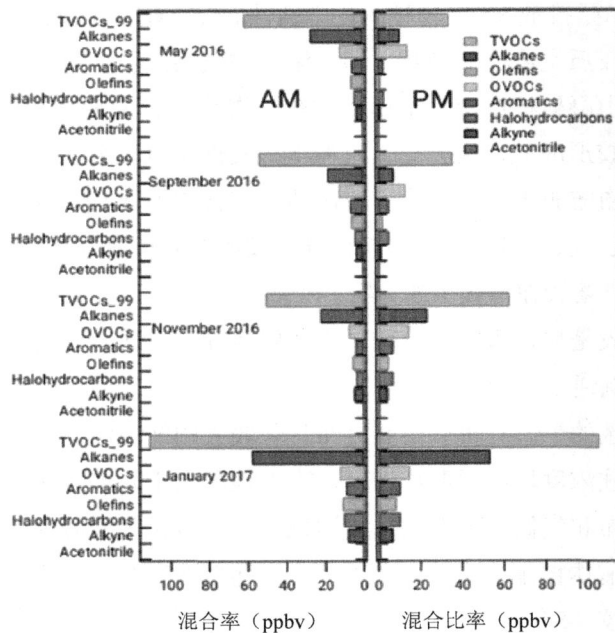

图 3-4　28 个采样点处 99 种挥发性有机化合物的日变化图

成取决于背景环境条件，尤其是 NO_x 含量。在采样期间，成都的平均 NO_x 水平约为 17.8 ppbv，高于 Derwent 等的值（6 ppbv）。在他们的基本案例模拟中使用尽管很难准确量化绝对的二次有机气溶胶排放量，但 NO_x 含量的影响不会导致低估某些特殊芳香族化合物（例如，苯甲醛、苯乙烯）产生的 SOA。由于二次潜能有机气溶胶（SOAP）方法将 SOA 增量引用为甲苯，因此也可以消除大部分 SOA 绝对浓度不确定性的影响。通过计算二次潜能有机气溶胶值估算每种 VOCs 物种对 SOA 形成的加权质量贡献。

表 3-6 列出了二次潜能有机气溶胶加权的质量贡献的 6 个区域以及 VOCs 种类对二次有机气溶胶形成的前 5 个贡献者。可以看出，计算出的 SOA 浓度由第 2 区域的 VOC 明显高于第 2 区域的其他地区，因为它们的 VOC 浓度很高，尤其是芳香烃。

表 3-6　VOCs 的 SOAP 加权质量贡献

SOAP 加权质量贡献	区域 1	区域 2	区域 3	区域 4	区域 5	区域 6
烷烃	6.485	17.33	16	23.7	9.672	8.945
烯烃	11.02	13.76	16.13	19.04	13.65	13.53
含氧 VOCs	4.332	5.644	2 721	8.466	5.96	5.22
芳香烃	1 639	4 504	2 721	3 173	2 573	1 848
炔烃	0.4	0.504	0.608	0.618	0.541	0.478
总 VOC	1 661	4 542	2 760	3 225	2 603	1 876

3.4　雾霾气溶胶在大气中污染物的分布

在大气中，雾霾粒子由于受各种气象条件的影响和自身化学组成、空气中光化学反应的影响，大气气溶胶中污染物的分布是非常不均匀的，其性质也会发生较大的变化。从全球角度来讲，纬度高的地区风沙比较大，干旱少雨的地方，污染比较严重；地面森林和植被较少的、地表缺水、空气中相对湿度较小的地区，大气气溶胶粒子污染严重；工业发达的地区大气颗粒物污染比工业不发达的地区严重。城市和人口聚集的地区比乡村和人口稀少的地区的大气颗粒物污染严重。城市大气气溶胶固体粒子浓度为 60～220 $\mu g/m^3$，严重者可能会达到 2 000 $\mu g/m^3$。大气雾霾气溶胶粒子会随着季节变化而变化。在每年的隆冬季节，大气雾霾气溶胶固体粒子的浓度最大，因为在这个季节，自然风沙变大，城市采暖供热的锅炉和居民家庭取暖的煤灶增多。大气气溶胶固体粒子的浓度随着每天的时间而变化，在上午 5：30～8：00 浓度达到最高，主要原因是在此时间段里，正处于早上炊烟高峰和上班高峰，汽车排放的尾气和人类早餐产生的油烟会直接排放到大气中。同时由于大气的相对湿度较大、大气压力相对较大，空气流动性差，处于相对稳定状态，因此大气处于逆温状态，气溶胶粒子得不到较好地扩散。

3.4.1 大气气溶胶的粒径分布

粒径分布有颗粒数分布和质量分布，前者为粒子的个数百分数，后者用粒子的质量分数来表示。大气气溶胶的粒径分布以气溶胶的个数表示所占比例时，称为数分布，或称为数浓度；以气溶胶粒子表面表示时称为表面积浓度分布；以气溶胶的质量浓度（或表面积）表示时，称为质量浓度分布。大气气溶胶研究一般采用数浓度分布和质量浓度分布。

在一定范围内按粒径间隔气溶胶所占个数的比例称为数或数浓度分布。一般用各粒级的气溶胶颗粒数占测量总颗粒数的百分数表示（也称为个数频数），即：

$$f_i = \frac{n_i}{\sum n_i} \times 100\% \qquad (3\text{-}37)$$

式中，f_i——某 i 粒级气溶胶的数量百分数，%；

n_i——某 i 粒级气溶胶的颗粒数。

气溶胶粒子数浓度表示的是单位体积空气中存在的各种粒径的气溶胶固体或液体粒子的个数，单位是个/m^3。如郑州市春季大气气溶胶各种固体粒子的数浓度在 1 m^3 内存在的数量见表 3-7。

表 3-7　郑州市春季大气气溶胶固体粒子的数浓度分布

项目＼粒径	≥0.3 μm	≥2 μm	≥5 μm	≥10 μm
粒子数/（个/m^3）	1 150 117	22 672	1 633	467
分布比例/%	97.9	1.93	0.14	0.04

（1）质量浓度分布

在一定范围内按粒径间隔气溶胶所占质量浓度的百分数，即：

$$f_{Q_i} = \frac{Q_i}{\sum Q_i} \times 100\% \qquad (3\text{-}38)$$

式中，f_{Q_i}——某 i 粒级气溶胶的质量百分数，%；

Q_i——某 i 粒级气溶胶的质量。

（2）个数与质量之间的关系

如果将气溶胶粒子看作是均质的，可用式（3-39）表示二者之间的关系：

$$f_{Q_i} = \frac{n_i . d_{fi}^3}{\sum n_i d_{fi}^3} \times 100\% \tag{3-39}$$

式中，d_{fi}——计算测量 i 粒级气溶胶的平均粒径。

（3）大气气溶胶浓度随粒径的分布

大气气溶胶浓度随其粒径的变化而变化，就数浓度而言，通常随粒径的增大而减小。气溶胶粒子的数浓度随粒径变化的分布函数 $n(D_p)$ 为：

$$n(D_p) = \frac{\mathrm{d}N}{\mathrm{d}D_p} \tag{3-40}$$

式中，n——气溶胶粒子数；

　　　D_p——气溶胶粒径。

该表达式意味着单位体积内，粒径由 D_p 到 $D+\mathrm{d}D_p$ 的范围内的粒子数。如果单位体积内，各种粒径粒子的总数为 N，则有：

$$N = \int_0^\infty n(D_p) \mathrm{d} D_p \tag{3-41}$$

由此考虑，由气溶胶粒子的表面积分布函数 $n_s(D_p)$ 和体积分布函数 $n_v(D_p)$，可得到它与数浓度分布的关系，图 3-5 综合了不同地点测得的浓度随粒径变化的分布情况。

$$n_s(D_p) = \frac{\mathrm{d}s}{\mathrm{d}D_p} = \pi D_p^2 n(D_p) \tag{3-42}$$

$$n_v(D_p) = \frac{\mathrm{d}V}{\mathrm{d}D_p} = \frac{\pi}{6} D_p^3 n(D_p) \tag{3-43}$$

对于气溶胶粒子的总表面积浓度 S 和体积浓度 V 有：

$$V = \int_0^\infty \frac{\mathrm{d}V}{\mathrm{d}D_p} \mathrm{d}D_p = \int_0^\infty \frac{\pi}{6} D_p^3 n(D_p) \, \mathrm{d}D_p \tag{3-44}$$

$$S = \int_0^\infty \frac{\mathrm{d}S}{\mathrm{d}D_p} \mathrm{d}D_p = \int_0^\infty \pi D_p^2 n(D_p) \, \mathrm{d}D_p \tag{3-45}$$

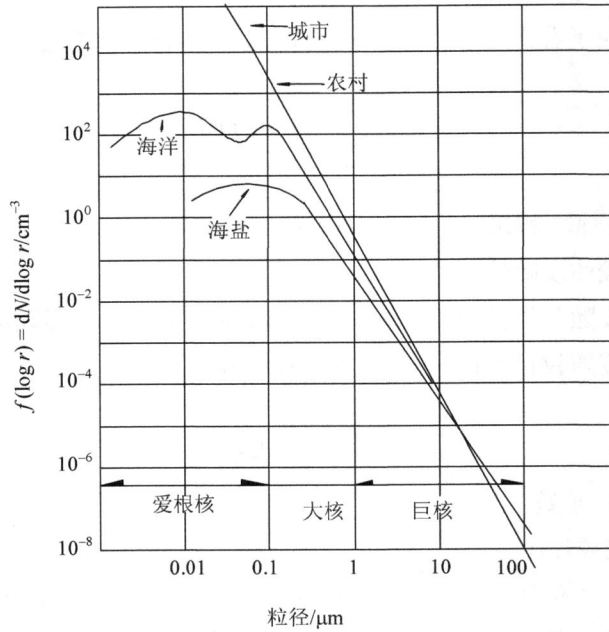

图 3-5 大气气溶胶浓度随粒径分布图

（引自 Warneck，1988）

3.4.2 雾霾气溶胶的垂直分布

由于大气层距离地球表面的位置不同和地心引力的作用，气溶胶在大气层的各个层面中分布也不同。主要为人为气溶胶和自然气溶胶的气、固、液的混合体，大部分都集中在距地表对流层的边界层 1～2 km 内。在这一空间范围内由于受各种气流的影响，大气稳定度较差，大气气溶胶的分布波动性较大。

在 4 km 以上，因受地面直接发射气溶胶的影响较弱，其粒径分布类似于稳定的背景气溶胶。

气溶胶粒子在空间的垂直分布主要表现在随着空间位置离地表面的高度不同，由于悬浮于大气中的霾粒子受各种气象条件的制约和光化学反应的影响，霾粒子会发生凝聚、聚集、沉降，使各个高度的粒子发生尺度上和浓度上的变化。因此，霾粒子在各个空间高度的分布是大有不同的。它们包括垂直空间和水平空间。表 3-8 列出了郑州市东、西、南、北、中 5 个功能区域 2008 年 10 月 15 日霾粒子的空间分布。霾气溶胶 $PM_{2.5}$ 数浓度的时空变化见图 3-6，不同粒径的霾气溶胶质量浓度时空变化见图 3-7。

表 3-8 郑州市 5 个区域采样点霾粒子数浓度和质量浓度的空间分布

采样点	高度	数浓度/（个/m³）			质量浓度/（mg/m³）		温度/℃	湿度/%	采样点功能
		0.3 μm	2.0 μm	10.0 μm	PM₁₀	TSP			
市北区	80 m	570 354 689	37 990 134	1 388 905	0.465	0.534	40	23	交通建筑区
	1.5 m	532 308 552	20 718 697	614 016	0.429	0.512	37	23	交通建筑区
市东区	80 m	592 777 747	41 084 777	1 489 194	0.397	0.444	36	23	工业经济区
	1.5 m	500 447 970	31 189 317	1 082 306	0.378	0.4	35	22	工业经济区
市西区	80 m	448 490 197	20 062 781	575 947	0.326	0.409	38	20	科技教学区
	1.5 m	376 078 869	10 084 714	229 233	0.3	0.386	35	22	科技教学区
市南区	80 m	466 897 168	17 545 147	562 030	0.386	0.458	38	22	居民科教区
	1.5 m	439 176 674	15 366 567	449 051	0.413	0.476	35	25	居民科教区
市中区	45 m	634 177 512	9 242 626	232 917	0.389	0.522	38	31	行政商业区
	1.5 m	640 401 050	8 605 204	184 614	0.349	0.405	37	34	行政商业区

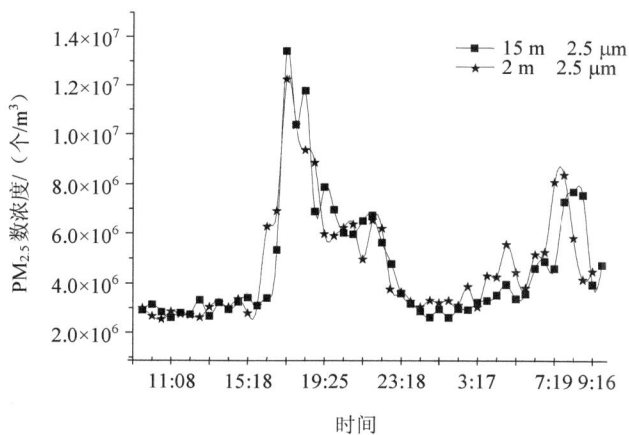

图 3-6 霾气溶胶 PM₂.₅ 数浓度的时空变化

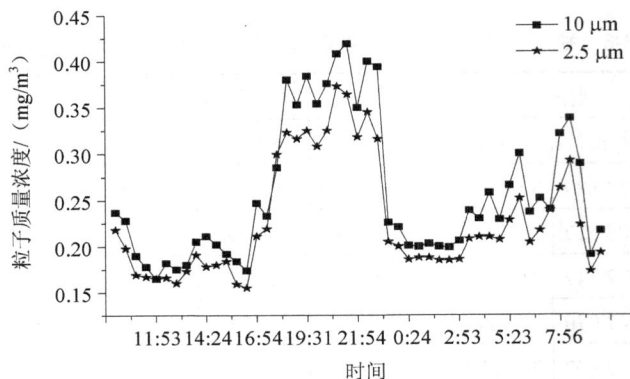

图 3-7　不同粒径的霾气溶胶质量浓度时空变化

从图 3-6 和图 3-7 可以看出：在微风或静风及温、湿度不断变化的情况下，气溶胶粒子数浓度从 6：00～9：00 出现了第一次高峰，17：00～19：00 出现最高峰；23：00 至早上 5：00 出现低谷。表 3-6 表明，位于交通要道车辆较多的移动点位气溶胶的浓度高于其他点位气溶胶的浓度。市中区、市南区、市北区三个点位 TSP、PM_{10} 和 $PM_{2.5}$ 的浓度高于东、西开发区两个点位的气溶胶浓度。尤其是市中区和市北区的三种霾气溶胶的浓度都高于其他点的浓度。

徐宏辉等将 2004 年 9 月 23—29 日北京 325 m 气象塔的 8 m、80 m 和 240 m 处按照各种金属元素浓度垂直分布的相似性分为 3 类：①在 80 m 出现高值的元素；②在 8 m 出现高值的元素；③垂直分布比较均匀的元素 Al、Fe、Mg、Ca、Ba、Sr、Zr 和 Na 的平均浓度在 80 m 出现高值。

张仁健等对北京冬春季气溶胶化学成分及其谱分布研究的结果表明，大部分元素在 47 m 高度的浓度要大于 8 m 高度的浓度，这些元素 8 m 的浓度都高于 240 m 的浓度。其中 Al、Fe、Mg 和 Ca 浓度的垂直差异最大，例如，Al 浓度 80 m 分别比 8 m 和 240 m 高出 16% 和 33%。

吴振玲等利用 2006 年 12 月至 2007 年 1 月天津 250 m 气象铁塔 40 m、120 m、220 m 高度，粒径小于或等于 2.5 μm 的气溶胶浓度监测资料及铁塔边界层气象资料，分析了不同天气背景下粒径小于或等于 2.5 μm 气溶胶浓度随时间、高度变化的分布特征，研究了界层气象条件包括逆温、特征摩擦速度、湍流动量和热量对粒径小于或等于 2.5 μm 气溶胶浓度的影响。

作者于 2005 年 10 月对郑州市 5 个地点对流边界层 1.5 m 和 40 m 处大气中的 TSP、PM_{10}、$PM_{2.5}$、SO_2、NO_x 进行了采样，分析了其中的常量和微量元素，其中的某点垂直分布测得数据列于表 3-9。

表 3-9　郑州市 1.5 m 和 40 m 处大气气溶胶的微粒和化学物质含量

高度				测得气溶胶中的微粒和化学物质含量								
1.5 m	TSP 0.208 2	SO₂ 0.046	NOₓ 0.067	Ag	Al	As	Ba	Be	Ca	Cd	Co	Cr
				0.000 1	0.159	0.02	0.000 6	0.000 2	0.199	0.003	0.000 8	0.003
				Cu	Fe	K	Mg	Mn	Mo	Na	Ni	Pb
				0.001	1.216	1.050	0.034	0.029	0.000 1	0.208	0.003	0.033
				Sb	Se	Sn	Sr	Ti	Tl	Zn		
				0.000 2	0.005	0.07	0.05	0.008	0.028	0.323		
40 m	TSP 0.268 4	SO₂ 0.090	NOₓ 0.082	Ag	Al	As	Ba	Be	Ca	Cd	Co	Cr
				0.000 5	0.152	0.047	0.000 8	0.000 2	0.191	0.005	0.000 5	0.004
				Cu	Fe	K	Mg	Mn	Mo	Na	Ni	Pb
				0.000 5	0.722	1.567	0.038	0.037	0.001	0.228	0.004	0.068
				Sb	Se	Sn	Sr	Ti	Tl	Zn		
				0.000 3	0.010	0.002	0.001	0.008	0.042	0.486		
1.5 m	PM₁₀ 0.131 6	SO₂	NOₓ	Ag	Al	As	Ba	Be	Ca	Cd	Co	Cr
				0.000 1	0.049	0.014	0.000 1	0.000 1	0.031	0.002	0.000 3	0.000 5
				Cu	Fe	K	Mg	Mn	Mo	Na	Ni	Pb
				0.000 4	0.196	0.382	0.021	0.017	0.001 3	0.063	0.000 7	0.010
				Sb	Se	Sn	Sr	Ti	Tl	Zn		
				0.000 4	0.004	0.000 4	0.000 1	0.001	0.003	0.112		
40 m	PM₁₀ 0.199 1	SO₂	NOₓ	Ag	Al	As	Ba	Be	Ca	Cd	Co	Cr
				0.000 1	0.027	0.024	0.000 2	0.000 1	0.034	0.002	0.000 2	0.002
				Cu	Fe	K	Mg	Mn	Mo	Na	Ni	Pb
				0.000 4	0.120	0.713	0.026	0.017	0.000 6	0.076	0.002	0.037
				Sb	Se	Sn	Sr	Ti	Tl	Zn		
				0.000 2	0.006	0.000 8	0.000 2	0.000 6	0.018	0.029		

注：表中 TSP、PM₁₀、SO₂、NOₓ 的浓度单位为 mg/m³，金属元素的浓度单位为 μg/m³。

由表 3-9 可知，在 1.5 m 高度时 PM₁₀ 占 TSP 的 63.2%，在 40 m 高度时 PM₁₀ 占 TSP 的 74.1%；TSP、PM₁₀、NOₓ、SO₂ 的浓度随着采样高度的增加而增加。As、Cd、K、Pb、Sb、Se、Sn、Tl、Zn 等微量元素的含量也随着采样高度的增加而增加。Al、Ca、Co、Cu、Fe、Mg、Na、Ni、Ti 等元素则相反。在 PM₁₀ 和 TSP 中，Fe、K、Ca、Na、Zn、Al 元素含量相对较高。

计算对流层大气气溶胶总质量浓度垂直分布的模式为：

陆地　　$n_{ac} = n_{1,0} \exp(-z / H_1) + n_{2,0} \exp(-z / H_2)$　　$(0 < z < z_T)$　　(3-46)

海洋　　$n_{as} = n_{3,0} + n_{2,0} \exp(-z / H_2)$　　$(0 < z < 600 \text{ m})$　　(3-47)

$$n_{as} = n_{3,0} + n_{2,0}\exp[-(z-0.6)H_2] + n_{2,0}\exp[-(z-0.6)/H_2] \qquad (3\text{-}48)$$

$$(600\text{ m}<z<z_T)$$

式中，$n_{1,0}$——地表平均质量浓度，为 45 μg/m³；

$n_{2,0}$——背景气溶胶的起始质量浓度，为 1 μg/m³；

$n_{3,0}$——海洋表面平均质量浓度，为 10 μg/m³；

H_1——陆地边界层气溶胶的标高，为 1 km；

H_2——背景气溶胶浓度标高，为 9.1 km；

H_3——海洋边界层气溶胶的标高，为 0.9 km；

z_T——对流层顶的平均高度，为 12 km。

3.4.3 大气气溶胶的水平分布

在同一高度的大气层中由于气溶胶受来源不同，受风速和大气边界层稳定度的影响，农村与城市的气溶胶水平分布不同，海洋与陆地的气溶胶水平分布不同，山区和平原分布不同，工业区与居民区分布不同。气溶胶的水平浓度分布随着其质粒粒径的变化而变化。城市气溶胶稳定质粒（3~10.0 μm）数浓度空间分布主要受高架排放源的影响，浓度中心向下风向方位移动，城市排放的 SO_x、NO_x 等污染气体，通过气—粒转化，对上空和下风向的浓度分布有着明显的影响。而城市郊区和农村的非工业区基本不存在这一影响。

An Jing 等通过调查分析 As、Cd、Pb 和 Cu，研究了沈阳自 1904 年以来最大暴风雪中重金属水平分布。结果表明来自工业区的雪中 As：7.3 μg/kg，Cd：2.2 μg/kg，Pb：850 μg/kg，Cu：0.197~20.2 μg/kg。在郊区和对照点除 As（0.5 μg/kg）之外，其他三个元素则未检出。

Jaroslav Schwarz 等 2004 年研究了布拉格城、乡两个区域大气气溶胶 PM_{10} 中元素碳和有机碳的水平分布。布拉格城区的有机碳为 4.8 μg/m³，郊区为 5.5 μg/m³；城区元素碳为 0.8 μg/m³，郊区为 0.74 μg/m³。而两个区位 PM_{10} 的浓度分别为 37 μg/m³ 和 33 μg/m³。

王章玮对北京市区和远郊城镇两个区位的 TSP、PM_{10} 中稀土元素的水平分布进行了分析研究。北京市区 TSP、PM_{10} 中稀土元素含量分别为 35.24 ng/m³、21.79 ng/m³，远郊城镇 TSP、PM_{10} 中稀土元素含量分别为 29.78 ng/m³、16.0 ng/m³。两采样点 TSP、PM_{10} 中除 Ho 之外，其他稀土元素均为城区绝对含量高于远郊城镇，其中城区 TSP 中 Ce、Dy、Er、Tm、Lu 分别比远郊城镇高出 11.41%、15.68%、12.8%、14.53%、13.49%，PM_{10} 中 La、Sm、Gd、Tm、Lu 城区比远郊城镇分别高出 17.09%、21.50%、26.90%、25.44%、24.44%。

作者于 2005 年冬季至 2006 年春季对郑州市城区 5 个点距地面 1.5 m 处水平分布的 TSP、PM_{10}、$PM_{2.5}$、SO_2、NO_x 等污染物进行了采样、分析和研究，结果见表 3-10。

表 3-10　郑州市 2006 年春季大气气溶胶的水平分布表

采样点位号	采样点	TSP/（mg/m³）	PM_{10}/（mg/m³）	$PM_{2.5}$/（mg/m³）	SO_2/（mg/m³）	NO_x/（mg/m³）
1	东开发区	0.400	0.378	0.121	0.051	0.028
2	城北区	0.429	0.403	0.144	0.336	0.117
3	市中心区	0.440	0.349	0.140	0.102	0.067
4	西开发区	0.387	0.300	0.085	0.105	0.048
5	城南区	0.416	0.396	0.141	0.121	0.051

庄国顺等 2003 年对北京市不同区域大气 PM_{10} 和 $PM_{2.5}$ 的化学成分和可溶性粒子浓度水平分布进行了监测分析。由结果可知，居民区怡海花园的 PM_{10} 的浓度最高。它归因于冬季居民区取暖燃煤的消耗量，加之冬季西北风盛行，将位于其上风向的首钢排放的污染物输送到怡海花园，使其在三个点中污染最为严重。首钢由于在冬季燃煤量增加，其污染程度相对于位于交通区的北师大要高一些。在夏季怡海花园的 PM_{10} 的浓度要比首钢和北师大点位低一些，这说明夏季居民区的燃煤量要少。而交通区的北师大 $PM_{2.5}/PM_{10}$ 的比率居三个点位的首位。这说明该区内的机动车尾气能够转化成更多的细粒子 $PM_{2.5}$。首钢是一个工业污染大户，无论是 PM_{10} 还是 $PM_{2.5}$ 中的无机元素含量都基本高于其他两个点位。尤其是 Fe、Mn、V、Ca、Pb、Zn、As、Cd、S、NH_4^+ 等主要污染物。

夏季北师大、首钢和怡海花园三个区域的 PM_{10} 中 Al 的平均浓度分别为 5.33 μg/m³、4.77 μg/m³ 和 3.36 μg/m³，冬季分别为 4.05 μg/m³、6.08 μg/m³ 和 5.54 μg/m³。由此看来，冬季的气溶胶中后两个点位浓度要高于北师大点位，这主要是冬季燃煤过程中产生的飞灰和粉煤灰中 Al 含量较高的因素所致。我国的煤炭燃烧后飞灰和粉煤灰中 Al_2O_3 含量还有 20%～32%。北京居民使用的煤一般来自门头沟和河北，粉煤灰的含铝量在 26% 左右，因此首钢及其附近区域的 Al 含量是增加的。在夏季北师大作为一个交通区域的点位，空气中的 PM_{10} 和 $PM_{2.5}$ 主要是受道路扬尘的影响，而 Al 含量偏高。

本章参考文献

[1]　于凤莲. 城市大气气溶胶细粒子的化学成分及来源[J]. 气象，2002，28（11）：1-4.

[2]　江吉喜. 菲律宾皮纳图博火山爆发的卫星探测分析[J]. 应用气象学报，1994，5（4）：407-413.

[3]　安徽省地质调查院. 火山喷发[N]. 地质科普，2018.

[4] 大兴安岭林区特大森林火灾纪实[J]. 森林防火，1987（3）：10-14.

[5] 陈宣谕. 长白山火山和日本湖相沉积记录的全新世火山灰年代学研究[D]. 中国科学院大学（中国科学院广州地球化学研究所），2019.

[6] 章澄昌，朱文贤. 大气气溶胶教程[M]. 北京：气象出版社，1995.

[7] 陈小华，薛永华，吴建会，等. 中国城市道路扬尘污染研究[J]. 环境污染与防治（网络版），2006（3）.

[8] 冯银厂，吴建会，朱坦，等. 济南市和石家庄市扬尘的化学组成[J]. 城市环境与城市生态，2003，16：57-59.

[9] 康苏花，李海峰，赵鑫，等. 石家庄市开放源颗粒物化学组成特征分析[J]. 科学技术与工程，2015，15（13）：221-225.

[10] 陆炳. 典型开放源排放颗粒物理化表征及载带重金属风险评价研究[D]. 天津：南开大学，2012.

[11] 张秀英，朱月英. 宁强地区碳质球粒陨石的化学全分析[J] 岩矿测试，1988（2）：65-67.

[12] 李连山. 大气污染控制[M]. 武汉：武汉工业大学出版社，1998.

[13] 王丹，屈文军，曹国泉，等. 秸秆燃烧排放颗粒物的水溶性组分分析及其排放因子[J]. 中国粉体技术，2007（5）：31-34.

[14] 王凯雄，胡勤海. 环境化学[M]. 北京：化学工业出版社，2006.

[15] 李尉卿. 大气气溶胶污染化学基础[M]. 郑州：黄河水利出版社，2010.

[16] 向晓东. 气溶胶科学技术基础[M]. 北京：中国环境科学出版社，2012.

[17] Aneja V P，Blunden J，James K，et al.Ammonia assessment from agriculture：U.S.status and needs [J]. Environ Qual，2008，37：515-520.

[18] G L Velthof，C van Bruggen，C M Groenestein，et al.A model for inventory of ammonia emissions from agriculture in the Netherlands[J].Atmospheric Environment，2012（46）：248-255.

[19] Behera S N，Sharma M，Aneja V P，et al. Ammonia in the atmosphere：a review on emission sources，atmospheric chemistry and deposition on terrestrial bodies[J]. Environmental Science and Pollution Research，2013，20（11）：8092-8131.

[20] 徐宏辉，王跃思，温天雪，等. 北京市大气气溶胶中金属元素的粒径分布和垂直分布[J]. 环境化学，2007，5（26）：116-120.

[21] 张仁健，王明星，张文，等. 北京冬春季气溶胶化学成分及其谱分布研究[J]. 气候与环境研究，2000，5（1）：6-12.

[22] 李尉卿，毛晓明，李舒，等. 郑州市近地层 1.5 米和 40 米处大气气溶胶中微量元素及晶体物质的分布[J]. 现代科学仪器，2007（1）：92-95.

[23] 吴振玲，张宏，张长春，等. 天津气象铁塔 $PM_{2.5}$ 垂直观测分析[A]//中国气象学会 2007 年年会大

气成分观测、研究与预报分会论文集[C].

[24] An Jing, Zhou Qixing, Lin Weitao, et al.Horizontal distribution and levels of heaves metals in the biggest snowstorm in a century in Shenyang, China[J]. Journal of Environmental Sciences, 2008（20）: 846-851.

[25] Jaroslav Schwarz, Xuguang Chi, et al. Elemental and organic carbon in atmospheric aerosols at downtown and suburban sites in Prague[J]. Atmospheric Research, 2008, 90 (2-4): 287-302.

[26] 王章玮. 大气中的稀土元素及稀土农用对温室气体排放的影响[D]. 广西大学, 2003: 1-59.

[27] 中国统计年鉴, 2020, 知乎@数据可视化仓库. https://zhuanlan.zhihu.com/p/367164418.2021-04-23 11: 23.

[28] 李增高, 邱飞程. 控制扬尘污染指标措施探讨[J]. 山东环境, 2002, 107（1）: 26.

[29] Olivier Faveza, Helene Cachier, Jean Sciare, et al. Seasonality of major aerosol species and their transformations in Cairo megacity[J].Atmosphere Environment, 2008, 42: 1503-1516.

[30] 李尉卿, 崔娟. 郑州市大气气溶胶数浓度和质量浓度时空变化研究[J]. 气象与环境科学, 2010, 33（2）: 7-13.

[31] K W VanDerHoek. Estimating ammonia emission factors in Europe: summary of the work of the UNECE ammonia expert panel[J].Atmospheric Environment, 1998, 32 (3): 315-316.

[32] Oene Oenema. Nitrogen budgets and losses in livestock systems[J].International Congress Series, 2006 （1293）: 262-271.

[33] Qinwen Tan, Hefan Liu, Shaodong Xie, et al. Temporal and spatial distribution characteristics and source origins of volatile organic compounds in a megacity of Sichuan Basin, China[J]. Environmental Research, 2020（185）: 109478.

[34] Yu Song, Wei Dai, Min Shao, et al. Comparison of receptor models for source apportionment of volatile organic compounds in Beijing, China[J].Environmental Pollution, 2008, 156（1）: 174-183.

[35] Richard G Derwent, Michael E Jenkin, Steven R.Utembe secondary organic aerosol formation from a large number of reactive man-made organic compounds[J].Science of The Total Environment, 2010, 408 （16）: 3374-3381.

[36] Song Liu, Jia Xing, Shuxiao Wang, et al. Climate-driven trends of biogenic volatile organic compound emissions and their impacts on summertime ozone and secondary organic aerosol in China in the 2050s[J].Atmospheric Environment, 2019（218）: 117020.

[37] Odum J R, Jungkamp P W, et al. Aromatics, reformulated gasoline, and atmospheric organic aerosol formation [J].Environ. Sci. Technol, 1997（31）: 1890-1897.

[38] Gelencser A. Carbonaceous Aerosol[M]. Dordrecht, The Netherlands: Springer, 2004.

[39] Sheehan P E, Bowman F M. Estimated effects of temperature on secondary organic aerosol

concentration[J]. Environmental Science & Technology，2001，35（11）：2129-2135.

[40] Meigen Zhang. Modeling of organic carbon aerosol distributions over east asia in the springtime[J]. China Particuology，2004，2（5）：192-195.

[41] 庄国顺. 大气气溶胶和雾霾新论[M]. 上海：上海科学技术出版社，2019.

[42] Zhang X Y，Gang S L，Arimoto R，et al. Characterization and temporal variation of Asian dust aerosol from a size in the northern Chinese deserts[J]. Journal of Atmospheric Chemistry，2003，44（3）：214-257.

[43] 董树屏，李金香，李琭. 应用扫描电镜-能谱系统对大气颗粒物中单颗粒的观测和识别[J]. 电子显微学报，2006，25（增刊）：328-329.

[44] 方宗义. 中国沙尘暴研究[M]. 北京：气象出版社，1997.

第4章　雾霾气溶胶的污染途径

4.1　雾霾气溶胶的化学组成及其来源

4.1.1　雾霾气溶胶的化学组成

霾气溶胶的化学组成与大气气溶胶相似也是非常复杂的。除了常规的 N_2、O_2、H_2O、Ar、He 之外，霾中不但包含了常见的无机元素和无机化合物，还包含了有 C、H、O、N 等组成的有机化合物，不仅包含稀有金属元素和稀土元素，还包含放射性元素。

霾气溶胶中常见的无机元素、稀土元素、有机化合物、可溶性离子和离子型化合物见表 4-1。

表 4-1　霾气溶胶中常见的无机元素和化合物

霾气溶胶中物质	化学成分及生物成分
无机元素和稀土元素及无机化合物	无机元素：Ag、Au、Al、As、B、Ba、Be、Br、C、Ca、Cd、Cl、Co、Cr、Cs、Cu、Fe、F、Hg、Ga、Ge、I、In、K、Mg、Mn、Mo、Na、Ni、O、P、Pb、S、Se、Si、N、Pt、Sn、Sr、Te、Ti、V、W、Zn、Zr 等；稀土元素：Ce、Dy、Er、Eu、Ho、Gd、La、Lu、Nd、Pd、Pm、Pr、Sc、Sm、Rb、Rh、Ta、Tb、Tm、Y、Yb 等。无机化合物：SO_2、NO_x、NH_3、CO_2、CO 金属碳化物、金属碳酸盐等
有机化合物	CO、烷类、芳香烃类、酯类、醛类和胺类等。乙烷（Ethane）、丙烷（Propane）、异丁烷（Iso-butane）、正丁烷（N-butane）、环戊烷（Cyclopentane）、异戊烷（Isopentane）、乙烯（Ethylene）、丙烯（Propylene）、顺-2-丁烯（*cis*-2- butene）、苯（Benzene）、甲苯（Methylbenzene）、二甲苯（Xylene）、邻二甲苯（*o*-xylene）、间/对二甲苯（*m-*/*p*-xylene）、环己烷（Cyclohexane）、苯乙烯（Styrene）、三氯乙烯（Trichlorethylene）、三氯甲烷（Trichloromethane）、三氯乙烷（Trichloroethane）、二异氰酸酯（Diisocyanate）、二异氰甲苯酯（Diisocaphenyl toluene）等
可溶性离子和离子型化合物	SO_4^{2-}、NO_2^-、NO_3^-、F^-、Cl^-、Br^-、PO_4^{3-}；$(NH_4)_2SO_4$、NH_4NO_3、SiO_2、硫酸盐、硝酸盐、碳酸盐、硅酸盐、磷酸盐等
雾霾中的放射性元素	镭（^{226}Ra）、钍（^{232}Th）、铀（^{235}U）、钾（^{40}K）四大核素，同时还有嬗变的氡（Rn）、钋（Po）；还有同位素，如碳（^{12}C）、钴（^{60}Co）、碘（^{131}I）等

20 世纪 30—60 年代，西方发达国家由于工业的大发展，环境空气受到了不同程度的污染，一时间形成了雾霾。例如，1952 年英国的伦敦烟雾事件和 1955 年美国的洛杉矶化学烟雾污染事件。各国城市雾霾中的无机化学成分见表 4-2。

表 4-2　国家或城市大气中 $PM_{2.5}$ 中的化学成分

国家或城市	元素及化合物
西班牙	Ca、K、Al、Si、Mg、Fe、Na、CO_3^{2-}、SO_4^{2-}、Cl^-、OC、EC、SiO_2、NH_4^+、NO_3^-
葡萄牙	H^+、Na、K、Mg、Ca、Al、Cd、Pb、Cu、Cr、Fe、Mn、Ni、V、Zn、As、Sb、SO_4^{2-}、NH_4^+、NO_3^-、Cl^-、EC、OC
加拿大	Na、Mg、Al、Si、P、S、Cl^-、K、Ca、Ti、V、Cr、Mn、Fe、Ni、Cu、Zn、Br、Pb、SO_4^{2-}、NO_3^-、F、OC、EC
澳大利亚布里斯班	H^+、EC、OC、Al、Si、S、Cl^-、K、Ca、Mg、Ti、Mn、Fe、Zn、Br^-、Pb、SO_4^{2-}
北京	Al、Si、S、C、Cl^-、K、Ca、Ti、Fe、Mn、Ba、As、Cd、Sc、Cu、V、Cr、Ni、Se、Br、Sr、Pb、Na、Mg、Zn、P、Rb、Sb、Ga、Ce、Mo、La、Co、Nd、Th、Sc、Cs、W、U、Hf、Sn、Yb、Eu、Ta、Tb、Lu、Hg、VOC、OC、EC、SO_4^{2-}、NO_3^-、HN_4^+
郑州	Al、Si、S、Cl^-、C、K、Ca、Ti、Fe、Mn、Ba、As、Cd、Sc、Cu、V、Cr、Ni、Se、Br、Sr、Pb、Na、Mg、Zn、P、Rb、Sb、Ga、Ce、Mo、La、Co、Nd、Th、Sc、Hg、Sn、Ta、Tb、Lu、Tl、Si、Hg、OC、EC、SO_4^{2-}、NO_3^-、HN_4^+、VOC
广州	Al、S、Si、C、Br、Ca、Se、Ga、Ge、Rb、Sr、Mo、Rh、Pd、Ag、Sn、Sb、Te、I、Cs、La、W、U、Hg、Au、VOC
重庆	Al、Si、C、Ca、P、K、V、Ti、Fe、Mn、Ba、As、Cd、Sc、Cu、Cr、Co、Ni、Pb、Zn、Zr、S、Cl、Hg、VOC
兰州	Al、Si、Br、C、Ca、Se、Ga、Ge、Rb、Sr、Mo、Rh、Pd、Ag、Sn、Sb、Te、I、Cs、La、W、U、Hg、Au、As、VOC

美国对大气气溶胶中存在的有毒物质进行了统计，无机成分和有机成分共计 127 种。见表 4-3。

表 4-3 表明，在美国大气颗粒物中存在的 127 种有害的化学物质中，只是一个时间段监测到的某个城市、某个地域的数据，不能代表整个城市整个国家的雾霾气溶胶的化学成分。但它说明世界各地城市的雾霾气溶胶粒子的化学成分是有明显区别的。

在全球范围内，无论在城市中心区和郊区，还是在远郊和农村的气溶胶中都含有 PAN（多环芳烃凡是含有 PAH 的地方，都有 BaP 的存在）。大气气溶胶中 BaP 的含量一般约为 $1 ng/m^3$，工业区的 BaP 浓度一般要比城区高，冬季采暖期比夏季高，居民区冬季和夏季的 BaP 浓度可相差 1～4 倍，而工业区的相差较小。表 4-4 为世界各地部分城市大气中 PAH 的浓度。

表 4-3 美国公共服务部毒物和疾病登记署（ATSDR）列出的大气中的有毒物质

白磷	1,2-二氯乙烷	
氟气	1,1-二氯乙烯	2,4-二硝基（甲）苯
铝	1,2-二氯乙烯	2,6-二硝基（甲）苯
砷	1,3-二氯丙烯	多环芳烃
钡	1,1,1-三氯乙烷	酚
铍	1,1,2-三氯乙烷	五氯酚
硼	1,1,2,2-四氯乙烷	二硝基甲酚
镉	三氯乙烯	二硝基苯酚
硒	四氯乙烯	3,3'-二氯联苯胺
银	六氯丁二烯	氯代二苯并呋喃
铬	七氯、七氯环氧乙烷	1,2-二苯肼
镍	溴代甲烷	三亚甲基三硝基胺[RDX]
怀	1,2-二溴乙烷	干洗溶剂汽油
铊	1,2-二溴-3-氯代丙烷	特屈儿[2,4,6-三硝基苯甲硝胺]
钍	氯蜱硫磷	曲轴箱废液
锡	苯	香精油燃料
铅	萘	木杂酚油
锰	甲苯	煤焦油杂酚油
汞	二甲苯	煤焦油
铀	乙苯	汽油
钒	硝基苯	燃料油
锌	2,4,6-三硝基（甲）苯	喷气式发动机燃料（Jp4 和 Jp7）
钴	二（2-氯乙基）醚	甲基叔丁基醚亚甲基双（2-氯苯胺）
铜	邻苯二甲酸二乙酯	[聚氨酯固化剂]
氰化物	乙烯基乙酸盐（或酯）	正-亚硝基二苯胺[防焦剂]
氟化物	邻苯二甲酸二-2-乙基己酯	煤焦油沥青及其挥发物
氟化氢	邻苯二甲酸二正丁酯	艾氏剂
氨	异佛尔酮[3,5,5-三甲基-2-环己烯-1-酮]	狄氏剂
石棉	正-亚硝基二正丙胺	异狄氏剂
丙酮	氯仿	α-,β-,γ-,δ-六六六
丙烯醛	氯代甲烷	甲基对硫磷
丙烯腈	2-硝基苯酚	甲,氯[甲氧滴滴涕]
乙二醇	4-硝基苯酚	灭蚁灵、开蓬
丙二醇	2,4,6-三氯苯酚	二嗪农
2-丁酮	甲苯酚	毒杀芬
2-己酮	联苯胺	氯丹
二硫化碳	氯苯	敌死通[乙拌磷]
四氯化碳	1,4-二氯苯	硫丹
氯乙烯	六氯苯	4,4'-DDT,4,4'-DDE,4,4'-DDD
1,3-丁二烯	多溴联苯	四氯化钛
二氯甲烷	多氯联苯	氡
氯乙烷	1,3-二硝基苯	液压油
1,1-二氯乙烷	1,3,5-三硝基苯	

注：引自 Stanley E Manahan. Environmental Chemistry，2000.

表 4-4　世界各地及部分城市大气中 PAH 的浓度

国家或地区	浓度	采样时间	单位	备注	主要同系物
英国	0.029~0.13（乡村）	2008—2010	ng/m³	ngBaP~TEQ/m³	
	0.12~2.0（城市）		ng/m³		
	0.25~1.4（郊区）		ng/m³		
美国	1.4~2.4	2013	ng/m³	4 个主要环芳烃	
欧洲	0.033~1.5		ng/m³	Σ16PAHs（0.678~0.945ng BaP-TEQ/m³）	
加拿大	10.2~83.7（乡村）	2009 年夏	ng/m³	Σ16PAHs（0.678~0.945ng BaP-TEQ/m³）	
	8.31~52.1	2009 年冬	ng/m³	Σ15PAHs	
欧洲大西洋	53~4443（偏远背景）	2001—2002	pg/m³	Σ18PAHs	PHE,FLU
欧洲	2.243±1.772（乡村背景）	1994—2010	ng/m³	Σ16PAHs(Particle-phaseonly)	PHE,FLU,FLT,PYR
西班牙	2.71~366.9（化工厂）	2008	ng/m³	Σ15PAHs(0.061~35.0 ng BaP-TEQ/m³)	PHE,NAP
沙特阿拉伯	0.13~515.76	2011—2012	ng/m³	Σ16PAHs	
华北平原	19.7~89.1	2007—2008	ng/m³	Σ12PAHs	PYR,FLT
	89.8~1 616.5		ng/m³	Σ21PAHs(2.6ngBaP-TEQ/m³)Particle-phaseonly	PHE,FLO
	131~979.2		ng/m³	Σ16PAHs(0.180~0.811ng BaP-TEQ/m³)	
韩国	78.8±38.2	2014 年 10 月	ng/m³	Σ15PAHs	2~3ring
土耳其	30~198	2008—2009	ng/m³	S15PAHs	PYR,FLT
德国	0.4~121.4	2005—2006	ng/m³		PYR,FLT
中国台湾	69.3~325	2012	ng/m³		
北京	268	2003—2005	ng/m³		NAP,PHE,FLU
广州	39~1 580	2010	ng/m³		

　　在世界各地一些偏远地区的空气中也存在少量的多环芳烃（PAHs）。表 4-5 列出了我国青藏高原东南部和世界各地偏远地区存在的多环芳烃对环境空气污染的数据。

表 4-5　我国青藏高原东南部和世界各地偏远地区存在的 PAHs 浓度的比较　　单位：pg/m^3

名称	青藏东南部	意大利乡村	地中海	大西洋	日本海岸	北极
时间	2008—2011	2008—2009	2000—2001	2003	2004—2005	1999—2000
苊烯（Acel）	4（BDL-24）					1
苊（Ace）	11（BDL-34）					3
菲（Phe）	468（25～1317）	239	50（4～200）	59（31～120）		26
蒽（Ant）	75（4～232）	6	4（1～20）	7（3～15）		1
荧蒽（Fla）	199（20～712）	41	100（40～200）	53（26～100）		14
芘（Pyr）	275（35～632）	45	40（10～100）	63（26～120）	61	19
苯并[a]蒽（BaA）	107（9～304）	472	30（3～100）	13（4～40）	14	1
䓛（Chr）	307（37～999）		100（20～300）	50（17～120）	35	4
苯并[b]荧蒽（Bbf）	104（BDL-357）		40（1～200）	140（17～530）	45	8
苯并[k]荧蒽（Bkf）	144（12～479）	391	40（1～200）		17	2
苯并[a]芘（BaP）	113（8～356）	829	20（10～50）	42（3～210）	24	1
二苯并[a,h]蒽（DahA）	11（BDL-57）		2（1～20）	36（3～260）		1
茚并[1,2,3-cd]芘（IcdP）	69（BDL-343）	713	30（9～200）	90（6～330）	21	3
苯并[g,h,i]芘（BghiP）	140（4e412）	690	30（10～90）	65（1～390）	28	2

4.1.2　霾粒子中的化学晶体物质

霾粒子中存在着各种各样的晶体物质，某些晶体物质既能污染环境，又能影响大气降水。气溶胶中的晶体物质分为可溶性晶体、难溶性晶体，它们主要存在于 PM_{10} 和 $PM_{2.5}$ 中。例如，$(NH_4)_2SO_4$、$NaCl$、$CaCl_2$、$NaNO_3$、KCl、NH_4Cl、$MgCl_2$、NH_4NO_3，还有磷酸盐、硅酸盐、一些氟化物都是可溶性晶体。水汽中这些晶体大部分都是以离子状态存在。其中阴离子有 SO_4^{2-}、NO_3^-、NO_2^-、Cl^-、CO_3^{2-}、F^-、PO_4^{3-}、SiO_3^{2-}、Br^-、OH^-。常见的可溶性阳离子有 K^+、Na^+、Ca^{2+}、Mg^{2+}、Fe^{3+}、NH_4^+、Pb^{2+}、Cr^{6+} 等。另外，还有 As^{3+}、Hg^{2+}、Ni^{2+}、Cu^{2+}、Mn^{7+}、Ba^{2+}、Sr^{2+}、Co^{3+}等。

4.1.3　霾粒子中晶体物质特征及其分类

地壳中的晶体物质是由多种单质和氧化物及其类似物的自然元素矿物组成的。它们是矿物和多种原子组成的金属互化物，是由 24 种元素构成的，即 C、S、Fe、CO、Ni、Cu、Zn、As、Se、Ru、Rb、Pd、Ag、In、Sn、Sb、Te、Os、Ir、Pt、Au、Hg、Pb、Bi。单质矿物约占地壳质量的 0.1%。它们富集成矿是很有规律的。在化学元素周期表中主要分布在Ⅷ族和 I B 族的 d 型元素，即过渡元素；以及ⅣA～ⅥA 主族 SP 型元素。

4.1.3.1 SP 型元素类的晶体

这类晶体主要为共价键、分子键，是由 SP 杂化键所决定的。①ⅣA 主族元素 C、Sn 和 Pb 所构成的金刚石、自然锡、自然铅输配位基型，随原子序数增大金属性增强。金刚石具有四面体装 SP^3 型共价键，自然锡畸变的金刚石型结构，具有 6 次配位向金属键过渡；自然铅呈立方最紧密堆积，配位数为 12，具有金属键。②石墨在层内具有平面 SP^3 的共价—金属键，层间为分子键。③ⅥA 主族元素所形成的自然硫为环状基型，由 8 个硫原子以共价键连接成 S_8 环状分子，环状分子链之间为分子键。Se 和 Te 由于 p^2 型杂化键的存在，配位数为 2，形成螺旋链，链间为分子键，为链状基型。④ⅤA 主族元素 As、Sb、Bi 形成的晶体，由于元素三方单锥形 p^3 型杂化键，形成不平的层状结构，层内为共价—金属键，层状基性。

4.1.3.2 氧化物及类似物的晶体化学

这类化合物包括金属元素氧化物（Fe_3O_4、Al_2O_3）和非金属元素氧化物（SiO_2、H_2O）。

它们由 42 种元素组成，在周期表中的排序依次为：H、Li、Be、O、F、Na、Mg、Al、Si、Cl、K、Ca、Ti、V、Cr、Mn、Fe、Ni、Cu、Zn、As、Se、Y、Zr、Nb、Mo、Ag、Cd、Sn、Sb、Te、Ba、La、Ta、W、Hg、Tl、Pb、Bi、Th、U、Ce。氧化物矿物在地壳中分布广泛，成因多种多样。42 种元素构成见表 4-6。

表 4-6 42 种元素构成

序号	I A	II A	IIIB	IVB	VB	VIB	VIIB	VIIIB			I B	IIB	IIIA	IVA	V A	VIA	VIIA	VIIIA
1	H																	
2	Li	Be														O	F	
3	Na	Mg											Al	Si			Cl	
4	K	Ca		Ti	V	Cr	Mn	Fe		Ni	Cu	Zn			As	Se		
5			Y	Zr	Nb	Mo					Ag	Cd		Sn	Sb	Te		
6		Ba	La			Ta	W					Hg	Tl	Pb	Bi			
7				Th	U	Ce												

4.1.3.3 常见晶体化学物质的分类

按照晶体对称划分，可溶性晶体分为立方形、正交型、单斜型晶、四方、六方、三方型和三斜等晶系。表 4-7 列出了部分易潮解无机化合物晶型、密度和溶解性。

表 4-7　易潮解无机化合物的晶体参数和性质

化合物	分子量	晶系	密度	水溶解性	相对湿度/%	备注
KOH	56.11	正交	2.044	112		潮解
NaCl	78.45	六方	2.168	35.9	75	潮解
AlCl$_3$	133.34	正交	2.44	70		潮解
CrO$_3$	99.99	立方	2.7	70		潮解
CsCl	168.36	四方	3.998	167		潮解
MgSO$_4$	120.4	立方	1.68	187	88	潮解
KCl	64.6	单斜	1.99	24.22	84	潮解
Na$_2$SO$_4$·10H$_2$O	133.06	正交	1.464	1015	87	潮解
(NH$_4$)$_2$SO$_4$	132.14	三方	1.769	75.4	80	潮解
NaNO$_3$	85.01	立方	2.257	88	75	潮解
NH$_4$Cl	53.49	立方	1.527	34	77	潮解
Pb(NO$_3$)$_2$	331.23	六方	4.53	56		潮解
MgCl$_2$	95.23	正交	2.41	54.6	33	潮解
ZnSO$_4$	161.44	立方	3.54	53.8		吸湿
CaCl$_2$	110.99	正交	2.15	42		吸潮
Na$_2$·SiO$_3$	120.08		2.614	溶解		吸潮

由表 4-7 可以看出，这些易潮解晶体物质中的阳离子多以 K$^+$、Na$^+$、NH$_4^+$、Mg^{2+}为主，阴离子多以 Cl$^-$、NO$_3^-$、SO$_4^{2-}$和 OH$^-$为主。从气象学的角度来说，这些离子都有可能成为暖云降雨时的催化剂，阴离子也有可能成为污染环境的酸雨成云剂。

不溶性和难溶性晶体，例如，Mg(OH)$_2$、AgI、Al$_2$O$_3$、PbI$_2$、ZnS、NH$_4$F、α-SiO$_2$ 等属于难溶性或不溶性的六方晶体。表 4-8 列出了部分六方晶系无机化合物的晶格常数、密度和在水中的溶解度。

表 4-8　部分六方晶系无机化合物的晶格常数、密度和在水中的溶解度

无机化合物	分子量	晶系	密度	水中溶解度/（g/L）	晶格常数/Å	
AgI	234.8	六方	5.683	8×10^{-5}	a4.58	c7.49
PbI$_2$	461.05	六方	6.16	0.063	a4.54	c6.86
ZnS	97.43	六方	4.087	不溶	a4.90	c5.39
CuS	95.6	六方	4.6	不溶	a3.80	c16.43
FeS	87.92	六方	4.82	0.006	a3.49	c5.69
Ca(OH)$_2$	74.09	六方	74.09	2.3×10^{-2}	a3.59	c4.91
Mg(OH)$_2$	58.33	六方	2.36	2.1×10^{-2}	a3.13	c4.74
α-SiO$_2$	60.08	六方	2.32	不溶	a4.90	c5.39

由表 4-8 可知，上述不溶性或难溶性六方晶体物质中的阳离子以 Ag^+、Pb^{2+}、Cu^{2+}、Fe^{2+}、Zn^{2+} 等金属阳离子为主，阴离子以 I^-、S^{2-}、OH^- 等为主。大气颗粒物中的晶体化学物质存在多种多样，而且随着季节的变化而变化。这些晶体化学物质对大气质量和雾霾的形成起到了一定的作用，对云、雾、雨的形成起着中心核的作用。尤其是六方晶型的 AgI、PbI_2、CuS，它们与大气中自然冰晶的晶型结构相似，能够通过与云中水滴接触碰撞的机会起到中心核的作用，从而催化云降雨和云降雪。而 $NaCl$（立方晶型）、$CaCl_2$（立方晶型）、$CO(N_2H_4)_2$（尿素，四方晶型）、NH_4NO_3（硝酸铵）有 5 种晶型：其代号分别为：α（四面晶系）、β（斜方晶系）、γ（斜方晶系）、δ（四方晶系）、ε（正方晶系）。这些立方晶系和四方晶系的晶体具有一定的吸湿性，凝结效果显著，是用来做暖云和暖雾催化剂和凝结核的绝好材料。

4.1.3.4 矿物晶体组成的季节变化规律

大气霾粒子的矿物晶体组分存在明显的季节变化规律，春季的矿物组成种类最多，秋季的最少。春季霾粒子中的矿物晶体以硅铝酸盐为主，同时存在碳酸盐、硫酸盐、硫化物、铁的氧化物以及难以鉴定的矿物晶体；而在夏季的样品中，矿物的种类有所减少，但是却有新的物种出现，如 NH_4Cl、$K(NH_4)Ca(SO_4)_2 \cdot H_2O$ 等，表明存在强烈的大气化学反应，对 $K(NH_4)Ca(SO_4)_2 \cdot H_2O$ 这种物质在大气中的形成过程可能与 Mori 等模拟的结果类似。

不同地区的大气颗粒物中矿物成分差别很大，陈昌国等（2002）对重庆市检出的报道，认为主要是硫酸盐矿物，反映出重庆市燃煤污染和酸沉降严重的特征。Sturges 等报道，在加拿大多伦多大气颗粒物中的主要地壳源物相包括石英、方解石、白云石、石膏、海盐和长石，人为源物相包括 $(NH_4)_2SO_4$、酸性铵矾 $[3(NH_4)_2SO_4 \cdot NH_4SO_4]$、铵石膏 $[CaSO_4(NH_4)_2 \cdot H_2O]$、$PbSO_4 \cdot (NH_4)_2SO_4$、$(NH_4)_2SO_4 \cdot 2NH_4NO_3$、$(NH_4)_2SO_4 \cdot 3NH_4NO_3$ 和 NH_4Cl。在本研究中，除了季样品中检测到 NH_4Cl、$K(NH_4)Ca(SO_4)_2 \cdot H_2O$、$As_2O_3 \cdot SO_3$ 外，在其他季节的样品中均未识别出这些人为源的物相。总之，来自不同地区的大气颗粒物中的物相是明显不同的，而矿物信息能够更好地指示物源。北京春季 $PM_{2.5}$、PM_{10} 中除含有一定数量的非晶质外，以各类矿物为主，含量高达 75%。在各类矿物中，黏土矿物的含量最高，为 29%；石英的含量次之，为 17%。

在河南焦作的霾粒子中（$PM_{2.5}$ 和 PM_{10}）检测出石英、石膏、CuS、NH_4Cl、$NaNO_3$、$MgCO_3$、$CaSiO_4$、铝硅酸盐，与北京 PM_{10} 中矿物所做 XRD 分析得出的结果（15.7%）基本相近，北京冬季大气稳定度较高，空气对流不强，石膏不可能来自地表或道路扬尘，可能是大气中 SO_x 与颗粒物相互作用的产物。陈天虎等对合肥大气颗粒物的研究也有类似的结论。

在河南郑州的雾霾粒子中发现有铝硅酸盐、石英、碳酸盐、硫酸盐、硝酸盐、铵盐、硫化物、铁的氧化物、锐钛矿和黏土矿物等。

上海大气颗粒物中的主要矿物成分有石英、钾长石、斜长石、方解石、白云石、黏土矿物、石膏、角闪石等。沙尘天气湿降尘和非沙尘天气自然降尘中还有极少量的黄铁矿和菱铁矿。湿降尘中主要矿物以石英含量最高，占 44.65%；其次为长石、黏土矿物和碳酸盐，分别占 19.74%、18.53%、15.41%。非沙尘天气的悬浮颗粒物则以黏土矿物和石英含量最高，分别占 26.84% 和 24.92%；长石、石膏和碳酸盐次之，分别占 21.27%、14.51% 和 12.25%。自然降尘以石英含量最高，占 50.48%，其次为长石、碳酸盐和黏土矿物，分别占 18.26%、17.46% 和 13.38%。

兰州尘暴沉积物及兰州黄土的黏土矿物特征非常相近，而与上海地区黏土矿物成分有较大不同。这些特征反映湿降尘中含有较多来源于西北干旱和偏碱性环境物质。研究表明，大气中的 SO_2 很容易与固体颗粒物发生反应生成硫酸盐粒子，而且其颗粒比较细，其粒径属于积聚模（$0.05\ \mu m < D_p < 1\ \mu m$）。

4.1.4　霾粒子中的生物化学物质

空气中的微生物多数是借助土壤及人和生物体传播，或借助大气飘浮物和水滴传播。大气中通常含有多种微生物，常常附着于雾霾粒子的表面。常见的有真菌孢子、花粉、细菌、病毒等。具体又分为杆菌（如无色杆菌、芽孢杆菌）、球菌（如细球菌、八叠球菌）、霉菌、酵母菌和放线菌等腐生性微生物。

霾粒子表面附着的污染物还包括药物、化学品、食品添加剂、食品等生物化学物质。这些物质通常是由各种生物元素组成的。

迄今为止，生物体内发现的元素有 60 多种，其中 27 种是细胞中所具有的，称为生物元素。在 27 种元素中有 6 种，即 C、H、O、N、P 和 S 是生命中特别重要的元素。Ca、K、Na、Mg 和 Cl 等 5 种元素在生物体内也是非常重要的。而 Cu、Mn、Fe、Co、Zn、Se、I、Cr、Si、Ni 和 Br 等 16 种微量元素在生命体中也是必不可少的。构成生物体的元素有如下特点。

4.1.4.1　生物元素都是环境中丰度较高的元素

（1）主要生物元素都是轻元素

主要生物元素 C、H、O、N 占生物元素总量的 95% 以上，它们和 S、P、K、Na、Ca、Mg、Cl 共 11 种元素构成生命体全部质量的 99% 以上的常量元素。

（2）C、H、O、N、S、P 是生物分子的基本素材

1）C、H 是生物分子的主体元素。碳元素是构成生物分子的主要基础元素，是Ⅳ主

族中最轻的元素，价电子数为 4。碳原子的原子核对其价电子有一定的控制能力，既难得到电子，又难失去电子，最容易形成共价键。碳原子非凡的成键能力和它的四面体构型，使它可以自由结合，形成结构各异的生物分子骨架。碳原子又可通过共价键与其他元素结合，形成化学性质活泼的官能团。

2）氧氮硫磷构成官能团：氮、磷和氧、硫分别是 V 和 VI 主族最轻的元素。它们是除碳元素外仅有的能形成多价共价键的元素，可形成各种官能团和杂环结构，对决定生物分子性质和功能具有重要意义。

4.1.4.2 微量无机生物元素大多为过渡元素

生物体所需的微量元素大多是过渡元素，它们核外的原子轨道与未被填满的 d 轨道有关。过渡元素有空轨道，能与具有孤对电子的原子以配位键结合。不同过渡元素有不同的配位数，可形成各种配位结构，如三角形、四面体、六面体等。过渡元素的络合效应在形成并稳定生物分子的构想中具有特别的重要意义。

过渡元素对电子的吸引作用，还可导致配位体分子的共价键发生极化，这对酶的催化很有用。已发现 1/3 以上的酶含有金属元素，其中含锌酶就有百余种。

4.1.4.3 常量原子具有的电化学效应

K^+、Na^+、Cl^-、Ca^{2+}、Mg^{2+} 等常见离子，在生物体内的体液中含量较高，具有电化学效应。它们在保持体液的渗透压、酸碱平衡、形成膜电位及稳定生物大分子的胶体状态等方面有重要意义。

某些非生物元素进入体内，能干扰生物元素正常功能，从而表现出毒性作用。如 Cd 能置换 Zn，使含锌酶失活，从而使人中毒。某些非生物元素对人体有益，如有机锗可激活小鼠腹腔巨噬细胞，后者能引导细胞分泌白细胞介素和干扰素，从而发挥免疫监视、防御和抗肿瘤作用。

4.1.5 雾霾气溶胶中的花粉

花粉是大气雾霾中生物气溶胶组成成分之一。易感人群吸入某些杂草和树木的花粉，可以引起过敏性鼻炎、支气管哮喘和变应原性皮炎。曾有人报道只要空气中的青草花粉颗粒达到 20 个/m^3 时，就可诱发易感者发病。研究大气中的花粉垂直分布的日变化规律，有助于了解大气花粉的来源、输送、扩散。研究大气中花粉的时空分布特征，对区分大气生物气溶胶中微生物气溶胶和花粉气溶胶，在监测有害微生物气溶胶污染方面具有重要意义。霾中的花粉粒子是植物的雄性生殖细胞，有风媒和虫媒两种传播方式。依靠昆虫传播授粉的花称为媒花，花的色彩鲜艳气味芳香，含有蜜腺。由于花是靠昆虫传播授粉，因此，在空气中播撒花粉量很少，一般不会引起花粉症的流行。而风媒花则是经风带花粉而授粉的花，无芳香的气味，花的数目很多，花粉量大，所以风媒花经风传播后，空气中花粉量较多。又因为花粉直径一般在 30～50 μm，它们常常以单质颗粒或黏附于气溶胶颗粒上游离在大气中，在空气中飘散时，极易被人吸进呼吸道内。

4.2　霾污染的化学途径

霾污染的化学途径与固体颗粒物的污染途径基本相似，由于霾粒子的平均粒径在 0.3～1 μm，属于微细颗粒范畴，而且这些细微的颗粒中含有多种金属元素和有害元素，因此霾的污染危害更厉害。

4.2.1　大气中的非均相化学反应

非均相化学反应在大气化学反应中具有重要性，在对流层气态污染物的转化及二次气溶胶的形成中起核心作用。非均相化学反应可以改变颗粒物的化学组成和表面特性，如颗粒物的吸湿性、毒性和光学性质，对人体健康、生态和气候系统有着显著的影响。

大气复合污染中，颗粒物表面的非均相化学反应会改变其表面化学成分和大气气态成分。而在非均相化学反应中，颗粒物、单种活性污染气体、相对湿度、太阳辐射中的三种或以上因素的共同作用下反应过程和结果与只有两种因素存在时（如颗粒物与某种活性污染气体）有着显著不同，由此体现的协同效应对于阐明大气复合污染的非线性机制有着重要的作用。此外，大气非均相化学反应会促进还原性气体（如 NO_x、SO_2、HCHO）的氧化，并可生成气体氧化剂，从而增强大气氧化性。例如，在水汽存在下，NO_2 与 $CaCO_3$ 的非均相反应以较快的速率生成 HONO，从而增加大气 OH 自由基的生成。O_3 在 $CaCO_3$ 表面氧化 SO_2 生成硫酸盐颗粒，而可能对 SO_2 的氧化起到重要作用。HCHO 在紫外线的作用下在 Al_2O_3 和 TiO_2 表面的非均相摄取，作为 HCHO 的一个汇，影响 HCHO 的大气浓度和大气 HO_2 自由基的浓度。在 SO_2+TiO_2、$SO_2 + ZnO$ 的反应中，紫外线与水对反应起到协同的促进作用，从而对 SO_2 的氧化和大气硫酸盐的形成起到贡献作用。同时，反应改变了颗粒物的组成和吸湿性，这也将对颗粒物与气体的进一步反应产生影响。

4.2.2　大气中细颗粒物表面多相化学反应

大气中细颗粒物含有硫酸盐、铵盐、硝酸盐、痕量金属元素、碳气溶胶和地壳元素等，化学组成复杂，不同来源粒子组分相差很大。

在大气化学中，多相化学反应常被描述为在液体和固体表面上气凝聚界面的传质和反应过程，以及随后在液滴内或在颗粒物上液态表面层内的输送和反应过程。因此，多相化学包括气相的大气化学物质与气溶胶、云、表面水等的相互作用，以及气溶胶或云粒子或表面水上的化学转变和光化学过程。

4.2.2.1 氮氧化物在雾霾气溶胶中细颗粒物表面的多相化学反应

氮氧化物在大气雾霾气溶胶中细颗粒物表面的多相化学反应是大气对流层化学中的重要反应，例如，NO、NO_2、N_2O、N_2O_5、HNO_3（可能还有 NO_3）与海盐气溶胶颗粒的多相反应是大气中 $NaNO_3$ 的主要来源，而反应生成的亚硝酸对于大气化学非常重要。

海盐是对流层气溶胶颗粒的一项来源，其中 NaCl 与氮氧化物有多相化学反应：

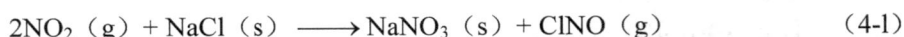

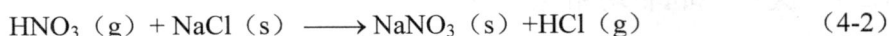

$$2NO_2（g）+ NaCl（s）\longrightarrow NaNO_3（s）+ ClNO（g） \tag{4-1}$$

$$HNO_3（g）+ NaCl（s）\longrightarrow NaNO_3（s）+HCl（g） \tag{4-2}$$

雾霾气溶胶中亚硝酸在大气化学中起着很重要的作用，这是因为它在白天光解生成 OH 自由基：

$$HONO + hv \longrightarrow OH + NO \tag{4-3}$$

从而促进大气光氧化反应。至今已对亚硝酸的生成提出了多种机理，但何种机理在实际大气中更为重要还不很清楚。Saliba 等提出了 NO 与表面吸附的 HNO_3 反应可能是污染大气中 HONO 的重要来源，与 NO_2 在表面的水解量相当，大于 NO、NO_2 和水的异相反应。

（1）O_3 在细颗粒物表面的多相化学反应

O_3 在细颗粒物表面的多相化学反应直接影响其在大气环境中的损耗，以及大气的光化学氧化过程。O_3 在大多数细颗粒物上的表面反应概率还不清楚。

Kamm 等的研究显示，O_3 在烟炱颗粒物上的损耗速率随着温度的增加而升高，随着 O_3 浓度的增加而降低，其损耗过程可用 4 个基元反应表示：

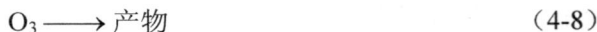

$$SS + O_3 \longrightarrow SSO + O_2 \tag{4-4}$$

$$SSO + O_3 \longrightarrow SS + 2O_2 \tag{4-5}$$

$$SSO + O_3 \longrightarrow SS' + O_2 + CO_2 \tag{4-6}$$

$$SSO \longrightarrow SSp \tag{4-7}$$

$$O_3 \longrightarrow 产物 \tag{4-8}$$

式中，SS——表面反应位置；

SSO——表面反应位置上的氧原子；

SS'——第二层表面位置；

SSp——非反应位置。

（2）SO_2 在细颗粒物表面的多相化学反应

在 H_2O 和 O_2 的存在下 SO_2 才能被氧化，生成 HSO_4^-。Koehler 等发现在 $-130 \sim -40$℃ 时，SO_2 在正己烷烟炱上的摄取系数随着温度升高而降低，随着 SO_2 分压增加而增大。而在冰晶表面，SO_2 的摄取系数不但与其分压和温度密切相关，而且冰晶表面的酸度对摄取系数也有很大的影响，酸度增加，摄取系数降低。在颗粒物表面存在吸附水时，MgO 表面上吸附的亚硫酸盐转化为硫酸盐，而在 a-Al_2O_3 表面则不发生这种转化。SO_2 初始摄取系数为 10^{-4}，可预测矿物质沙尘对 SO_2 从气相到颗粒物相的重新分配起着重要作用。

（3）气溶胶细粒子的富集作用

从各国和国内各省霾污染的情况看，霾天形成时细粒子浓度明显升高，尤其是 1 μm 浓度的升高是特别显著的。例如，冬季的灰霾，与冬季非霾期间对比，冬季霾的浓度增加得非常明显。冬霾期间 1 μm 粒子明显升高，表明除气象因素影响外，二次气溶胶对此也有重要贡献。大气气溶胶粒子包括直接排放一次来源的和反应过程生成的二次污染物。作为一次污染物代表的元素碳（EC），夏季和冬季灰霾期分别为正常天气的 1.9 倍和 2.6 倍。但是二次气溶胶的一些成分特别是硝酸盐，在灰霾天气和正常天气的比值非常大，夏季可以达 10.7 倍，冬季可以达 7.5 倍。这说明二次气溶胶相对于元素碳的非等比例富集，同样表明除气象因素外，雾霾天气二次气溶胶贡献变大。所以无论是粒度组成，还是化学组成，都说明二次气溶胶对灰霾作出重要的贡献。而且二次气溶胶对消光的贡献超过 80%，所占比例很大。

（4）大气中氧化剂的作用

大气中氮氧化物（NO_x）、挥发有机物（VOCs）和硫氧化物是大气光化学烟雾产生臭氧（O_3）的前体物，是大气中的氧化剂。大气气溶胶中的氧化剂随时随地都有可能被吸附到固体粒子上，并且随时都有可能与之进行化学反应产生 O_3。VOCs 可分为人类活动排放和天然植物排放，人为源 VOCs 来源最主要的是机动车，其次是工业源。不同人为源的 VOCs 中都含有大量的烯烃，包括乙烯、丙烯和丁烯。这对 O_3 的生成贡献很大。

大气中具有潜在致癌性的化学物质主要有苯系物和持久性有机污染物，例如，二噁英、多环芳烃和多溴联苯醚。全球大气中的二噁英含量亚洲最高，欧洲次之，北美最低。日本的空气中近年来加强管制，二噁英含量显著降低。

4.2.2.2　大气雾霾粒子污染的输送

大气颗粒物的变化趋势主要受到源排放和大气过程的影响。大气过程包括大气化学过程（如气粒转化）和大气物理过程（如区域传输）。大气颗粒物中的一次成分（如土壤元素）主要受到源排放和大气扩散等因素的影响，二次粒子（如硫酸盐和硝酸盐）还要考虑大气环境化学的影响（如大气氧化性）。

污染物从污染源排放到大气中，只是一系列复杂过程的开始，污染物在大气中的迁移、扩散是这些复杂过程的重要方面。这些过程都发生在大气中，大气的性能在很大程度上影响污染物的时空分布。实践证明，风向、风速、大气稳定度、温度的空间差异、地面粗糙度、雨、雾和霾等，是影响大气洁净和污染的主要因素。

雾除了对能见度有影响之外，还具有对大气污染物的屏蔽作用、对酸性污染物（SO_2 和 NO_2 都属于酸性污染物）的稀释作用和对颗粒类污染物的洗刷作用。

由于 NO_2 与 PM_{10}、$PM_{2.5}$ 和 SO_2 产生源不同，综合各种因素对大气污染物扩散的影响，虽然影响程度同样受过境风迁移作用影响，但其影响程度肯定会有所不同，故可将 NO_2 和 PM_{10}、$PM_{2.5}$ 和 SO_2 的不同影响程度予以分别确定。

各主要大气污染物采暖期污染较重，非采暖期污染较轻，特别是 PM_{10}、$PM_{2.5}$ 和 SO_2 属于煤烟型污染物，具有明显的季节性特点，而 NO_x 的主要污染源是汽车，四季变化不大，主要与汽车数量相关。就某一固定区域而言，气态污染物 NO_x、SO_2 差异相对较小，主要原因是气态污染物更容易随被过境风输送到较远的地方，在不利气象条件下也更容易扩展到整个影响区域，而颗粒物更容易沉降聚集。

对于低空污染气团，一般情况下颗粒类污染物可以被平流输送至 $1.5 \sim 2.5$ km 以外的地方，而气态污染物则要超出几倍甚至几十倍。

4.3　含硫化合物及硫酸盐的污染途径

雾霾气溶胶中 S 的存在主要以硫酸、硫酸盐、亚硫酸盐较多。雾霾气溶胶中的硫酸盐微粒与气候冷暖相关。大气中的硫酸盐越多，越容易形成云层，太阳越容易被遮蔽，使气候趋冷。科学家发现，在北京及华北地区雾霾期间，大气颗粒物中硫酸盐主要由 SO_2 和 NO_2 溶于空气中的"颗粒物结合水"形成硫酸、硫酸盐和硝酸盐。对大气能见度和酸雨的形成影响很大。

一切含硫燃料的燃烧都能产生 SO_2，大气中的 SO_2 主要来自固定污染源，其中约 70% 来自火力发电厂，约 26% 来自有色金属冶炼、钢铁、化工、炼油和硫酸厂等生产过程，其他来源仅占 4% 左右。小型取暖锅炉和民用煤炉是低空 SO_2 污染的主要来源。

4.3.1　含硫化合物的分类

目前，来自地面自然界和人为排放到大气的含硫化合物种类很多。而作为人为燃烧源的煤炭、石油、天然气是大气中排放 SO_2 最主要的污染源。在矿物燃料燃烧和硫化矿物的冶炼过程中，矿物燃料的燃烧约占到 SO_2 排放的 80%。发电厂和工业窑炉使用的煤炭、石油和天然气是大气硫氧化物污染的固定源。机动车使用的油类和天然气是大气污染的移动源或流动源。

　　大气气溶胶中含硫的污染物很多，但是通常是指有机硫、H_2S、SO_3 以及 SO_2。有机硫主要存在于原煤中，燃烧后生成 SO_2。SO_3 是 SO_2 被氧化的产物，不论是自然来源和人为来源都很少直接排放 SO_3。H_2S 是动植物腐烂或者发酵而产生的。

$$2C_nH_{2n}O_n + nSO_4^{2-} \longrightarrow 2nHCO_3^- + nH_2S \tag{4-9}$$

　　在大气中的氧化机理是：

$$H_2S + HO \cdot \longrightarrow HS \cdot + H_2O \tag{4-10}$$

$$HS \cdot + O_2 \longrightarrow HO \cdot + SO \tag{4-11}$$

$$2SO + O_2 \longrightarrow 2SO_2 \tag{4-12}$$

$$2H_2S + 3O_2 \longrightarrow 2SO_2 + 2H_2O \tag{4-13}$$

　　因此，大气中含硫化合物主要是指大气中的 SO_2。

4.3.1.1　SO_2

　　SO_2 在大气中的排放量仅次于 CO 而居第二位，其主要人为源是含硫燃料的燃烧和硫化矿物的冶炼。S 在燃料中可能以有机硫化物或元素硫的形式存在，通常煤的含硫量为 0.5%～6%，石油为 0.5%～3%，就全球范围而言，人为排放的 SO_2 中约有 60%来源于煤的燃烧，约有 30%来源于石油的燃烧和炼制。SO_2 是一种酸性气体，易溶于水形成亚硫酸、亚硫酸氢根和亚硫酸根。

　　通常 1 t 煤中含有 5～50 kg S，1 t 石油含 5～30 kg S。燃料中的 S 是以单体硫、有机硫和无机硫化合物的形式存在的。有机硫化合物（如硫醇、硫醚等）和无机化合物（如黄铁矿）在燃烧过程中，能氧化生成 SO_2，这种硫化合物称为可燃性硫化合物。而无机硫化合物中的硫酸盐不参与燃烧反应，多残存于灰烬中，此种硫化合物称为非可燃性硫化合物。

　　大气中硫氧化物包括 SO_2、SO_3、H_2SO_4、SO_4^{2-}，其中 SO_2 是一次性污染物，其他为 SO_2 氧化后转化形成的二次污染物。SO_2 是人类最早认识的大气污染物之一，SO_2 对人类健康和生态环境有着直接的危害作用，它的氧化物危害性更大。

4.3.1.2　H_2S

　　H_2S 主要是含硫有机物的分解和土壤、沼泽地、沉积物中硫酸盐被厌氧环境中的反硫化细菌还原而生成。

$$2CH_2O + SO_4^{2-} \xrightarrow{\text{脱硫酸盐弧菌}} 2HCO_3^- + H_2S \tag{4-14}$$

　　世界上每年 H_2S 的自然发生量，在陆地上是（6～8）$\times 10^7$ t，在海上是 3×10^7 t。H_2S 在大气中的滞留时间大约为 40 d，多数又被大气中的氧化剂氧化，最终转变为硫酸盐被降雨带回地面。

土壤中产生的 H_2S 一部分被氧化成硫酸盐,另一部分则排放到大气中。和 CH_4 排放一样,土壤中的 H_2S 排放率取决于土壤中 H_2S 的产率。光辐射强度、土壤温度、土壤化学成分和酸度等许多因子都能影响土壤中 H_2S 的排放率,因此,不同地点、不同时间土壤排放因子将有很大变化。文献证明,H_2S 排放因子高的地方通常发生在热带雨林和沼泽湿地及海洋。和排放 CH_4 一样,稻田同样也能排放 H_2S,尤其是氧化还原电位极低的潜在性稻田和冬水田可能有很高的 H_2S 排放率。全球生态系统的 H_2S 总排放量估计为 40×10^{12} g/a(以 S 计算)。

H_2S 人为源主要是生产过程中使用了 Na_2S 或酸类作用于硫化物而产生的气体。大气中 H_2S 污染的主要来源是人造纤维、天然气净化、硫化染料、石油精炼、煤气制造、污水处理、制药、燃气制造、合成氨工业、造纸等生产工艺及有机物腐败过程。每天进入大气的 H_2S 以 1 亿 t 计,人为产生量约为 300 万 t。还有,H_2S 的工业发生源有畜产品农场、硬纸板纸浆制造工业、淀粉制造业、玻璃制造工业、硫黄制造业、垃圾处理厂、粪便处理厂等。也就是说,H_2S 的人为源是由各种采矿业、工业、农业、人类生活所使用的含硫化合物进入污浊环境,在一定的压力、温度、生物菌或缺氧、厌氧的情况下产生的。

在陆地上空,H_2S 在近地面大气中的浓度为 $0.05 \sim 0.1$ $\mu g/m^3$,在海洋上空,近海洋平面的 H_2S 浓度为 $0.007\,6 \sim 0.076$ $\mu g/m^3$。

4.3.1.3　H_2SO_4 和硫酸盐

H_2SO_4 和硫酸盐是大气气溶胶中重要的一部分,尤其是直径小于 2.5 μm 的气溶胶。H_2SO_4 和硫酸盐气溶胶通过改变辐射平衡、温度、降雨和大气动力学而影响气候,同时也能够影响地球辐射收支平衡及 O_3 浓度。

(1)H_2SO_4

SO_2 在大气中通过均相反应和非均相反应氧化生成 SO_3,SO_3 与水蒸气反应生成 H_2SO_4。H_2SO_4 的蒸气压很低,特别是在有水存在时更是如此,H_2SO_4 在气相中的饱和浓度只有 4 $\mu g/m^3$,因此会在所有的大气条件下凝结,形成硫酸气溶胶或硫酸盐气溶胶。硫酸气溶胶形成过程包括物理过程和化学过程。

1)物理过程。二次形成的硫酸盐气溶胶也和其他气溶胶一样,它的物理形成机制包括成核、凝结、吸水、吸附和碰并等作用。这些作用决定于原始微粒的物理性质,如单位体积中微粒个数(数浓度)、颗粒大小的分配、光学性质、沉降性质等。

2)化学过程。在硫酸气溶胶中含有大量硫酸盐,其中以硫酸铵为主。微粒上吸附氨(NH_3)和 SO_2 与水汽和 O_2 等,会发生下列反应:

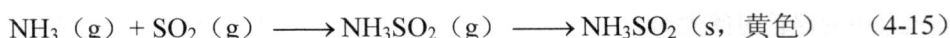

$$NH_3(g) + SO_2(g) \longrightarrow NH_3SO_2(g) \longrightarrow NH_3SO_2(s,黄色) \qquad (4\text{-}15)$$

$$NH_3SO_2(s) + NH_3 \longrightarrow (NH_3)_2SO_2(s,白色) \qquad (4\text{-}16)$$

$$(NH_3)_2 \cdot SO_2 \text{（s）} + 1/2O_2 \longrightarrow NH_4SO_3 \cdot NH_2 \text{（s）} \tag{4-17}$$

$$NH_4SO_3 \cdot NH_2 \text{（s）} + H_2O \text{（g）} \longrightarrow (NH_4)_2SO_4 \text{（s）} \tag{4-18}$$

气溶胶固体微粒上 NH_3 与 H_2SO_4 也可能直接结合，发生如下反应：

$$NH_3 + H_2SO_4 \cdot nH_2O \longrightarrow NH_4^+ + HSO_4^{2-} \cdot nH_2O \longrightarrow$$

$$NH_3 + NH_4^+ + HSO_4^{2-} \cdot nH_2O \longrightarrow (NH_4)_2SO_4 \cdot nH_2O \tag{4-19}$$

硫酸气溶胶形成中，由于 H_2SO_4 与大气中有机物作用，形成有机硫微粒$(C_3H_4S_2O_3)_{3n}$ 和 $(C_5H_8SO)_n$ 等。

（2）硫酸盐

由硫酸根离子（SO_4^{2-}）与其他金属离子组成的化合物，都是电解质，且大多数溶于水。硫酸盐矿物是金属元素阳离子（包括铵根）和硫酸根化合而成的盐类。由于硫元素是一种变价元素，在自然界中它可以呈不同的价态形成不同的矿物。它以最高的价态 S^{6+} 与 4 个 O_2^- 结合生成 SO_4^{2-}，再与金属元素阳离子形成硫酸盐。在硫酸盐矿物中，与硫酸根化合的金属阳离子有二十余种。也就是说有含硫酸根的盐就是硫酸盐。

大气雾霾中的硫酸盐主要以可溶性的$(NH_4)_2SO_4$、Na_2SO_4、$MgSO_4$、$Al(SO_4)_3$ 为主。这些硫酸盐在大气中具有吸湿作用，并能作为中心离子吸收周围的水分，能使颗粒物不断增长壮大，形成影响大气能见度的雾霾或造成酸雨。

4.3.2 大气中 SO_2 的主要来源

4.3.2.1 大气中 SO_2 的天然来源

大气中硫氧化物的天然来源为火山喷发出的气体、地面动植物腐烂发酵产生的气体，一些地下硫黄矿遇水后产生的硫酸蒸汽及动植物粪便释放出的 H_2S 气体。

包括火山喷发气体中的 SO_2 和一些 H_2S，风成尘的硫酸盐颗粒（例如，以海盐的形式）以及从生物圈中排放出还原的硫化合物，地面动植物的腐烂发酵的经典代表是 H_2S。它是在厌氧沼泽地和滩涂中大量产生的。20 世纪 70 年代，大气中还发现了许多其他的硫化物，即羰基硫（OCS）、羰基二硫（OCS_2）、二甲基硫（CH_3SCH_3）、甲硫醇（CH_3SH）和二甲基二硫（$CH_3S_2CH_3$），Stephens 等（1971）在牛饲养场中发现了其他各种硫醇，它们是由腐烂粪便产生的。这些发现已将重点从 H_2S 转移到其他还原的硫化合物上，从而使人们对生物硫排放有了更好、更深入地了解。H_2S、CH_3SCH_3、OCS 和 OCS_2 是大气中最重要的还原硫化物。

硫的地球化学循环包括由岩石的风化而移动元素，之后通过河流将其输送到海洋（主要以溶解的硫酸盐形式）并沉积在海洋沉积物中。沉积物的构造隆升最终取代了大陆上的风化物质，从而完成了这一循环。

火山气体含有 SO_2 和 H_2S 形式的 S。根据 Heald 等（1963）的热力学平衡计算指出，在岩浆的缺氧情况下和高温下 SO_2 占主导地位，而低温下则为 H_2S。因此，预计大多数活性火山主要以 SO_2 的形式释放 S。高温的火山气体与氧气发生反应。因此，进入大气时，两种化合物都会被氧化。H_2S 部分转化为 SO_2，SO_2 再转化为 H_2SO_4。

4.3.2.2 大气中 SO_2 的人为来源

大气中近一半多的硫氧化物是人为因素造成的，主要是由燃烧含硫煤和石油等燃料所产生的。在 SO_2 排放的各种过程中约有 96% 来自燃料燃烧过程，其中燃煤火电厂排烟中的 SO_2，浓度虽然较低，但总排放量很大。一切含硫燃料的燃烧都能产生 SO_2，大气中的 SO_2 主要来自固定污染源，其中约 70% 来自火电厂，约 26% 来自有色金属冶炼、钢铁、化工、炼油和硫酸厂等生产过程，其他来源仅占 4% 左右。小型取暖锅炉和民用煤炉是地面低空 SO_2 污染的主要来源。

大气中的含硫气体主要有三个来源：①含硫燃料（如煤和石油）的燃烧；含 H_2S 油气井作业中 H_2S 的燃烧排放；②含硫矿石（特别是含硫较多的有色金属矿石）的焙烧和冶炼；③化工、炼油和硫酸厂等的生产过程。

国内的 SO_2 污染源可归纳为三个方面：①燃煤烟气中的 SO_2：煤炭在一次能源中约占 75%，我国煤炭产量居世界第一位，且多为高硫煤（S 含量超过 2.5%），其储量占煤炭总储量的 20%～25%。在全国煤炭的消费中，占总量 84% 的煤炭被直接燃用，燃烧过程中排放出大量的 SO_2（特别是火力发电站及炼焦化工等行业），燃煤 SO_2 排放占总 SO_2 排放量的 85% 以上，造成严重的大气污染；②有色金属冶炼过程排放的 SO_2：如 Cu、Pb、Zn、Co、Ni、Au、Ag 等矿物，都含硫化物，在冶炼过程中排放出大量的 SO_2；③硫酸厂尾气中排放的 SO_2。

1990 年我国煤炭消耗量为 9.8 亿 t，1997 年为 14.48 亿 t，2019 年为 20.04 亿 t，1998 年烟尘排放量达到 1 452 万 t，SO_2 排放量为 2 090 万 t，2018 年烟尘排放量达到 1 466 万 t。根据原国家环保局发表的《中国环境状况公报》，1998 年我国 SO_2 排放总量为 2 587 万 t，其中工业来源为 2 090 万 t，生活来源为 496 万 t。全世界 SO_2 每年的排放量估计为 100×10^6 t。

大气中硫氧化物包括 SO_2、SO_3、H_2SO_4、SO_4^{2-}，其中 SO_2 是一次性污染物，其他为 SO_2 氧化后转化形成的二次污染物。SO_2 是人类最早认识的大气污染物之一，SO_2 对人类健康和生态环境有着直接的危害作用，它的氧化物危害性更大。

可燃硫及硫化合物在燃烧时，主要是生成 SO_2，只有 1%～5% 氧化成 SO_3。其主要化学反应如下：

单体硫燃烧：

$$S + O_2 = SO_2 \qquad\qquad (4\text{-}20)$$

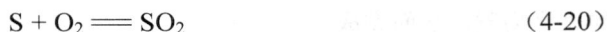

$$SO_2 + 1/2O_2 === SO_3 \qquad (4-21)$$

硫铁矿的燃烧：

$$4FeS_2 + 11O_2 === 2Fe_2O_3 + 8SO_2 \qquad (4-22)$$

$$SO_2 + 1/2O_2 === SO_3 \qquad (4-23)$$

SO_2 在洁净干燥的大气中氧化成 SO_3 的过程是很缓慢的，但是，在相对湿度比较大，特别是在有固体金属粒子存在时，可能发生催化氧化反应，从而加快生成 SO_3。

硫醇、硫醚等有机硫化物的燃烧：

$$CH_3CH_2CH_2CH_2SH \longrightarrow H_2S + 2H_2 + 2C + C_2H_4 \qquad (4-24)$$

分解出的 H_2S 再氧化为：

$$2H_2S + 3O_2 \longrightarrow 2SO_2 + 2H_2O \qquad (4-25)$$

目前，世界大、中工业城市都面临着越来越严重的大气 SO_2 污染。在 20 世纪 50 年代以前，因为燃煤、燃油排放的 SO_2 和烟尘曾经造成严重的大气污染。70 年代，许多发展中国家因为工业发展和机动车的增加，SO_2、烟尘以及氮氧化物的排放量迅速增加，一些城市产生了危害极大的光化学烟雾。近十年来，特别是随着我国进入世界贸易组织（WTO），我国的机动车拥有量迅速增加，已成为 SO_2、氮氧化物和多环芳烃的人为排放源。

4.3.2.3　硫氧化物（SO_2/SO_3）形成的化学反应

煤炭中的 S 以三种形式存在：以黄铁矿形式，有机结合到煤中或以硫酸盐形式出现。硫酸盐占总硫的很小一部分，而黄铁矿和有机结合的硫占据大多数。黄铁矿和有机硫之间的分布是可变的，约 40%的硫以黄铁矿形式存在。在燃烧过程中，黄铁矿和有机结合的 S 被氧化为 SO_2 后，形成少量的 SO_3。SO_2/SO_3 的比例通常为 40∶1～80∶1。

形成 SO_2 的总反应是：

$$S + O_2 \longrightarrow SO_2 \qquad \Delta H_f = -128；560 \text{ Btu/ pod·mol} \qquad (4-26)$$

形成 SO_3 的总反应是：

$$SO_2 + 1/2O_2 \longleftrightarrow SO_3 \qquad \Delta H_f = -170；440 \text{ Btu / pod·mol} \qquad (4-27)$$

有人指出，SO 是在含硫分子的反应区早期形成的，是重要中间产物。主要的 SO_2 形成反应是：

$$SO + O_2 \longrightarrow SO_2 + O \qquad (4-28)$$

$$SO + OH \longrightarrow SO_2 + H \qquad (4-29)$$

具有高反应性的氧原子和氢原子可能稍后会进入反应。

涉及 SO_3 的反应是可逆的。SO_3 的主要反应形成有三体过程：

$$SO_2 + O + M \longrightarrow SO_3 + M \qquad (4-30)$$

其中 M 是作为能量吸收器的第三体。通过如下主要步骤去除 SO_3：

$$SO_3 + O \longrightarrow SO_2 + O_2 \tag{4-31}$$

$$SO_3 + H \longrightarrow SO_2 + OH \tag{4-32}$$

$$SO_3 + M \longrightarrow SO_2 + O + M \tag{4-33}$$

4.3.3　大气中 SO_2 的物理化学性质

4.3.3.1　大气中 SO_2 的物理性质

SO_2 有毒，尾气中的 SO_2 可用碱溶液吸收。SO_2 在水中的溶解度见表4-9。

表4-9　SO_2 在水中的溶解度

温度/℃	10	15	20	29.9	40	60	70	80	90
溶解/%	13.3	11.3	9.61	7.04	5.25	3.15	2.54	2.08	1.77

4.3.3.2　大气中 SO_2 的化学性质

大气中 SO_2 可能参加的反应途径是在存在氮氧化物与碳氢化合物的情况下的光化学反应、化学反应、在微小水滴（尤其是与金属盐类和氨）中的化学过程、在大气气溶胶固体微粒上的化学反应。

（1）酸性氧化物的性质

1）与水反应生成相应的酸：

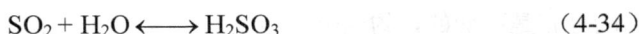

$$SO_2 + H_2O \longleftrightarrow H_2SO_3 \tag{4-34}$$

①SO_2 溶于水的反应是一个可逆反应。可逆反应就是指在相同的反应条件下，既能向正反应方向进行，又能向逆反应方向进行的反应。可逆反应的特点是反应不能沿着一个方向进行到底。

②亚硫酸是一种弱酸，在水中部分电离：

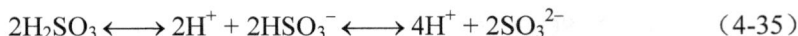

$$2H_2SO_3 \longleftrightarrow 2H^+ + 2HSO_3^- \longleftrightarrow 4H^+ + 2SO_3^{2-} \tag{4-35}$$

2）与碱反应生成盐和水。

①SO_2 与氢氧化钠溶液反应：

$$SO_2（少量）+ 2NaOH == Na_2SO_3 + H_2O \tag{4-36}$$

$$SO_2（过量）+ NaOH == NaHSO_3 \tag{4-37}$$

以上反应说明，SO_2 与碱反应的产物与两者的相对用量有关，当 $n(SO_2):n(NaOH)=$ 1：2 时生成 Na_2SO_3，当 $n(SO_2):n(NaOH)=1:1$ 时生成 $NaHSO_3$，当 $1:2<n(SO_2):n(NaOH)<1:1$ 时生成 $NaHSO_3$ 和 Na_2SO_3。

②SO_2 气体通入澄清石灰水反应：

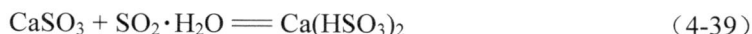

$$SO_2 + Ca(OH)_2 == CaSO_3\downarrow + H_2O \tag{4-38}$$

$$CaSO_3 + SO_2 \cdot H_2O == Ca(HSO_3)_2 \tag{4-39}$$

以上反应说明，不能用澄清石灰水鉴别 SO_2 和 CO_2 气体。

（2）SO_2 的还原性

SO_2 中硫元素呈 4 价，为中间价态，可以表现氧化性和还原性，但以还原性为主，这两种反应是在大气气溶胶中常见的。

1）SO_2 催化氧化生成 SO_3：

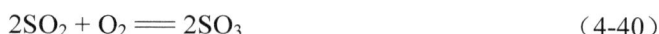

$$2SO_2 + O_2 == 2SO_3 \tag{4-40}$$

2）SO_2 与卤素（Cl、Br、I）、水反应的化学方程式（以氯水为例）：

$$Cl_2 + SO_2 + 2H_2O == H_2SO_4 + 2HCl \tag{4-41}$$

3）SO_2 与酸性高锰酸钾的反应：

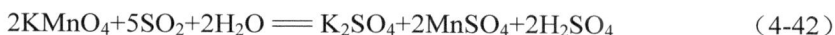

$$2KMnO_4 + 5SO_2 + 2H_2O == K_2SO_4 + 2MnSO_4 + 2H_2SO_4 \tag{4-42}$$

该反应说明能用酸性高锰酸钾溶液鉴别 SO_2 和 CO_2，能用酸性高锰酸钾溶液除去 CO_2 中混有的 SO_2。

SO_2 可从气相吸收到水滴中，从而产生酸性条件，如下所示：

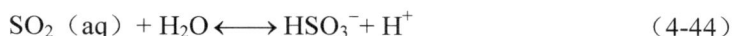

$$SO_2（g）\longleftrightarrow SO_2（aq） \tag{4-43}$$

$$SO_2（aq） + H_2O \longleftrightarrow HSO_3^- + H^+ \tag{4-44}$$

$$HSO_3^- \longleftrightarrow SO_3^{2-} + H^+ \tag{4-45}$$

$$SO_3^{2-} + H_2O \longleftrightarrow SO_3^{2-} + 2H^+ \tag{4-46}$$

4）H_2SO_3 的还原性要强于 SO_2，酸性增强（pH 减小）的化学方程式：

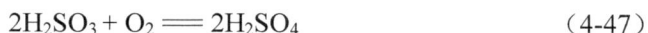

$$2H_2SO_3 + O_2 == 2H_2SO_4 \tag{4-47}$$

（3）大气气溶胶中 SO_2 的光化学作用

1）SO_2 的光化学反应。

SO_2 的吸收光谱有 3 个吸收带。第一个吸收带的波长为 340～400 nm，该吸收带光强度很弱，在 374 nm 处的最大消光系数为 0.095/mol·cm。第二个吸收带在 240～330 nm，在 294 nm 处的最大消光系数为 300/mol·cm。第三吸收带从 240 nm 开始，随着波长减小，其吸收系数变得很大。

大气中 SO_2 受阳光激发后，主要呈三重线状态，再与氧分子化合成为 SO_3，后者与水结合为 H_2SO_4：

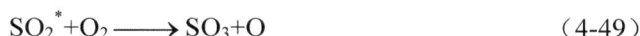

$$SO_2 + hv \longrightarrow SO_2^* \tag{4-48}$$

$$SO_2^* + O_2 \longrightarrow SO_3 + O \tag{4-49}$$

$$SO_3 + H_2O \longrightarrow H_2SO_4 \tag{4-50}$$

当空气中 SO_2 浓度为 $5\sim30$ mg/m^3 时，SO_2 每小时的转化率为 $0.1\%\sim0.2\%$，空气中 H_2SO_4 含量呈线性增加。SO_2 最大理想氧化速率每小时可达 2%。

2）SO_2 与自由基的反应。

①SO_2 与 $O\cdot$（^3P）的反应：当空气中大量存在 NO_2 时，NO_2 在光的作用下分解产生原子氧，基态的原子氧与 SO_2 反应生成 SO_3。

$$O\cdot(^3p) + SO_2 \longrightarrow SO_3 \tag{4-51}$$

② SO_2 与 $HO\cdot$ 和 $HO_2\cdot$ 反应，最后可将其氧化成 H_2SO_4

$$HO\cdot + SO_2 \xrightarrow{\text{加成反应}} HOSO_2\cdot \tag{4-52}$$

$$HOSO_2\cdot + HO\cdot \longrightarrow H_2SO_4 \tag{4-53}$$

3）SO_2 与碳氢化合物光化学反应。

在含碳氢化合物的大气中，SO_2 的光化学反应速度远比清洁大气中的速率快（测定速率值见表 4-10）。

表 4-10　清洁大气中 SO_2 光氧化速率的测定值

研究者	SO_2 的起始浓度/ppm	相对湿度/%	SO_2 氧化速率/（%/h）
Gerhard and Johnston	$5\sim30$	$32\sim91$	$0.102\sim0.198$
Mrone 等	$10\sim20$	50	0.084
Mrone 等	1 000	0	0.023
Mrone 等	1 000	50	0.028
Katz and Gale	3.2	0	0.28
Katz and Gale	3.2	50	1.0

在缺氧条件下，在光的作用下 SO_2 与烷烃反应形成磺酸盐，与烯烃反应形成砜。它们都以气溶胶的状态存在。形成的最简单的反应为：

$$R{-}H$$
$$\vdots \quad \vdots$$
$$R{-}H + SO_2 \longrightarrow O{=}S{-}O \longrightarrow R{-}SO{-}H \tag{4-54}$$

SO_2 与乙烯气体反应，生成 CO 和一个分子的 $C_3H_4S_2O_3$ 固体，反应机理为：

$$SO_2 + C_2H_2 \longrightarrow CO + CH_2SO \tag{4-55}$$

$$CH_2SO + C_2H_2 + SO_2 \longrightarrow C_3H_4S_2O_3 \tag{4-56}$$

当大气中存在碳氢化合物时，碳氢化合物在氢氧自由基的作用下能够生成烷氧自由基 $RO\cdot$ 以及过氧化烷氧自由基 $RO_2\cdot$，例如，$CH_3O\cdot$ 和 $CH_3O_2\cdot$ 可以与 SO_2 反应，因为反应太慢而没有任何意义。实际上是 $CH_3O_2\cdot$ 反应生成酰基自由基 $[CH_3C(O)O_2]$ 后，很容易通过下列反应将 SO_2 氧化成 SO_3。

$$CH_3C（O）O_2 + SO_2 \longrightarrow CH_3C（O）O \cdot + SO_3 \tag{4-57}$$

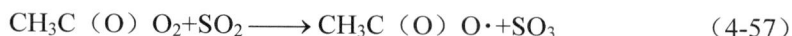

4）SO_2 在大气气溶胶水滴中的反应。

在大气对流层中 SO_2 的氧化主要是通过均相反应和异相反应两种方式进行。

$$HO \cdot + SO_2 \xrightarrow{\text{加成反应}} HOSO_2 \cdot \tag{4-58}$$

$$HOSO_2 \cdot \longrightarrow H \cdot + SO_3 \tag{4-59}$$

$$H \cdot + O_2 \longrightarrow HO_2 \cdot \tag{4-60}$$

$$HO_2 \cdot + SO_2 \longrightarrow HO \cdot + SO_3 \tag{4-61}$$

总反应为：

$$2SO_2 + O_2 \longrightarrow 2SO_3 \tag{4-62}$$

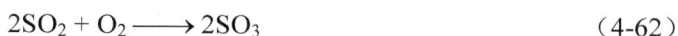

从理论上讲，在大气对流层中 SO_2 的氧化速率应该是高空比低空快，因为高空的太阳辐射强度比低空高。但是实际上情况恰恰相反，这一现象可解释为，SO_2 氧化反应不是单纯的均相反应，而是异相和多相氧化及催化氧化的结果。SO_2 在空气中经过 NaCl、固体粒子中的 Fe、Mn 等催化作用形成 H_2SO_4 的过程，称为 SO_2 催化氧化过程。

在大气气溶胶有液滴存在的情况下，SO_2 常常会被气溶胶中的固体尘粒所吸附，该过程多发生在气溶胶颗粒表面上。首先，SO_2 溶解在水滴中：

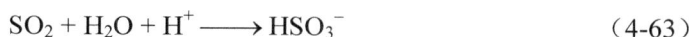

$$SO_2 + H_2O + H^+ \longrightarrow HSO_3^- \tag{4-63}$$

其次，在 Fe、Mn 的硫酸盐和氯化物的催化下 H_2SO_3 被氧化成 H_2SO_4：

$$2HSO_3^- + 2H^+ + O_2 \xrightarrow{\text{Fe、Mn}} 2H_2SO_4 \tag{4-64}$$

两式合并，则为：

$$2SO_2 + 2H_2O + O_2 \xrightarrow{\text{Fe、Mn}} 2H_2SO_4 \tag{4-65}$$

上述反应是可逆反应。SO_2 氧化速率取决于 SO_2 向气溶胶尘粒扩散的快慢；SO_2 在水中的溶解度取决于催化剂的种类、大气温度和湿度以及大气中氨的含量。

如果气溶胶水滴中存在 Mn^{2+}、Fe^{2+}、Cu^{2+}，可以使 SO_2 的氧化速率分别增加 12.2 倍、3.5 倍和 2.4 倍，其中 Mn^{2+} 的催化效率最高。催化剂的催化效率顺序为 $MnSO_4 > MnCl_2 > CuSO_4 >$ NaCl，$MnCl_2 > CuCl_2 > FeCl_2 > CoCl_2$。表 4-11 列出了不同催化剂对 SO_2 氧化的影响。

表 4-11 不同催化剂对 SO_2 氧化的影响

催化剂	含量/mg	平均滞留时间/min	SO_2 浓度/ppm	转化率	转化系数
NaCl	0.36	1.7	14.4	0.069	1
CuCl$_2$	0.15	1.7	14.4	0.068	2.4
MnCl$_2$	0.255	0.52	3.3	0.052	3.5
MnSO$_4$	0.51	0.52	3.3	0.365	12.2

在对流层下部中，SO_2 的氧化速率为（1%～2%）/h，相应的 SO_2 寿命为 2～4 天。大气中 SO_2 氧化的最终归宿是大部分形成 H_2SO_4 以及硫酸盐气溶胶，另一部分则与有机物结合形成混合性气溶胶。

4.3.3.3 SO_2 向硫酸盐微粒的化学转化

大气中 SO_2 的氧化可在发生气相、云雾的液面以及气溶胶颗粒表面。由于 SO_2 吸收太阳辐射而导致的直接气相光氧化反应速度较慢，因为激发能主要在与空气分子的碰撞中损失，而不是被用来将 SO_2 转化为 SO_3。更重要的是自由基引发的氧化反应。最明显和最有效的是 SO_2 与 OH 的反应。它首先导致加合物的形成，其次导致 SO_3 的形成，最后与水蒸气反应生成 H_2SO_4。

在有云雾的情况下，SO_2 会在一定程度上溶解于液相，形成 HSO_3^- 和 SO_3^{2-}。HSO_3^- 与 O_2 的直接反应很慢，但是过渡金属充当催化剂，并可以在有利的条件下促进氧化。传统上，Fe 和 Mn 是最有效的催化剂，因为它们是最丰富的过渡金属。当 SO_2 转化为 H_2SO_4 时，反应速率也取决于溶液的 pH 值。pH 值降低，SO_2 的气-液分布向有利于气相的方向变化。这种效果可以用氨中和来部分补偿。随着 pH 值的降低，O_3 引起的氧化速率降低，而 H_2O_2 引起的氧化速率保持不变。在白天，H_2O_2 以气相的形式生成，并与云水结合，形成连续反应。

Dentener 等（1996）指出，沙漠中产生的新矿物气溶胶颗粒，由于呈碱性，会吸附 SO_2 和水分，O_3 会使 SO_2 氧化成硫酸盐。Husain 和 Dutkiewicz（1992）使用硒（Se）作为示踪剂，通过测量硫酸盐颗粒浓度来确定 SO_2 的气相氧化寿命。含 Se 粒子与硫酸盐气溶胶具有相同的汇，但没有大气来源。因此，当 SO_2 被氧化时，硫酸盐与 Se 的比例增加。Husain 和 Dutkiewicz（1992）对纽约北部的大气用飞机进行了测量，发现 SO_2 的氧化率为 3%，这与其他研究结果一致。

王体健等利用气相化学中的云盖效应和大气扩散的数值计算了我国 SO_2 和硫酸盐的转化率。

（1）SO_2 的气相化学

在气相中，SO_2 可能会发生大量涉及包括反应性瞬态氧化剂的反应。这些反应在大气中的环境温度和压力及热力学条件下都可以实现。但基本速率常数却大不相同，范围为 10^{-20}～10^{-12} $cm^3/$（mol·s）。速率常数的这种变化再加上大气中各种氧化剂的浓度范围很广，可以确保这些可能的反应只有极少数在大气 SO_2 的氧化中起明显的作用。实际上，SO_2 与氧原子和 O_3 的反应是否在气相中不太重要，但可能会在烟囱气体弥散的早期阶段与 O（3P）原子发生反应。O（3P）是由 NO_2 的光解形成的，并且在 NO_2 浓度很高的条件下（例如，可能存在于靠近排放点的羽烟中），大量的 O（3P）浓度可能会导致 SO_2 氧化速率明显增加。但是，随着烟羽被背景空气稀释，该反应的瞬时速率将迅速下降。

O_3 对 SO_2 的氧化是高度放热（$\Delta H = -242$ kJ/mol）反应。但是，气相速率常数为 $k = \sim 8 \times 10^{-24}$ $m^3/(mol \cdot s)$，最大可能 O_3 浓度大约为 5×10^{12} mol/cm^3，通常不会有明显的 SO_2 氧化（大于 $1.4 \times 10^{-5}\%/h$）。尽管 SO_2 与 O_3 的气相反应速度非常慢，但将烯烃添加到空气中稀释 O_3-SO_2 混合物会导致 SO_2 的明显氧化。

（2）SO_2 的液相化学

参照国内外的资料，SO_2 的化学转化率 K_c 可表示为：

$$K_c = （1-N_z）K_{cg} + N_z K_{ca} \tag{4-66}$$

式中，K_c——SO_2 的液相化学转化率，选取 10%/h；

N_z——总云量；

K_{cg}、K_{ca}——气相化学转化率、液相化学转化率。

大气中水滴的存在为 SO_2 的氧化可能发生提供了另一相。在将气体传输到液滴表面并通过气－液界面传输气体之后，SO_2 可以溶于水中并形成离子产物达到平衡，在平衡情况下水相浓度由亨利定律常数描述。结果显示，溶解的 SO_2 实际上由三种物质组成：水合 SO_2（$SO_2 \cdot H_2O$）、亚硫酸氢根离子（HSO_3^-）和亚硫酸根离子（SO_3^{2-}）：

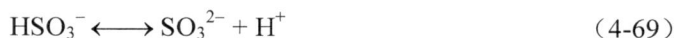

$$SO_2 + H_2O \longleftrightarrow SO_2 \cdot H_2O \tag{4-67}$$

$$SO_2 \cdot H_2O \longleftrightarrow HSO_3^- + H^+ \tag{4-68}$$

$$HSO_3^- \longleftrightarrow SO_3^{2-} + H^+ \tag{4-69}$$

主要形式取决于溶解有 SO_2 溶液的酸度，因为 H^- 浓度会左右推动平衡。各种产物中 S 的氧化态为 +4 价，因此，S（Ⅳ）用于表示所有这些形式的 S 总和。反之，S 的氧化形式（即 H_2SO_4 和 SO_4^{2-}）处于 +6 价的氧化态，被记为 S（Ⅳ）。S（Ⅳ）氧化为 S（Ⅵ）有几种可能的途径，简要叙述如下。

氧分子可将 S（Ⅳ）氧化为 S（Ⅵ），但在没有催化剂的情况下，反应很微弱。尽管 Fe（Ⅲ）和 Mn（Ⅱ）都可以催化该反应，但它仍然相对较慢，不太可能发挥重要作用。

如上所述，O_3 与 SO_2 在气相中的反应非常缓慢，但在液相中反应迅速：

$$S（Ⅳ）+O_3 \longrightarrow S（Ⅵ）+ O_2$$

雾霾气溶胶按照吸湿性可分为吸湿性（亲水性）气溶胶和非吸湿性（憎水性）气溶胶。吸湿性气溶胶大部分为硫酸盐、硝酸盐、铵盐、海盐等容易吸收大气中水分的无机成分及部分吸湿性有机物。而非吸湿性气溶胶主要有炭黑及部分不吸收水分的有机物。

大多数硫酸盐是一种吸湿性大气气溶胶。对大气的能见度和酸雨形成起到非常负面的影响。硫酸盐、硝酸盐、铵盐及海盐首先受大气相对湿度的影响，在空气中不断潮解、风化，单个颗粒的粒径、质量、密度、折射指数等微物理参数会发生变化，致使气溶胶粒子群在物理、化学、光学性质上发生变化。

当干粒子吸湿后，粒子会明显增大，密度和折射指数单调减小，这将会改变粒子的辐射特征的参数（单次散射反照率、后向散射比、不对称因子等），进而影响大气能见度及地球表面、大气层顶的辐射强迫。大气能见度与水汽含量具有较强的相关性；相对湿度越大，能见度越低。用式（4-70）可计算气溶胶粒子散射吸湿增长因子。

$$f_{RH} = \frac{\sigma_{RH}}{\sigma_{dry}} \tag{4-70}$$

式中，f_{RH}——增湿因子；

σ——大气气溶胶散射系数；

σ_{dry}、σ_{RH}——干、湿状态下气溶胶散射系数。

相对湿度 RH 对大气气溶胶辐射强迫 ΔF 的影响见式（4-71）：

$$\varepsilon_{RH} = \frac{\Delta F_{RH}}{\Delta F_{dry}} = \frac{(1-R_s)^2 \bar{\beta}_{RH} \alpha_s f_{RH} - R_s \alpha_a}{(1-R_s)^2 \bar{\beta}_{RH} \alpha_s f_{dry} - R_s \alpha_a} \tag{4-71}$$

式中，ε_{RH}——大气气溶胶辐射强迫吸湿增长因子，即环境相对湿度 RH 的增大引起的气溶胶辐射强迫增强的倍数；

ΔF——辐射强迫值；

R_s——下界面的反照率；

$\bar{\beta}$——气溶胶平均的向上散射比；

α_s、α_a——质量散射系数和质量吸收系数。

有人对 NH_4SO_4、NH_4NO_3、NH_4HSO_4、H_2SO_4、$NaHSO_4$、Na_2SO_4、$NaNO_3$、$NaCl$ 等纯化学物种做了吸湿性粒径增长试验，并获得了相对湿度与颗粒物质量、粒径、密度的函数关系曲线。

此外，大气中 NO_x 的存在也会促进 SO_2 向硫酸盐的转化。研究已经证实了 Al_2O_3、CaO、ZnO、TiO_2、MgO 和 $\alpha\text{-}Fe_2O_3$ 表面上的 NO_2 与 SO_2，因此 NO_x 与 SO_2 的共存，促进了 SO_2 向硫酸盐的转化。

为了确认 NO_x 促进了 SO_2 向硫酸盐的转化，Jinzhu Ma 等测量了 $PM_{2.5}$ 中硫酸盐的浓度，并与气体污染物的变化趋势进行对比。同时发现高浓度 NO_x 促进 SO_2 转化为硫酸盐是冬季重霾发生的重要原因。硫酸盐浓度对 $PM_{2.5}$ 有很好的跟踪作用。O_3 浓度低、NO_x 浓度高时，硫酸盐浓度高，说明光化学活性对雾霾期 SO_2 向 SO_3^{2-} 气相转化影响不大。

（3）对流层中 SO_2 和 SO_4^{2-} 的分布

1）对流层中 SO_2 的分布。

SO_2 的城市浓度还具有日变化的性质。通常在对流层中 SO_2 的平均浓度为 $0.2\ \mu g/m^3$，在城市和工业区内 SO_2 的浓度严重时可以达到 $1.69\ mg/m^3$。

据《中国环境状况公报》显示，1997 年，我国城市空气质量仍处在很严重的污染水平，北方城市重于南方城市。SO_2 年均值浓度在 $3\sim248\ \mu g/m^3$，全国年均值为 $66\ \mu g/m^3$。一半以上的北方城市和三分之一多的南方城市年均值超过国家空气质量二级标准（$60\ \mu g/m^3$）。北方城市年均值为 $72\ \mu g/m^3$，南方城市年均值为 $60\ \mu g/m^3$。以宜宾、贵阳、重庆为代表的西南高硫煤地区的城市和北方能源消耗量大的山西、山东、河北、辽宁、内蒙古、河南、陕西部分地区的城市 SO_2 污染较为严重。

大气中 SO_2 的浓度和季节有关，冬季取暖时 SO_2 浓度增加。SO_2 在大气中的平均寿命为 $2\sim4\ d$。图 4-1 为北京地区 SO_2 浓度的日变化。与欧美地区的一些城市一样，SO_2 在一年内，夏季低，且一天内变化不大。冬季（采暖期）浓度增高，且一天内变化较大，早上 8：00 和晚上 18：00 到 20：00 会出现两个峰值。这是因为早晚用燃料多，SO_2 的排放量大，逆温层低，对流层空气稳定，大气中的 SO_2 扩散慢。

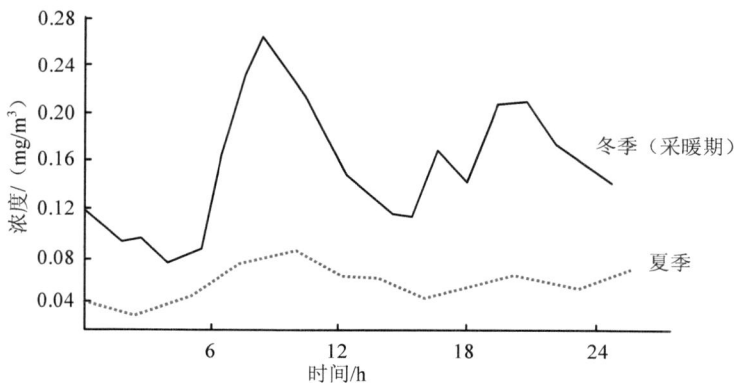

图 4-1 北京地区 SO_2 浓度的日变化

2008 年北京春、夏、秋、冬季日均 SO_2 浓度分别为（22.0 ± 16.4）$\mu g/m^3$、（8.7 ± 8.1）$\mu g/m^3$、（19.9 ± 10.8）$\mu g/m^3$、（56.2 ± 19.0）$\mu g/m^3$。冬季 SO_2 平均浓度约为夏季的 4.5 倍，冬季为（45.5 ± 26.8）$\mu g/m^3$、夏季为（10.1 ± 5.3）$\mu g/m^3$。1995 年上海市 SO_2 的年日平均值为 $32\ \mu g/m^3$，2005 年上海市春、夏、秋、冬四季的 SO_2 浓度平均值分别为 $20.63\ \mu g/m^3$、$49.13\ \mu g/m^3$、$30.79\ \mu g/m^3$、$72.50\ \mu g/m^3$。

2007—2016 年近十年上海地区对流层低层 SO_2 柱浓度结果表明，SO_2 浓度在 2007—2014 年总体呈现下降的变化趋势，且下降趋势明显，2014 年最低值为（1.39 ± 0.14）× 10^{16} mol/cm^2，比最高值（2.90 ± 0.14）×10^{16} mol/cm^2（2007 年）降低了 52.76%，但在 2014 年后 SO_2 浓度略有反弹；SO_2 污染主要集中在冬季。1991 年天津市区 SO_2 浓度均值为 150 μg/m^3，1992 年、1993 年年均值为 180 μg/m^3，1994 年降为 100 μg/m^3。

2000 年以前，在我国煤是能源生产、钢铁生产和国内其他应用的主要燃料。1995 年 SO_2 源强分布，全国 SO_2 排放总量约为 2 449 万 t，源强最大值出现在重庆，为 14.3 kg/s。SO_2 在我国广东、广西、贵州、云南地区分布浓度见表 4-12，2014 年全国 161 个城市监测区域及 SO_2 年均浓度见表 4-13。

表 4-12　我国广东、广西、贵州、云南地区 SO_2 年平均浓度计算值与观测值的比较　　　　单位：μg/m^3

城市	计算值	观测值	计算值/观测值	城市	计算值	观测值	计算值/观测值
广州	26.7	59.0	0.45	河池	14.4	100.0	0.14
深圳	2.5	15.0	0.16	梧州	11.0	134.0	0.08
韶关	12.2	123.0	0.10	北海	1.2	34.0	003
汕头	5.3	35.0	0.15	玉林	8.2	54.0	0.15
珠海	2.7	17.0	0.16	百色	4.6	86.0	0.05
河源	9.3	18.0	0.52	柳州	23.8	216.0	0.11
梅州	3.0	35.0	0.09	安顺	19.6	402.0	0.05
惠州	3.1	15.0	0.21	贵阳	49.7	475.0	010
中山	5.3	32.0	0.17	六盘水	69	54.0	0.13
江门	2.7	44.0	0.06	遵义	28.5	304.0	0.09
湛江	4.6	39.0	0.12	思茅	1.6	3.0	0.52
茂名	1.7	15.0	0.11	玉溪	8.2	56.0	0.15
肇庆	13.4	47.0	0.29	大理	14	39.0	0.04
清远	11.2	16.0	0.70	昆明	66	52.0	0.13
阳江	4.7	15.0	0.32	东川	1.5	18.0	0.08
桂林	10.8	72.0	0.15	个旧	12.1	114.0	0.11
南宁	7.0	85.0	0.08	楚雄	3.4	52.0	0.06
相关系数	0.70			总测点数	93		

表 4-13　2014 年全国 161 个城市监测区域及 SO_2 年均浓度

区域	省份简称	监测城市数目	SO_2 年平均浓度/（$\mu g/m^3$）
华东	沪、鲁、苏、浙、皖、闽、赣	50	35.57
华南	粤、桂、琼	27	17.43
华中	鄂、湘、豫	16	39.84
华北	京、津、冀、内蒙古	22	51.23
东北	黑、辽、吉	16	39.65
西北	陕、甘、宁、青、新	15	34.46
西南	川、渝、藏、黔、云	15	23.33

2017—2018 年，全国 338 个地级及以上城市，SO_2 浓度由 18 $\mu g/m^3$ 下降至 14 $\mu g/m^3$。见图 4-2。

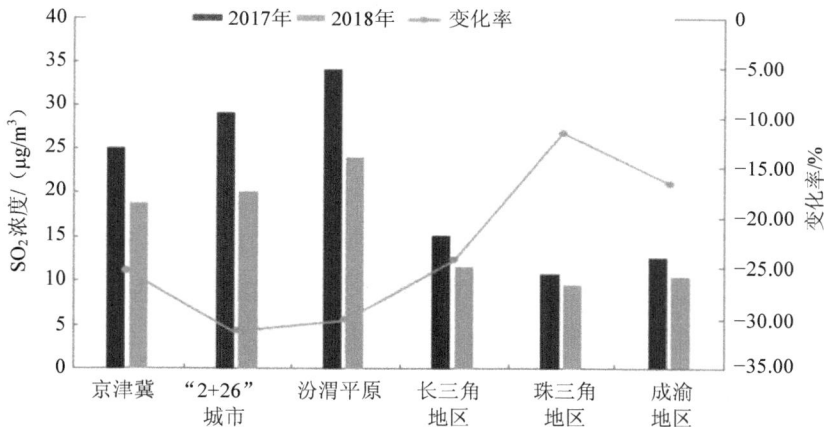

图 4-2　2017—2018 年重点地区 SO_2 浓度及变化率

SO_2 的混合比随海拔升高而下降，然后在对流层上部达到几乎恒定的水平。各个高度剖面受地表浓度及其季节变化，大气的垂直稳定性、逆温层的存在以及其他气象因素的影响很大。图 4-3 中选择的数据表明，大陆边界层的平均尺度高度为（1 250±500）m，其中 SO_2 通过与 OH 自由基反应以及云中的氧化过程而损失。一个简单的一维涡流扩散模型包含一个恒定的碳汇项，但没有体积源，在假设 SO_2 的氧化寿命为 4 天左右的情况下，可以得到观测到的高度。对流层上层 OH 浓度小于边界层，对云层的清除作用也不重要。在欧洲以西的大西洋上空，SO_2 混合比例基本上与海拔无关，如图 4-3 曲线（中间）所示。这些值与大陆对流层上层值相似，表明整个对流层中存在相当一致的 SO_2 背景。

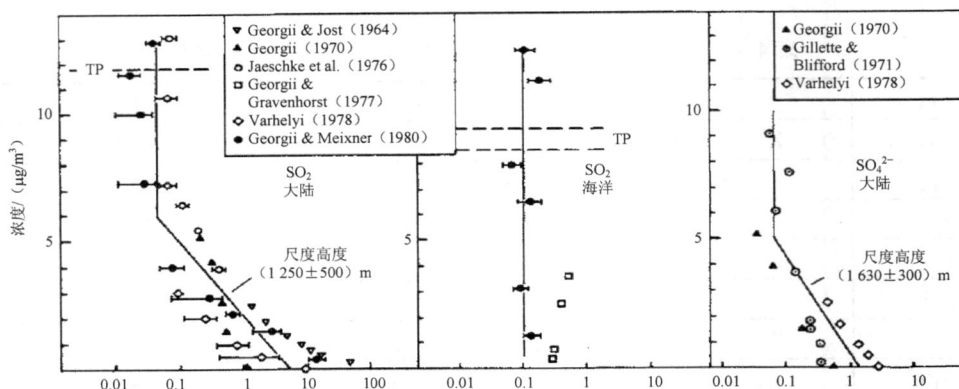

图4-3　在大陆上空大气层（左）和整个大西洋（中部）中 SO_2 的垂直分布，

以及大陆的各地方（右）中硫酸盐的垂直分布

注：横坐标表示硫浓度降低到标准温度和压力（STP），水平虚线表示对流层顶的水平。

2）对流层中 SO_4^{2-} 的分布。

硫酸盐是对流层气溶胶的重要组成部分。硫酸盐对流层雾霾气溶胶背景的质量贡献约为 25%。SO_2 是 SO_4^{2-} 的主要前体物，而且转化相当迅速。从与陆地气溶胶颗粒有关的硫酸盐的质量—粒度分布中得到了进一步的支持。气—粒转换通道材料首先变成亚微米粒度，由风产生的颗粒，如海盐或矿物粉尘，主要出现在 1 μm 粒径以上的粒度范围。陆地气溶胶携带的硫酸盐主要是亚微米级的颗粒。出现在沿海地区情况例外，此地海盐的影响占主导地位，并在硫酸盐矿床暴露于具有风化作用的地区。

在大陆上空观察到的硫酸盐颗粒的垂直分布。与 SO_2 的行为类似，数据表明，随着海拔高度的增加，硫的浓度下降，接近 70 ng/m^3（在标准温度和压力时）的恒定水平，即约 50 pmol/mol。SO_4^{2-} 浓度随着海拔高度的下降比 SO_2 慢，略大于平均高度（1 630±300）m。这一差异是由于在垂直输送过程中 SO_2 转化为 SO_4^{2-} 造成的。在污染地区，SO_4^{2-} 的地面浓度通常小于 SO_2，而在对流层上部，两种浓度近似相等。边界层中 SO_4^{2-} 的均质大气高度也高于总的气溶胶团高度，其均质大气高度约为 1 km。因此，随着海拔的增加，气溶胶中一定会含有丰富的硫酸盐。在近沿海地区，大气中通常充满大陆起源的 SO_2 和/或 SO_4^{2-}。Bonsang 等（1980）研究发现过硫酸盐浓度与 SO_2 浓度呈线性相关。它的浓度也随着生物活动的强度而变化。

大气中还存在一种叫作二甲基硫醚（DMS）的含硫有机气体，DMS 是海水中主要的挥发性硫化合物，与浮游植物的生产有关。存在着海洋和大陆源，Biirgermeister（1984）在德国人口稠密的莱茵—梅恩地区进行了测量，观察到最高的值（在冬季，当一个成熟的逆温层限制了空气的垂直流动时，在一个工业区，最高值为 900 pmol/mol）。在北部的山丘上法兰克福/美因河畔，混合比浓度降低到 6 pmol/mol。Kesselmeier 等（1993b）在探索喀麦隆南部大气与热带植被之间的硫化物交换时，发现地面 DMS 混合比浓度在 20～160 pmol/mol，中午时，在树冠层次混合比率升至 3.5 nmol/mol。植被显然是大陆大气中 DMS 的一个来源。但是，与海洋来源相比，它对全球排放率的贡献是很小的［小于 4 Tg/a（硫）］。

DMS 和过硫酸盐之间的密切相关性，夏季的浓度最大，而冬季的浓度最小。除甲磺酸（MSA）外，硫酸盐将是 DMS 氧化产生的最终产物。在中纬度地区，夏季 DMS 的产生和氧化达到最大，但是发现过硫酸盐的季节性周期幅度比 DMS 和 MSA 曲线的幅度小一些，这可能暗示着除了抑制 DMS 之外还有其他过硫酸盐来源地振幅。通过远程输送从各大洲吹来的颗粒物将提供 DMS 来源，尤其是在冬季。如上所述，颗粒物在海洋大气中的停留时间比 SO_2 更长，另外，随着时间变化在 MSA 中有许多细微结构变化（例如，时间尖峰）在过量硫酸盐的变化中得到再现。

硫酸盐颗粒的垂直分布与 SO_2 的行为类似。随着海拔高度的增加，S 的浓度下降，接近 70 ng/m^3（STP）的恒定水平，即约 50 pmol/mol。SO_4^{2-} 浓度随着海拔高度的下降比 SO_2 慢，平均尺度高度（1 630±300）m 略大。这种差异一定是由于在垂直运输过程中 SO_2 转化为 SO_4^{2-} 造成的。在污染地区，SO_4^{2-} 的地面浓度通常小于 SO_2，而在对流层上部，两种浓度近似相等。在中等高度的浓度交叉存在。边界层中 SO_4^{2-} 的均质大气高度也高于总的气溶胶团高度，其均质大气高度约为 1 km。

不同城市的上空由于每年排放 SO_2 的浓度和量的不同以及地理位置和气相条件的不同，大气中 SO_4^{2-} 的浓度会有所不同，见表 4-14。

表 4-14　不同城市 SO_4^{2-} 年均浓度变化统计

地点	北京	北京	北京	北京	北京	北京	北京	北京	北京	上海	西安	青岛	香港	东京	纽约
时间	2000	2001	2002	2005	2006	2008	2008—2009	2009—2010	2013	2003—2005	2006—2007	1997—2000	2000—2001	2007—2008	2002—2003
浓度/（μg/m^3）	14.47	10.55	8.85	13.4	15.4	20.74	11.6	13.6	25.13	10.39	27.9	11.94	10.32	3.8	4.29

大气中 SO_4^{2-} 的浓度也分季节性，一般情况下由于冬季燃烧的石化燃料较多，排放的 SO_2 浓度高，排放量也大，SO_2 转化成的 SO_4^{2-} 浓度也高。例如，北京市 2013 年春、夏、秋、冬、年均、重污染日 SO_4^{2-} 平均浓度依次为 23.75 μg/m^3、19.09 μg/m^3、20.72 μg/m^3、36.96 μg/m^3、25.13 μg/m^3、53.87 μg/m^3，整体呈现出重污染日＞冬季＞春、秋季＞夏季的特征；2000—2013 年北京市 SO_4^{2-} 年均浓度为 8.85～25.13 μg/m^3。

上海地区硫酸盐气溶胶污染从 2008 年开始下降，比 2007 年降低了 7.68%，2010 年则降低了 16.12%，2013 年增长了 8.9%，硫酸盐气溶胶的发生频率也有所增加，2016 年比 2015 年污染次数增加 21.55%。我国广东、广西、贵州等地及云南思茅降水中 SO_4^{2-} 浓度的计算值与观测值的比较见表 4-15。

表 4-15 我国广东、广西、贵州、云南思茅降水中 SO_4^{2-} 浓度的计算值与观测值的比较　单位：mg/L

城市	观测值	城市	观测值	城市	观测值	说明
广州	5.84	南宁	6.83	贵阳	35.36	相关系数：0.78
汕头	5.43	桂林	5.14	遵义	20.68	总监测数：29
韶关	7.80	百色	5.05	思茅	2.68	
茂名	5.49	北海	5.05			

2001 年春季，南京城市地区 $PM_{2.5}$ 中硫酸盐的浓度在 14.26～28.22 $\mu g/m^3$。2013—2014 年，南京地区 $PM_{2.5}$ 中年均硫酸盐浓度为 28.31 $\mu g/m^3$。Sun 等于 2004 年冬季对北京城市地区雾霾污染事件监测到 $PM_{2.5}$ 中硫酸盐浓度为 21.32 $\mu g/m^3$。2014 年 10 月，Xu 等对北京地区污染时期大气中的 $PM_{2.5}$ 进行观测，通过分析得到的硫酸盐的浓度为 21.32 $\mu g/m^3$。Zhang 和 Wang 等对西安和南京做了长达一年的监测研究，2006—2007 年，西安地区 $PM_{2.5}$ 中年均硫酸盐浓度高达 35.6 $\mu g/m^3$。在长江三角洲的背景站点临安，Liang 等通过对颗粒物采样，分析了 2015 年 6 月 7 日至 8 月 31 日 $PM_{2.5}$ 中二次水溶性离子，研究表明硫酸盐的浓度为 2.18 $\mu g/m^3$。Pathk 等在 2010 年夏季对北京、上海、兰州和广州城市地区的观测实验得到 $PM_{2.5}$ 中硫酸盐在 4 个城市的平均浓度分别为 22.6 $\mu g/m^3$、15.8 $\mu g/m^3$、9.8 $\mu g/m^3$ 和 13.1 $\mu g/m^3$。Gao 等于 2007—2008 年在济南市区的大气观测实验表明：夏季和冬季 $PM_{2.5}$ 中硫酸盐的质量浓度（分别是 64.27 $\mu g/m^3$ 和 42.84 $\mu g/m^3$）显著高于春季和秋季（分别是 27.11 $\mu g/m^3$ 和 30.99 $\mu g/m^3$）。另外，张亚婷对 2008—2015 年济南市区 $PM_{2.5}$ 中硫酸盐浓度进行了研究，发现呈明显的下降趋势，下降速率为 (-3.86 ± 2.50) $\mu g/(m^3 \cdot a)$（-10.0%/a），略慢于大气中 SO_2 浓度的下降速率：(-4.26 ± 0.58) ppbv/a（-11.6%/a），而 SO_2 转化率、O_3 和 Ca^{2+} 浓度均呈现上升趋势。硫酸盐的生成速率为 $(0.6～10.8)$ $\mu g/(m^3 \cdot h)$。Zhu 等在 2010 年夏季和秋季对济南市区的观测表明，夏季细颗粒物中硫酸盐的浓度高达 53.72 $\mu g/m^3$，秋季硫酸盐质量浓度相对比较低，为 25.56 $\mu g/m^3$。2008 年、2010 年和 2015 年，济南市年均 SO_4^{2-} 浓度占 $PM_{2.5}$ 比例的 17.0%～28.7%。

Aldabe 等在 2009 年对西班牙纳瓦拉的城市地区细颗粒物硫酸盐进行了研究，结果表明硫酸盐的年均浓度为 2.07 $\mu g/m^3$。另外，Kim 等研究了韩国首尔 2003—2005 年细颗粒物中的硫酸盐，年平均浓度为 7.5 $\mu g/m^3$。Jaafar 等监测到 2013 年发生在马来西亚的雾霾污染事件，该污染事件细颗粒物中硫酸盐浓度最高达 5.79 μg/m³。

图 4-3 的右边包括在大陆上空观察到的硫酸盐颗粒的垂直分布。与 SO_2 的行为类似，数据表明，随着海拔高度的增加，S 的浓度下降到接近 70 ng/m³（STP）的恒定水平，即约为 50 pmol/mol。在（1 630±300）m 平均高度，SO_4^{2-} 浓度随着海拔高度的下降比 SO_2 慢。这种差异一定是由于在垂直输送过程中 SO_2 转化为 SO_4^{2-} 造成的。在污染地区，SO_4^{2-} 的地面浓度通常小于 SO_2，而在对流层上部，两种浓度近似相等。边界层中 SO_4^{2-} 的均质大气高度也高于总的气溶胶浓度团高度，其均质大气高度约为 1 km。因此，随着海拔的增加，气溶胶中会含有丰富的硫酸盐。

硫酸盐的湿沉降速率主要取决于气溶胶颗粒的停留时间，约为 5 天，见表 4-16。在受污染的大气中，该比率应稍高一些，因为云层之下，雨滴清除了颗粒物。硫酸盐颗粒的干沉降速率尚不确定。

表 4-16　大气中硫化合物的环境浓度及其停留时间

化合物	环境本底浓度	停留时间/天
H_2S	0.2～20 ppb	<1～4
SO_2	0.2～10 ppb	<3～6.5
SO_4^{2-}	～2 μg/m²	7～22.7
COS	～500 pptv	～2（%）
CS_2	15～30 pptv	短

Wojcik 和 Chang（1997）采用的区域酸沉积模型研究了美国东北部的硫沉降。SO_2 的干沉降贡献率为 17%～31%，湿沉降贡献率为 30%～48%，输出到其他领域占总估算的 8%～43%。该数据代表了 20 世纪 80 年代初的情况，这使得通过气相和水相反应来区分硫酸盐的形成成为可能。该模型得出的结果表明，约 50% 去向主要是向海洋输出。其余部分 27% 的损失是由 SO_2 的干沉降去除，7.5% 是由于 SO_4^{2-} 颗粒的干沉降去除，65% 主要是由于 SO_4^{2-} 湿沉降去除。后一部分包含 53% 来自云对气溶胶的清除，云对 SO_2 转化的直接湿法去除占 12%。硫酸盐颗粒的 70% 来自水相氧化（主要由 H_2O_2 引起），30% 来自气相氧化（主要由 OH 自由基引起）。

图 4-4 为北半球陆地对流层人为硫排放通量图。生物和火山排放相对较少，可忽略不计。非洲大陆污染被细分为城市、区域和偏远地区污染。每年的输入量包括 100 Tg 硫，主要是 SO_2，这个高比率是不现实的，因为作为全球人为来源大陆区域的 SO_2 来源没有全部统计在内。所采用的地面浓度在图 4-4 的底部显示。

2 Tg/a → SO₄²⁻ — 5.2 ————————— 19.3 —————— 4.2 —→ 6.4 海外

SO_4^{2-} 3.2

2.2

15.1

98 Tg/a → SO₂ —81.5→ SO₂ 10 —22→ SO₄²⁻ 6.1 —7.8→ SO₄²⁻ 1.4 ←5.2— SO₂ 0.9

−3d   −4d

$V_d=8×10^{-3}$ m/s   1.8d 1.6d   −5d 4d   −9d 5d   4.6d 7d

沉积物/   干   干   湿   干   湿   干   湿   干   湿
(Tg/a)   13.3   36.1   4.1   7.4   9.8   4.6   8.4   6.0   3.9

城市   区域污染   偏远地区
(1.5×10⁶ km²)   (18×10⁶ km²)   (81×10⁶ km²)

C_0/（μgS/m³）   35   8   4   0.45   0.30
标高/km   1.25   1.5   3.2   3.2

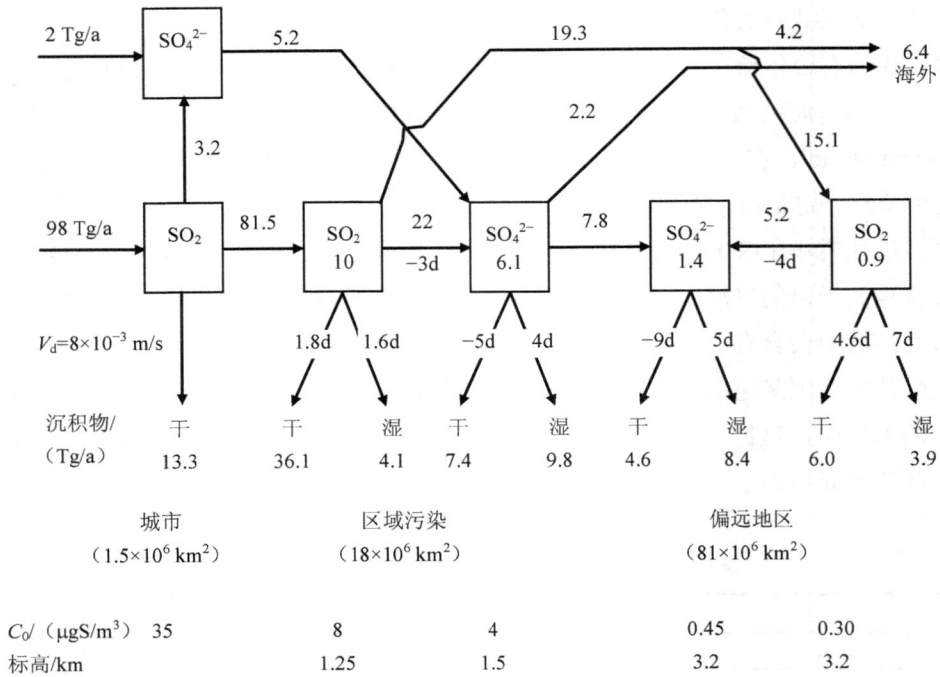

图 4-4　北半球陆地对流层人为硫排放处置通量图〔通量的单位是 Tg/a（硫）〕

4.3.4　雾霾粒子中的硫酸盐

由于硫酸盐在大气化学和全球气候效应等过程中起着非常重要的作用，因此，雾霾中硫酸盐气溶胶成为城市环境空气污染的重要研究对象。

在我国西北沙漠的敦煌和青藏高原的拉萨，硫酸盐的比例最低（4%～6%），人类活动较少，因此燃煤量也少，在这些地方的硫酸盐浓度水平通常在 2～10 μg/m³，其中拉萨的硫酸盐浓度在 2～3 μg/m³。在我国城市大气中硫酸盐浓度较高的有郑州（43.9～46.3 μg/m³）、西安（46～48 μg/m³）、成都（38～42 μg/m³）、河北固城（约 35 μg/m³）和广东番禺（25～28 μg/m³）。

我国城市大气中硫酸盐浓度较高，与我国能源结构中燃煤超过 70% 的比例有关，燃煤污染源是中国区域性雾霾天气形成的一个主要的贡献者。在我国遥远背景站硫酸盐所占 PM₁₀ 比例最大，例如在我国最西北的阿克达拉本底硫酸盐占 28%，在西南海拔 3 583 m 的香格里拉本底为 20%，这与这些站点气溶胶总体浓度低，矿物气溶胶份额不足有关。

雾霾粒子中的硫酸盐从某种意义上来说是大气颗粒物和大气水分中的硫酸盐。硫酸盐是雾霾粒子中最重要的成分之一，因为它在空气污染和全球气候变化中起着关键作用。雾霾中硫的存在主要以硫酸、硫酸盐、亚硫酸盐较多。大气雾霾颗粒物中的硫酸盐微粒与气候冷暖相关。大气颗粒物中的硫酸盐越多，越容易吸收大气中的水分，越容易形成云层，太阳越容易被遮蔽，使气候趋冷。有人发现，在北京及华北地区雾霾期间，大气颗粒物中硫酸盐主要由 SO_2 和 NO_2 溶于空气中的"颗粒物结合水"。大气雾霾中的硫酸盐多以普通硫酸盐为主，且大多数以水溶性硫酸盐为主。

大气雾霾中的硫酸根离子主要是二次水溶性离子，通常来自气—粒转化过程，气态前体物是 SO_2。硫酸盐是一种重要的污染物和酸性物质，能引起酸雨、能见度降低、呼吸道疾病、大气污染等一系列环境问题。硫酸盐气溶胶来源于环境空气中还原性硫化合物的氧化，主要分布在核模态和积聚模态中。在陆地上空，含硫化石燃料燃烧释放出大量的 SO_2 气体，SO_2 通过气相均相氧化和在云、雾中或气溶胶液滴表面的非均相氧化，SO_2 和氧化剂进入液相氧化反应形成硫酸或硫酸盐微粒。若环境空气中存在一定浓度的 NH_3 气体往往会和硫酸微粒中的 SO_4^{2-} 反应形成 $(NH)_2SO_4$。

雾霾中二次粒子的来源主要为大气环境中 SO_2 和 NO_x 经过大气化学反应形成的硫酸盐和硝酸盐颗粒。2000 年 He 等对北京市硫酸盐、硝酸盐、铵盐在 $PM_{2.5}$ 中质量浓度的贡献率进行了研究；对细粒子中硫酸盐、硝酸盐和铵盐所占比例及粒径分布进行了分析。北京大气霾粒子中水溶性硫酸盐主要以单模态分布，峰值粒径分布在 0.32～0.56 μm，其形成途径主要以气相转化为主；PM_{10} 中的 SO_4^{2-} 主要以 $(NH_4)_2SO_4$ 的形式存在。大气颗粒物 PM_{10} 中 $(NH_4)_2SO_4$ 的含量为（17.0±8.2）μg/m³，NH_4NO_3 的含量为（8.8±3.3）μg/m³，占 PM_{10} 总量的（14.74±3.64）% 和（7.60±2.17）%，二者之和占 PM_{10} 总量的（22.34±4.27）%。

在北京的 PM_{10}、$PM_{2.5}$ 中，水溶性离子中 75.2% 左右是由 SO_4^{2-}、NO_3^-、NH_4^+ 组成；SO_4^{2-}、NO_3^- 和 NH_4^+ 的质量浓度大体呈单模态分布，主要分布在细模态粒子中，峰值出现在 0.32～0.56 μm。

重污染期间，硫酸盐在大气细颗粒物 $PM_{2.5}$ 中的质量占比可达 20%，是占比最高的单体。随着 $PM_{2.5}$ 污染程度上升，硫酸盐是 $PM_{2.5}$ 中相对比重上升最快的成分。2013 年冬季，北京重度霾期间硫酸盐浓度刷新纪录，高于世界卫生组织指南所定数值的 16 倍。

南昌市 2014 年冬季 SO_4^{2-} 的平均浓度为 28.44 μg/m³，夏季 SO_4^{2-} 的平均浓度为 25.27 μg/m³，春季为 13.68 μg/m³，秋季为 20.04 μg/m³。我国大城市硫的氧化速率（SOR）值的变化见表 4-17。

表 4-17　我国各大城市硫的氧化速率（SOR）值变化表　　　　单位：μg/m³

地址	时间	SOR 值				
		春	夏	秋	冬	平均
南昌	2014 年	0.276	0.51	0.345	0.316	0.362
南京	2008 年	0.324	0.244	0.159	0.187	0.229
乌鲁木齐	2007—2008 年	0.07	—	—	0.16	—
厦门	2004 年	0.43	0.27	0.45	0.27	0.36
郑州	2009—2010 年	0.27	0.53	0.32	0.19	0.33
济南	2004—2007 年	0.38	0.62	0.41	0.18	0.4
北京	2004 年	0.12	0.39	0.19	0.07	0.2
广州	2002—2006 年	—	0.12	—	0.19	—

SO_4^{2-} 和 SOR 与气象的关系：大气 PM_{10} 和 $PM_{2.5}$ 中的 SO_4^{2-} 的浓度与大气硫的氧化速率不仅与前体物有关，还受气象因子的影响。风速与 SO_4^{2-} 之间呈负相关，随着风速的增加 SO_4^{2-} 浓度迅速降低。污染物积累主要发生在风速低于 2 m/s 的阶段，而非污染期的风速相对较大。在此期间，SOR 表现出随风速的增加而增加的趋势，在污染期 SOR 值较低，与风速无明显的相关性，表明非污染期的 SO_4^{2-} 主要来自远距离输送的老化气团，具有相对较高的氧化速率，而污染期的 SO_4^{2-} 主要来自局地源的一次排放。

在北方城市，采暖期在 PM_{10} 中 SO_4^{2-} 与 SO_2 显著线性相关，污染期表现出 PM_{10} 和 SO_2 双重超标的特征。采暖期的平均 SOR 大于 0.1；非污染期，硫的氧化率较高，SO_4^{2-} 来源于远距离输送的老化气团，主要来自二次粒子转化，O_3 浓度的增加促进了 SO_2 的转化；在污染期，硫的氧化率低，SO_4^{2-} 主要来自局地，以一次排放为主，O_3 的促进作用不明显。采暖期，在非污染期 SO_4^{2-} 浓度随风速的增加而降低，SOR 随风速的增加而增加，在污染期 SO_4^{2-} 和 SOR 与风速无明显相关关系；无论是污染期还是非污染期，温度和相对湿度与 SO_4^{2-} 和 SOR 均无明显相关关系。

在大气水中溶解的 S（Ⅳ）的不同离子态被认为显示出不同的反应动力学。S（Ⅳ）主要在非常低的 pH 下以 $SO_2 \cdot H_2O$ 的形式存在。随着 pH 值的增加，互变异构体亚硫酸氢盐（$HOSO_2^-$）和亚硫酸盐（HSO_3^-）成为主导形式，当 pH>7 时，SO_3^{2-} 显得最重要。在中国污染期间确定平均 pH 为 5～7 的范围，研究了 $HOSO_2^-$、HSO_3^- 和 SO_3^{2-} 等三种物质，提出了整体反应有式（4-72）和式（4-73）。

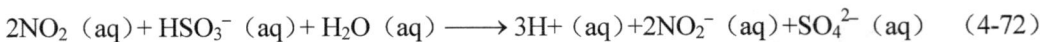

$$2NO_2（aq）+ HSO_3^-（aq）+ H_2O（aq）\longrightarrow 3H+（aq）+ 2NO_2^-（aq）+ SO_4^{2-}（aq） \qquad (4\text{-}72)$$

$$2NO_2（aq）+ SO_3^{2-}（aq）+ H_2O（aq）\longrightarrow 2H+（aq）+ 2NO_2^-（aq）+ SO_4^{2-}（aq） \qquad (4\text{-}73)$$

NO$_2$ 对 HOSO$_2^-$、HSO$_3^-$ 和 SO$_3^{2-}$ 的氧化过程的式（4-72）和式（4-73）是被确定为三步反应。特别注意的是，HOSO$_2^-$、HSO$_3^-$ 和 SO$_3^{2-}$ 的氧化的第一步完全不同，其中 H$^+$ 离子排斥步骤［式（4-74）］已被确定 HOSO$_2^-$ 或 HSO$_3^-$ 和电子转移步骤［式（4-75）］用于 SO$_3^{2-}$。然而，这两种不同的过程产生相同的中间自由基 SO$_3\cdot^-$ 的结果。

$$HSO_3^- \text{ 或 } HOSO_2^-（aq）+ NO_2（aq）\longrightarrow SO_3^-（aq）+ HONO（aq） \tag{4-74}$$

$$SO_3^{2-}（aq）+ NO_2（aq）\longrightarrow SO\cdot_3^-（aq）+ NO_2^-（aq） \tag{4-75}$$

4.3.5　大气气溶胶中硫酸盐的形成机制

SO$_2$ 的氧化可分为气相均相氧化和液相均相氧化，SO$_2$ 氧化为 SO$_4^{2-}$ 的机理如下。

4.3.5.1　气相均相氧化

①SO$_2$ 与 OH/HO$_2$ 自由基的反应：

$$SO_2 + OH \longrightarrow HOSO_2 \tag{4-76}$$

$$HOSO_2 + O_2（+M）\longrightarrow SO_3（+M）+HO_2 \tag{4-77}$$

$$SO_3 + H_2O \longrightarrow H_2SO_4 \tag{4-78}$$

$$SO_2 + HO_2 \longrightarrow HO + SO_3 \tag{4-79}$$

$$2HO_2 \longrightarrow H_2O_2 + H_2O \longrightarrow H_2SO_4 \tag{4-80}$$

②气相 H$_2$SO$_4$ 凝结或被碱性物质中和进入颗粒相：

$$H_2SO_4+ 2NH_3 \longrightarrow (NH_4)_2SO_4 \tag{4-81}$$

$$H_2SO_4 + CaCO_3 \longrightarrow CaSO_4+H_2O+CO_2 \tag{4-82}$$

在气相均相转化中与 OH 自由基的反应是主要过程，其气相转化率与 OH 和 SO$_2$ 的初始浓度有关，同时受 NO$_x$、烃、O$_3$、H$_2$O$_2$、NH$_3$、Mn、Fe、C、H$_2$O、日照强度、温度和一些自由基离子等的影响，一般速率在 1%～10%，并且随着温度和湿度的增加而增加。气相与 O$_3$ 的反应可以忽略不计。

4.3.5.2　液相均相氧化

① SO$_2$ 溶于水形成 H$_2$SO$_4$：

$$SO_2 \longleftrightarrow SO_2（aq） \tag{4-83}$$

$$SO_2 + H_2O \longleftrightarrow H_2SO_3 \tag{4-84}$$

$$H_2SO_3 \longleftrightarrow H^+ + HSO_3^- \tag{4-85}$$

② H$_2$SO$_3$ 被氧化，形成 H$_2$SO$_4$：

$$2H_2SO_3 + O_2 \longrightarrow 2H_2SO_4 \tag{4-86}$$

$$3H_2SO_3 + O_3 \longrightarrow 3H_2SO_4 \tag{4-87}$$

$$H_2SO_3 + H_2O_2 \longrightarrow H_2SO_4 + H_2O \qquad (4\text{-}88)$$

$$H_2SO_4 \longrightarrow SO_4^{2-} + 2H^+ \qquad (4\text{-}89)$$

高嶷等通过从头计算分子动力学模拟和高精度计算方法，揭示了利用水催化促进硫酸盐形成的化学新机制。通过水桥，处于纳米液滴中的亚硫酸根离子（SO_3^{2-}）或亚硫酸氢根离子（HSO_3^-）可以将电子快速转移到周围的气相 NO_2 分子。传统的气相电子转移路径势垒高达 32.7 kcal/mol，通过水桥进行电子转移的液相反应路径势垒只有 4.5 kcal/mol。电子转移促进了 HSO_3^- 中 O—H 键的解离，进而形成 SO_3^-；SO_3^- 再与另一个 NO_2 分子反应，形成 $NO_2SO_3^-$ 化合物；该 $NO_2SO_3^-$ 与液滴中的水分子反应形成 HSO_4^- 和 HONO（HNO_2）。这项研究首次揭示了高湿度、无光照情况下 NO_2 液相氧化亚硫酸盐的反应过程，提出了亚硫酸盐的水合层参与催化反应过程的分子机制。该研究一方面弥补了传统雾霾形成的化学机制，无法解释高湿度环境中高浓度 NO_2 导致硫酸盐生成的理论的缺失，推动了大气模型的进一步完善，为有效控制我国雾霾形成提供了科学依据。

4.3.6　硫酸盐形成雾霾粒子的机制

空气污染物中的硫酸盐、硝酸盐、铵盐及挥发性有机物遇到浮尘矿物质凝结核后会迅速被吸附、被包裹，形成混合颗粒，再遇到较大的空气相对湿度后，就会很快发生吸湿增长，颗粒的粒径增长 2～3 倍，消光系数增加 8～9 倍，也就是说能见度下降为原来的 1/9～1/8。即空气中原本存在的较小颗粒的污染物遇水汽后迅速膨胀增大变成人们肉眼可见的大颗粒物，在存在大量含水颗粒物的情况下，空气浑浊，天空朦朦胧胧，能见度大幅度降低，这就发生了雾霾事件。

大气中大多数硫酸盐是吸水并溶于水的，例如，Na_2SO_4、K_2SO_4、$(NH_4)_2SO_4$、$MgSO_4$、$Al_2(SO_4)_3$、$CuSO_4$、$Fe_2(SO_4)_3$、$NiSO_4$、$ZnSO_4$ 等。还有一些是微溶于水的，例如，$CaSO_4$、Ag_2SO_4，而 $BaSO_4$、$PbSO_4$、$SrSO_4$ 是不溶于水的，也就是说由大多数金属离子和硫酸根在大气反应转换生成的硫酸盐能够在大气中吸收水分、潮解，被颗粒物吸附于表面，使 $PM_{2.5}$、PM_{10} 等颗粒物的体积增大或单独成为硫酸盐颗粒物存在于雾霾中。

雾霾期间，硫酸盐主要由 SO_2 和 NO_2 溶于空气中的"颗粒物结合水"，在我国北方特有的偏中性环境下迅速反应生成。颗粒物结合水是指 $PM_{2.5}$ 在相对湿度较高的环境下潮解所吸附的水分。

硫酸盐对大气能见度的影响范围可达污染源下风方向的数十至数百公里，具有区域性的特征。当相对湿度大时，硫酸盐与水汽的协同效应对大气能见度的影响更大。

4.4　雾霾中的氮氧化物和硝酸盐污染途径

大气中的硝酸盐是大气中普遍存在的化学成分，它们在氮的生物地球化学循环中起着重要作用。硝酸盐的溶解度很高，它们在形成后会迅速附着到颗粒物表面或水滴上，成为酸雨的重要诱因。大气硝酸盐主要是由大气中前体物 NO_x 转化来的再生粒子（$NO_x = NO+NO_2$）。一般认为硝酸盐粒子的产生主要有两种途径：一是 NO_x 通过气—粒转化形成硝酸，硝酸再与其他成分反应生成硝酸盐粒子；二是在气溶胶粒子表面通过 NO_x 的非均相氧化形成硝酸盐。大气中硝酸盐气溶胶的含量主要与温度、相对湿度、NO_2、SO_2 和 NH_3 等前体物浓度有关。而对流层的 NO_x 主要来源于化石燃料燃烧、生物质燃烧、土壤微生物活动、闪电以及平流层输送，并以人为源为主，其中化石燃料燃烧大约占全球 NO_x 排放量的 60%。NO_x 的光化学循环会导致对流层内 O_3 的形成，而 O_3 是 OH 自由基的前体物，同时也是反映大气氧化能力的重要参数。因此，了解 NO_x 大气化学过程对评估其对区域空气质量、气候和大气氧化能力的影响具有重要意义。

4.4.1　含氮化合物的分类

大气中以气态存在的含氮化合物有氧化亚氮（N_2O）、一氧化氮（NO）、二氧化氮（NO_2）、氨（NH_3）、亚硝酸（HNO_2）、硝酸（HNO_3）以及少量的三氧化二氮（N_2O_3）、四氧化二氮（N_2O_4）、三氧化氮（NO_3）和五氧化二氮（N_2O_5）等。氮还能以 NO_3^-、NO_2^- 和 NH_4^+ 的形式存在于雾霾气溶胶离子和降水中。

N_2O_3、N_2O_4、N_2O_5、NO_3、HNO_2 在大气中很不稳定，常温下极易转化成 NO 和 NO_2，其化学反应如下：

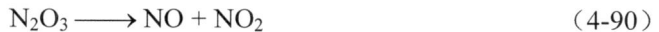

$$N_2O_3 \longrightarrow NO + NO_2 \qquad (4-90)$$

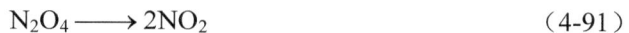

$$N_2O_4 \longrightarrow 2NO_2 \qquad (4-91)$$

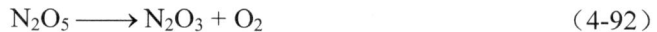

$$N_2O_5 \longrightarrow N_2O_3 + O_2 \qquad (4-92)$$

$$NO_3 + hv\,(0.541\ \mu m) \longrightarrow NO_2 + O \qquad (4-93)$$

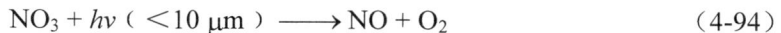

$$NO_3 + hv\,(<10\ \mu m) \longrightarrow NO + O_2 \qquad (4-94)$$

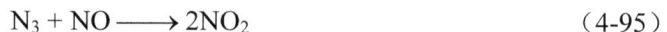

$$N_3 + NO \longrightarrow 2NO_2 \qquad (4-95)$$

4.4.1.1　N_2O

大气中 N_2O 的来源主要包括海洋、河川、土壤、沉积物和人类工农业生产的排放。海洋是大气中 N_2O 的排放源，在近海岸 N_2O 的释放量最为明显。

据美国航空航天局（NASA）1986 年报道，大气环境中的 NO 的浓度已达到（304±2）ppbv，并正以每年 0.2%的速度增加。北半球 N_2O 的浓度增长速率（0.25%～0.7%）比南半球（0.1%～0.2%）大。

N_2O 虽然对人体无毒害不被看作污染物，但由于它不易溶于水，寿命长，可输送到平流层，经过下列反应：

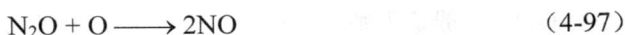

$$N_2O + hv（\leqslant 315\ nm）\longrightarrow N_2 + O \tag{4-96}$$

$$N_2O + O \longrightarrow 2NO \tag{4-97}$$

产生的 NO，进而引起臭氧层的破坏。因此，近年来人们对 N_2O 的人为源越来越关注。N_2O 是主要的温室气体之一，影响全球气候，对大气化学起着重要作用。

4.4.1.2　NO

NO 为无色无臭气体，低温下液态呈蓝色；NO 在水中溶解甚微，常温下 100 mL 水中可溶解 4.7 mL。可溶于硫酸、乙醇、硫酸亚铁和二硫化碳等。

NO 具有单电子顺磁游离基。反应活性较低，常温下较稳定，不能助燃，不与稀碱溶液反应。但结构不饱和，可发生加合反应。

NO 遇到 NO_2 时即生成 N_2O_3：

$$NO+NO_2 \longrightarrow N_2O_3 \tag{4-98}$$

在空气中，NO 能够被氧化，生成 NO_2：

$$2NO+O_2 \longrightarrow 2NO_2 \tag{4-99}$$

NO 能与硝酸作用，被氧化生成 NO_2。在高温下能将硝酸盐还原并放出 NO_2，还能与某些金属盐（如硫酸亚铁）结合生成棕色的硫酸亚硝基铁。压力下，NO 能与硫酸作用生成"蓝酸"（$H_2SO_4 \cdot NO$）。

4.4.1.3　NO_2

在大气中，NO_2 是红棕色有刺激性臭味的气体，有毒，其毒性为 NO 的 4～5 倍。NO_2 可溶于水、碱溶液和二硫化碳。与浓硫酸反应生成亚硝基硫酸；与碱作用生产硝酸盐和亚硝酸盐。如果大气中有过氧乙酰自由基存在时，NO_2 会与其反应生成过氧乙酰硝酸酯（PAN）和 NO。

$$3NO_3+H_2O \Longrightarrow 2HNO_3（aq）+ NO \tag{4-100}$$

$$2NO_2 +2NaOH \Longrightarrow NaNO_3+NaNO_2+H_2O \tag{4-101}$$

$$NO_2+CH_3COO_2 \cdot \longrightarrow CH_3COO_2NO_2 \tag{4-102}$$

NO_2 在温度高于 150℃时开始分解为 NO 和 O_2，至 650℃分解完全。气体状态的 NO_2 具有叠合作用，生成二聚物 N_2O_4，因此，它们总处于可逆平衡中。

NO_2 在常温下常以 N_2O_4 的形式存在，随着温度升高，NO_2 增多。27℃时，NO_2 占 1/5，

60℃时占 1/2，150℃以上时几乎全部为 NO_2。

N_2O_4 无论是气体、液体还是固体均为无色。由于其分子成对称结构，故较为稳定。溶于水，呈有限的互溶性，0℃时，有质量分数为 47% 和 98% 的两层液体，渗合的临界温度为 67℃，此时不再分层。液体中 N_2O_4 的质量分数为 89%。

N_2O_4 是强氧化剂，在低温下与氨混合将发生爆炸。N_2O_4 能与许多有机溶剂形成分子加合物，液态 N_2O_4 能与碱金属、碱土金属、Zn、Cd、Hg 等作用，放出 NO。

NO_2 是形成硝酸的基础。然而，NO_2 的最大问题在于作为光化学烟雾的起始剂能使 NO_2 在阳光照射下，吸收波长为 420 nm 的光，并能发生分解反应，NO_2 在可见光作用下，分解为 NO 和原子态氧。这是对流层中极重要的化学反应，由此引起系列反应，为光化学烟雾形成开端。即

$$NO_2 + hv \xrightarrow{\lambda \leqslant 4\,300\,\mu m} NO + O\ (^3P) \tag{4-103}$$

式中，光解速率常数小于或等于 9×10^{-3}/s，其大小因纬度、季节和太阳天顶角等而异，NO_2 停留时间为 2 min。

该反应生成的初生态氧（[O]）具有极强的氧化性，与空气和污染物作用生成 O_3。过氧化物、激发态基团等强氧化剂，进而将碳氢化合物氧化生成醛类（RCHO）、酮类（R-CO-R'），以及一系列的过氧化自由基 R·、RCO·、RCO_2·、RCO_3·。过氧化自由基与 NO_2 反应，则生成 PAN（过氧乙酰硝酸酯）、PBN（过氧苯酰硝酸酯）和 PBZN（过氧苯甲酰硝酸酯）。此类氧化剂还可以不断地与 NO_2 作用生成氧化性较弱的硝酸酰基类化合物。上述物质经凝聚便成为气溶胶状态的光化学毒性烟雾。

NO_2 转化为硝酸也是大气化学中的一个重要反应。NO_2 转化为 HNO_3 有两条途径：

（1）NO_2 与 OH 自由基反应

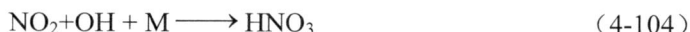

$$NO_2 + OH + M \longrightarrow HNO_3 \tag{4-104}$$

上式双分子束中常数为 1.1×10^{-11} cm^3/（mol·s）。在城市污染大气中，OH 自由基峰值浓度可达 5×10^6 个自由基/cm。这样可以促使上述反应能顺利进行。NO_2 存留时间可为 5 h。

（2）暗反应

夜晚 HNO_3 形成发生如下反应：

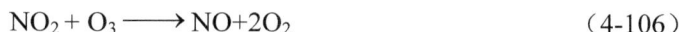

$$NO_2 + O_3 \longrightarrow NO + O_2 \tag{4-105}$$

$$NO_2 + O_3 \longrightarrow NO + 2O_2 \tag{4-106}$$

式（4-105）在夜晚对流层中为主要反应，式（4-106）反应居次要地位。反应速率常数为 3.2×10^{-17} cm^3/（mol·s）。当 O_3 浓度为 0.08 mg/m^3 时，反应结果如式（4-107）所示，NO_2 存留时间为 4.4 h。

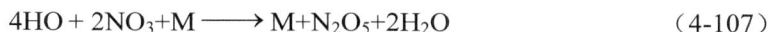

$$4HO + 2NO_3 + M \longrightarrow M + N_2O_5 + 2H_2O \tag{4-107}$$

式（4-107）正反应常数为 $1.3 \times 10^{-12}\,cm^3/(mol \cdot s)$。$N_2O_5$ 存留时间短，它与 H_2O 结合为硝酸：

$$N_2O_5 + H_2O \longrightarrow 2HNO_3 \tag{4-108}$$

式（4-108）反应速率常数为 $1.3 \times 10^{-12}\,cm^3/(mol \cdot s)$。

（3）有机氮的形成

在光化学烟雾形成过程中，NO_2 参加有机氮形成。其化学反应如下：

$$NO_2 + RO_2 + M \longrightarrow RO_2NO_2 + M \tag{4-109}$$

$$NO_2 + RO + M \longrightarrow RONO_2 \tag{4-110}$$

$$NO_2 + RO + M \longrightarrow HONO + R_1R_2CO \tag{4-111}$$

燃料燃烧生成的 NO_x 可分为以下两种：

①燃料型 NO_x（Fuel NO_x）：燃料中含有的氮的化合物在燃烧过程中氧化生成 NO_x。

②温度型 NO_x（Termal NO_x）：燃烧时空气中的 N_2 在高温（大于 $2\,100\,℃$）下氧化生成 NO_x。

燃烧过程中 NO_x 形成的机理为链反应机制：

$$O_2 \longleftrightarrow O + O \quad （极快） \tag{4-112}$$

$$O + N_2 \longrightarrow NO + N \quad （极快） \tag{4-113}$$

$$N + O_2 \longrightarrow NO + O \quad （极快） \tag{4-114}$$

$$N + OH \longrightarrow NO + H \quad （极快） \tag{4-115}$$

$$NO + 1/2O_2 \longrightarrow NO_2 \quad （慢） \tag{4-116}$$

即燃烧过程中产生的高温使氧分子裂解为原子，氧原子和空气中的氮分子反应生成氮原子，氮原子又和氧分子反应生成 NO 和氧原子。此外，氮原子可与火焰中的 OH 自由基生成 NO 和氢原子。

根据以上机理，燃烧过程中的 NO 的生成量主要与燃烧温度和空燃比有关。

空燃比定义为空气的质量除以燃料的质量。当燃烧完全时，即无过量的 O_2 时空气与燃料的混合物就成为化学计量混合物，此时的空气质量与燃料的比例为化学计量空燃比。假若空气与燃料的混合物中空气的量少于化学计量的量，那么此燃料的混合物称为"富"燃料；而当空气过量时，则称为"贫"燃料。以汽车尾气为例，燃料温度和 NO 的生成量的关系列于表 4-18 中。

根据计算，燃烧 $1\,t$ 天然气会产生 $6.35\,kg$ 的 NO_x，燃烧 $1\,t$ 石油约产生 $12.3\,kg$ 或 $9.1\,kg$（视燃烧装置的条件而定）NO_x；燃烧 $1\,t$ 煤产生 $8 \sim 9\,kg$ 的 NO_x。从全球范围来看，1976 年估计人为源的排放量约为 $19 \times 10^8\,t/a$。

表 4-18　燃烧温度和 NO 的生成量

温度/℃	NO 浓度/ppm	温度/℃	NO 浓度/ppm
20	<0.001	1 538	3 700.0
427	0.3	2 200	25 000.0
527	2		

NO_x 的主要天然微生物源包括：

①由生物体腐烂形成的硝酸盐，经细菌作用产生的 NO 及随后缓慢氧化形成的 NO_2。

②生物源产生氧化亚氮氧化形成 NO。

$$N_2O + O \longrightarrow 2NO \qquad (4-117)$$

③有机体中氨基酸分解产生的氨经 OH 自由基氧化形成 NO_x。

$$NH_3 + OH \longrightarrow NH_2 + H_2O \qquad (4-118)$$

$$NH_2 + 6OH \longrightarrow NO_x + 4H_2O \qquad (4-119)$$

大气的 NO_x 最终转化为硝酸和硝酸盐微粒，经湿沉降和干沉降从大气中去除。NO_x 湿沉降的强度 1976 年为 $(18\sim46)\times10^6$ t/a；干沉降的强度目前尚有争议，1970 年为 $(25\sim70)\times10^6$ t/a，而 1978 年仅为 $(0.3\sim3)\times10^6$ t/a。

4.4.1.4　全球 NO_x 在大气中的空间分布

因为 NO_x 的寿命只有几天，而且排放主要来自中纬度地区发生的化石燃料燃烧过程，富含 NO_x 的环境主要是在北半球，北半球工业大部分地区的 NO_x 表面浓度超过 1 ppbv[按体积计，十亿分之一（即 10^9）]。最低的 NO_x 浓度往往发生在偏远的海洋空气中边界层。在太平洋中部，已测出 NO 的浓度约为 4 pptv[按体积计，万亿分之一（即 10^{12}）]，NO_x 含量可推断为 $10\sim15$ pptv。在大西洋上，已记录了 $20\sim70$ pptv 的浓度。根据 Galbally 和 Gillett 测量，在热带地区的海洋区域，NO_x 的浓度为 40（±20）pptv。NO 的浓度在对流层上层增加，即在北纬 $20°\sim37°$ 的太平洋上空 6 km 处，NO 浓度高达 40 pptv。这表明，NO_x 的向下通量由于①从平流层输送而进入亚热带海洋；②闪电；③在高空飞行的飞机；④热带地区陆源上空富含氮氧化物的空气对流到对流层上部。在加勒比海上空（15°N），Torres 在海拔 $1\sim16$ km 处记录到 NO 浓度在 $4\sim35$ pptv。1983 年，Ridley 和 Davis 等在北纬 $15°\sim42°$ 测量了太平洋上空 NO 的浓度，最低的 NO 浓度（平均为 1 pptv）是在低层大气中观测到的。在海拔 $1\sim2$ km 处，平均浓度增加到 6 pptv；在 $4\sim9$ km 时为 10 pptv；在 $7.6\sim10$ km 时为 17 pptv。

在太平洋上北纬 $30°\sim35°$（即日本南部），观测到的平均 NO_x 浓度为 0.2 ppbv，而 NO 浓度则从 3 km 高度的 15 pptv 增加到 7 km 高度的 35 pptv。在日本海（即日本西部）上，NO_x 浓度随着海拔升高而增加，在 40°N 时达到 1 ppbv。据悉这些高浓度的氮主要是由于位于亚洲大陆的人为氮氧化物来源造成的。

陆地 NO_x 浓度的数据，尤其是高浓度数据人口稠密的地区，那里存在的浓度值比在海洋地区测得的浓度值高。在对流层中，随着对流层中 NO 浓度的升高，NO_x 的浓度也随之增加，从低至几万亿分之一到超过 200 pptv，在低层大气中的水平可能暂时超过 1 ppbv。美国科罗拉多州尼沃特山脊乡村海拔约 3 km 的数据显示，氮氧化物的浓度范围非常大（即在 20～40 ppbv，平均为 0.55 ppbv）；该地点有时受到城市污染的影响，有时它接受来自非常干净的海洋中对流层的空气。1988 年，美国阿拉斯加巴罗的清洁空气中 NO 的浓度普遍小于 50 pptv，最高为 100 pptv；NO_x 浓度为（120±60）pptv。NO_x 浓度的日变化趋势为白天的平均浓度为 140 pptv，即比夜晚大约高 40 pptv。海洋空气中的 NO_x 浓度为 4 pptv，而陆地空气中的 NO_x 在非城市区浓度为 2～12 ppbv，在美国和欧洲城市为 70～150 ppbv。在英国，乡村地区的 NO_2 浓度最高的是英格兰东南部和中部，1987 年的年平均值为 12～19 ppbv，并预测到 2030 年将在 50～100 pptv。

在美国，2013 年氮氧化物的排放总量约为 1 300 万短吨[①]，其中固定燃料燃烧约占人为排放总量（即 370 万短吨）的 29%。在不足 370 万短吨中，与公用事业相比，发电行业是最大的 NO_x 排放源，电力行业占 50% 或 180 万短吨。1990—2013 年，氮氧化物排放量减少了约 72%。

中国 NO_x 的排放强度空间差异很大，有从内陆到沿海逐渐增加的趋势。以 2004 年为例，NO_x 排放强度最高的是上海，达到了 1 637.2 kg/hm^2，其次是北京（463.6 kg/hm^2）和天津（353.9 kg/hm^2），然后是江苏（188.0 kg/hm^2）、浙江（147.1 kg/hm^2）和山东（123.0 kg/hm^2），排放强度最低的是西藏（0.2 kg/hm^2）、青海（0.8 kg/hm^2）、新疆（1.7 kg/hm^2）、内蒙古（3.3 kg/hm^2）和甘肃（4.8 kg/hm^2）。

2004 年全国 NO_x 排放量为 2 060 万 t，NO_x 年排放量最大的省份是广东（242.6×10^7 kg/a），其次是山东（193.2×10^7 kg/a）和江苏（192.9×10^7 kg/a），然后是浙江（149.8×10^7 kg/a），河南、河北的年排放量也超过 100×10^7 kg/a，6 个省份合计年排放量占全国排放总量的 46.3%；年排放量最低的省（区）是西藏、青海和宁夏，都在 7.0×10^7 kg/a 以下。我国是目前世界上少数几个能源结构以煤炭为主的国家，2004 年，煤炭占能源消费总量的比例大约为 67.7%，石油为 22.7%，天然气为 2.6%，水电、核电和风电站为 7.0%，这决定了煤炭消费是影响我国 NO_x 排放量变化的主要原因。以 2004 年为例，在 NO_x 排放量中，煤炭来源的 NO_x 占到了年排放总量的 77.4%。2017 年，全国氮氧化物产生量 1 785.22 万 t，比 2004 年下降了约 275 万 t。全球每年存在于大气的氮见表 4-19。

---

① 1 万短吨=0.907 吨（t）。

表 4-19　全球每年存在于大气中的氮

时间	1985 年	1986 年	1987 年	1988 年	1989—1992 年	1990 年	1990 年	1990 年	1992 年
大气中的氮存在量/ 10^9 kg	7.7~18	~20	21	13.1~28.9	13~29	21	14~28	14~28	24.6
	12~58	~7	12	5.6~16.7	3~7	2—5	4~24	3.6~6.7	2.5~13
	—	—	—	—	0.5~1	—	—	—	—
	1~10	10~15	8	1~10	5~15	20	4~16	4~16	5~20
	2~8	<10	8	2~8	2~10	2~8	2~20	2~20	2~20
	0.3~0.9	0.5	0.5	0.3~0.9	0.5	1	~0.5	0.5	~1
	—	—	—	—	0.15	—	—	—	—

4.4.1.5　大气中的亚硝酸及盐类、硝酸及硝酸盐

（1）亚硝酸（HNO_2）

亚硝酸盐在大气中的形成机理目前尚不十分清楚，亚硝酸在大气中光解很快。它是 OH 自由基的主要来源之一。

①HO·与 NO 的反应

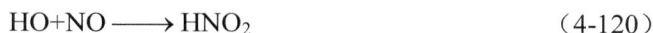

$$HO + NO \longrightarrow HNO_2 \tag{4-120}$$

②表面催化反应

$$NO + NO_2 + H_2O \longleftrightarrow 2HNO_2 \tag{4-121}$$

$$2NO_2 + H_2O \longleftrightarrow HNO_2 + HNO_3 \tag{4-122}$$

HNO_2 是一种弱酸，电离平衡常数 $K_a = 5.1 \times 10^{-4}$（298 K），是区分伯、仲、叔脂肪胺或芳香胺的鉴定试剂。HNO_2 中的氮元素处于中间价态，既具有氧化性又具有还原性，而且氧化性比还原性突出得多。HNO_2 仅存在于稀的水溶液中，浓缩 HNO_2 稀溶液时，HNO_2 会同时发生歧化反应和分解反应，生成歧化产物 HNO_3 和 NO，以及分解产生 N_2O_3，同时 N_2O_3 又迅速分解为 NO 和 NO_2。HNO_2 见光同样会分解。

在大多数情况下，HNO_2 可还原成 NO，也可还原成 N_2O、氮、羟氨（NH_2OH）或氨（NH_3）。

$$2HNO_2 + 2I^- + 2H^+ = I_2 + 2NO\uparrow + 2H_2O \tag{4-123}$$

将 NO_2 和 NO 的混合物溶解在接近 0℃的水中，即生成 HNO_2 的水溶液：

$$NO_2 + NO + H_2O = 2HNO_2 \tag{4-124}$$

在 HNO_2 盐溶液中加入酸，也可得到 HNO_2 的溶液：

$$NaNO_2 + HCl \longrightarrow HNO_2 + NaCl \tag{4-125}$$

HNO₂ 也可用 NO、O₂ 与水反应制得：

$$4NO + O_2 + 2H_2O \Longrightarrow 4HNO_2 \tag{4-126}$$

（2）硝酸盐

硝酸盐是大气雾霾中的重要组成部分，是氮氧化物的最终转化。大气雾霾中的无机硝酸盐可分为一次硝酸盐和二次硝酸盐。大气雾霾中一次硝酸盐气溶胶主要来自工厂直接排放和秸秆燃烧等。大部分的硝酸盐是二次硝酸盐，主要是由低价态氮氧化物经过复杂的大气化学反应生成的。二次硝酸盐的生成途径主要有两种：一是气态 HNO₃ 与碱性物质发生化学反应生成硝酸盐，碱性物质包括气态 NH₃ 和颗粒物表面的碱性盐类；二是 N₂O₅ 在潮湿的气溶胶或者悬浮小液滴表面发生非均相水解生成硝酸盐。

HNO₃ 的主要化学反应有：

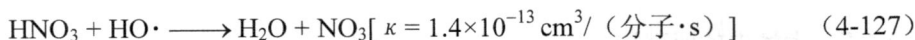

$$HNO_3 + HO\cdot \longrightarrow H_2O + NO_3 [\, \kappa = 1.4 \times 10^{-13} \, cm^3/（分子·s）\,] \tag{4-127}$$

$$HNO_3 + NH_3 \longleftrightarrow NH_4NO_3（固体） \tag{4-128}$$

大气中 NO_x 的浓度迅速上升，在形成大气污染的同时，也会通过化学反应生成硝酸盐气溶胶，从而影响气候变化。在中国，导致大气中 NO_x 净增长的主要因素是化石燃料燃烧、生物质燃烧、水泥生产、硝酸生产、农田施氮肥等。1979—1981 年，Diederen 等（1985）在荷兰就曾做过两年的观测实验，其研究结果表明，除硫酸盐外，硝酸盐气溶胶的散射也非常重要。因此，如同硫酸盐，硝酸盐在具备明显环境效应的同时，也有着较强的气候效应。中国是 NO_3^- 气溶胶排放量较大的国家，NO_3^- 对未来气候和气候变化影响显得越来越重要。

4.4.2 大气雾霾中氮氧化物的来源

4.4.2.1 氮氧化物的天然源

从全球来看，空气中的氮氧化物主要来源于天然源，天然源的 NO_x 数量比较稳定，主要来自微生物的活动、生物体氧化分解、火山喷发、林火、雷电、平流层光化学过程、NH₂ 的氧化、土壤和海洋中的光解释放等。火山和闪电过程中产生大量的 NO 和 NO₂，土壤细菌分解活动的产物则多为 N₂O。据估计，全球自然源 NO_x 的年排放量在 150 亿 t 左右（以氮计）。其中 N₂O 是土壤中硝酸盐经细菌脱氮作用而产生的。

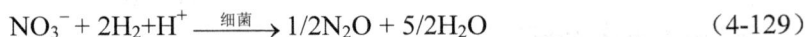

$$NO_3^- + 2H_2 + H^+ \xrightarrow{\text{细菌}} 1/2N_2O + 5/2H_2O \tag{4-129}$$

在对流层上部及对流层下部的 NO_x 涉及土壤中的微生物活动、闪电和来自平流层的运输。这种持续源为整个地球提供每年近 100 万 t 的氮。虽然这比来自土壤释放和雷电释放的 NO_x 要小得多，但在对流层上部的化学反应中可能更重要，尤其是与附近的地面相比海洋位置的 NO_x 是微不足道的。因肥料挥发及碱性条件下动物和其他有机物分解产生的大气氨（NH₃）的氧化也可以为大气提供额外的 NO_x 来源。这一来源的排放速率为 100 万～ 1 000 万 t/a 的氮。Slemer 和 Seiler 估计，由于使用矿物肥料和动物尿素产生约 4 000 万 t/a 的氮，从土壤中 NO_x 的排放量分别小于 170 万 t/a 和 200 万 t/a。太阳和银河宇宙射线电离导致高层大气中产生 NO_x，其中大部分发生在平流层，而对流层也产生一些 NO_x。火山喷发的 NO_x 排放速率似乎非常小。据估计，在全球范围内，土壤中的氮氧化物排放量占了自然产生的氮氧化物总量的一半左右。

（1）来自土壤中的氮氧化物

土壤中的氮氧化物是通过微生物的硝化作用和反硝化作用产生的，涉及亚硝酸盐几种化学反应。硝化作用被认为是土壤释放 NO_x 的主要机理。然而，大多数测量结果表明，从土壤中产生的 NO_2 仅占 NO 产生的一小部分，即 2%～9.7% 具有一定的象征性。由于大多数产生一种气体的生物过程也会产生另一种气体，因此，N_2O 和 NO 的高排放速率之间存在关联性。土壤研究表明，通过硝化作用产生的 NO 的速率远大于通过该机理产生的 N_2O 的速率。通过硝化细菌，NO/N_2O 的相对摩尔比在 0.9～8.5，而在反硝化过程中在 0.01～0.87。反硝化是能够产生并能消耗 NO 和 N_2O 的唯一过程。也有一些证据表明通过土壤中的化学反应吸收 NO。

影响 NO_x 产生、吸收和排放速率的因素来自：①土壤的水分含量；②土壤的温度；③植被的存在；④基质的数量和质量（即独特的土壤营养成分）；⑤土壤的酸度。

现场研究表明，当热带稀树草原土壤的水分含量从 2% 上升到 14% 和 17% 时，NO_x 的排放量可以增加 20 倍。随着土壤水分含量接近其田间持水量（即饱和度情况）或土壤被淹没，则 NO 排放会显著降低，这可能是由于水形成了阻碍 NO 从土壤中逸出的屏障的结果。

当土壤表面突然湿润后，经过一段时间的干旱，观察到 NO 的排放量增加了 4%～20%。

NO 产生的微生物和化学过程与温度有关。但是，一些现场研究表明，干旱土壤中 NO 排放量缺乏温度依赖性或非常弱。当向土壤中增加水分时，这种行为会转变为强烈的温度依赖性。

生长中的植物会降低土壤中 NO_x 排放速率。Johansson 和 Grant 发现，去除植被后，大麦作物在施肥田中的 NO 排放量增加了 5 倍，从未耕地中去除植被时，NO 排放量也增加了 5 倍。Slemer 和 Seiler 观察到，从裸露的土壤到覆盖有草的土壤，NO 排放量之间存在相似的差异。NO 排放速率的差异可以通过植物对 NO 和 NO_2 的吸收来解释。此外，与裸露土壤相比，植物覆盖土壤产生 NO 的速率不同可归结于化学和物理因素的变化，例如，土壤中的养分含量会有所不同，土壤的温度和水分含量可能会有所不同。

将无机氮化合物引入土壤是另一种促进 NO 排放的方法。许多研究人员已经判断出由于施肥而导致的 NO_x 损失率。对于裸露的土壤地块，通常在施肥后的前两周内，肥料作为 NO_x 的损失是：硝酸盐 0.1%～0.3%，铵 1.8%～2.7%和尿素 5.4%。植被表面，相应部分损失分别为 0.15%～0.4%、0.7%和大约 1%。

土壤可能排放或消耗 NO 和 NO_2。通常会产生 NO 的净正通量，除非空气中的 NO 水平非常大（即大于 1 ppbv），平均而言，大多数土壤吸收了 NO_2。大部分测量是在耕作土壤上进行的，每个站点之间的排放速率变化幅度超过一个数量级。尽管这种变化的一部分归因于环境因素（主要是土壤湿度和温度差异），但大部分与氮肥的施用有关，氮肥的使用可能使通量增加两个数量级。对于天然土壤，热带生态系统的排放率最高。显示的平均通量比温带生态系统中观察到的通量高 3～160 倍。

Galbally 和 Roy 认为，如果他们观察到非牧场和牧场 NO 的通量代表从土壤中获得全球平均排放率，那么每年从全球获得的氮约为 1 000 万 t。然而，仅在北半球，氮年排放量可能是 800 万 t/a。据 Lipschultz 等估计，全球 NO 来源可能与硝化相关的高达 1 500 万 t/a。

（2）闪电放电产生的氮氧化物

多年来，闪电通过冲击波消散将大量空气排放到温度超过 2 300 K 的大气中，并通过大气 N_2 和 O_2 的高温分解产生大量 NO_x。这已被公认为是在大气中产生固定氮的一种机制。但是，关于这种来源的数量存在很大争议：据 20 世纪 90 年代资料公布，估计每年产生的氮从 4.2 亿 t 到 30 亿～40 亿 t。Chameides 等报告显示，他们估计 NO_x 的生产量占大气总 NO_x 的 50%之多。最近估计每年氮的产生量为 300 万～440 万 t，甚至每年低至 180 万 t。根据相关雷击的能量耗散和频率的更多精准的数据，目前此来源的氮排放速率估计小于 1 000 万 t/a；这一数据明显高于硝酸盐通过沉淀的沉积速率，二者是不相符的。大多数雷暴都发生在热带和中纬度地区，海拔在 5～8 km。Galbally 和 Gillett 估计，大陆在南纬 60°至北纬 60°通过闪电产生的 NO_x 量为 0.3～4 gN/m^2，而在海洋为 0.6～5 gN/m^2。Ayers 和 Gillett 认为，闪电及随之而来的 NO_x 产生主要发生在热带雨季。闪电可能是热带对流层高层中 NO_x 的主要来源，甚至可能是平流层低层中 NO_x 的重要来源。

（3）来自平流层的 NO_x

N_2O 的主要大气汇是在平流层中发生的光化学分解。由于其较长的大气寿命，N_2O 可以通过大规模运动幸免上升到平流层的过程。它几乎完全被光解并与活化的氧原子反应而被破坏。N_2O 的氧化是平流层中 NO 的主要来源。对于 NO 来源的数量，有许多估计。Schmeltekopf 等观察到的 N_2O 浓度垂直分布的结果。据估计，从每年运输到平流层的 2 360 万 t N_2O 中，全球 NO 的生产率为 170 万 t/a。因此，大于 7%的 N_2O 分子进入平流层中会转化为 NO 分子。Schmeltekopf 等提出产生的大多数 NO 分子都向下输送到对流层。TM Johnston 等预测每年 NO 的产量为 107 万 t。

大气层（即中层、热层和电离层）的高层对平流层 NO_x 的贮藏作出重大贡献的可能性不容忽视。在电离层中，短波紫外线辐射的电离作用每年产生 NO_x 为 $(2\sim4)\times10^9$ 万 t（以氮计）。然而，由该机理产生的大多数 NO_x 是光解离的。逃逸该汇的 NO_x 物质通过涡流过程向下输送到平流层，北美 NO_x 的排放速率如表 4-20 所示。

表 4-20 北美 NO_x 的排放速率 单位：10^7 t/a

污染源	美国	加拿大	合计
石化燃料燃烧	$(5\sim8)$[a]	$(0\sim6)$	$(5\sim14)$
土壤中微生物的活性	$0.2\sim0.8$	$0.1\sim0.4$	$0.3\sim1.2$
	(~0.4)	(~0.2)	(~0.6)
闪电	$0.07\sim0.7$	$0.015\sim0.15$	$0.09\sim0.9$
	(~0.3)	(0.06)	(~0.36)
生物质燃烧	$0.05\sim0.15$	$0.025\sim0.075$	$0.08\sim0.23$
氨的氧化	$0.0\sim0.1$	$0.0\sim0.05$	$0.0\sim0.15$
平流层输入	微量	微量	(0.04)
合计	$5.0\sim8.8$	$0.6\sim1.4$	$5.6\sim10.2$
	(~6.6)	(~0.9)	(~7.5)

注：a. 括号中的数据代表平均值。

（4）来自海洋的 NO_x

NO 通过在海洋、淡水和沉积环境中对细菌进行反硝化作用而产生，至今尚未尝试计算 NO 或 NO_2 的海气通量。然而，已提出在海洋表面和水淹稻田中通过阳光对腈的光解作用产生 NO 的机制。

Zafiriou 等与 Zafiriou 和 McFarland 给出了赤道太平洋直接测量的结果，表明确实如此。将其结论外推到其他海域是困难的，因为要形成 NO，既需要修正波长范围内的双光（即 $295\times10^{-9}\sim410\times10^{-9}$ nm），还需要在 NO_2^- 存在下才能进行，整体浓度极易发生变化。然而，据估计，全球从海洋表面释放 NO 的量为 15 万 t/a（氮）。

4.4.2.2 NO_x 的人为来源

人为来源主要包括固定和移动中发生的化石燃料燃烧、生物质燃烧和氮肥的使用。NO_x 可由固体废物焚化、炸药的使用、硝酸生产和其他工业过程产生。1980 年，美国处置焚烧固体废物向大气中排放约 12 万 tN/a 的 NO_x，占全国人为总排放速率的 0.5%。在荷兰，1977 年工业过程产生的 NO_x 排放量估计为 30.2 万 t/a（即约占人为排放总量的 6%）。

1975 年欧洲人为排放 NO_x 的速率见表 4-21。

表 4-21　1975 年欧洲人为排放 NO_x 的速率

污染源	排放速率/（10^6 tN/a）
化石燃料燃烧	2.3～6.2
汽车	1.1～1.5
硝酸分解	0.1～0.1
肥料的使用	0.1
航空	<0.1
废旧材料的燃烧	<0.1
合计	3.5～7.9

（1）化石燃料燃烧

人为源的 NO_x 是由人类的生活和生产活动产生与排放进入大气的，产生 NO_x 的人类活动主要来自化石燃料燃烧（如汽车、飞机、内燃机及工业窑炉等的燃烧）过程，也有来自生产和使用 HNO_3 工厂排放的废气，还有氮肥厂、有机中间体生产厂、有色及黑色金属冶炼厂的某些生产过程。现在，每年向大气排放的 NO_x 已超过 5 000 万 t。IPPC（1992）认为每年大气中 N_2O 的含量在 （8.14～25.32）$\times 10^7$ t。人为向大气中排放的 NO_x 约 5.21×10^7 t。

据悉，目前全世界 NO_x 年排放总量（以氮计）约为 3 000 万 t。尽管发达国家和我国都在广泛采取节能减排措施，但是仍比 35 年前增长了 88%。我国 NO_x 排放总量，从 2000 年到 2004 年又增至 1 600 万 t，年均增长 10.6%。我国 NO_x 年排放量保持在 1 000 万 t 级的水平上，其中火电厂占有 35%～40%的份额。NO 贡献量占化石燃料燃烧 NO_x 排放量的 90%～95%。Bauer 结合适应的能源利用数据和 Bottger 等的 NO_x 排放因子上限，评估了 1990 年全球氮氧化物年排放量为 2 660 万 t N。

可以通过使用排放因子和燃料利用（表 4-22 和表 4-23）的统计数据，确定性地评估工业和输送中（即近似于 2 000 万 tN/a）化石燃料燃烧产生的固定氮排放速率。

Logan 通过使用表 4-24 中列出的排放因子和化石燃料消耗的数据，估计 1979 年全球 NO_x 排放量为 2 100 万 tN/a。污染源的分布大概与欧洲、北美和世界其他国家的测试结果相同（表 4-24）。

表 4-22　美国和前西德 1980 年 NO_x 的排放因子 [a]

污染源	美国	前西德
煤炭：		
公用事业和大型工业锅炉（大于 28 MW）	2.28~4.57	2.13
工业锅炉（2.8~28 MW）	2.28	1.98
商用锅炉（小于 2.8 WM）	0.91	0.52
手烧炉	0.46	—
焦炉	0.006	—
褐煤	0.91~2.59	0.82~0.99
天然气：		
电站锅炉	1.46~3.41	2.01
工业锅炉	2.28	2.01
商用锅炉	0.85	—
家用锅炉	0.4	0.43
油：		
电站锅炉	1.90~3.83	2.92
工业和商用：		
油渣	2.28	—
馏分油	0.85	2.01
家用锅炉	0.7	0.58
工业设备（柴油）	17.1	—
农业设备（柴油）	12.2	—
运输：		
火车（柴油）	13.4	—
汽油汽车	3.65	5.84
柴油卡车	11.6	—
柴油轿车	3.2	2.34

注：a. 燃煤排放因子单位为 kgN/t，闪电为 $kgN/10^3 m^3$，天然气在 15℃时排放 $10^5 N/m^3$，油为 kgN/m^3。

表 4-23　NO_x 排放因子（每吨 10^6 J）

燃料类型	部门			
	发电站	工厂	交通	家庭用
硬煤	280~630	200~460	—	45~100
褐煤	180~290	200~300	—	50~300
处理后的煤（焦炭）	—	180~540	—	70~100
其他固体燃料	120~300	80~300	—	50~220
天然气	50~140	40~170	—	30~120
轻油	—	45~60	1 050[a]	50~100
介质油	60~150	60~190	1 175[b]	50~160
重油	150~245	140~240	—	140~240

注：a. 用于驱动车辆的汽油；b. 对于柴油卡车。

表 4-24　化石燃料燃烧和工业活动产生的 NO_x 排放量　　　　　　单位：10^6 t N/a

污染源	北美洲	欧洲	世界其他国家	合计
燃料	1.6	2.4	2.4	6.4
煤	0.8	1.3	1.1	3.2
油	1.1	0.9	0.3	2.3
气	2.5	2.8	2.5	7.8
运输	6.0	7.3	6.4	19.7
工业源 [a]	0.24	—	—	0.24
合计（石化燃料）	20.9			

注：a. NO_x 的主要工业来源是石油精炼、硝酸和水泥的生产。

高温燃烧产生的 NO_x 排放主要由 NO 和 NO_2 组成。大气中 NO_x 的含量主要取决于自然界氮循环过程，这一过程每年向大气释放 NO $430×10^6$ t 左右，约占总排放量的 90%，人类活动排放的 NO 仅占 10%。大气中 NO 的本底浓度为 0.5～12 $\mu g/m^3$，在大气中的"寿命"约为几天。NO_2 主要由 NO 氧化而来，每年产生约 $568×10^6$ t。人类活动排放的 NO_x 主要来自各种燃烧过程，其中以工业窑炉和汽车排放为最多。

来自美国环境保护局的可用数据，燃料燃烧在不同应用中 NO_x 的排放系数研究，Kavanaugh 按年份预测了世界各地区和行业 NO_x 的排放量（表 4-25）。

表 4-25　预测的化石燃料燃烧导致的 NO_x 排放率

项目	1960 年	1975 年	2000 年	2025 年
全球排放率（10 tN/a）	10.3	17.3	30.3～31.4	45.5～47.4
每年增加百分比/%	—	3.7	2.3	1.6
地区分布百分比/%				
美国	36	27	24～25	17～47.4
西欧和加拿大	16	13	11	8
日本、澳大利亚和新西兰	4	8	7	6
东欧和前苏联	26	26	21	15～16
中国	5	7	12	16
世界其他国家	14	19	24～25	36～38
部门分布百分比/%				
电力公司	34	31	36～37	36～38
工业	28	26	28～30	29～31
家庭	4	5	3	3
运输	34	38	29～33	28～32

这些并不反映发达国家为减少 NO_x 排放而实施的法规效果。随着时间的增长可能会更大：从 1975 年到 2000 年，排放速率翻番；从 2000 年到 2050 年，排放速率可能会增

长约 50%。这归因于中国和发展中国家的快速经济和人口增长，据估计，到 2050 年，全世界 80%的人口将居住在这些地区。由于化石燃料燃烧产生的 NO_x 排放主要来自发电和制造业，因此中国和发展中国家的工业化和电气化对 NO_x 排放速率产生很大影响。Kavanaugh 指出，如果在中国和发展中国家进行非石化燃料发电（例如，水力发电、风能和太阳能发电）的潜在投资，则未来 NO_x 的排放量可能会低于估算值（表 4-26）。

表 4-26　各种污染源的 NO_x 排放因子　　　　　单位：kg/t

部门	污染源	煤	炼焦	原油	汽油	煤油	柴油	残油
能源	炼油			0.2				
	电力	10.0			6.7	21.22	7.4	10.1
	自用	7.5	9.0		16.7	2.5	9.6	5.8
工业	钢铁	7.5			16.7	7.5	9.6	5.8
	化工	7.5	9.0		16.7	7.5	9.6	5.8
	建材	7.5	9.0		16.7	7.5	9.6	5.8
	其他	7.5	9.0		16.7	7.5	9.6	5.8
交通	公路				31.7	27.4	27.4	27.4
	铁路	7.5	9.0				54.1	54.1
	其他	7.5	9.0		16.7	27.4	54.1	54.1
其他	生活	1.9	2.3		16.7	2.5	3.2	2.0
	商业	3.8	4.5		16.7	4.5	5.8	3.5

Hao 等报道了工业锅炉和大型实验性燃烧器的烟道气中 N_2O 和 NO_x 的测量值（表 4-27）。

表 4-27　各类发电站锅炉的有效气体成分

燃料	燃料负荷/MW	燃料氮-碳的摩尔比例/$\times 10^{-3}$	浓度/ppmv	
			N_2O	NO_x
天然气	580	0	2.3±1.5	55
33%油+67%气（质量）	359	1.1±0.15	22.4±3.1	69
油	137	3.8±0.05	35.7±8.2	175
油	202	6.3±0.08	57.6±0.0	163
油	120	3.1±0.40	32.8±7.1	178
油	120	3.1±0.40	33.7±3.0	168
煤	243	16.6±0.10	163.0±8.0	455
煤	243	16.6±0.10	168.0±10.0	433
煤	252	18.7±0.20	157.0±45.0	472

燃料燃烧中氮的含量在 N_2O 和 NO_x 排放速率中起着重要作用：最高 NO_x 浓度与发电厂的燃烧燃料和最高含氮量（即煤）有关；NO_x 的中间水平与工厂的燃油燃烧有关；燃烧天然气的工厂产生的排放量低得多。平均而言，燃烧过程中约有 24% 的燃料氮转化为 NO_x。有人对公用事业锅炉和实验锅炉烟道气中 N_2O 和 NO_x 浓度进行了测量（通过在线分析仪进行测量），结果表明，不存在简单的 NO/NO_x 相关性（表 4-28）。

表 4-28　燃烧系统在线监测 N_2O 和 NO_x 的平均浓度

生物类型（和生物的分布）	规模	在燃料气体中的浓度/ppmv	
		N_2O	NO
循环（巴布科克和威尔科威特斯）	250	1.3	683
三单元（巴布科克和威尔科威特斯）	250	<3.6	513
循环（莱利斯特克）	250	<2.5	559
正切	165	<1.2	319~354
（燃烧工程）	700	0.7	374

（2）机动车排放源

近几十年来随着各国经济迅速发展，机动车数量显著增长。世界机动车保有量在今后 30 多年（2020—2050 年）内仍将高速增长，其中发达国家机动车保有量大致不变，而发展中国家机动车保有量增长较迅速。2010 年，世界汽车的保有量增加到 10 亿多辆，2050 年将增加到 30 多亿辆。

2009 年，我国机动车排放 NO_x 583.3 万 t。汽车是机动车污染物总量的主要贡献者，其排放的 CO 和 HC 超过 70%，NO_x 和颗粒物（PM）超过 90%。按车型分类，我国载货汽车排放的 NO_x 和 PM 明显高于载客汽车，其中重型载货汽车是主要贡献者。按燃料分类，柴油汽车排放的 NO_x 接近总量的六成，PM 超过九成。

我国机动车四项污染物排放总量为 1 603.8 万 t，其中，CO、HC、NO_x、PM 排放量分别为 771.6 万 t、189.2 万 t、635.6 万 t、7.4 万 t。

选择机动车在不同速度下匀速行驶时测试尾气中 NO_x 排放浓度，尾气中 NO_x 排放浓度随着机动车行驶速度的增加呈稳定增加趋势（表 4-29）。

表 4-29　不同行驶工况下 NO_x 的排放情况

工况	NO_x 排放浓度/（mg/m³）		
	平均值	最大值	最小值
怠速	369	398	339
加速	3 512	6 799	424
减速	2 140	3 286	994

在不同车况下 NO_x 的排放特征见表 4-30。因此，根据实测结果机动车行驶速度在 60 km/h 以上时 NO_x 排放浓度是行驶速度在 40 km/h 以下时 NO_x 排放浓度的 3 倍。

表 4-30　不同车况下 NO_x 排放特征

序号	车况	行驶里程/10^4 km	使用年限/a	NO_x 排放浓度/（mg/m^3）
1	较好	3	2	308
	较差	20	5	2 407
2	较好	3	3	458
	较差	18	8	2 147

在车况较差和行驶里程长的情况下 NO_x 的排放要比车况好和行驶里程短的情况下浓度高得多，NO_x 排放浓度几乎相差 4.7～7.8 倍。

另外，还有秸秆的焚烧、垃圾焚烧产生的 NO_x 和土壤施肥产生的 NO_x。

4.4.3　硝酸盐和亚硝酸盐在大气和雾霾中的分布

NO_x 的来源和光化学转化，以及大气混合和运输，表现出强烈的季节性和昼夜变化。排放到大气中的大部分 NO_x 转化为硝酸蒸气（NHO_3）或硝酸气溶胶（NO_3^-）。

NO_x 排放到大气中之后的几天内，这种转化为硝酸盐的过程大部分已经完成。因此，在偏远地区，总硝酸盐浓度可以合理估算 NO_x 浓度。根据休伯特等在夏威夷莫纳罗亚火山的测量，获得了夏季硝酸和气溶胶硝酸盐浓度的急剧最大值。最低的浓度在冬季很明显，在春季和夏季末出现了高浓度事件和清洁期的混合现象。来自美国科罗拉多州尼沃特里奇（Niwot Ridge）内陆偏远地区的 NO_x 的近地表测量表明，那里的平均 NO_x 水平在夏季达到峰值。相比之下，非城市站点的结果为德国的杜塞尔巴赫（Dueselbach）在冬季显示得最为突出。

电站燃煤锅炉中 N_2O 和 NO_x 的平均在线浓度见表 4-31。

NO_3^- 和 NO_2^- 的粒径分布主要受温度、湿度和前体物浓度等因素的影响。研究指出，当环境条件有利于 NH_4NO_3 生成时，NO_3^- 主要以 NH_4NO_3 的形式分布在细模态颗粒物中；当环境条件不利于 NH_4NO_3 生成时，则 HNO_3 与 $CaCO_3$、K_2CO_3 或 $NaCl$ 在粗模态的反应将使 NO_3^- 分布在粗模态颗粒物中。NO_3^- 的粒径分布情况比较复杂，总体来讲，其粒径分布表现为单模态分布，且峰值粒径为 0.32～0.56 μm。根据 Johon 等的研究结果，可推测气相转化是环境颗粒物中硝酸盐形成的主要途径；有一小部分样品峰值粒径出现在液滴模态粒径 0.56～1.0 μm 和 1.0～1.8 μm。说明液相转化同样是硝酸盐形成的重要途径；同时，在粗模态粒径 3.2～5.6 μm 也观察到 NO_3^- 的峰值或次峰。这种情况在 Zhuang 等

表 4-31　电站燃煤锅炉中 N_2O 和 NO_x 的平均在线浓度 [a]

单位	使用燃料种	过量空气系数	排放浓度/ppmv	
			N_2O	NO
29 kW 隧道窑	乌塔布烟煤	1.42	4.2	757
	蒙大拿州次烟煤	1.43	2.2	613
	西肯塔基州烟煤	1.46	3.7	553
	匹兹堡烟煤	1.33	2.2	570
733 kW 气/油燃烧炉	天然气	1.24	<0.24	62
	2 号燃油	1.25	0.3	105
	5 号燃油	1.25	1.3	189
879 kW 气/油一燃烧炉	天然气	0.73~1.25	<0.4	50
		1.10~1.25	0.72	638
模拟器	2 号燃油	0.65~1.26	<0.24	64
		1.13~1.26	0.72	638
配有低 NO_x 燃烧器的装置	5 号燃油	0.66~1.29	0.26	60
		1.10~1.18	0.73	682
实验规模的煤炉	犹他州烟煤	0.65~1.08	1.99	605
		0.86~1.08	3.8	216
		0.90~1.10	4.45	382

注：a. 所有单位都燃烧了阿拉巴马州的中硫（硫含量 1.5%~2%）烟煤。

对香港气溶胶的研究中也观察到，硝酸盐具有很强的挥发性，且香港大气环境中具有大量的海盐颗粒，环境空气湿度较大，使 HNO_3 容易与海盐颗粒发生化学反应形成硝酸盐，因此在香港的研究结果发现硝酸盐主要分布在粗模态粒子中。北京大气环境中颗粒物扬尘占了很大比例，扬尘主要以硅酸盐、碳酸盐等矿物成分为主。因此当环境湿度适宜时，HNO_3 在大颗粒物表面发生化学反应，出现了和香港地区类似的粒径分布特征。

从蒙特罗莎（Monte Rosa）的 Colle Gnifetti 瑞士阿尔卑斯山峰提取的冰芯分析情况得知，硝酸盐浓度从 1900 年的 60 ppb（十亿分之一）上升到目前的 280 ppb。南格陵兰岛 Dye3 站点的冰芯显示从 1895 年至 1904 年的 44 ppb 上升到 1973—1978 年的 86 ppb。但是，Finkel 等认为，Dye3 站点的冰芯中的硝酸盐工业化前浓度只有十几亿分之一（即自工业时代开始以来，冰芯中的 NO_3^- 沉积增加了不到 2 倍）。随着时间的推移，南极雪中的 NO_x 浓度也有增加。但是，南极的浓度通常比北极地区的浓度低 2~3 倍。这反映了人为排放 NO_x 引起的变化。然而，南极冰中 NO_3^- 浓度的季节性变化表明，硝酸盐从平流层中沉淀出来并可能到达地面。

硝酸盐气溶胶的浓度研究表明，在欧洲的一些地区，硝酸盐气溶胶的浓度有些区域甚至超过了硫酸盐；Michalski 等（2003）运用箱式模式对美国加州沿海地区的模拟结果表明，在夏天，有超过 50% 的大气硝酸盐由 NO_2 与 OH 反应生成，在冬天有超过 90% 的硝酸盐由 N_2O_5 非均相反应生成，而 NO_2 与 HC 的贡献在 1%～10%。Kunasck 等（2008）对北极格陵兰雪堆中的硝酸盐的模拟结果表明，在夏天的 7 月 NO_2 的氧化几乎完全通过 NO_2 与 HC 途径进行，而在冬天 1 月则几乎完全通过 NO_2+O_3 途径进行，其中 NO_2 与 HC 途径和 N_2O_5 非均相反应的占比分别约为 60% 和 40%。欧洲地区，颗粒状硝酸盐占总干气溶胶质量的 10%～20%；近年来，SO_2 排放的大幅度减少导致了欧洲硫酸盐气溶胶浓度降低，硝酸盐气溶胶在总气溶胶中所占的比例却在增大。

在中国东部，硝酸盐气溶胶的柱浓度同样也很高。中国春、夏、秋、冬四个季节硝酸盐气溶胶平均柱浓度分别为 20.26 mg/m³、5.13 mg/m³、20.67 mg/m³、20.47 mg/m³。1 月硝酸盐气溶胶近地表浓度主要分布在河北、河南、山东和四川，最大值可达 29 mg/m³；而 7 月则主要分布在河南、河北、山东、湖北、安徽和江苏，最大值为 8 mg/m³；1 月，硝酸盐气溶胶柱浓度的高值区主要集中在四川、河南、山东和江苏，其中最大值为 27 mg/m³；7 月则分布在河南、山东、湖北和辽宁，最大值为 3.8 mg/m³。中国夏季硝酸盐气溶胶的浓度比冬季低很多，这主要是由于夏季的降水较多，气溶胶湿沉降较强，夏季的高温也不利于硝酸盐的生成，而且受亚洲季风和地形影响，夏季的东南季风会将污染物吹向中国的西北部，使得东部地区硝酸盐气溶胶的浓度降低，与沈钟平（2009）的研究结果一致。中国是硝酸盐气溶胶排放量较大的国家。

一般认为，硝酸盐粒子的产生主要有两种途径：一是 NO_x 通过气—粒转化形成硝酸，硝酸再与其他成分反应生成硝酸盐粒子；二是在气溶胶粒子表面通过 NO_x 的非均相氧化形成硝酸盐。

大气中 NO_x 的浓度迅速上升，在形成大气污染的同时，也会通过化学反应生成硝酸盐气溶胶，从而影响气候变化。在中国，导致大气中 NO_x 净增长的主要是化石燃料燃烧、生物质燃烧、水泥生产、硝酸生产、农田施氮肥等。

雾霾中硝酸盐（这里定义为气态 HNO_3 和颗粒态 NO_3^- 之和）是大气中普遍存在的化学成分，在氮的生物地球化学循环中起着重要作用。硝酸盐的溶解度很高，其在形成后会迅速附着到颗粒物表面或水滴上，成为酸雨的重要诱因。大气硝酸盐主要来源于其前体物氮氧化物（NO_x=NO+NO_2）的转化。而对流层的 NO_x 主要来源于化石燃料燃烧、生物质燃烧、土壤微生物活动、闪电以及平流层输送，并以人为源为主，其中化石燃料燃烧大约占全球 NO_x 排放量的 60%。NO_x 的光化学循环会导致对流层内 O_3 的形成，而 O_3

是 OH 自由基的前体物，同时也是反映大气氧化能力的重要参数。

NO$_x$ 排放之后，在白天通过 O$_3$、H$_2$O 和 RO$_2$ 的氧化剂光解在 NO 和 NO$_2$ 之间进行快速循环。在北极的春天，BrO 也在 NO 和 NO$_2$ 循环过程中发挥了作用。NO 和 NO$_2$ 之间的循环发生得非常迅速，使两者在白天很快建立光化学稳定状态，这比 NO$_x$ 到 HNO$_3$ 的转化过程至少快三个数量级。NO$_2$ 通过干沉降或者被 O$_3$ 氧化形成 NO$_3$ 自由基，NO$_3$ 自由基在白天会被迅速光解，所以其浓度只有在夜间才显著。在夜间，NO$_3$ 自由基与 HC 反应形成 HNO$_3$，或与 NO$_2$ 反应形成 N$_2$O$_5$，然后在霾气溶胶表层通过非均相反应再次生成 HNO$_3$。对于全球来说，NO$_2$ 与 OH 自由基的反应是最主要的 HNO$_3$ 形成途径。Alexander 等（2009）运用 GEOS-Chemde 模拟结果得出 NO$_2$ 与 OH 对全球对流层硝酸盐的年平均贡献率为 76%，N$_2$O$_5$ 的非均相反应贡献率为 18%，NO$_3$ 与 HC 反应贡献率为 4%。但是，不同反映在不同地区和不同时间段的贡献差异很大。

在我国所有地区，NO$_3^-$ 均在冬季出现高水平，北京、上海、重庆、成都等地的观测的数据比较一致，但是，Zhao 等（2013）报道的京津冀地区 2010 年观测到 NO$_3^-$ 浓度夏季最高。在华北地区，NO$_3^-$ 的最低浓度出现在春季，在华南地区和西北地区，最低 NO$_3^-$ 浓度出现在夏季。其中华北 NO$_3^-$ 浓度在各个季节均最高。

毛华云、田刚等对北京市大气雾霾粒子进行了研究，指出 NO$_3^-$ 的粒径分布主要受到温度、湿度和前体物浓度等因素的影响。北京大气雾霾中硫酸盐和硝酸盐主要表现为单模态分布，峰值粒径分布 0.32～0.56 μm，其形成途径主要以气态转化为主；同时峰值粒径也有出现 0.56～1.0 μm 和 1.0～1.8 μm 的时候其形成途径主要以液相转化为主。

北京市的雾霾粒子中 NO$_3^-$ 主要以 NH$_4$NO$_3$、NaNO$_3$、KNO$_3$ 和 Ca(NO$_3$)$_2$ 的形式存在。对细模态硝酸盐气溶胶的地面观测表明，高浓度的硝酸盐出现在工业高度发达的地区，而低浓度一般出现在乡村地区。Lulu Cui，Rui Li，Yunchen Zhang 等（2018）连续进行 HNO$_2$ 测量，以研究中国上海霾天气期间 HNO$_2$ 的形成特征。在测量期间，HNO$_2$ 浓度为 0.26～5.84 ppb，平均为 2.31 ppb。霾事件期间、雾霾事件期间和清洁期期间的 HNO$_2$ 浓度分别为 2.80 ppb、2.35 ppb 和 1.78 ppb。NO$_2$ 的异质转化是夜间 HNO$_2$ 形成的主要途径，NO$_2$ 到 HNO$_2$ 的异质转化效率与 PM$_{2.5}$ 浓度密切相关。NO$_2$ 到 HNO$_2$ 的平均异质转化率污染期（P1 + P2）的（CHONO）为 1.58×10^{-2} h^{-1}，高于清洁期的 CHO$_3$（0.93×10^{-2} h^{-1}），表明 NO$_2$ 转化为 HNO$_2$ 的潜力更大，污染期白天未知的 HNO$_2$ 产率为 2.98 ppb/h，高于清洁期 1.78 ppb/h。在霾期间（34%）和雾霾期间（27%），含 S／N 颗粒的数量百分比高于雾霾期间（20%）。中国城市与世界其他城市 HNO$_2$ 浓度的比较见表 4-32。

表 4-32　中国城市与世界其他城市 HNO₂ 浓度的比较

观察地点	周期	HNO₂	仪器	参考文献
美国休斯敦市	2009 年 7—10 月	0.62	LOPAP	Rappenglück et al., 2013
智利圣地亚哥市	2009 年 11 月	1.44	IC	Rubio et al.，2009
德国朱利希市	2005 年 6—7 月	0.22	LOPAP	Elshorbany et al.，2012
中国北京市	2002 年 2—3 月	1.49	LOPAP	Hou et al.，2016
中国北京市	2015 年 9 月—2016 年 7 月	1.44	AIM-IC	Wang et al.，2017
中国广州市	2006 年 6 月	2.80	DOAS	Qin et al.，2009
中国新垦郊区	2004 年 10—11 月	1.30	WAD/IC	H. Su et al.，2008
中国香港东涌郊区	2011 年 8—9 月	0.35	LOPAP	徐家宝等，2015
中国后花园农村	2006 年 7 月	1.29	LOPAP	Li et al.，2012
中国西安市	2014 年 7 月—2015 年 8 月	1.04	LOPAP	Huang et al.，2017

有学者观测到，水溶性离子成分和硫酸盐、硝酸盐的占比达 92.5%，难溶性成分仅占 7.5%，说明 $PM_{2.5}$ 中硫酸盐、硝酸盐以水溶性离子成分为主；在空气质量为优、良和轻度污染期间，硫酸盐、硝酸盐与 $PM_{2.5}$ 的占比分别为 45%、42%、45%，暗示着空气质量由优转为良时，$PM_{2.5}$ 质量的升高可能由其他成分浓度占比的升高导致，而空气质量由良转为轻度污染时，硫酸盐、硝酸盐占比的升高会加速空气转差的过程；经计算得知难溶性硫酸盐、硝酸盐在 $PM_{2.5}$ 中的占比在空气质量为优时最高（6.6%），轻度污染时次之（6.0%），良好时最低（5.3%）。硫酸盐、硝酸盐在降水日和非降水日平均质量浓度分别为（19.6±18.5）$\mu g/m^3$ 和（31.0±9.1）$\mu g/m^3$，降水日较非降水日下降了 37%。

4.5　雾霾气溶胶中的氨和铵离子污染途径

气态氨是地球氮循环的一个自然部分，但过量氨对植物有害，并降低空气和水质量。在对流层，它与硝酸、硫酸反应，形成危害人体健康的硝酸盐颗粒；进入湖泊、溪流和海洋，造成富营养化，形成低氧水平的"死亡地带"。

美国马里兰大学教授 Russell Dickerson 的研究指出大气中氨主要来自农业领域,如肥料、畜牧，对生态系统产生深远影响。在切萨皮克湾氨污染中，大气中氨的贡献为 1/4，造成了富营养化，导致了使牡蛎、蓝蟹和其他野生动物生活变困难的死亡地带。

在印度，化肥的大量使用加上牲畜粪便累积，出现了世界上最高浓度大气氨。研究人员注意到，氨增加的速度没有其他地区快。他们认为可能是由于酸雨前体物排放量增加所致。

NH_3 的排放主要来自农业。中国是世界上最大的农业国家之一，其 NH_3 排放从 1978 年开始增加，2012 年达到 $10\sim16$ Tg/a，占全球 NH_3 估算的 23%。

NH_3 是大气中重要的碱性气体，它与大气中的 H_2S、HNO_2、H_2SO_3、H_2SO_4、HNO_3、HNO_2 等发生酸碱中和反应生成 NH_4^+，然后被干沉降过程清除。

氨气极易溶于水，常温常压下 1 体积水可溶解 700 体积氨，所以，降雨对氨气具有很好的清除作用，降雨时雨滴通过布朗扩散、方向拦截、惯性碰撞、热致电泳、扩散电泳和电力机制作用碰并气溶胶粒子，进而清除大气中的 $PM_{2.5}$。

NH_3 是大气酸性成分的主要中和剂，NH_3 可与酸性气体反应形成铵盐从而增加大气中细颗粒物的浓度［式（4-130）～式（4-133）］，影响全球辐射平衡，降低大气能见度，使土壤酸化、湖泊富营养化、危害人体健康等，NH_3 还对新粒子爆发具有重要的作用。

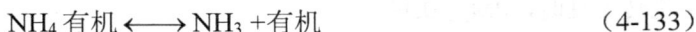

$$(NH_4)_2SO_4 \longleftrightarrow 2NH_3 + H_2SO_4 \tag{4-130}$$

$$NH_4NO_3 \longleftrightarrow NH_3 + HNO_3 \tag{4-131}$$

$$NH_4Cl \longleftrightarrow NH_3 + HCl \tag{4-132}$$

$$NH_4 \text{有机} \longleftrightarrow NH_3 + \text{有机} \tag{4-133}$$

NH_3、铵盐和有机胺盐是大气中重要的碱性气体，它们和大气中酸性气体（SO_2、NO_x 等）反应生成二次气溶胶，从而影响全球辐射平衡，降低大气能见度。

NH_3 在大气中经酸碱中和反应和氧化反应最终生成 NH_4^+ 或 NO_3^-，然后被干沉降过程清除而构成大气 NH_3 的汇。NO_3^- 在大气中的转化可能有两方面，首先，NH_3 作为气体可中和大气中的酸性物质，有如下反应：

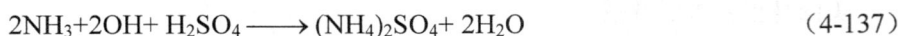

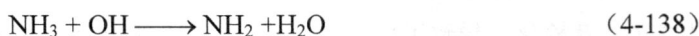

$$NH_3 + H_2O \longrightarrow NH_4OH \tag{4-134}$$

$$2NH_3 + H_2SO_4 \longrightarrow (NH_4)_2SO_4 \tag{4-135}$$

$$NH_3 + HNO_3 \longrightarrow NH_4NO_3 \tag{4-136}$$

$$2NH_3 + 2OH + H_2SO_4 \longrightarrow (NH_4)_2SO_4 + 2H_2O \tag{4-137}$$

$$NH_3 + OH \longrightarrow NH_2 + H_2O \tag{4-138}$$

NH_2 可进一步被氧化，最终形成 NO_x。

研究发现，1950—2007 年，中国大陆地区大气 NH_3 的排放量呈逐年增加的趋势，从 1950 年的 2.6 Tg 增加到 2007 年的 16.0 Tg，大气中的 NH_3 和 NO_x 通过光化学反应生成氨氮和硝酸盐等气溶胶粒子，不仅会降低大气能见度，损害人体健康，还会增加大气氮沉降，引起土壤和淡水酸化以及营养盐循环的生态失衡，进而导致陆地和水体生态系统多样性减少，对生态系统功能造成不利影响。

4.5.1　雾霾气溶胶中 NH_3 的来源

大气雾霾中的 NH_3 主要来源于土壤 NH_3 基肥料的流失、土壤腐殖质的氨化、城市工业化及汽车尾气的排放。它的生物来源主要是由细菌分解废弃有机物中的氨基酸产生的。其天然排放量很大，源强为（47～100）$\times 10^6$ t/a。NH_3 在对流层中主要是转化为铵盐气溶胶，而后经湿沉降或干沉降去除。氨的汇的强度估计湿沉降为（38～85）$\times 10^6$ t/a，干沉降约为 10×10^6 t/a。NH_3 为 OH 自由基氧化形成，NO_x 被认为是 NH_3 的一个重要的汇。氨也会来自燃煤，燃烧时其中的氮转化为 NO_x，然后与碳氢化合物反应生成氨气和有机铵盐，其源强估计为（4～12）$\times 10^6$ t/a。NH_3 的来源主要取决于土地的利用。例如，在农业密集区，农业活动（畜牧业和施氮肥）被认为是 NH_3 的主要来源，在郊区，NH_3 主要来源于自然释放，例如，微生物活动或大气传输产生的。在城市地区，NH_3 的来源很多，例如，汽车尾气，外部区域输送，工业源，垃圾，下水道和人类的排泄物，呼吸，汗液。大气中氨的人为排放量见表 4-33。

表 4-33　大气中氨的人为源排放量估算

污染源	全球排放速率/（10^6 t/a）	污染源	全球排放速率/（10^6 t/a）
煤炭燃烧	4～12	天然气燃烧	0.018
发电	1.09	焚烧	0.073
工业燃烧	1.64	木材燃烧	0.054
精炼裂解	0.018	森林大火	0.045
燃料油燃烧	0.73	尿素水解	2～4

截至 2014 年，我国各省（区、市）NH_3 排放量见表 4-34，氨排放的高值主要集中在河南、山东、河北、四川及江苏省，分别占全国总排放量的 12.7%、9.2%、8.2%、6.5% 和 4.6%。上述省份均为中国重要的农业产区，种植业和畜牧业的排放是氨排放的最主要的污染源。

表 4-34 中国各省（区、市）分行业氨排放量　　　　　　　　单位：kt

省（区、市）	化肥	土壤本底	固氮植物	秸秆堆肥	畜牧业	生物质燃烧	人体排泄	化工行业	废弃物处理	机动车尾气
北京	9.3	0.6	23.9	2.2	24.6	0.3	0.6	0.1	5.9	3.7
天津	17.0	0.9	0.0	0.3	26.5	0.4	0.2	0.9	1.9	1.3
河北	230.2	12.6	0.0	14.5	506.5	6.9	15.5	11.8	4.4	4.2
山西	73.9	8.4	1.1	4.2	113.4	2.9	6.6	18.4	1.6	2.1
内蒙古	79.2	14.9	0.6	5.4	236.3	4.9	5.7	4.1	1.7	1.5
辽宁	68.3	7.6	1.8	10.5	234.6	5.1	5.9	4.8	6.1	2.6
吉林	72.5	10.2	0.5	7.9	184.1	8.6	3.1	1.1	1.2	1.3
黑龙江	102.4	21.4	0.7	8.8	155.9	8.4	5.1	3.1	2.6	1.6
上海	13.3	0.6	5.4	0.2	8.4	0.2	0.1	0.1	7.5	1.8
江苏	242.7	9.2	0.0	6.5	150.1	5.3	9.2	13.1	10.3	4.5
浙江	49.1	3.9	0.7	4.1	43.8	1.4	2.8	3.1	5.9	4.4
安徽	149.2	10.9	0.2	8.5	146.2	5.2	11.4	9.6	3.0	1.8
福建	45.2	2.6	1.6	3.3	48.8	0.9	4.4	3.7	2.8	1.8
江西	61.7	5.5	0.3	12.8	95.7	3.2	5.4	2.7	2.0	1.2
山东	335.9	14.0	0.5	12.2	467.9	10.1	8.8	39.7	8.4	5.8
河南	566.8	14.8	1.5	17.2	587.4	10.4	13.6	24.8	4.2	3.4
湖北	137.1	9.0	2.1	13.7	127.3	4.5	7.0	15.8	5.3	1.9
湖南	130.6	7.2	0.6	15.2	195.5	4.8	10.5	13.6	3.8	1.7
广东	107.9	6.0	0.4	17.9	143.5	2.0	4.7	0.5	11.9	7.8
广西	110.4	8.0	0.6	23.3	183.4	2.6	10.1	3.4	2.4	1.6
海南	15.2	1.4	0.5	2.1	33.7	0.2	1.4	3.9	0.7	0.4
重庆	45.4	0.0	0.1	6.9	68.3	1.5	5.4	1.3	1.6	1.0
四川	159.0	16.7	0.4	19.0	394.8	5.3	20.0	16.8	3.7	3.0
贵州	45.2	8.9	1.1	23.1	183.7	2.3	10.9	9.0	0.9	0.9
云南	57.0	11.7	0.6	12.8	228.1	3.1	9.4	8.3	1.5	2.1
西藏	1.6	0.7	0.9	0.3	77.5	0.1	0.7	0.0	0.1	0.2
陕西	101.4	9.4	0.0	8.1	112.9	2.4	9.5	5.5	1.7	1.4
甘肃	57.3	9.2	0.3	4.6	157.6	1.4	5.1	3.6	0.9	0.6
青海	5.2	1.3	0.5	0.5	94.2	0.2	1.2	0.0	0.4	0.2
宁夏	38.1	2.3	0.1	0.6	36.2	0.7	1.3	4.4	0.7	0.3
新疆	82.2	7.3	0.1	6.2	226.7	4.1	4.8	7.5	1.3	1.1
香港	0.0	0.0	0.0	0.0	0.0	0.0	0.0	0.0	4.1	0.5
澳门	0.0	0.0	0.0	0.0	0.0	0.0	0.0	0.0	0.2	0.1
台湾	4.3	1.5	0.3	0.2	19.2	0.3	0.0	1.0	4.1	8.2
总计	3 214.6	238.7	47.4	273.1	5 312.8	109.6	200.4	238.9	114.9	76.8

由表 4-34 可知，华北平原（山东南部、河南东部、江苏和安徽北部）NH_3 排放量高的原因是，这些地区高度集中的农作物耕作和重施肥的农业耕作习惯。据统计，这 4 个省的化肥消耗量超过了全国总消耗量的 30% 以上。

4.5.1.1　NH_3 在城市地区的来源

在城市环境中，NH_3 的来源很多，例如，汽车尾气，外部区域传输工业源，垃圾，下水道和人类（排泄物、呼吸、汗液）。

在城市中汽车排放被认为是 NH_3 最大源或是其中之一，三元催化器的使用被认为是引起汽车排放 NH_3 的主要原因，也有人认为汽车尾气对 NH_3 的贡献很小，但是，直接证据还不足，汽车尾气对 NH_3 的贡献还需要进一步研究。

汽车尾气排放被认为是氨气的来源之一，当汽车尾气排放 50 ppb 的 NO 时，同时能排放 0.5～0.9 ppb 的 NH_3。城市及城市周边化工企业对城市的 NH_3 贡献也比较大，但如果做好 NH_3 排放源的控制，则会有效地减少工业对城市 NH_3 的贡献。

城市污水处理厂及下水道也是城市空气中 NH_3 的来源之一，城市污水处理厂污水的氨气平均挥发速率为 21.06μg/（m^2·s）。城市绿地土壤也会释放氨气，一般城市绿地上有落叶等腐殖质，这些腐殖质会被土壤微生物分解，而释放出 NH_3。NH_4NO_3 挥发分解会释放出 NH_3。城市生活垃圾也是城市大气中 NH_3 的重要源，其排放量也相当大。

工业是 NH_3 排放的重要源，下水道是 NH_3 的一个大的不确定源。在发达国家污水处理系统包括市政污水系统，地下的污水管道在路面经常有开口，这个开口可释放气体，但是，如果在地下而不暴露在地表面，NH_3 的释放会减少 75%。

土壤是最重要的 NH_3 不确定源之一。NH_3 主要通过土壤中微生物对蛋白质的降解而产生。例如，在绿地上、草地上会覆盖枯草和落叶等，这样土壤表面会有很多有机质（特别是表层的 10 cm 草地上）。这些有机质被草地上的微生物降解，会释放出 CO_2、NO、NH_3 等气体，因此土壤表层的 NH_3 浓度会比空中的 NH_3 浓度高。

我国 NH_3 年排放总量为 9.8 Tg（Tg=10^6 万 t），其中，按源排放贡献大小排序为：畜牧业（5.3 Tg，占 54%），化肥（3.2 Tg，占 33%），作物秸秆堆肥（0.3 Tg，占 3%），土壤本底（0.2 Tg，占 2%），化工生产（0.2 Tg，占 2%），人体排泄物（0.2 Tg，占 2%），固氮植物（0.05 Tg，占 1%），生物质燃烧（0.1 Tg，占 1%），废弃物处理（0.1 Tg，占 1%），机动车尾气排放（0.1 Tg，占 1%）。

NH_3 排放到大气中是受到农业活动和自然排放共同作用的结果。大气中 NH_3 的主要来源有畜禽排放（49%～63%）、肥料施用（11%～12%）、海洋释放（14%～17%）、土壤释放（10%～13%）、生物燃烧（4%～7%）、人类粪便（5%～8%）、煤炭燃烧和汽车尾气排放（3%～4%）等。

4.5.1.2 农田和农村源

NH_3 主要来自畜牧业和化肥施用，美国和欧洲的畜牧业以及农田施肥是大气中 NH_3 最主要的来源，占大气中总氨排放量的 80% 以上。G. L. Velthof 等于 2009 年研究了荷兰农业对大气中氨气的贡献，其中 50% 来自室内饲养排放源，37% 来自肥料的应用，9% 来自矿物质氮，3% 来自肥料的堆放储存，1% 来自放牧；家禽排泄物中 NH_3 的排放占总氮的 22%，猪的占 20%，牛的占 15%，其他家畜的占 12%。农业是全球 NH_3 的主要来源，其中畜牧业的贡献约为 80%，氮肥施用的贡献约为 20%。在畜牧业中，动物尿液中的尿素、尿酸，粪便中的有机氮等，通过微生物的分解，从而释放出大量的 NH_3。人类活动引起的 NH_3 排放源主要有 4 种，即畜禽排泄、氮肥施用、化肥与合成氨生产以及人类粪便排放。畜禽养殖排放 NH_3 因子见表 4-35。

表 4-35　畜禽养殖排放因子　　　　　　　　　单位：kg NH_3/（头·a）

畜禽种类	栏养和粪便储存	粪便施用	放牧	总计
牛	7.396	12.224	3.403	23.023
猪	2.251	2.836	0	5.357
禽	0.091	0.154	0	0.248
马	3.9	3.6	4.7	12.2
羊	0.381	0.693	0.623	1.697

土壤生态系统中与 NH_3 挥发直接有关的化学平衡如下：

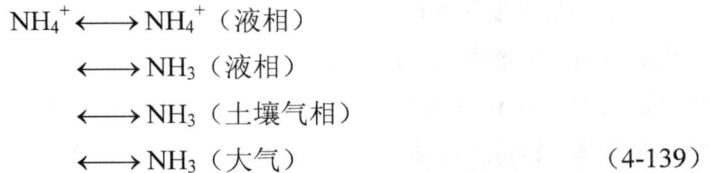

$$NH_4^+ \longleftrightarrow NH_4^+（液相）$$
$$\longleftrightarrow NH_3（液相）$$
$$\longleftrightarrow NH_3（土壤气相）$$
$$\longleftrightarrow NH_3（大气）\qquad\qquad (4\text{-}139)$$

凡是能使式（4-139）的化学平衡向右进行的因素，如风速增大、pH 值升高或气温升高等，都能促使 NH_3 的挥发；否则，则会抑制 NH_4NO_3 挥发。

化肥和畜肥是 NH_3 排放的两大主要来源，占我国 NH_3 排放总量的 80%～90%。2004 年，我国氮肥生产总量达到 3 352.96 万 t 纯氮，合成氨 4 222.2 万 t，其中，碳酸氢铵的产量占氮肥的 25%。

NH_3 的大量排放导致我国 NH_3 浓度远远高于对流层的典型水平（0.1～10 ppb）。例如，2008—2009 年，北京、西安等中国城市站点的 NH_3 浓度在 0.7～85.1 ppb，年均约为 20 ppb。NH_3 是 $PM_{2.5}$ 四大前体物中唯一具有高反应能力和高溶解性的碱性无机气体，通过中和 H_2SO_4 和 HNO_3 在气溶胶微粒中发挥关键作用。

2005 年全球农业排放的 NH_3 大约占总 NH_3 排放量的 87%。加拿大、美国等农业的排放约占其本国 NH_3 排放量的 90%。

2005 年，中国排放的 NH_3 总量为 11 109.8 $GgNH_3$-N/a，大约占世界总排放量的 23%，其中农业释放的 NH_3 为 10 209.9 $GgNH_3$-N/a，来自畜牧业的粪肥释放 2 222.2 $GgNH_3$-N/a，土地施的氮肥释放 7 363.4 $GgNH_3$-N/a。畜牧业贡献约 80%，氮肥贡献约 20%。据《2015 中国环境状况公报》公布的数据，中国目前每年大约排放 1 500 万 t 的 NH_3（以纯氮计），与酸性物质 NO_x（700 万～800 万 t，以纯氮计）和 SO_2（900 万～1 000 万 t，以硫计）排放量的酸当量相当，对雾霾的形成具有重要的贡献。

①中国农业源，氨排放量占总排放量的 90% 左右，其中种植和牲畜养殖业排放大约各半，畜养略高。

②中国每年农田氮肥施用量大约 3 100 多万 t 纯氮（国家统计局数据），利用率仅为 35% 左右，累计利用率为 50%～60%，损失率为 40%～50%，其中氨挥发损失率为 15%～20%，种植业氨排放 420 万～580 万 t。

③中国畜禽养殖每年排泄的畜禽粪便大约 1 500 万 t 纯氮，约为化学氮肥施用量的 1/2。当前畜禽粪便氮素收集还田率大约为 50%，其余大部分直接排放到大气和水体中，成为重要的污染源。

4.5.2　NH_3 的分布

4.5.2.1　NH_3 的时空分布

NH_3 浓度昼夜间分布有差异，春、夏、秋三季采样日 NH_3 浓度昼间高于夜间，冬季采样日相反。NH_3 浓度昼夜间分布主要受昼夜温度、太阳辐射、源强、逆温等多种因素影响。$PM_{2.5}$ 中浓度日变化各季节不同。春季浓度昼夜间几乎没有差异；夏季浓度昼夜间变化很小；秋季浓度夜间略高于昼间；冬季浓度夜间高于昼间。NH_3/NH_4^+ 比的日分布与 NH_3 浓度的日分布相似。

氨的时间分布是在季节性基础上展示的。2010 年在韩国首尔的广津区（GJ）（图 4-5），夏季的 NH_3 为（13.8±4.52）ppb，春季为（12.4±4.01）ppb，秋季为（8.94±2.30）ppb，冬季为（8.79±3.55）ppb。在江西区（GS）NH_3 的浓度分别为（16.3±5.16）ppb（春季），（14.2±2.37）ppb（夏季），（11.7±3.29）ppb（秋季）和（9.27±3.39）ppb（冬季）。这说明氨的浓度在春、夏季较高；秋、冬季较低。1995 年在日本横滨的 Hiyoshi 氨的浓度为 7 月大于 10 ppb，8 月、9 月迅速下降，冬季跌至 5 ppb 以下。在中欧地区荷兰和前西德 Weser-Ems 地区，春季的 NH_3 为 1.54 $\mu g/m^3$，夏季为 1.34 $\mu g/m^3$，秋季为 0.84 $\mu g/m^3$，冬季为 0.31 $\mu g/m^3$。

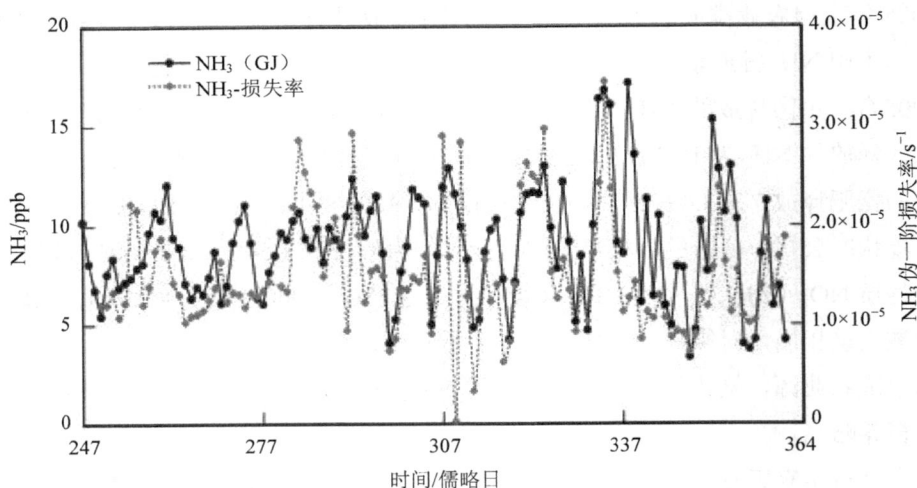

图 4-5　GJ 站点氨浓度的变化

在我国南昌 NH_3 浓度呈现春＞秋＞冬＞夏的季节分布，$PM_{2.5}$ 中浓度呈现秋冬高、春夏低的特征，主要是因为不同季节的气象条件对铵盐的生成、清除和分解的影响不同。NH_3/NH_4^+ 比值呈现出春＞夏＞秋＞冬，春、夏季明显高于秋、冬季，NH_3/NH_4^+ 比值的季节分布与 NH_3 浓度季节分布的关系不大，而与浓度的季节分布呈相反的趋势。说明 NH_3 源强受各季的气象条件影响较大。

北京及周边地区大气 NH_3 浓度季节变化特征明显，表现为春季（24.85 $\mu g/m^3$）最高、夏季次之（22.9 $\mu g/m^3$）、秋季再次之（15.8 $\mu g/m^3$），冬季最低（15.6 $\mu g/m^3$），这主要是由于气温、农业活动等的季节性所致。研究地区大气 NH_3 浓度还呈现出较明显的日变化特征，该特征随着季节和站点的不同而存在一定的差异，其共同规律是日出后和下午分别出现 NH_3 浓度上升和下降的过程。

2018 年 10—11 月，我国南京 NH_3 在污染事件中日变化浓度在早上 08：00 以后较无污染时以及整个过程中都增加 10%。NH_4^+ 在污染事件中日变化浓度较无污染时以及整个过程中分别增加了 54% 和 58%。南京秋季 NH_3 的日平均浓度为 14.65 $\mu g/m^3$，夏季为 6.7 $\mu g/m^3$。

NH_3 的日变化在昼夜周期中，韩国首尔广津区的氨浓度在 17：00 时最低，为 10.4 ppb，最高值为 11.3 ppb（11：00）。在首尔的江西区 17：00 到凌晨 4：00 的氨浓度介于 12.0～12.4 ppb。在广津区秋季 17：00 时为 7.91 ppb，夏季 13：00 时为 14.3 ppb。江西区冬季的 8：00 氨浓度为 8.91 ppb，春季 16：00 为 16.8 ppb。2013—2015 年北京冬季 NH_3 浓度的日变化，日间浓度为（17.3±6.6）$\mu g/m^3$，夜间浓度为（19.1±8.3）$\mu g/m^3$。世界各地城区四季 NH_3 的浓度分布情况见表 4-36。

NH₃ 浓度昼夜间分布有差异，春、夏、秋三季采样日 NH₃ 浓度昼间高于夜间，冬季采样日相反。NH₃ 浓度昼夜间分布主要是受昼夜间温度、太阳辐射、源强、逆温等多种因素的影响。$PM_{2.5}$ 中浓度日变化各季节不同。春季浓度昼夜间几乎没有差异；夏季浓度昼夜间变化很小；秋季浓度夜间略高于昼间；冬季浓度夜间高于昼间。NH_3/NH_4^+ 比值的日分布与 NH₃ 浓度的日分布相似。

表 4-36　世界各地城区四季 NH₃ 的浓度分布情况　　　　单位：μg/m³

观测地区	观测时间	春季	夏季	秋季	冬季	全年
北京/中国	2013 年 11 月—2014 年 8 月	24.6	28.6		18	
北京/中国	2015 年 4—6 月	24.39				
北京/中国	2008 年 2 月—2010 年 7 月	16.4	25.4	12.6	7.8	14.0～17.8
北京/中国	2009 年 6—11 月		24.4	42.4		
北京/中国	2007 年 1—8 月		25.4		5.5	
西安/中国	2006 年 4 月—2007 年 4 月	16.2	20.3	14.7	6.1	12.9
上海/中国	2014 年 4 月—2015 年 4 月	5.1	7.3	4.5	5	5.5
上海/中国	2008 年 9 月—2009 年 9 月			10	5.3	
上海/中国	2009 年 6—7 月		9.1～11.1			
南京/中国	2013 年 7 月—2014 年 8 月					6.7
台湾/中国	2002 年 1—12 月	9.2	11.4	6.4	6.4	8.5
台湾/中国	2005 年 10 月—2007 年 12		23.5		31.5	
首尔/韩国	2010 年 1—12 月	5.1	8.5	4.2	2.9	5.2
坎普尔/印度	2007 年 4 月—2008 年 1 月		18		16.3	
坎普尔/印度	2004 年 12 月—2005 年 5 月		18.69		19.09	
德里/印度	2011 年 12 月—2012 年 6 月		15.8		16.1	
艾哈迈达巴德/印度	2011 年 12 月—2012 年 7 月		10.5		11.5	
新加坡	2011 年 9—11 月			2.47		
休斯敦/美国	2010 年 2—9 月		2.33		1.84	
纽约/美国	2004 年 1—2 月				0.6	
墨西哥城/墨西哥	2006 年 3 月	17.73				
曼彻斯特/英国	2004 年 1 月—2006 年 5 月		2.4～4.4		2.3～3.8	
多伦多/加拿大	2010 年 4 月—2011 年 3 月	2.3	2.35	2.01	1.28	1.97
巴塞罗那/西班牙	2010 年 7 月—2011 年 12 月		10.6		3.9	
罗马/意大利	2001 年 5 月—2002 年 3 月	14.6	19.7	16.6	17.8	17.2
赫尔辛基/芬兰	2009 年 11 月—2010 年 5 月	0.21			0.19	
拉合尔/巴基斯坦	2005 年 12 月—2006 年 2 月				50.1	
圣地亚哥/智利	2008 年 4—7 月			14.7	16.2	

华北平原大规模的动物饲养是该地区高排放率的重要原因，河南、山东、河北、江苏四省动物饲养量为全国的 36%，以肉牛和蛋鸡的高排放最为突出。四川东部农业人口集中，为中国水稻的重要产区，肉牛和猪广泛养殖，也使四川东部成为仅次于华北平原的氨排放的集中区域。我国最主要的两大氨源，种植业和畜牧业氨排放的时间变化主要与施肥和气温高低有关，施肥较为密集的春季和温度较高的夏季是一年中氨排放的高峰时节。化肥排放的高值月份为 4—8 月。从 4 月开始，中国大部分的区域开始春播，此时大量的化肥用于种肥或基肥，导致了氨的排放逐渐升高。随着作物的生长，在播种后的 1～2 个月，开始大量施用追肥，加之温度升高，故氨挥发高值一直持续至 8 月，至秋季大部分农作物成熟收获，氨挥发量略有降低。

NH$_3$ 浓度存在空间分布差异，郊区 NH$_3$ 浓度在 3 种环境区域中为最高，道路区域 NH$_3$ 浓度次高，混合区最低，NH$_3$ 浓度的空间分布反映了区域环境特征和 NH$_3$ 源强差异，同时还受铵盐生成物稳定性的影响。PM$_{2.5}$ 中浓度在不同区域也有差异，道路区域和郊区浓度高于混合区，是因为道路区域和郊区环境中酸性气体（SO$_2$、NO$_2$）浓度高，加上高浓度 NH$_3$，铵盐二次生成并增加。NH$_3$/NH$_4^+$ 比值主要表现出混合区＞道路区＞郊区的分布特征，说明 NH$_3$ 向 NH$_4^+$ 的转化受前体物 SO$_2$ 和 NO$_x$ 浓度的影响较大。

在陆地上空，近地面表层大气的 NH$_3$ 浓度为 4～20 ppbv，海洋上空，NH$_3$ 的浓度为 0.2～1.3 ppbv。大气中 NH$_3$ 浓度分布直接反映局地源的影响，而 NH$_4^+$ 的空间分布相对均匀，因为它是 NH$_3$ 在大气传输过程中生成的。在较大空间尺度上，NH$_4^+$ 的分布很不均匀，例如，北京为 2.8 ppb，河北兴隆县为 0.37 ppb，湖南长沙为 3.88 ppb。当气团主要来自北方洁净陆地时，浓度很低；当检测位置位于城市和工业区的下风向时，浓度明显上升，有时甚至接近城市污染大气的浓度。

1995 年、2000 年和 2004 年，我国内陆地区的 NH$_3$ 排放强度分布空间差异很大，华北和长江中下游地区是氨排放强度较高的地区，其中，以上海、山东、河南和江苏的氨排放强度最高，都达到了 50 kg/hm^2 以上，上海平均为 109.8 kg/hm^2，其次为河北、安徽和广东，氨排放强度位于 35～52 kg/hm^2。西北和东北北部地区氨排放强度最小，如西藏、新疆、内蒙古不到 3 kg/hm^2。

中国的氨排放强度呈逐年增加的趋势，表现在 1991 年中国平均氨排放强度为 9 kg/hm^2，1999 年为 11 kg/hm^2，2004 年则达到了 12 kg/hm^2。这三年，我国人为源 NH$_3$ 的排放总量分别为 10.6 Tg、11.8 Tg、12.0 Tg，平均 11.1 Tg，排放总量占前 3 位的省（市）分别为河南、山东和四川。2004 年的 NH$_3$ 排放总量中，畜禽排氨量为 8.3 Tg，大约占总排氨量的 69.2%；氮肥施用排氨量 1.8 Tg，大约占 15.2%；人类排泄排氨量 1.7 Tg，大约占 13.9%；氮肥生产排氨量 0.2 Tg，只占 1.9%。在畜禽排氨量中，以牛类和猪类排氨量比例最大，分别占 38.3%和 31.1%，其次为禽类 20.3%，羊类和马类分别占 7.5%和 2.8%。世界各国/地区大气中 NH_3 的浓度检测结果见表 4-37。

表 4-37　世界各国/地区大气中 NH_3 的浓度检测结果汇总

位置	城市	季节	土地类型	方法	时间分辨率	NH_3/（$\mu g/m^3$）
东亚	南京	秋季	城市（工业区）	IGAC	小时	15.3±6.7
	南京	秋季	城市（工业区）	MARGA	小时	13.77
	南京	夏季	城市（路旁）	便携 NH_3 采集器	小时	6.7
	南京	秋季	城市	扩散采样器	月	11.6
	青岛	秋季	城市	扩散采样器	小时	2.95
北美	上海	春季-夏季	城市	MARGA	小时	5.5±3.9
	广州	秋季	城市	OP-DOAS	分钟	1.6
	天津	秋季	城市	扩散采样器	月	12.3
	成都	秋季	城市	扩散采样器	月	7.9
	首尔	四季	城市	MARGA	小时	11.2±3.9
	首尔	秋季-冬季-夏季	城市	MARGA	小时	8.4±3.3
	纽约	秋季	城市	ADS	小时	4.1
	匹兹堡	夏季	城市	ADS	小时	3.9±4.4
欧洲	巴塞罗那	秋季	城市	扩散采样器	周	9.5
	维尔瓦	秋季	郊区	扩散采样器	周	2.8±3.8
南亚	德里	四季	农村	玻璃吸收瓶	小时	40.7±16.8
	拉合尔	四季	城市	ADS	小时	50.1±16.9

在加拿大的南安大略省南部畜牧业区域，80%多的 NH_3 是由农业活动排放的，剩余的少于 20%是非农业源（例如，工业源，汽车排放，非工业燃料燃烧等），NH_3 的年平均浓度大于 3 $\mu g/m^3$。对于农业源来说，畜牧业贡献 80%，氮肥贡献 20%，但是在 NH_3 浓度调查中未包括两种潜在源，一是土壤生物氮固定，在氮循环过程中 NH_3 从土壤中或植物向大气中释放；二是大气中 NO_y（NO_x 和其他活性含氧氧化物之和，如 HNO_2、HNO_3、N_2O_5 等）沉降到土壤中，通过氮循环过程释放到空气中，这些释放可以被认为是自然释放或之前沉降的 N 转化为 NH_3 的重新释放。南安大略 NH_3 年平均浓度的空间分布基本上是 NH_3 释放。NH_3 释放较高的区域位于农业区的中心位置，NH_3 年平均浓度和网格排放具有很好的相关性，R^2=0.73。在乡下及偏远的非农业区，NH_3 年平均浓度低于 1 $\mu g/m^3$。

4.5.2.2　大气中氨的垂直分布

由于氨主要来源于地面，且在大气中停留时间较短，因此，氨的浓度随着海拔高度的升高而产生明显变化。在大气中氨的分布情况与大气对流程度和逆温关系较大。不同地区氨的垂直分布差异很大，即使同一地区，不同季节，其垂直分布也不同（表 4-38）。

表 4-38 中美部分城市大气中氨的垂直分布

地区	地点	时间	海拔高度/m	氨平均浓度/（μg/m³）
北京市冬季	气象铁塔	2009.2	120	12.5
	气象铁塔	2009.2	160	13.5
	气象铁塔	2009.2	200	6.5
	气象铁塔	2009.2	325	7.5
美国冬季	Colrado	2015	50	3.5
	Colrado	2015	90	2.5
	Colrado	2015	200	1.6
	Colrado	2015	250	1.3
	Colrado	2015	300	1.1
湖南省	南岳镇	1993.2	200	4.7
	衡山中	1993.2	900	1.5
	衡山顶	1993.2	1 200	1.3

氨气浓度的分布对 $PM_{2.5}$ 中铵盐分布有着重要的影响，北京市冬季氨气与铵盐的质量浓度变化有很好的相关性；一般在白天，光照强度大，有利于铵盐的生成，但晚上由于稳定的气象条件，易于铵盐的累积，所以铵盐昼夜浓度变化较小。

4.5.2.3 大气中的铵盐

铵盐是由氨气与酸反应生成的铵离子和酸根离子构成的离子化合物，如硫酸铵、硫酸、氢铵、硝酸铵是 $PM_{2.5}$ 雾霾颗粒的重要组成成分。通常情况下，大气中的 SO_2、NO_2 被大气中的 OH 自由基、O_3、H_2O_2 等氧化形成 H_2SO_4、HNO_3，然后 H_2SO_4 和 HNO_3 进一步与 NH_3 反应生成酸铵、硫酸氢铵和硝酸铵，由于 H_2SO_4 相比较于 HNO_3 具有较低的饱和蒸气压，会优先和 NH_3 结合生成硫酸铵、硫酸氢铵。当 NH_3 充足时，多余的 NH_3 会和硝酸形成硝酸铵，当 NH_3 不足时，NH_3 会先生成硫酸铵、硫酸氢铵，之后 N_2O_5 在已生成的颗粒物表面上发生水解产生 HNO_3，进一步生成硝酸铵。有研究表明，铵离子和硫酸根离子的主要结合形态有 NH_4HSO_4、$(NH_4)_3H(SO_4)_2$（重铵矾）、$(NH_4)_2SO_4$，中和程度按顺序依次增强。Lei Li 等利用第一性原理分子动力学模拟研究发现，NH_3 可直接参与到 SO_3 的反应中，NH_3 和 SO_3 与水团簇形成一种特殊的环状结构，该环状结构极大地促进了水分子中氢原子向氨气分子的转移，从而形成铵离子，同时氢氧根则很快与 SO_3 分子结合形成硫酸氢根，最后形成硫酸氢铵。前体物反应及铵盐形成的大气化学反应如下：

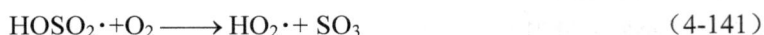

$$SO_2 + OH\cdot + M \longrightarrow HOSO_2\cdot + M \tag{4-140}$$

$$HOSO_2\cdot + O_2 \longrightarrow HO_2\cdot + SO_3 \tag{4-141}$$

$$SO_3 +M +H_2O \longrightarrow H_2SO_4 + M \qquad (4\text{-}142)$$

$$SO_2 + H_2O \longleftrightarrow H_2SO_3 \qquad (4\text{-}143)$$

$$3H_2SO_3 +O_3 \longrightarrow 3H_2SO_4 \qquad (4\text{-}144)$$

$$H_2SO_3 + H_2O_2 \longrightarrow H_2SO_4 + H_2O \qquad (4\text{-}145)$$

$$NO_2 +OH +M \longrightarrow HNO_3 + M \qquad (4\text{-}146)$$

$$N_2O_5 +H_2O \longrightarrow 2HNO_3 \qquad (4\text{-}147)$$

$$NH_3+H_2SO_4 \longrightarrow NH_4HSO_4 \qquad (4\text{-}148)$$

$$NH_3 + NH_4HSO_4 \longrightarrow (NH_4)_2SO_4 \qquad (4\text{-}149)$$

$$2NH_3 + H_2SO_4 \longrightarrow (NH_4)_2SO_4 \qquad (4\text{-}150)$$

$$NH_3 + HNO_3 \longrightarrow NH_4NO_3 \qquad (4\text{-}151)$$

$$NH_3 + SO_3 +H_2O \longrightarrow NH_4HSO_4 \qquad (4\text{-}152)$$

大气中，霾中最大组分的铵盐为硫酸铵和硝酸铵。二者比例与含量因地而异，一般在 30%～50%。

4.5.2.4　铵盐在大气中的时空分布

大气中 NH_4^+ 的空间分布相对比较均匀，因为它是 NH_3 在大气传输过程中生成的。在较大空间尺度上 NH_4^+ 的分布很不均匀。在中欧地区荷兰和前西德 Weser-Ems 地区，NH_4^+ 的季节性模式其年度高峰在冬季（1.36 $\mu g/m^3$）。春季（1.15 $\mu g/m^3$）与夏季（1.81 $\mu g/m^3$）NH_4^+ 相差较大（0.66 $\mu g/m^3$）。这是因为硝酸铵颗粒在夏季不稳定，高温条件下会分解回气相。

上海大气 $PM_{2.5}$ 中 NH_4^+ 的浓度春、夏、秋、冬分别为 4.05 $\mu g/m^3$、2.44 $\mu g/m^3$、3.60 $\mu g/m^3$ 和 4.37 $\mu g/m^3$。2001—2003 年我国 $PM_{2.5}$ 中 NH_4^+ 浓度：北京 8.72 $\mu g/m^3$、上海 3.78 $\mu g/m^3$、南京 9.49 $\mu g/m^3$、台湾 4.49 $\mu g/m^3$、广州 5.68 $\mu g/m^3$（1993）、厦门 0.57 $\mu g/m^3$（1993）、青岛 5.49 $\mu g/m^3$（2000）、香港 3.16 $\mu g/m^3$（2000）。在国外，越南河内 1.33 $\mu g/m^3$（2001），埃及开罗 8.70 $\mu g/m^3$（1999）。

夏季高温低湿的环境有利于硫酸铵、硫酸氢铵的生成；冬季低温高湿的条件，有利于硝酸铵的形成，铵盐浓度受硫酸铵、硫酸氢铵和硝酸铵浓度的影响。刘刚等研究了 2004—2005 年距杭州市中心东 4 km、东北 3 km、市中心 NH_4^+ 的平均浓度分别为 8.48 $\mu g/m^3$、10.80 $\mu g/m^3$、10.81 $\mu g/m^3$，体现出了铵盐在城区浓度较高，远离城区其浓度逐渐降低；而在 2007 年和 2008 年，南京市 NH_4^+ 年日平均浓度在霾天气和非霾天气下分别为 12.86、6.57 $\mu g/m^3$，雾霾天浓度高于非雾霾天。

在荷兰和前西德 Weser-Ems 地区，冬季 $(NH_4)_2SO_4$ 的最大浓度为 2.1 $\mu g/m^3$，夏季最大浓度为 1.63 $\mu g/m^3$。而硝酸盐夏季最大浓度为 0.48 $\mu g/m^3$，冬季最大浓度为 2.67 $\mu g/m^3$。

在中国 1 月和 11 月为寒冷季，铵离子浓度最高，其中 1 月是湖北东部污染最严重的月份，通常情况下峰值和谷值分别为 12.71 μg/m³ 和 10.73 μg/m³，长江三角洲和珠江三角洲的浓度非常接近，而其他地区之间的差异显著，尤其是湖北东部。在夏初和秋初的 5 月和 8 月 NH₄⁺浓度最低，其季节性峰值和谷值分别为 1.83 μg/m³、1.13 μg/m³，湖北东部的浓度差超过 1 μg/m³，8 月是全年污染最少的时期。

在中国的大气 $PM_{2.5}$ 中 NH_4^+ 含量最高的地域是湖北东部，无论是年本底值或者是平常检测平均值其年平均值为 6.56 μg/m³，甚至实施法规控制后的检测值 5.43 μg/m³ 都高于其他地区，其次是长江三角洲 5.96 μg/m³ 和华北平原地区 4.64 μg/m³。NH_4^+浓度最低的当属于珠江三角洲地区 2.69 μg/m³，控制后的浓度为 2.04 μg/m³。中国几个区域 NH_4^+ 的季节平均浓度如表 4-39 所示。

表 4-39　中国几个区域 NH_4^+ 的季节平均浓度　　　单位：μg/m³

月份	项目	中国东部	华北平原	长江三角洲	珠江三角洲	四川盆地	湖北东部
1	2010 年本底	5.5	8.1	8.7	3.2	6.7	12.3
	平常检测平均	5.7	8.18	8.88	3.6	7.38	12.7
	法规控制后	4.5	7.5	7.75	2.6	6.1	10.7
5	2010 年本底	1.6	2.2	3.5	1.4	2	3.9
	平常检测平均	1.65	2.32	3.67	1.45	2.05	4.01
	法规控制后	1.52	1.85	2.85	1.1	1.85	3.05
8	2010 年本底	1.55	2.55	2.75	2.05	1.5	1.5
	平常检测平均	1.57	2.6	2.97	2.15	1.55	1.8
	法规控制后	1.3	2.3	2.15	1.5	1.5	1.35
11	2010 年本底	4.1	5.3	8	3.3	4.9	7.05
	平常检测平均	4.15	5.4	8.52	3.83	4.98	7.25
	法规控制后	3.2	4.65	6.1	2.8	4.05	5.95

NH_4^+的存在有一个有趣的趋势，它们是随着 SO_4^{2-} 和 NO_3^- 的升高或降低而出现正负波动的。也就是说，在大气中 NH_4^+ 与 SO_4^{2-} 及 NO_3^- 是同时存在的，或者说是成比例存在或结合的。

表 4-40 列出了中国几个重点地区铵盐、硫酸盐和硝酸盐离子的本底浓度、年检测平均浓度和执行法规控制后检测到的年均浓度。

表 4-40 中国重点地区 NH_4^+、SO_4^{2-}、NO_3^- 年均浓度 单位：$\mu g/m^3$

离子	项目	中国东部	华北平原	长江三角洲	珠江三角洲	四川盆地	湖北东部
NH_4^+	2010 年本底	3.12	4.55	5.74	2.54	3.75	6.36
	平常检测平均	3.22	4.64	5.96	2.69	3.92	6.56
	法规控制后	2.67	4.10	4.71	2.04	3.35	5.43
SO_4^{2-}	2010 年本底	3.31	3.86	6.13	3.55	5.30	6.28
	平常检测平均	3.41	3.92	6.43	3.64	5.64	6.48
	法规控制后	3.05	3.70	5.32	3.31	4.84	5.66
NO_3^-	2010 年本底	6.45	10.68	11.83	4.13	6.06	13.78
	平常检测平均	6.59	10.91	12.20	4.53	6.20	14.09
	法规控制后	5.25	9.33	9.30	2.75	5.28	11.40

4.5.3 NH_3 和 NH_4^+ 对雾霾的贡献

作为大气中唯一的碱性气体，氨气与 SO_2、NO_x 等酸性物质反应生成的铵盐，就形成了雾霾中最主要的两种铵盐——硫酸铵、硝酸铵，在平时天气中，两者的质量浓度总和占 $PM_{2.5}$ 的 10%～20%，但在重污染天气时，则会剧升至 40%～50%。

氨气在雾霾天气中扮演着非常重要的角色。在 $PM_{2.5}$ 二次生成颗粒物中，铵盐和有机污染物占 70%～75%，其中铵盐的比例高达 30%～40%。数据显示，在重污染天气中，硫酸铵、硝酸铵的质量总和占 $PM_{2.5}$ 的 40%～60%，污染越严重的天气，比例越高。此外，季节变化对二次颗粒中铵盐的浓度也有影响，一般来说，冬季占 30%～40%，夏季占 60%～70%。

通过分析以往对氨的研究，发现京津冀地区处于富氨地区，在富氨地区，二次 $PM_{2.5}$ 生成对大气氧化性更敏感，这意味着，NO_x 减排导致大气氧化性增强，造成氧化剂浓度增加，促进各种大气污染前体物生成二次 $PM_{2.5}$。氨气在此时起到了"催化剂"作用。

另外，北方地区的土地是一个偏碱性环境，由于土壤盐碱化严重，无法中和化肥中的氨气，造成氨气相对过剩，氨的数量减不下来，酸性气体排放数量就会成为二次气溶胶的限制因子，为雾霾提供源源不断的颗粒物。

（1）大气中 NH_3 形成二次粒子的转化机制

关于 NH_3 与 SO_2 反应生成何种产物的问题，学术界曾经长期存在争议。一些研究者认为，产物取决于 NH_3 和 SO_2 的摩尔比，以及它们的蒸气压。当 NH_3 和 SO_2 处于 1：1 的计量比时，两者反应生成 NH_3SO_2（黄色固体）以平衡蒸气压。当处于 2：1 的化学计量比时，两者生成 $(NH_3)_2SO_2$（白色固体）以平衡蒸气压。这两种反应都是完全可逆的，当气体的蒸气压足够低时，之前的固体产物会再次分解为 SO_2 和 NH_3。

W. Benner 等模拟了 SO_2 与 NH_3 在云雾状况下和薄层水幕状况下的反应情况，发现当两者的浓度均在 1 ppm，相对湿度在 60%时，有近 81%的 SO_2 会在 10 min 后反应生成 SO_4^{2-}。在典型的云状况下和有 NH_3 参与的情况下，SO_2 会在 5 min 内全部转化为 SO_4^{2-}，证明了云雾对 SO_4^{2-} 的形成具有极大的促进作用。

SO_2 在 OH 自由基和过氧自由基的气相氧化作用下，也会形成 SO_3。这是在湿润大气条件下最终形成 H_2SO_4 的过渡产物。G. Shen 等的研究表明，NH_3 与 SO_3 的气相反应［反应常数为 6.9×10^{-11} $cm^3/(mol \cdot s)$］较 SO_3 与水汽的气相反应更快近 4 个数量级。然而在正常大气状况下，空气中水汽的含量比 NH_3 的浓度至少高 6 个数量级，因此 SO_3 与水的反应，要远大于其与 NH_3 的反应。

（2）NH_3 与 H_2SO_4 的反应

H_2SO_4 既可以附着在已有的颗粒物上，又可以与 NH_3 中和，生成新的粒子。H_2SO_4 与 NH_3 的反应产物是$(NH_4)_2SO_4$和NH_4HSO_4。大气水相反应是 SO_2 氧化形成 SO_4^{2-} 的重要途径。通过气相成核生成新粒子的过程，对大气中颗粒物的粒径和数量有重大影响。当 NH_3 和 H_2SO_4 的摩尔比分别为 1、1.5 和 2 时，两者的气相反应可分别生成 NH_4HSO_4、$(NH_4)_3H(SO_4)_2$ 和$(NH_4)_2SO_4$。其中，$(NH_4)_2SO_4$ 以固态形式存在，具有较低的蒸气压，因此能够在大气中保持很强的稳定性，而成为 $PM_{2.5}$ 的重要组分之一。

（3）其他

其他反应途径中生成铵盐可归纳为表 4-41 中的化学反应途径。由表 4-41 可知，与 SO_2 的大部分水相反应，发生在云雨条件下。此时的 SO_2 可以通过多种途径与溶解性 O_3、OH 自由基和有机过氧化物、羟基及其他多种氮的氧化物反应生成 SO_4^{2-}。

颗粒 SO_4^{2-} 的形成，取决于大气中含 NH_3 的量。当 NH_3 足量时，通过中和过程生成粒状$(NH_4)_2SO_4$。在正常大气状况下，NH_3 也会和 HNO_3 与 HCl 分别生成 NH_4NO_3 和 NH_4Cl。H_2SO_4 和 NH_3 反应时的亲和力，远大于 HNO_3 和 HCl，因而大气中的 NH_3 会首先与 H_2SO_4 反应生成$(NH_4)_2SO_4$；在 NH_3 多余的情况下，才会与 HNO_3 和 HCl 结合。由于 NH_4NO_3 和 NH_4Cl 具有半挥发性，在湿度较高或温度较低的环境下两者较易形成并保持相对稳定。颗粒态 NO_3^- 也是首先通过 NO_x 形成 HNO_3，进而通过气—固转化反应生成的。白天 HNO_3 的形成主要通过 NO_2 和 OH 自由基的均相气相反应(R11)；晚上 NO_3 就成了对流层 HNO_3 的来源。NO_3 既可以与 NO_2 反应生成 N_2O_5 后，在有水的条件下（如气溶胶的含水表面、云雾水滴等）形成 HNO_3；也可以通过醛或烃的脱氢反应形成 HNO_3。因此，HNO_3 的形成途径是 HNO_3 与海盐中的 NaCl 反应，生成 $NaNO_3$ 颗粒物并释放 HCl。

表 4-41　大气中生成 NH_4^+ 的所有化学反应途径

代号	反应式
R8	NO_2 （g）$+hv \longrightarrow NO$ （g）$+O$ （g）
R9	NO （g）$+O_3$ （g）$\longrightarrow NO_2$ （g）$+O_2$ （g）
R10	O （g）$+O_2$ （g）$\longrightarrow O_3$ （g）
R11	NO_2 （g）$+OH$ （g）$+M \longrightarrow HNO_3+M$
R12	HNO_3 （g）$+hv \longrightarrow OH$ （g）$+NO_2$ （g）
R13	HNO_3 （g）$+OH$ （g）$\longrightarrow H_2O$ （g）$+NO_3$ （g）
R14	NO_2 （g）$+O_3$ （g）$\longrightarrow NO_3$ （g）$+O_2$ （g）
R15	NO （g）$+HO_2$ （g）$\longrightarrow NO_2$ （g）$+OH$ （g）
R16	NO_3 （g）$+hv \longrightarrow NO_2$ （g）$+O$ （g）
R17	NO_3 （g）$+NO_2$ （g）$+M \longrightarrow N_2O_5$ （g）$+M$
R18	N_2O_5 （g）$+H_2O$ （g）$\longrightarrow 2HNO_3$ （g）
R19	SO_2 （g）$+OH$ （g）$+O_2$ （g）$+H_2O$ （g）$\longrightarrow H_2SO_4$ （g）$+HO_2$ （g）
R20	SO_2 （g）$+O$ （g）$+hv \longrightarrow SO_3$ （g）
R21	SO_3 （g）$+H_2O$ （g）$\longrightarrow H_2SO_4$ （g）
R22	NH_3 （g）$\longleftrightarrow NH_3$ （aq）
R23	NH_3 （aq）$+H_2O \longleftrightarrow NH_4^+$ （aq）$+OH^-$ （aq）
R24	$2NH_3$ （g）$+H_2SO_4$ （aq）$\longrightarrow (NH_4)_2SO_4$ （g）or（aq）
R25	NH_3 （g）$+H_2SO_4$ （aq）$\longrightarrow NH_4HSO_4$ （aq）
R26	NH_3 （g）$+NH_4HSO_4$ （aq）$\longrightarrow (NH_4)_2SO_4$ （aq）
R27	NH_3 （g）$+HNO_3$ （g）$\longleftrightarrow NH_4NO_3$ （g）
R28	NH_3 （g）$+HCl$ （g）$\longleftrightarrow NH_4Cl$ （g）or（aq）
R29	NH_3 （g）$+HNO_3$ （g）$\longleftrightarrow NH_4^+$ （aq）$+NO_3^-$ （aq）
R30	NH_3 （g）$+OH$ （g）$\longleftrightarrow NH_2$ （g）$+H_2O$ （g）

众所周知，硫酸铵、硝酸铵等的形成，需要空气中有足够多的氨气。我国农田大量施用氮肥是氨污染的最大来源，城市周边工业氨排放也是原因之一。如氮肥生产合成氨过程及后续工序中，都可能存在氨气泄漏。另外，产生于硝酸、硝酸铵、硝酸磷肥生产过程的氮氧化物，硫酸生产过程中排放的 SO_2、SO_3 气体，磷肥加工过程中磷矿石释放出的气态氟化物都对雾霾的形成产生影响。

铵盐是氨在 $PM_{2.5}$ 中的主要存在形式，其主要有硫酸铵和硝酸铵。硫酸铵、硝酸铵分别由 SO_2、NO_x 的氧化产物和氨中和反应生成。

氨溶于水，1 体积水能溶解 700 体积的氨，这意味着当大气湿度增高时，氨很容易与水汽进行反应，水又吸收了 SO_2 和 NO_2，变成液相亚硫酸和亚硝酸。在合适的氧化反应条件下，后两者就会转化成 H_2SO_4 和 HNO_3，与氨发生中和反应，生成颗粒态的硫酸铵和硝酸铵。这些颗粒物再不断地吸收空气中的水分，体积就会不断增大，$PM_{2.5}$ 及小于 $PM_{2.5}$ 的粒子也会增大、增多，从而形成中度或重度雾霾，影响大气的能见度。由此可见，大气中的氨对颗粒物的形成和增大发挥了极其重要的作用，也是大气霾污染的生成促进剂之一。

（4）氨在大气中的输送和转化

NH_3 排放到大气后，通过平流、对流等气象过程进行输送。氨很容易被云滴吸收，溶液中的平衡反应导致 NH_4^+ 的形成。在正常的大气条件下，云水 pH 值低于 8 时，云中的溶解 NH_3 几乎全部以 NH_4^+ 的形式存在。Seinfield 和 Pandis（1998）对此进行了总结。大气中导致 NH_4^+ 形成的化学反应对于了解 NH_3 排放的远程影响非常重要。

氨与硫酸、硝酸等酸性化合物发生反应，迅速转化为 NH_4^+ 大气中的气溶胶。与 HCl 发生下列反应：

$$NH_3（g）+HNO_3（g）=\!\!=\!\!= NH_4NO_3 \tag{4-153}$$

$$NH_3（g）+HCl（g）=\!\!=\!\!= NH_4Cl \tag{4-154}$$

$$2NH_3（g）+H_2SO_4（g）=\!\!=\!\!= (NH_4)_2SO_4 \tag{4-155}$$

由于富硫燃料的燃烧，SO_2 气体会直接排放到大气中。SO_2 的排放以及随后各种反应的氧化物会转化成硫酸。在硫酸的作用下，与 NH_3 发生快速不可逆的反应，形成硫酸铵［见式（4-155）］。

NH_4NO_3 气溶胶是通过 NH_3 与 HNO_3 的可逆气相反应形成的。在较低的相对湿度下，NH_4NO_3 气溶胶的产生或破坏速率取决于平衡常数 K_p，该平衡常数等于 HNO_3 和 NH_3 的部分蒸气压之和。K_p 是温度的函数，较低的温度使平衡朝着增加 NH_4NO_3 质量转移。在较高的相对湿度下，NH_4NO_3 处于液态，随着湿度的增加，平衡逐渐向固相移动。相对湿度和温度的微小变化会改变这种平衡并导致气溶胶的蒸发/凝结。大部分 NH_4^+ 气溶胶以"累积"方式出现。

4.6 雾霾中的微生物污染途径

雾霾中的微生物是指附着在雾霾颗粒上的微生物。它们主要是附着在雾霾颗粒物的表面浮游生物，是对较干燥环境和紫外线具有抗性的种类，主要有附着在尘埃上从地面飞起的球菌属（包括八叠球菌属在内的好氧菌），形成孢子的好氧性杆菌（如枯草芽孢杆菌），色串孢属等野生酵母，青霉菌等霉菌的孢子。在低等藻类中也似乎存在。人和动植物体以及土壤中的微生物能通过飞沫或尘埃等扩散在空气中，以气溶胶的形式存在。空气中的浮游菌（Airborne Microbe）其实是泛指飘浮在空气中的各类微生物，包括病毒、立克次氏体、细菌、真菌、原生虫等，这些微生物一般肉眼看不到，但它们或多或少对人体健康都有影响。由于大气颗粒物的自然沉降，接近地面的空气中，微生物的含量会越来越高；微生物会随着季节发生变化，冬春季地面气候寒冷时，空气中的微生物较少，夏秋季较多。多风干燥季节，空气中微生物较多，雨后空气中的微生物很少。

进入空气中的病原微生物一般很容易死亡，如某些病毒和霉形体等在空气中仅生存数小时，只有一些抵抗力较强的病原微生物可在空气中生存一段时间，如化脓性葡萄球菌、肺炎球菌、链球菌、结核杆菌、炭疽杆菌、破伤风梭菌等。带有病原微生物的气溶胶常引起呼吸道传染病，如结核、肺炎、流行性感冒，有时可使新鲜创伤面发生化脓性感染。

被病原微生物污染的空气，常可成为污染的来源或媒介，引起传染病流行。

4.6.1　空气或雾霾中微生物的种类

空气中的微生物主要有各种球菌、芽孢杆菌、产色素细菌以及对干燥和射线有抵抗力的真菌孢子。在人口稠密、污染严重的城市，尤其是在医院或患者的居室附近，空气中还可能有较多的病原菌。空气中的微生物与动植物病害的传播、发酵工业的污染以及工农业产品的霉腐变质有很大关系。

据悉，可吸入颗粒中有许多生物成分，如病毒、细菌、真菌、古菌、原生虫，以及在微米到亚微米尺寸范围内的细胞碎片。已经有报道，生物来源的材料可产生 25%的大气气溶胶，而这些可能导致各种疾病和过敏。

病毒（Viruses）是最小的微生物，大小在 0.008～0.3 μm，是一种靠寄生于细胞存在的生物。例如，流感病毒、乙肝病毒、艾滋病毒、SARS 病毒。立克次氏体（Rickettsia）是一种大小介于病毒和细菌之间的生物，同样寄生于其他细胞，主要是一些伤寒病、恙虫病的病原体。立克次氏体在虱等节肢动物的细胞中繁殖，并大量存在其粪中，当人和动物被带有立克次氏体的虱叮咬后，很容易产生疾病。

细菌（Bacteria），其大小在 0.5～100 μm，按形状分有球状菌、杆状菌、螺旋状菌等。细菌主要是靠侵入细胞或组织产生毒素，从而使人体致病，细菌是很多疾病的病原体。例如，军团病、肺结核、淋病、炭疽病、梅毒、鼠疫、沙眼、胃病等，都是由细菌引起的。

真菌（Fungus），地球上已知的真菌就 7 万多种，最常见的就是蘑菇，在这里所指的是一些影响人体的微小真菌。目前所发现有致病性的真菌，以霉菌为主，有 300 多种，如黄曲霉、念珠菌等，真菌感染会引起皮肤病、侵入性真菌感染，如各种体癣、肺孢子丝菌病、曲霉病、隐球菌病等。

原生虫（Protozoa），也叫原生动物，一般大小在 1 μm 到几毫米，大致分为鞭毛虫类、肉质类、孢子虫类和滴虫类，主要靠寄生生活。原生虫进入人体，有些是会致病的，如黑热病原虫、锥虫、痢疾内变形虫、疟原虫等。

除了以上介绍的，还有一些微生物对人体也有害，如尘螨、宠物垢屑、各类过敏原等，在人居空间内大量存在。

研究证明，在大气颗粒物的微生物中存在有包括细菌、古细菌、真菌，以及双链 DNA 病毒，研究人员得到的数据量是之前所有空气微生物研究数据总和的 1 000 倍，较之前的研究多发现了 255 个细菌属。

方治国等综合文献发现，城市生态系统空气中出现的细菌共有 21 属，革兰阳性菌较多，革兰阴性菌较少，其中优势菌属为芽孢杆菌属、葡萄球菌属、微杆菌属和微球菌属；真菌中优势菌属为青霉属、曲霉属、木霉属和交链孢属，放线菌共有 7 属。东北地区的抚顺和沈阳空气中微生物的种类较多，经济发达、流动人口较多的城市北京、上海和广州空气微生物的种类也较多，而流动人口较少的合肥和乌鲁木齐细菌与真菌的种类最少。王春华等报道，东莞市空气微生物污染以细菌为主，占污染微生物总数的 65%～90%。真菌污染主要见于春季和夏季，与春、夏季空气湿度较大有关。流动人口密度越大、通风条件越差，空气微生物含量相对就越高。空气中细菌以革兰阳性菌为主，其中芽孢杆菌 44.44%，葡萄球菌 27.78%，其他革兰球菌和球杆菌为 5.6%。真菌以曲霉属和青霉属为主，其中 30.77% 为桔青霉，黑曲霉和黄曲霉分别为 23.08% 和 7.7%，镰刀菌为 15.38%。

Cao 等利用宏基因组方法分析了 2013 年 1 月北京市一次严重雾霾天气（$PM_{2.5}$ 的最高质量浓度超过 500 μg/m³）中 $PM_{2.5}$ 和 PM_{10} 的可吸入微生物组成（发现了 1 300 多种微生物）及其相对丰度比例，结果见图 4-6。

从图 4-6 中可以看出，在大气颗粒物中可吸入微生物有细菌、真菌、古菌和病毒，细菌在 $PM_{2.5}$ 和 PM_{10} 中占据绝对优势，其比例分别为 86.10% 和 80.80%，其相对丰度远高于真菌、古菌和病毒。主要细菌和古菌门类包括放线菌纲、变形菌门、绿弯菌门、厚壁菌门、拟杆菌门和广古菌门，其相对丰度大于或等于 1%，在种类水平上，从 14 个样品中分离得到 1 315 种不同的细菌和古菌。在可分类的细菌中，相对丰度最高的是昏暗的嗜皮菌，这种菌常常存在于干燥的土壤环境中。在鉴定出的微生物菌株中，一些会导致人体的过敏反应和呼吸道疾病，例如，肺炎链球菌，它是引发社区获得性肺炎（community-acquired pneumonia，CAP）的常见菌种，已经从将近 50% 的 CAP 样本中分离出这种菌。在 $PM_{2.5}$ 和 PM_{10} 中，肺炎链球菌所占比例分别为 0.012% 和 0.017%，随着污染的加重，$PM_{2.5}$ 中肺炎链球菌的相对丰度增加了大约 2 倍，从污染较轻时的 0.024%增加到污染较重时的 0.050%。

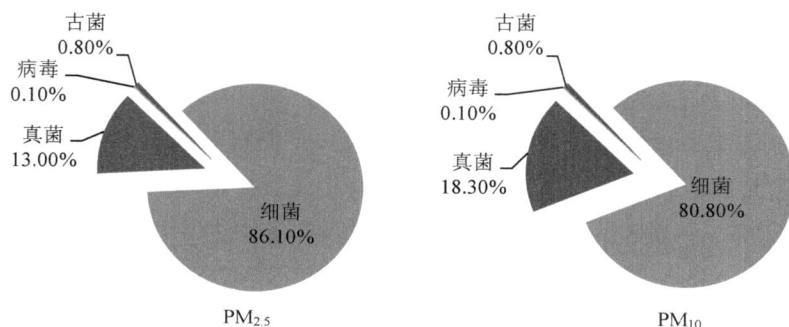

图 4-6　PM$_{2.5}$和 PM$_{10}$的可吸入微生物组成及其相对丰度比例

　　Bowers 等利用高通量测序方法连续 14 个月监测分析了美国科罗拉多城镇和乡村，近地面空气 PM$_{10}$ 和 PM$_{2.5}$ 中真菌和细菌群落结构的季节变化特征，结果显示，细菌和真菌的比例分别约为 70.0%和 21.0%。

　　细菌类群主要包括放线菌纲（22.0%）、拟杆菌纲（9.7%）、厚壁菌门（28.2%）和变形杆菌纲（α、β、γ 亚纲所占比例分别为 11.8%、7.8% 和 15.0%）。城镇样品中，假单胞菌目、鞘脂杆菌目、根瘤菌目、红螺菌目和伯克菌目中的序列数量显著多于乡村样品（$P<0.05$）。乡村样品中，放线菌亚纲、拟杆菌目、乳杆菌目和梭菌目中的序列数量显著多于城镇样品。细菌丰度的峰值出现在夏末至初秋时期，在冬季和春季期间丰度水平逐渐降至最低。

　　由宏基因组学的 MG-RAST 仪器分析，物种识别的数量已接近饱和。总体而言，PM$_{2.5}$样品含有 86.1%的细菌、13.0%的真菌、0.8%的古菌和 0.1%的病毒，而 PM$_{10}$样品含有 80.8%的细菌、18.3%的真菌、0.8%的古菌和 0.1%的病毒。与 PM$_{2.5}$ 样本相比，PM$_{10}$ 中真菌数量和种类相对较高。

　　细菌是空气中最丰富的原核微生物，也是 PM$_{2.5}$ 和 PM$_{10}$ 污染中最丰富的原核微生物。研究人员在样品中发现，最丰富的门类是：放线菌（Actinobacteria）、变形杆菌（Proteobacteria）、绿弯菌（Chloroflexi）、厚壁菌（Firmicutes）、拟杆菌（Bacteroidetes）和广古菌（Euryarchaeota）。根据种类的水平，从 14 个样本中发现了 1 315 种不同的细菌和古菌。未分类的细菌中，固氮细菌、丝状菌属的弗兰克氏菌是含量最丰富的。得到的细菌通过与陆地、粪便、淡水和海洋相关的细菌比对，研究人员证明，在 PM$_{2.5}$ 和 PM$_{10}$ 收集的细菌中，大部分以粪便和地面来源为主。陆地来源的细菌比例似乎比之前的研究

（米兰和纽约的数据）要多，这部分归因于北京及其周边地区缺乏植被覆盖，干燥的冬季和建筑工地土壤裸露等。

在我们所识别的微生物中，有几个已知会引起人体过敏和呼吸系统疾病，包括肺炎链球菌、烟曲霉和人腺病毒。其中，肺炎链球菌是最常见的社会获得性肺炎（CAP）的致病菌，在将近 50%的社会获得性肺炎中可分离出肺炎链球菌。在 PM_{10} 中占 0.012%，在 $PM_{2.5}$ 中约占 0.017%。可能使易感人群感染肺炎。烟曲霉以孢子的形式存在，被认为是一种主要的引起过敏的真菌，在免疫缺陷的人群中是气道或肺的条件致病菌。它的含量在 PM_{10} 中比 $PM_{2.5}$ 中高 3 倍。而且研究人员也发现，颗粒物污染水平越高，烟曲霉含量也越高。人腺病毒是一个双链 DNA 病毒，它占小儿上呼吸道和下呼吸道感染的 5%～10%，并在重度污染天含量有所增加。通过对污染物化学成分的分析，污染越严重，其相对湿度也越高，从而更利于微生物的生存。空气中各菌类的比例见表 4-42。空气中微生物图片见图 4-7～图 4-15。

表 4-42　空气中各菌类的比例

菌属	比例/%	菌属	比例/%
微球菌（Micrococcus）	41	八叠球菌（Sarcina）	4
气球菌（Aerococcus）	8	芽孢乳杆菌（Sporolactobacillus）	<1
葡萄球菌（Staphylococcus）	11	梭状芽孢杆菌（Clostridium）	<1
消化球菌（Peptococcus）	3	芽胞八叠球菌（Sporosarcina）	<1
消化链球菌（Peptostreptococcus）	3	沙雷菌（Serratia）	3
奈瑟菌（Neisseria）	3	假单胞菌（Pseudomonas）	2
链球菌（Streptococcus）	3	白色念珠菌（Leuconostoc）	<1
副球菌（Paracoccus）	5	乳酸杆菌（Lactobacillus）	<1
片球菌（Pediococcus）	2	黄单胞菌（Xanthomonas）	<1
杆菌（Bacillus）	8		

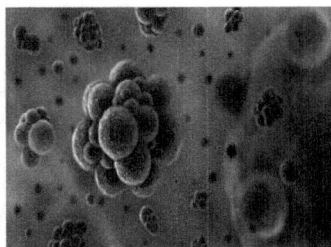

图 4-7　寄宿在大气气溶胶上的病毒

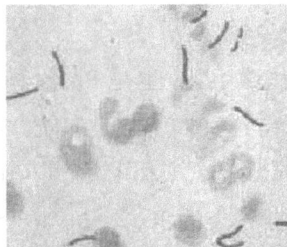

图 4-8　黏附在大气颗粒物上的结核杆菌

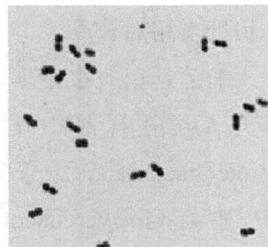

图 4-9　空气中的肺炎双球菌

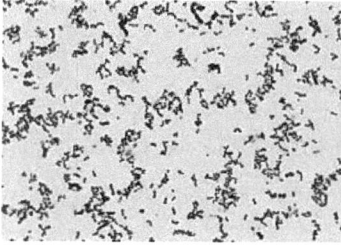

图 4-10　空气中的白喉杆菌　　　　图 4-11　空气中的脑膜炎奈瑟菌　　　　图 4-12　空气中的青霉菌

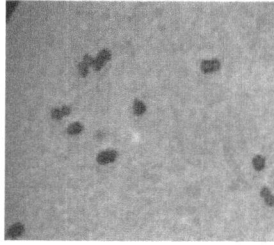

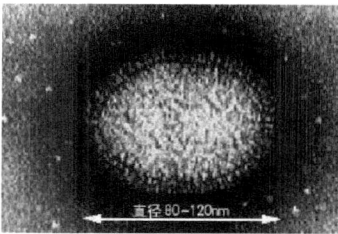

图 4-13　空气中的流感病毒　　　　图 4-14　空气中的腺病毒　　　　图 4-15　空气中的黑霉菌

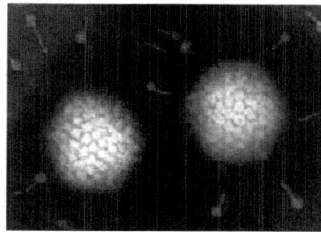

4.6.2　大气雾霾中微生物的来源

大气雾霾中微生物具有非常广泛的来源，包括土壤、水体、植物、动物和人类活动，真菌及其生物碎屑是各种环境中最主要的一次生物源。已有研究证明，真菌是粗颗粒物（PM_{2-10}）一次生物源（BPOA）的主导成分。通常真菌以孢子的形式分散在空气介质中，形成稳定的状态，即以真菌的形式存在。真菌在室外空气中始终存在，其浓度取决于时间、气候、地理位置等，其数量还与环境绿化程度和环境卫生状况等有关。一般情况下，在绿化程度高、卫生情况好、尘埃粒子少的环境中，真菌的数量少；反之，真菌数量多。另外，真菌的数量与人口密度、活动情况以及空气流通情况也具有相关性。Bauer 等（2008b）以甘露糖醇和阿拉伯糖醇作为真菌气溶胶的示踪物，发现在德国美因茨（Mainz）郊区夏季的大气颗粒物中真菌占大气粗颗粒物中 OC 的（60±3）%，对粗颗粒物质量浓度的贡献也达到了（40±5）%。Elbert 等于 2007 年应用甘露糖醇示踪法估测全球真菌的排放量在 50 Tg/a 左右，与人为源一次大气有机气溶胶(anthropogenic primary organic aerosol，APOA）的排放量相当（大于 47 Tg/a）。因此，真菌在大气中无处不在，全球排放量大，对大气雾霾的贡献是相当可观的。

4.6.3 大气中微生物的空间分布

4.6.3.1 水平分布

①城市上空和人群密集场所的微生物尤其是病原性微生物数量明显高于其他场所的微生物。

②森林地区、海洋或高山的上空的微生物较低。

③乡村的霉菌、花粉、植物孢子浓度高于城市，城市的细菌浓度高于乡村。

④动物饲养场空气中的细菌浓度含量较高。

4.6.3.2 垂直分布

微生物在空气中的浓度与距离地面的高度呈相对下降的趋势。距地面越高，微生物浓度越低，越是邻近地面空气中的微生物浓度越高，生物污染越严重。

4.6.3.3 时间分布

一天内不同时间微生物浓度分布也不同：早晚微生物数量多，中午微生物数量较少（表4-43）。一年四季微生物的浓度也会发生变化。季节气候变化无论是在南方还是北方，空气中微生物浓度同样受到季节、气候的影响。广州市各季节室外空气中细菌和真菌含量大小均表现为春＞夏＞冬＞秋。其中春季最高，空气中细菌平均含量可达 2 507 CFU/cm^3，其真菌含量为 1 209 CFU/cm^3；秋季最低，空气中细菌平均含量为 1 036 CFU/cm^3，而真菌含量为 517 CFU/cm^3。广东的北部韶关市，长年气候湿润，夏季炎热，冬季气温较高，住宅室内没有暖气，较高的气温使居民经常开窗通风，细菌计数夏高冬低，真菌计数夏低冬高；而廊坊市，冬季寒冷干燥，室内有暖气，大多开启空调，夏季相对湿润，细菌与真菌计数均为夏低，冬高。

表4-43 北京市一天内不同时间大气中细菌浓度 单位：CFU/m^3

地区	时间（点钟）						平均
	8:00	10:00	12:00	14:00	16:00	18:00	
市内繁华区	6 750	5 180	4 240	4 230	4 160	6 310	5 145
郊区县镇	6 240	6 500	4 610	6 130	6 470	8 890	6 473
郊区农业	6 030	2 970	1 590	3 460	3 190	5 220	3 743
游览区	2 350	2 390	1 810	1 500	3 420	2 560	2 338
平均	5 343	4 260	3 063	3 830	4 310	5 745	4 425

4.6.3.4 气候的影响

空气温度和湿度影响微生物的生长繁殖而改变微生物在空气中的浓度，其影响取决于微生物的种类。总之，空气温度和相对湿度越低，空气中微生物浓度越高。空气流速越慢，湿度越大，气温越低，则空气中的细菌总数越少，不同的气温、相对湿度、气流的室内空气中细菌污染程度差异均有统计学意义。

4.6.4　雾霾中微生物的污染途径

悬浮于大气的固体和液体微粒中，有相当部分是由陆地和水生环境的生物活动所产生的，这些含有微生物或其代谢物质（包括细菌、真菌、病毒、尘螨、花粉、孢子、动植物碎片等）的具有生命活性的微小粒子统称为生物气溶胶。这其中既包括诸如细菌、真菌与病毒等能够在培养基上生长的可培养微生物气溶胶，也包括像动植物碎片、花粉等不可培养的部分，以及那些可以在环境中生存但是无法培养的生物气溶胶。总微生物气溶胶包含了可培养的和不可培养的微生物气溶胶。作为大气气溶胶的重要组成部分，生物气溶胶的数浓度通常可占到大气气溶胶颗粒物数浓度的 30%左右，在热带雨林地区甚至可以达到 80%。由于其固有的生物属性，生物气溶胶在地球生态系统，尤其是大气环境、生物圈、气候和公众健康之间的相互作用中扮演着至关重要的角色。例如，生物活性粒子通过远距离水平和垂直方向的输运，可以对大气中的物理化学过程造成潜在的重要影响。微生物在空气中传播和扩散，通过损伤的皮肤、黏膜、消化道及呼吸道侵入机体，可引起和增加人的皮肤过敏、呼吸道感染、哮喘、心血管疾病和慢性肺部疾病等的发病概率，从而对人体的健康造成巨大威胁。

空气虽然不是微生物产生和生长的自然环境，无细菌和其他形式的微生物生长所需的足够水分和可利用的养料，但由于人们生产和生活活动，使空气中可能存在某些微生物，可成为空气传播疾病的病原。

空气中的病原微生物多以寄生方式生活，不能在空气中繁殖，加上大气稀释、空气流动和日照辐射等影响，病原微生物数量较少。空气中存在的病原微生物有：肺结核、肺炎链肺炎、流行性脑脊髓膜炎、绿脓杆菌、结核分支杆菌、破伤风杆菌、百日咳杆菌、白喉杆菌、溶血链球菌、金黄色葡萄球菌、肝炎杆菌、脑膜炎球菌、感冒病毒、流行性感冒病毒、麻疹病毒、流行性腮腺炎、天花、水痘、农民肺等。它们是空气中传播疾病的病原。

4.6.4.1　细菌和病毒的区别

细菌和病毒的区别有 3 个方面：形态、结构、生存繁殖。

①形态区别：细菌远比病毒大，通常细菌的大小以微米计，而病毒的大小以纳米来衡量。细菌的外形大多为球状、杆状、螺旋状，并因此命名为球菌、杆菌及螺旋菌。而病毒为多面体，多为十二面体。

②结构的区别：细菌具有一定的细胞结构，即细胞壁、细胞膜、细胞质。根据细菌

细胞壁的结构和成分的不同，发展出的革兰氏染色机制，将细菌分为革兰氏阴性菌和革兰氏阳性菌。病毒不具有以上细胞结构，它由核衣壳包裹遗传物质所构成。

③生存繁殖的区别：细菌生存方式分为自养性和异养性，即部分细菌可以通过光合作用或将无机物转化为有机物的化能方式而达到生存目的；另一部分细菌和人一样不能自己合成有机物质供自身生长繁殖，需从外界摄取养分养活自己。病毒就没有细菌那样的本事，它只能寄生于寄主体内存活。

4.6.4.2 病毒的特征

病毒是一种非细胞型微生物，其主要特点是：①体积非常微小，一般需用电子显微镜放大千万倍以上方能观察到；②结构简单，无完整的细胞结构，只含有一种类型核酸（DNA 或 RNA）；③严格的细胞内寄生，只能在一定种类的活细胞中才能增殖；④对抗生素不敏感，但对干扰素敏感。

在这些致病的生物因子中，病毒就有200多种，病毒通过一定的入侵门户感染机体。机体与外界相通的皮肤、口腔及鼻腔等都是病毒入侵机体的门户，所以病毒主要通过皮肤和黏膜（呼吸道、消化道）传播，其引起的常见的疾病与感染见表4-44。

表4-44 病毒引起的常见疾病与感染

感染或疾病	病毒	感染或疾病	病毒
呼吸	流行性感冒病毒 腺病毒 肠病毒 呼吸道合胞体病毒 副流感病毒	皮疹	天花病毒 孢疹病毒 肠病毒 麻疹病毒
中枢神经系统	脊髓灰质类病毒 ECHO病毒（大肠道孤病毒） 柯萨奇病毒 单纯胞疹病毒		

4.6.4.3 空气中的病原微生物传播途径

空气中的病原微生物主要通过以下途径传播。

①附着在雾霾气溶胶上携带传播：该尘埃上往往附着有很多种病原性微生物，由于重力因素，一些较重的粒子会落到地面，随风或打扫地面传播病毒。粒径小于10 μm的微粒会长期悬浮于空气中。

②附着在飞沫小滴上传播：人在咳嗽或打喷嚏时会有100万个飞沫喷出，粒径小于5 μm的尘粒占90%以上。长期悬浮于空气中，其中的病菌会传染给他人。

③附着在飞沫核上传播：较小的飞沫喷出后，因蒸发形成飞沫核，它们会随着空气

移动被传播得更远。通过呼吸道进入人体内，发生呼吸道疾病或肺病。

病原性微生物在飞沫核上或飞沫小滴内的存活时间及数量，受飞沫营养性物质及外界因素如温度、湿度等影响。温度高存活率下降快，反之，病菌存活时间较长。这就是寒冷季节呼吸道发病率较高的因素。

雾霾中的有毒微生物进入人体内的主要途径是经呼吸道和肺吸入与皮肤吸收；次要途径是直肠、生殖道及药物注射进入。

呼吸道是工业生产中有毒微生物进入体内的重要途径。凡是悬浮于气体中、吸附于雾霾中、黏附于粉尘中的微生物均可经呼吸道侵入体内。人的肺脏由上亿个肺泡组成，肺泡壁上有丰富的毛细血管，有毒的微生物一旦进入肺脏，便很快通过肺泡壁进入血液循环系统而被输送到全身。经过短、长期积累会诱发各种疾病。有毒微生物被吸收后，随血液循环分布到全身。当作用点达到一定浓度时，就会发生中毒。

4.6.4.4　病菌及病毒传播方式

（1）飞沫传播

飞沫传播途径是由于接触了有传染性的上呼吸道分泌物。这种方式造成的传播需感染者与非感染者距离很近。当传染的病人在呼吸、咳嗽或打喷嚏时，从上呼吸道喷出较大（大于 5 μm）的飞沫。这种大小的飞沫多数都落在了距离 1 m 左右的家具或地面上。这些飞沫中携带着病毒或细菌，一般能够在空气中停留很长时间。另外，在支气管镜检、呼吸道治疗、开始沙眼冲洗、气管内插管和尸体解剖等很多医学过程中，所产生的一部分带有病毒和细菌的液滴也称为飞沫。这些由产生源喷出来的含有病毒或者细菌的液滴在空气中悬浮一段时间后，就有可能沉降到某些寄主的眼结膜、鼻黏膜和嘴里，易感人员很有可能被感染。甲型 H1N1 流感病毒主要就是通过患者在咳嗽或打喷嚏时产生的飞沫进行快速地传播。尤其是在人员密集的封闭空间，如医院诊室、封闭交通和电梯内，通过这种传播方式受到感染的概率相对比较高。例如，2009 年甲流暴发后，很多学校相继暴发甲流疫情，也证实了这一点。

（2）空气传播

空气传播是指上呼吸道排出一些直径小于 5 μm 的飞沫，一些飞沫在落下之前，由于水分蒸发后形成飞沫核。飞沫核很小，足以进入气流后悬浮于空气中。携带着某些病毒或细菌的生物微粒，或是一些带有病原体的飞沫，浮游在空气中，然后被寄主吸入或沉降在寄主的黏膜上，最终使寄主感染。通过空气传播的微生物最典型的是风疹（Rubella Viruses）、结核分支杆菌（Mycobacterium Tuberculosis）和水痘病（Chicken Pox）。

根据 2004 年 4 月 29 日美国生物科技网的报道，已经有研究报告指出，SARS 病毒会使空气受到污染，并且通过空气进行传播，最终很可能造成死亡。在非典暴发的时间里一项关于 SARS 病毒传播途径的研究课题，在中日友好医院与中国环境科学研究院合作展开，最终结果认为：除了媒介传播、近距离飞沫传播和密切接触传播途径以外，SARS 病毒还存在着第四种传播途径，那就是通过空气进行传播。而且，通过此传播途径，SARS 病毒至少可以传播 25 m。这一结果更好地解释了在极短的时间内，北京、香港、广州等地出现 SARS 病毒迅速蔓延，从而导致感染人数迅猛上升的实际情况，为全面地控制 SARS 病毒的传播提供了科学指导。

从 2003 年暴发的 SARS 和 2020 年暴发的新冠病毒来分析，其传播和温度条件就存在很大的关系。经过空气进行传播的传染性疾病，大多发生在春秋季节，而在炎热的夏季却相对较少，这很可能与病毒本身的特性关系密切，此类病毒并不耐热，气象条件对流感病毒的生存不利。流感病毒对温度的变化还是比较敏感的，如果温度达到 60℃，流感病毒很快就会死亡。

4.6.5　有关大气中微生物的标准

空气中的细菌总数是指每立方米空气中各种细菌总数，一般认为，细菌总数达 500～1 000 cfu/m^3 时，可作为空气污染指标。

绿色链球菌一般作为空气污染的指标细菌。它们常常存在于人类呼吸道中，是人类鼻腔中的正常菌群。在空气中的抵抗力较大，生存时间长，具有代表一般致病菌抵抗力的意义。

一些国家大气中微生物标准如下：

①我国颁布的室内空气中细菌总数卫生标准（GB/T 17093—1997）规定的细菌总数小于或等于 4 000 cfu/m^3（撞击法）和小于或等于 45 cfu/皿（沉降法）。

②新加坡的室内空气卫生标准中，细菌总数为 500 cfu/m^3，霉菌总数为 500 cfu/m^3，悬浮物总数为 150 cfu/m^3。

③中华人民共和国国家标准 GB 19489—2004，实验室生物安全通用要求。

④病原微生物实验室污染物排放标准 GB ××××—2006（征求意见稿）。

表 4-45　废气生物学指标排放限值

序号	控制项目	限值
1	指示微生物（苦草芽孢杆菌黑色变种芽孢	不得检出
2	目标微生物	不得检出

⑤中华人民共和国国家标准，公共场所卫生空气卫生细菌学标准 GB 16135—1996。

表 4-46 中国公共场所卫生空气卫生细菌学标准 GB 9663-9673—1996

撞击法/（cfu/m³）	沉降法/（cfu/皿）	适用范围
≤1 000	≤10	3～5 星级宾馆、饭店
≤1 500	≤10	2 星级以下宾馆和非星级带空调宾馆、饭店
≤2 500	≤30	普通饭店、招待所、酒吧、茶座、咖啡厅、图书馆、博物馆、美术馆、飞机客舱、音乐厅、影剧院、录像厅（室）、游艺厅、舞厅、理发店
≤4 000	≤40	美容院（店）、游泳馆、医院候诊室、候机室、旅客列车车厢、轮船客舱、饭店（餐厅）
≤7 000	≤75	展览馆、商场（店）、书店、候车室、候船室

⑥俄罗斯居室内空气卫生细菌学评价参考标准（表 4-47）。

表 4-47 居室内空气卫生细菌学评价参考指标（俄罗斯）

项目	夏季标准		冬季标准	
空气评价	细菌总数（cfu/m³ 空气）	绿色和溶血性链球菌（cfu/m³ 空气）	细菌总数（cfu/m³ 空气）	绿色和溶血性链球菌（cfu/m³ 空气）
清洁空气	＜1 500	＜16	＜4 500	＜36
污染空气	＞2500	＞36	＞7 000	＞124

⑦美国公共场所卫生空气卫生细菌学标准（表 4-48）。

表 4-48 美国公共场所卫生空气卫生细菌学标准

ISO 分级	美国洁净区级别	尘埃粒子数/m³≥0.5 μm	浮游菌/（cfu/m³）	沉降菌/（90 mm/4 h）	浮游菌/（cfu/m³）	仪器表面	地面	手套	洁净服
5	100	3.520	1	1	3	3	3	3	5
6	1 000	35.200	7	3	—	—	—	—	—
7	10 000	352.000	10	5	20	5	10	10	20
8	100 000	3 520.000	100	50	100	—	—	—	—

⑧欧盟标准公共场所卫生空气卫生细菌学标准（表 4-49）。

表 4-49　欧盟标准公共场所卫生空气卫生细菌学标准

ISO 分级	欧盟洁净级别	尘埃粒子数				微生物			
		静态		动态		浮游菌/ (cfu/m³)	沉降菌/ (90 mm/4 h)	接触皿 55 mm/皿	5 指 cfu/ 手套
		0.5 μm	5 μm	0.5 μm	5 μm				
5	A	3 500	1	3 500	20	<1	<1	<1	<1
5	B	3 500	1	350 000	2 000	10	5	5	5
7	C	350 000	2 000	3 500 000	20 000	100	50	25	—
8	D	3 500 000	20 000	ND	ND	200	100	50	—

4.7　雾霾中花粉的污染途径

花粉以一种微细颗粒微生物分布于空气中，是雾霾中大气生物气溶胶组成成分之一，也是引起呼吸道变态反应主要变应原因之一。研究大气中花粉的时空分布特征，对区分大气生物气溶胶中微生物气溶胶和花粉气溶胶，在监测有害微生物气溶胶污染方面具有重要意义。

4.7.1　气溶胶中花粉的来源

我国华南地区许多城市多以种植木麻黄、红花羊蹄和苦楝为主，在中南地区的城市道路两旁多以种植梧桐为主，在北方则主要种植柏、松、杨、柳、榆、槐和桦树等。这些树的花粉随之成了当地重要的花粉污染源。中原地区春秋两季大气中的花粉过敏源是树类花粉引发的，如悬铃木花粉、柳絮、速生杨花粉等，还有油菜花粉、玫瑰花粉、月季花粉等。秋天空气中传播的花粉有莠类、蒿属、向日葵、大麻、蓖麻及禾本科等花粉，尤以莠类花粉为多。

张明庆，杨国栋等监测的物候资料，选择了花期分布在早春、仲春、晚春和初夏，在北京地区比较常见的主要观花树木山桃、杏、榆叶梅、紫丁香、西府海棠、紫藤、洋槐、榆树和毛白杨等花粉作为大气气溶胶中花粉来预报过敏因子，按照树木始花日期的先后顺序，利用开花较早树木的花期估测其后开花的致敏花粉树木的日期。建立了主要致敏花粉树木花期预报模型，对主要致敏花粉树木的花期进行预报。

在美国和加拿大，花粉污染源以豚草最为重要；在北美洲，以梯牧草和六月草为主；在英国、捷克、丹麦、法国、意大利、西班牙和瑞士，以禾本科植物为主；在南非、巴勒斯坦、澳大利亚、新西兰和日本，除以禾本科植物为主外，树木类植物也较为重要。但在不同地区，除蒿属植物外，都各有侧重。

我国华东地区，蓖麻、悬铃木等为较重要的花粉污染源植物；华南地区，苋属植物和大麻黄、苦楝、藜、桑等植物显得较为重要；在西南地区，蒿属、藜属、禾本科植物以及悬铃木，因其花粉含量大，致敏性较强，成为西南地区主要花粉污染源植物。另外，随着季节不同，占主导地位的花粉污染源也不同。季节性过敏性鼻炎主要的诱发因素为野草、野花花粉、蒿属花粉、藜科以及豚草花粉等。进入秋季有许多花朵开放，常见的有桂花、菊花、百合、月季和秋海棠，要注意防范花粉过敏症。

4.7.1.1　花粉的化学组成

花粉中含有 C、H、O、N、Ca、P、Cl、K、Na、Mg、S、Si、Fe、I、Cu、Sr、Zn、Mn、Co、Mo、Cr、Ni、Sn、B、Se、Al、Ba、Ga、Ti、Zr、Be、Pb、As 以及 U 等。此外，花粉中还含有蛋白质、碳水化合物、脂质、核酸、维生素等。蜂花粉的主要成分见表 4-50。

表 4-50　蜂花粉的主要化学成分

成分	每 100 g 花粉的平均含量	
	g	%
水分	21.3～30.3	30～40
干物质	70.0～81.7	70～80
蛋白质	7.0～36.7	11～35
总糖含量	20.0～38.8	20～39
葡萄糖	14.4	48
果糖	19.4	52
脂质（脂肪和脂类物质）	1.38～20.0	1～20
灰分	0.9～5.5	1～7
维生素	全部	
生长因子	有	
抗生素	存在	

花粉含有大量维生素：其中每 100 g 花粉中含有 V_E21～170 g，V_C7.08～205.25 g，$B_1$0.5～1.50 g，烟酸 1.30～21.0 g，泛酸 0.32～5.00 g，$V_6$0.30～0.90 g，V_H0.06～0.60，V_M0.30～0.68，肌醇 188.00～228.00 g。

4.7.1.2　花粉粒的结构

花粉多为球形，赤道轴长于扁球形；特别扁的称为超扁球形；相反地，极轴长于赤道轴的称为长球形，特别长的称为超长球形。花粉在极面观所见赤道轮廓，可呈圆形，具角状，具裂片状等。在赤道面观，花粉轮廓可呈圆形、椭圆形、菱形、方形等。

各种花粉扫描电镜结构图见图 4-16～图 4-26。

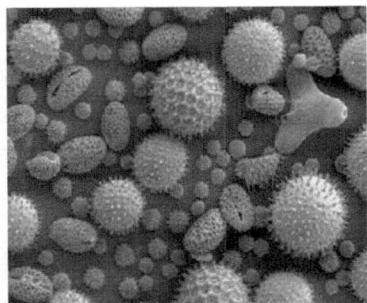

图 4-16　常见花粉扫描电镜
　　　　结构图

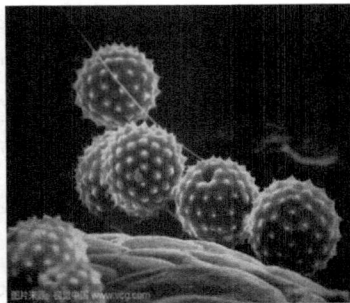

图 4-17　豚草花粉扫描电镜
　　　　结构图

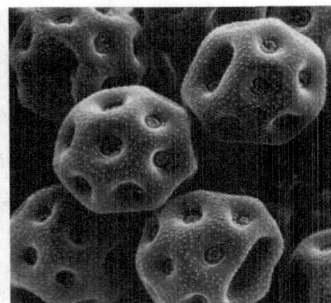

图 4-18　玫瑰花粉扫描电镜
　　　　结构图

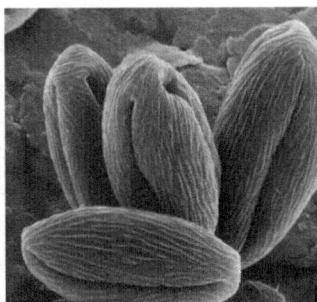

图 4-19　葵花花粉扫描电镜
　　　　结构图

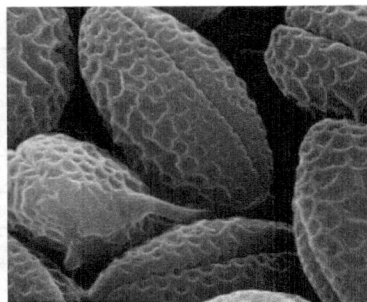

图 4-20　桉树花粉扫描电镜
　　　　结构图

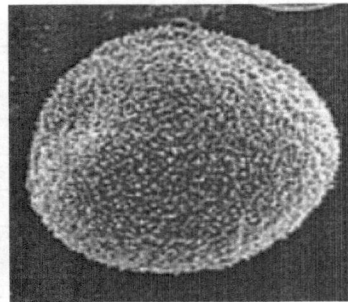

图 4-21　法国梧桐花粉扫描
　　　　电镜结构图

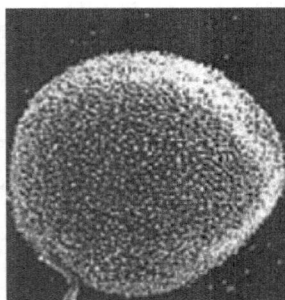

图 4-22　杨树花粉扫描
　　　　电镜结构图

图 4-23　小叶杨花粉扫描
　　　　电镜结构图

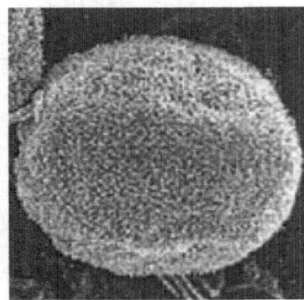

图 4-24　山杨花粉扫描
　　　　电镜结构图

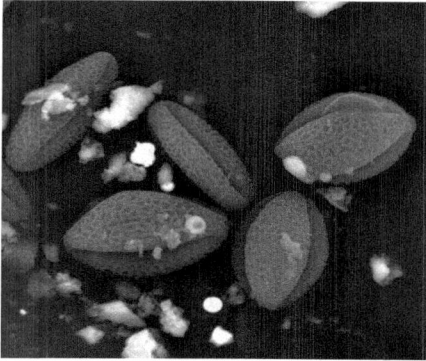

图 4-25　垂柳树花粉扫描电镜结构图

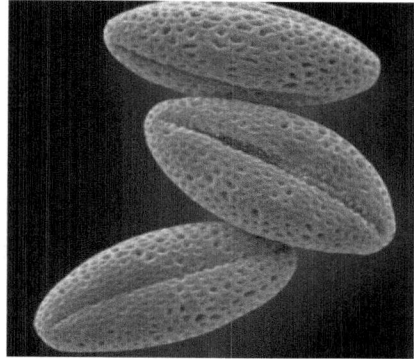

图 4-26　油菜花花粉扫描电镜结构图

4.7.1.3　花粉在空气中的浓度

冯满，吕森林等用 Durham 重量法收集空气中的花粉，并选取该月份利用风标式花粉采集器采集花粉样品，用离子色谱技术对样品中的水溶性离子进行分析测定，用 ICP-AES 进行元素分析（表 4-51、表 4-52）。分析结果表明，位于市区的普陀区采集到的花粉数较多，而采集到样品中的水溶性离子浓度以及金属元素的值却较小，两者没有呈现出推测中的相关性。这可能是由于空气中飘散的花粉对颗粒物的吸附量较小，市区花粉样品主要受附近公园内木本植物的影响，郊区受道路扬尘的影响较大。

表 4-51　花粉数与颗粒物中离子浓度

采样点	花粉数/粒	离子浓度/（μg/mL）							
		Na^+	NH_4^+	K^+	Ca^{2+}	Mg^{2+}	Cl^-	NO_3^-	SO_4^{2-}
宝山区	819	63.67	17.74	23.63	63.55	82.86	258.98	333.75	242.67
普陀区	4 534	32.32	11.96	10.17	3.88	60.42	81.43	210.89	215.01

表 4-52　花粉数与颗粒物中金属元素

采样点	花粉数/粒	元素浓度/（μg/g）			
		Cu	Mn	Zn	Ni
宝山区	819	0.026	0.54	0.086	0.011
普陀区	4 534	0.030	0.10	0.053	0.005 9

4.7.2　花粉在大气中的污染传播途径

花粉是植物的雄性生殖细胞，有风媒和虫媒两种方式来传播和繁殖。依靠昆虫传播授粉的花称为媒花，花的色彩鲜艳气味芳香，含有蜜腺。由于花是靠昆虫传播授粉，因此，在空气中播撒花粉量很少，一般不会引起花粉症的流行。而风媒花则是经风带花粉而授粉的花，花被不美观式退化，无芳香的气味，花的数目很多，花粉量大，所以风媒花经风传播后，空气中花粉量较多。又因为花粉直径一般在 30~50 μm，它们常常以单质颗粒或黏附在气溶胶颗粒上游离于大气中，在空气中飘散时，极易被人吸进呼吸道内。有过敏体质的人吸入这些花粉后，会产生过敏反应，这就是花粉过敏症。由于空气花粉污染具有明显的区域性与季节性，受土壤、生物、地形、地貌等生态性因素影响。花粉在空气中传播受降水、温度、湿度、风等气候性因素及人为因素的干扰。一般情况下，在晴天少云，气温相对较高、空气比较干燥且风速较大的天气里，花粉在空气中浓度较高，花粉过敏症患者人数增加，症状加重。而在降水天气里，花粉受雨水的冲刷，在空气中浓度较小，花粉过敏症患者相对减少，症状也相对缓解。此外，悬浮于空气中的花粉还有强烈的吸水作用。干燥的花粉吸水后体积发生膨胀，当这些膨胀的花粉自身连接或与空气中的其他吸水性颗粒物连接起来，就会对空气的能见度产生降低的影响。

4.7.2.1　大气花粉浓度变化与时间的关系

无论是不同月份的花粉日浓度，还是同一月份不同日期的花粉日浓度的变化，都与一天内的时间没有太大的关系。在 20 m 高空的大气中，5 个不同采样月份的花粉浓度时间分布，没有显示出花粉浓度在一天的时间上有规律的变化。而不同高度显示出花粉浓度变化是一种随机变化。Emberlinl J 等在研究伦敦大气中荨麻花粉时发现，在东南、西南、东北和西北 4 个方向，在一天内荨麻花粉最高浓度是在 16：00~19：00。

自 1987 年以来，法国人对里昂、第戎等地区的花粉进行了逐年监测，发现豚草属植物传粉期从 8 月初到 9 月底，上午 9 至 11 点呈现高峰；随着温度升高、相对湿度降低，花粉数量增加。在第戎等地区，桦木科、禾本科、荨麻科在空气中含量很高。花粉的飘散规律受气象因素等多方面影响，在对亚眠、鲁昂、斯特拉斯堡、波尔多、马赛、图卢兹等地的调查中发现，花粉数量与过敏危险呈平行性发展，但也存在轻微的不一致性，可能是近 10 年来气候变化的结果。

由于花粉浓度变化与一天内时间的变化表现为一种随机性，这种关系可能与采样时的气象因素有密切关系，这些气象因素包括风速、风向、温度和湿度等。Emberlinl J 等在研究伦敦大气中荨麻花粉时空分布后，他认为风速和风向对花粉的时空分布有较大的影响，温度也有一定程度的影响。城市高层建筑布局对局部微气象有较大的影响，从而影响到局部大气花粉气溶胶的输送、扩散和沉降。

4.7.2.2　大气气溶胶中花粉的空间分布

由于花粉具有轻而小的特点，易分散于空气中，具有一定量的且能致敏的花粉就会造成空气污染。大气花粉的时空分布与高度、气象因素、季节和城市高层建筑布局等因素有关。大气花粉浓度在空间上的分布，不仅与采样高度有关，而且与采样环境有关，总体来说，主要分布在 30 m 左右的高度，50 m 以上的花粉浓度则呈下降趋势。高度越高，花粉浓度越低。10 m 和 30 m 两个高度的花粉浓度一般比 50 m 和 80 m 两个高度的花粉浓度高。Emberlinl J 等在研究伦敦大气中荨麻花粉时，采样高度设在 15～25 m 的高度。Gioulekasl D 等在研究大气中橄榄花粉时，采样高度设在距离地面 50 m 的高空。而瑞典孢粉学家艾特曼在 1937 年 5 月 29 日至 6 月 7 日，用空气抽滤器在 6 000 km 的旅途中采集大气中的花粉，其结果表明，即使在同一高度但采样环境不同，花粉浓度的变化是非常大的。

河南省环境保护科学研究院气溶胶研究课题组在对河南省鹤壁市（图 4-27）、郑州市（图 4-28）、洛阳市、驻马店市、商丘市和开封市的大气气溶胶采样和用扫描电镜分析中发现，在近地层 1.5～80 m 的样品中有各种各样的花粉，花粉浓度以春、秋季较多。这些样品中有玫瑰花粉、油菜花粉、菊花花粉、悬铃木花粉和柳树花粉等。2008 年冬季，在东海海岸浙江温岭市石塘镇采集的海洋大气气溶胶样品中也发现了花粉。

图 4-27　鹤壁市鹤壁大气溶胶中的花粉　　　图 4-28　郑州市大气气溶胶中的垂柳树花粉

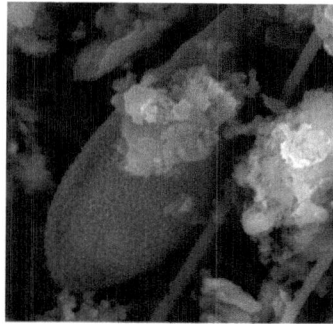

4.7.2.3　植源性污染的特点

植源性污染主要是指绿色植物本身产生的某种物质达到某种程度时对人体和环境产生的不利影响。主要包括植物花粉、飞絮、飞毛以及难闻气味和产生空气污染物的植物有机挥发物。植源性污染的特点如下：

①具有季节性，每年都会持续反复发生。植源性污染主要与植物的物候期有关，每年在同一季节发生的污染也比较类似。目前我国的花粉变应性哮喘的发病主要有春季和夏秋季两个高峰期，以夏秋季更为重要，临床上大多数对花粉过敏的哮喘病人以夏秋季花粉过敏为主。

②花粉、飞絮、飞毛等都是在空气中飘浮扩散的细小颗粒物质，通过皮肤接触、呼

吸吸入等途径对人体产生影响，因此空气作为传播媒介，决定了其传播范围的广泛性和防范的困难性。

③花粉的粒径通常很小，飘散到空气中很难凭肉眼观察到。而某些植物挥发的有机物造成的气味污染更是不容易看到。

④大气中花粉浓度与季节有密切的关系。4月、5月和9月的花粉日平均浓度都较低，且稳定。春天、夏天、秋天显然是花粉传播最佳的时节，也就是说春季花粉过敏多在3月下旬至5月发作，主要以树类花粉引起过敏性鼻炎为最多。树木类植物主要在春季开花播粉，因而这类植物成为春季主要的花粉污染源植物；早春，常见的致敏花粉有榆树、杨树、柳树等所散发出的花粉；晚春，常见的有柏树、椿树、橡树、桑树、胡桃树等。在夏季，牧草和禾本科植物占据花粉污染源植物的主导地位；而秋季，则以杂草类（或称莠类）植物为主。致敏花粉主要来自树、牧草（即禾本科植物）和杂草三大类植物。花粉的直径大小从 10 μm 到 100 μm 不等。而7月下旬的大气花粉浓度则比这3个月份高出3～4倍。这主要与7月下旬开花植物较多，花期较为集中和花期较长有关。这一结果与国内的一些空气飘散花粉的调查结果较为一致。10月中、下旬是大气花粉急剧降低的时间点，从10月下旬到来年3月底这一段时间内，大气花粉浓度处于一种极低的状态。即使有也可能是从远方随风飘来的。

4.7.3　花粉对人体的危害

大气气溶胶中花粉对人体产生过敏又称花粉症，即指具有过敏体质的人因接触或吸入了大气气溶胶中的致敏花粉，身体出现各种过敏反应的免疫性疾病。当花粉触及皮肤的时候，皮肤细胞发生变态反应，表现为红肿、风团、发痒、脱皮等皮肤过敏症状，当通过呼吸道吸入花粉时，呼吸道黏膜发生一系列变态反应，表现为阵发性鼻内发痒、连续打喷嚏、流大量清水涕、鼻塞、眼痒、流泪、咳嗽、咽喉疼痛、头痛等症状。严重者还会诱发气管炎、支气管哮喘、肺心病（多发在夏秋季）。据悉，美国现有花粉症患者1 470万人，最高发病区花粉症患者占全部人口的10%以上（有资料报道达19%）。我国的花粉症发病率为0.5%～1%，高发区达5%。

近年来，随着绿化速度加快及外来植物的引进和入侵，空气中花粉粒子的种类和数量有所增加，花粉症的患病率也呈上升趋势。目前，奥地利花粉过敏症的发病率为16.4%，意大利为15.1%，日本为12.5%，西班牙为12.6%，美国为14.5%。我国城市居民花粉过敏发病率约为1%，北京地区呼吸过敏病人中有1/4～1/3为花粉过敏，天津市花粉过敏患者占总过敏患者的32.3%，新疆乌鲁木齐市居民过敏性鼻炎的发病率达0.9%，占整个鼻部疾患的22.5%，宁夏泉七沟地区花粉症发病率1972年为0.03%，1978年上升到3.02%。

4.7.4　大气中花粉污染的环境指标

目前，世界上没有国家和地方颁布对大气中花粉污染的环境标准。雷启义根据花粉致病率提出了花粉的污染评价方法。评价较长一段时间内的花粉污染的总体状况用多年平均发病率，评价某一年的花粉污染程序则用该年的发病率（P）。

$$P = D / A \times 100\% \tag{4-156}$$

$$\overline{P} = 1 / N \times \sum_{i=1}^{n} P_i \tag{4-157}$$

式中，$\overline{P}$——某一年调查的花粉病患病人数；

A——调查总人数；

N——年数；

P_i——各年的花粉病发病率。

将花粉污染指标分为以下 6 级。

Ⅰ级无污染：$P < 0.05\%$、Ⅱ级微污染：$0.05\% \leqslant P < 0.1$、Ⅲ级轻污染：$0.1\% \leqslant P < 1\%$、Ⅳ级中污染：$1\% \leqslant P < 5\%$、Ⅴ级重污染：$5\% \leqslant P < 10\%$、Ⅵ级严重污染：$P \geqslant 10\%$。

4.8　大气雾霾中的挥发性有机物污染途径

大气雾霾粒子中的有机物分为两种：一是以颗粒物的形式直接排入大气的一次性有机物，如植物蜡、树脂、长链烃等；二是通过人为和生物排放的挥发性有机物（VOCs）的气体—颗粒转化生成的二次多官能团氧化状态有机物。这些挥发性有机物包括正构烷烃、正构烷酸、正构烷醛、脂肪族二元羧酸、双萜酸、芳香族多元羧酸、多环芳烃、多环芳酮、多环芳醌、甾醇化合物、含氮化合物、规则的甾烷、五环三萜烷、异烷烃和反异烷烃等。

挥发性有机物是大气中普遍存在的一类化合物，具有相对分子量小、饱和蒸气压较高、沸点较低、亨利常数较大、辛烷值较小等特征。挥发性有机物是形成光化学烟雾的前体物。

VOCs 按其化学结构的不同，可以进一步分为 8 类：烷烃类、芳烃类、烯类、卤烃类、酯类、醛类、酮类和其他，例如，常见的苯系物、氟利昂、石油烃化合物等。本节重点讨论大气雾霾中的挥发性有机物通常用 VOCs 表示。

世界卫生组织的定义，通常沸点在 50～250℃，室温下饱和蒸气压超过 133.32Pa 的有机化合物，就是 VOCs。它们会在常温下以气体形式存在。其特征就是在常温下蒸发速率快，易挥发。VOCs 是大气对流层非常重要的痕量化学成分，在大气化学中扮演重要角色，对 O_3 的生成起到重要作用，也是导致雾霾产生的重要前提物之一。VOCs 是对流层 O_3 和二次有机气溶胶（SOA）的重要前体物，挥发性有机物不但主导大气光化学烟雾的反应进程，而且其大气化学反应产物是细颗粒物的重要组分，会产生光化学烟雾、O_3 浓度升高、雾霾天气次数增加等一系列环境问题。

4.8.1 VOCs 的特性

VOC 具有以下特性：

①都含有碳元素，还含有 H、O、N、P、S 及卤素等非金属元素。

②相对蒸汽密度比空气重。

③熔点低，易分解，易挥发，能参加光化学反应，阳光下产生光化学烟雾。

④常温下，大部分为无色液体，大多对皮肤、黏膜有刺激性，对中枢神经系统有麻醉作用。

⑤大部分不溶于水或难溶于水，可混溶于苯、醇、醚等多数有机溶剂种类达数百万种，大部分易燃易爆，部分有毒甚至剧毒。所表现出的毒性、刺激性、致癌作用和具有的特殊气味能导致人体呈现种种不适反应。

⑥具有相对强的活性，是一种比较活泼的气体，导致它们在大气中既可以以一次挥发物的气态存在，又可以在紫外线照射下，在 PM_{10} 中发生无穷无尽的变化，再次生成为固态、液态或二者并存的二次颗粒物，而且参与反应的这些化合物寿命相对较长，可以随着风吹雨淋等天气变化，或者飘移扩散，或者进入水和土壤，污染环境。

4.8.2 VOCs 的分类

4.8.2.1 按化学结构分类

挥发性有机物按其化学结构的不同，可以进一步分为 8 类：烷类、芳烃类、烯类、卤代烃类、酯类、醛类、酮类和其他。VOCs 的主要成分有：烃类、卤代烃、氧烃和氮烃，它包括：苯系物、有机氯化物、氟利昂系列、有机酮、胺、醇、醚、酯、酸和石油烃类化合物等。VOCs 污染源主要是能源和生物质的不完全燃烧，如石油类、植物秸秆、垃圾焚烧、汽车燃油等；油品和衍生制品的生产制造产生的蒸发挥发物质。此外，还有庞大的生物挥发性有机物。常见的 VOCs 种类及成分见表 4-53。

表 4-53　常见的 VOCs 种类及成分

种类	成分
脂肪烃	甲烷、乙烷、丙烷、环己烷、甲基环戊烷、己烷、2-甲基戊烷、2-甲基己烷
芳香烃	苯、甲苯、乙苯、二甲苯、正丙基苯、苯乙烯、1,2,4-三甲基苯
卤代类化合物	三氯氟甲烷、二氯甲烷、氯仿、四氯甲烷、1,1,1-三氯乙烷、三氯乙烯、四氯乙烯、氯苯、3,4-二氯苯
酚醚环氧类化合物	甲酚、苯酚、乙醚、环氧乙烷、环氧丙烷
酮醛醇多元醇	丙酮、丁酮、环己酮、甲醛、乙醛、甲醇、异丁醇
腈胺类化合物	丙烯腈、二甲基甲酰胺
酸、酯类化合物	乙酸、醋酸乙酯、醋酸丁酯
多环芳烃	萘、菲、苯并[a]芘
其他	甲基溴、氯氟烃、氯氟硫化物

4.8.2.2　根据 VOCs 对生理作用产生的毒性分类

VOCs 对生理作用产生的毒性可以分为以下 5 类：

①损害神经，如伯醇类（除甲醇以外）、醚类、酮类、醛类、部分脂类以及卡醇类。

②肺中毒溶剂，如羧基甲酯类、甲酸酯类。

③血液中毒溶剂，如苯及其衍生物、乙二醇类。

④肝脏及新陈代谢中毒的溶剂，如卤代烃类。

⑤肾脏中毒的溶剂，如四氯乙烷及乙二醇类。

4.8.3　VOCs 的来源

VOCs 的排放源及其污染物排放量的研究是控制大气中 VOCs 的关键，而 VOCs 气体来源很广泛。典型的 VOCs 排放源可分为人为排放源（包括固定源与移动源）和天然排放源（包括生物源与非生物源）两类，从全球角度来讲，VOCs 排放以自然源为主；但对于重点区域和城市来说，人为源排放量远高于自然源，是自然源的 6~18 倍。人为源多半为石油化工相关产业的生产过程、产品消费行为以及机动车尾气。

4.8.3.1　VOCs 的天然来源

挥发性有机物天然源主要为植物的排放，国内外研究主要包括植物挥发性有机物排放速率、排放量估算以及不同类型植被的挥发性有机物排放特征等。

大量研究表明，天然源最重要的排放物是异戊二烯和单萜烯、甲醇、丙醛。其中，甲醇、异戊二烯和单萜烯是主要的挥发性有机物成分。

生物源挥发性有机物的种类主要以半倍萜（$C_{15}H_{24}$）、异戊二烯（C_5H_8），2-甲基-2,3-丁二烯和单萜（$C_{10}H_{16}$）为主。异戊二烯的释放量最大，约占总生物源挥发性有机化合物

（BVOCs）的 50%，全球排放量为 500 Tg/a。异戊二烯在自然界中来源较多，主要包括土壤释放、植物释放、微生物分解和海浪飞沫释放等。

（1）植物释放的 VOCs

植物释放来源的异戊二烯占绝对优势。释放异戊二烯的植物主要是树木和多年生草本植物，常见的树种包括槐树、杨树、柳树、桦树、冷杉、橡树、枫树等。

异戊二烯作为全球排放量最大的 VOCs，曾经并不被认为是 SOA 的前体物。直到 2004 年，Claeys 在 *Science* 上发表文章，他在亚马孙河雨林采集的气溶胶中发现两个骨架和异戊二烯相同的化合物，即 2-甲基丁类（包括 2-甲基苏糖醇和 2-甲基赤藓糖醇）。2-甲基丁四醇挥发性低，易溶于水，主要附存于 $PM_{2.5}$ 中，属于二次气溶胶组分，所以 Claeys 认为这两个化合物就是异戊二烯的光氧化产物，并给出了从异戊二烯氧化反应生成 2-甲基丁四醇的形成机理，从此建立起异戊二烯与 SOA 之间的联系。该研究首次证明，全球释放量约为 500 Tg/a 的异戊二烯每年可产生约 2 Tg 的 2-甲基丁四醇，占生物源气溶胶总量的 5%～25%。

生物源不仅会向大气中直接排放颗粒物，还会向大气中排放 BVOCs。VOCs 可以与大气中的 O_3、$\cdot NO_3$ 和 $\cdot OH$ 等自由基发生光化学氧化反应，生成难挥发性的氧化产物，这些难挥发性物质经过气—粒转化的成核反应，或者是在已有气溶胶表面的凝结反应，生成生物源二次有机气溶胶（BSOA）。植被、细菌和真菌等生物源都可以向大气中释放 VOCs，但是鉴于排放量差异过于悬殊，大气中的 BVOCs 主要来自陆地植被的释放，因此本书中所指的 BVOCs 主要是来源于地球上的植被排放。

全球每年 BVOCs 排放总量大概为 1 150 Tg C，是人为源 VOCs 排放总量的 10 倍，即使是在深受人类活动影响的地区，生物源挥发性有机物的排放量也多于人为源挥发性有机物。与人为源 VOCs 相比，BVOCs 含有不饱和键，反应活性高，在大气中易发生光氧化反应。因巨大的释发量和高反应活性，不同模型根据 BVOCs 总量和不同 VOCs 光化学反应方程计算得到的全球每年排放 BSOA 总量（0.05～44.5 Tg C），明显高于全球人为二次有机气溶胶（ASOA）总量（0.05～2.62 Tg C）。

（2）土壤排放的 VOCs

土壤挥发性有机物污染与大气污染、水污染等环境问题密切相关。土壤中挥发性有机污染物容易在风力和水力的作用下进入大气和水体中，导致大气污染、水体污染和生态系统退化等次生生态问题。

土壤中有机污染物主要包括挥发性有机污染物和半挥发性有机污染物。我国土壤有机污染物的主要种类包括：石油烃类污染物、卤代烃类污染物、农药类污染物、多环芳烃、多氯联苯、二噁英、邻苯二甲酸酯等有机污染物。

　　土壤中挥发性有机物主要是化学农药。使用最多的化学农药有 50 多种，其中有机磷农药、有机氯农药、氨基甲酸酯类、苯氧羧酸类、苯酚、胺类用得最多。此外，石油类、多环芳烃、多氯联苯、甲烷等，也是土壤中常见的挥发性有机物。

　　工业企业通用土壤环境质量风险评价基准值见表 4-54。

表 4-54　工业企业通用土壤环境质量风险评价基准值

化学物质名称	土壤基准直接接触/（mg/kg）	土壤基准迁移至地下水/（mg/kg）
氯甲烷	10 000	1 170
氯乙烷	1 000 000	117 000
二氯甲烷	6 340	684
1,1-二氯乙烷	272 000	29 300
1,2-二氯乙烷	522	56
1,1,1-三氯乙烷	95 100	10 300
1,1,2-二氯乙烷	834	90
四氯化碳	366	40
1,2-二溴乙烷	0.6	0.1
二溴氯甲烷	566	61
正己烷	163 000	17 600
氯乙烯	25	2.7
1,1-二氯乙烯	79	8.6
顺式-1,2-二氯乙烯	27 200	2 930
反式-1,2-二氯乙烯	54 300	5 860
三氯乙烯	4 320	466
四氯乙烯	914	99
苯乙烯	543 000	—
苯	1 640	177
甲苯	543 000	
乙苯	272 000	
二甲苯	1 000 000	556 000
1,2,4-三甲苯	136 000	14 700
1,3,5-三甲苯	136 000	14 700
氯苯	54 300	5 860
1,2-二氯苯	341 000	—
1,3-二氯苯	337 000	26 100
1,4-二氯苯	2 760	214
1,2,4-三氯苯	37 900	2 930
异丙基苯	109 000	11 700
仲丁苯	27 200	2 930
2-丁酮	1 000 000	11 700
4-甲基-2-戊酮	217 000	23 400
萘	152 000	

（3）微生物释放的 VOCs

生物体在新陈代谢过程中也能释放各种各样的 VOCs，这些由生物体产生的 BVOCs 是生物代谢以及生物体表面微生物共同作用的结果。有些 BVOCs 人类嗅觉能感受到，有些则不能，需要通过现代分析仪器进行检测。BVOCs 是生物代谢的终端代谢产物，是重要的生物信息素。植物散发的 BVOCs 在昆虫间化学通信中起到决定性作用，能调控昆虫的多种行为；一些植物释放的 VOCs 是良好的细菌抑制剂；许多昆虫发育成熟后向体外释放具有特殊气味的微量 VOCs 能引诱同种异性昆虫前来交配，这些昆虫交配过程中起通信联络作用的 BVOCs 叫昆虫性信息素或性外激素；人体体味是一种生物信息素，水果储存过程中气味特征也是一种信息素。

4.8.3.2　城市 VOCs 主要人为来源

众多研究表明，城市地区 VOCs 的主要来源为交通排放源和工业排放源（图 4-29）。北京市加强空气质量管理期间，环境中 VOCs 水平降低主要是对机动车与工业源排放的控制，两者在 VOCs 减排中的贡献分别为 50% 和 27%，源解析结果也表明北京市 VOCs 主要来源于机动车（46%）和工业源排放（24%）。与北京、南京、香港等城市相比，上海市溶剂使用源贡献较高（19.4%），或与上海市存在较多的印刷制造业有关。香港地区机动车多以液化石油气（LPG）为燃料且家庭烹饪中 LPG 的运用也日益增多，使 LPG 对香港大气中 VOCs 的贡献（41.3%）显著高于我国其他地区（Lau et al.，2010）。汽油车排放、工业排放和 LPG 与助燃剂排放为珠江三角洲地区 VOCs 最主要来源，三者贡献率分别为 23%、16%、13%，其中交通排放源的贡献率与上海地区（25%）相近而显著低于北京（46%），可能与北京市较大的机动车保有量相关。

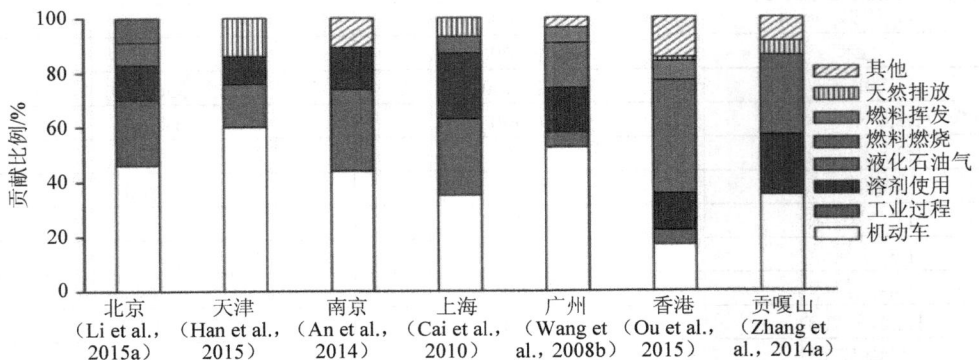

图 4-29　我国各地区排放源排放 VOCs 的百分比

VOCs 主要人为来源为以下几个方面：

①石油化工厂排出的工艺尾气，如石油炼制工艺，石油化工氧化工艺，石油化工储

罐生产工艺；石油开采与加工，炼焦与煤焦油加工，天然气开采与利用；石油、煤炭、天然气等的开采和储运过程中产生的大量 VOCs 气体。

②化工生产，包括石油化工、染料、涂料、医药、农药、炸药、有机合成、溶剂、试剂、洗涤剂、黏合剂等生产中产生的 VOCs 气体。

③交通运输是全球最大的挥发性有机物人为排放源。陆思华等通过对北京交通路口机动车挥发性有机物的排放特征研究，得出北京机动车排放的挥发性有机物中以丙烷、异戊烷、1-丁烯、苯、甲苯、二甲苯等化合物为主，且随着无铅汽油的使用，芳香烃的含量有较大程度的增加。更有研究表明，交通干道大气挥发性有机物的主要物种为苯、甲苯、乙苯、二甲苯、1,2,4-三甲苯、1,3,5-三甲苯、四氯化碳、三氯乙烯和四氯乙烷，且1.5 m 高度处受机动车影响显著，挥发性有机物的浓度最高。

④在木质板材生产合成、加工过程中加入的酚醛树脂、脲醛树脂等涉及的醛类、酚类挥发性有机物，室内装饰、装修材料，如油漆、喷漆及其溶剂、木材防腐剂、涂料、胶合板等常温下可释放出苯、甲苯、二甲苯、甲醛、酚类等多种挥发性有机物质。

⑤有机肥料、有机农药、除草剂、除臭剂、消毒剂、防腐剂生产加工和使用过程中可产生酚类、醚类、多环芳烃等挥发性有机物质；以及日常生活中使用的化妆品、各种洗涤剂生产加工中产生的挥发性有机物等。

⑥各种合成材料、有机黏合剂及其他有机制品遇到高温时氧化和裂解，可产生部分低分子挥发性有机污染物。

⑦淀粉、脂肪、蛋白质、纤维素、糖类等氧化与分解时产生部分挥发性有机污染物。

胡敏、何凌燕等在分析了北京大气的主要类别化合物的化学特征后，得出了正构烷烃、脂肪酸、二元酸、多环芳烃（PAHs）、正壬醛及 C_9 系列的来源。通过用碳优势指数（carbon preference index，CPI）和主峰碳（C_{max}）分析，证明北京市大气 $PM_{2.5}$ 中的正烷烃随着每年的季节变化有明显不同的碳数分布律。

脂肪酸是大气颗粒物有机物的主要成分。天然源和人为源都可以产生脂肪酸。植物蜡来源的脂肪酸一般分布在 C_{22}～C_{32}，具有强烈的偶奇优势，C_{max} 为 C_{26}，而 C_{16} 很少。而真菌、细菌和藻类等微生物来源的脂肪酸一般小于或等于 C_{20}。脂肪酸的人为源主要有化石燃料和木材燃烧。化石燃料燃烧是低分子量脂肪酸的一个重要源（$C_{max}=16$）。

在 2005 年 8 月，Song 等借助 PMF 的方法共得出北京 8 个 VOCs 的主要来源，汽油相关排放（包括汽油尾气的排放和汽油气体的蒸发）、石油化工产品和液化石油气是主要的污染源，贡献率分别是 52%、20% 和 11%，其他污染源包括天然气（5%）、油漆（5%）、柴油机车辆排放（3%）和生物源的释放（2%）。张俊刚等对 2006 年北京气象塔每周大气中非甲烷烃（NMHC）数据进行了分析和研究，利用 PMF 模型解析出 5 个非甲烷烃可能来源，分别是汽车尾气、汽油挥发、工业排放、燃烧源和植被排放。PMF 解析的 NMHC 浓度与实测值有很好的一致性（r^2=0.977 4）。与交通相关的汽车尾气和汽油挥发是主要的排放源，贡献率分别为 36% 和 26.3%，其他排放源为工业排放（23.1%）、燃烧源（10.1%）、植被排放（4.6%）。Wu 等运用 PMF 的方法对北京市 2014 年冬季雾霾期间 VOCs 的来源进行了分析，其中汽油车尾气的排放是主要来源，贡献率为 46%，其他依次为化石燃料的燃烧（15%）、生物质燃烧（13%）、溶剂的使用（12%）、汽油蒸发（6%）、工业过程排放（5%）、柴油机废气（2%）、液化石油气（1%）。刘丹等的研究也得出了相近的结论，机动车尾气的排放是冬季雾霾频发期的主要来源之一，但是由于监测时期空气处于稳定静止状态，不利于污染物的扩散。

王倩等对上海秋季大气 VOCs 的源解析，秋季上海市大气 VOCs 的来源主要有汽车尾气（24.30%）、不完全燃烧（17.39%）、燃料挥发（16.01%）、LPG/NG（液化石油/天然气）泄漏（15.21%）、石油化工（14.00%）、涂料/溶剂的使用（13.09%）。汽车尾气和涂料/溶剂等源排放的 VOCs 中富含 OFP（臭氧生成潜势）关键活性组分和 SOA 重要前体物，它们对 VOCs 浓度的贡献占 TVOC 的 37.39%。

我国香港地区 VOCs 污染来源主要有溶剂使用、机动车尾气排放、LPG、天然源、石油化工和汽油挥发等，其中溶剂使用、机动车尾气排放和 LPG 是最主要的来源，三者贡献率超过 75%。从 2005 年到 2010 年，机动车尾气排放对 VOCs 的贡献呈缓慢增加趋势，溶剂使用贡献率逐渐减少，天然源贡献率保持基本稳定；从季节规律来看，受气象条件等因素影响，多数污染源冬季贡献浓度高于夏季，天然源夏季贡献浓度高于冬季。

重庆市中心城区大气中挥发性有机物主要的 7 类源，分别为工业源、溶剂使用源、机动车、柴油车、二次气溶胶、天然源、区域背景。缙云山天然源所占的比例最高，达到 68.6%，区域背景源和工业源分别占 13.4% 和 12.0%，机动车、柴油车及溶剂使用源贡献率均较低；在南泉，机动车、工业源对 VOCs 总浓度的贡献分别为 30.8%、22.5%，二次生成和区域背景源贡献比例均为 17% 左右，天然源和柴油车贡献较少；超级站机动车、工业源对 VOCs 总浓度的贡献分别为 42.8%、17.4%，区域背景源和二次生成源分别贡献了 13.6% 和 11.1% 的 VOCs 浓度，柴油车和溶剂使用源分别贡献了总 VOCs 的 7.7% 和 6.9%。

在城市中，VOCs 浓度在早晚高峰均出现小幅度峰值，其中烷烃、烯烃等一次性排放 VOCs 因参与光化学反应，中午时段大幅度降低，醛、酮等主要由 VOCs 光化学反应生成的二次污染物则在此时出现峰值。值得注意的是，醛、酮峰值出现在 12：00 左右，而同为 VOCs 二次污染物的 O_3 峰值则出现在 14：00 左右，此时醛、酮大幅降低，可能因为醛、酮既是烃类光化学反应生成的中间产物，又是生成自由基、臭氧和过氧硝基化合物的前体物，其在二次光化学反应后又生成臭氧及其他氧化物而使浓度降低。

4.8.4　大气雾霾中 VOCs 的危害

空气中有机污染物可直接被人体吸入，甚至可能在体内积累，影响人体生化和生理反应，从而影响新陈代谢、发育和生殖功能，还可能影响人的智力发育水平，破坏神经系统和内分泌系统。人体内有机污染物可能促进肿瘤的生长，癌症发病率增加。

4.8.4.1　VOCs 对人和动植物的危害

不是所有的 VOC 气体对人体都是有害的，它们也分为有害 VOC 和无害 VOC（如芝麻油和香精等），这里主要论述对人类和动植物有害的 VOC。

空气中 VOCs 对人类的健康和生存环境的危害主要体现在以下几个方面：

（1）大多数 VOCs 具有刺激性气味或臭味，可引起人们感官上的不愉快，严重降低人们的生活质量。恶臭气体指一切刺激嗅觉器官并引起人们不愉快的气体物质。

（2）VOCs 成分复杂，有特殊气味且具有渗透、挥发及脂溶等特性，可导致人体出现诸多的不适症状。还具有毒性、刺激性及致畸、致癌作用，尤其是苯、甲苯、二甲苯、甲醛对人体健康的危害最大，长期接触会使人患上贫血症与白血病。另外，VOCs 气体还可导致呼吸道、肾、肺、肝、神经系统、消化系统及造血系统的病变。随着 VOCs 浓度的增加，人体会出现恶心、头痛、抽搐、昏迷等症状。

VOCs 废气如果含有较高的苯蒸气浓度，能够产生直接引发人体致死性的急性中毒；VOCs 废气中的多环芳烃有机物、有机氮化合物、芳香胺类化合物等致癌率都非常高；VOCs 废气中的苯酸类有机物进入人体后会直接导致细胞中的蛋白质凝固或者变形，使人体产生不良反应。部分 VOCs 废气含有腈类化合物和硝基苯，可直接入侵人体神经和呼吸系统，导致人体呼吸困难、窒息以及神经系统障碍，最终致人死亡。

在 VOCs 家族里其中一些毒性最强，造成的危害最大，例如：

①甲醛（HCHO），无色有毒气体。经由呼吸道和皮肤接触而产生危害。

急性中毒：流泪、结膜发炎、鼻炎、咳嗽、支气管炎、头痛昏厥。

慢性中毒：视力减退、指尖变褐色、指甲床疼痛、皮炎。

②甲醇（CH_3OH），又称为木精。强毒性物质。吸入蒸汽中毒：剧烈头痛、头昏、恶心、耳鸣，视力受损，重者失明；误服甲醛就会中毒：误服 5～10 mL，恶心、呕吐、全身皮肤青紫，呼吸困难、四肢痉挛。重者呼吸停止、死亡。

③苯并[a]芘和二噁英都具有强烈的致癌作用。汽油和柴油机排出的废气、煤焦油、烟草燃烧和烧焦的食物中，都含有微量的苯并[a]芘，它具有极强的致癌能力。

④二噁英（Dioxin-like Chemicals，DLCs）主要包括：多氯代二苯二噁英（PCDDs）、多氯代二苯并呋喃（PCDFs）、多溴代二苯并二噁英（PBDDs）、多溴代二苯并呋喃（PCDFs）

和多氯联苯（PCBs）等，其中，PCDDs 和 PCDFs 是两组相似的多环含氯化合物。

环境中的二噁英，主要是人类在某些物质的生产、使用和处理过程中产生和排放的。例如，除草剂和杀虫剂的应用，生活垃圾焚烧，纸浆漂白过程，以及其他含氯有机物的燃烧过程等。

二噁英是指含有 1 个或 2 个氧键连接 2 个苯环的含氯有机化合物，它的英文名字为"Dioxin"。由于氯原子在 1～9 的取代位置不同，构成 75 种异构体多氯代二苯（PCDD）和 135 种异构体多氯代二苯并呋喃（PCDF），通常总称为二噁英，其分子量为 321.96，为白色结晶体，705℃开始分解，800℃时 2s 完全分解。其中有 17 种（2、3、7、8 位被 Cl 取代的）被认为对人类和生物危害最为严重。其结构如下所示。

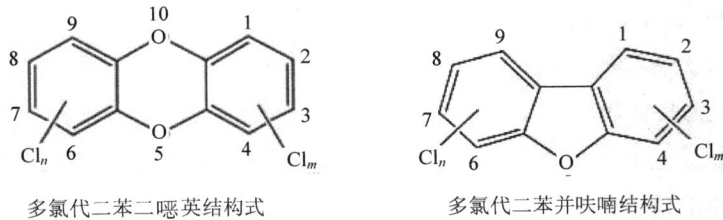

多氯代二苯二噁英结构式　　　　　多氯代二苯并呋喃结构式

二噁英性质稳定，土壤中的半衰期为 12 年，气态二噁英在空气中光化学分解的半衰期为 8.3 天，在人体内降解缓慢，主要蓄积在脂肪组织中。二噁英是一种含 Cl 的强毒性有机化学物质，在自然界中几乎不存在，只有通过化学合成才能产生，是目前人类创造的最可怕的化学物质，被称为"地球上毒性最强的毒物"。

二噁英类物质有剧毒，致癌、致畸、致突变，被认为是当今世界上已经知道的毒性最强的致癌物质。二噁英类的毒性强烈，依赖于苯环上的取代位置和数量。不同异构体的毒性差别很大，其中 2,3,7,8-四氯二苯并二噁英，即 2,3,7,8-TCDD，是目前已知的毒性最强的有机氯化物。1997 年世界卫生组织（WHO）癌症研究中心将其从致癌物清单中的二级晋升到一级。

⑤苯胺可通过呼吸道及皮肤接触，侵入人体，产生毒害。急性中毒：头痛、恶心、呕吐、发绀、惊悸，血压升高，严重者意识不清，抽搐、痉挛。体温下降、瞳孔放大，很快死亡。慢性中毒：造血系统受损，血液中毒，红血球数目减少。泌尿系统受损，排尿困难，血尿，尿频。少数人发生前列腺癌和膀胱癌。目前公认导致膀胱癌的芳胺是联苯胺和 β-萘胺。

（3）某些 VOCs 易燃，如苯、甲苯、丙酮、二甲基胺及硫代烃等，这些物质的排放浓度较高时如果遇到静电火花或其他火源，容易引起火灾。近年来由于 VOCs 造成的火灾及爆炸事故时有发生，尤其是常发生在石油化工企业。

苯及其衍生物的蒸汽有毒。通过呼吸道及皮肤接触，侵入人体，产生毒害。急性中毒：头晕、恶心、呕吐、流泪，重者肌肉抽搐，肢体痉挛、昏迷，很快致死。慢性中毒：惊悸、耳鸣、头晕、头痛、恶心、呕吐、视力减退。长期暴露，影响血液系统，红细胞减少，出现再生性贫血。高浓度的职业暴露，引发白血病。

4.8.4.2　VOCs 对环境和空气质量的影响

空气中的 3 种有机污染物（多环芳烃、挥发性有机污染物和醛类化合物）中，挥发性有机污染物是对空气质量影响较为严重的一种。

①VOCs 多半具有光化学反应性，在阳光照射和热辐射下，VOCs 会参与大气中的 NO_x、碳氢化合物与氧化剂发生化学反应，形成二次污染物（如臭氧等）或强化学活性的中间产物（如自由基等），从而增加烟雾及臭氧的地表浓度，会对人体造成生命危害，同时也会危害农作物的生长，甚至导致农作物的枯死。同时，导致空气质量变差，并成为城市雾霾的重要成分。由光化学反应所造成的烟雾，除能降低能见度之外，所产生的臭氧、过氧乙酰硝酸酯（PAN）、过氧苯酰硝酸酯（PBN）、醛类等物质可刺激人的眼睛和呼吸系统，危害人的身体健康。同时 VOCs 也是形成细颗粒物（$PM_{2.5}$）和臭氧的前体物，大气中 VOCs 在 $PM_{2.5}$ 中占 20%～40%。

②部分 VOCs 可破坏臭氧层，如氯氟烃物质。进入平流层的氯氟烃分子，受到太阳紫外辐射高能光子的轰击，发生光化学反应，而产生游离的氯原子。从而对臭氧层中的臭氧进行催化破坏。臭氧量的减少以及臭氧层的破坏使到达地面的紫外线辐射量增加。一个氯原子进入链反应，可以破坏高达 10 万个的臭氧分子。氯氟烃是破坏臭氧层，产生臭氧洞的主要因素。

③部分 VOCs 废气排放大气后，会对臭氧造成破坏，加剧温室效应，引发全球性气候灾害。VOCs 物质大多数为温室效应气体，可导致全球范围内的环境温度升高。

4.8.4.3　VOCs 对气候的影响

在大气环境里，VOCs 的化学反应生成的硝酸、硫酸，是导致降水酸化、形成酸雨的重要因素。硝酸与 NH_4^+ 反应形成的硝酸铵，硫酸与 NH_4^+ 反应形成的硫酸铵，使大气层的反照率增大，地球接受的太阳辐射能减少，导致大气温度降低，是影响气候变化的一个重要因素。

4.8.4.4　VOCs 的转化和污染途径

（1）光化学反应过程

分子、原子、自由基或离子吸收光子而发生的化学反应，称为光化学反应。化学物种（分子、原子等）吸收光量子后，可产生光化学反应的初级过程和次级过程。

初级过程：包括化学物种吸收光量子形成激发态物种。

$$A + h\nu \longrightarrow A^* \tag{4-158}$$

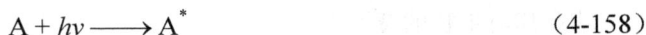

这里 A^* 为 A 的激发态。

A^* 进一步发生反应：

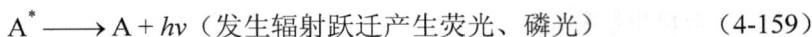

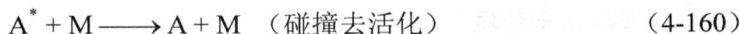

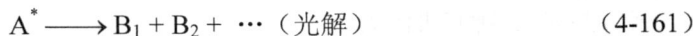

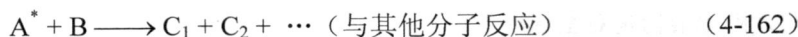

$$A^* \longrightarrow A + h\nu \text{（发生辐射跃迁产生荧光、磷光）} \tag{4-159}$$

$$A^* + M \longrightarrow A + M \quad \text{（碰撞去活化）} \tag{4-160}$$

$$A^* \longrightarrow B_1 + B_2 + \cdots \text{（光解）} \tag{4-161}$$

$$A^* + B \longrightarrow C_1 + C_2 + \cdots \text{（与其他分子反应）} \tag{4-162}$$

次级过程：是指在初级过程中激发态物种分解产生了自由基，自由基引发进一步反应过程。如氯气与氢气的光化学反应过程：

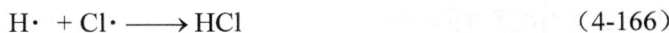

$$Cl_2 + h\nu \longrightarrow 2Cl\cdot \tag{4-163}$$

$$H_2 + Cl\cdot \longrightarrow HCl + H\cdot \tag{4-164}$$

$$Cl_2 + H\cdot \longrightarrow HCl + Cl\cdot \tag{4-165}$$

$$H\cdot + Cl\cdot \longrightarrow HCl \tag{4-166}$$

从上述讨论中可以了解到 VOCs 是由人为排放城市大气中的，这些 VOCs 是位于对流层中的污染物在大气中发生化学反应或者光化学反应形成的新的、毒性更强的污染物——二次气溶胶粒子，即光化学雾或雾霾粒子。

光化学雾就是二次污染物其中的一种。它是对流层中的碳氢化合物、氮氧化物、挥发性有机污染物等，在阳光的作用下发生光化学反应，生成臭氧、过氧乙酰硝酸酯、醛、酮、自由基、有机酸和无机酸等二次污染物产生的混合污染。

挥发性有机物是对流层臭氧和二次有机气溶胶等污染物的重要前提物，其光化学反应主导着光化学烟雾的进程，对城市和区域臭氧的生成至关重要，VOCs 在大气中有一定的活性，是研究大气复合型污染的重要基础。

VOCs 的大气反应活性是指 VOCs 中的成分参与大气化学反应的能力。通常采用等效丙烯浓度、羟基(OH)消耗速率和臭氧生成潜势（OFP）来表征，在二次有机气溶胶的形成过程中，OH· 所起的作用举足轻重，尤其是汽车尾气排放比较严重的地区，由于所启动的碳氢化合物的光氧化反应，既可导致对流层中臭氧浓度的增加，又可导致二次有机气溶胶的形成。因此，在二次有机气溶胶形成机理的研究中，HO· 的产生机理和主要来源是人们非常关心的研究课题。

（2）大气中重要吸光物质的光解离

1）甲醛的光解。

VOCs 中的甲醛进入到对流层后，在太阳光的辐射下进入初级反应过程：

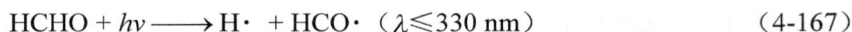

$$HCHO + h\nu \longrightarrow H\cdot + HCO\cdot \text{（}\lambda \leqslant 330\,nm\text{）} \tag{4-167}$$

$$HCHO + hv \longrightarrow H_2 + CO （\lambda \leq 361 \ nm）\tag{4-168}$$

$$\longrightarrow H\cdot + H\cdot + CO （\lambda \leq 283 \ nm）\tag{4-169}$$

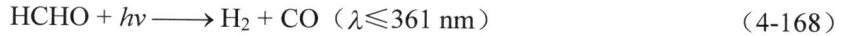

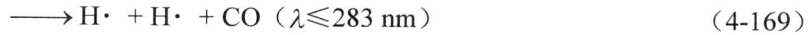

然后进入次级过程：

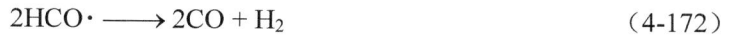

$$H\cdot + HCO\cdot \longrightarrow H_2 + CO \tag{4-170}$$

$$2H\cdot + M \longrightarrow H_2 + M \tag{4-171}$$

$$2HCO\cdot \longrightarrow 2CO + H_2 \tag{4-172}$$

这里波长极限代表了每个通道的热力学阈值。在大气层中，甲醛通过反应式（4-170）的光解产生 H_2 和 CO。另外，通过反应式（4-170）的光解可以导致 $H\cdot$ 和 $HCO\cdot$ 两种自由基的产生。在对流层中，由于 O_2 的存在，初级过程生成的 $HCO\cdot$ 和 $H\cdot$ 这两种自由基很快再与 O_2 发生反应，生成 $HO_2\cdot$：

$$H\cdot + O_2 + M \longrightarrow HO_2\cdot + M \tag{4-173}$$

$$HCO\cdot + O_2 \longrightarrow HO_2\cdot + CO \tag{4-174}$$

由反应式（4-170）、式（4-173）、式（4-174）可知，当甲醛分子吸收一个波长短于 330 nm 的光子时，可产生两个 $HO_2\cdot$。

其他醛类的光解也可以用同样的方式生成 $HO_2\cdot$ 自由基，如乙醛和丙酮的光解，因此醛类的光解是大气中 $HO_2\cdot$ 自由基的主要来源。

$$CH_3CHO + hv \longrightarrow H\cdot + CH_3CO\cdot \tag{4-175}$$

$$H\cdot + O_2 \longrightarrow HO_2\cdot \tag{4-176}$$

$$CH_3COCH_3 + hv \longrightarrow CH_3\cdot + CH_3CO\cdot \tag{4-177}$$

2）亚硝酸的光解。

对于污染的大气，亚硝酸的光解反应是大气中 $HO\cdot$ 产生的重要来源之一。在汽车尾气排放严重的上空，NO_x 浓度较高；在夜里通过非均相反应可生成 HNO_2；第二天凌晨，遇到太阳光照便产生光解，成为 $HO_x\cdot$ 产生的主要来源。

$$HONO + hv（\lambda = 300 \sim 330 \ nm）\longrightarrow HO\cdot + NO \tag{4-178}$$

这是 HNO_2 在空气中的主要初级过程。另外一个初级过程，可能进行到 10%：

$$HONO + hv \longrightarrow H\cdot + NO_2\cdot \tag{4-179}$$

Aumont 等研究了 HONO 光解对 $HO_2\cdot$ 的贡献，他指出对于城市，冬季的贡献为 10%～22%，夏季为 4%～9%。Ren 等对纽约上空的 $HO\cdot/HO_2\cdot$ 观测研究的结果表明：白天 HONO 的浓度较高，HONO 光解后成为 $HO_x\cdot$，对 $HO_x\cdot$（$HO\cdot + HO_2\cdot$）贡献达 56%；夜间对 $HO_x\cdot$ 的贡献主要源于臭氧和烯烃反应。

3）碳氢化合物的光解、氧化和转化。

碳氢化合物在大气中的反应主要有：

①烷烃与 HO· 和原子氧反应：

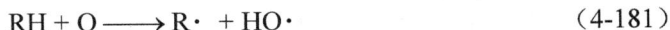

$$RH + HO· \longrightarrow R· + H_2O \tag{4-180}$$

$$RH + O \longrightarrow R· + HO· \tag{4-181}$$

②烃与 HO· 反应：

$$\tag{4-182}$$

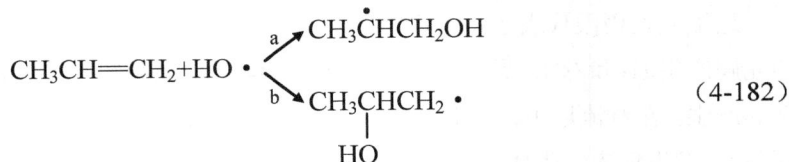

③烃与 O_3 的反应：

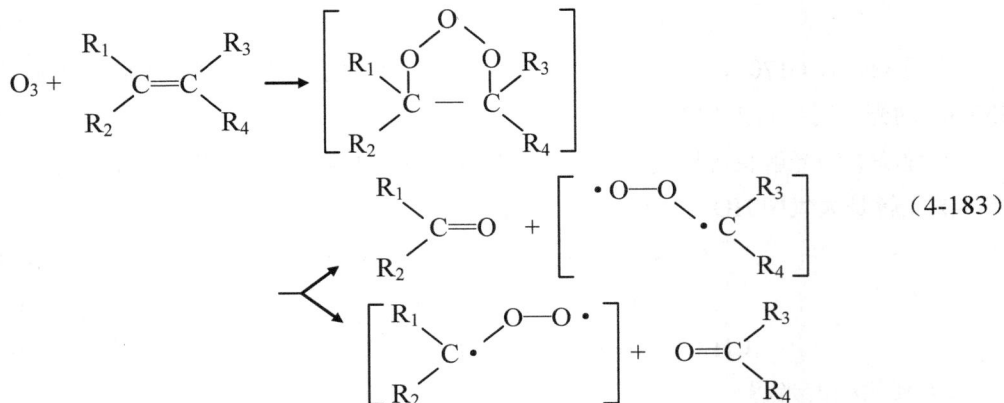

$$\tag{4-183}$$

这说明在氮氧化物存在下，HO· 可以启动并催化碳氢化合物的光氧化反应。

有机物与 HO· 反应生成有机自由基，包括烷基、烷氧自由基和过环氧基等，它们的基本反应过程如下：

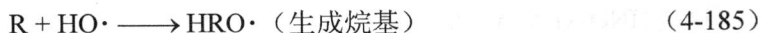

$$RH + HO· \longrightarrow R· + H_2O \quad （生成烷基烃自由基） \tag{4-184}$$

$$R + HO· \longrightarrow HRO· （生成烷基） \tag{4-185}$$

$$R + HO· \longrightarrow RCO· （生成酰基） \tag{4-186}$$

有些有机自由基又可以与氧反应生成过氧自由基：

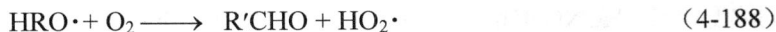

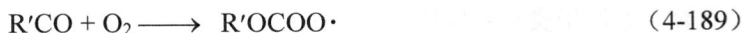

$$R· + O_2 \longrightarrow ROO· \tag{4-187}$$

$$HRO· + O_2 \longrightarrow R'CHO + HO_2· \tag{4-188}$$

$$R'CO + O_2 \longrightarrow R'OCOO· \tag{4-189}$$

VOCs 排放到对流层后，通常参与 4 种竞争过程：①单分子反应过程即光解过程；②同位异构化过程（产生同为异构体）；③重新组合过程包括碳氢化合物之间的组合及碳氢化合物与氮氧化物之间的重新组合等；④光氧化过程［包括碳氢化合物与 HO·、O_2、NO_x（$x=1$，2）的光氧化反应等］。碳氢化合物在太阳光的照射下，发生光分解反应，生成自由基，如烷基 R·，烷氧自由基 RO·（包括 HO·），酰基 RCO·；光解产物与氧分子反应生成过氧基；过氧烷基 ROO·（包括 HO_2·），过氧酰基 RCO_3·。碳氢化合物的光氧化过程既是产生洛杉矶型光化学烟雾的主要因素，也是产生二次有机气溶胶的主要因素。碳氢化合物的光氧化过程同样可产生过氧基：ROO·（过氧烷基，包括 HO_2·），RCO_3·（过氧酰基）；新的碳氢化合物，如醛、酮、醇、烷、烯和 H_2O 等；以及过氧乙酰硝酸酯等。光氧化化学重要的中间产物 RO_2· 和 HO_2· 可以参与一些重要的化学反应，加快了 NO 向 NO_2 的转化，产生了臭氧、醛类和过氧乙酰硝酸酯等。

4）光氧化过程中的氮氧化物的转化。

这里所说的氮氧化物通常指的是 NO 和 NO_2，用 NO_x 表示。

①NO 的转化：

$$NO + HO_2· \longrightarrow NO_2 + HO· \tag{4-190}$$

$$RO_2 + NO \longrightarrow RO· + NO_2 \tag{4-191}$$

或

$$RO_2· + NO \longrightarrow RONO_2 \tag{4-192}$$

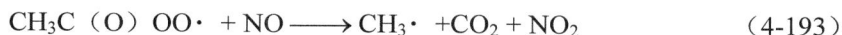
$$CH_3C(O)OO· + NO \longrightarrow CH_3· + CO_2 + NO_2 \tag{4-193}$$

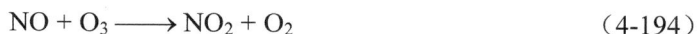
$$NO + O_3 \longrightarrow NO_2 + O_2 \tag{4-194}$$

这一反应控制了污染地区污染物浓度的增高。

另外，还存在有 NO 与 HO· 和 RO· 的反应。

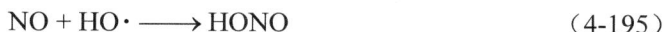
$$NO + HO· \longrightarrow HONO \tag{4-195}$$

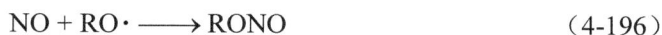
$$NO + RO· \longrightarrow RONO \tag{4-196}$$

②NO_2 的转化。NO_2 的光解反应是 O_3 唯一的人为来源。首先是 NO_2 与 HO· 自由基的反应：

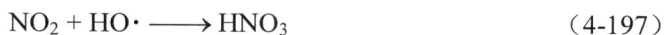
$$NO_2 + HO· \longrightarrow HNO_3 \tag{4-197}$$

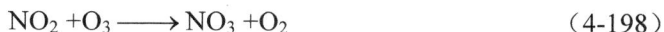
$$NO_2 + O_3 \longrightarrow NO_3 + O_2 \tag{4-198}$$

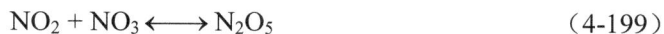
$$NO_2 + NO_3 \longleftrightarrow N_2O_5 \tag{4-199}$$

③过氧乙酰基硝酸酯（PAN）：

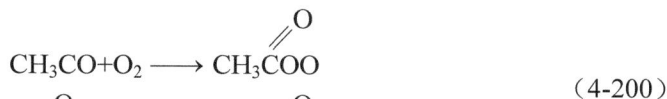
$$CH_3CO + O_2 \longrightarrow CH_3C\overset{O}{\overset{\|}{C}}OO$$

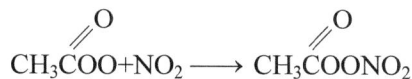
$$CH_3C\overset{O}{\overset{\|}{C}}OO + NO_2 \longrightarrow CH_3C\overset{O}{\overset{\|}{C}}OONO_2 \tag{4-200}$$

$$CH_3CHO + h\nu \longrightarrow CH_3CO + H \tag{4-201}$$

PAN 是由乙醛氧化产生酰基，再与 O_2 和 NO_2 作用形成的。也有人认为乙烷的大气氧化是 PAN 的一个来源。

$$C_2H_6 + OH \longrightarrow C_2H_5 + H_2O \tag{4-202}$$

$$C_2H_5 + O_2 \xrightarrow{M} C_2H_5O_2 \tag{4-203}$$

$$C_2H_5O_2 + NO \longrightarrow C_2H_5O + NO_2 \tag{4-204}$$

$$C_2HC_2O_2 + 1/2O_2 \longrightarrow CH_3CHO + HO_2 \tag{4-205}$$

产生的 CH_3CHO 进一步氧化生成 PAN。

PAN 具有热不稳定性，遇热分解返回到自由基和 NO_2。因而，PAN 的分解和形成之间存在着平衡，其平衡常数随温度变化而改变。

$$CH_3C（O）OO + NO_2 \longleftrightarrow CH_3C（O）OONO_2 \tag{4-206}$$

此反应的速率常数按 Atkinson 等（1984）的建议采用式（4-207）计算：

$$k（s^{-1}）=1.95 \times 10^{-16} e^{-13\,543/T} \tag{4-207}$$

式中，T——温度。

在 297K 时，k 值为 $3.3 \times 10^{-4} s^{-1}$。由于 k 值随温度变化，PAN 的寿命随其发生变化。按式（4-207）计算，当温度分别为 $-20℃$、$0℃$、$20℃$、$40℃$时，相应的 T 值分别为 105 d、50 h、1.7 h 和 5 min。温度低时 PAN 的寿命较长，可随气流输送到外地；温度一旦升高，PAN 又可分解。由 PAN 分解出来的酰基可与 NO 反应：

$$CH_3C（O）OO + NO \longrightarrow CH_3COO + NO_2 \tag{4-208}$$

这时的 CH_3COO 基被 NO 除去，使其不能再返回到 PAN。

④烷基硝酸酯。烷基硝酸酯（$RONO_2$）是由烷氧基和 NO_2 反应后生成的：

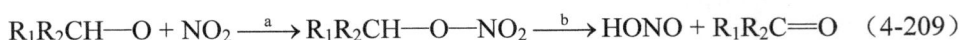

$$R_1R_2CH-O + NO_2 \xrightarrow{a} R_1R_2CH-O-NO_2 \xrightarrow{b} HONO + R_1R_2C=O \tag{4-209}$$

一般认为，环境大气中以加成反应为主。当烷基 R 的碳原子数大于 3 时，过氧烷基同 NO 反应也可以生成烷基硝酸酯：

$$RO_2 + NO \xrightarrow{a} RO_3 + NO_2 \xrightarrow{b} RONO_2 \tag{4-210}$$

其中途径 a 约占 70%，途径 b 约占 30%。

烷基硝酸酯热稳定性很高，紫外吸收截面积小。因此它往往是链反应终止产物。

5）大气中 VOCs 向颗粒物的转换。

大气中的挥发性有机物在光化学作用下形成二次污染物和光化学烟雾的分子机理；二次污染物形成二次有机气溶胶的微观成核机理，是一项难度大且十分复杂的课题。

光化学烟雾最后生成大量臭氧，会增加大气的氧化性，导致大气中的碳氢化合物、氮氧化物、挥发性有机污染物被氧化并逐渐凝结成颗粒物，从而加大了大气中悬浮微粒颗粒物的浓度，这是造成大气雾霾的源头之一。

VOC 从气相到颗粒相的转化主要有 3 种机制：①VOC 在浓度超过饱和蒸气压时，低饱和蒸气压的有机物凝结在颗粒物上形成二次气溶胶；②气态有机物在颗粒物表面以物理或化学过程吸附在颗粒物的内部，此过程可发生在亚饱和状态；③气态有机物在大气环境中发生氧化反应，生成低挥发性物质，进而生成二次颗粒物。光化学烟雾是形成二次气溶胶的重要途径，通过与大气中的 OH 自由基、O_3、NO_x 等氧化剂发生多途径的反应形成有机酸、多官能团碳氢化合物、硝基化合物等挥发性有机物，通过吸收等过程进入颗粒相，成为气溶胶颗粒物。

核的凝结过程包括吸收、吸附和凝结等过程。凝结是最简单的气—粒转化过程，不涉及 VOC 与气溶胶粒子之间的相互作用，称为均相成核过程，类似于无机二次气溶胶，如硫酸盐的形成。早期研究认为，该过程是其气—粒转化的主要过程。近期研究认为，异相成核过程即 VOCs 在气溶胶颗粒上的吸收或吸附过程才是气—粒转化的主导过程。与前者相比，异相成核过程取决于 VOCs 的性质，又与作为吸附点的气溶胶颗粒有关。Odum 等通过烟雾箱模拟实验得出，气溶胶的量与有机气溶胶质量浓度密切相关，认为吸收或吸附过程是气粒转化的主导过程，因为凝结过程是不依赖于有机气溶胶浓度的。在气—粒转化过程中吸收与吸附究竟哪个更为重要，目前尚无定论。研究表明，城市气溶胶的吸收过程的重要性大于吸附过程。

图 4-30 描述了 VOCs 和 SVOCs（Semi-volatile organic compounds）转化为 SOA 的主要物理化学过程。

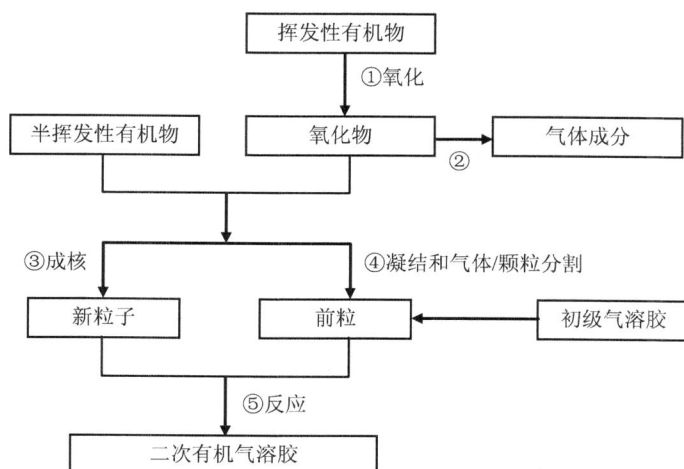

图 4-30　二次气溶胶形成的简要过程

气态 VOCs 通过气相氧化机制①生成挥发性和蒸气压不同的一次氧化物，蒸气压较高的产物进入环境大气中②，蒸气压较低的产物即 SVOCs 通过两种途径生成 SOA，不是成核作用③，而是凝结过程和气/粒分配过程④。上述两种途径生成的 SOA 可在颗粒相表面或内部发生化学反应⑤，进而改变其挥发性和折射系数等性质，使吸湿性增强，并形成云凝结核，SOA 的老化过程。同样，一次源的 SVOCs 也可通过成核作用③、凝结过程和气/粒分配过程④以及颗粒相的化学反应生成 SOA。

有研究证明，不少 VOCs 是通过云或者雾气中的水的表面即液相发生反应而被氧化。Blando 等发现雾中存在各种人为产物，如醇类、醛类、脂肪酸等，这些化合物在气态和液态中都有分布，说明 VOCs 在液相中反应是可能存在的。

Aumount 提出云中的有机酸主要来自有机酸溶解在液相中的反应。大气雾霾中的有机粒子相对较小，其粒径大部分都小于或等于 2.5 μm。有机气溶胶粒子包含有初级粒子和二次粒子。这些初级粒子和次级粒子中存在有毒性较大的多环芳烃（PAHs）和硝基多环芳烃（NPAHs）。挥发性多环芳烃化合物是形成二次气溶胶（SOA）的前体物，城市大气中占 50%～75% 的 SOA 都来源于苯及其衍生物。

大气层中有些气溶胶溶于水，称为水溶性气溶胶，一般来说通过水溶性气溶胶和水溶性有机化合物形成的二次有机气溶胶都属于亲水性有机气溶胶。

4.8.5 国内外关于挥发性有机物（VOCs）的控制标准

1996 年我国制定了《大气污染物综合排放标准》（GB 16297—1996）对现有污染源大气污染物 VOCs 的排放限值进行了明确规定，其最高允许排放浓度为：苯 17 mg/m³，甲苯 60 mg/m³，二甲苯 90 mg/m³，苯酚 115 mg/m³，甲醛 30 mg/m³，乙醛 150 mg/m³，丙烯腈 26 mg/m³，丙烯醛 20 mg/m³，甲醇 220 mg/m³，苯胺类 25 mg/m³，氯苯类 85 mg/m³，硝基苯类 20 mg/m³，氯乙烯 65 mg/m³，氰化氢 2.3 mg/m³，苯并[a]芘 0.5×10⁻³ mg/m³，沥青烟（吹制沥青）280 mg/m³、（熔炼、浸涂）80 mg/m³、150 mg/m³，非甲烷总烃 120 mg/m³。

新污染源大气污染物最高排放浓度为：苯 12 mg/m³，甲苯 40 mg/m³，二甲苯 70 mg/m³，苯酚 100 mg/m³，甲醛 25 mg/m³，乙醛 125 mg/m³，丙烯腈 22 mg/m³，丙烯醛 16 mg/m³，甲醇 190 mg/m³，苯胺类 20 mg/m³，氯苯类 60 mg/m³，硝基苯类 16 mg/m³，氯乙烯 36 mg/m³，氰化氢 1.9 mg/m³，苯并[a]芘 0.3×10⁻³ mg/m³，沥青烟（吹制沥青）140 mg/m³、（熔炼、浸涂）40 mg/m³、75 mg/m³，非甲烷总烃 120 mg/m³。

（1）国内标准

随着科学的进步和工业的发展，近年来我国陆续出台了许多关于限制 VOCs 排放的法规和标准。

①恶臭污染物排放标准（GB 14554—1993）。

②大气污染物综合排放标准（GB 16297—1996）。

③饮食业油烟排放标准（GB 18483—2001）。

④合成革与人造革工业污染物排放标准（GB 21902—2008）。

⑤橡胶制品工业污染物排放标准（GB 27632—2011）。

⑥炼焦化学工业污染物排放标准（GB 16171—2012）。

⑦轧钢工业大气污染物排放标准（GB 28665—2012）。

⑧电池工业污染物排放标准（GB 30484—2013）。

⑨石油炼制工业污染物排放标准（GB 31570—2015）。

⑩石油化学工业污染物排放标准（GB 31571—2015）。

⑪合成树脂工业污染物排放标准（GB 31572—2015）。

⑫电子工业污染物排放标准（二次征求意见稿）。

⑬挥发性有机物无组织排放控制标准（GB 37822—2019）。

⑭涂料、油墨及胶粘剂工业大气污染物排放标准（GB 37824—2019）。

⑮制药工业大气污染物排放标准（GB 37823—2019）。

⑯合成树脂工业污染物排放标准（GB 31572—2015）。

⑰水泥工业大气污染物排放标准（GB 4915—2013）。

⑱钢铁烧结、球团工业大气污染物排放标准（GB 28662—2012）。

⑲烧碱、聚氯乙烯工业污染物排放标准（GB 15581—2016）。

此外，为了配合国家大气 VOCs 的治理，我国各省各地还制定了严于国家标准的地方标准，以应对各地不同类型、不同方式的 VOCs 排放。

①《上海市半导体行业污染物排放标准》（DB 31/374—2006）。

②《山东省饮食业油烟排放标准》（DB 37/597—2006）。

③《北京市大气污染物综合排放标准》（DB 11/501—2007）。

④《北京市储油库油气排放控制和限值》（DB 11/206—2010）。

⑤《北京市油罐车油气排放控制和限值》（DB 11/207—2010）。

⑥《北京市加油站油气排放控制和限值》（DB 11/208—2010）。

⑦《上海市生物制药行业污染物排放标准》（DB 31/373—2010）。

⑧《广东省家具制造行业挥发性有机化合物排放标准》（DB 44/814—2010）。

⑨《广东省制鞋行业挥发性有机化合物排放标准》（DB 44/815—2010）。

⑩《广东省表面涂装（汽车制造业）挥发性有机化合物排放标准》（DB 44/816—2010）。

⑪《广东省印刷行业挥发性有机化合物排放标准》（DB 44/815—2010）。

⑫《河北省工业企业挥发性有机物排放控制标准》（DB 13/2322—2016）。

⑬《陕西省挥发性有机物排放控制标准》（DB 61/T 1061—2017）。

（2）国外标准

欧美等发达国家（地区）在 20 世纪 90 年代初建立了相关的 VOCs 人为源排放清单数据库，并保持逐年更新。在 VOCs 控制管理方面，欧美等发达国家（地区）也走在前面，在 90 年代便出台了相关法律法规，如美国的《大气清洁法》，欧盟的《欧洲清洁空气计划》指令 1999/13/EC、2004/42/EC、1994/63/EC、1996/61/EC 等行业指令，对 VOCs 的排放标准和排放源进行限制，并且多次修改和补充，日趋严格，有效控制了 VOCs 的排放。

美国早在 1963 年就制定了《大气清洁法》（CAA），1990 年又进行了修改，在原来限制 VOCs 上强化增加了对有害大气污染物质的限制，在该法中，为适应各区的环境基准又规定了相应的基准值 RACT（合理可行控制技术）、BACT（最佳可行控制技术）、LAER（最低可达排放速率），并对污染源（包括原有和新增源）排放 VOCs 提出了明确限制。

欧盟在 1996 年公布了关于完整的防治和控制污染的指令 1996/61/EC，对包括石油冶炼、有机化学品、精细化工、储存、涂装、皮革加工等 6 大类 33 个行业制定了 VOCs 的排放标准，对有机溶剂行业则详细制定了关于 VOCs 排放限制的指令 1999/13/EC，随后的 2004/42/EC 指令对建筑和汽车等特定用途的涂料设定了 VOCs 排放的限制。

此外，欧盟还根据 VOCs 毒害作用大小，提出了分级控制要求，其中高毒害 VOCs 排放不得超过 5 mg/m³，中毒害排放不得超过 20 mg/m³，低毒害排放不得超过 100 mg/m³。

日本为控制 VOCs 排放，于 2006 年 4 月正式实施了《大气污染防治法》，2007 年 3 月实施了《生活环境保护条例》，明确提出 2010 年 VOCs 的排放量要比 2000 年减少 30%。

4.9 臭氧的污染途径

大气中 90%以上的臭氧存在于大气层的上部或平流层，离地面有 10～50 km，是保护人类和环境的大气臭氧层。此臭氧层可吸收太阳光中对人体有害的短波紫外光线（30 nm 以下），防止这种短波光线照射到地面，使生物免受紫外线的伤害。近地面有少部分的臭氧分子对阻挡紫外线有一定作用。但对流层臭氧浓度的增加，会对人体健康产生有害影响。臭氧对眼睛和呼吸道有刺激作用，对肺功能也有影响，较高浓度的臭氧对植物也是有害的。

4.9.1 大气中 O_3 产生的原理

4.9.1.1 O_3 的天然形成原理

存在于大气中，靠近地球表面的臭氧浓度为 0.001～0.03 ppm，是由于大气中氧气吸收了太阳的波长小于 185 nm 紫外线后生成的。近地面的空气中臭氧（O_3）主要是由其前体物 NO_x（NO 和 NO_2）和挥发性有机化合物（VOC）在阳光下经过复杂的光化学反应产生。

地球大气中的臭氧最终是由原子氧 O（^3P）和分子氧（O_2）[式（4-211）] 结合反应形成的。在平流层中，O_2 被短波紫外线（UV）辐射（$\lambda \leq 240$ nm）发生光解提供了原子氧，并促进臭氧层的形成（Chapman，1930）。在几乎没有紫外线辐射的对流层中，波长小于或等于 424 nm [式（4-212）] 的 NO_2 光解成为 O^3P 原子的主要来源并促进 O_3 的形成。O_3 很容易与 NO 反应生成 NO_2 [式（4-213）]。当不涉及其他化学物质时，式（4-211）~式（4-213）反应导致无效循环。

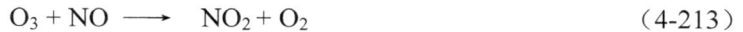

$$O\ (^3P) + O_2 + M \longrightarrow O_3 + M \tag{4-211}$$

$$NO_2 + hv \longrightarrow NO + O\ (^3P) \tag{4-212}$$

$$O_3 + NO \longrightarrow NO_2 + O_2 \tag{4-213}$$

实际上，对流层含有替代氧化剂（即 HO_2 和 RO_2）有效地将 NO 转化为 NO_2[式（4-214）和式（4-215）]，从而导致 O_3 的积累。式（4-214）、式（4-215）和式（4-212）的反应建立了一个有效的"NO_x 循环"，在不消耗 NO_x 的情况下产生 O_3。影响 O_3 形成的另一个重要化学循环是所谓的"RO_x（RO_x=OH+HO_2+RO_2）自由基循环"，它不断供应 HO_2 和 RO_2 以将 NO 氧化为 NO_2。它通常从 OH 引发的 VOC 降解开始，产生 RO_2 自由基[式（4-217）]，然后将 RO_2 转化为 RO [式（4-215）]，RO 被氧化为 HO_2 [式（4-217）]，最后是从 HO_2 中再生出 OH [式（4-214）]。每个 RO_x 循环将两分子 NO 氧化为 NO_2，然后通过"NO_x 循环"产生两分子 O_3 并回收 NO。

$$HO_2 + NO \longrightarrow OH + NO_2 \tag{4-214}$$

$$RO_2 + NO \longrightarrow RO + NO_2 \tag{4-215}$$

$$OH + RH + O_2 \longrightarrow RO_2 + H_2O \tag{4-216}$$

$$RO + O_2 \longrightarrow HO_2 + \text{羰基化合物} \tag{4-217}$$

RO_x 和 NO_x 循环因 RO_x 和/或 NO_x 的交叉反应而终止。在高 NO_x 条件下，终止过程由 NO_2 与 OH [式（4-218）] 和 RO_2 [式（4-219）] 的反应主导，它们形成硝酸和有机硝酸盐（所谓的 NO_Z 物质）。在低 NO_x 条件下，主要的终止过程是 HO_2 [式（4-212）] 的自反应和 HO_2 及 RO_2 的交叉反应 [式（4-221）]，产生过氧化氢（H_2O_2）和有机过氧化物。因此，NO_Z 和过氧化物（例如，H_2O_2/HNO_3）的相对丰度可以反映出环境大气条件，即低 NO_x 或高 NO_x 通常被用作推断 O_3 形成机制。

$$OH + NO_2 \longrightarrow HNO_3 \tag{4-218}$$

$$RO_2 + NO_2 \longleftrightarrow RO_2NO_2 \tag{4-219}$$

$$HO_2 + HO_2 \longrightarrow H_2O_2 + O_2 \tag{4-220}$$

$$H_2O + RO_2 \longrightarrow RO_2H + O_2 \tag{4-221}$$

O_3 形成的另一个关键过程是初级生产封闭壳层分子中的 RO_x 自由基。它启动了上述 RO_x 循环，因此在 O_3 生产中起着中心作用。在受污染的对流层中，RO_x 自由基主要来自 O_3、HONO 和羰基的光解，但也来自不饱和 VOCs 的臭氧分解反应，各来源的相对贡献可能会因地而异。大气自由基（和自由基前体物）的新来源已经被发现，包括未知的白天 HONO 来源和夜间硝基氯（$ClNO_2$）的形成以及第二天氯原子的释放。Cl 和 VOCs 之间的反应通过类似于 OH 的气相机制增强 O_3 的光化学形成。

$$RH + Cl + O_2 \longrightarrow RO_2 + HCl \tag{4-222}$$

O_3 形成的一个共同特征是非线性相关性其前体物（即 NO_x 和 VOC）产生的 O_3。与低 NO_x/VOCs 相比，"NO_x 循环"的强度弱于"RO_x 循环"，因此成为 O_3 生产的限制因素。这种情况通常被称为 NO_x 限制的 O_3 形成机制。相比之下，在 NO_x/VOC 较高的情况下，O_3 的产生主要受"RO_x 循环"强度的限制，被称为 VOC 限制。如果 NO 水平高得多，通常在受污染的城市地区，O_3 的产生会被 R_3 反应抑制并进入"NO_x 滴定状态"。因此，确定 O_3 形成机制是 O_3 空气污染科学调控的基础步骤，也是中国臭氧污染研究的主要领域。

4.9.1.2　O_3 的人为形成

由机动车、发电厂、燃煤锅炉和水泥炉窑排放的氮氧化物，以及由石油化工、有机化工、表面涂装、包装印刷、装修、干洗、餐饮等日常生活排放的 VOC，在高温光照条件下加快了臭氧前体物的产生。此外，机动车排出的尾气中同时含有氮氧化物和碳氢化合物，也是形成 O_3 的最佳条件。

进入大气的氮氧化物和碳氢化合物等一次污染物，在太阳紫外线的照射下发生光化学反应，生成 O_3、PAN 等二次污染物，参与光化学反应过程的一次污染物和新形成的二次污染物的混合物共同导致大气出现一种具有刺激性的蓝色或棕色烟雾。二次污染物的起始反应是氮氧化物经光照产生原子氧，原子氧又与空气中的氧气生成臭氧，进而引发一系列复杂的氧化反应与自由基链式反应，从而导致生成臭氧、甲醛、丙烯醛、过氧乙酰硝酸酯等多种二次污染物。因为是光化学反应引起的烟雾状污染，故称为光化学烟雾。

4.9.2　O_3 在大气中的分布

4.9.2.1　O_3 在全球的浓度

O_3 分布在整个地球大气层，根据温度和 O_3 的变化分为垂直区域。对流层是温度从地球表面下降到对流层顶最小值的区域，在中纬度地区，该区域距离地平面 $10 \sim 12$ km。平流层是对流层顶上方的区域, 其中温度通常随高度升高。O_3 是通过 O_2 的光解在平流层中自然产生的, 导致平流层体积混合比为 1 000~10 000 ppb。另外, 对流层 O_3 浓度通常比平流层低两到三个数量级。

O_3 含量主要分布在 10~50 km 的中层大气中, 极大值在 20~25 km 附近。对流层大气中的 O_3 含量只占整层大气臭氧量的不到 1/10。观测资料证明, 近地面空气中的 O_3 浓度有明显的日变化和季节变化特征。通常在白天浓度高, 夜间浓度低, 这种日变化在夏季表现得尤为明显。近地层的臭氧浓度夏季明显高于冬季, 在夏季大多数地区观测到 O_3浓度变化在 30~80 ppbv, 个别日期在 100~120 ppbv 或在这个数据之上。在发生光化学烟雾的情况下, O_3 浓度可能会达到 200 ppbv, 甚至会更高。而在冬季近地面的空气中 O_3浓度很少超过 30 ppbv, 一般变化在 10~20 ppbv。

2015 年前后对流层中 O_3 源气体的浓度从 1 月到 7 月都在增加。全球月平均地表臭氧浓度从 32.76 ppb 增加到 35.67 ppb, 即增加了 2.91 ppb, 增幅约为 9%。增长主要集中在北半球和高度工业化及人口稠密的大陆地区。

在低纬度地区, 到 2015 年仍然观察到地表臭氧增加, 1 月份地表臭氧浓度增加 2.6 ppb, 与 7 月的增加相比仅在幅度上略小, 并且增加的百分比大致相同。

北半球表面臭氧分布的一般特征是臭氧的 "舌头" 离开北美大陆东海岸并穿过北大西洋向欧洲扩散。臭氧 "带" 从欧洲延伸到整个大陆, 并与亚洲上空的臭氧高峰汇合。这些特征说明了 Parrish 等最初假设的对流层低层臭氧形成和传输的远距离洲际尺度。

在全球范围内, O_3 从 1992 年到 2015 年增加了约 10%, 平均地表浓度增加了约 3 ppb, 使平均浓度接近 37 ppb。在此期间, 地表 O_3 浓度可能高达 10 ppb。整个欧洲的 O_3 峰值浓度预计将增加约 5.8 ppb, 变化范围在 3.6~8.7 ppb。由于欧洲和北美目前的减排计划, 氮氧化物排放量减少了 53%, O_3 的浓度约减少到了 2.7 ppb。

O_3 是美国《清洁空气法》根据健康标准限制大气浓度的六种空气污染物之一, 因此被称为 "标准污染物"。当前臭氧的一级标准和二级标准均设定为平均 70 ppb/8 h。

从 2015 年我国 338 个城市臭氧日最大 8 小时 (O_3-8 h) 的年均浓度和 90 百分位浓度分布情况来看, 臭氧浓度空间分布非常不均匀。城市臭氧年均浓度为 36.9~118.2 $\mu g/m^3$, 平均为 $(82.6\pm14.6)\mu g/m^3$, 90 百分位浓度为 62.0~202.7 g/m³, 平均为 $(133.9\pm25.8)\mu g/m^3$。338 个城市中, 35 个城市年度 O_3-8 h 浓度超过 100 $\mu g/m^3$, 54 个城市 90 百分位浓度超过 160 $\mu g/m^3$, 即按照环境空气质量评价技术规范 (HJ 663—2013) 评价, 全国 54 个城市臭氧超标, 超标城市比例为 16.0%。污染最严重的城市位于华北地区, 其次是华中和华东地区, 包括京津冀、山东、江苏等地区, 与这些地区人口密度较大、臭氧前体物排放量较大有关。

按照我国七大地理分区分别进行汇总统计。表 4-55 总结了我国七大地理分区的 O_3-8h 浓度水平，华北、华中和华东地区 90 百分位浓度均值超过 140 $\mu g/m^3$，其他地区低于 130 $\mu g/m^3$。

表 4-55　2015 年我国七大地理分区 O_3-8 h 年均浓度及 90 百分位浓度

分区	年均浓度 O_3-8 h/（$\mu g/m^3$）			90 百分位浓度 O_3-8 h/（$\mu g/m^3$）			城市数量/个
	min	max	Ave.±S.D.	min	max	Ave.±S.D.	
华北	56.7	110.8	84.5±15.0	81	202.7	143.0±28.1	36
东北	52.6	111.2	79.5±12.2	90.8	183.2	129.8±24.5	36
华东	43.7	116.9	85.4±17.6	62.6	197.7	140.6±33.0	78
华中	63.2	107.6	85.1±10.8	105.6	178	145.0+18.1	44
华南	48.9	107.6	79.8±11.7	90	171.7	129.8±16.7	37
西南	47.9	104.8	76.6±30.6	75	183	120.2±23.6	54
西北	36.9	118.2	85.2±15.0	62	158	128.5±16.3	53

各区域 O_3-8h 年均浓度与相应的 90 百分位浓度基本呈线性相关，但西南地区特别是青藏高原城市的 O_3-8h 年均浓度并不低，90 百分位浓度则明显低于我国东部地区，说明平原与高原地区臭氧浓度的统计特征不同。图 4-31 为 2015 年和 2016 年我国七大地理分区的 O_3-8h 年均浓度比较，所有地区都有不同程度的升高。

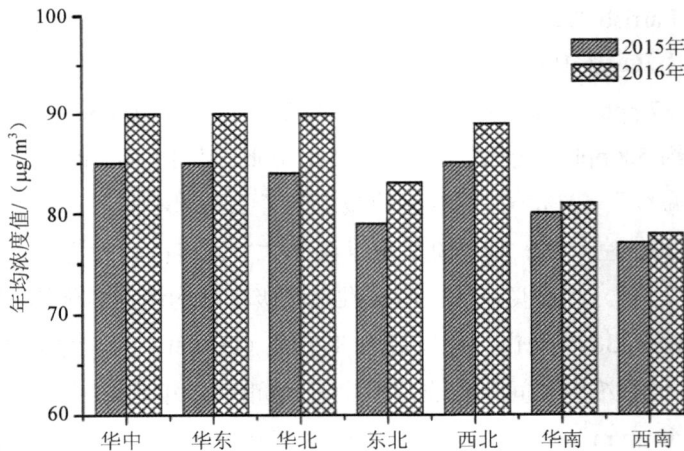

图 4-31　2015 年和 2016 年我国七大地理分区的 O_3-8 h 年均浓度比较

另据徐晓斌报道，2013—2017 年中国大陆 74 个重点城市 M8A90 的变化趋势分别为 3.25 ppb/a、5.28 ppb/a、3.45 ppb/a，京津冀（BTH）、长三角和珠三角地区均为 1.53 ppb/a。2013—2017 年，74 个重点城市的 MDA8 值以 1.1 ppb/a（全年）和 2.1 ppb/a

（6 月、8 月）的速度增加。在 2013—2017 年暖季（4 月、9 月），4MDA8、MDA8、AOT40 和 NDGT70 的值分别以 3.1 ppb/a、2.7 ppb/a、3 043 ppb-h/a 和 5.3 d/a 的速度增加。来自 367 个城市地表面的 O_3 数据显示，AVG 的增加趋势在 0.19～3.03 ppb/a（0.40～6.5 mg/m^3·a），在夏季下午最大值达到 13.9 ppb/a（29.7 mg/m^3·a）。2013—2019 年的温暖季节来自 69 个主要城市的 243 个选定地点的数据显示，4MDA8（2.7±0.5）ppb/a、MDA8 为（2.4±0.4）ppb/a、MDA1 为（2.4±0.5）ppb/a、AVG 为（1.7±0.3）ppb/a 增加、SOMO35 为（362～79）ppb-day/a、AOT40 为（486～117）ppb-h/a 和 NDGT70 为 5.2 d/a。

图 4-32 为 2014—2017 年中国城市平均臭氧质量月浓度变化。整体上，我国主要城市 O_3 污染夏季较为严重，春秋季次之，冬季污染最轻。冬季虽因供暖等原因有更严重的人为源排放，但太阳辐射较弱，不易发生光化学反应，故 O_3 污染较轻。

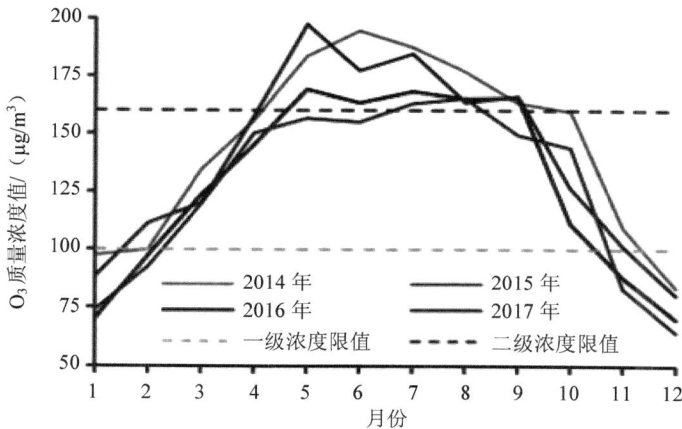

图 4-32 2014—2017 年中国城市平均臭氧质量月浓度变化

另外，我国不同区域的 O_3 在全年中呈现不同的时间变化特征：京津冀 O_3 污染多呈"单峰型"，峰值集中在 5—7 月，但也有研究表明，2016 年和 2017 年京津冀地区 O_3 质量浓度出现"双峰型"态势，在 9 月出现第二个浓度峰值；长三角区域呈"双峰型"，常存在两个浓度峰值，7 月出现最大值，次大值出现在 9 月，进入冬季，O_3 质量浓度迅速下降；珠三角地区秋季 O_3 污染多发，在 4 月出现浓度峰值，而 12 月至次年 3 月 O_3 质量浓度最低。

4.9.2.2 全球对流层臭氧的长期变化

对流层长期臭氧变化的趋势和幅度以及变化的可能原因是多种多样的。根据 S. J. Oltmans，A. S. Lefohn，J. M. Harris 等于 2006 年对全球对流层臭氧长期变化的研究分析，在几个地理区域，时间变化与前体排放变化的预期行为大致一致。在夏威夷，可以确定与运输模式的年代际变化密切相关。尤其在最近的 20 年（1985—2005 年）期间，日本和霍亨佩森堡的臭氧探空站以及美国的地表和臭氧探空站等许多地点的臭氧与早期相比保持相对不变或下降。

在南半球的高纬度地区表面探测到的数据表明，在一些地表中看到的年代及尺度变化记录与变化的模式有关，夏季光化学臭氧的产生由于地表面的强烈 NO 排放层（克劳福德等，2001）。这种行为只局限于薄薄的一层，不清楚是什么？这种现象在很大程度上影响了了更广泛的南极地区。

在南半球的中纬度 3 个中等长度（20 年）的时间序列一致显示了在南方春季（8—10 月）中最强的增长。南非开普角变化最大。这与 Lelieveld 等的结果一致。2004 年发现东大西洋南纬 20°～40°纬度带船上测量的最大增幅。

在北半球热带地区，唯一的长期记录来自夏威夷。在高海拔 MLO 的地表记录和希洛的臭氧探空仪中，与之前运行的莫纳罗亚 30 多年记录总体增长的早期相比，最近 10 年（1995—2005 年）的秋季月份都显著增加。这似乎与本季运输模式的转变有关，最近 10 年中来自高纬度的传输更加频繁。

4.9.3 O_3 的自然来源和人为来源

4.9.3.1 O_3 的自然来源

O_3 的自然来源主要指平流层的向下传输。在波长小于 240 nm 紫外线的辐射条件下，平流层中的 O_3 会分解，产生的氧原子与氧分子结合产生 O_3，平流层 O_3 向下传输到对流层，成为对流层中 O_3 的源。

对流层 O_3 不直接由人为或自然排放源，而是由前体物气体光化学转换，主要是 VOC 和 NO_x 的光化学反应形成的二次污染物。CO 在受污染和偏远地区的 O_3 形成中也起着重要作用，而甲烷则有助于形成全球背景 O_3。对流层二次 O_3 的直接原因是 NO_2 在对流层中的光解。分子氧的存在，是前体物反应和化学副产物复杂链中的最后一步。O_3 在对流层中的分布也部分受大气动力学的控制，包括水平传输、对流层内的垂直混合以及对流层和平流层之间的物质交换（来自闪电和土壤）、天然甲烷（来自永久冻土、湿地、森林火灾、植物、白蚁和海洋）和天然 VOC（来自土壤微生物和植被）。这些自然过程通常会在地表产生 10.25 ppb 的 O_3。

在对流层中产生 O_3 的光化学反应过程主要与大气中的氮氧化物、非甲烷烃和 CO 等气体参与的光化学反应有关，低层大气中光化学过程产生的臭氧量也取决于这些气体的浓度和太阳紫外线辐射的强度。大气中非甲烷烃和 CO 在低层大气 O_3 的产生和消耗中起着非常重要的作用，在 O_3 生成过程中它们起着消耗大气中 NO 的作用。

4.9.3.2　O_3 的人为来源

O_3 的人为来源主要是由人为排放的 NO_x、VOCs 等污染物的光化学反应生成。在晴天、紫外线辐射强的条件下，NO_2 等发生光解生成 NO 和氧原子，氧原子与氧反应生成 O_3。O_3 是强氧化剂，在洁净大气中，O_3 与 NO 反应生成 NO_2，而 O_3 分解为氧气，上述反应的存在使 O_3 在大气中达到一种平衡状态，不会造成 O_3 累积。当空气中存在大量 VOCs 等污染物时，VOCs 等产生的自由基与 NO 反应生成 NO_2，此反应与 O_3 和 NO 的反应形成竞争，不断取代消耗 NO_2 光解产生的 NO、HO_2、RO_2、H、OH 引起了 NO 向 NO_2 转化，使上述动态平衡遭到破坏，导致 O_3 逐渐累积，达到污染重度级别。NO_x、VOCs、CO 等 O_3 前体物都是一次污染物，主要来源于交通工具的尾气排放、石油化工和火力发电等工业污染源排放及饮食、印刷、房地产等行业的污染源排放等。秸秆等生物质的大量燃烧，也会产生大量的 VOCs 和 NO_x 等 O_3 前体物。

O_3 污染易受气象条件影响，天气晴朗的时候 O_3 平均浓度均高于多云、阴天、雨天，阴雨天的时候 O_3 浓度最低。当出现降雨量增多的时候，有利于颗粒物沉降，但颗粒物对大气消光性减弱，太阳辐射增强，有利于 O_3 生成。如广东省 2016 年 3 月城市臭氧日最大 8 小时均值（O_3-8h）平均为 135 μg/m³，较 2015 年同期上升 42.1%，降雨量为 191.3 mm，较 2015 年同期增加 161.5 mm，日照时数为 76.6 h，较 2015 年同期增加了 60.3%，小风日数平均为 19.3 d，较 2015 年同期增加 15.6%，平均风速为 2.06 m/s，较 2015 年同期下降 8.8%，静稳天气增加，风速较小，O_3 扩散条件较差，容易导致 O_3 积聚，浓度增加。

本章参考文献

[1]　于凤莲，城市大气气溶胶细粒子的化学成分及其来源[J]. 气象，2002，11（28）：3-6.

[2]　李尉卿. 大气气溶胶污染化学基础[M]. 郑州：黄河水利出版社，2010.

[3]　美国环境保护局. 颗粒物环境空气质量 USEPA 基准（上卷）[M]. 北京：中国环境科学出版社，2008.

[4]　Nguyen-Duy Dat，Moo Been Chang. Review on characteristics of PAHs in atmosphere，anthropogenic sources and control technologies[J]. Science of the Total Environment，2017（609）：682-693.

[5]　Xiaoping Wang，Ping Gong Jiujiang Sheng. Long-range atmospheric transport of particulate polycyclic aromatic hydrocarbons and the incursion of aerosols to the southeast Tibetan Plateau [J].Atmospheric Environment，2015（115）：124-131.

[6]　李尉卿，毛晓明，李舒，等. 郑州市近地层 1.5 米和 40 米处大气气溶胶中微量元素及晶体物分布[J]. 现代科学仪器，2007（1）：92-95.

[7]   陈敬中. 现代晶体化学——理论与方法[M]. 北京：高等教育出版社，2001.

[8]   中学化学教师手册编写组. 中学化学教师手册[M]. 上海：上海教育出版社，1985.

[9]   孙奉玉，吴鸣，李文钊，等. 二氧化钛表面光学特性与光催化活性的关系[J]. 催化学报，1998，19（2）：121-124.

[10]   李大山. 人工影响天气现状与展望[M]. 北京：气象出版社，2002.

[11]   Casimiro A，et al. Atmospherics aerosol and soiling of external surfaces in an urban environment[J]. Atmospheric Environment，1998，32（11）：1979-1989.

[12]   陈昌国，詹忻，李纳，等. 重庆城区大气颗粒物的元素、离子及物相组成研究[J]. 重庆环境科学，2002，24（6）：26-29.

[13]   吕森林，邵龙义，时宗波，等. 大气可吸入颗粒物（PM_{10}）中矿物组分的 X 射线衍射研究[J]. 中国环境监测，2004，20（1）：9-11.

[14]   陈天虎，冯军会，张宇，等. 合肥市大气颗粒物组成及其环境指示意义[J]. 岩石矿物学杂志，2001，20（4）：433-436.

[15]   肖正辉，邵龙义，孙珍全，等. 兰州市取暖期可吸入颗粒物中单颗粒矿物组成特征[J]. 矿物岩石地球化学通报，2007（1）：66-71.

[16]   师育新，戴雪荣，宋之光，等. 上海春季沙尘与非沙尘天气大气颗粒物粒度组成与矿物成分[J]. 中国沙漠，2006，26（5）：780-785.

[17]   赵景联. 环境生物化学[M]. 北京：化学工业出版社，2007.

[18]   吴兑，吴晓京，朱小祥. 雾和霾[M]. 北京：气象出版社，2009.

[19]   Dentener F J，Carmichael G R，Zhang Y，et al. Role of mineral aerosol as a reactive surface in the global troposphere[J]. Geophys Res-Atmos，1996，101（D17）：22869-22889.

[20]   Hauglustaine D A，Ridley B A，Solomon S，et al. HNO_3/NO_x ratio in the remote troposphere during mlopex2：evidence for nitric acid reduction on carbonaceous aerosols[J]. Geophys Res Lett，1996，23：2609-2612.

[21]   Ravishankara A R. Heterogeneous and multiphase chemistry in the troposphere[J]. Science，1997，276：1058-1065.

[22]   Usher C R，Michel A E，Grassian V H. Reactions on mineral dust[J]. Chem Rev，2003，103：4883-4939.

[23]   Underwood G M，Miller T M，Grassian V H. Transmission FT-IR and Knudsen cell study of the heterogeneous reactivity of gaseous nitrogen dioxide on mineral oxide particles[J]. Phys Chem A，1999，103：6184-6190.

[24]   Khalizov A F，Xue H X，Wang L，et al. Enhanced light absorption and scattering by carbon soot aerosol internally mixed with sulfuric acid[J]. Phys Chem A，2009，113：1066-1074.

[25] Underwood G M, Song C H, Phadnis M, et al.Heterogeneous reactions of NO₂ and HNO₃ on oxides and mineral dust: a combined laboratory and modeling study[J]. Geophys Res-Atmos, 2001, 106 (D16): 18055-18066.

[26] Goodman A L, Underwood G M, Grassian V H. A laboratory study of the heterogeneous reaction of nitric acid on calcium carbonate particles[J]. Geophys Res-Atmos, 2000, 105 (D23): 29053-29064.

[27] Nicholas P L, Zhang R Y, Xue H X, et al. Heterogeneous chemistry of organic acids on soot surfaces[J]. Phys Chem A, 2007, 111: 4804-4814.

[28] Zhang R Y, Khalizov A F, Pagels J, et al.Variability in morphology, hygroscopicity, and optical properties of soot aerosols during atmospheric processing[J]. P Natl Acad Sci, 2008, 105: 10291-10296.

[29] 朱彤, 尚静, 赵德峰. 大气复合污染及灰霾形成中非均相化学过程的作用[J]. 中国科学化学, 2010, 40 (12): 1731-1740.

[30] Saliba N A, Moehida M, Finlayson-Pitts B J.Laboratory studies of sources of HONO in Pollute Durban atmospheres[J]. Geophysical Research Letters, 2000, 27 (19): 3229-3232.

[31] Kamm S, Mohler O, Naumann K H, et al. The heterogeneous reaction of ozone with soot aerosol[J]. Atmos Environ, 1999, 33: 4651-4661.

[32] Birgit G, Nieholson V T, Roehler H G, et al. A fourier transofrm inftared study of the adsorption of SO₂ on n-hexane soot from -130℃-40℃[J]. Geophys Res, 1999, 104 (D5): 5507-5514.

[33] 丁杰, 朱彤. 大气中细颗粒物表面多相化学反应的研究[J]. 科学通报, 2003, 48 (19): 2005-2011.

[34] 2019 年中国烟气治理行业发展概况及市场需求情况分析. 北极星环保网, 2019, 12.

[35] 赵睿新. 环境污染化学[M]. 北京: 化学工业出版社, 2004.

[36] 王体健, 闵锦忠, 孙照渤, 等. 中国地区硫酸盐气溶胶的分布特征[J]. 环境科学学报, 2000, 5 (2).

[37] Jinzhu Ma, Biwu Chu, Jun Liu.NOₓ promotion of SO₂ conversion to sulfate: an important mechanism for the occurrence of heavy haze during winter in Beijing [J]. Environmental Pollution, 2018, 233: 662-669.

[38] 吕淑萍. 上海大气环境的二氧化硫削减战略研究[J]. 上海环境科学, 1997 (2).

[39] 顾勇国, 吕森林, 顾建忠, 等. 上海市市区、郊区 NO₂、SO₂ 和 PM₁₀ 的时空变化规律及相关性分析[J]. 上海环境科学, 2006, 25 (5): 201-227.

[40] 美国能源基金会北京办事处. 中国空气质量改善的协同路径 (2019): "蓝天保卫战" 目标下的新机遇[N]. 新浪财经, 2020, 3.

[41] 王潇, 曹念文, 段晓瞳, 等, 2014 年中国 SO₂ 污染分布特征及其原因[J]. 环境科学与技术, 2017, 40 (8): 115-122.

[42] 张婷, 曹军骥, 吴峰, 等. 西安市春夏季气体及 PM₂.₅ 中水溶性组分的污染特征[A]//第九届全国气溶胶会议暨第三届海峡两岸气溶胶技术研讨会[C]. 2007, 368-377.

[43] 张亚婷. 济南市细颗粒物硫酸盐的变化趋势、污染特征与二次生成[D]. 山东大学，2018.

[44] He K B，Yang F M，Ma Y L，et al. The characteristics of $PM_{2.5}$ in Beijing，China[J]. Atmospheric Environment，2001，35（29）：4959-4970.

[45] 毛华云. 北京市大气颗粒物中水溶性硫酸盐、硝酸盐的分布特征[D]. 北京：北京市环境保护科学研究院，2009.

[46] 徐敏. 南昌市 $PM_{2.5}$ 中硫酸盐和硝酸盐的分布特征与形成机制[D]. 南昌：南昌大学，2015.

[47] 苏维瀚. 二氧化硫转化为硫酸盐对大气能见度的影响[J]. 上海环境科学，1985，9.

[48] 李新艳，李恒鹏. 中国大气 NH_3 和 NO_x 排放的时空分布特征[J]. 中国环境科学，2012，32（1）：37-42.

[49] 张仁健，王明星，张文，等. 北京冬春季气溶胶化学成分及其谱分布研究[J]. 气候与环境研究，2000，5（1）：6-12.

[50] 张倩倩. 水溶性无机细粒子污染特征和前体物排放控制模拟研究[D]. 北京：清华大学，2010.

[51] 毛华云，田刚，等. 北京市大气中硫酸盐、硝酸盐粒径分布及存在形式[J]. 环境科学，2011，l32（5）：1237-1247.

[52] John W，Wall S M，Ondo J L，et al. Models in the size distribions of atmospheric inorganic aerosol [J]. Atomspheric Environment，1990，24（29）：2349-2359.

[53] Lulu Cui，Rui Li，Yunchen Zhang，et al. An observational study of nitrous acid（HNO_2）in Shanghai，China：The aerosol impact on HNO_2 formation during the haze episodes[J]. Science of the Total Environment，2018（630）：1057-1070.

[54] 国家环境保护部. 氨排放清单编制技术指南（试行）. 环境保护部网站，2014.

[55] 氨气污染与 $PM_{2.5}$ 有多大关系？http：//www.huiguo.net.cn/2015.02.26.

[56] Holland E A，Dentener F J，Braswell B H，et al. Contemporary and pre-industrial global reactive nitrogen budgets [J].Biogeochemistry，1999，46：7-43.

[57] Prather M，Dentener F，Derwent R，et al. Atmospheric chemistry chemistry and greenhouse gases [C]// Third annual assessment report of the Intergovernmental Panel on Climate Change[M]. Cambridge：Cambridge Unibersity Press，2001：239-288.

[58] Anna M，Backes，et al. Ammonia emissions in Europe，part II：How ammonia emission abatement strategies affect secondary aerosols [J]. England . Atmospheric Environment，2016（126）：153-161.

[59] 黄虹，贺冰洁，熊振宇，等. 南昌市 $PM_{2.5}$ 中铵盐及其气态前体物的分布特征与转化机制[J]. 地球环境学报，2018，19（4）：334-347.

[60] Ki Hyun Kim，Zang Ho Shon，et al. Analysis of ammonia variation in the urban atmosphere[J]. Atmospheric Environment，2013（65）：177-185.

[61]　赵旻江. 北京地区大气氨污染特征及其对细颗粒物的影响[D]. 北京：清华大学，2017.

[62]　邵生成，常运华，曹芳，等. 南京城市大气氨-铵的高频演化及其气粒转化机制[J]. 环境科学，2019，40（10）：4355-4362.

[63]　田埂. 雾霾中的"危险分子"[J]. 生命科学，2016（4）：53-59.

[64]　郑国香，刘瑞娜，李永峰. 能源微生物学[M]. 哈尔滨：哈尔滨工业大学出版社，2013.

[65]　方治国，欧阳志云，胡利锋，等．城市生态系统空气微生物群落研究进展[J]. 生态学报，2004，24（2）：315-322.

[66]　王春华，谢小保，曾海燕，等．东莞市空气微生物污染状况研究[J]. 中国卫生检验杂志，2007，17（10）：1770-1772.

[67]　Cao C，Jiang W，Wang B，et al. Inhalable microorganisms in Beijing's $PM_{2.5}$ and PM_{10} pollutants during a severe smog event[J]. Environ Sci Technol，2014，48（3）：1499-1507.

[68]　Bowers R M，Clements N，Emerson J B，et al. Seasonal variability in bacterial and fungal diversity of the near-surface atmosphere[J]．Environ Sci Technol，2013，47（21）：12097-12106.

[69]　赵景联. 环境生物化学[M]. 北京：化学工业出版社，2007.

[70]　李炳章，李燕华，刘振声，等. 医院感染管理[M]. 北京：军事医学科学出版社，1984.

[71]　涂光备. 医院感染与空气传播的控制[C]. 全国暖通空调制冷 2004 年学术年会资料摘要集（1），2004：311-320.

[72]　李劲松. 室内空气生物污染危害评价和控制的研究[C]. 全国空气污染与健康学术研讨会论文集，2005：156-170.

[73]　Riley R L，Wells W F ，Mills C C，et al. Air hygiene in m tuberculosis：quantitative studies of infectivity and control in pilot ward [J]. Rev. Tuber. and Pulm. Dis.，1957，75：420-431.

[74]　郭起豪. 甲型 H1N1 流感传播与气象条件关系密切[J]. 中国气象报，2009，2229：31-34.

[75]　冯满，吕森林，张睿，等. 上海大气中花粉与颗粒物的复合污染特征[J]. 中国环境科学，2011，31（7）：1095-1101.

[76]　王成．城市森林建设中的植源性污染[J]．生态学杂志，2003，22（3）：32-37.

[77]　李劲松，孙润桥，鹿建春，等. 北京市大气花粉时空分布的研究[J]. 中国公共卫生，2000，12（16）：1089-1091.

[78]　杨颖，王成，郄光发. 城市植源性污染及其对人的影响[J]. 林业科学，2008，44（4）：151-155.

[79]　叶世泰，张金谈，乔秉善，等．中国气传和致敏花粉[M]. 北京：科学出版社，1998.

[80]　段丽瑶，白玉荣，吴振玲. 天津地区气象要素与花粉浓度的关系[J]. 城市环境与城市生态，2008，4（21）：37-39.

[81]　叶世泰. 内科讲座（13）[M]. 北京：人民卫生出版社，1983.

[82] 张金谈. 花粉症[M]. 北京：人民卫生出版社，1984.

[83] 雷启义. 空气中的花粉污染研究[J]. 贵州师范大学学报（自然科学版），1999（17）.

[84] 白玉荣，刘爱霞，孙枚玲，等. 花粉污染对人体健康的影响[J]. 安徽农业科学，2009，37（5）：2220-2222.

[85] Hatfield M L，Huff Hartz K E. Secondary organic aerosol from biogenic volatile organic compound mixtures[J]. Atmospheric Environment，2011，45（13）：2211-2219.

[86] Zhao Y L，Hennigan C J，May A A，et al. Intermediate-volatility organic compounds：a large source of secondary organic aerosol[J]. Environmental Science & Technology，2014，48（23）：13743-13750.

[87] Duan J C，Tan J H，Yang L，et al. Concentration，sources and ozone formation potential of volatile organic compounds（VOCs）during ozone episode in Beijing[J]. Atmospheric Research，2008，88（1）：25-35.

[88] Mazurek M A，Cass G R，Simoneit B R T. Interpretation of high resolution gas chromatography and high resolution gas chromatography/mass spectrometry data acquired from atmospheric organic aerosol samples[J]. Aerosol Science and Technology，1989，10：408-420.

[89] Hildemann I M，Gass G R，Mazurek M A，et al. Mathematical modeling of urban aerosol：Properties measured by high resolution GC[J]. Environmental Science and Technology，1993，27（10）：2045-2055.

[90] Rogge W F，Mazurek M A，Hidemann L M. Quantification of urban organic aerosols at a molecular level：Identification，abundance and seasonal variation[J]. Atmospheric Enviroment，1993，27（8）：1309-1330.

[91] 冯小琼，彭康，凌镇浩，等. 香港地区 2005—2010 年 VOCs 污染来源解析及特征研究[J]. 环境科学学报，2013（33）.

[92] 胡敏，何凌燕，黄晓峰，等. 北京大气细粒子和超细粒子理化特征、来源及形成机制[M]. 北京：科学出版社，2009.

[93] Blando J D，Porcja R J，Li T，et al. Secondary formation and the Smoky Mountain organic aerosol：an examination of aerosol polarity and functional group composition during seavs[J].Environmental Science & Technology，1998，32（5）：604-613.

[94] 王振亚，郝立庆，张为骏，等. 二次有机气溶胶的气体/粒子分配理论[J]. 化学进展，2007（19）.

[95] Song Y，Shao M，Liu Y，et al. Source apportionment of ambient volatile organic compounds in Beijing [J]. Environmental Science & Technology，2007，41（12）：4348-4353.

[96] 张俊刚，王跃思，王珊，等. 北京市大气中 NMHC 的来源特征研究[J]. 环境科学与技术，2009，32（5）：35-39.

[97] Wu R R，Li J，Hao Y F，et al. Evolution process and sources of ambient volatile organic compounds

during a severe haze event in Beijing, China[J]. Science of the Total Environment, 2016, 560-561: 62-72.

[98] 刘丹,解强,张鑫,等. 北京冬季雾霾频发期 VOCs 源解析及健康风险评价[J]. 环境科学, 2016, 37(10): 3693-3701.

[99] 王倩,陈长虹,王红丽,等. 上海市秋季大气 VOCs 对二次有机气溶胶的生成贡献及来源研究[J]. 环境科学, 2013, 34(2): 424-433.

[100] 刘佳,翟崇治,余家燕,等. 重庆市环境空气中 VOCs 的空间分布及来源解析[J]. 环境科学与技术, 2018, 41(2): 77-82.

[101] 方叠,钱跃东,王勤耕,等. 区域复合型大气污染调控模型研究[J]. 环境科学, 2013(7): 1215-1222.

[102] Blando J D, Turpin B J. Secondary organic aerosol formation in cloud and fog droplets: a literature evaluation of plausibility[J].Atmospheric Eviroment, 2000, 34(10): 1623-1632.

[103] Aumont B, Madronich S, et al. Contribution of secondary VOC to the composition of aqueous atmospheric particles: a modeling approach[J]. Journal of Atmospheric Chemistry, 2000, 35(1): 59-75.

[104] Wang Bing, Qiu Tong and Chen Bingzhen. Photochemical Process Modeling and Analysis of Ozone Generation[J] Chinese Journal of Chemical Engineering, 2014, 22(6): 721-729.

[105] Xiaobin Xu.Recent advances in studies of ozone pollution and impacts in China: A short review[J]. Current Opinion in Environmental Science & Health, 2021, 19: 100225.

[106] Wang Y, Gao W, Wang S, et al. Contrasting trends of $PM_{2.5}$ and surfaceozone concentrations in China from 2013 to 2017[J]. Natl Sci Rev, 2020, 7: 1-9.

[107] Liu Y, Wang T. Worsening urban ozone pollution in China from 2013 to 2017-Part 1: the complex and varying roles of meteorology[J]. Atmos Chem Phys, 2020, 20: 6305-6321.

[108] Lu X, Hong J, Zhang L, et al. Severe surface ozone pollution in China: a global perspective[J]. Environ Sci. Technol Lett, 2018, 5: 487-494.

[109] Zhao S, Yin D, Yu Y, et al. $PM_{2.5}$ and O_3 pollution during 2015-2019 over 367 Chinese cities: spatiotemporal variations, meteorological and topographical impacts[J]. Environ Pollut, 2020, 264: 114694.

[110] 王萍,刘涛,杨国林,等. 中国主要城市臭氧浓度的时空变化特征[J]. 遥感信息, 2019, 34(4): 121-127.

[111] 王振波. 2014 年中国城市 $PM_{2.5}$ 浓度的时空变化规律[J]. 地理学报, 2015, 70(11): 1720-1734.

[112] 刘锐,严伟君. 地面臭氧污染形成原因及应对措施[J]. 当代化工研究, 2017, 12: 57-59.

[113] 周焱博. 中国典型地区氨气浓度时空分布研究[D]. 南京信息工程大学, 2017.

[114] Li Y. Characterizing ammonia concentrations and deposition in the United States[D]. Colorado State University, 2015.

第 5 章　大气雾霾气溶胶的来源解析技术

大气雾霾气溶胶的来源解析是科学、有效地开展雾霾颗粒物污染防治工作的基础和前提，是制定环境空气质量达标规划和重污染天气应急预案的重要依据。

大气雾霾污染物来源解析技术有 3 种方法：排放清单法、源模型法和受体模型法。

5.1　大气污染物排放清单

排放清单法是最早用于大气气溶胶来源解析的方法。它是根据排放因子，估算区域内各种排放源的排放量，再根据排放量识别对受体有贡献的主要排放源。但是，该方法对众多开放源的排放量难以准确得到；排放源的排放量与其受体的贡献通常不是线性关系。

大气污染源排放清单是对某一地区一种或几种大气污染物排放量进行的估算，是环境管理部门制定措施的基础和实施措施的依据，在科学研究上，排放清单是大气污染模式重要的起始输入数据，是研究空气污染物在大气中物理化学过程的先决条件。它对于模拟二次污染物、了解某一地区的空气污染状况以及确立合适的减排方案有着重要作用。

2014 年环境保护部发布了《大气细颗粒物一次源排放清单编制技术指南（试行）》（以下简称指南）。

5.1.1　大气排放清单的建立

5.1.1.1　大气污染物的种类

大气污染物的种类分为有机物和无机物，一些国家将大气污染因子分为基准污染因子（PM_{10}、$PM_{2.5}$、SO_2、NO_x、CO、Pb、O_3 和 VOC 等）、有毒有害污染因子和温室气体因子（CO_2、CH_4 和 N_2O 等）三大类。

5.1.1.2　大气污染源的分类

大气污染源包括工艺过程源、固定燃烧源和移动源三大类。

（1）工艺过程源的分类

工艺过程源是指工业生产和加工过程中，以对工业原料进行物理和化学转化为目的的工业活动。

　　工艺过程源的第一级分类包括钢铁、有色冶金、建材、石化化工、废弃物处理 5 个行业；第二级分类包括上述行业的各种原料/产品；第三级分类包括每一种产品的主要工艺技术和设备。工艺过程源第一级至第三级分类及对应的 $PM_{2.5}$ 产生系数见表 5-1。

表 5-1　工艺过程源第一级至第三级分类及对应的 $PM_{2.5}$ 产生系数

行业	原料/产品	工艺技术	$PM_{2.5}$ / (g/kg·产品)	质量分级
钢铁	烧结矿	烧结	2.52（有组织）、0.10（无组织）	B（有组织） C（无组织）
	球团矿	球团	1.80 （有组织）、0.07（无组织）	B（有组织） C（无组织）
	生铁	炼铁	5.25（有组织）、0.73（无组织）	B（有组织） C（无组织）
	钢	转炉	10.50	B
		电炉	6.02	B
	铸铁	铸造	7.10（有组织）、1.38（无组织）	B
有色冶金	电解铝	一次铝	18.28	B
		二次铝	5.20	B
	氧化铝	联合法	42.30	B
		拜耳法	9.18	B
		烧结法	90.00	B
	粗铜		263.87	B
	粗铅		286.67	B
	电解铝		328.00	B
	粗锌		207.73	B
	电锌		287.00	B
	氧化锌		111.27	B
	蒸馏锌		264.78	B
	锌焙砂		96.51	B
建材	水泥	立窑	12.86	B
		新型干法	28.46	B
		其他旋窑	23.51	B
	砖瓦		0.26	B
	石灰		1.40	B
	陶瓷		0.67	B
	玻璃	浮法平板玻璃	7.92	B
		垂直引上 平板玻璃	10.68	B
		其他玻璃	2.94	B
石化化工	炼焦	机焦	5.20	B
	原油生产		0.10	B
	化肥		1.86	B
	碳素		1.44	B
废弃物处理	固体废物	焚烧	0.88	B

按行业可分为电力、建材、冶金、石油、化工、有色金属冶炼、其他工业源、供暖供热、生活面源和民用燃烧、秸秆焚烧、垃圾焚烧发电、畜牧养殖等。移动源包括机动车、船舶、飞机和非道路机械的燃油、燃煤机械。无组织排放源包括工厂工艺管理不善造成的无序扩散、交通道路扬尘、施工扬尘、河滩沙地扬起的风沙尘、农村收割季节晾晒引起的扬尘、农业堆肥尘等。

（2）固定燃烧源的分类

大气颗粒物的来源里固定燃烧源有发电、供热、工业、民用等行业。而大气的挥发性有机污染物也涉及这些行业，其中生物质燃烧、石化燃烧、工艺过程燃烧这些固定源也都会产生 VOCs。还有一些工艺使用的溶剂也是 VOCs 的来源之一。

固定燃烧源是指利用燃料燃烧时产生热量，为发电、工业生产和生活提供热能和动力的燃烧设备。固定燃烧源的第一级分类包括电力、供热、工业和民用 4 个部门；第二级分类包括煤炭、生物质以及各种气体和液体燃料；第三级分类则涵盖了各种具体的燃烧设备。完整的固定燃烧源第一级至第三级源分类及对应的 $PM_{2.5}$ 产生系数见表 5-2。

（3）移动源的分类

移动源指由发动机牵引、能够移动的各种客运、货运交通设施和机械设备。移动源的第一级分类包括道路移动源和非道路移动源两个类别；第二级分类包括汽油、柴油、燃料油、天然气、液化石油气等主要燃料类；第三级分类包括各种类型机动车、非道路交通工具和机械等。移动源第一级至第三级分类以及对应的 $PM_{2.5}$ 排放系数见表 5-3，其中气体燃料汽车的 $PM_{2.5}$ 排放系数很低，可按无排放处理。移动源除了产生 $PM_{2.5}$ 之外还会产生 VOCs，如汽车、飞机、摩托车等机动车燃料燃烧后的尾气产生的 VOCs。

道路移动源的第四级分类包括无控、国Ⅰ、国Ⅱ、国Ⅲ、国Ⅳ共 5 种污染控制水平；非道路移动源目前按无控情况处理。目前我国还出台了国Ⅴ、国Ⅵ标准。

通常地区性排放清单采用从上到下的宏观能源与排放系数法，但是其准确度相对较差；而小尺度城市范围内则应由下向上的详细计算法来提高排放清单的精度，但需要有详细的基础数据库和信息来源。

国内对排放清单估算的重要性参考依据主要有《工业污染物生产和排放系数手册》以及部分行业清洁生产审计指南，污染物主要为颗粒物、SO_2 和 NO_x 及部分特征因子。

表 5-2　固定燃烧源第一级至第三级分类及对应的 PM$_{2.5}$产生系数

行业	燃料	工艺技术	PM$_{2.5}$/（g/kg·燃料）	质量分级
电力	煤炭*	煤粉炉/流化床/层燃炉	用 $EF_{PM_{2.5}} = Aar \times (1-ar) \times f_{PM_{2.5}}$ 计算	
	柴油		0.62	C
	燃料油		0.03	C
	天然气**		0.03	C
	其他气体**		0.03	C
供热	煤炭	煤粉炉/流化床/层燃炉	用 $EF_{PM_{2.5}} = Aar \times (1-ar) \times f_{PM_{2.5}}$ 计算	
	柴油		0.50	C
	燃料油		0.62	C
	天然气**		0.03	C
	其他气体**		0.03	C
工业	煤炭*	流化床/层燃炉/茶浴炉	用 $EF_{PM_{2.5}} = Aar \times (1-ar) \times f_{PM_{2.5}}$ 计算	
	柴油		0.50	C
	燃料油		0.67	C
	煤油		0.90	C
	木质成型燃料		0.75	B
	秸秆成型燃料		1.16	B
	天然气**		0.03	C
	其他气体**		0.03	C
民用	煤炭	层燃炉	用 $EF_{PM_{2.5}} = Aar \times (1-ar) \times f_{PM_{2.5}}$ 计算	
	原煤	煤炉	7.35	A
	洗精煤	煤炉	2.97	A
	其他洗煤	煤炉	2.97	A
	型煤	煤炉	2.97	A
	木质成型燃料	煤炉	0.73	B
	秸秆成型燃料	煤炉	2.09	B
	柴油		0.50	C
农业	燃料油		0.28	C
	煤油		0.90	C
	天然气**		0.03	C
	液化石油气		0.17	C
	其他气体**		0.03	C
	秸秆	煤炉	6.56	A
	薪柴	煤炉	3.24	A

注：*表示煤炭包含原煤、洗精煤和其他洗煤三类；**表示天然气与其他气体燃料排放系数的单位是 g/m³。

表 5-3　移动源第一级至第三级分类及对应的 PM$_{2.5}$ 排放系数　　　　　单位：g/km

类别	燃料	车型/种类	无控	国 I	国 II	国III	国IV	质量分级
道路	汽油	重型载货汽车	0.10	0.03	0.02	0.01	0.01	C
		中型载货汽车	0.10	0.03	0.02	0.01	0.01	C
		轻型载货汽车	0.12	0.04	0.03	0.02	0.01	C
		微型载货汽车	0.12	0.04	0.03	0.02	0.01	C
		大型载客汽车	0.10	0.03	0.02	0.01	0.01	C
		中型载客汽车	0.10	0.03	0.02	0.01	0.01	C
		小型载客汽车	4.00×10^{-3}	3.00×10^{-3}	3.00×10^{-3}	1.00×10^{-3}	1.00×10^{-3}	C
		微型载客汽车	4.00×10^{-3}	3.00×10^{-3}	3.00×10^{-3}	1.00×10^{-3}	1.00×10^{-3}	C
		摩托车	0.31	0.17	0.09	0.09	0.09	C
	柴油	重型载货汽车	2.00	1.00	0.40	0.30	0.06	A
		中型载货汽车	0.60	0.60	0.13	0.09	0.02	A
		轻型载货汽车	0.30	0.20	0.07	0.05	0.03	A
道路	柴油	微型载货汽车	0.30	0.20	0.07	0.05	0.03	A
		大型载客汽车	2.00	1.00	0.40	0.30	0.06	A
		中型载客汽车	0.60	0.60	0.13	0.09	0.02	A
		小型载客汽车	0.30	0.20	0.07	0.05	0.03	A
		微型载客汽车	0.30	0.20	0.07	0.05	0.03	A
非道路	柴油	铁路*	2.70					C
		航运*	1.80					C
		三轮汽车	0.20					A
		低速货车	0.10					A
		农用机械*	4.00					C
		建筑机械*	6.00					C
	航空汽油	飞机**	0.28					C

注：*表示排放系数为 g/kg 柴油消耗量；**表示飞机排放系数为 g/LTO（起飞着陆循环次数）。

5.1.2　大气排放清单建立的方法

通常大气排放清单建立的方法有以下 4 种：

①实测法，即采用各种检测仪器对污染物的排放浓度进行实测，结合污染物排放流速或烟气量，直接获得污染源的污染物排放总量。最为理想和准确的检测方法为污染源在线监测，随机抽测需要有一定的监测频率才能具有代表性。

②排放系数法，即通过排放监测和排放源研究获得各排放源的排放系数，通常用于大尺度污染物定量工作，使用方便但准确度较低。由于各地排放设备的燃烧和工艺条件有较大的差异，需要对本地污染源进行实测后获得当地的排放系数才能具有较好的代表性。该方法对于缺乏技术基础的城市可对污染物排放量进行初步估算。

③排放估算模型，通过对污染物生成和排放的机理进行数学化模型建立，利用各种输入参数来获得污染物的排放量。该方法适用于机动车等流动源、无组织排放过程复杂的污染物排放定量估算。经典的排放模型包括机动车排放系数 Mobile、IVEM 模型，污水设施的排放模型 Water，储罐储槽的呼吸模型 Tanks 等。

④物料平衡测算，即通过计量某种物质的输入/输出量，来获得该物质的损耗排放量，一般用于不参加化学反应的物质平衡或元素平衡。如电厂的硫平衡、化工行业的物料平衡等。该方法适用于详细的污染源审计核查等单个案例研究。需要工艺人员参加并涉及详细的工艺参数。

5.1.3　技术路线

图 5-1 为大气污染物排放清单建立的具体技术路线，根据这一路线将污染源、排放因子即活动水平等数据建立大气污染物排放相关的数据库。在此基础上，计算各类污染源的排放量，从而得到大气污染物的排放清单。

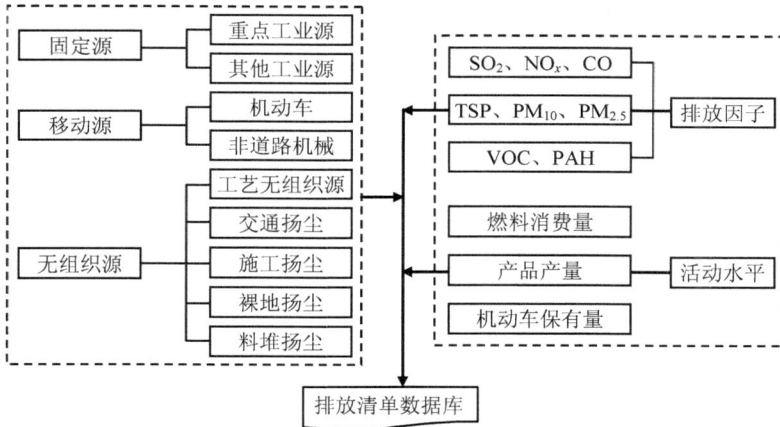

图 5-1　大气污染物排放清单建立的具体技术路线

5.1.4　大气污染物排放量的计算方法

5.1.4.1　一次 PM$_{2.5}$ 排放量的计算方法

①对于固定燃烧源中的第四级排放源，PM$_{2.5}$ 排放量由式（5-1）计算：

$$E = A \times EF\,(1-\eta) \tag{5-1}$$

式中，A——第四级排放源对应的燃料消耗量。对于点源，A 为该排放源的活动水平；对于面源，A 为清单中最小行政区单元（一般为街道或区县）的活动水平。

EF——一次 $PM_{2.5}$ 的产生系数。

η——污染控制技术对 $PM_{2.5}$ 的去除效率。

固定燃烧源中的各类燃煤排放源，除民用部门的煤炉以外，其他排放源的一次 $PM_{2.5}$ 产生系数可用式（5-2）计算：

$$EF_{PM_{2.5}} = Aar \times (1 - ar) \times f_{PM_{2.5}} \tag{5-2}$$

式中，Aar——平均燃煤收到基灰分；

ar——灰分进入底灰的比例；

$f_{PM_{2.5}}$——排放源产生的总颗粒物中 $PM_{2.5}$ 所占比例。

②对于工艺过程源中的第四级排放源，$PM_{2.5}$ 排放量由式（5-3）计算：

$$E = A \times EF \times (1-\eta) \tag{5-3}$$

式中，A——第四级排放源对应的工业产品产量。对于点源，A 为该排放源的活动水平；

对于面源，A 为清单中最小行政区单元的活动水平；

EF——一次 $PM_{2.5}$ 的产生系数；

η——污染控制技术对 $PM_{2.5}$ 的去除效率。

③对于道路移动源中的第四级排放源，$PM_{2.5}$ 排放量由式（5-4）计算：

$$E = P \times VMT \times EF \tag{5-4}$$

式中，P——清单中最小行政区单元中对应车型的车辆保有量；

EF——一次 $PM_{2.5}$ 的排放系数；

VMT——该车型的年均行驶里程。

对于非道路移动源中的第四级排放源，$PM_{2.5}$ 排放量由式（5-5）计算：

$$E = A \times EF \tag{5-5}$$

式中，A——第四级排放源对应的活动水平。对于铁路、航运、农用机械和建筑机械，A 为清单中最小行政区单元中对应排放源的柴油消耗量；对于飞机，A 为起飞着陆循环次数；

EF——一次 $PM_{2.5}$ 的排放系数。

5.1.4.2　大气挥发性有机物排放量的计算

挥发性有机物的排放量计算采用排放因子法。应用排放因子法估算五类源四级分类基础上得到 152 种 VOCs 排放源的排放量，计算过程可用公式概括为：

$$E_{i,j,y} = \sum_{j,k} EF_{i,j,k,y} A_{i,j,k,y} \tag{5-6}$$

式中，i——地区（县或省、直辖市、自治区）；

　　j——排放源；

　　k——技术类型；

　　y——年份；

　　$E_{i,j,y}$——y 年 i 地区 j 排放源的排放量；

　　EF——排放因子；

　　A——活动水平。

由式（5-6）可得出具有相应空间信息的排放清单。

不同污染源挥发性有机物的排放量的计算方程如下。

①机动车排放源的 VOCs 排放量计算方法为：

$$E_{v,t} = \sum P_{i,j,t} \times EF_{i,j,t} \times VMT_t \tag{5-7}$$

式中，E_v——机动车 VOCs 排放量；

　　i——车辆类型；

　　j——省、直辖市或自治区；

　　t——计算年份；

　　P——车辆保有量；

　　EF——排放因子；

　　VMT——行驶里程。

②生物质焚烧排放污染物计算公式：

$$E_k = \sum_{m,i} EF_{k,m,i} \times Q_{m,i} \tag{5-8}$$

式中，k ——秸秆焚烧排放的污染物物种；

　　m ——省、直辖市、自治区；

　　i ——县级地区；

　　E ——污染物排放量；

　　EF ——污染物排放因子；

　　Q ——生物质焚烧量。

③工艺过程源 VOCs 排放量的计算为：

$$E = \sum_m EF_{k,m} \times Q_m \tag{5-9}$$

式中，k ——工艺过程的 VOCs 排放量；

　　m ——省、直辖市、自治区；

E ——污染物排放量；

EF ——污染物排放因子；

Q ——工艺过程中生产的产品量。

④估算化石燃料燃烧的 VOCs 排放量为：

$$E = \sum_{i,j,m} EF_{i,j,m} \times Q_{i,j,m} \quad (5-10)$$

式中，E ——VOCs 排放量；

EF ——污染物排放因子；

Q ——活动水平；

i ——燃烧部门，分别为火力发电、供热、工商业消费、城市消费、农村消费；

j ——燃料类型，包括煤、燃料油、煤气、天然气、液化石油气；

m ——省、直辖市、自治区。

⑤溶剂使用的 VOCs 排放量的计算如下：

$$E = \sum_{m} EF_{k,m} \times Q_m \quad (5-11)$$

式中，k ——溶剂使用的 VOCs 排放源；

m ——省、直辖市、自治区；

E ——污染物排放量；

EF ——污染物排放因子；

Q ——溶剂使用量。

5.1.4.3 大气氨排放量的计算

大气氨排放量的计算采用排放系数的计算方法。氨排放的总量即活动水平和排放系数的乘积。计算公式概括为：

$$E_{i,j,y} = A_{i,j,y} \times EF_{i,j,y} \times \gamma \quad (5-12)$$

式中，i ——地区（省、直辖市、自治区或县）；

j ——排放源；

y ——年份；

$EF_{i,j,y}$ ——y 年 i 地区 j 排放源排放量；

A ——活动水平；

γ ——氮—氨转换系数，畜禽养殖业取 1.21，其他行业取 1.0。

①氮肥施用氨排放量计算：

$$E_{氮肥} = E_{尿素} + E_{碳铵} + E_{硝铵} + E_{硫铵} + E_{其他} \quad (5-13)$$

农田生态系统中氮肥种类包括尿素、碳铵、硝铵、硫铵、其他 5 类。

其中，$E_{\text{尿素}}=A_{\text{尿素}}\times\text{EF}_{\text{尿素}}$；$E_{\text{碳铵}}=A_{\text{碳铵}}\times\text{EF}_{\text{碳铵}}$；$E_{\text{硝铵}}=A_{\text{硝铵}}\times\text{EF}_{\text{硝铵}}$；$E_{\text{硫铵}}=A_{\text{硫铵}}\times\text{EF}_{\text{硫铵}}$；$E_{\text{其他}}=A_{\text{其他}}\times\text{EF}_{\text{其他}}$。

② 畜禽养殖业氨排放量计算：

$$E_{\text{畜禽}}=E_{\text{户外}}+E_{\text{圈舍-液态}}+E_{\text{圈舍-固态}}+E_{\text{存储-液态}}+E_{\text{存储-固态}}+E_{\text{施肥-液态}}+E_{\text{施肥-固态}} \qquad (5\text{-}14)$$

其中，$E_{\text{户外}}=A_{\text{户外}}\times\text{EF}_{\text{户外}}\times1.214$；$E_{\text{圈舍-液态}}=A_{\text{圈舍-液态}}\times\text{EF}_{\text{圈舍-液态}}\times1.214$；

$E_{\text{圈舍-固态}}=A_{\text{圈舍-固态}}\times\text{EF}_{\text{圈舍-固态}}\times1.214$；$E_{\text{存储-液态}}=A_{\text{存储-液态}}\times\text{EF}_{\text{存储-液态}}\times1.214$；

$E_{\text{存储-固态}}=A_{\text{存储-固态}}\times\text{EF}_{\text{存储-固态}}\times1.214$；$E_{\text{施肥-液态}}=A_{\text{施肥-液态}}\times\text{EF}_{\text{施肥-液态}}\times1.214$；

$E_{\text{施肥-固态}}=A_{\text{施肥-固态}}\times\text{EF}_{\text{施肥-固态}}\times1.214$。

5.1.5　大气污染物排放清单应用（以郑州为例）

5.1.5.1　污染物排放总量

2017 年郑州市各类污染物排放情况：SO_2 为 1.57 万 t、NO_x 为 12.32 万 t、CO 为 45.63 万 t、PM_{10} 为 15.11 万 t、$PM_{2.5}$ 为 5.60 万 t、BC 为 0.14 万 t、OC 为 0.37 万 t、VOCs 为 16.28 万 t 和 NH_3 为 3.01 万 t，污染物累计排放总量为 100.03 万 t。

5.1.5.2　重点源不同行业大气污染物排放情况

扬尘源、工艺过程源和化石燃料固定燃烧源是 PM_{10} 和 $PM_{2.5}$ 的主要排放源。移动源、工艺过程源、固定燃烧源和生物质燃烧源为 SO_2、NO_x、CO、VOC 和 BC 的重要排放源。此外，溶剂使用源和储存运输源也是 VOCs 的重要贡献源。农业源是 NH_3 的最主要贡献源，其中畜禽养殖是主要的二级贡献源。郑州市污染源排放清单见表 5-4。

表 5-4　郑州市污染源排放清单　单位：t

一级源分类	二级源分类	SO_2	NO_x	CO	VOC	NH_3	PM_{10}	$PM_{2.5}$	BC	OC
石化类固定燃烧源	电力供热	6 125	41 802	44 019	641	455	2 328	1 396	3	0
	工业锅炉	312	17 524	17 520	1 088	10	131	174	1	3
	民用锅炉	237	334	1 096	150	0	10	7	0	1
	民用燃烧	1 282	638	1 983	310	0	355	236	39	8
	小计	7 956	60 298	64 618	2 189	465	2 824	1 813	43	12
工艺过程源	玻璃	0	0	0	0	0	0	0	0	0
	水泥	1 453	18 363	55 299	4 093	0	14 084	7 395	60	102
	石油化工	0	0	0	7 338	165	331	162	0	0
	焦化	0	0	0	0	0	0	0	0	0
	钢铁	1 241	2 539	119 638	1 081	0	1 043	623	10	59
	其他工业	2 944	2 404	53 539	83 838	0	18 575	10 911	92	79
	小计	5 638	23 306	228 476	96 350	165	34 033	19 091	162	240

一级源分类	二级源分类	SO_2	NO_x	CO	VOC	NH_3	PM_{10}	$PM_{2.5}$	BC	OC
移动源	道路移动源	983	20 904	110 238	18 301	1 568	552	516	218	94
	非道路移动源	639	17 927	11 057	2 403	0	1 168	1 109	624	196
	小计	1 622	38 831	121 295	20 704	1 568	1 720	1 625	842	290
溶剂使用源	工业涂装				17 716					
	汽修				207					
	印刷印染				1 701					
	农药使用				293					
	其他溶剂				11 499					
	小计	0	0	0	31 416	0	0	0	0	0
农业源	畜禽养殖				13 109					
	氮肥使用				9 314					
	土壤本底				717					
	固氮植物				45					
	秸秆堆肥				0					
	人体粪便				111					
	小计	0	0	0	23 296	0	0	0	0	0
生物质燃烧源	工业生物质锅炉	38	294	1 250	204	48	2	3	0	1
	生物质炉灶	416	96	17 110	1 819	103	1 183	1 099	148	628
	生物质开放燃烧	77	409	6 356	953	54	1 036	1 016	135	579
	小计	531	799	24 716	2 976	205	2 221	2 118	283	1 208
储存运输源	加油站				2 318					
	油气储运				3 304					
	油气储存				23					
	小计	0	0	0	5 645	0	0	0	0	0
废弃物处理源	固废处理	0	0	0	1 058	1 263	0	0	0	0
	废水处理	0	0	0	1	2	0	0	0	0
	烟气脱硝	0	0	0	0	3 163	0	0	0	0
	小计	0	0	0	1 059	4 428	0	0	0	0
其他排放源	餐饮	0	0	0	2 452	0	3 506	2 805	75	1 963
合计		15 747	123 234	439 105	186 087	6 831	44 304	27 452	1 405	3 713

5.2 大气气溶胶来源解析的模型

源模型法是从污染源出发，根据各种污染源的源强资料和气象资料，估算污染源对受体的贡献值。但是，对于量大面广的污染物开放源来说，由于无法得到可靠的源强资料，难以估算该污染源类对受体的贡献值。难以建立全面的污染源与受体之间的关系。

受体模型法是从受体出发根据环境空气污染物的化学、物理特征等信息估算各类污染源对受体的贡献值。受体模型主要分为两大类型，即源已知类模型和源未知类受体模型。受体模型法是当前世界上应用最广泛的源解析技术。

源未知受体模型是不需要预先知道源的数量和成分谱的信息，它是基于在同一受体上测得大量的数据（k 个样品）并对这些数据进行解析，从而推出源的数目和源的成分谱。

源未知受体模型计算公式可表示为第 k 个样品中所有 i 个化学组分都是从 ρ 个独立源贡献得到的：

$$X_{ik} = \sum_{j=1}^{\rho} g_{i\rho} f_{\rho k} + e_{ik} \tag{5-15}$$

式中，X_{ik}——所测得的 k 个样品中第 i 个化学组分的浓度；

$\qquad g_{i\rho}$——第 ρ 个源所释放出的第 i 个化学组分浓度，通过矩阵 g 可表示这个 ρ 源的成分谱；

$\qquad f_{\rho k}$——第 ρ 个源对第 k 个样品的贡献；

$\qquad e_{ik}$——模型模拟的误差。

比较有代表性的未知源的模型有主成分分析/多元线性回归模型（principal component analysis /multiple linear regression model，PCA/MLR）、正定矩阵因子分解（positive matrix factorization，PMF）模型以及 UNMIX 模型等。

5.2.1 PCA 模型（主成分分析模型）法

将多个变量通过线性变换以选出较少个数重要变量的多元统计分析方法，又称主分量分析。即将原变量重新组合成一组新的互相无关的几个综合变量，同时根据实际需要从中取出几个较少的综合变量尽可能多地反映原来变量信息的统计方法叫作主成分分析或主分量分析，是用来降维的一种方法。

PCA 模型法是最早提出来的源未知类受体模型用于化学计量学，20 世纪末用于受体模型研究。PCA 最初用于定性判断和分析污染源数量与类型，无法定量计算出污染源的贡献值。后来有人提出绝对因子得分（APCS）概念，PCA 模型与多元线性回归模型（即 PCA/MLR）结合做到定量解析污染源的贡献值。

主成分分析是对于原先提出的所有变量，将重复的变量（关系紧密的变量）删去，建立尽可能少的新变量，使这些新变量是不相关的，而且这些新变量在反映课题的信息方面尽可能保持原有的信息。

5.2.1.1　PCA 的基本原理

主成分分析是数学上对数据降维的一种方法。其基本思想是设法将原来众多的具有一定相关性的指标 X_1，X_2，…，X_p（比如 p 个指标），重新合成一组较少个数的互不相关的综合指标 F_m 来代替原来的信息，又能保证新指标之间保持相互无关（信息重叠）。

设 F_1 表示原变量的第一个线性组合所形成的主成分指标，即 $F_1=a_{11}X_1+a_{21}X_2+\cdots+a_{p1}X_p$。由数学知识可知，每个主成分所提取的信息量可用其方差来度量，其方差（F_1）越大，表示 F_1 包含的信息越多。常常希望第一主成分 F_1 包含的信息量最大，因此在所有的线性组合中选取的 F_1 应该是 X_1，X_2，…，X_p 的所有线性组合中方差最大的，故称为第一主成分。如果第一主成分不足以代表原来 p 个指标的信息，在考虑选取第二主成分指标 F_2，为有效地反映源信息，F_1 已有的信息就不需要再出现在 F_2 中，即 F_2 与 F_1 要保持独立、不相关，用数学语言表达就是其协方差 Cov（F_1，F_2）=0，所以 F_2 是与 F_1 不相关的 X_1，X_2，…，F_m 为原变量指标 X_1、X_2，…，X_p 第一、第二、…、第 m 个成分。

$$\begin{cases} F_1 = a_{11}X_1 + a_{12}X_2 + \cdots + a_{1p}X_p \\ F_2 = a_{21}X_1 + a_{22}X_2 + \cdots + a_{2p}X_p \\ \qquad\qquad\qquad \vdots \\ F_m = a_{m1}X_1 + a_{m2}X_2 + \cdots + a_{mp}X_p \end{cases} \tag{5-16}$$

代表主成分分析法的主要有两个任务：

①定各主成分 F_i（i=1，2，…，m）关于原变量 X_j（j=1，2，…，p）的表达式，即系数 α_{ij}（i=1，2，…，m；j=1，2，…，p）。从系数上可以证明，协方差矩阵的特征根就是主成分的方差，所以对 m 个较大特征根就代表前 m 个较大的主成分方差值，原变量协方差矩阵前 m 个较大的特征值λ（这样选取才能保证主成分的方差依次最大）所对应的特征向量就是相应主成分 F_i 表达式的系数 α_i，为了加以限制，系数 α_i 启用的是 λ 对应的单位化的特征向量，即有 $\alpha_i'\alpha_i=1$。

②计算主成分载荷，主成分载荷是反映主成分 F_i 与原变量 X_j 之间的相互关联程度：

$$p(Z_k, x_i) = \sqrt{\lambda_k}\,\alpha_{ki}(i,=1,2,\cdots,\ \rho; k=1,2,\cdots,m) \tag{5-17}$$

5.2.1.2　主成分分析法的计算步骤

（1）计算协方差矩阵

计算样品数据的协方差矩阵：

$$\sum = (S_{ij}) \rho \times \rho \qquad (5\text{-}18)$$

其中，

$$S_{ij} = \frac{1}{n-1} \sum_{\lambda=1}^{n} (x_{\lambda i} - \overline{x}_i)(x_{\lambda j} - \overline{x}_j) \quad (i,\ j=1,\ 2,\ \cdots,\ p) \qquad (5\text{-}19)$$

（2）求出 Σ 的特征值 λ_i 及相应的正交化单位特征向量 α_i

Σ 的前 m 个较大的特征值 $\lambda_1 \geqslant \lambda_2 \geqslant \cdots \lambda_m > 0$，就是前 m 个主成分对应的方差，λ_i 对应的单位特征向量 α_i 就是主成分 F_i 关于原变量的系数，则原变量的第 i 个主成分 F_i 为：

$$\alpha_i = \lambda_i / \sum_{i=1}^{m} \gamma_i \qquad (5\text{-}20)$$

（3）选择主成分

最终要选择几个主成分，即 $F_1,\ F_2,\ \cdots,\ F_m$ 中 m 的确定是通过方差（信息），累计贡献率 $G(m)$ 来确定：

$$G(m) = \sum_{i=1}^{m} \gamma_i / \sum_{k=1}^{p} \lambda_k \qquad (5\text{-}21)$$

当积累贡献率大于 85%时，就认为能足够反映原变量的信息，对应的 m 就是抽取的前 m 个组成分。

（4）计算主成分载荷

主成分载荷是反映主成分 F_i 与原变量 X_j 之间的相互关联程度，原来变量 X_j（$j=1,2,\cdots,p$）在各主成分 F_i（$i=1,\ 2,\ \cdots,\ m$）上的荷载 l_{ij}（$i=1,\ 2,\ \cdots,\ p$）。

$$l(Z_i, X_j) = \sqrt{\lambda_i a_{ij}} \quad (i=1,2,\cdots,m;\ j=1,2,\cdots,p) \qquad (5\text{-}22)$$

（5）计算主成分得分

计算样品在 m 个主成分上的得分：

$$F_i = \alpha_{ij} X_1 + \alpha_{2i} X_2 + \cdots + \alpha_{pi} X_p \quad (i=1,2,\cdots,m) \qquad (5\text{-}23)$$

然后，根据得分综合评价污染源的贡献程度。

因子分析法是常见的定性识别大气颗粒物主要污染源类型的多元素统计分析方法，该方法将大气颗粒物中各元素浓度值看作是各类来源贡献的线性组合。因子分析就是在许多原始变量中找出它们的内在联系和起主导作用、相互独立的主因子。

5.2.2　绝对主因子分析法

绝对主因子分析法就是引进一个零样本，并将这个零样本标准化，以标准差三角矩阵与旋转载荷相乘，得到绝对因子载荷矩阵；以相关因子系数载荷矩阵与零样本标准化值计算得到零样本得分，主成分得分减去零样本得分，得到绝对因子得分。将可吸入颗粒物作为因变量，绝对因子得分作为自变量进行回归分析，得出每个样品中各主因子的相对贡献率；以样品中各元素的质量比作为因变量，每个样品中各主因子的相对贡献率作为自变量，最终可求出主因子中各种元素的质量比：

$$C_i = (b_0)_i + \sum \mathrm{APCS}_p \times b_{pi} \quad (p = 1, 2, \cdots, n) \tag{5-24}$$

式中，$(b_0)_i$——常数项；

　　b_{pi}——回归系数；

　　APCS_p——样品的绝对主因子得分，$\mathrm{APCS}_p \times b_p$ 表示污染源 p 对污染物 C_i 的贡献。

　　　　所有样品的 $\mathrm{APCS}_p \times b_{pi}$ 均值为污染源 p 的平均贡献率。

5.2.2.1　主成分分析和因子分析的区别

（1）原理不同

1）主成分分析（principal components analysis，PCA）基本原理：利用降维（线性变换）的思想，在损失很少信息的前提下把多个指标转化为几个不相关的综合指标（主成分），即每个主成分都是原始变量的线性组合，且各个主成分之间互不相关，使主成分比原始变量具有某些更优越的性能（主成分必须保留原始变量 90% 以上的信息），从而达到简化系统结构，抓住问题实质的目的。

2）因子分析（factor analysis，FA）基本原理：利用降维的思想，从研究原始变量相关矩阵内部的依赖关系出发，把一些具有错综复杂关系的变量表示成少数的公共因子和仅对某一个变量有作用的特殊因子线性组合而成。就是要从数据中提取对变量起解释作用的少数公共因子（因子分析是主成分的推广，相对于主成分分析，更倾向于描述原始变量之间的相关关系）。

（2）线性表示方向不同

因子分析是把变量表示成各公因子的线性组合；主成分分析则是把主成分表示成各变量的线性组合。

（3）假设条件不同

主成分分析不需要有假设（assumptions），因子分析需要一些假设。因子分析的假设包括各个共同因子之间不相关，特殊因子（specific factor）之间也不相关，共同因子和特殊因子之间也不相关。

（4）求解方法不同

1）求解主成分的方法：从协方差矩阵（协方差矩阵已知）和相关矩阵出发（相关矩阵 R 已知），采用的方法只有主成分法（实际研究中，总体协方差矩阵与相关矩阵是未知的，必须通过样本数据来估计）。

2）求解因子载荷的方法：主成分法，主轴因子法，极大似然法，最小二乘法，因子提取法。

（5）主成分和因子的变化不同

主成分分析：当给定的协方差矩阵或者相关矩阵的特征值唯一时，主成分一般是固定的、独特的；因子分析：因子不是固定的，可以旋转得到不同的因子。

（6）因子数量与主成分的数量不同

主成分分析：主成分的数量是一定的，一般有几个变量就有几个主成分（只是主成分所解释的信息量不等），实际应用时会根据碎石图提取前几个主要的主成分。

因子分析：因子个数需要分析者指定（SPSS 和 SAS 根据一定的条件自动设定，只要是特征值大于 1 的因子就可进入分析），指定的因子数量不同其结果也不同。

（7）解释重点不同

主成分分析：重点在于解释各变量的总方差。

因子分析：重点在于解释各变量之间的协方差。

（8）算法上的不同

主成分分析：协方差矩阵的对角元素是变量的方差。

因子分析：所采用的协方差矩阵的对角元素不再是变量方差，而是和变量对应的共同度（变量方差中被各因子解释部分）。

5.2.2.2　因子分析法和主成分分析法各自的优点

（1）因子分析

1）因子分析可以使用旋转技术，使得因子更好地得到解释，因此在解释主成分方面因子分析更占优势；因子分析不是对原有变量的取舍，而是根据原始变量的信息进行重新组合，找出影响变量的共同因子，化简数据。

2）首先，因子分析可以进行因子分析加多元回归分析，可以利用因子分析解决共线性问题；其次，可以利用因子分析寻找变量之间的潜在结构；再次，因子分析加聚类分析，可以通过因子分析寻找聚类变量，从而简化聚类变量；最后，因子分析还可以用于内在结构证实。

（2）主成分分析

1）如果仅仅想把现有的变量变成少数几个新的变量（新的变量几乎带有原来所有变量的信息）来进入后续的分析，则可以使用主成分分析，不过一般情况下也可以使用因子分析。

2）通过计算综合主成分函数得分，对客观经济现象进行科学评价。

3）在应用上侧重于信息贡献影响力综合评价。

4）应用范围广，主成分分析不要求数据来自正态分布总体，其技术来源是矩阵运算的技术以及矩阵对角化和矩阵的谱分解技术，因而凡是涉及多维度问题，都可以应用主成分降维。

①主成分分析可以用于系统运营状态做出评估，一般是将多个指标综合成一个变量，即将多维问题降维至一维，这样才能方便排序评估；此外，还可以应用于经济效益、经济发展水平、经济发展竞争力、生活水平、生活质量的评价研究上；还可以与回归分析相结合，进行主成分回归分析，甚至可以利用主成分分析挑选变量，选择少数变量再进行进一步的研究。一般情况下，主成分分析用于探索性分析，很少单独使用，用主成分来分析数据，可以对数据有一个大致的了解。

②可以进行几个常用组合：例如，主成分分析加判别分析，适用于变量多而记录数据不多的情况；主成分分析加多元回归分析，主成分分析可以帮助判断是否存在共线性，并用于处理共线性问题；主成分分析加聚类分析，这种组合因子分析可以更好地发挥优势。

5.2.2.3 绝对主因子法在大气气溶胶源解析的应用

作者利用郑州市 2012 年冬季（采暖期）采集的受体的化学成分谱进行主因子分析，主因子分析计算选用 SPSS 软件，经主因子分析得到方差主成分因子载荷矩阵。

①选用 SPSS 软件得到大气颗粒物主成分矩阵，见表 5-5。

②根据主成分矩阵计算出各种源类对受体的贡献值和分担率。

由于各个较高载荷的因子反映的是公因子载荷，它能反映原始变量的相关关系，用公因子代表原始变量时，往往将公因子表示为变量的线性组合。

$$F_k = \sum_{i=1}^{m} \beta k_i \cdot Z_i \quad (k = 1, 2, \cdots, \ p) \qquad (5\text{-}25)$$

式中，F_k——因子得分函数，估算因子得分的计算公式见式（5-26）。

$$\hat{F}' = A^{\bullet} R^{-1} Z' = B' Z' \qquad (5\text{-}26)$$

式中，$\hat{F}'$——主因子得分矩阵 $\hat{F}$ 的转置；

B'——主因子得分系数矩阵 B 的转置；

$A^{\bullet}$——最终因子载荷矩阵 A 的转置；

R^{-1}——相关系数矩阵。

表 5-5　郑州市 2012 年冬季大气颗粒物主成分矩阵

元素	主成分						共同度
	1	2	3	4	5	6	
Na	0.677	−0.191	0.108	−0.422	0.354	−0.148	0.831
Mg	0.653	−0.418	0.006	0.44	0.335	−0.134	0.925
Al	−0.062	0.788	0.083	−0.066	0.133	−0.284	0.733
Si	0.567	0.406	0.552	0.211	−0.125	−0.15	0.874
K	−0.729	−0.01	0.165	0.091	0.267	0.222	0.688
Ca	−0.07	0.647	−0.09	0.406	−0.064	−0.27	0.674
Ti	−0.057	0.076	0.724	−0.231	−0.6	−0.08	0.952
V	−0.191	0.578	−0.309	0.334	0.157	−0.154	0.626
Cr	0.474	−0.514	−0.058	0.264	−0.38	−0.394	0.862
Mn	−0.676	−0.139	0.151	−0.084	0.36	−0.148	0.657
Fe	0.013	−0.502	0.331	0.09	0.616	0.396	0.907
Co	−0.495	−0.309	0.503	0.458	−0.018	0.138	0.823
Ni	−0.3	−0.015	−0.466	−0.379	−0.262	0.296	0.608
Cu	0.264	−0.539	−0.335	0.313	−0.223	0.36	0.749
Zn	0.251	0.426	−0.132	0.377	0.684	0.032	0.874
As	−0.316	0.276	−0.436	0.659	−0.061	179	0.836
Ba	−0.328	0.088	−0.645	−0.468	0.397	−0.043	0.91
Pb	−0.535	−0.025	0.702	0.311	0.099	−0.051	0.889
Tc	0.619	0.331	0.056	−0.108	0.036	0.622	0.896
OC	0.308	0.264	−0.029	−0.304	−0.232	0.68	0.697
Cl⁻	0.097	0.495	0.551	0.084	−0.056	0.519	0.837
NO₃⁻	0.521	0.023	−0.411	0.568	−0.188	0.129	0.816
SO₄²⁻	−0.659	−0.084	−0.347	0.728	−0.512	0.112	0.888
方差贡献值	4.622	3.683	3.411	2.673	2.497	1.667	
方差贡献率/%	20.096	6.014	14.83	11.623	10.858	7.247	

定量计算各污染源对受体即化学组分贡献值和分担率，应计算绝对因子载荷矩阵和绝对主因子得分矩阵。绝对因子载荷矩阵如下：

$$C^*=S\times A^*$$ （5-27）

式中，S——由 S_i 构成的对角线矩阵；

C^*——含有来源 k 的受体及化学组分的相对浓度信息。

绝对因子得分矩阵如下：

$$\hat{F}^* = A^*R^{-1}Y' = B'Y'$$ （5-28）

式中，$\hat{F}^{*'}$——绝对主因子得分矩阵 $\hat{F}^{*}$ 的转置矩阵；

Y'——Y 的转置矩阵，Y 矩阵由式（5-29）构成。

$$y_{ij} = x_{ij} / s_i \tag{5-29}$$

各污染源对受体及各化学成分的浓度贡献值用式（5-30）计算：

$$M_{ik} = c_{ik}^{*} \overline{\hat{f}_k^{*}} \tag{5-30}$$

式中，c_{ik}^{*}——来自矩阵 c^{*}；

$\overline{\hat{f}_k^{*}}$——第 k 个主因子绝对因子得分 $\hat{f}_k^{*}$ 的均值，来自矩阵 $\hat{F}^{*}$。

各污染源对受体及化学组分的分担率由式（5-31）计算：

$$R_{ik} = \frac{M_{ik}}{x_i} = \frac{c_{ik}^{*} \overline{\hat{f}_k^{*}}}{x_k^{*}} \tag{5-31}$$

用绝对因子法计算的郑州市 2012 年采暖期各污染源对受体的解析结果见表 5-6。

表 5-6　用绝对因子法计算的郑州市 2012 年采暖期对受体的解析结果

污染源	贡献值/（μg/m³）	分担率/%
土壤风沙尘	28.32	19.03
建筑水泥尘	21.22	14.20
煤烟粉尘	29.40	19.72
二次粒子	20.90	14.00
机动车尾气	26.30	17.70
二次碳加其他	19.28	13.00
合计	145.42	97.65
监测值	148.85	100.00

因子分析的优点：一是它不是对原有变量的取舍，而是根据原始变量的信息进行重新组合，找出影响变量的共同因子，化简数据；二是它通过旋转使得因子变量更具有可解释性，命名更准确。

因子分析的缺点：在计算因子得分时，采用的是最小二乘法，此法有时可能会失效。与化学质量平衡法（CMB）结果相比，往往使解析结果偏低，见表 5-7。因子分析法无法解析二次碳和道路扬尘。

表 5-7　化学质量平衡法（CMB）解析郑州市 2012 年的结果

污染源	贡献值/（μg/m³）	分担率/%
扬尘	5.01	3.4
土壤风沙尘	34.18	22.96
建筑水泥尘	22.79	15.31
煤烟粉尘	30.81	20.70
二次粒子	21.23	14.94
机动车尾气	28.18	20.28
二次碳	5.54	5.20
合计	147.74	102.79
监测值	148.85	100.00

5.2.3　受体模型法及其种类

受体模型主要包括化学质量平衡模型（CMB）和因子分析类模型（PMF、PCA/MLR、UNMIX、ME-2 等）。

5.2.3.1　PCA/MLR 受体模型

（1）PCA/MLR 模型的原理

主成分分析是一种统计学方法，它的目的是在所提供的原始数据中提取较小的主成分，从而减小了数据变量的维数。它从相关矩阵或协方差矩阵出发，对高维变量数据进行最佳的综合与简化。提出的因子相互彼此正交，且所提取的第一个主成分的方差最大，随后的主成分方差逐渐减小。通常来说，所提取的主成分是根据它们的特征值大小来决定的（特征值大于 1 的主成分通常被提取出来），所提取出的主成分数目就是所解析出的源的数目。

（2）PCA/MLR 模型的算法

PCA/MLR 受体模型的第一步是将所测得的原始数据进行归一化（normalization）处理，使所有组分的数量级相同：

$$Z_{ik} = (C_{ik} - C_{i0}) / \sigma_i \tag{5-32}$$

式中，i——样品的总化学组分的数目，$i = 1, 2, \cdots, n$；

　　　　Z_{ik}——第 k 个样品中第 i 个化学组分的标准化数值，通过标准化，Z_{ik} 有正有负，符合正态分布，对于任何一个化学组分 i 的 m 个标准化数值来说，其平均值为 0，且方差为 1；

　　　　C_{ik}——所测量得到的第 k 个样品中第 i 个化学组分的浓度，μg/m³；

C_{i0}——所有 m 个样品的第 i 个化学组分的浓度平均值，$\mu g/m^3$；

σ_i——所有 m 个样品的第 i 个化学组分的浓度标准偏差。

由于 PCA/MLR 模型需要充分的自由度，因此，这些数据需要使样品的数量比化学成分的数量要大，即 $m>n$，且 m 越大模型越稳定。然后，再将得到的标准化数据进行主成分分析。通常在进行主成分分析过程中采用最大正交旋转，因为在使用最大正交旋转后得到主成分结果对于个别潜在源的变异性更具有代表性。在进行最大正交旋转主成分分析之后，可以确定因子荷载和因子得分：$Z_{ik} = L_{ip} \cdot P_{pk}$，这里，$L_{ip}$ 是经过最大正交旋转后得到的主成分载荷，根据主成分荷载中各种化学成分的权重，可估计出源的类型（通常特征元素的载荷值应该较高）；P_{pk} 是经过最大正交旋转后得到的因子得分，利用因子得分可以计算出绝对成分得分，再将绝对成分得分和得到的样品质量浓度进行多元线性回归便可以最终得出源的贡献值和源的成分谱。其方法如下。

首先引出一个人造样品，其所有变量的浓度等于零，并将其标准化：

$$(Z_0)_i = (0 - C_{i0})/S_i = -C_{i0}/S_i \tag{5-33}$$

然后计算经过最大正交旋转的绝对零主成分得分 P_0，即对于每个 p 主成分来说：

$$P_{OP} = \sum_{i=1}^{m} B_{pi}(Z_0)_i \tag{5-34}$$

APCS 的计算如下：

$$[APCS]_{pxj} = [P]_{pxj} - [P_0]_{p0j} \tag{5-35}$$

这里 $[P_0]$ 中第 p 行中所有 j 列的数值都是相等的，其数值等于公式计算所得到的值。

尽管 APCS 对余元的贡献是成比例的，但这些得分数值同质量浓度不是同一单位，因此，需要将其与所测得的质量浓度进行多元线性回归得：

$$M_k = \xi_0 + \sum_{j=1}^{p} \xi_j (APCS)_{jk} \tag{5-36}$$

式中，M_k——第 k 个样品的质量浓度，$\mu g/m^3$；

ξ_0——回归得到的截距，如果模型拟合比较成功的话，ξ_0 应当趋向于 0；

ξ_j——（APCS）$_{jk}$ 便是计算所得的第 j 个源对第 k 个样品的质量浓度贡献，$\mu g/m^3$。

（3）PCA-MLR 模型的优、缺点

PCA-MLR 模型是一种定量的源解析技术，它是将定性解析的 PCA 模型同 MLR 模型相结合。

PCA-MLR 模型同其他未知受体模型一样，具有自身的优缺点。然而，它也没有解决非负值限制的问题，在 PCA 过程中，也会出现负值，例如，得到的主成分载荷和主成分得分会出现负值。在这种情况下，通常将负值由 0 取代再进行下面的计算，因此在模型拟合过程中难免会产生误差。

5.2.3.2 CMB 模型

CMB 模型需要满足以下条件：各类源排放出来的污染物的化学组成相对稳定，且污染物之间没有相互作用；所有对受体有贡献的主要源都被确定，并且知道它们排放出来的污染物的化学组成；所研究的污染物种类不少于源的个数；各类源排放出来的污染物的化学组成有明显的差异；测样方法的误差是随机的，符合正态分布。

CMB 模型由一组可以用最小二乘法求解的质量平衡方程组成，方程表明受体样品中每种化学元素的浓度为排放源中该物质浓度与贡献度乘积的线性加和，数学表达式为：

$$C_i = \sum_{j=1}^{p} F_{ij} \times S_j \tag{5-37}$$

式中，C_i——环境颗粒物样品中第 i 种化学成分的浓度，$\mu g/m^3$；

　　　F_{ij}——第 j 类源排放的化学组分 i 所占分数；

　　　S_j——污染源 j 排放的颗粒物浓度，$\mu g/m^3$；

　　　i——化学组分数目，$i=1, 2, \cdots, I$；

　　　j——污染源数目，$j=1, 2, \cdots, J$。

富集因子法又称元素富集因子法，是用于表示大气颗粒物中元素的富集程度，判断和评价颗粒物中元素来源（自然来源和人为来源）的方法。

富集因子法的结果分析首先根据公式计算出各样点所测元素的富集因子，然后根据富集因子的高低，结合前人对各类污染源的典型排放物的研究成果来分析各种元素的来源。元素的富集因子是以定量评价污染程度与污染来源的重要指标，它选择满足一定条件的元素作为参考元素（或称标准化元素），样品中污染元素浓度和参考元素浓度的比值与背景区中二者浓度比值的比率即为富集因子，计算公式为：

$$EF = \frac{(C_i / C_r)_{\text{颗粒}}}{(C_i / C_r)_{\text{背景}}} \tag{5-38}$$

式中，C_i——元素 i 的浓度；

　　　C_r——被选定的参考元素的浓度。对于大气，则 $(C_i/C_r)_{\text{颗粒}}$ 为颗粒中 C_i 元素的相对浓度；同样，$(C_i/C_r)_{\text{背景}}$ 为地壳中相应元素的相对浓度。然后，把这两种浓度相除，即为 C_i 元素的富集因子值，用 EF 表示。

富集因子法是一种双重归一化的计算方法，它能消除大气颗粒物采样、分析、风速、风向及离污染源远近等引起的各种不定因素的影响；所以，它比通常所得浓度（即绝对浓度）进行比较的结果更为可靠且准确。参比元素的选择，一般选用地壳中普遍存在的而人为污染来源较少、化学稳定性好、分析结果精确度高的低挥发性元素。国际上多用

Fe（铁）、Al（铝）、Si（硅）、Ti（钛）、Sc（钪）等。上述地壳中元素含量（即地壳的元素丰度）可用地球化学上的数据，如选用梅森的，也有采用泰勒的。

5.2.3.3　基于离线滤膜源解析方法

大气颗粒物来源解析技术方法主要包括源清单法、源模型法和受体模型法。解析常态污染下颗粒物的来源，为制定长期颗粒物污染防治方案提供支撑，建议使用受体模型；细颗粒物（$PM_{2.5}$）污染突出的城市或区域，建议受体模型和源模型联用。受体模型法是从受体出发，根据源和受体颗粒物的化学、物理特征等信息，利用数学方法定量解析各污染源类对环境空气中颗粒物的贡献。受体模型可以不用依赖详细的源清单和气象数据，就可以很好地定量污染源类别，识别开放源的贡献。在污染源清单没有研究清楚之前，使用受体模型，可以不考虑过程的影响，从颗粒物污染特征反推污染源贡献。

5.2.3.4　本地精细化源解析方法

通过空气质量模型分析城市本地、外地贡献，将本地、外地贡献比例提供给受体模型，这样受体模型结果能将本地行业的贡献单独细分出来，然后根据本地排放清单中细分的行业再对各污染源的贡献进行细分。具体方案如下：

以郑州为例，首先基于第三代空气质量模型 WRF-CMAQ，采取 3 层网格嵌套方式模拟再现郑州市空气质量的变化情况。其中气象场输入为 FNL 再分析数据，人为源清单采用"东亚+中国+河南+郑州"（REAS2 +MEIC +HENAN+ZHENGZHOU）的逐层逐步精细化清单结合的方案，天然源清单为 MEGAN 清单生成工具在线生成，人为源清单与天然源清单加和作为排放源输入，随后进行空气质量的模拟，获得一次 $PM_{2.5}$、二次硝酸盐、二次硫酸盐和二次有机气溶胶（SOA）本地/外地比例。应用空气质量模式中硫酸盐、硝酸盐、SOA 本地/外地比例，将受体模型解析出的二次气溶胶分配为本地/外地硫酸盐、硝酸盐和二次有机气溶胶。本地的硫酸盐、硝酸盐和二次有机气溶胶，按对应清单中 SO_2、NO_2 和 VOCs 细分到各行业。一次排放的生物质燃烧、燃煤、工艺过程、机动车按空气质量模式计算得出的本地/外地一次颗粒物分配，本地生物质燃烧、燃煤、工艺过程、机动车贡献按对应清单中污染源细分到各行业。受体中的扬尘源直接按源清单中的扬尘比例分到道路、施工、土壤、堆场扬尘。最后合并一级源的贡献占比为本地源解析综合结果，并对应给出二级源的比例，得到本地化精细源解析结果。

5.2.3.5　PMF 模型解析法

PMF（positive matrix factorization）法与主成分分析法（PCA）、因子分析法（FA）都是利用矩阵分解来解决实际问题的分析方法，在这些方法中，原始的大矩阵被近似分解为低秩的 $V = WH$ 形式。但 PMF 与 PCA 和 FA 不同，PCA、FA 方法中因子 W 和 H 中的元素可为正或负，即使输入的初始矩阵元素全是正的，传统的秩削减算法也不能保证原始数据的非负性。在数学上，从计算的观点来看，分解结果中存在负值是正确的，但负值元素在实际问题中往往是没有意义的。PMF 是在矩阵中所有元素均为非负数约束条件之下的矩阵分解方法，在求解过程中对因子载荷和因子得分均做非负约束，避免矩阵分解的结果中出现负值，使得因子载荷和因子得分具有可解释性和明确的物理意义。PMF 使用最小二乘方法进行迭代运算，能够同时确定污染源谱和贡献，不需要转换就可以直接与原始数据矩阵作比较，分解矩阵中元素非负，使得分析的结果明确而易于解释，可以利用不确定性对数据质量进行优化，是美国国家环保局（USEPA）推荐的源解析工具。

PMF 模型是 1993 年才出现的一种有效、新颖的颗粒物源解析方法，与其他的源解析方法相比，具有不需要测量源成分谱，分解矩阵中元素分担率为非负值，可以利用数据标准偏差来进行优化，并且可处理遗漏数据和不精确数据等特点。

（1）PMF 模型法的原理

PMF 模型是一种较新发展的源解析技术，是一种基于因子分析的方法原理。它具有不需要测量源指纹谱、分解矩阵中元素非负、可以利用数据标准偏差来进行优化等优点。将多样本、多物种的受体数据看作因子矩阵 X（$n \times m$），其中 n 为样品数，m 为污染组分；并将其分解为两个因子矩阵：F（$p \times m$）和 G（$n \times p$）以及一个"残差矩阵" E（$p \times m$）。如下所示：

$$X_{nm} = \sum_{j=1}^{p} G_{np} F_{pm} + E \tag{5-39}$$

式中，X_{nm}——第 n 个样品中的第 m 个化学组分；

G_{np}——源贡献矩阵，表示第 p 个源对第 n 个样品的相对贡献；

F_{pm}——源成分谱矩阵，表示第 p 个源 m 组分的含量；

E——残差矩阵，表示实际值与解析值的残差。

目前，PMF 模型成功用于大气气溶胶、土壤和沉积物中持久性有毒物质的源解析。

为得到最优的因子解析结果，模型通过定义一个"目标函数" Q，最终解析得到使用目标函数 Q 值最小的 G 矩阵和 F 矩阵：

$$Q(E) = \sum_{i=1}^{m} \sum_{j=1}^{n} (E_{ij} / \sigma_{ij})^2 \tag{5-40}$$

式中，σ_{ij}——第 j 个样品中第 i 个化学组分的标准偏差，或不确定性（uncertainty），是人为定义的。

PMF 模型运行需要输入各组分的不确定度，各组分的不确定度通过式（5-41）计算：

$$\text{uncertainty} = 2 \times \text{MDL}，\text{当化学组分的浓度小于或等于 MDL 时} \tag{5-41}$$

$$\text{uncertainty} = [(C \times \%)^2 + (\text{MDL})^2]^{1/2}，\text{当化学组分的浓度大于 MDL 时} \tag{5-42}$$

式中，C——组分浓度；

$\quad\quad$ MDL——组分的方法检出限。

为了保证 PMF 解析准确性，将低于方法检出限的组分浓度用 1/2 检出限代替。对 PMF 模型设置不同因子个数，多次运行，观察"目标函数"Q 值变化、观测值与模拟值相关性、因子谱特征变化，最终确定合理、稳定的结果。

（2）基本计算过程如下

①样品数据无量纲化，无量纲化后的样品数据矩阵用 D 表示。

②协方差矩阵求解，为计算特征值和特征向量，可先求得样品数据的协方差矩阵，用 D' 为 D 的转置，算法为：

$$Z = DD' \tag{5-43}$$

③特征值及特征向量求解，用雅各布方法可求得协方差矩阵 Z 的特征值矩阵 E 和特征向量矩阵 Q，Q' 表示 Q 的转置。这时，协方差矩阵可表示为：

$$Z = QEQ' \tag{5-44}$$

④主要污染源数求解，为使高维变量空间降维后能尽可能保留原来指标信息，利用累计方差贡献率提取显著性因子。

⑤因子载荷矩阵求解，提取显著性因子后，利用求解得到的特征值矩阵 E 和特征向量矩阵 Q 进一步求得因子载荷矩阵 S 和因子得分矩阵 C，这时，因子载荷矩阵可表示为：

$$S = QE1/2 \tag{5-45}$$

因子得分矩阵可表示为：

$$C = （S'S）- 1S'D \tag{5-46}$$

⑥非负约束旋转，由步骤⑤求得的因子载荷矩阵 S 和因子得分矩阵 C 分别对应主要污染源指纹图谱和主要污染源贡献，为解决其值可能为负的现象，需要做非负约束的旋转。

⑦首先利用转换矩阵 T_1 对步骤⑤求得的因子载荷矩阵 S 和因子得分矩阵 C 按式（5-47）进行旋转：

$$S_1 = T_1C \tag{5-47}$$

式中，S_1——旋转后的因子载荷矩阵；

$\quad\quad C$——旋转后的因子得分矩阵；

$\quad\quad T_1$——转换矩阵，且 $T_1 = （C×C'）（C×C'）-1$（其中，C' 为把 C 中的负值替换为零后的因子得分矩阵）。

⑧利用步骤⑦中旋转得到的因子载荷矩阵 S_1 构建转换矩阵 T_2 对步骤⑤中旋转得到的因子载荷矩阵 S_1 和因子得分矩阵 C_1 继续旋转：

$$S_2 = C_2 T_2 \tag{5-48}$$

式中，S_2——二次旋转后的因子载荷矩阵；

C_2——二次旋转后的因子得分矩阵；

T_2——二次转换矩阵，且 $T_2 = (S_1' + S_1) -1 (S_1' + S_1)$（其中，$S_1'$ 为 S_1 中的负值换为零后的因子载荷矩阵）。

⑨重复步骤⑦、⑧，直到因子载荷中负值的平方和小于某一设定的误差精度 e 而终止，最终得到符合要求的因子载荷矩阵 S，即主要污染源指纹图谱。

（3）缺失值处理

正定矩阵因子分析是基于多元统计的分析方法，对数据有效性具有一定的要求，因此在进行分析之前首先对数据进行预处理。根据已有数据的特征结合实际情况主要有以下 5 种处理方法。

①采样数据量充足的情况下直接丢弃含缺失数据的记录。

②存在部分缺失值情况下用全局变量或属性的平均值来代替所有缺失数据。把全局变量或是平均值看作属性的一个新值。

③先根据欧式距离或相关分析来确定距离具有缺失数据样本最近的 K 个样本，将这 K 个值加权平均来估计该样本的缺失数据。

④采用预测模型来预测每一个缺失数据。用已有数据作为训练样本来建立预测模型，如神经网络模型预测缺失数据。该方法最大限度地利用已知的相关数据，是比较流行的缺失数据处理技术。

⑤对低于数据检测限的数据可用数据检测限值或 1/2 检测限以及更小比例检测限值代替。

（4）不确定性处理，计算数据不确定性

①不确定性评估方法体系的建立：不确定性评估方法通常只采用单一的不确定度计算方法。然而，污染物不同化学组分的物理、化学性质不同，在进行仪器分析前景不同的试验处理时，不同组分经过不同的仪器基于不同的分析原理进行测定，这就使每种组分不确定度的程度及来源存在差别。因此在不确定度的计算过程中应以某一种计算方法为基础，通过该方法体系可以在使用一种不确定度算法不能得到一个非常理想结果的情况下，利用更多的不确定度算法对数据的不确定度进行持续优化，从而提高源解析的正确性。

②不确定度算法的比较：用三种不确定度算法对不确定度评估方法体系进行比较。见表 5-8。

表 5-8 3 种不确定度算法比较

序号	算法	相关参数	参考文献
#1	$U_{ij}=\sqrt{e_j^2+(d_j\times X_{ij})^2}$	e_j：仪器检出限；X_{ij}：组分浓度；d_j：不确定度比例系数	Anttila et al., 1995；Liu et al., 2013；Cheng et al., 2014
#2	$U_{ij}=e_j+d_j\times X_{ij}$	同上	Ito et al., 2004；Yao et al., 2016
#3	$U_{ij}=\sqrt{(c_j\times SD)^2+(0.05\times X_{ij})^2}$	SD：标准偏差；c_j：不确定度比例系数	Prendes et al., 1999；Xie et al., 1999

3）三种不确定度算法参数值的确定：三种不确定度算法中参数的取值会直接影响到不确定度的大小，受体模型假设因子谱，在分析时段保持不变，因此，对于实际情况下可能变化的组分，如具有挥发性或有二次生成或损耗（如 C_1 具有较强的挥发性，则 d_j 和 C_j 赋值相对较大）应给予较大的不确定度取值。另外，PMF 计算中对于检出限上下的数据不确定度计算方法不同，因此对于浓度接近检出限的组分也应给予较大的不确定取值（表 5-9 中 As、Cd、Pb、V、Ni 等成分）。香港大学张夏夏等通过对 1998—2008 年香港荃湾站点 PM_{10} 组分监测数据进行的源解析中，将算法 1 和算法 2 中对应的 d_i 值赋予 0.1 和 0.25。算法 3 中数据的标准偏差实际上代表的是仪器误差，并且当物质的浓度较小时则标准偏差偏离真值所占的比例就越大，即 C_i 值越大。据此，将分析化学组分分成三类，分别将对应的 C_i 值赋予 0.05、0.1 和 0.5，见表 5-9。

表 5-9 算法 1、算法 2 中的 d_i 值和算法 3 中的 C_i 值

组分	d_j	C_i	组分	d_j	C_i
As	0.25	0.5	Mg	0.1	0.1
Cd	0.25	0.5	Na^+	0.1	0.1
Pb	0.25	0.5	Cl^-	0.25	0.5
V	0.25	0.5	NH_4^+	0.1	0.1
Ni	0.25	0.5	NO_3^-	0.1	0.05
Al	0.1	0.1	SO_4^{2-}	0.1	0.05
Mn	0.1	0.1	K^+	0.1	0.1
Fe	0.1	0.1	OC	0.1	0.1
Ca	0.1	0.1	EC	0.1	0.1

（5）数据合理性分析

信噪比小，说明样品的噪声大；信噪比越大，则表示样品检出的可能性越大，越适合模型。

（6）数据输入及因子分析

与其他因子分析方法一样，PMF 不能直接确定因子数目。确定因子数目的一般方法是尝试多次运行软件，根据分析结果和误差，Q 值以及改变因子数目时 Q 值的相对变化等来确定合理的因子数目。

（7）PMF 模型的优、缺点

①优点：PMF 模型进行了非负值的限制，因此较好地解决了源的负贡献问题，且它对于处理低于检测限的数据问题较好，通常当检测数据低于方法检测限时，将方法检测限的 1/2 值来代替。PMF 模型不需要输入源成分谱，能解析次生或易变化物质的来源；采取了非负值的约束条件，避免了负值的出现；可利用数据标准偏差来进行优化。

②缺点：作为一种统计方法，PMF 模型需要提前输入恰当的污染源数目及大量的样本量（通常样本数目要介于 30～50）以得到稳定的解析结果；并且由于无须提前知道污染源的信息，在解析过程中需要有标识元素来对所提取的因子进行标识，以将它同现实中的污染源相对应，且模型计算和使用较复杂。

5.2.3.6 PMF 模型源解析的应用实例

（1）实例 1

南京大学王苏蓉，喻义勇等基于 PMF 模式于 2012—2014 年解析了南京大气细颗粒物的来源。他们通过多次运行程序，试验不同因子参数和不确定性参数，寻找最小目标函数值，同时观察残差矩阵值，使其尽可能小，以此保证模拟结果和观测结果有较好的相关关系，最终得到 6 类因子的贡献率和成分谱。

他们从 170 个样品中筛选出 138 个有效样品参与模型计算，模型输入的样品资料具体包括 26 种化学组分、$PM_{2.5}$ 质量浓度和各组分的不确定性资料。

通过 PMF 的多次运行，试验不同因子参数和不确定性参数，寻找最小目标函数值，同时观察了残差矩阵值，使其尽可能小，以此保证模拟结果和观测结果有较好的相关关系，最终得到 6 类因子的贡献率和成分谱，详见图 5-2 和表 5-10。

图 5-2 中，因子 1 代表二次无机气溶胶来源，贡献率为 25.0%。硫酸盐、硝酸盐、铵盐是该因子主要组分。

因子 2 代表燃煤源，贡献率为 23.5%。该因子中 OC、EC、Cl⁻、Na 以及一些土壤元素的相对含量较高。

因子 3 可认为是汽车排放源，贡献率为 20.4%。典型组分 OC、EC、Zn、Cu、Mn、Pb 等含量相对较高。

因子 4 为扬尘来源，贡献率为 17.7%。该源中含有大量的地壳成分，如 Al、Ca（Ca^{2+}）、Fe、Mg，Ca 含量高于 Al，表明土壤尘中 Ca 富集。OC 在该源中比例约为 13%，表明该土壤尘中混合了沙尘、黄土、人为建设尘、浮尘和再悬浮尘。

　　因子 5 可以认为是冶金工业来源，贡献率为 3.0%。本源中含有较高比例的 Ni、Cr、Mn，可能来源于冶炼和冶金行业。

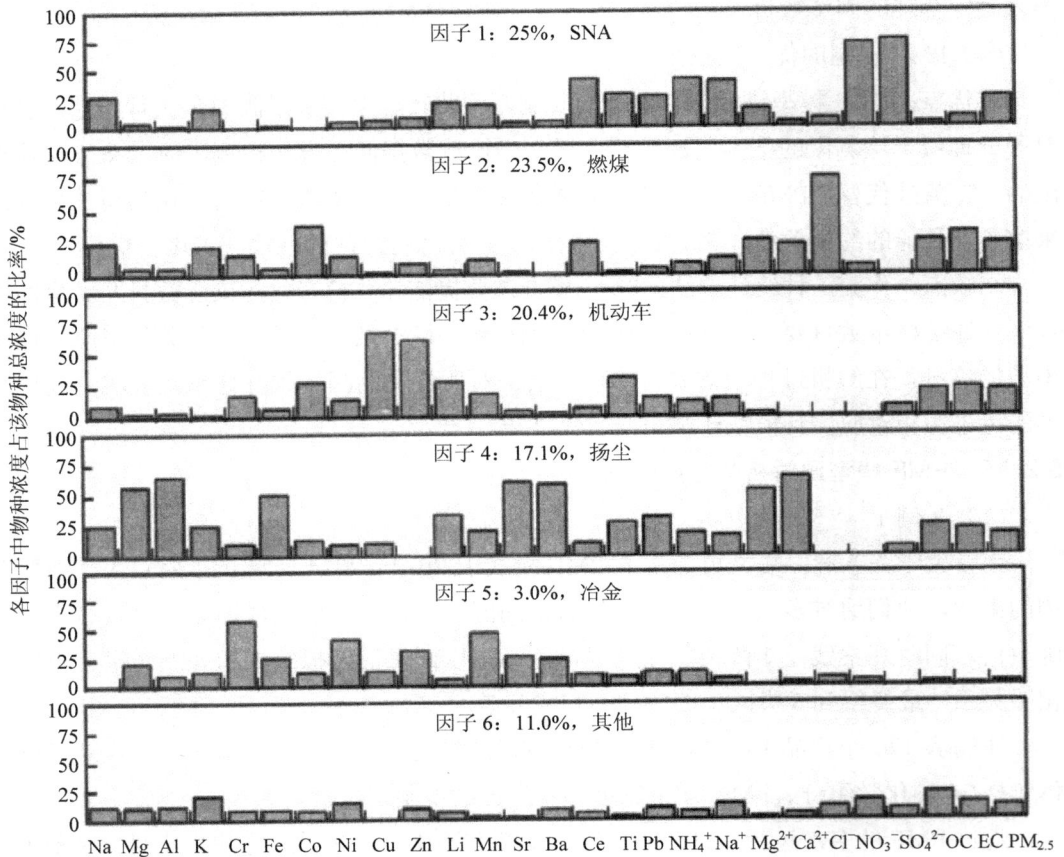

图 5-2　南京市 $PM_{2.5}$ 不同污染源的贡献率（不包括 SOA）

　　因子 6 的化学组分没有表现出明显的指示性特征，故被定义为其他来源，该因子贡献率为 11.0%，其中 Mn、NO_3^- 来源于化学工业、水泥工业、燃料工业等源，OC、EC 和 K 可能来源于生物质燃烧。

　　他们对二次细颗粒物的来源进行再解析，结果见表 5-11。其中，火电的排放作为燃煤源，钢铁、水泥等其他工业的排放作为工业源，机动车包含道路移动源和非道路移动源，民用燃料和生物质燃烧等作为其他源。综合 PMF 直接解析结果以及 SIA 和 SOA 的二次解析结果，燃煤、机动车、工业、扬尘和其他源对南京市 $PM_{2.5}$ 的贡献率分别为 29.6%、22.4%、18.7%、14.6% 和 14.7%。

表 5-10　基于 PMF 的南京市 PM$_{2.5}$ 不同污染源的化学组成（不包括 SOA）　单位：μg/m³

元素	SIA	燃煤	机动车	扬尘	冶金	其他
Na	0.106 0	0.098 1	0.035 3	0.102 0	0	0.047 1
Mg	0.024 5	0.036 8	0.014 8	0.355 3	0.128 6	0.067 4
Al	0.014 1	0.042 3	0.028 2	0.465 0	0.070 5	0.084 6
K	0.019 2	0.026 4	0.002 4	0.031 2	0.015 6	0.025 2
Cr	0	0.011 4	0.012 1	0.007 9	0.040 7	0.006 4
Fe	0.013 3	0.039 8	0.046 4	0.338 3	0.165 9	0.059 7
Co	0	0.010 8	0.007 9	0.004 0	0.003 4	0.002 3
Ni	0.004 8	0.014 5	0.013 5	0.009 7	0.039 6	0.014 5
Cu	0.001 8	0.000 6	0.020 4	0.003 4	0.004 0	0
Zn	0.017 5	0.019 7	0.133 7	0	0.068 0	0.021 9
Li	0.000 7	0.000 1	0.000 9	0.001 1	0.000 2	0.000 2
Mn	0.011 7	0.007 4	0.011 1	0.012 9	0.028 4	0.001 8
Sr	0.000 1	0.000 1	0.000 2	0.002 0	0.000 9	0.000 1
Ba	0.000 5	0	0.000 3	0.005 4	0.002 2	0.000 8
Ce	0.000 5	0.000 3	0.000 1	0.000 1	0.000 1	0.000 1
Ti	0.000 4	0	0.000 4	0.000 4	0.000 1	0.000 9
Pb	0.016 3	0.003 1	0.009 4	0.020 1	0.007 5	0.006 3
NH$_4^+$	2.836 7	0.622 7	0.830 3	1.314 6	0.830 3	0.484 3
Na$^+$	0.319 8	0.106 6	0.114 8	0.139 4	0.049 2	0.106 6
Mg^{2+}	0.016 5	0.028 6	0.003 3	0.059 3	0	0.002 2
Ca^{2+}	0.033 7	0.193 9	0	0.548 1	0.025 3	0.042 2
Cl$^-$	0.125 6	1.345 5	0	0	0.125 6	0.197 3
NO$_3^-$	5.563 5	0.549 6	0	0	0.392 6	1.256 3
SO$_4^{2-}$	9.486 3	0	1.011 9	1.011 9	0	1.138 4
OC	0.140 0	1.213 2	0.979 9	1.213 2	0.140 0	1.073 2
EC	0.357 2	1.428 6	1.026 6	0.982 2	0.044 6	0.625 0
PM$_{2.5}$	14.166 4	13.316 4	11.559 8	9.859 8	1.700 0	6.233 2

表 5-11　PM$_{2.5}$ 来源的一次解析和二次解析结果　单位：%

一次颗粒物解析		行业类别	二次颗粒物解析				
污染源	PMF 一次解析		SO$_2$+NO$_2$ 排放比	SIA 占比	VOCs 排放量占比	SOC 占比	贡献率
燃煤	20.1	火电	43.8	9.4	0.5	0.1	29.6
工业		钢铁	13.5	2.9	6.9	1.0	18.7
		水泥	6.7	1.4			
		其他	15.4	3.3	52.4	7.6	
机动车	17.5	机动车	17.9	3.8	7.7	1.11	22.4
其 他	9.4	民用燃料	2.7	0.6	0.4	0.1	14.7
		生物质			2.0	0.3	
		溶剂			30.1	4.3	
扬尘	14.6						14.6
合计	61.6		100	21.4	100	14.51	100

（2）实例 2

郑州市环境监测站利用在线多组分 PMF 解析方法解析了 2018 年 12 月至 2019 年 3 月郑州市大气细颗粒物的来源。经过多次运行计算得到 5 类污染来源，分别为二次源、燃烧源、扬尘源、机动车源、工业源。二次污染源包括二次硫酸源、二次硝酸源，主要来自 NO_2、SO_2 的二次转化；机动车源主要为机动车尾气排放；燃烧源包括燃煤源与生物质燃烧源；扬尘源主要为城市扬尘，包括土壤、道路、建筑尘，以及二次悬浮尘等；工业源包括钢铁、冶金等工业排放。

根据在线源解析的结果，监测点位 $PM_{2.5}$ 的主要贡献源类有二次源（二次硝酸源和二次硫酸源）、机动车源、燃烧源（燃煤源及生物质燃烧源）、工业源和扬尘源，对 $PM_{2.5}$ 的贡献占比分别为 42.63%、12.09%、29.98%、2.66%和 12.65%（图 5-3）。该结果与郑州市 2015—2016 年的解析结果较为一致，其主要源是二次源、燃煤源及生物质燃烧源。其中，二次源（包括二次硝酸源和二次硫酸源）对 $PM_{2.5}$ 的贡献最大，高湿气象条件有利于二次转化。燃烧源的贡献比例仅次于二次源，这主要与北方城市冬季供暖和工业生产活动有关，同时 CO 与 $PM_{2.5}$ 的强相关性也表明燃烧源对 $PM_{2.5}$ 有主要贡献。

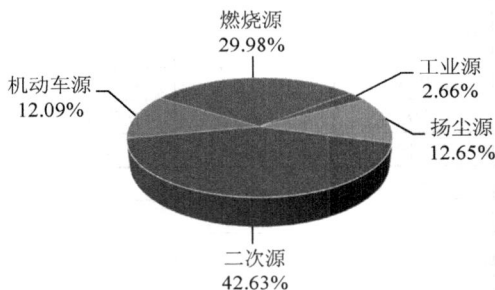

图 5-3　分析时段内 $PM_{2.5}$ 源解析结果

监测过程中出现了多次长时间重污染情况，$PM_{2.5}$ 波动明显，对应各类污染源贡献情况见图 5-4。由图 5-4 可以看出，二次源与 $PM_{2.5}$ 的变化趋势基本一致，且贡献比例最高，说明二次转化是重污染发生的主要原因。除夕夜燃烧源占比显著升高，主要受周边非禁燃区的烟花爆竹燃放影响。

①郑州市秋、冬季离线滤膜采样期间 $PM_{2.5}$ 的解析结果：二次硝酸盐（34.9%）、二次硫酸盐（8.5%）、SOA（15.0%）、燃煤源（13.1%）、扬尘源（6.4%）、工艺过程源（5.4%）、机动车源（11.1%）、生物质源（4.2%）和其他源（1.4%）。

②在线多组分 PMF 源解析结果：管城回族区民政局监测点位 $PM_{2.5}$ 的主要贡献源类有二次源、燃烧源、扬尘源、机动车源和工业源，对 $PM_{2.5}$ 的贡献占比分别为 42.6%、29.9%、

12.6%、12.1%、2.7%。在污染过程中，随着 PM$_{2.5}$ 浓度的上升，二次污染源分担率不断增加，表明二次转化对污染过程细颗粒物浓度增加贡献较大。

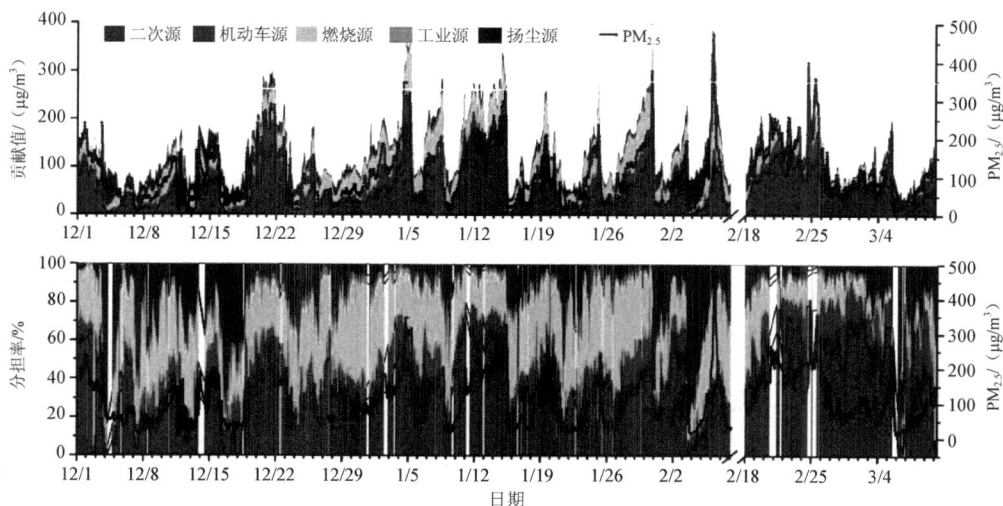

图 5-4　分析时段内郑州市各类 PM$_{2.5}$ 排放源的贡献值和分担率

③2018 年 10 月至 2019 年 7 月，郑州市单颗粒质谱检测总体细颗粒物源解析结果：机动车尾气源（26.3%）、燃煤源（20.2%）、空气中转化二次无机盐（17.6%）、工业工艺源（14%）、扬尘源（12.5%）、生物质燃烧源（4.7%）和其他源（4.7%）。

5.2.3.7　CMB 模型

（1）利用 CMB 模型解析大气雾霾气溶胶的原理

若存在对受体中的大气气溶胶有贡献的若干污染源类（j），并且：①各污染源类所排放的颗粒物的化学组成有明显的差异；②各污染源类所排放的颗粒物的化学成分相对稳定；③各污染源类所排放的颗粒物之间没有相互作用，在传输过程中的变化可以被忽略，那么在受体上测量的总颗粒物浓度 C 就是每一个污染源类的贡献浓度值的线性叠加。也就是说，CMB 模型由一组可以用最小二乘法求解的质量平衡方程组成，方程表明受体样品中每种化学元素的浓度为排放源中该物质浓度与贡献度乘积的线性叠加，其基本原理的数学表达式如下：

$$C = \sum_{j=1}^{J} S_j \tag{5-49}$$

式中，C——受体颗粒物总的化学成分的浓度，$\mu g/m^3$；

S_j——每种源贡献的质量浓度，$\mu g/m^3$；

j——污染源数目，$j = 1$，2，$\cdots$，J。

如果受体颗粒物上的化学组分 i 的浓度为 C_i，那么式（5-49）可以变为：

$$C_i = \sum_{j=1}^{j} F_{ij} \times S_j \tag{5-50}$$

式中，C_i——受体大气颗粒物中化学组分 i 的浓度测量值，$\mu g/m^3$；

F_{ij}——第 j 类源的颗粒物中化学组分 i 的含量测量值，%；

S_j——第 j 类源贡献的浓度计算值，$\mu g/m^3$；

i——化学组分的数目，$i=1, 2, \cdots, I$；

j——源类的数目，$j=1, 2, \cdots, J$。

当 $i \geqslant j$ 时，式（5-50）的解为正，可以得到各源类的贡献值 S_j，源类 j 的分担率为：

$$\eta = S_j / C \times 100\% \tag{5-51}$$

（2）CMB 模型的算法

CMB 模型的算法有 5 种：①示踪元素法；②线性程序法；③普通加权最小二乘法；④岭回归加权最小二乘法；⑤有效方差最小二乘法。目前最常用的算法是有效方差最小二乘法，该方法提供了计算污染源贡献值 S_j 和该值的偏差 σ_{s_j} 的实用方法，是对普通加权最小二乘法的改进，使加权的化学组分测量值与计算值之差的平方和最小：

$$m^2 = \sum_{j=1}^{j} \frac{\left(C_i - \sum_{j=1}^{i} F_{ij} \times S_j \right)^2}{V_{\text{eff},i}} \tag{5-52}$$

$$V_{\text{eff},i} = \sigma_{C_i}^2 + \sum_{j=1}^{i} \sigma^2 F_{ij} \cdot S_j^2 \tag{5-53}$$

式中，σ_{C_i}——受体大气颗粒物的化学组分测量值 C_i 的标准偏差，$\mu g/m^3$；

$\sigma_{F_{ij}}$——排放源的化学组分测量值 F_{ij} 的标准偏差，g/g；

S_j——源贡献计算值，$\mu g/m^3$。

有效方差最小二乘法在实际运算中采用迭代法，即在前一步迭代计算的 S_j 的基础上再来计算一组新的 S_j 值。其算法如下。

CMB 方程组的矩阵形式：

$$\underset{i \times 1}{C} = \underset{i \times j}{F} \underset{j \times 1}{S} \tag{5-54}$$

设上标 k 表示第 k 步迭代的变量值：

①设污染源贡献初始值为零。

$$S_j^{k=0} = 0 \quad (j = 1, 2, \cdots, J) \tag{5-55}$$

②计算有效方差矩阵 $V_{\mathrm{eff},j}$ 的对角线上的分量。

$$V_{\mathrm{eff},j} = \sigma_{c_i}^2 + \sum (S_j^k)^2 \cdot \sigma^2 F_{ij} \tag{5-56}$$

③计算 S_j 的第 $k+1$ 步迭代的值。

$$S_j^{k+1} = [F^{\mathrm{T}}(V_e^k)^{-1}F]^{-1}F^{\mathrm{T}}(V_e^k)^{-1}C \tag{5-57}$$

④如果式（5-53）中的结果大于 0.1，则执行上一步迭代；如果小于 0.1，则执行终止该算法。

若 $\dfrac{|S_j^{k+1} - S_j^k|}{S_j^{k+1}} > 0.01$，返回第②步；

若 $\dfrac{|S_j^{k+1} - S_j^k|}{S_j^{k+1}} \leqslant 0.01$，则到第⑤步。

⑤计算 σ_{s_j} 的第 $k+1$ 步迭代的值。

$$\sigma_{s_j} = \{[F^{\mathrm{T}}(V_e^{k+1})^{-1}F]_{jj}^{-1}\}^{1/2} \quad (j = 1, 2, \cdots, J) \tag{5-58}$$

上述公式中：

$C = (C_1 \cdots C_i)^{\mathrm{T}}$——第 i 个化学组分的 C_i 的列矢量；

$S = (S_1 \cdots S_j)^{\mathrm{T}}$——第 j 种排放源类的贡献计算值 S_j 的列矢量；

$F = F_{ij}$——$i \times j$ 阶的源成分谱 F_{ij} 矩阵；

$V = V_{\mathrm{eff},j}$——有效方差的对角矩阵。

以上算法表明，应用有效方差最小二乘法求解 CMB 模型时，模型的输入参数为：受体化学组分浓度谱的测量值 C_i 和 C_i 的标准偏差 σ_{c_i}；源成分含量谱的测量值 F_{ij} 和 F_{ij} 的标准偏差 $\sigma_{F_{ij}}$。该方法提供了源求解贡献值 S_j 和 S_j 误差 σ_{s_j} 的实用方法。源贡献值误差 σ_{s_j} 反映了所有输入模型的源成分谱与受体化学成分谱的测量值按权重大小的误差积累，对精度高的化学组分比精度低的化学组分给出的权重大。

如果：①当 $\sigma_{F_{ij}} = 0$ 时，有效方差最小二乘解法即普通加权最小二乘法；

②当 $\sigma_{F_{ij}} = C$（常数）时，有效方差最小二乘法即不加权最小二乘法；

③当化学组分的数目等于源的数目（$i = j$）时，并且每种源类选择的化学组分是单一的，那么有效方差最小二乘解法属于标识组分解法；

④当矩阵（$F^{\mathrm{T}}(V_e^k)^{-1}F$）重写成（$F^{\mathrm{T}}(V_e^k)^{-1}F-\psi I$），$\psi$ 为非零数，取名为稳定参数，等于单位矩阵，这种解法称为岭回归解法。但岭回归解法实际上等同于改变源成分谱测量值，直到共线性消失。因此，利用岭回归解法求得的源贡献值实际上已经不能反映源对受体贡献的真实情况，故其利用价值不大。

（3）大气气溶胶中颗粒物解析的技术路线及工作程序

1）技术路线。

2）工作程序：

①对要解析颗粒物的污染源进行调查，确定受体中主要排放源的种类；

②对所确定的颗粒物排放源类的样品进行采集并进行前处理；

③根据研究区域内污染源的分布情况和气象因素，确定受体样品采集的点位及其分布，然后确定受体样品的采集周期、频率和采样时间；

④选择采样滤膜和采集装置，采集受体样品；

⑤分析源样品和受体样品的化学成分，建立成分谱；

⑥将源样品和受体样品的成分谱用 CMB 模型进行拟合计算，得到各种源类对受体的贡献值和分担率，即解析结果。

大气颗粒物源解析技术路线见图 5-5。

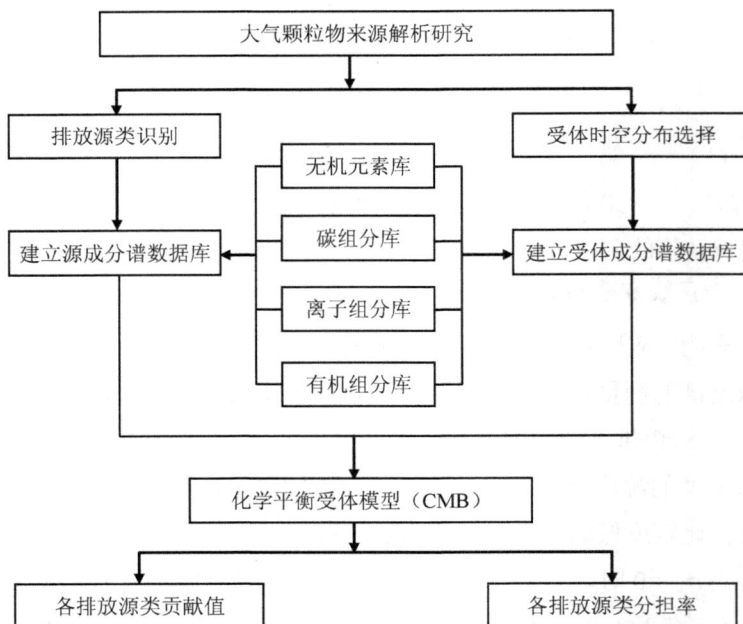

图 5-5　大气颗粒物源解析技术路线

5.2.3.8　用 CMB 模型解析郑州市大气雾霾气溶胶的实例

（1）布点采样

1）污染源布点和样品采集。

①土壤风沙尘：选定花园口黄河滩采集沙土样，供水公司水厂一带的裸露地面、人民公园、郑州植物园、柳林村农田、康佳花园采集土壤样。

②工业煤灰尘：选择郑州热电厂、郑州王新庄热电厂、郑州热力公司采集煤灰样、郊区锅炉煤灰。

③道路尘和扬尘：选择金水路、建设路、北三环、航海路采集道路尘，用毛刷扫取道路旁降落到台阶、建筑物和宣传栏上的粉尘。

④汽车尾气尘：在汽油车、柴油车、货车、客车等各类汽车的排气管上加装滤膜采样器，固定在排气管上，在道路上运行 2 h 左右，采集汽车尾气中的颗粒物。本研究课题没有直接采集郑州市汽车尾气尘，而是用深圳、南京的监测的汽车尾气尘成分谱的平均值作为郑州市的汽车尾气成分谱。

⑤建筑水泥尘：选择金鑫花园建筑工地、北三环建筑工地、会展中心、航海路和高新开发区的建筑工地采集周边窗台、阳台、房顶的沉降粉尘及石灰和建筑沙料，采集工地使用的新乡水泥厂、同力水泥厂水泥。

2）受体采样布点。选定郑州市中原区、二七区、管城区、金水区、惠济区、高新技术开发区、经济开发区和郑东新区中的 15 个采样点作为受体样品采样点。（采样点具体位置省略）

3）采样高度和时间。受体的采样高度分别为 1.5 m、10 m、40 m、80 m、100 m，主要是研究颗粒物和污染物在不同高度的垂直分布状况和化学变化。综合采样器采集 $PM_{2.5}$ 和 PM_{10}，采样时间为 72 h 或 48 h。用此样品测定其无机元素、晶体化合物和可溶性离子化合物。

采样时间分别为 2012 年的采暖期（11 月 15 日到次年的 3 月 15 日）、非采暖期（3 月 16 日到 11 月 14 日）和风沙期（3 月到 4 月）。每个采样周期为 72 h，每个季节采样两个周期。

4）采样仪器和测量仪器。

采样仪器：8530-DUSTTRAK™ II 型颗粒物测定仪（美国 TSI 公司）；计数模式：质量浓度模式（mg/m^3）；质量浓度粒径档：2.5 μm 和 10 μm 两档；2021-s 型 24 h 恒温自动连续采样器（青岛崂应）；SP-1000C 型大容量悬浮微粒采样器和 PM_{10}、$PM_{2.5}$ 切割器；2050 型大气综合采样器（青岛崂应）；TH-3000B 型大气采样器；石英滤膜和聚丙烯滤膜；AEROTRAK Particle counter 9306 型（美国 TSI 公司）；1405F 型 $PM_{2.5}$ 采样器（美国热电公司）；大气自动监测站（美国赛默飞世尔科技公司），包括 CO 测量仪、48i 型分析仪、SO_2 测量仪、43i 型分析仪、NO_2 测量仪、42i 型分析仪；O_3 测量仪：49i 型分析仪；$PM_{2.5}$ 测量仪：TEMO1405 型；PM_{10} 测量仪：TEMO1405F 型。

5）分析仪器：

①IRI-Advantage 型全谱直读 ICP-AES 光谱仪（美国热电公司）；②TESCAN VEGA Ⅱ LS 扫描电镜/牛津能谱仪（捷克）；③Y-3000 型 X 射线衍射仪（丹东）；④2000 型离子色谱仪（美国戴安公司）；⑤布鲁克 X 射线荧光波谱仪；⑥ICP-MS 光谱仪（美国热电公司）；⑦CG-Ms 色谱质谱仪。

6）气象条件的监测和数据收集。各种气象条件如气温、湿度、风速以现场测试为主，有的采用当地气象台实时播报数据，气压、能见度采用气象部门实时报数据。

7）本研究课题选择聚丙烯滤膜采集的样品供无机元素分析使用，选择玻璃纤维滤膜采集的样品供有机物分析使用。选用一家聚丙烯滤膜供应商的产品，在同一批次中抽取 3 张，检测其中的受体待测无机元素含量，取得滤膜本底值；选用一家石英滤膜供应商的产品，在同一批次中抽取 3 张，检测其中的受体待测有机物含量，取得滤膜本底值。

8）采样后滤膜即样品的处理方法、样品分析方法和分析方法的质量控制按标准方法进行。此处不再赘述。

（2）源成分谱的组成和建立

大气颗粒物是由各种化学物质组成的，组成源的化学成分谱的元素和物质有上百种，本研究课题涉及的有：①化学元素谱：Al、As、Ba、Ca、Cd、Co、Cr、Cu、Fe、K、Mg、Mn、Na、Ni、Pb、Si、Sn、Sr、Ti、Tl、V、Zn 等 22 种；②碳成分谱：TC、OC 等 2 种；③可溶性离子谱：Cl^-、NO_3^-、SO_4^{2-} 等 3 种。

按照土壤风沙尘、道路尘、城市扬尘、建筑水泥尘、煤烟尘和汽车尾气尘的成分谱以及冶金耐材尘和铝业赤泥尘等源类排序并建立源成分谱，见表 5-12。

（3）源成分谱的特征元素分析

源成分谱的特征元素是某源类区别于其他源类的重要标志。在这一类源中元素对源贡献值和标准偏差影响程度较大，因此元素的灵敏度是表征指标，即特征元素是灵敏度最高的元素。在 CMB 模型算法中，MPIN 矩阵反映了元素对 CMB 模型模拟的灵敏度矩阵，提供了判定源特征元素的方法。各类排放源的灵敏度矩阵和各排放源类的特征元素见表 5-13 和表 5-14。

表 5-12　郑州市细颗粒物来源成分谱

元素	土壤风沙尘		城市扬尘		煤烟尘		建筑水泥尘		道路尘		汽车尾气尘		冶金喷材尘		铝业赤泥尘	
	含量/%	偏差/%	含量/%	偏差/%	含量/%	偏差/%	含量/%	偏差/%	含量/%	偏差/%	含量/%	偏差/%	含量/%	偏差/%	含量/%	偏差/%
Na	2.082	0.065	1.985	1.383	0.510	0.090	1.668	0.556	2.132	1.318	0.296	0.279	2.579	1.368	2.579	1.368
Mg	1.255	1.714	1.321	2.056	0.261	0.024	2.213	1.809	1.168	2.255	0.219	0.112	9.435	0.418	1.942	0.197
Al	7.578	0.473	9.138	0.981	10.427	0.773	2.361	0.459	9.077	1.012	0.266	0.153	20.521	1.683	9.931	0.596
Si	25.749	1.974	24.465	2.045	16.199	1.024	10.201	1.052	24.443	1.997	0.694	0.484	12.119	1.055	24.791	1.794
K	0.915	0.243	1.083	0.344	1.216	0.157	1.562	0.136	0.932	0.339	0.231	0.204	0.417	0.102	2.288	0.284
Ca	5.626	1.155	4.526	1.624	1.577	4.256	44.124	1.284	9.146	1.664	0.599	0.763	0.257	0.123	42.301	1.399
Ti	0.423	0.035	0.381	0.116	0.844	0.142	1.231	0.515	0.359	0.117	0.101	0.077	1.250	0.519	0.269	0.113
V	0.013	0.003	0.013	0.003	0.014	0.003	0.009	0.003	0.013	0.003	0.033	0.013	0.013	0.003	0.019	0.002
Cr	0.006	0.015	0.008	0.018	0.014	0.026	0.019	0.021	0.008	0.018	0.033	0.019	0.019	0.020	0.008	0.018
Mn	0.063	0.007	0.075	0.017	0.046	0.006	0.082	0.031	0.077	0.017	0.022	0.015	0.037	0.019	0.052	0.012
Fe	3.604	0.311	5.567	1.211	3.600	0.906	2.813	0.196	5.227	1.257	1.184	0.621	1.619	0.156	4.264	0.484
Co	0.002	0.001	0.003	0.003	0.003	0.001	0.004	0.003	0.003	0.001	0.001	0.010	0.004	0.002	0.028	0.001
Ni	0.006	0.001	0.005	0.001	0.003	0.002	0.006	0.001	0.006	0.001	0.008	0.006	0.016	0.001	0.011	0.001

元素	土壤风沙尘 含量/%	偏差/%	城市扬尘 含量/%	偏差/%	煤烟尘 含量/%	偏差/%	建筑水泥尘 含量/%	偏差/%	道路尘 含量/%	偏差/%	汽车尾气尘 含量/%	偏差/%	冶金耐材尘 含量/%	偏差/%	铝业赤泥尘 含量/%	偏差/%
Cu	0.006	0.004	0.016	0.013	0.012	0.009	0.008	0.006	0.018	0.013	0.080	0.019	0.009	0.006	0.012	0.013
Zn	0.054	0.024	0.135	0.123	0.040	0.036	0.019	0.018	0.147	0.127	0.216	0.025	0.018	0.008	0.123	0.083
As	0.002	0.003	0.003	0.002	0.032	0.013	0.002	0.001	0.003	0.002	0.008	0.006	0.012	0.003	0.003	0.002
Sr	0.169	0.062	0.221	0.090	0.163	0.060	0.263	0.095	0.250	0.083	0.001	0.001	0.270	0.095	0.173	0.067
Cd	0.001	0.002	0.001	0.002	0.001	0.002	0.001	0.001	0.001	0.002	0.001	0.001	0.001	0.002	0.001	0.002
Sn	0.003	0.003	0.005	0.003	0.007	0.005	0.002	0.003	0.005	0.004	0.001	0.002	0.002	0.002	0.013	0.007
Ba	0.045	0.003	0.123	0.007	0.042	0.003	0.062	0.005	0.128	0.007	0.001	0.003	0.064	0.005	0.046	0.004
Tl	0.002	0.005	0.011	0.003	0.056	0.004	0.016	0.005	0.009	0.003	0.001	0.002	0.024	0.002	0.003	0.003
Pb	0.004	0.002	0.008	0.008	0.033	0.011	0.005	0.003	0.007	0.008	0.032	0.013	0.008	0.004	0.004	0.002
TC	4.418	4.490	12.336	1.430	23.494	3.650	1.535	0.460	10.988	1.530	89.873	8.987	0.468	0.450	4.156	2.420
OC	1.686	1.311	7.658	3.294	12.137	1.283	0.431	0.442	1.822	1.519	51.677	5.684	0.159	0.101	2.623	0.224
Cl⁻	0.124	0.015	0.284	0.025	0.137	0.034	0.041	0.022	0.026	0.023	0.396	0.238	0.024	0.033	0.031	0.022
NO₃⁻	0.034	0.032	0.224	0.061	0.014	0.021	0.006	0.012	0.222	0.054	0.774	1.079	0.016	0.013	0.116	0.047
SO₄²⁻	0.246	0.026	2.568	0.426	1.584	1.812	0.814	0.115	2.397	0.429	3.872	3.010	0.047	0.117	1.455	0.187

表 5-13　各类排放源的灵敏度矩阵

元素	土壤风沙尘	建筑水泥尘	煤烟尘	汽车尾气尘	SO_4^{2-}	NO_3^-
Mg	0.16	−0.02	−0.19	0.13	0.01	−0.01
Al	−0.42	0.06	0.96	−0.69	−0.05	0.02
Si	1.00	−0.50	−1.00	0.63	0.05	−0.03
Ca	−0.12	1.00	0.01	0.00	−0.02	0.00
OC	−0.01	−0.01	0.01	1.00	−0.09	−0.03
NO_3^-	−0.00	0.00	0.00	−0.00	−0.00	1.00
SO_4^{2-}	0.00	0.00	−0.00	0.00	1.00	0.00

表 5-14　各排放源类的特征元素

污染源	城市扬尘	土壤风沙尘	建筑水泥尘	汽车尾气尘	煤烟尘	M_xSO_4	M_xNO_3
特征元素	Si	Si	Ca	TC	Al	SO_4^{2-}	NO_3^-

（4）受体成分谱的组成和建立

郑州市受体成分的组成与源的成分相同，即①化学元素谱：Al、As、Ba、Ca、Cd、Co、Cr、Cu、Fe、K、Mg、Mn、Na、Ni、Pb、Si、Sn、Sr、Ti、Tl、V、Zn 等 22 种；②碳成分谱：TC、OC 等 2 种；③可溶性离子谱：Cl⁻、NO_3^-、SO_4^{2-} 等 3 种，见表 5-15。

（5）大气污染源的解析

1）污染源的一重解析。将土壤风沙尘、建筑水泥尘、煤烟尘、汽车尾气尘和二次粒子等单一源的各种化学成分浓度的平均值，以及标准偏差和受体中各种化学成分的浓度平均值和标准偏差放进 CMB2.0 受体模型计算软件中进行解析计算，即可得到各个单一源对各采样点一带环境空气中细颗粒物的贡献值和分担率。郑州市 2012 年污染源的一重解析结果见表 5-16。

一重解析结果中污染源贡献值反映了受体接受各种污染源类排放的细颗粒物的浓度，分担率反映了排放颗粒物的源类对受体污染的影响程度，即各污染源类在受体中所占的百分比。

CMB 模型计算中选择参加拟合的源类及化学元素必须保证 CMB 拟合的质量达到拟合优度的要求。

表 5-15　郑州市大气细颗粒物受体成分谱

单位：μg/m³

元素	格林酒店	布厂街烟厂	郑纺机	HWWK	建筑文化宫	建设JK	天中酒店	环保大院	索克大厦	科技市场	移动公司	会展中心
Na	2.730 9	2.722 4	1.948 9	2.220 5	2.350 1	2.287 2	2.383 5	2.495 6	2.056 3	2.231 8	2.101 9	2.616 5
Mg	1.981 9	2.079 4	1.674 5	2.109 1	2.320 9	2.599 7	2.148 2	2.225 1	2.352 5	2.235 0	1.738 2	1.941 6
Al	6.631 7	7.799 3	7.018 1	6.464 6	6.493 5	7.642 8	6.143 2	6.124 5	5.776 7	6.698 3	6.715 2	6.299 1
Si	27.623 4	26.508 3	26.678 6	27.115 4	27.231 6	25.318 8	26.865 6	26.703 2	26.512 4	25.605 1	27.162 5	26.611 5
K	1.584 5	1.423 3	1.557 8	1.504 3	0.955 2	1.563 9	1.383 2	1.752 4	1.487 0	1.215 2	1.357 0	1.480 0
Ca	12.591 5	11.041 9	12.300 0	12.196 4	12.370 8	12.073 0	11.603 2	12.202 2	12.714 1	10.680 9	11.246 1	11.252 8
Sc	0.003 4	0.003 8	0.002 5	0.003 1	0.003 6	0.006 1	0.003 9	0.004 2	0.005 5	0.003 2	0.003 6	0.004 3
Ti	0.252 2	0.246 8	0.275 5	0.273 4	0.253 8	0.220 2	0.267 9	0.270 0	0.243 0	0.238 8	0.281 8	0.265 8
V	0.026 2	0.024 8	0.030 8	0.028 9	0.030 3	0.025 6	0.025 1	0.023 9	0.025 9	0.024 7	0.028 1	0.025 4
Cr	0.019 4	0.019 0	0.021 4	0.021 5	0.024 0	0.019 7	0.024 2	0.023 8	0.018 5	0.019 7	0.020 9	0.021 9
Mn	0.064 1	0.057 3	0.067 8	0.063 1	0.069 3	0.071 1	0.058 2	0.058 2	0.062 1	0.057 1	0.053 6	0.066 7
Fe	2.469 6	2.365 3	1.897 8	2.468 6	2.180 0	2.894 6	2.553 9	2.592 5	3.365 9	2.943 9	2.249 9	2.508 7
Co	0.004 1	0.003 1	0.003 4	0.003 1	0.003 6	0.003 5	0.003 6	0.003 6	0.003 4	0.003 6	0.004 2	0.003 9
Ni	0.006 4	0.006 9	0.007 5	0.006 9	0.005 9	0.007 9	0.006 1	0.006 6	0.007 8	0.006 0	0.007 0	0.006 2

元素	格林酒店	布厂街烟厂	郑纺机	HWWK	建筑文化宫	建设 JK	天中酒店	环保大院	索克大厦	科技市场	移动公司	会展中心
Cu	0.030 6	0.037 0	0.034 8	0.040 0	0.035 9	0.030 7	0.039 2	0.136 3	0.047 0	0.036 0	0.041 8	0.035 8
Zn	0.046 8	0.034 4	0.038 5	0.035 4	0.032 1	0.040 5	0.036 5	0.028 5	0.038 2	0.020 9	0.039 7	0.031 4
As	0.000 4	0.000 4	0.000 3	0.000 5	0.000 5	0.000 4	0.000 5	0.000 5	0.000 4	0.000 5	0.000 5	0.000 3
Sr	0.005 6	0.005 2	0.006 4	0.007 3	0.005 5	0.008 4	0.006 8	0.006 6	0.006 3	0.008 7	0.005 9	0.025 3
Cd	0.000 2	0.000 2	0.000 2	0.000 1	0.000 1	0.000 2	0.000 2	0.000 1	0.000 2	0.000 1	0.000 1	0.000 1
Sn	0.001 7	0.001 5	0.001 8	0.002 3	0.003 0	0.001 8	0.002 3	0.002 0	0.001 2	0.001 9	0.001 4	0.002 1
Ba	0.242 4	0.241 4	0.266 8	0.236 9	0.242 2	0.252 9	0.261 4	0.239 7	0.287 9	0.248 1	0.229 6	0.251 4
Tl	0.000 5	0.000 4	0.000 5	0.000 5	0.000 5	0.000 4	0.000 5	0.000 5	0.000 4	0.000 4	0.000 5	0.000 5
Pb	0.009 8	0.009 5	0.009 2	0.008 8	0.008 2	0.009 4	0.009 7	0.008 9	0.028 1	0.008 8	0.009 5	0.009 8
TC	34.565 1	33.054 6	31.263 4	33.210 3	30.150 4	26.681 8	32.595 2	31.339 7	29.801 5	33.099 7	30.955 5	25.786
OC	13.045 3	13.343 8	13.183 9	14.221 2	13.531 6	13.020 9	13.126 6	12.265 9	11.715 5	11.419 5	12.704 9	10.864
Cl$^-$	0.450 1	0.427 0	0.410 7	0.408 3	0.438 4	0.406 3	0.335 5	0.419 2	0.450 9	0.400 7	0.395 1	0.407 2
NO$_3^-$	6.616 7	6.779 3	4.915 2	4.947 5	5.576 7	5.312 8	5.790 8	5.981 9	6.686 1	3.687 1	5.584 5	4.219 3
SO$_4^{2-}$	11.810 2	14.408 8	13.651 0	13.302 4	13.007 9	13.411 0	12.280 3	12.782 6	12.453 8	13.322 9	12.363 9	12.249 4

表 5-16 郑州市 2012 年污染源的一重解析的源贡献值和分担率

污染源	风沙期		采暖期		非采暖期		全年	
	贡献值/ (μg/m³)	分担率/%	贡献值/ (μg/m³)	分担率/%	贡献值/ (μg/m³)	分担率/%	贡献值/ (μg/m³)	分担率/%
土壤风沙尘	51.556 1	38.16	34.178 2	22.96	46.150 6	35.08	44.711 8	31.36
硫酸盐	15.499 1	11.47	13.508 6	9.75	13.004 5	9.88	10.607	7.4
硝酸盐	6.535	4.84	7.721 4	5.19	6.651 1	5.06	6.316 1	4.44
汽车尾气尘	19.183 8	14.2	28.183 5	20.28	20.739 6	15.76	16.542 4	11.52
建筑水泥尘	15.273 2	11.3	22.788	15.31	13.344 8	10.14	18.695 1	13.11
煤烟尘	19.328 5	15.04	30.814 4	20.7	20.080 9	15.26	27.619 4	19.74
二次碳	4.013 6	2.97	5.746 4	5.2	5.705 6	4.34	6.354 8	4.43
合计	131.388 5	97.24	142.940 5	96.03	125.677 1	95.52	130.846 6	92.82
其他尘	3.733	2.76	5.909 8	30.97	5.887 6	4.48	11.716 5	
监测值	135.121 5		148.850 3		131.564 7		142.563 1	

2）城市扬尘的二重解析。在大气污染源中，除城市扬尘是混合源外，其他源都是单一源。城市扬尘是由各单一源类颗粒物组成的混合源。各源类转换成扬尘后的形态和化学组成一般不会发生变化，或仅发生细小变化，可以忽略。而没有转换成扬尘的部分则保持原来的状态。扬尘既可以视为颗粒物的排放源，也可以视为各源类排放颗粒物的接受体，因此在源解析中扬尘既可以把其作为源类参与对受体的影响解析，又可以把其作为受体进行直接解析。扬尘与各类源有一共线性，有的严重，有的轻微，严重的会影响源解析的结果。因此，需用 CMB 拟合优度的诊断指标来检验，视共线性的严重程度，进行替代或省略。

由采集的样品成分分析可知，扬尘成分谱与土壤风沙尘成分谱有着严重的共线性，因此，将郑州市城市扬尘成分谱代替土壤风沙尘成分谱，与建筑水泥尘、汽车尾气尘、煤烟尘、硫酸盐尘、硝酸盐尘等的成分谱一起用 NKCMB 二重解析模型进行解析计算，得到如表 5-17 所示的结果。

将扬尘作为受体，用 NKCMB 模型进行解析计算各单一源对扬尘中细粒子的分担率，结果见表 5-18。

表 5-17 用扬尘代替土壤风沙尘成分谱后郑州市细颗粒物二次解析结果

源类	风沙期		采暖期		非采暖期		全年	
	贡献值/（μg/m³）	分担率/%	贡献值/（μg/m³）	分担率/%	贡献值/（μg/m³）	分担率/%	贡献值/（μg/m³）	分担率/%
扬尘	55.964 3	41.42	42.859	28.8	41.977 4	31.91	42.52	29.83
硫酸盐	16.85	12.47	16.433	11.04	15.006 8	11.41	14.846	10.41
硝酸盐	6.381	4.72	7.698	5.18	6.646 1	5.052	6.211 1	4.36
汽车尾气尘	20.814	15.4	21.405	14.38	19.877 3	15.11	16.487	11.57
建筑水泥尘	5.954	4.41	9.225	6.62	13.294 5	10.11	7.654	5.37
煤烟尘	11.309	8.37	32.447	21.8	22.223 6	16.89	30.433 5	21.35
二次碳	5.014	3.71	7.62	5.12	6.705 6	5.34	6.355	4.46
合计	122.286	90.5	137.69	92.94	125.731	95.82	124.507	87.35
其他尘	12.836	9.5	11.164	7.06	5.833	4.18	18.055	12.65

表 5-18 2012 年郑州市各单一源对扬尘的分担率

污染源	贡献值/（μg/m³）	分担率/%
土壤风沙尘	83.185 1	59.98
硫酸盐	7.095	5.04
硝酸盐	2.743 6	1.95
汽车尾气尘	9.828 5	6.99
建筑水泥尘	18.145	12.9
煤烟尘	17.702 9	12.58
合计	138.700 1	99.44
其他		0.56

利用表 5-18 的解析结果分解表 5-17 中扬尘的分担率，得到各单一源转换成城市扬尘的分担率。表 5-18 中的结果呈现出的是各单一源所排放细颗粒物以扬尘形态对受体的分担率。将表 5-16 的结果与表 5-19 的结果相减，得到扬尘和各单一源对受体中细颗粒物的贡献值和分担率。

表 5-19　2012 年郑州市各单一源所排放细颗粒物以扬尘形态对受体的分担率

污染源	风沙期		采暖期		非采暖期		全年	
	贡献值/($\mu g/m^3$)	分担率/%	贡献值/($\mu g/m^3$)	分担率/%	贡献值/($\mu g/m^3$)	分担率/%	贡献值/($\mu g/m^3$)	分担率/%
扬尘	55.964	41.42	42.859	28.80	34.949 3	27.83	42.522	29.83
土壤风沙尘	12.420	9.19	4.208	2.83	7.903 4	6.3	12.634	10.63
硫酸盐	11.249	0.83	0.862	0.58	3.048	1.65	1.046	0.6
硝酸盐	1.332	0.99	1.02	0.69	1.179	0.64	1.234 9	0.71
汽车尾气尘	2.261	1.67	1.732	1.16	4.224	2.28	2.099 2	1.21
建筑水泥尘	2.865	2.12	2.194	1.47	7.798	4.21	2.657 8	1.53
煤烟尘	6.649	4.89	5.092	3.42	7.601 8	4.11	6.170 5	3.54
二次碳	5.014	3.74	7.620	5.12	6.705 6	5.34	6.354 8	4.43
合计	97.754	64.85	65.587	44.07	73.409 1	52.36	74.719 2	52.48

表 5-20 为本研究课题二重解析结果。

表 5-20　2012 年郑州市各污染源对细颗粒物的二重解析结果

污染源	风沙期		采暖期		非采暖期		全年	
	贡献值/($\mu g/m^3$)	分担率/%	贡献值/($\mu g/m^3$)	分担率/%	贡献值/($\mu g/m^3$)	分担率/%	贡献值/($\mu g/m^3$)	分担率/%
扬尘	55.964	41.42	42.858 7	28.79	34.949 3	27.83	42.522	29.83
土壤风沙尘	12.420	9.19	4.208 2	2.83	7.903 4	6.3	12.634	10.63
硫酸盐	5.250	3.89	13.647 1	9.17	14.304 3	11.39	3.766	3.25
硝酸盐	5.203	3.85	6.701 4	4.5	5.814 3	4.87	3.563	2.66
汽车尾气尘	16.923	12.52	28.452	19.11	20.465 3	16.3	17.139	12.35
建筑水泥尘	12.408	9.18	20.593 6	13.84	11.505 1	9.16	6.535	5.0
煤烟尘	12.680	9.38	24.723	16.61	19.071 6	15.19	24.713	17.7
二次碳	5.014	4.07	7.620	5.12	6.705 6	5.34	6.354 8	4.43
合计	125.862	93.5	148.804	99.97	120.718 9	96.38	117.226 8	85.85

5.3　二次气溶胶的解析

5.3.1　SO_2 在大气中的转化及硫酸盐的形成机制

SO_2 在洁净干燥的大气中氧化成 SO_3 的过程是很缓慢的，但是，在相对湿度比较大，特别是在有固体金属粒子存在时，可能发生催化氧化反应，从而加快生成 SO_3。它们的化学反应机制如下：

工业窑炉和民用燃煤排放的 SO_2 与空气中的 H_2O 反应：

$$SO_2+H_2O \Longrightarrow H_2SO_3 \tag{5-59}$$

$$2H_2SO_3 \Longrightarrow 2H^++HSO_3^-+HSO_3^- \Longrightarrow 4H^++2SO_3^{2-} \tag{5-60}$$

在大气中 SO_2 受阳光激发后，主要呈三重线性状态，再与氧分子化合成为 SO_3，后者与水结合为 H_2SO_4：

$$SO_2+hv \longrightarrow SO_2^* \tag{5-61}$$

$$SO_2^*+O_2 \longrightarrow SO_3+O \tag{5-62}$$

$$SO_3+H_2O \longrightarrow H_2SO_4 \tag{5-63}$$

当空气中 SO_2 浓度为 $5\sim30$ mg/m^3 时，SO_2 每小时的转化率为 $0.1\%\sim0.2\%$，空气中 H_2SO_4 含量呈线性增加。SO_2 最大理想氧化速率每小时可达 2%。

从理论上分析，在大气对流层中 SO_2 的氧化速率应该是高空比低空快，因为高空的太阳辐射强度比低空高。但是实际上情况恰恰相反，这一现象可解释为，SO_2 氧化反应不是单纯的均相反应，而是异相和多相氧化及催化氧化的结果。

SO_2 在空气中经过 NaCl、固体粒子中的 Fe、Mn 等催化作用形成 H_2SO_4 的过程，称为 SO_2 催化氧化过程。这个过程在阴云密布、湿度大、气溶胶固体粒子含量高的大气中容易进行。在大气气溶胶有液滴存在的情况下，SO_2 常常会被气溶胶中的固体尘粒所吸附，该过程多发生在气溶胶颗粒表面上。首先 SO_2 溶解在水滴中：

$$SO_2+H_2O+H^+ \longrightarrow HSO_3^- \tag{5-64}$$

其次在 Fe、Mn 的硫酸盐和氯化物的催化下 H_2SO_3 被氧化成硫酸：

$$2HSO_3^-+2H^++O_2 \xrightarrow{\text{Fe、Mn}} 2H_2SO_4 \tag{5-65}$$

两式合并，则为

$$2SO_2+2H_2O+O_2 \xrightarrow{\text{Fe、Mn}} 2H_2SO_4 \tag{5-66}$$

如果气溶胶液滴中存在 Mn^{2+}、Fe^{2+}、Cu^{2+}，可以使 SO_2 的氧化速率分别增加 12.2 倍、3.5 倍和 2.4 倍，其中 Mn^{2+} 的催化效率最高。催化剂的催化效率顺序如下：

$MnSO_4 > MnCl_2 > CuSO_4 > NaCl$，$MnCl_2 > CuCl_2 > FeCl_2 > CoCl_2$

大气中 SO_4^{2-} 的存在为气溶胶粒子 PM_{10} 和 $PM_{2.5}$ 中的金属阳离子提供了阴离子，在适合的条件下进行化学反应生成各种金属硫酸盐，即硫酸盐晶体。如 $CaSO_4\cdot2H_2O$、$(NH_4)_2SO_4$、$MgSO_4$、$PbSO_4$、Na_2SO_4 和 K_2SO_4 等。

5.3.2　硝酸盐在大气中的转化及硝酸盐的形成机制

NO_2 在常温下常以 N_2O_4 的形式存在，随着温度升高，NO_2 增多。27℃时 NO_2 占 1/5，60℃时 NO_2 占 1/2，150℃以上时几乎全部为 NO_2。

N_2O_4 是强氧化剂，在低温下与氨混合将发生爆炸。N_2O_4 能与许多有机溶剂形成分子加合物，液态 N_2O_4 能与碱金属、碱土金属、Zn、Cd、Hg 等作用，放出 NO。

$$NO_2 \longrightarrow NO + [O] \tag{5-67}$$

NO_2 是形成硝酸型酸雨的基础。而 NO_2 的最大问题在于作为光化学烟雾的起始剂能使 NO_2 在阳光照耀下，吸收波长为 420 nm 的光能发生分解反应。NO_2 在可见光作用下，分解为 NO 和原子态氧。这是对流层中极其重要的化学反应，由此引起系列反应，为光化学烟雾形成的开端。

$$NO_2 + hv \xrightarrow{\lambda \leqslant 4\,300\,\mu m} NO + O\,(^3P) \tag{5-68}$$

式（5-68）光解速率常数小于或等于 9×10^{-3}/s，其大小因纬度、季节和太阳天顶角等而异，NO_2 残留时间为 2 min。

NO_2 转化为 HNO_3 也是大气化学中一个重要反应。NO_2 转化为 HNO_3 有两条途径：

①NO_2 与 OH 自由基反应。

$$NO_2 + OH + M \longrightarrow HNO_3 \tag{5-69}$$

式（5-69）双分子的速率常数为 1.1×10^{-11} cm³/（mol·s）。在城市污染大气中，OH 自由基峰值浓度可达 5×10^6 个自由基/cm。这样可促使上述反应顺利进行。NO_2 存留时间可为 5 h。

②暗反应。

夜晚 HNO_3 形成按下列系列反应：

$$NO_2 + O_3 \xrightarrow{a} NO + 2O_2 \tag{5-70}$$

$$NO_2 + O_3 \xrightarrow{b} NO + 2O_2 \tag{5-71}$$

式（5-70）在夜晚对流层中为主要反应，式（5-71）居次要地位。反应速率常数为 3.2×10^{-17} cm³/（mol·s）。当 O_3 浓度为 0.08 mg/m³ 时，上述反应进行结果如式（5-72）所示，NO_2 存留时间为 4.4 h。

$$NO_2 + NO_3 + M \longrightarrow N_2O_5 \tag{5-72}$$

式（5-72）正反应常数为 1.3×10^{-12} cm³/（mol·s）。N_2O_5 存留时间短，它与 H_2O 结合为 HNO_3：

$$N_2O_5 + H_2O \longrightarrow 2HNO_3 \tag{5-73}$$

式（5-73）反应速率常数为 1.3×10^{-21} cm³/（mol·s）。

大气中 NO_3^- 的存在为气溶胶粒子 PM_{10} 和 $PM_{2.5}$ 中的金属阳离子提供了阴离子，在适合的条件下进行化学反应生成各种金属硝酸盐，即硝酸盐晶体。如 $Ca(NO_3)_2$、HN_4NO_3、$PbNO_3$、$NaNO_3$ 和 KNO_3 等。

5.3.3　二次有机碳的解析方法

5.3.3.1　二次有机碳的形成

二次有机碳是天然源和人为源排放的挥发性有机化合物与大气中的氧化剂进行光化学反应下形成的。在氮氧化物存在的情况下氧化剂 HO· 启动并催化碳氢化合物（CH_x）的光化学反应。有机物与 HO· 反应生成有机自由基，包括烷基、烷氧基和过氧烷基等

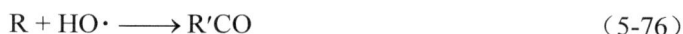

$$RH + HO· \longrightarrow R· + H_2O \tag{5-74}$$

$$R + HO· \longrightarrow HRO· \tag{5-75}$$

$$R + HO· \longrightarrow R'CO \tag{5-76}$$

有机自由基与氧反应生成过氧自由基：

$$R· + O_2 \longrightarrow ROO· \tag{5-77}$$

$$HRO + O_2 \longrightarrow R'CHO + HO_2 \tag{5-78}$$

$$R'CO· + O_2 \longrightarrow R'OCOO· \tag{5-79}$$

以上过氧基与大气中的 O_2、NO_x 产生反应，生成醛类、酯类、酸类等有机化合物。

5.3.3.2　二次有机碳的估算

目前，由于缺乏直接测定 SOC 的分析方法，很难将 SOC 从 OC 中分离出来，因此，常用一些间接方法估算大气气溶胶中 SOC 的含量。

（1）常用 SOC 的估算方法

①排放清单 OC/EC 法。由于 EC 产生于石化、生物质燃料的燃烧，通常被作为一次碳的示踪元素。基本的假设是元素碳（EC）和一次碳通常来自一种源，对一个特定区域的一次 OC/EC 有一个代表值，如果所测空气中的 OC/EC 比超过这个值则说明有额外的 OC 存在，这部分 OC 则认为是 SOC：

$$OC_{sec} = OC_{tot} - EC × (OC/EC)_{pri} \tag{5-80}$$

式中，OC_{sec} ——二次有机碳；

　　　OC_{tot} ——分析的总有机碳；

　　　EC ——分析得到的元素碳；

　　　$(OC/EC)_{pri}$ ——一次有机碳与元素碳之比。

这种方法比较简单，不用测量其他颗粒物中的成分，应用比较广泛。但需要对所研究区域中的主要气溶胶的排放源的特征有详细了解，并且一次（OC/EC）$_{pri}$ 随排放源的变化而变化，（OC/EC）$_{pri}$ 还受气象条件、排放物的日变化和季节变化等因素的影响，故所有一次源的假定基本值都有不确定性。因此，该方法不能直接从大气浓度测量得到，不能区分出大气中 POC 和 SOC。

②反应化学迁移模型法。用反应化学迁移模型预测 POC 和 SOC 的浓度。该模型的收入参数包括所有气、固相排放源的数据、所有可以参加反应的有机气体氧化的化学机理和各种半挥发性有机物的分配特性等。

③非反应化学迁移模型法。建立反应化学迁移模型法来估算 POC 的量，将环境样品中测得的 OC 浓度减去该 POC 的浓度即得到 SOC 的量。

④最小值 OC/EC 法。该方法是由排放源清单 OC/EC 法发展而来的，Castro 等在欧洲部分城市和乡村的大气颗粒物中选取一份碳进行研究后发现，OC/EC 的最小值会在城市和乡村同时出现，不论是冬季还是夏季。因此认为，最小的颗粒物可以认定是由一次气溶胶组成。

最小值 OC/EC 法的计算公式为：

$$（OC）_{sec} =（OC）_{tot} - EC \times（OC/EC）_{min} \tag{5-81}$$

式中，$（OC）_{sec}$——二次有机碳；

OC_{tot}——分析所得总有机碳；

EC——分析得到的元素碳；

$（OC/EC）_{min}$——常用同一地方选定的几个最低 OC/EC 的平均值。

（2）新的 SOC 估算法——CMB-iteration 模型估算法

CMB-iteration 模型估算法是南开大学创新的估算 SOC 浓度的一种方法。其想法是将受体中多余的 SOC 扣除，再将修正后的受体模型纳入 CMB 计算。通过嵌套的迭代估算法，基于 CMB 模型的计算结果不断对受体中 OC 含量进行修正，直到将受体中的 SOC 量全部扣除（到达收敛要求）。最后，将修正后的受体成分谱及源成分谱纳入 CMB 模型，估算 POC 浓度和 SOC 浓度，同时解析出每个源的贡献值。

5.3.4　二次气溶胶的解析

根据上述二次气溶胶形成的机理，大气中的 SO_2、NO_x 经光化学反应生成硫酸盐和硝酸盐，如硫酸铵、硫酸钙、硫酸钠、硫酸镁、硫酸钾、硝酸铵、硝酸钾、硝酸钠、硝酸钙等。参照朱坦等著的《大气颗粒物来源解析原理技术及应用》中的方法构建虚拟二次硫酸盐和硝酸盐成分谱，并与土壤风沙尘、建筑水泥尘、煤烟尘、汽车尾气尘和城市扬尘等源类的成分谱和受体成分谱一起用 NKCMB 模型计算解析，即可得到包括硫酸盐和硝酸盐在内的各类污染源类对受体的解析结果。

5.3.5　用 CMB- iteration 模型迭代估算法，解析二次有机碳

5.3.5.1　CMB- iteration 模型简介

没加迭代的 CMB 的源解析方法是将 OC 作为污染源直接排放的一次污染物直接代入 CMB 受体模型进行计算。但是，实际上 OC 是由 POC（初次有机碳）和 SOC（二次有机碳）两部分组成，POC 是由污染源直接排放得到的，可直接代入 CMB 受体模型计算；SOC 是有机气体通过光化学反应等途径生成的，并非由哪一类源直接排放，因此难以获得 SOC 的成分谱，将其作为 OC 的一部分直接代入 CMB 受体模型进行计算时，就会使 CMB 模型内部将 SOC 认为是 POC，多余的碳组分归为含碳量较高的排放源类的贡献，使源解析结果的不确定性大大增加。

二次有机碳包含的有机物组成非常复杂，难以同硫酸盐、硝酸盐一样，建立"纯"的 SOC 成分谱。此外，现实中很难采集到 SOC 的原样品，同时，SOC 包含的有机物种类繁多，浓度受 VOCs 排放量、大气中氧化物的量、光强、温度、湿度及风速等多种因素的影响，因此，难以确定 SOC 源成分谱。而从源的角度出发，建立 SOC 源成分谱，将其引入 CMB 模型中计算，这种想法是很难实现的。既然如此，就应该换一下思路，从受体角度考虑，将受体的碳组分中的 SOC 从受体成分谱中扣除，重新建立受体成分谱，使其与源成分谱更加匹配。

5.3.5.2　CMB- iteration 模型的迭代步骤

①设定初始 SOC 浓度值为 0。

$$SOC^0 = 0 \tag{5-82}$$

②建立第 k 次迭代过程修正后的受体成分谱与源成分谱的平衡关系。

$$C^{*k} = F \times S^k$$

③用 CMB 模型估算第 k 次迭代的源贡献值 S_j^k。S_j^k 是第 j 类源对修正后受体的估计贡献值。在每一次迭代中，CMB 模型的计算结果必须满足诊断指标的要求。

④估计第 k 次迭代受体中 POC* 的浓度值。

$$POC^{*k} = \sum_{j=1}^{j} OC_j \cdot S_j^k \tag{5-83}$$

式中，OC_j——j 类源中组分 OC 含量的测试值，g/g；

$\quad\quad S_j^k$——源估算贡献值；

$\quad\quad POC^{*k}$——受体 POC 浓度估算值。

⑤估算第 k 次迭代受体中 SOC 的浓度值。

$$SOC^k = TOC - POC^{*k} \tag{5-84}$$

式中，SOC^k——受体 SOC 的浓度值。

⑥检验第（k–1）步与第 k 步的 S_j 数值。

如果 $|(S_j^k–S_j^{k-1})/S_j^k|>0.01$（$j$=1，2，3，…，$m$）；$|(POC^k–POC^{k-1})/POC^k|>0.01$，$|(SOC^k–SOC^{k-1})/SOC^k|>0.01$，未达到收敛，返回到步骤2）；

如果 $|(S_j^k–S_j^{k-1})/S_j^k|>0.01$；$|(POC^k–POC^{k-1})/POC^k|<0.01$，$|(SOC^k–SOC^{k-1})/SOC^k|<0.01$，达到收敛，进入步骤7）。

⑦计算最终结果。

5.3.5.3 CMB-iteration 模型应用实例

（1）CMB-iteration 法对太原市大气颗粒物中 POC 和 SOC 的解析

Guo-liang Shi 等用 CMB-iteration 模型解析了太原市大气颗粒物中的一次有机碳和二次有机碳。他们用 5 次迭代得到了有机碳的解析结果。从第 1 次迭代到第 4 次迭代，第 k 次迭代的结果与第（$k-1$）次迭代的结果之比均高于 0.01，表明需要继续迭代处理。

第 5 次迭代时，迭代开始时（第 4 次获得）的 SOC_4 为 2.46 mg/m³；$(POC^*)^5$ 为 TOC–2.46 mg/m³。经过这次迭代后，迭代比均小于 0.01，表明已达到迭代最小值，第 5 次迭代的结果视为 CMB-iteration 法的最终结果。此外，每次迭代的性能指标（C^2、R^2、PM）都满足 CMB 模型的要求，这表明每次迭代的结果都可以被 CMB 模型接受。

（2）不同源对 POC 和 SOC 浓度的贡献

CMB-iteration 法的最终结果如表 5-21 所示。不同源对 POC 和 SOC 浓度的贡献分别为 LDGV —1.57 mg/m³、HDDV—1.96 mg/m³、SDUST—0.28 mg/m³、BURN—1.07 mg/m³、CFPP—0.15 mg/m³、AMSULF—8.00 mg/m³、AMNITE—1.46 mg/m³、SOC—2.47 mg/m³。表 5-21 比较了两种不同模型的结果。对比表明，CMB-iteration 法的结果与 CMB-LGO 模型的结果基本一致。

表 5-21 CMB-iteration 模型与 CMB-LGO 模型比较

污染源	CMB-iteration 模型 贡献值/（μg/m³）	CMB-LGO 模型 贡献值/（μg/m³）
LDGV	1.57±1.77	1.28±0.90
HDDV	1.96±1.73	1.96±1.63
SDUST	0.28±0.49	0.39±0.48
BURN	1.07±1.19	1.13±0.69
CFPP	0.15±0.33	0.15±0.12
AMSULF	8.00±3.84	7.03±5.12
AMNITE	1.46±1.11	1.60±1.34
SOC	2.47±2.22	2.59±1.64

注：LDGV：轻型汽油车；HDDV：重型柴油车；SDUST：扩散的土壤尘；BURN：植物性焚烧；CFPP：燃煤电厂；AMSULF：$(NH_4)_2SO_4$；AMNITE：硝酸铵；SOC：二次其他有机碳。

（3）各污染源类在不同季节对受体贡献的估算

夏季地壳粉尘（29.29 mg/m³）对 PM$_{10}$ 的贡献最大。对 PM$_{10}$ 浓度贡献的其他来源有煤炭燃烧（27.18 mg/m³）、二次硫酸盐（18.55 mg/m³）、汽车尾气（18.08 mg/m³）、水泥粉尘（15.50 mg/m³）、钢铁制造业（9.71 mg/m³）和二次硝酸盐（4.58 mg/m³）。估计 POC 浓度为 15.21 mg/m³，SOC 浓度为 10.68 mg/m³，对 PM$_{10}$ 总浓度的贡献较大。在冬季，煤炭燃烧是 PM$_{10}$ 浓度的最大贡献者（48.67 mg/m³）。这是因为在中国北方，冬季居民取暖使用的是煤。对 PM$_{10}$ 浓度贡献的其他来源有地壳粉尘（38.25 mg/m³）、汽车尾气（31.88 mg/m³）、二次硫酸盐（26.75 mg/m³）、水泥粉尘（17.17 mg/m³）、钢铁制造业（11.16 mg/m³）、二次硝酸盐（9.54 mg/m³）。估算的 POC 浓度为 26.66 mg/m³，SOC 浓度为 14.32 mg/m³。夏季和冬季样本的最终结果见表 5-22。

表 5-22　太原市区不同季节环境受体测试结果

污染源	贡献值/（mg/m³）			
	夏季		冬季	
	PM$_{10}$	总有机碳	PM$_{10}$	总有机碳
煤炭燃烧	27.18	6.96	48.67	12.46
地壳粉尘	29.69	1.16	38.25	1.51
水泥粉尘	15.50	0.12	17.17	0.14
钢铁制造业	9.71	0.64	11.16	0.74
汽车尾气	18.08	6.33	31.88	11.81
二次硫酸盐	18.55	0	26.75	0
二次硝酸盐	4.58	0	9.54	0
一次有机碳	15.21		26.66	
二次有机碳	10.68		14.32	
计算的 PM$_{10}$	132.57		197.74	
测得的 PM$_{10}$	146.36		214.62	
X^2	0.21		0.99	
R^2	0.04		1.00	
PM/%	90.58		92.13	

表 5-23 计算了太原市 PM$_{10}$ 和 PM$_{2.5}$ 中不同季节 TOC、POC、SOC 的浓度特征。冬季估算的有机碳浓度相对高于夏季。然而，夏季 SOC/TOC 的比值高于冬季，说明夏季由于较高的光化学活性，SOC 的形成在夏季比冬季更活跃。

表 5-23　TOC、POC 和 SOC 在不同季节的浓度　　　　　单位：mg/m³

地点	季节	TOC	POC	SOC	SOC/TOC	参考文献
太原 [a]	夏季	25.89±6.64	15.21±1.65	10.68±6.84	0.41	本研究
	冬季	40.98±15.56	26.66±2.61	14.32±15.77	0.35	
北京 [a]	秋季	16.40	72	9.20	0.56	段等，2005
	冬季	25.60	14.90	10.7	0.42	
北京	夏季	17.10±4.1	6.70	10.4	0.61	淡等，2004
	冬季	41.20±20.8	24	17.2	0.42	
伯明翰（英）[a]	夏季	4.77	1.67	3.10	0.65	Castro et al.，1999
	冬季	3.71	3.08	0.63	0.17	
科英布拉（葡）[a]	夏季	5.16	2.58	2.58	0.50	
	冬季	9.76	6.15	3.61	0.37	

注：a. PM_{10} 样品。

5.3.5.4　CMB -iteration 模型估算北方 5 个城市大气中的 SOC

张彩艳等用 CMB -iteration 模型估算了天津、安阳、开封、济南、太原 5 个城市大气中的 SOC。

通过采样、分析、建立成分谱和多次迭代解析出了 5 个城市冬季和夏季 PM_{10} 源的贡献值和分担率（表 5-24）。

表 5-24　CMB -iteration 模型解析 PM_{10} 源的贡献值和分担率　　　单位：μg/m³、%

污染源	天津		安阳		济南		开封		太原	
	源贡献值（分担率）									
	夏季	冬季	夏季	冬季	夏季	冬季	夏季	冬季	夏季	冬季
煤烟尘	10.80 (11)	31.37 (18)	10.14 (8)	46.07 (27)	14.59 (18)	32.14 (17)	17.49 (19)	38.65 (23)	26.30 (18)	50.62 (24)
地壳尘	25.17 (25)	54.37 (31)	51.16 (41)	45.60 (27)	12.40 (15)	71.96 (39)	27.79 (30)	59.97 (35)	34.90 (24)	39.59 (18)
建筑水泥尘	10.59 (10)	7.78 (4)	21.31 (17)	28.84 (17)	16.86 (20)	28.47 (15)	9.47 (10)	11.89 (7)	13.9 (9)	16.1 (8)
机动车尾气	6.92 (7)	24.33 (14)	12.72 (10)	21.59 (13)	8.89 (11)	23.75 (13)	16.84 (18)	18.94 (11)	11.29 (8)	20.77 (10)
海盐粒子	6.84 (7)	3.02 (2)								
硫酸盐	11.75 (11)	16.11 (9)	7.11 (6)	17.69 (10)		3.24 (2)	13.92 (15)	25.91 (15)	24.21 (17)	26.81 (12)
硝酸盐	3.62 (4)	4.35 (2)	0.98 (1)	1.25 (1)		0.96 (1)	8.80 (9)	21.36 (13)	7.47 (3)	9.45 (4)
生物质尘	11.89 (1)	16.60 (2)	1.36 (9)	1.78 (1)	9.37 (1)	6.60 (4)	2.66 (3)	5.57 (3)	14.94 (10)	31.38 (15)
有机碳	5.65 (6)	10.96 (6)	9.12 (7)	10.18 (6)	5.52 (7)	4.63 (2)	2.62 (3)	2.14 (1)	6.03 (4)	7.74 (4)
钢铁尘			3.53 (3)	3.44 (2)					8.31 (3)	9.74 (2)

同时，还用 CMB -iteration 模型估算出了受体 PM$_{10}$ 中的 POC、SOC、TOC，计算了 SOC/TOC 的比值。并用 CMB 模型进行了对比解析（表 5-25）。

表 5-25　用 CMB 模型和 CMB-iteration 模型解析 PM$_{10}$ 中 TOC、POC、SOC 的浓度和 SOC/TOC 的比值　　　　　　　　　单位：μg/m^3

城市	模型	季节	TOC	POC	SOC	SOC/TOC
天津	CMB	夏季	14.24	8.46	5.78	0.41
		冬季	30.88	19.85	11.02	0.36
	CMB-iteration	夏季	14.24	8.59	5.65	0.40
		冬季	30.88	19.92	10.96	0.35
安阳	CMB	夏季	17.2	8.00	9.2	0.53
		冬季	26.21	16.02	10.57	0.40
	CMB-iteration	夏季	17.20	8.07	9.12	0.53
		冬季	26.21	16.02	10.18	0.39
济南	CMB	夏季	13.46	7.81	5.65	0.42
		冬季	19.47	14.80	4.68	0.24
	CMB-iteration	夏季	13.46	7.95	5.52	0.41
		冬季	19.47	14.8	4.63	0.24
开封	CMB	夏季	12.91	8.87	3.28	0.25
		冬季	17.72	12.65	3.63	0.20
	CMB-iteration	夏季	12.91	10.18	2.62	0.20
		冬季	17.72	15.56	2.14	0.12
太原	CMB	夏季	25.80	17.60	6.30	0.24
		冬季	40.98	33.1	7.87	0.19
	CMB-iteration	夏季	25.98	17.86	6.03	0.23
		冬季	40.98	33.24	7.74	0.39

由表 5-25 可知，用 CMB -iteration 模型解析的结果与 CMB 模型解析的结果基本是一致的，大部分情况下 CMB –iteration 模型解析的结果略高于 CMB 模型解析的结果。两种模型所不同的是，CMB-iteration 是通过嵌套的迭代估算法，基于 CMB 模型的计算结果不断对受体中的 OC 含量进行修正，直到将受体中的 SOC 含量全部扣除（达到收敛要求）。最后将修正后的受体成分谱以及源成分谱纳入 CMB 模型，估算 POC 浓度和 SOC 浓度，同时解析出每个源的贡献值。

5.3.6　CMB 模型模拟优度的诊断

CMB 模型是线性回归模型。在使用时应考虑回归推断的估算值与实测值的偏离程度（用残差表示）；对回归推断有较大影响的参数有哪些，怎样衡量参数的影响程度。要解决这两个问题需要用回归诊断技术。

5.3.6.1 CMB 模型模拟优度诊断技术的种类

①源贡献值拟合优度的诊断技术。

②源的不定性和相似性诊断技术。

③化学组分浓度计算拟合优化的诊断技术。

④对总质量浓度有贡献的源类和化学组分的诊断。

⑤MIPIN 矩阵——灵敏度矩阵。

源贡献值拟合优度由源贡献计算值之和与受体质量浓度测量值的百分质量比（PM）来检验。关于源贡献值拟合优度的诊断技术的详述可参阅朱坦等著的《大气颗粒物来源解析原理、技术及应用》。郑州市 2012 年源贡献值拟合优度诊断表见表 5-26。

表 5-26 郑州市 2012 年源贡献值拟合优度诊断表

时期	T 统计		残差平方和 X^2		回归系数 R^2		PM/%	
	诊断标准	结果	诊断标准	结果	诊断标准	结果	诊断标准	结果
风沙期	TSTAT<2,拟合不好 TSTAT≥2,拟合好	3.6	$X^2<1$, 拟合好 $1<X^2<2$, 可接受 $X^2>4$, 拟合不好	1.75	$R=1$, 拟合好 $R<0.8$, 拟合不好	0.94	PM=100, 拟合好 $80<PM<120$, 可以接受	117.72
采暖期		4.02		0.43		0.99		110.47
非采暖期		3.6		1.73		0.93		110.99
全年		3.7		1.79		0.92		107.38

本次解析研究主要应用源贡献值拟合优度的诊断技术在 NKCMB2.0 计算软件中进行计算、诊断，使拟合优度的质量达到较好的要求。

5.3.6.2 源贡献值拟合优度的诊断技术

在 CMB 中源贡献值的输出应具备三个条件：①各种单一源贡献值之和应近似等于受体上总质量浓度的测量值；②源贡献计算值不应是负值；③源贡献值的标准偏差应根据数理统计的原理，源贡献值的真值在 1 倍标准偏差内的分布概率大约为 66%，在 2 倍标准偏差内的分布概率大约为 95%。因此，可将 2 倍或 3 倍标准偏差作为源贡献值的检出限。据此，源贡献值拟合优度可用 T 统计（TSTAT）、残差平方和（X^2）、自由度（n）、回归系数（R^2）。由表 5-26 可知，2012 年郑州市的拟合计算残差平方和 X^2 值为 1.79，在可接受的范围内；回归系数 R^2 在 0.99 的拟合较好的范围内；拟合的质量百分比为 107.38%，在 80%～120% 之内，属于可以接受范围。因此，本次解析对源贡献值进行的拟合结果是符合 CMB 模型拟合优度的质量要求的，拟合质量较好。

5.3.7　源的贡献值和分担率的特征分析

将 2012 年郑州市的解析结果 A、B、C、D、E 中各源类的分担率分别列于表 5-27 中。表中 A 为一重解析得到的各单一源对受体的分担率；B 为一重解析得到的扬尘分担率；C 为一重解析得到的各单一源对扬尘的分担率；D 为各单一源占扬尘的份额，即各单一源以扬尘形态存在于受体的分担率；E 为扬尘和各单一源占扬尘的份额，即各单一源仍以自身原状态存在于受体中的百分比。

表 5-27　2012 年郑州市各单一污染源分担率全年变化　　　　单位：%

源类	A	B	C	D	E	D/A
扬尘		29.83			29.80	
土壤风沙尘	26.11		69.93	20.90	5.25	79.89
硫酸盐	7.40	10.41	2.01	0.60	3.31	8.11
硝酸盐	4.44	4.36	2.38	0.71	2.77	15.99
汽车尾气尘	11.27	11.57	4.04	1.21	9.03	10.74
建筑水泥尘	14.24	5.37	5.12	1.53	11.41	10.74
煤烟尘	22.51	21.35	11.88	3.54	20.02	15.73
二次碳	4.43	4.46			4.43	
合计	90.4	87.35	95.36	28.49	86.02	141.21

可以看出，2012 年郑州市颗粒物的细粒子中土壤风沙尘占扬尘的份额的 79.89%，土壤风沙尘以扬尘形式在颗粒物细粒子的份额为 20.9%，而以风沙尘自身的形式在颗粒物中的份额只占 5.25%，从土壤风沙尘排放出来的小于 10 μm 的细颗粒物 79.89% 都转变成城市扬尘。

与此相同，2012 年郑州市的其他各单一源中硫酸盐对城市扬尘的转化率为 8.11%，硝酸盐的转化率为 15.99%，汽车尾气尘的转化率为 10.74%，建筑水泥尘的转化率为 10.74%，煤烟尘的转化率为 15.73%。这些结果说明，某种单一源类排放的颗粒物，在环境大气中以细粒子尘类存在的形态发生了很大变化。某种源的颗粒物变成扬尘的数量越多，该源类与扬尘的共线程度就越大；反之，颗粒物变成扬尘的数量越少，其共线程度也越小。

5.3.8　源类贡献值与分担率时段变化规律

为了解各类源在各季节对环境大气的贡献，本研究对 2012 年郑州市风沙期、采暖期、非采暖期及全年各类源进行了二重解析，结果见表 5-28。

表 5-28　2012 年郑州市二重解析结果

污染源	风沙期		采暖期		非采暖期		全年	
	贡献值/（μg/m³）	分担率/%	贡献值/（μg/m³）	分担率/%	贡献值/（μg/m³）	分担率/%	贡献值/（μg/m³）	分担率/%
扬尘	5.964 3	41.4	42.858 7	28.79	42.977 4	32.67	42.522	29.83
土壤风沙尘	12.420 3	9.19	4.208 2	2.83	9.540 3	15.3	12.634 1	10.63
硫酸盐	5.250 3	3.89	13.647 1	9.17	11.956 5	9.76	3.766 2	3.25
硝酸盐	5.203	3.85	6.701 4	4.5	5.472 1	4.42	3.562 7	2.66
汽车尾气尘	16.522 8	12.52	28.452	19.11	16.915 6	13.48	17.138 9	12.35
建筑水泥尘	12.407 8	9.18	20.593 6	13.84	5.546 8	4.42	6.535 4	5.00
煤烟尘	12.479 9	9.38	24.722 8	16.61	12.679 1	11.15	24.712 6	17.7
二次碳	5.013 6	4.07	7.620 1	5.12	6.705 6	5.34	6.354 8	4.43
合计	75.262	93.48	148.803 9	99.97	111.793 4	96.54	117.226 7	85.85

图 5-6 显示了 2012 年郑州市风沙期、采暖期和非采暖期各个时段污染源浓度的贡献值。

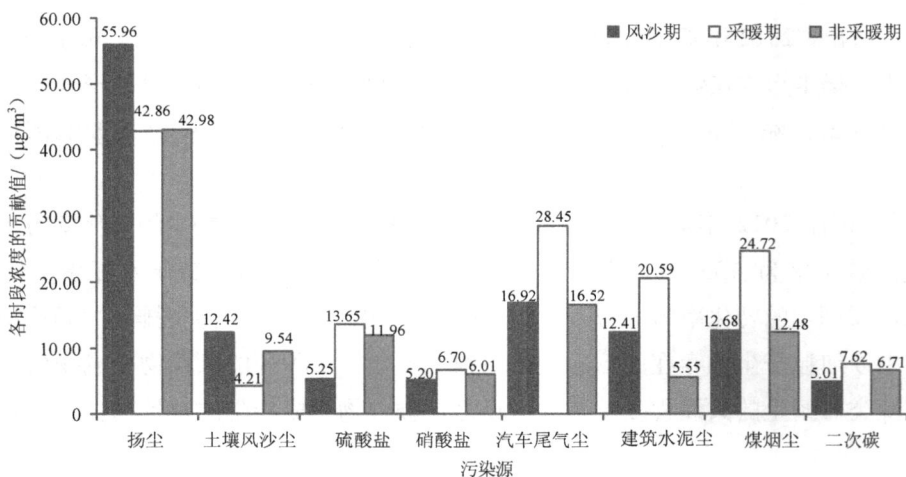

图 5-6　2012 年郑州市各单一源在各时段浓度的贡献值

由图 5-6 可知，2012 年郑州市各单一源的浓度贡献值，扬尘源、汽车尾气尘源、煤烟尘源在采暖期贡献都比较大，尤其是汽车尾气。原因是郑州市的汽车拥有量 2013 年比 2008 年几乎增加了 2.5 倍（表 5-29）；2013 年到 2019 年郑州市的机动车拥有量又增加了几乎 1 倍（表 5-30）。按照《城市机动车排放空气污染测算方法》（HJ/T 180—2005）排放模型计算，郑州市汽车污染的排放量也由 2008 年的 236 428 t/a 增加到 2012 年的 591 072 t/a。截至 2019 年机动车的污染物排放量增加到了 10 452 613 t/a。

表 5-29　2008—2013 年郑州市近 6 年机动车保有量表

年份	2008	2009	2010	2011	2012	2013
保有量/万辆	118.6	135.7	147.6	183.2	223.5	255.1

表 5-30　2015—2019 年郑州市机动车保有量和市内通车里程表

年份	2015	2016	2017	2018	2019
道路交通噪声（L_{eq}）	66.4	69.6	67.8	68.0	67.0
公路通车里程/km	12 084	11 098	11 692	13 861	13 827
民用汽车拥有量/辆	3 203 495	3 427 543	3 827 096	4 144 436	4 541 127

图 5-7 计算了 2012 年郑州市各个单一源分担率。

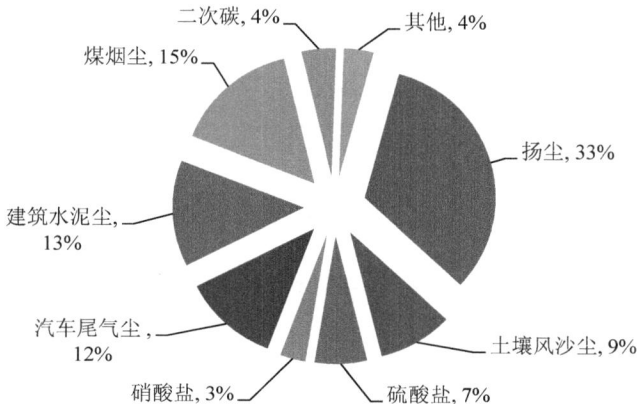

图 5-7　2012 年郑州市各个单一源分担率

5.3.9 源解析结果稳定性

源解析结果稳定性，是指污染源类与受体成分谱各种化学组分的比例的稳定性。试验证明，在源和受体的成分谱建立之后，源和受体的各种化学成分之间的比例不会随浓度的变化而变化，说明它们之间具有相对的稳定性。源类分担率是各种源类对受体各源类的分担率，不会随颗粒物浓度的变化而变化。源解析结果在时间上的稳定性体现在一段时间内，只有当城市的排放源发生较大明显变化后，源和受体的成分谱才会发生变化，源的分担率也随之发生变化。例如，郑州市从 2008 年开始限制和关闭燃煤锅炉，使市区的煤烟源得到了明显改变，到 2012 年煤烟源的分担率就有所减少，即从 2008 年的 16.2%减少至 2012 年的 14.3%（图 5-8）。由此说明，一种源类的削减或增加，对源的分担率来说，在长时间内才能体现出来，即分担率变化很慢或者说不会发生大的变化，这进一步说明了源解析结果具有一定的时间稳定性。

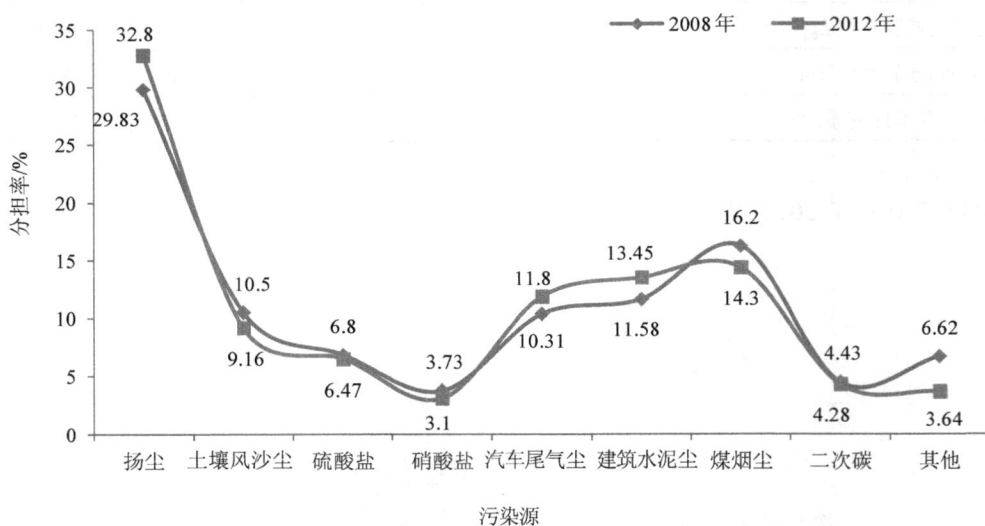

图 5-8 2008—2012 年郑州市各单一源分担率的比较

5.3.10 用 CMB 法解析的结论

①从 2012 年解析结果来看，郑州市细颗粒物污染较严重，其污染的主要源类为扬尘、土壤风沙尘、煤烟尘、汽车尾气尘、建筑水泥尘和由大气化学反应转化来的二次粒子。

②作为再生复合源的扬尘对环境空气中细粒子的贡献率在 30%左右，是影响郑州市

大气环境的首要污染物。因此扬尘是郑州市首要控制的源类。

③转化成扬尘的供体主要有土壤风沙尘、建筑水泥尘、煤烟尘和少量的汽车尾气尘、硫酸盐及硝酸盐。郑州市 2012 年土壤风沙尘 79.9%都转变成了扬尘。建筑水泥尘的转化率为 10.74%，煤烟尘的转化率为 15.73%，汽车尾气尘的转化率为 10.74%，硫酸盐对扬尘的转化率为 8.11%，硝酸盐的转化率为 15.99%。

④2012 年风沙季扬尘的分担率为 41.42%；非采暖期分担率为 32.67%；采暖期为 28.79%；分担率为 29.83%。

2012 年的煤烟尘在采暖期的分担率为 16.61%；非采暖期为 11.15%；风沙期为 9.38%；分担率为 17.7%。

2012 年采暖期内汽车尾气尘的分担率为 19.11%；非采暖期为 13.48%；风沙期分担率最低，为 12.52%；分担率为 12.35%。

2012 年采暖期的建筑水泥尘的分担率为 13.84%；风沙期次之为 9.18%；非采暖期较低，为 4.42%；分担率为 5.0%。

2012 年采暖期的二次碳的分担率为 5.12%，非采暖期次之，为 5.34%，风沙期为 4.07%。

2012 年硫酸盐分担率采暖期最高，为 13.65%；非采暖期次之，为 9.76%；风沙期较低，为 3.89%；分担率为 3.25%。

2012 年硝酸盐的分担率采暖期为 6.701 4%；非采暖期为 4.42%；风沙期为 3.85%；分担率为 2.66%。

⑤从解析结果比较曲线来看，郑州市汽车尾气尘的浓度和分担率呈现上升趋势，但上升幅度不大，仅仅提高了 1.5%，而郑州市的汽车保有量从 2008 年到 2012 年则增加了几乎 1 倍。这说明随着我国汽车燃油质量的逐渐提高和汽车自身环保措施的加强，空气中的汽车尾气尘得到了一定程度的抑制。

5.3.11　CMB 模型的优、缺点

CMB 模型原理简单易懂，在目前的污染源解析中应用较广泛，可以较好地为环境管理服务，因为它的源类是以人类管理和源排放方式为依据划分的。CMB 模型能够较好地得到源的定量结果，对于数据量的要求不是很大，且在分析中考虑到了源成分谱的误差。目前 CMB 模型是美国 EPA 唯一现行使用的源解析模型。

CMB 模型不足之处是，①需要收集本地准确详细的污染源成分谱，工作量大，技术难度高。并且要事先判断源的数量和类型，因此可能会丢失定义某些源。②它不能得到在一个较长时期内源对于受体的长期贡献。③使用 CMB 模型解析在大气中已发生化学变化的样品，很难得到较为准确的源解析结果。④如果存在源成分类似的污染源，将导致

共线性问题，对于共线源的解析结果较差，出现多解或有负值的解析结果。⑤CMB 模型结果的不确定性问题也是对计算结果最优值选择的困扰之一。

针对上述问题国内外一些学者提出了很多新的解决方法。如刘莉提出的通过耦合 PMF、CMB 模型，利用 PMF 模型解析出主要污染源和特征元素。然后代入 CMB 模型拟合的污染源信息及其特征元素。避免了 CMB 模型解析结果的不确定性，提高了 CMB 模型解析度和工作效率。

朱坦等提出的利用 OC/EC 最小比值法估算 SOC 的浓度，并将其从受体颗粒物碳质组分中扣除，以降低 SOC 对 CMB 解析结果的影响。朱坦还提出了主成分/多元线性回归法/化学平衡法复合模型（CPA/MLR/CMB）。先利用 CPA/MLR 将共线的混合源与其他源分离，然后用 CMB 解析混合源。

5.4 基于单颗粒质谱在线源解析方法

不管是 PMF 模型解析技术还是 CMB 模型解析技术都存在着一些缺点。虽然 PMF 模型法较 CMB 模型法采集的样本少，不需要输入源成分谱，工作量大大减少，并且解决了源的负值问题，但是 PMF 模型需要提前输入恰当的污染源数目及大量的样本量才能得到稳定的解析结果，且模型计算和使用较复杂。因此，在污染源解析方面就催生了新的在线源解析监测系统，即 SPAMS（single particle aerosol mass spectrometer）系统。该系统能够在线解析 PM_{10} 和 $PM_{2.5}$ 污染源，同时具有 PMF 和 CMB 模型的功能，解决了 PMF 和 CMB 存在的一些技术难题，已在污染源解析方面得到广泛应用。

5.4.1 在线源解析质谱监测系统工作原理

$PM_{2.5}$ 在线源解析质谱监测系统是在线源解析设备，基于先进的单颗粒飞行时间质谱测量技术，内置受体源解析模型 PMF 和 CMB 等，无须烦琐的前处理过程，可实时在线进行单颗粒气溶胶化学成分和粒径大小的同步监测，将源解析过程提高到小时级别，可实时监控污染源变化趋势，捕捉污染源瞬时变化，相对于常规源解析方法耗时久、多种仪器联用等问题来说，是非常大的进步。

解析设备由进样系统、测径系统、电离系统和质谱分析系统组成，其基本原理为气溶胶颗粒通过一进样管进入仪器，在三级差动真空条件下，不同颗粒由于粒径的不同导致不同的速度，然后颗粒在空气动力学透镜的作用下聚焦成为准直颗粒束，在离开空气动力学透镜后进入测径区，在测径区，颗粒连续经过两束 532 nm 测径激光器发射的激光束，产生的散射光被椭球面镜反射聚焦到光电倍增管（PMT）上得以检测，通过时序电路测量两个 PMT 信号的时间间隔，就可以计算颗粒的飞行速度，进而换算出颗粒的空气动力学直径，另外，颗粒的速度还用来控制当颗粒到达电离区中心的时候电离激光出射激光将颗粒电离。颗粒进入电离区后，被 266 nm Nd：YAG 紫外脉冲激光电离产生正负离子，然后离子被双极型飞行时间质量分析器检测，可同时得到颗粒物的正负离子信息。通过 SPAMS 可以同时获取单个颗粒物的粒径大小和化学组成，从而达到对每个颗粒物来源的精确判别。通过自适应共振神经网络算法（ART-2a）进行颗粒物分类，实现了单颗粒气溶胶化学成分和颗粒物直径的同步检测。SPAMS 能够应用于多方面的环境监测，包括污染物的在线监测、污染源解析、气溶胶在大气中的混合和转化、特殊污染天气监测及机理研究（雾霾形成机制、沙尘暴长程迁移等）、重金属的在线监测；气溶胶浓度、粒径、光学特性对区域气候的影响。

对于 SPAMS 的研究主要集中在对其技术和特定项目的分析，应用方面主要在我国南方大气颗粒物来源解析工作中。李梅等应用单颗粒气溶胶质谱技术研究广州大气矿尘污染，并应用 SPAMS 分析香烟烟气气溶胶（图 5-9）。

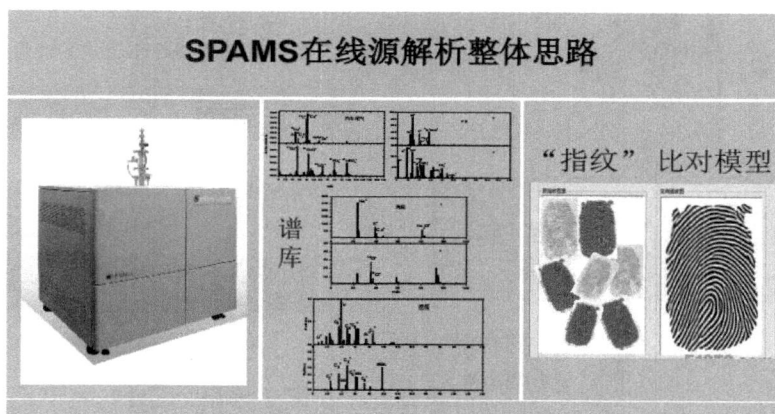

图 5-9　SPAMS 在线源解析方法原理图

SPAMS 在线源解析整体思路框图，其中包括三大部分：仪器（SPAMS）、谱库和"指纹"比对模型。在线源解析方法的基础建立在大量的源谱库上，例如，机动车尾气、扬尘、燃煤、工业工艺源、海盐等的谱图，这些谱图相当于每一个污染源的"指纹"，当仪器在某地进行监测时，与仪器配套的模型比对系统会自动将实时测到的每个颗粒物特征与谱库中的谱图进行比对，即"指纹"比对，实时判断出颗粒物的来源。

利用 SPAMS 开展在线源解析工作主要需要进行以下三个步骤：第一步，主要排放源类的确定以及颗粒物源类样品的采集、质谱分析：参照《大气颗粒物源解析技术指南

（试行）》中的相关标准，其中固定源采样方法视现场情况选用气袋、真空瓶、稀释通道或其他方法；第二步，源谱特征提取及谱库建立：借助自适应共振神经网络算法，根据颗粒的谱图特征对采集到的各源颗粒进行分类，得到各源的特征谱库，汇总嵌入仪器内置的比对模型；第三步，在线源解析：利用 SPAMS 进行受体颗粒物连续监测，比对模型调取源谱库与实时测到的每个受体颗粒质谱图进行相似度计算，及时判断出每一个颗粒物的来源，通过一定时间（目前最短时间为 1 h）的统计，可得到当地源解析结果。

SPAMS 内部结构图见图 5-10。

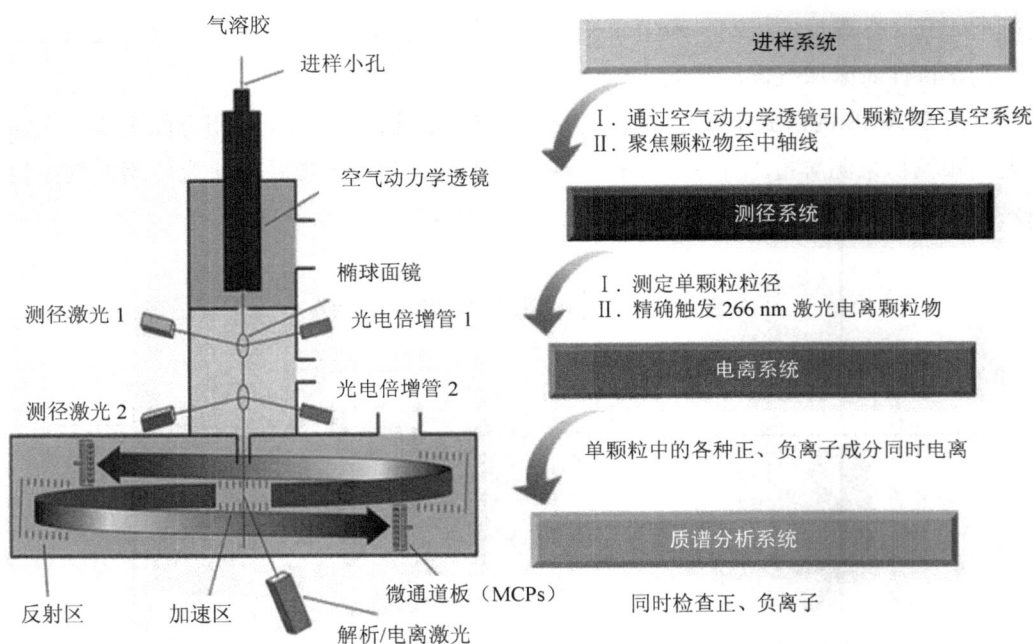

图 5-10　SPAMS 内部结构图

5.4.2　单颗粒质谱源解析数据分析方案

单颗粒气溶胶质谱仪获取的颗粒物质谱数据将利用人工智能聚类算法（ART-2a）对颗粒物进行分类，利用 ART-2a 的方法可以依据质谱特征的相似度（即两类特征可合为同一类的阈值）进行分类，将颗粒物主要分为元素碳颗粒物、有机碳颗粒物、重金属颗粒物、富钾颗粒物、含地壳元素颗粒物等，以获取颗粒物成分饼图。通过相似度算法可以依据源谱库中不同源排放污染物的特征谱图，与环境空气颗粒物在线质谱测量结果比对，判别颗粒物来源，从而获取源解析饼图，数据处理流程见图 5-11。

```
                    ┌─────────────────────────────┐
                    │   SPAMS 获取的颗粒物质谱数据    │
                    └─────────────────────────────┘
                                   │
   ┌──────────────┐        ┌──────────────┐
   │  机动车、燃煤等  │◄───────│   源谱数据     │
   └──────────────┘        └──────────────┘
                                   │
   ┌──────────────┐        ┌──────────────┐
   │  删除无效数据   │◄──┐    │   数据转化     │
   └──────────────┘   │    └──────────────┘
   ┌──────────────┐   │           │
   │  筛选有效数据   │◄──┤    ┌──────────────┐
   └──────────────┘   │    │  ART-2a 分类   │
   ┌──────────────┐   │    └──────────────┘
   │  提取有效类别   │◄──┘           │
   └──────────────┘        ┌──────────────────┐      ╭───────────╮
                           │  各源类与 ART-2a    │─────►│  权值矩阵   │
                           │  类别进行交集计算     │      ╰───────────╯
                           │   （源谱库）        │
                           └──────────────────┘
                                   │
                           ┌──────────────┐
                           │   环境颗粒     │
                           └──────────────┘
                                   │
                           ┌──────────────┐      ┌──────────────────┐
                           │ 相似度计算（点积）│◄─────│   满足阈值要求、     │
                           └──────────────┘      │  选择最大相似度归类   │
                                   │             └──────────────────┘
                           ┌──────────────┐
                           │   在线源解析    │
                           └──────────────┘
```

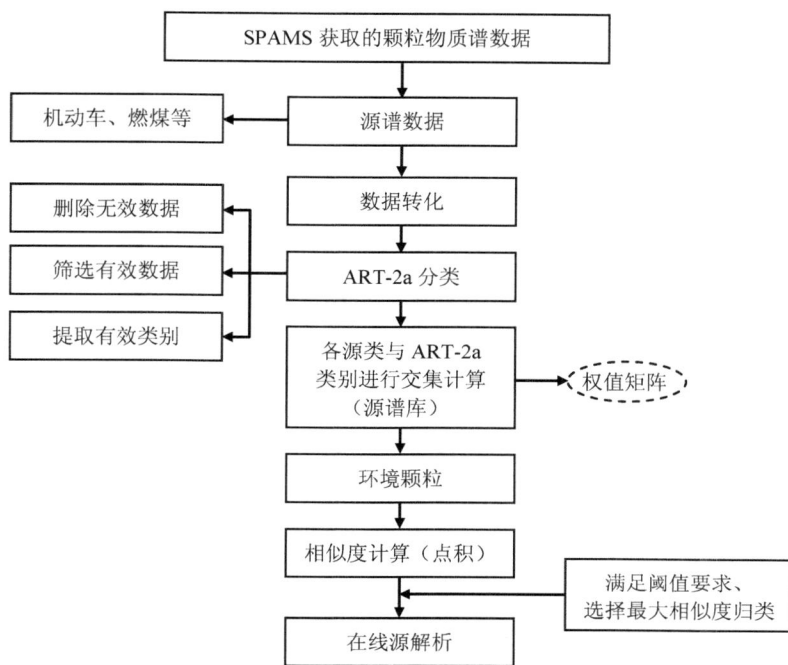

图 5-11　数据处理流程

5.4.3　单颗粒质谱样品的分析

仪器实时采集的环境受体颗粒物可实时自动进行分析，真空瓶采集的源样品直接仪器进样分析，尘样通过再悬浮后接仪器进行分析。SPAMS 对采集到的污染源样品进行质谱测量，可获取环境受体及污染源样品中 $PM_{2.5}$ 单颗粒的质谱（正、负离子）检测结果，同时获得颗粒物粒径和颗粒数等信息，再利用示踪离子判别法、自适应共振神经网络算法等方法对颗粒物进行分类和来源解析。

利用 SPAMS 获得的各点位的海量气溶胶单颗粒质谱数据，通过对海量质谱进行聚类，将化学组分相近的颗粒物合并，对不同条件下的颗粒物进行分析。

SPAMS 仪器采集的高维的、海量的谱图数据一般难以用分类算法解决，但 ART-2a 网络的广泛适应性，可以很好地解决高维的、海量的谱图数据。ART-2a 网络对输入模式没有限制，解决了谱图数据问题。又因为 ART-2a 网络所用的算法简单、对数据储存的空间要求不太高，故海量的数据也能在 ART-2a 网络中得到应用。而且 ART-2a 网络不用训练数据集就可以对数据进行自动分类，并在自动分类的过程中学习心得特征信息，具有一定的人工智能。在循环迭代中，样本逐渐向分类模式靠近，保证了系统的稳定性。

利用自适应共振神经网络算法，将 5 个监测点获得的海量颗粒物进行聚类，化学组成相近的颗粒物归为一类，分类过程中使用的分类参数为相似度 0.75，学习效率 0.05。考虑到基本能够包括大气颗粒物的主要成分，且能够更好地辅助颗粒物的溯源，确定元素碳颗粒、混合碳颗粒、重金属颗粒、富钾颗粒、左旋葡聚糖颗粒、有机碳颗粒、高分子有机碳颗粒、富钠颗粒、矿物质颗粒和其他颗粒等 10 类颗粒物。

将四季的监测时段所有监测点位的颗粒物类别的占比进行平均，得到了郑州市 2018 年 10 月到 2019 年 7 月的总颗粒物类别占比分布结果，见图 5-12。

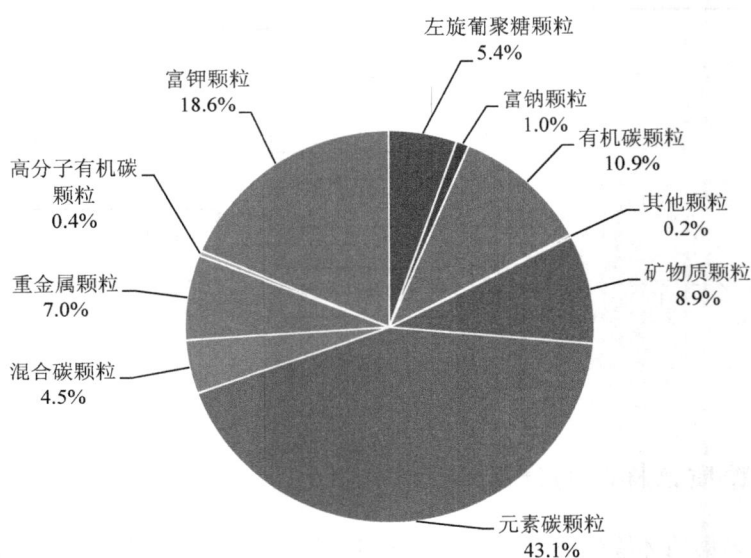

图 5-12 2018 年 10 月到 2019 年 7 月郑州市监测期间颗粒物总体化学成分占比

由图 5-12 可知，在监测时间郑州市的首要污染物是元素碳颗粒，占比 43.1%；次要污染物为富钾颗粒，占 18.6%；有机碳颗粒占 10.9%；矿物质颗粒占 8.9%；重金属颗粒占 7%；左旋葡聚糖颗粒占 5.4%；其余化学成分都在 5%以下。

本章参考文献

[1] 王苏蓉，喻义勇，王勤耕，等. 基于 PMF 模式的南京市大气细颗粒物源解析[J]. 中国环境科学，
     2015，35（12）：3535-3542.

[2] 郑州市环境保护监测中心站. 郑州市 2018 年大气颗粒物源解析项目在线源解析技术分析报告[R].

[3] Lee H，Park S S，Kim K W，et al. Source，identification of PM$_{2.5}$ Particles measured ingwangju，Korea[J].

Atoms.Res，2008（88）：199-211.

[4] Shi G L，Tian Y Z，Zhzng Y F，et al. Estimation of the concentrations of primary and secondary organic carbon in ambient particulate matter：Application of the CMB- Iteration method[J]. Atmos. Environ，2011，45：5692-5698.

[5] Guo-liang Shi，Ying-ze Tian，et al. Estimation of the concentrations of primary and secondary organic carbon in ambient particulate matter：Application of the CMB-Iteration method[J].Atmospheric Environment，2011，45：5692-5698.

[6] 环境保护部. 大气细颗粒物一次排放源清单编制技术指南（试行）[N]. 中国环境报，2014-09-02.

[7] 张彩艳，田瑛，史国良泽. 基于 CMB-Iteration 模型估算中国北方城市二次有机碳的研究[C]. 中国环境科学学会学术年会，2013.

[8] 袁鸣蔚，吴亦潇，牛志华，等. 基于科技论文产出的源解析受体模型 CMB、PMF 比较综述[C]. 中国环境科学学会学术年会，2014：1-9.

[9] 朱坦，冯银厂. 大气颗粒物来源解析原理、技术及应用[M]. 北京：科学出版社，2012.

[10] 河南省冶金研究所有限责任公司，郑州市环境保护监测站. 郑州市大气气溶胶污染特征、雾霾源解析及防治技术研究报告[R]. 2016.

[11] 李尉卿. 大气气溶胶污染化学基础[M]. 郑州：黄河水利出版社，2010.

[12] 祖彪. 利用 SPAMS 解析 PM$_{2.5}$ 污染成因及特征——以沈阳市 2017 年春节期间为例[J]. 科技资讯，2018（9）：129-130.

[13] 曹宁，黄学敏，祝颖，等. 西安冬季重污染过程 PM$_{2.5}$ 理化特征及来源解析[J]. 中国环境科学，2019，39（1）：32-39.

[14] 谢飞，时志强. 单颗粒质谱在空气 PM$_{2.5}$ 来源解析中的应用[J]. 资源节约与环保，2019，11：157-158.

[15] 李梅，李磊，黄正旭，等. 运用大颗粒气溶胶质谱技术初步研究广州大气矿尘污染[J]. 环境科学研究，2011，24（6）：632-636.

[16] 李梅，董俊国，黄正旭，等. 单颗粒气溶胶飞行时间质谱仪分析香烟烟气气溶胶[J]. 分析化学，2012，40（6）：936-939.

[17] Turpin B J，Huntzicker J J. Identification of secondary organic aerosol episodes and quantification of primary and secondary organic aerosol concentration during SCAQS[J]. Atmos. Environ.，1995，29：3527-3544.

[18] Pandis S N H，Cass G R，et al. Secindary organic aerosol formation and transport[J]. Atmos. Environ.，1992，26A：2269-2282.

[19] Strader R，Lurmann F，Pandis S N.Evialuation of secondary organic aerosol formation in winter[J]. Atmos. Environ.，1999，33：4849-4863.

[20] Hidemann L M，Rogge G R，et al. Cotribution of primary aerosol emissions from vegetation-derived sources to fine particle concentrations in Los Angeles[J]. Geophys. Res.，1996，101：19541-19549.

[21] Castro L M，Pio C A，Harrison R M，et al. Carbonaceous aerosol in urban and rural european atmosphere，eatimation of secondary organic carbon concentration[J]. Atmos Environ，1999，3：2771-2781.

[22] 张夏夏，袁自冰，郑君瑜，等. 大气污染物监测数据不确定度评估方法体系建立及其对 PMF 源解析的影响分析[J]. 环境科学学报，2019，39（1）：95-104.

第6章 雾霾气溶胶的采样、分析和质量控制

大气雾霾气溶胶中气体样品的采集和固液样品的采集直接关系到分析测定结果的可靠性和代表性，如果采样方法不正确，即使分析方法再精确，仪器灵敏度再高，操作者再细心，也不会得出准确的测定结果。如果所采集的样品采错地方，采样高度不对，没有合理地避开建筑物和高大树木及交通要道等不合乎采样要求的位置，分析人员有多大的技能也分析不出准确的数据。

6.1 大气污染源的采样布点原则及采样方法

环境受体样品监测点位应当位于城市的建成区内，且点位数应根据研究的目的、城市功能区的划分、人口密度、环境敏感程度以及经费情况等方面综合考虑来确定。采样布点应优先选择国家环境空气监测点。大气污染物采样可分为常态化监测布点采样、源解析污染源布点采样和受体布点采样。

根据被测物质在空气中存在状态和浓度，以及所用的分析方法的灵敏度，可用不同的采样方法。大气采样分类如下：

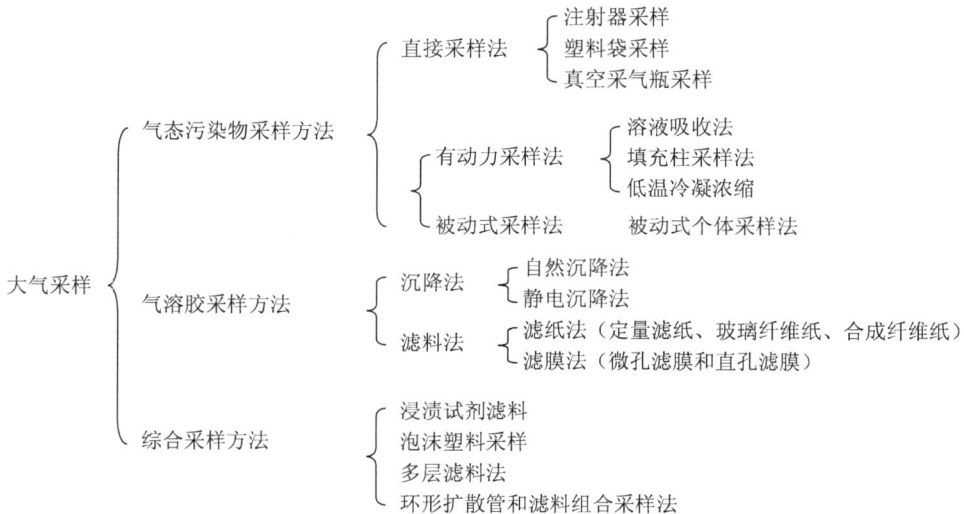

```
                              ┌ 直接采样法 ┌ 注射器采样
                              │           │ 塑料袋采样
                              │           └ 真空采气瓶采样
           ┌ 气态污染物采样方法 ┤
           │                  │           ┌ 溶液吸收法
           │                  ├ 有动力采样法┤ 填充柱采样法
           │                  │           └ 低温冷凝浓缩
           │                  └ 被动式采样法  被动式个体采样法
           │
大气采样 ──┤                  ┌ 沉降法 ┌ 自然沉降法
           │ 气溶胶采样方法 ──┤        └ 静电沉降法
           │                  └ 滤料法 ┌ 滤纸法（定量滤纸、玻璃纤维纸、合成纤维纸）
           │                          └ 滤膜法（微孔滤膜和直孔滤膜）
           │
           │                  ┌ 浸渍试剂滤料
           └ 综合采样方法 ────┤ 泡沫塑料采样
                              │ 多层滤料法
                              └ 环形扩散管和滤料组合采样法
```

上述采样方法可归纳为直接采样法、有动力采样法和被动式采样法，目前常用的方法为有动力采样法。

6.1.1 大气质量的常规监测采样布点

大气质量常规分析指标是根据国家颁发的环境标准和主管部门结合当地的实际情况确定的反映大气污染状况的重要指标。按中国《大气环境质量标准》规定的常规分析指标有总悬浮微粒、SO_2、NO_x、CO 和光化学氧化剂（O_3）。在一些城市或工业区还对降尘、总烃、铅、氟化物等进行监测。故大气污染物常规的监测布点采样是有别于其他监测布点采样的。

6.1.1.1 大气质量监测的布点原则

大气质量监测点的布置是以大气监测目的和功能属性为基础，运用统一的技术规则建立的一整套运行系统。基本原则包括：目的性原则、层次性和城乡发展兼顾原则、代表性原则、可比性和完整性原则。

（1）目的性原则

监测目的是任何一个环境空气质量监控区域内大气监测点位优化设计的基本原则，任何大气质量监测点的设置都必须以监测目的和要求为导向，根据具体的监测目的和要求选择合适的点位，形成有效的运行网络。

（2）层次性和城乡发展兼顾原则

我国地理环境复杂多样，区域间经济发展差距大，城乡地域分布显著，行政管理层次分明。大气质量监测网络的建设有着城市和乡村的差别与不同行政级别，各级政府可根据需要建立不同级别的监测网络，以层次性为原则。应结合城市和乡村规划考虑环境空气监测点位的布设，使确定的监测点位能兼顾城市未来发展的需要；在污染源比较集中、主导风向比较明显的情况下，应将污染源的下风向作为主要监测范围，布设较多的采样点，上风向布设少量点作为对照。

（3）代表性原则

大气质量监测点位需要体现区域的环境特征，因此点位的选择必须遵循代表性原则，包括空间、时间、污染物等都要求能够代表区域内的特征。例如，工业功能区，它的环境特征是排放各种污染物的浓度和排放量；交通密集的功能区环境特征应是汽车尾气的排放浓度和排放量；这样监测的数据才能反映出真正的、客观的区域空气质量。采样点位应较好地客观反映一定空间范围内的空气污染水平和变化规律。

（4）可比性和完整性原则

应考虑各监测点之间设置条件尽可能一致，使各个监测点取得的监测资料具有可比性。

大气质量监测的布点必须满足全时段全空间的区域监测要求，点位的选择需要体现完整性的原则，完整地表征整个监测时间段内的空气质量，完整地反映整个监测区域的大气现状。

6.1.1.2　布设采样点的要求

①为了反映城市各行政区空气污染水平及规律，在监测点位布局上尽可能分布均匀，同时在布局上还应考虑反映城市主要功能区和主要空气污染现状及变化趋势；采样点应设在整个监测区域污染物高中低三种不同浓度的地方。

②工业较密集的城区和工矿区，人口密度及污染物超标地区，要适当增设采样点；城市郊区和农村，人口密度小及污染物浓度低的地区，可酌情少设采样点。

③采样点周边应开阔，采样口水平线与周围建筑物高度的夹角应不大于 30°。监测点周围无污染源，并避开树木及吸附能力较强的建筑物。交通密集区的采样点应设在距人行道边缘至少 1.5 m 远处；在主导风向比较明显的情况下，设在污染源下风向。

④各采样点的设置条件要尽可能一致或标准化，使获得的监测数据具有可比性；采样点周边要开阔，无局部污染源及高大建筑。

⑤采样高度应根据监测目的而定，研究大气污染对人体的危害，应将采样器或测定仪器设置于常人呼吸带高度，即采样口应在离地面 1.5～2 m 处；研究大气污染对植物或器物的影响，采样口高度应与植物或器物高度相近；连续采样例行监测采样口高度应距地面 3～15 m；若在屋顶采样，采样口应与基础面有 1.5 m 以上的相对高度，以减小扬尘的影响。特殊地形地区可视实际情况选择采样高度。

6.1.1.3　空气质量的采样布点的步骤

（1）确定采样点的数目

根据生态环境部规定，按城市人口数确定大气环境污染例行监测采样点的设置数目参照 WHO 和美国 EPA 的方法，即按城市人口数确定大气环境污染例行监测采样点的数目，见表 6-1 和表 6-2。

表 6-1　WHO 和 WMO 推荐的城市大气自动监测点位数目

市区人口/万人	飘尘	SO_2	NO_x	氧化剂	CO	风向、风速
≤100	2	2	1	1	1	1
100～400	5	5	2	2	2	2
400～800	8	8	4	3	4	2
>800	10	10	10	5	4	3

表 6-2　我国大气环境污染例行监测采样点位设置数目

市区人口/万人	SO_2、NO_x、TSP	灰尘自然降尘量	硫酸盐化速率
<50	3	≥3	≥6
50～100	4	4～8	6～12
100～200	5	8～11	12～18
200～400	6	12～20	18～30
>800	7	20～30	30～40

（2）采样点布点方法

1）功能区布点法：将监测区划分为工业区、商业区、居民区、工业和居民混住区、交通稠密区、清洁区等，再根据具体污染情况和人力、物力条件，在各功能区设置一定数量的采样点。该布点法多用于区域性常规监测，适用于工业区、商业区、居民区、交通密集区等；一个城市或一个区域可以按其功能分为工业区、居民区、交通稠密区、商业繁华区、文化区、清洁区、对照区等。各功能区的采样点数目的设置不要求平均，通常在污染集中的工业区、人口密集的居民区、交通稠密区应多设采样点。同时应在对照区或清洁区设置1～2个对照点。

2）几何图形布点法：多用于多个污染源，且污染源分布比较均匀的情况下；目前常用以下几种布设方法。

①网格布点法：是将监测区域地面划分成若干均匀网状方格，采样点设在两条直线的交点处或方格中心。每个方格为正方形，可从地图上均匀描绘，方格实地面积视所测区域大小、污染源强度、人口分布、监测目的和监测力量而定，一般是 $1\sim9\ km^2$ 布一个点。若主导风向明确，下风向设点应多一些，一般约占采样点总数的 60%。这种布点方法适用于多个污染源，且污染源分布比较均匀的情况。

②同心圆布点法：主要用于多个污染源构成的污染群，或污染集中的地区。布点是以污染源为中心画出同心圆，半径视具体情况而定，再从同心圆画45°夹角的射线若干，放射线与同心圆圆周的交点即采样点。

③扇形布点法：适用于主导风向明显的地区，或孤立的高架。以点源为顶点，主导风向为轴线，在下风向地面上画出一个扇形区域作为布点范围。扇形角度一般为 45°～90°。采样点设在距点源不同距离的若干弧线上，相邻两点与顶点连线的夹角一般取 10°～20°。

④平行布点法，适用于线性污染源，如公路、斑马线等。

6.1.2　大气雾霾气溶胶来源解析采样布点

6.1.2.1　污染源采样布点

（1）污染源的分类及采样原则

源样品采集的三个原则：①代表性，在采样前须通过深入的污染源调查，参考当地的污染源清单，识别与本地区颗粒物来源相关的污染源类别，并保证进行采样的污染源能分别代表本地区各类污染物的排放源。在采样中，应合理布点，保证样品在空间和时间上的代表性，采样时污染源应处于正常工况条件。②真实性，应采集污染源排放到空气中较稳定存在的颗粒物，必要时可利用特殊装置（稀释通道采样装置、再悬浮采样装置等）模拟颗粒物进入环境受体的真实过程。③个性（或特性），采样中应尽可能远离其他类别的污染源，减少不同源类之间的交叉影响，提高样品的个性。对于同一源类的不同子源，应该更细分源类样品，谨慎对待样品的混合。

（2）固定源采样布点

对于燃煤（油）的各类电厂锅炉、民用炉灶、建材和冶金工业炉窑等颗粒物排放源等固定源的采样主要采用稀释通道法进行，当烟道内不夹杂液滴时也可直接采样。

1）采样前充分调查区域内工业及民用燃煤、燃油设施情况，根据吨位、燃烧方式（如链条炉、往复炉、煤粉炉等）、除尘方式（如静电、湿法除尘等）及燃料种类进行多级子源类分类，对主要子源类选取两个以上运行工况正常的燃烧源。

2）采样点的布设具体参照《固定污染源排气中颗粒物测定与气态污染物采样方法》（GB/T 16157—1996）和《固定源废气监测技术规范》（HJ/T 397—2007）的相关规定。固定源采样位置选择在垂直管段，避开烟道弯头和断面急剧变化的部位。采样位置应设置在距弯头、阀门、变径管下游方向不小于 6 倍直径，和距上述部件上游方向不小于 3 倍直径处。对矩形烟道，其当量直径 $D=2AB/(A+B)$，其中 A、B 为边长。采样断面的气流速度在 5 m/s 以上。测试现场空间有限，难以满足上述要求时，可选择比较适宜的管段采样，采样断面与弯头等的距离至少是烟道直径的 1.5 倍。

对于气态污染物，由于混合比较均匀，其采样位置可不受上述规定限制，但应避开涡流区。如果同时测定排气流量，采样位置仍按上述规定选取。

3）采样平台应考虑现场监测的安全性、可接近性、可操作性，既要保证样品的代表性，也要保证人员的安全以及操作的方便。平台面积不小于 1.5 m^2，并设有 1.1 m 高的护栏和不低于 10 cm 的脚部挡板，采样平台的承重不小于 200 kg/m^2，采样孔距平台面为 1.2～1.3 m。

（3）采样点位置和数目

1）采样孔。

在选定的测定位置上开设采样孔，采样孔内径应不小于 80 mm，采样孔管长不应小于 50 mm。不使用时应用盖板、管堵或管帽封闭 [图 6-1（a）、（b）、（c）]。当采样孔仅用于采集气态样时，其内径应不小于 40 mm。

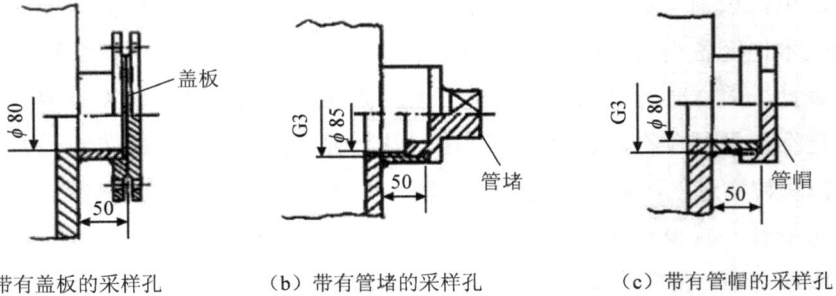

（a）带有盖板的采样孔   （b）带有管堵的采样孔   （c）带有管帽的采样孔

图 6-1 几种封闭形式的采样孔

①将烟道分成适当数量的等面积同心环，各测定点选在各环等面积中心线与呈垂直相交的两条直径线的交点上，其中一条直径线应在预期浓度变化最大的平面内。

②对正压下输送高温或有毒气体的烟道应采用带有闸板阀的密封采样孔（图 6-2）。

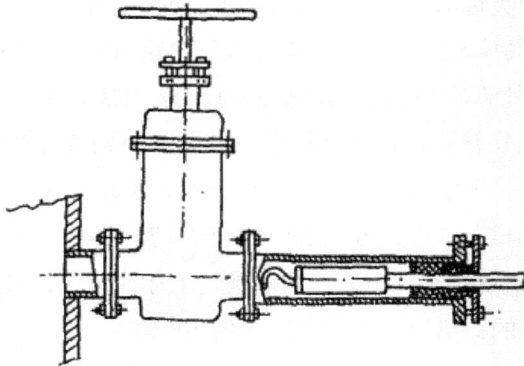

图 6-2 带闸板阀的密封采样孔

③对圆形烟道，采样孔应设在包括各测定点在内的互相垂直的直径线上（图 6-3）。对矩形或方孔烟道应设在包括各检测点在内的延长线上（图 6-4、图 6-5）。

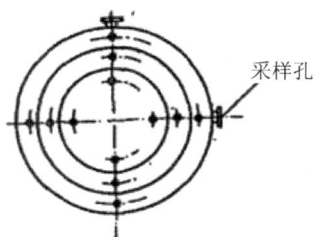

图 6-3　圆形断面的测定点　　图 6-4　长方形断面测定点　　图 6-5　正方形断面测定点

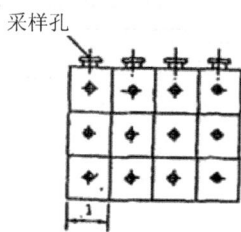

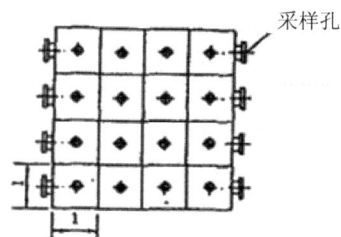

2）采样平台。

采样平台为检测人员采样设置，应有足够的工作面积以使工作人员安全、方便地操作。平台面积应不小于 1.5 m²，并有 1.1 m 高的护栏，采样孔距平台面为 1.2～1.3 m。

3）采样点位与数目。

①圆形烟道：

a）将烟道分成适当数目的等面积同心环，各测点选在各环等面积中心线与呈垂直相交的两条经线的交点上，其中一条线应在预期浓度变化最大的平面内，如当测点在弯头后，该直径线应位于弯头所在的平面 A—A 内（图 6-6）。

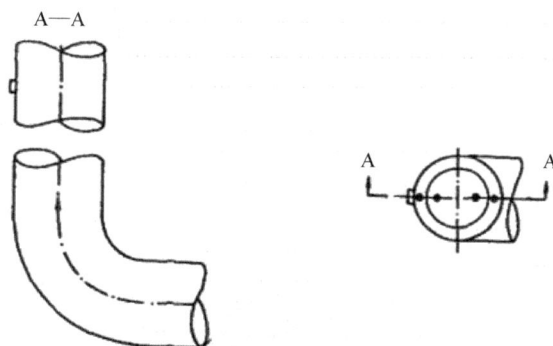

图 6-6　圆形烟道弯头后的测点

b）对符合 2）中采样位置要求的烟道，可直接选择预期浓度变化最大的一条直径线上的测点。

c）对直径小于 0.3 m、流速分布比较均匀、对称并符合 2）中采样位置要求的小烟道，可取烟道中心作为测点。

d）不同直径的圆形烟道的等面积环数、测量直径数及测点数见表 6-3，原则上测点数不超过 20 个。

表 6-3 圆形烟道分环及测点数的确定

视道直径/m	等面积环数/个	测量直径数/个	测点数/个
<0.3	1~2	1~2	1
0.3~0.6	2~3	1~2	2~8
0.6~1.0	3~4	1~2	4~12
1.0~2.0	4~5	1~2	6~16
2.0~4.0	5	1~2	8~20
>4.0			10~20

e)测点距烟道内壁的距离见图 6-7,按表 6-4 确定。当测点距烟道内壁距离小于 25 mm 时，取 25 mm。

表 6-4 测点距烟道内壁的距离（以烟道直径 D 计）   单位：m

测点号	环数				
	1	2	3	4	5
1	0.146	0.067	0.044	0.033	0.026
2	0.854	0.250	0.146	0.105	0.082
3		0.750	0.296	0.194	0.146
4		0.933	0.704	0.323	0.226
5			0.854	0.677	0.342
6			0.956	0.806	0.658
7				0.895	0.774
8				0.967	0.854
9					0.918
10					0.974

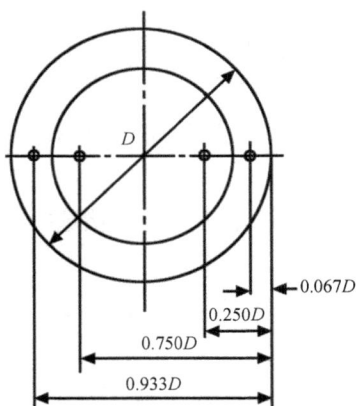

图 6-7 采样点距烟道内壁距离

②矩形或方形烟道：将烟道断面分成适当数量的等面积小块，各块中心即测点。小块的数量按表 6-5 的规定选取。原则上测点数不超过 20 个。

表 6-5　矩形烟道的分块及测点数的确定

烟道断面积/m²	等面积小块边长长度/m	测点总数/个
<0.1	<0.32	1
0.1~0.5	<0.35	1~4
0.5~1.0	<0.50	4~6
1.0~4.0	<0.67	6~9
4.0~9.0	<0.75	9~16
>9.0	≤1.0	16~20

4）样品数量。

《锅炉烟尘测试方法》（GB 5468—1991）、《固体污染源排气中颗粒物测定与气态污染物采样方法》（GB/T 16157—1996）均明确要求采集 3 个样品。《固定污染源废物　低浓度颗粒物的测定　重量法》（HJ 836—2017）虽未明确要求采集 3 个样品，但该标准样品采集要求参见《固体污染源排气中颗粒物测定与气态污染物采样方法》（GB/T 16157—1996）中采样步骤的要求，现场采样时的质量保证措施应符合《固定源废气监测技术规范》（HJ/T 397—2007）中现场采样质量保证措施。实际监测工作中，样品的采集数量、频次等还应符合相应的监测技术规范或有关排放标准的要求。所以依据《固定污染源废物　低浓度颗粒物的测定　重量法》（HJ 836—2017）进行颗粒物的测定时，仍然要采集 3 个样品。

（4）移动源的采样布点

移动源包括重型、中型和小型卡车客车，船，摩托车，飞机以及非道路机械等，每种源采用的燃料不同（汽油、柴油和天然气等），其排放的尾气烟尘也不同，同一源在不同工况条件下，其排放的尾气烟尘特征也有不同。目前移动源主要针对各类机动车，采样方法主要包括现场试验法（隧道法）、稀释通道采样法等。稀释通道采样法还可分为全流式稀释通道采样法和分流式稀释通道采样法。稀释通道法，体积较小，如条件允许，可进行台架试验，在发动机台架上或底盘测功机上模拟汽车在道路上实际行驶的状况（加速、减速、匀速、怠速等），结合稀释通道法，采集机动车在不同工况下排放的颗粒物，提高源解析结果精准度。

1）现场实验法（隧道法）。

现场试验法一般是在较长的公路隧道、大型停车场等尾气排放较为集中的地方布设颗粒物采样点，以此颗粒物样品作为尾气尘。本方法适用于机动车 PM_{10}、$PM_{2.5}$ 样品的采集，利用此方法采集颗粒物可代表车流在真实道路和真实行驶状态下污染物的整体排放水平。

采样布点应选取尽可能长、平坦且直、单向通车、具有可控射流式风机、通风口少、交通流量大、代表性机动车组成、各车型比例及车速变化幅度大的隧道进行试验。城市隧道包括地面隧道、水下隧道和公路高架隧道，通常地面隧道和水下隧道适合测试机动车排放因子。根据隧道活塞机理和质量守恒原理，在隧道内离进、出口 10 m 处，布设采样点。

隧道检测机动车尾气颗粒物的平均排放因子按式（6-1）计算。

$$F = \frac{C_{out} \times V_{out} - C_{in} \times V_{in}}{L \times N} \tag{6-1}$$

式中，F——平均排放因子，mg/（km·辆）；

C_{out}——隧道出口处污染物质量浓度，mg/m³；

V_{out}——隧道口处空气流通体积，m³；

C_{in}——隧道口处污染物质量浓度，mg/m³；

V_{in}——隧道出口处空气流通体积，m³；

L——隧道长度，km；

N——采样期间通过隧道的机动车辆数。

2）全流式稀释通道采样法布点及采样位置。

在稀释通道距离排气口 10 倍于稀释通道直径的地方设置采样点。全流式稀释通道适用于机动车、船等移动源 PM$_{10}$、PM$_{2.5}$ 样品的采集，非道路移动源样品的采集可参照此方法。

3）分流式稀释通道采样法布点及采样位置。

机动车、船等排气管内，开口端向前并位于排气管或其延长管（必要时）的轴线上。探头应位于烟气分布大致均匀的断面上，为此，探头应尽可能放置在排气管的最下游，必要时放在延长管上。设 D 为排气管开口处的直径，探头的端部应位于直管段取样点上游，直管长度至少为 $6D$，下游直管长度至少为 $3D$。如果使用延长管，则接口处不允许有空气进入，当上述条件不满足时，取样探头应能插入机动车辆排气管至少 4 m。本方法在切割器切割流量下分流抽取机动车、船等排气，使用除去烃类及颗粒物的洁净空气以一定比例稀释后进入停留室，经过一定停留时间老化后的样品气用 PM$_{10}$/PM$_{2.5}$ 切割器分离，分四通道使用滤膜采集 PM$_{10}$/PM$_{2.5}$ 样品。

（5）开放源采样布点

1）土壤风沙尘采样布点：一般在城市东、南、西、北 4 个方向距市区 20 km 左右的郊区，均匀布点，分别采样。布点数量要满足样本容量的基本要求，参照《土壤环境监测技术规范》（HJ/T 166—2004），一般要求每个方向最少设 3 个点，在主导风向上要加密布点，3～6 个点为宜。布点周围避免烟尘、工业粉尘、汽车尾气、建筑工地尘等人为污染源的干扰。

2）道路扬尘采样布点。

①采样布点：参照《防治城市扬尘污染技术规范》（HJ/T 393—2007），城市道路根据其承担交通功能的不同，可以分为主干道、次干道、支路和快速路。由于城区道路较多，无法对所有道路都进行监测。因此，可以选择代表性路段进行测定，为保证样品的代表性须避开施工工地附近的路段。监测应在晴天进行，如果出现下雨天气，须等路面干燥（2～7 天）后方可进行道路积尘测定。对每条路，每隔 3 km（图 6-8，d）采集一个样品，每个样品至少需要 3 个子样品混合（每隔 0.5～1 km 采集一个子样，继而混合成一个样品）。对长度小于 2 km 的路段，整个路段推荐采集 3 个样品，不做混合处理。假设路长为 RL，则可以在[0，RL]中选取 3 个随机数 x_1，x_2，x_3，然后在 x_1，x_2，x_3 距离处采样，如图 6-8 所示。

②采样规格：铺装道路单个样品的采样量根据采样方式的不同有所不同，即对于积尘较多的路段可以采取刷扫方式，其单个样品量不低于 300 g；推荐采用真空吸尘器方式，其单个样品量不低于 30 g。

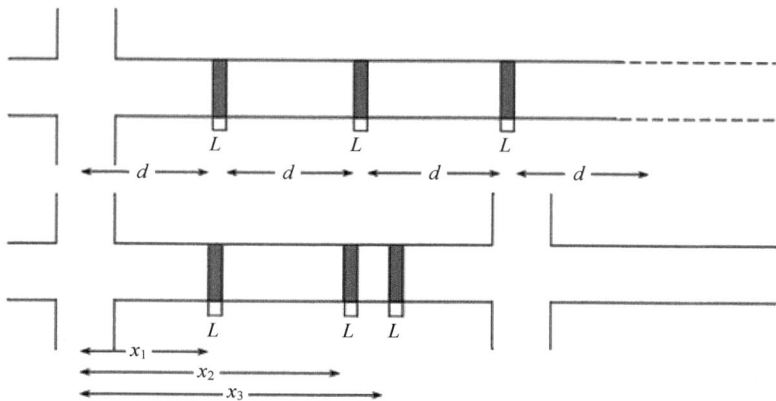

图 6-8　道路扬尘采样点布点图

③采样步骤：

a. 视路面洁净程度，用带状示物横跨道路标出 0.3～3 m（图 6-8，L）宽的采样区域，计算采样面积，每个样品的采样面积累计记为 S（单位：m²）。

b. 用真空吸尘器吸扫路面积尘，按照 1 min/m² 的速度进行均匀清扫。

c. 采样完毕后，取下吸尘袋，检查是否撕裂或其他裂缝。将吸尘袋装入密封袋或容器中，记录采样信息。

3）施工扬尘采样布点：采集不同标号的水泥，另外选择正在施工的施工现场，收集散落在施工作业面上的建筑尘混合样品。

4）堆场扬尘采样布点：采用梅花布点法，根据堆场的表面积大小，每个堆场采集 5～10 个样品，以四分法混合为一个样品；对于特大型储料堆或废料堆，制定一个横切面采样计划，采集大量的样品，通过混合形成一个可代表整个堆料的综合样品。

5）城市扬尘采样布点：选择临街两边的居住区、商业区楼房、工业区厂房等区域的建筑物，分别采集窗台、橱窗、台架等处长期积累的灰尘，一般采样高度为 5～20 m。

6）生物质燃烧尘采样布点：布点方法对于木材尘、小麦秸秆尘、水稻秸秆尘、玉米秸秆尘等通过开放性燃烧而产生的颗粒物，采样布点可以采用相同的方法。开放环境下，采样布点参照《大气污染物无组织排放监测技术导则》（HJ/T 55—2000）中一般情况下设置监控点和参照点的方法，在排放源与其下风向的单位周界之间有一定的距离，可以不考虑排放源的高度、大小和形状因素，将排放源看作点源。监控点（最多可设置 4 个，不少于 2 个）应设置于平均风向轴线的两侧，监控点与无组织排放源所形成的夹角不超出风向变化标准差（$\pm S°$）的范围，见图 6-9。同时，参照点最好设置在被监测无组织排放源的上风向，以排放源为圆心，以距排放源 2 m 和 50 m 为圆弧，在与排放源 120°夹角所形成的扇形范围内设置，见图 6-10，呈扇形，即设置参照点的适宜范围。

7）海盐粒子采样布点：采样点一般设在海上（有稳定电源的海岛）或者是近海岸地区。在夜间且风吹向内陆时采集样品，以避免白天城市中排放源（如尾气尘、煤烟尘等）的影响。

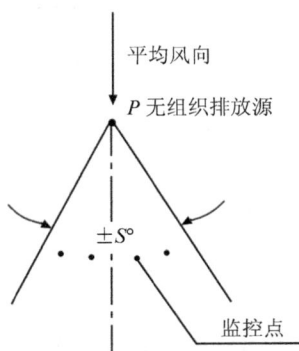

图 6-9　监控点的设置范围

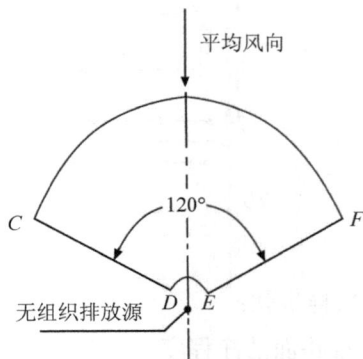

图 6-10　参照点的设置范围

（6）二次颗粒物前体物采样

二次颗粒物前体物主要包括硫氧化物、氮氧化物、氨和挥发性有机物等气态污染物，主要由固定源、移动源和无组织源排放，其采样方法可分别参考《固定源废气监测技术规范》（HJ/T 397—2007）、《固定污染源排气中颗粒物测定与气态污染物采样方法》（GB/T 16157—1996）、《大气污染物无组织排放监测技术导则》（HJ/T 55—2000）、《空气和废气监测分析方法（第四版）》（增补版）进行。

6.1.2.2　受体样品采集

（1）点位布设原则

环境受体样品监测点位应当位于城市的建成区内，且点位数量应根据研究的目的、城市功能区的划分、人口密度、环境敏感程度以及经费情况等方面综合考虑来确定。采样布点应优先选择国家环境空气监测点，还应设置以监测不受当地城市污染影响的城市地区空气质量状况为目的的清洁对照点。

①点位大部分应位于研究区域内，并能覆盖全部建成区，分布均匀。

②各功能区应至少有一个监测点，有特殊要求的城区或区域可以适当增加或减少采样点。

③考虑周边地区对市区的影响，可以适当研究周边地区布点。

④空气质量背景点和区域环境空气质量对照点应离开主要污染源及城市建成区。

⑤各城市区域采样点位的设置数量应符合表 6-6 的要求。

表 6-6　国家环境空气质量评价点设置数量要求

建成区城市人口/万人	建成区面积/km^2	监测点数/个
<10	<20	3
10～50	20～50	3
50～100	50～100	4
100～200	100～150	6
200～300	150～200	8
>300	>200	按每 25～30 km^2 建成区面积设 1 个监测点，并且不少于 8 个点

（2）受体采样的基本方法

1）规则网格布点法。

根据调查区域的规模勾画出监测范围轮廓线；根据地方地理坐标将轮廓线内的区域分成若干（1×1）km^2 的正方形网格；根据人力、设备条件确定布点密度；根据不同条件可以选择不同的空间密度，如（1×1）km^2、（2×2）km^2、（3×3）km^2 或（5×5）km^2 等。

2）按人口和功能区布点法。

将监测区按功能划分为工业区、居民稠密区、商业繁华区、交通枢纽区、公园游览区、文化教育区等。在各功能区布设一定数量的采样点。

（3）环境受体样品布点的质量保证和质量控制

采样布点对保证采集样品的代表性和完整性具有决定作用。

1）根据2007年《环境空气质量检测规范（试行）》的规定，结合源解析的实际情况，在城市人口和按建成区面积确定的最少点位数不同时，按两者中任意要求设置，但每个城市的环境样品采样点不应少于3个。

2）对于颗粒物年平均浓度连续3年超过国家空气质量二级标准20%以上的城市区域，空气质量评价点的最少数量应为表6-6规定数量的1.5倍以上。

3）采样点应覆盖研究区域。在城市主导风向明显时，可增加在主导风向的下风向布点，并保证周围50 m范围内无明显的污染源，同时远离炉窑和锅炉烟囱。

4）根据需要，在城市周边地区设置1～4个采样点。环境空气质量背景点和区域环境质量对照点应根据研究区域的大气环流特征，在远离污染源、不受局部地区环境影响的地方设置。空气质量背景点原则上应离开主要污染源及城市建成区50 km以上，区域环境质量对照点原则上应离开主要污染源及城市建成区20 km以上，设置于城市主导风向的上风向。

5）为降低人类活动的影响，采样点应距离地面3～15 m；考虑到对颗粒物的垂直变化的反应，监测点应高低结合。

6）在采样点采样口周围270°捕集空间内，环境空气流动应不受任何影响。

7）采样点地处安全，周围有稳定可靠的供电电源，无强磁波干扰。

（4）排放源的季节稳定性特点

通常，一定尺度的研究区域普遍存在着气象条件的季节稳定性和因气象季节稳定性而形成的我国人群活动稳定性的情况，因此排放源排出的颗粒物具有季节稳定性的特点。

1）中国北方城市冬季普遍存在大规模采暖活动，因此冬季采暖期燃煤量多于非采暖期，燃煤飞灰的排放量明显高于非采暖期。春季风沙较大，各类污染源的排放量也不同于其他时段。通常，采暖期从当年的11月15日到次年的3月15日，非采暖期从当年的3月15到11月15日（东北和西北部分地区采暖期前后各增加1个月的时间），风沙期为每年的3、4月份。这3个时段的污染变化特征明显，采暖期是建筑施工的淡季，非采暖期是建筑施工的旺季，因此，建筑粉尘的差别也很明显。采暖期人群活动频繁与非采暖期有较大的差别，扬尘、机动车尾气等其他尘源的排放也会发生变化。受气象条件影响最大的是土壤风沙尘等开放源。综上所述，受体采样周期可以根据采暖期、非采暖期和风沙期，即冬季、夏秋季和春季来布设。

2）南方城市在冬季没有大规模的采暖，所以冬季燃煤量的变化不是很明显。但由于各季节的气象条件不同，人群的生活习惯及生产建筑等活动均有季节性变化。因此，可以在研究总结城市历年来环境污染水平的季节性变化的基础上，选择有针对性的周期。

3）推荐周期采样和时段。

根据我国近些年来源解析技术的研究和推广，采样周期可以在充分调查的基础上来总结确定。如颗粒物各类源的排放量在当季是稳定的，源解析的环境样品采集可选择在采暖期、风沙期和非采暖期进行采样，或者选择冬季、春季和夏秋季进行采样；通过往年的气象资料，在每个采样季节选取气象条件好，且与当季的主要气象条件一致的连续7～10 天进行采样。

（5）受体颗粒物的年平均值计算

令 C 为全年受体颗粒物浓度的平均值，C_1、C_2、C_3 分别为冬、春、夏秋 3 个采样季节监测获得的平均浓度，那么受体颗粒物的全年平均浓度可由式（6-2）得到：

$$C = \frac{C_1 \times 120 + C_2 \times 60 + C_3 \times 185}{365} \tag{6-2}$$

6.2　环境空气气体采样方法和颗粒物采样设备

6.2.1　大气污染物的采样方法

大气气体污染物的动力采样方法——动力采样方法是用抽气泵，将空气样品抽入装有吸收液的吸收瓶或吸收管中，使空气中的被测组分经气液界面浓缩于吸收液或多孔的固体颗粒物中，其目的一是浓缩空气中的污染物，提高分析灵敏度；二是有利于排出干扰成分和选择不同原理的分析方法。常用的动力采样方法有溶液吸收法、低温冷凝浓缩法填充柱采样法和大气气体被动式采样法。常用于采集气态或蒸汽态的污染物。

（1）溶液吸收法

这一方法主要用于采集空气中的 SO_2、NO_x、H_2S、HCl、HF 和蒸汽态的污染物等，是最常用的气体污染物样品的浓缩采集方法。

常用的吸收液有水、水和化学试剂的混合溶液及有机溶剂等，选择吸收液时应考虑以下几点：①被测物质在吸收液中溶解度大，化学反应速度快；②被测组分在吸收液中要有足够的稳定时间；③选择吸收液还要考虑到下一步化学反应，应与以后的分析步骤紧密衔接起来；④吸收液要价廉易得。

（2）低温冷凝浓缩法

该法的优点是样品无须经过解析和去除溶剂，可直接对样品进行分析，采样过程中被测成分没有与任何物质发生化学反应，其结果比较可靠。主要缺点是要配备一套低温设备。

收集到的液态气样品，通过加温重新变成气态，用质谱仪、气相色谱仪等进行分析。凝结法常与吸附法联合使用，以增加收集效率。

常用的制冷剂有：冰-盐水、干冰-乙醇以及半导体制冷器（−40～0℃）等（表6-7）。经低温采样，被测组分冷凝在采样管中，然后接到气相色谱仪进样口，撤离冷阱，在常温下或加热气化，通入再起，吹入色谱柱中进行分离和测定。

低温冷凝采样法，在不加入填充剂的情况下，制冷温度至少要低于被浓缩组分的沸点80～100℃，否则效率很低。这是因为空气样品在冷却时凝结形成很多小雾滴，含有一部分被测物质随气流带走。若加入填充剂可起到过滤雾滴的作用。因此这时对温差的要求可以降低一些。如用内径2 mm的U形玻璃管，内装10 cm 6201担体，在冰-盐水中低温采集空气中醛类化合物（乙醛、丙烯醛、甲级丙烯醛、丁烯醛等），采样后，加热至140℃解析，用气相色谱测定。

表6-7　低温冷凝浓缩法常用制冷剂

制冷剂名称	制冷温度/℃	制冷剂名称	制冷温度/℃
冰	0	干冰-丙酮	−78.5
冰-食盐	−4	干冰	−78.5
干冰-二氯乙烯	−60	液氮-乙醇	−117
干冰-乙醇	−72	液氮	−183
干冰-乙醚	−77	液氮	−196

用低温冷凝采样，比在常温下填充柱法采集的气量要大得多，浓缩效果较好，对样品的稳定性更有利。

（3）填充柱采样法

空气通过装有固体填充剂的采样管，当空气样品以0.1～0.5 mL或2～5 mL的流速被抽气泵抽过填充柱时，气体中被测组分可以通过颗粒状或纤维状的担体上涂渍的化学试剂被吸附或被阻留，进而被浓缩。采样后的吸附剂通过加热方法进行解析，释放出收集气体，然后进行分析测定。解析后，吸附剂还可重复使用。

填充柱的浓缩作用与气相色谱柱类似，若将空气样品看成一个混合样品，通过填充柱时，空气中含量最高的氧和氮最先流出，而被测组分阻留在柱中。开始采样时，被测组分阻留在填充组的进气口部位，继续采样，被测组分阻留逐渐向前推进，直至整个柱子达到饱和状态，被测组分才从柱中流出来。若在柱后流出其中发现被测组分浓度等于进气浓度的 5% 时，通过采样管的总体积成为采样填充柱的最大采样体积。它反映了该填充柱对某种化合物的采样效率（或浓缩效率），最大采样那个体积越大，浓缩效率就越高。若要浓缩多个组分，则实际采样体积不能超过阻留最弱的那种化合物的最大采样体积。

（4）大气气体被动式采样法

被动式采样方法是利用被动式采样器使气体分子扩散或渗透的原理采集空气中的气态或蒸汽气态污染物的一种采样方法，污染物通过扩散或渗透作用与采样器中的吸收介质发生反应，以达到采样的目的，按作用原理分为扩散式个体采样器和渗透式个体采样器。该采样方法不用任何电源或抽气动力，采样器体积小、重量轻、结构简单、使用方便、价格低廉，是一类新型的采样工具，适用于气态污染物采样，间接用于环境空气质量评价的监测。

6.2.2　大气气体污染物的采样设备

6.2.2.1　气体收集装置

根据被测组分在空气中的存在状态，选择合适的收集装置是保证所采样品的可靠性和代表性的关键性问题。气体收集装置有注射器收集装置、塑料袋收集装置、固定容器收集装置、溶液式吸收装置、双路空气采样器和低温冷凝浓缩采样瓶等。

（1）溶液式吸收装置

溶液式吸收装置主要有气泡式吸收管、多孔玻板式吸收管、多孔式玻柱吸收管、多孔式玻板吸收瓶和冲击式吸收管。

①气泡式吸收管：分普通型和直筒型两种。图 6-11（a）为普通型吸收管，内可装 10 mL 吸收液，采气流量为 0.5～1.5 L/min；图 6-11（b）为直筒型吸收管，可装 50 mL 吸收液，采气流量为 0.2 L/min，用于 24 h 采样。

②多孔玻板式吸收管：分普通型和大型两种（图 6-12）。普通型可装入 10 ml 吸收液，采气流量为 0.1～1 L/min，用于短时间采样；大型可装入 50 mL 吸收液，采气流量为 0.1～1 L/min，用于 24 h 采样。多孔玻板式吸收管的优点是增加了气液接触界面，提高了吸收效率。

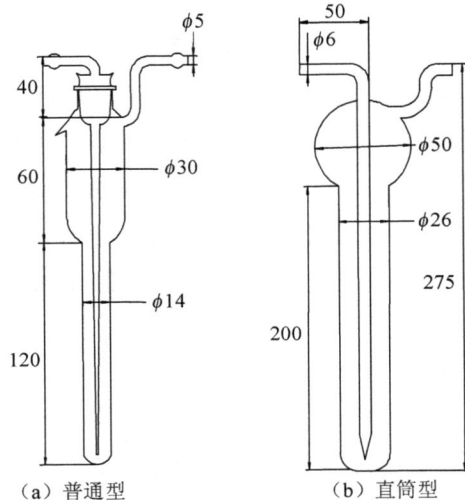

图 6-11　气泡式吸收管

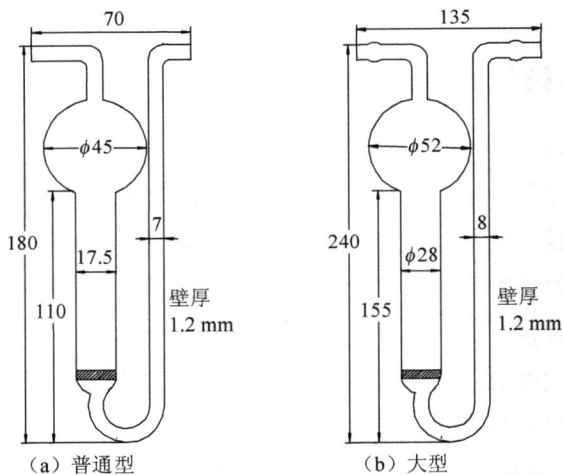

图 6-12　多孔玻板式吸收管

③冲击式吸收管：分小型和大型两种（图6-13）。小型管其进气中心管的出气口内径为 1 mm，至底端的距离为 5 mm，可装 10 mL 吸收液，采气流量为 2.8 L/min；大型管其进气中心管的出气口内径为 2.3 mm，至底端的距离为 5 mm，可装 50～100 mL 吸收液，采气流量为 28 L/min。这种吸收管主要适用于采集气溶胶状物质。

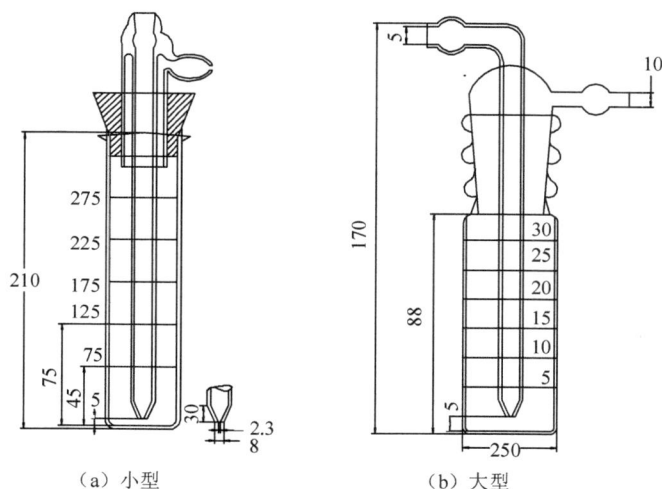

（a）小型　　　　　　　　　（b）大型

图 6-13　冲击式吸收管

大气采样仪种类很多。按采集对象可分为气体（包括蒸汽）采样仪和颗粒物采样仪两种；按使用场所可分为环境采样仪、室内采样仪（如工厂车间内使用的采样仪）和污染源采样仪（如烟囱采样仪）。此外，还有特殊用途的大气采样仪，如同时采集气体和颗粒物的采样仪，可采集大气中 SO_2 和颗粒物，或 HF 和颗粒物等，便于研究气态和固态物质中 S 或 F 的相互关系。还有采集空气中细菌的采样仪。

大气采样仪对于空气以及环境中有害气体的检测起到了很好的作用。随着科学技术的不断进步，大气采样仪也是不断推出新品，如智能型大气采样仪、防爆大气采样仪、双气路大气采样仪等产品，大大丰富了大气采样仪的分类。

（2）双路空气采样器

双路空气采样器主要用于采集空气中气态和蒸汽态 SO_2、NO_x 等。采样器应用溶液吸收法采集环境大气。

双路空气采样器的工作原理：以采样泵抽取样品，气体流过电子流量计，将流量信号送微处理器进行处理，得出采样流量和标况体积，后续再根据分析仪器测得的样品中被测物质的总量和采样的标况体积计算采集物质的浓度。

双路空气采样器的特点：

①采用直流无刷电机，可连续长时间工作；

②体积小、重量轻、噪声低、智能化程度高、流量稳定、运行可靠；

③一机两用，双路采样，可单独或同时完成大气 24 h 和时均采样；

④24 h 采样若在一定时间内未达到仪器设定流量，会自动停机保护；

⑤采用 OLED 显示屏，工作温度范围大，无须背光照明，可适用于多种场合；

⑥具有同时采样、单独采样、多次采样、隔日采样、循环采样等多种采样方式；

⑦自动累计采样体积，并同时根据自身测量的气压、温度换算累计标况采样体积；

⑧双路空气采样器具有自动保存采样的采样体积和标况采样体积及采样时间等信息，可提供 100 组数据供用户查询；

⑨双路空气采样器具有自动检测供电状态，采样过程中停电会自动保存采样数据，来电后自动恢复采样并扣除停电时间。

（3）低温冷凝浓缩采样瓶

在特制的低温瓶内，装入制冷剂，将装有吸附剂的 U 形采样管插入冷阱中，采用的流量和时间根据被测组分、吸附剂性质及其他相关各件而定，主要用于低沸点气态物质的采集。低温冷凝浓缩采样瓶见图 6-14。

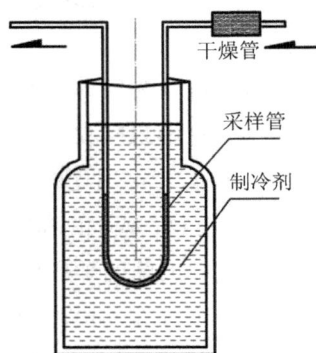

图 6-14　低温冷凝浓缩采样瓶

6.2.2.2　各种气体的采样方法

（1）SO$_2$ 的采样

①SO$_2$ 采样器工作原理：该仪器由过滤器、调节阀、流量计、抽气泵、显示器、电子控制电路和单片机组成。该仪器由两只抽气泵分别组成独立的气路系统采样，相互之间不连通，两个气路可同时采集一种平衡气样，也可采集两种不同的气体，以恒定的流速抽吸环境大气气样，使之分别通过专用的吸收瓶（如 SO$_2$、NO$_x$ 等）而被采集。

②用于短时间的空气采样器，流量范围为 0～1 L/min；用于 24 h 连续采样的空气采样器应具有恒温、恒流、计时、自动控制仪器开关的功能，流量范围为 0.2～0.3 L/min。

根据环境空气中 SO$_2$ 浓度的高低，确定短时间采样或长时间采样，短时间采样应采用内装 10 mL 吸收液的 U 形玻板吸收管，以 0.5 L/min 的流量采集，采样时吸收液温度应保持在 23～29℃。长时间（24 h）采样，应采用内装 50 mL 吸收液的多孔玻板吸收瓶，以 0.2～0.3 L/min 的流量连续采集 24 h，采样时吸收液温度应保持在 23～29℃。

进行 24 h 连续采样时，进气口为倒置的玻璃或聚乙烯漏斗，以防雨、雪进入。漏斗不要紧靠采气管管口，以免吸入部分从监测亭排出的气体。若监测亭内温度高于气温，采气管形成"烟囱"，排出的气体中包括从采样泵排出的气体，会使测定结果偏低。

SO$_2$ 气体易溶于水，空气中水蒸气冷凝在进气导管管壁上，会吸附、溶解 SO$_2$ 使测定结果偏低。进气导管内壁应光滑，吸附性小，应采用聚四氟乙烯管。为避光，导管外壳用绝缘遮光材料保护。进气口与吸收瓶之间的导气管应尽量地短，最长不得超过 6 m。导管自上而下连接吸收瓶管口，安装中不可弯曲打结，以免积水。导气管与吸收瓶连接处采用导管内插外套法连接，即将聚四氟乙烯管插入吸收瓶进气口内，用聚四氟乙烯生胶带缠好，接口处再套一段乳胶管，不得用乳胶管直接连接。

采样管上端装一防护罩，以防雨雪和粗大尘粒随空气一起被吸入，采样管不得有急转弯或呈直角、锐角的弯曲，并尽可能短。其结构应便于管道的清洗，每年至少清洗 3 次。

采样完毕，封闭进出口，避光带回实验室供分析测定，若样品不能当天分析，应保存在冰箱中。

（2）NO$_x$ 的采样

①NO$_x$ 的采样分析原理：测定大气中的 NO$_x$ 主要是测定其中的 NO、NO$_2$，若测定 NO$_2$ 的浓度，可直接用溶液吸收法采集大气样品；若测定 NO 和 NO$_2$ 的总量，则应先用 CrO$_3$ 或 KMnO$_4$ 将 NO 氧化成 NO$_2$ 后，再进入溶液吸收瓶。

空气中的 NO$_x$ 与串联的第一支吸收瓶中的吸收液反应生成粉红色偶氮液体。空气中的 NO 不与吸收液反应，通过 Cr$_2$O$_3$ 或酸性 KMnO$_4$ 溶液氧化管被氧化成 NO$_2$ 后，与串联的第二支吸收瓶中的吸收液反应生成粉红色偶氮液体，即待测样品。NO$_2$ 被吸收液吸收后，生成 HNO 和 HNO$_3$，其中，HNO 与对氨基苯磺酸发生重氮化反应，再与盐酸奈乙二胺耦合，生成玫瑰红色偶氮液体，根据其颜色深浅，用分光光度法定量分析。

②样品采集：短时间的采样（1 h 以内），将两支内装 5～10 mL 吸收液的多孔玻板吸收管或多孔玻板吸收瓶两接口用尽量短的硅橡胶管与装有三氧化铬－沙子或内装 5～10 mL 酸性 KMnO$_4$ 溶液的氧化管（瓶）相连接，并使管口略微向下倾斜，以免当湿空气将 Cr$_2$O$_3$ 或 KMnO$_4$ 弄湿时污染后面的吸收液。将吸气管的出气口与空气采样器相连接，以 0.4 L/min 的流量避光采样 4～24 L。在采样的同时，应测定采样现场的温度和大气压力。

长时间的采样（24 h）：将两支内装 25～50 mL 吸收液的多孔玻板吸收瓶（液柱不低于 80 mm）的两接口与内装 50 mL 酸性 KMnO$_4$ 溶液的氧化瓶相连接，并使管口略微向下倾斜，以免当湿空气将 Cr$_2$O$_3$ 或 KMnO$_4$ 弄湿时污染后面的吸收液（将吸收液恒温在 20℃±4℃），将吸气管的出气口与空气采样器相连接。以 0.2 L/min 的流量避光采样 288 L。在采样的同时，应测定采样现场的温度和大气压力。

采样完毕，封闭进出口，避光带回实验室供分析测定，若样品不能当天分析，应保存在冰箱中。

（3）NO_2 的采样

NO_2 的采样原理：①短时间的空气采样（1 h 以内），取一支多孔玻板吸收瓶，内装 10.0 mL 吸收液，标记吸收液液面位置后以 0.4 L/min 的流量，采集空气 6～24 L。②长时间采样（24 h 以内），用大型多孔玻板吸收瓶，内装 25.0 mL 或 50.0 mL 的吸收液，液柱不低于 80 mm，标记吸收液页面位置，使吸收液的温度保持在 20℃±4℃，以 0.2 L/min 的流量采集空气 288 L。

（4）O_3 的采样

①采样管线须采用玻璃、聚四氟乙烯等不与 O_3 产生化学反应的惰性材料。为了缩短样品空气在管线中的停留时间（样品空气在管线中的停留时间应少于 5s），应尽量采用短的采样管线。颗粒物过滤器应由滤膜和支架组成，材质应为聚四氟乙烯等不与 O_3 产生化学反应的惰性材料。

②由于来源不同的零空气可能含有不同的残余物质而产生不同的紫外吸收，要用零空气发生器产生符合分析校准程序的零空气或由市售的零空气钢瓶来提供，通常所用零空气的来源必须为同一个源。

③采样时，正确连接采样系统，做好样品标识。注意吸收管（瓶）的进气方向不要接反，防止倒吸。采样过程中有避光、温度控制等要求的项目应按照相关检测方法标准的要求执行。一般 O_3 污染季节的采样时间不少于一个污染过程（7～10 天）。

（5）O_3 的靛蓝二磺酸钠光度法采样

①样品的采集：用内装 10.00 mL 靛蓝二磺酸钠（IDS）吸收液的多孔玻板吸收管，罩上黑布套，以 0.5 L/min 的流量采气 5～30 L。

②零空气样品的采集：采样同时，用与采样所用吸收液同一批配制的 IDS 吸收液，在吸收管入口端串联一支活性炭吸收管，按样品采集方法采集零空气样品。每批样品至少采集两个零空气样品。

③在样品采集、运输及储存的过程中应严格避光。样品在室温暗处存放至少可稳定 3 天。

（6）O_3 的硼酸碘化钾光度法采样

①用一支内装 5.00 mL 吸收液的气泡式吸收管，在进口处连接一支氧化管，以采集总氧化剂；用另一支内装 5.00 mL 吸收液的气泡式吸收管在氧化管和吸收管之间串联 O_3 过滤器以采集零空气样品。两者同时以 0.5 L/min 流量，避光采集 30～60 min。当空气样

品中臭氧浓度超过 0.4 mg/m³ 时，应适当缩短采样时间。

②采集总氧化剂和采集零空气样品所用的采样器，在采样过程中应互换使用用以抵消因流量差异引起的误差。

③采样运输过程中应严格避光。吸收管于氧化管之间应采用聚四氟乙烯管以内接外套法连接（将聚四氟乙烯管插入管口，用聚四氟乙烯生料带或生胶带缠好，外面再套一小段乳胶胶管），不可直接用乳胶管连接。氧化管、O_3 过滤器略微向下倾斜，以防 CrO_3、MnO_2 沾污后面的吸收液。

④采集后的样品液于暗处放置 24 h，当温度为 16℃时，吸光度没有明显的变化。当温度为 30℃时，样品溶液的吸光度明显上升。但总氧化剂样品和零空气样品的吸光度大致相同。

（7）NH_3 的采样方法

①次氯酸钠-水杨酸光度法采样：采样系统由吸收管、流量计和抽气泵组成，吸收管内装 10 mL 吸收液，以 1～5 L/min 的流量采集空气 20～30 L。采气后应尽快分析，或转移到具塞比色管中封闭保存，以免吸收外界空气中的 NH_3，此溶液可在 2～5℃下保存一周。

②纳氏试剂光度法采样方法：采样系统由采样管、吸收瓶、流量计和抽气泵等组成。用一个内装 50 mL 吸收液的冲击式或气体吸收瓶或大型多孔玻板吸收瓶，以 0.5～1.0 L/min 的流量，采集 20～30 L。空气中 NH_3 的浓度较低时，则用内装 10 mL 吸收液的大型气泡吸收管，以 1.0 L/min 流量采气 20～30 L。采后的样品应尽快分析。或在 2～5℃温度下保存，可储存一周。

（8）H_2S 采样方法

①亚甲基蓝光度法采样：吸取配制摇匀后的吸收液 10 mL 于大型气泡吸收管中，以 1.0 L/min 的流量，避光采样 30～60 min，8 h 内测定。采样后现场加显色剂，待分析测定。

②直接显色光度法采样：将大气采样器放于已选定的、阳光直射不到的位置，将 3 mL 空气中 H_2S 吸收显色剂放入气泡吸收管内，在吸收管进气口前连接气体分离管，以 0.5 L/min 的采气流量，采集时间视现场 H_2S 含量与吸收显色剂显色程度而定，采集 10～60 min。

（9）HCl 采样方法

将 0.3 μm 的滤膜装在滤膜夹内，后面串联两支各装 5 mL 吸收液的吸收管，以 1 L/min 流量采气 30～60 min。长时间采样，需适当补充蒸发的吸收液。采集后的样品最好当天分析测试，如果不能当天分析，应将样品密封后置于冰箱内 2～5℃保存，在 48 h 内完成分析。

（10）VOCs 的采样

1）无油采样。

①VOCs 的采样分析原理：采用无油采样器采集挥发性有机物样品时，应使所采空气通过装有一种或多种固体吸附剂的吸附管（采样管），将待测污染物吸附到吸附剂上。

②采样泵的选择和样品采集：采样泵的采样流量应达到 10～200 mL，采样泵最好采用具有恒定质量流量控制的采样泵。采样开始时的流量与结束时流速的偏差不应超过 10%。采样泵进行流量校正时，应接上实际采样时所用的采样管。

采样时如果环境中尘、烟气、气溶胶的浓度很高，采样管入口端应连接聚四氟乙烯 2-微孔过滤器或连接一个金属或玻璃管，管内塞一些干净的玻璃棉，接头用聚四氟乙烯材料的短管。

打开采样管两端的密封帽，应马上采样，对于使用多层吸附剂的采样管，采样管气体入口段应为弱吸附剂，出口段为强吸附剂。对于外径为 6 mm 的采样管，最佳的采样流量为 50 mL/min，实际推荐采样流量为 10～200 mL/min，流量超过 200 mL/min 或低于 10 mL/min 将产生较大的误差。采样所需的时间应根据安全采样体积来决定，采集 300 mL 的样品每个分析物质的检测限值可达到 0.5 ppb。

对于大气环境的监测，典型的泵流量及采样时间为：

a. 用 16 mL/min 的流量在 1 h 采集 960 mL 的样品。

b. 用 67 mL/min 的流量在 1 h 采集 4 020 mL 的样品。

c. 用 40 mL/min 的流量在 3 h 采集 7 200 mL 的样品。

d. 用 10 mL/min 的流量在 3 h 采集 1 800 mL 的样品。

采集样品时，对同一批采样管需要测定两个空白，即采样管老化后放在 4℃干净的环境中保存，在样品测定前和样品测定后分别测定一个试验空白。每 10 个样品或一批样品低于 10 个样品时需要分析一个现场空白。

样品采集后，采样管应储存在低于 4℃的干净环境中，在 30 天内分析完毕，采用多层吸附剂进行采样后，除非事先知道储存不会引起样品明显的损失，否则应该尽快进行分析。

2）不锈钢罐采样法。

①清罐：将 SUMMA 罐通过阀门安装在真空系统中，编好真空系统操作程序（一般为 6 个循环，包括低真空、高真空、充气三个部分），打开超纯氦气钢瓶阀以及 SUMMA 罐阀门，启动操作程序。完成后即可采样。

②采样：预先清理好采样罐，并抽真空（至 266 Pa 以下），如果进行流量控制或加压采样时，应先安装好电子流速控制阀并连接好加压泵，打开罐阀门和真空/压力计阀，控

制流量采样。采样完毕后，关好罐阀门和真空/压力阀，并记录有关的采样数据。将采样罐贴上标签，记录有关采样罐序列号、采样地点和日期等，待测。

VOCs 离线观测（如罐采样）可选择瞬时采样和限流阀累计采样。单个 VOCs 样品采集通常要考虑光化学反应的影响（如选择排放高、光化学反应弱、光化学反应强的时段采样）、传输和背景浓度的影响（如根据气象、昼夜混合层高度等，确定采样时间）；VOCs 样品采样时长可根据当地 O_3 污染情况而定，可以选择在 6 h 及以内；O_3 重污染过程加密采样期间，可加大采样频次，单个 VOCs 样品采样时长可选择在 3 h 及以内。

6.2.3　大气颗粒物采样方法

（1）气溶胶固体粒子的采样原理

大气气溶胶中固体粒子的采样方法主要是滤料阻留法，该方法是将过滤材料（滤纸、滤膜等）放在采样夹上，用抽气装置抽气，则空气中的颗粒物被阻留在过滤材料上，称量过滤材料上富集的颗粒物质量，根据采样体积，即可计算出空气中颗粒物的浓度。

①滤纸和滤膜阻留法采样的原理：滤料采集气溶胶中粒子具有直接阻截、惯性碰撞、扩散沉降、静电引力和重力沉降等作用。有的滤料以阻截作用为主，有的滤料以静电引力作用为主，还有的几种作用同时发生。滤料的采集效率除与自身性质有关外，还与采样速度、气溶胶固体粒子的大小等因素有关。低速采样，以扩散沉降为主，对细小颗粒的采集效率高；高速采样，以惯性碰撞作用为主，对较大颗粒的采集效率高。气溶胶中的大小颗粒是同时并存的，当采样速度一定时，就可能使一部分粒径小的颗粒采集效率偏低。此外，在采样过程中，还可能发生颗粒从滤料上弹回或吹走现象，特别是采样速度大的情况下，颗粒大、质量重的粒子易发生弹回现象；颗粒小的粒子易穿过滤料被吹走，这些情况都是造成采集效率偏低的原因。

②撞击式采样器的工作原理：当含颗粒物气体以一定速度由喷嘴喷出后，颗粒获得一定的动能并且有一定的惯性。在同一喷射速度下，粒径越大，惯性越大，因此，气流从第一级喷嘴喷出后，惯性大的大颗粒难以改变运动方向，与第一块捕集板碰撞被沉积下来，而惯性较小的颗粒则随气流绕过第一块捕集板进入第二级喷嘴。因第二级喷嘴较第一级小，故喷出颗粒动能增加，速度增大，其中惯性较大的颗粒与第二块捕集板碰撞而被沉积，而惯性较小的颗粒继续向下级运动。如此一级一级地进行下去，则气流中的颗粒由大到小被分开，沉积在不同的捕集板上。最末级捕集板用玻璃纤维滤膜代替，捕集更小的颗粒。这种采样器可以设计为 3～6 级，也有 8 级的，称为多级撞击式采样器。单喷嘴多级撞击式采样器采样面积有限，不宜长时间连续采样，否则会因为捕集板上堆积颗粒过多而造成损失。多级多喷嘴撞击式采样器捕集面积大，应用较为普遍的一种称

为安德森采样器，由 8 级组成，每级 200~400 个喷嘴，最后一级也是用纤维滤膜代替捕集板捕集小颗粒。安德森采样器捕集颗粒的粒径范围为 0.34~11 μm。

（2）气溶胶固体粒子的采样设备

气溶胶固体粒子的采样设备按其采气流量大小分为大流量（1.1~1.7 m³/min）和中流量（50~150 L/min）两种类型；按通道来又分为单通道和多通道两种。

①大流量采样器：大流量采样器的结构由滤料采样夹、滤膜、抽气泵、流量计、记录仪、计时器、控制系统、壳体等组成（图 6-15）。其中滤膜和抽气泵是仪器的核心部分。滤料夹可安装 20 cm×25 cm 的玻璃纤维滤膜或过氯乙烯滤膜，当采气量达 1 500~2 000 m³ 时，样品滤膜可用于测定颗粒物中的金属、无机盐及有机污染物等组分。商品仪器有 ZC-1000G 型、DCQ-1 型、SH-1 型等大流量 TSP 采样器。

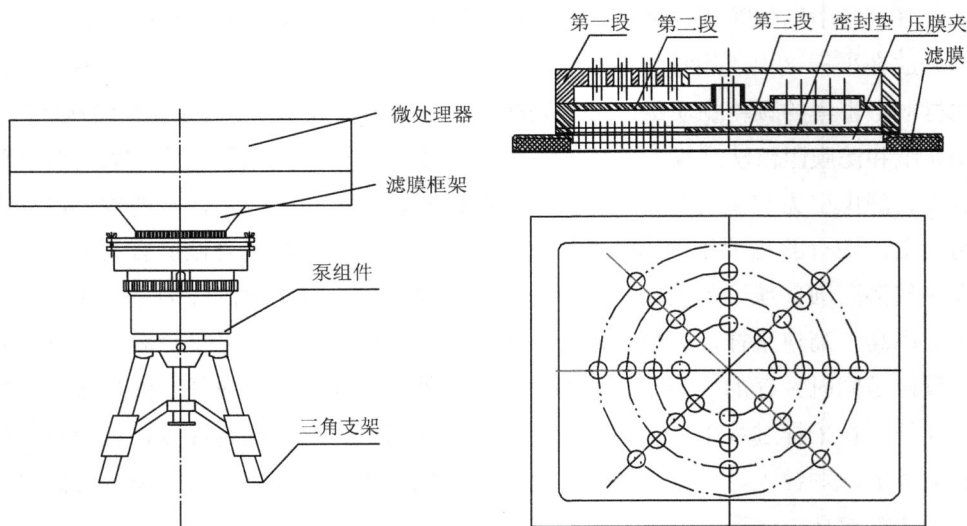

图 6-15　固体粒子采样器和切割头

②中流量采样器：中流量采样器由采样夹、流量计、采样管及采样泵等组成。这种采样器的工作原理与大流量采样器相似，只是采样夹面积和采样流量比大流量采样器小。有的中流量采样器可分别采集 TSP、PM_{10} 和 PM_{2.5} 等不同颗粒度的样品。我国规定采样夹有效直径为 80 mm 或 100 mm。当用有效直径 80 mm 滤膜采样时，采气流量控制在 7.2~9.6 m³/h；用 100 mm 滤膜采样时，流量控制在 11.3~15 m³/h。商品仪器有 KB-120E 型、ZC-150 型、TSPM-1 型、NA-1 型等。中流量采样器采样头见图 6-16。

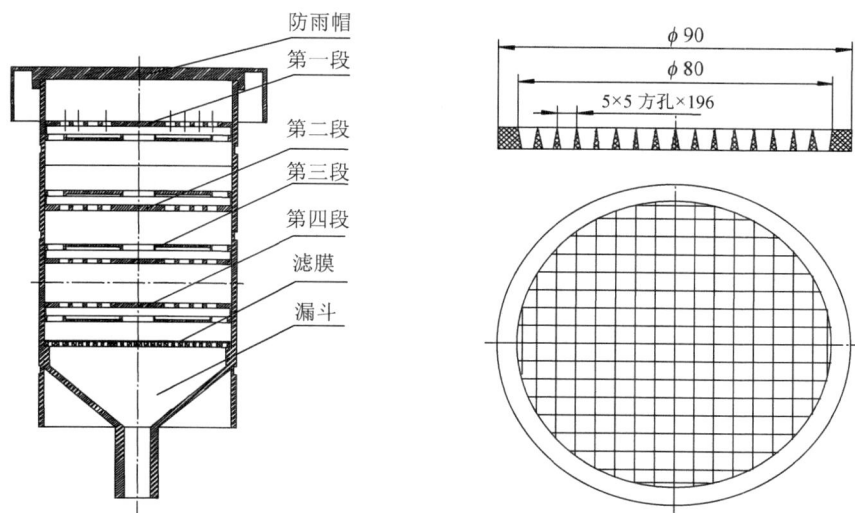

图 6-16　中流量粒子采样器采样头示意

③采样滤膜的分类：常用的滤料有纤维状滤料，如滤纸、玻璃纤维滤膜、过氯乙烯滤膜和聚乙烯滤膜等；筛孔状滤料，如微孔滤膜、核孔滤膜、银孔薄膜等。

a. 滤纸：由纯净的植物纤维素浆制成，因有许多粗细不等的天然纤维素互相重叠在一起，形成大小和形状都不规则的孔隙，但孔隙较少，通气阻力大，适用于金属尘粒的采集。因滤纸的吸水性较强，不利于用重量法测定颗粒性物质。

b. 玻璃纤维滤膜：由超细玻璃纤维制成，具有较小的不规则孔隙，其优点是耐高温、耐腐蚀、吸湿性小、通气阻力小、采集效率高，常用于采集大气中的飘尘，并可用溶剂提取采集在它上面的有害组分。

c. 过氯乙烯滤膜和聚乙烯滤膜：由合成纤维制成，通气阻力是目前滤膜中最小的，并可用有机溶剂溶成透明溶液，进行颗粒物分散度及颗粒物中化学组分的分析。

d. 微孔滤膜：是硝酸（或醋酸）纤维素等基质交联成的筛孔状膜，孔径细小、均匀，根据需要可选择不同孔径膜，如采集气溶胶常用孔径 0.8 μm 的膜。这种膜重量轻，金属杂质含量极微，溶于多种有机溶剂，尤其适用于采集分析金属的气溶胶。

e. 核孔滤膜：是将聚碳酸酯薄膜覆盖在铝箔上，用中子流轰击，使铀核分裂产生的碎片穿过薄膜形成微孔，再经化学腐蚀处理制成。这种膜薄而光滑，机械强度好，孔径均匀，不亲水，适用于精密的重量分析，但因微孔呈圆柱状，采样效率较微孔滤膜低。

f. 银孔薄膜：由微细的银粒烧结制成，具有与微孔滤膜相似的结构。它能耐 400℃ 高温，抗化学腐蚀性强，适用于采集酸、碱气溶胶及含煤焦油、沥青等挥发性有机物的气样。

④采样滤膜的选择：选择滤膜时，应根据采样目的，选择采样效率高、性能稳定、空白值低、易于处理和有利于采样后分析测定的滤膜，主要用于采集尘粒状气溶胶。它是使用动力装置使空气通过滤料、机械阻留、吸附等方式采集空气中的气溶胶。常用的滤料有玻璃纤维滤料、有机合成纤维滤料、微孔滤膜和浸渍试剂滤料等。

气溶胶采样考虑以下几个方面的要求：所选用的滤料和采样条件要能保证有足够高的采样效率；滤料的种类，如分析空气中无机元素应选用有机滤料（因本底值低），而分析空气中有机成分时，应选用无机玻璃纤维滤料；滤料的阻力要尽量小，这样可以提高采样速度，且易解决动力问题；滤料的机械强度、本身重量以及价格等也要考虑。

（3）PM_{10} 或 $PM_{2.5}$ 的采样方法

1）PM_{10} 或 $PM_{2.5}$ 采样的原理。

以恒速抽取定量体积的空气，使其通过具有 PM_{10} 和 $PM_{2.5}$ 切割器的采样器，PM_{10} 和 $PM_{2.5}$ 被收集在已恒重的滤膜上。根据采样前、后滤膜重量之差及采样体积，计算出 PM_{10} 和 $PM_{2.5}$ 的质量浓度。滤膜样品还可进行元素、有机物及污染物的形貌分析。

2）大流量或中流量采样重量法。

在 PM_{10} 采样时，大流量和中流量采样器的采样口抽气速度都为 0.3 m/s，大流量采样器的采气流量为 $1.05\sim1.7$ m^3/min 流量采样，滤膜尺寸为 20 cm×25 cm，超细玻璃纤维滤膜或聚氯乙烯等有机滤膜放在滤膜网托上，滤膜毛面向上，然后放方形滤膜夹在滤膜上，将其与滤膜对正、拧紧固紧螺母，使之不得从周边漏气。采样时间为 $8\sim24$ h（也可根据采样点的污染情况连续采样 72 h）。而中流量采样器的流量为 100 L/min，滤膜直径为 9 cm，采样时间为 $8\sim24$ h（也可根据采样点的污染情况连续采样 72 h）。记录采样流量、开始时间、温度、气压等参数。

所有滤膜对 0.3 μm 标准粒子的截留效率不低于 99%，在气流速度为 0.45 m/s 时，单张滤膜阻力不大于 3.5 kPa，在同样气流速度下，抽取经高效过滤净化的空气 5 h，每平方厘米失重不大于 0.012 mg。

采样后 PM_{10} 或 $PM_{2.5}$ 采样量的计算：

$$PM_{10}(mg / m^3) = \frac{(W_1 - W_0)}{V_n} \qquad (6\text{-}3)$$

$$PM_{2.5}(mg / m^3) = \frac{(W_1 - W_0)}{V_n} \qquad (6\text{-}4)$$

式中，W_1——样品与滤膜的总重量，g；

$\quad\quad W_0$——空白滤膜的重量，g；

$\quad\quad V_n$——标准状态下的累计采样体积，m^3。

6.3　雾霾气溶胶成分分析的化学分析方法

雾霾气溶胶的固体粒子和载体空气中含有种类繁多的化学成分，它们来自天然源和人为源以及它们所经历的大气过程。气溶胶固体粒子中包含的化学物质主要是 SiO_2、钙盐和 Al_2O_3。此外，还有重金属、有机化合物、水分以及一些无机电解质等。气溶胶气体中化学物质主要有 N_2、O_2、CO_2、CO、O_3、NO_x 和 SO_2，固体气溶胶中含有的主要化学物质有 SiO_2、Al_2O_3、$CaSO_4 \cdot 2H_2O$、$CaCO_3$、Fe_2O_3、NH_4Cl、NH_4NO_3、$(NH_4)_2SO_4$、无机碳和有机碳。液体气溶胶中的化学物质有 H_2O、H_2SO_4、HCl、HNO_3 及其盐类等。

测量气溶胶固液粒子化学成分的常用方法是将固体粒子从滤膜中分离出来制成溶液样品，然后将样品进行化学分析或仪器分析。其优点是分析全面，定量较为准确。缺点是费时，且化学成分易遭破坏而得不到样品的原始信息。而目前发展起来的气溶胶在线测量技术可以连续地分析大气气溶胶成分和粒子的粒径组成，较为完整地得到粒子化学成分的原始信息。

6.3.1　气溶胶中的气态污染物分析

大气气溶胶系统包括作为分散相的液态和固态质粒以及作为分散介质的空气。而作为分散介质的空气中有一些污染性气体是雾霾形成的前体物，如 SO_2、NO_x、NH_3、O_3 和 VOCs 等。对它们的分析测定既是了解、控制空气污染的重要措施，也是研究二次气溶胶形成治理雾霾的关键途径。

6.3.1.1　气溶胶化学成分分析的综述

对于雾霾气溶胶中的无机元素全分析方法很多，除传统的化学分析方法外，还有原子吸收光度法（AAS）、原子发射光谱法（AES）、高频等离子原子发射光谱法和高频等离子质谱法（ICP-MAS）、X 射线荧光法（XRF）、质子诱导 X 射线法（PIXE）、中子活化分析法（NAA）等，其中化学分析法是有损分析，是将采集的样品用不同的处理方法从滤膜上脱除，用酸或碱将样品溶解或熔融，制备成溶液，然后用化学分析法或用仪器 AAS、AES、ICP-AES、ICP-MAS 测定气溶胶中各种无机元素的含量。而 XRF、PIXE 和 NAA 几种方法称为无损分析法，是在样品采集后不经处理而用标准样品比对直接进行多种元素成分的定量分析，可检测出气溶胶中 20～50 种元素，灵敏度较高。采用 XRF 检测可以分析 $PM_{2.5}$ 中 27 种元素。射线管产生的初级 X 射线照射到平整、均匀的颗粒物样品表面上时，产生的特征 X 射线经晶体分光后，探测器在选择的特征波长相对应的 2θ 角处测量 XRF 强度。根据 XRF 强度测量值和校准曲线，计算出颗粒物样品中无机元素的含量。

用扫描电子显微镜和 X 射线能谱结合的方法可以进行定性、半定量（除 H、Li、Be 和惰性气体之外）和某些元素定量的测定。对硅（Si）、铝（Al）、钙（Ca）、铁（Fe）和镁（Mg）含量高的气溶胶样品用传统的化学分析法较为直接和准确。用原子荧光光谱法（AFS）可测定气溶胶中的 As、Sb、Bi、Cd、Hg、Ge、Sn、Pb、Se、Te 等元素。用原子吸收光谱法（AAS）或石墨炉原子吸收法可测定气溶胶中的 K、Na、Ca、Cr、Mg、Fe、Al、Mn、As、Sb、Bi、Cd、Hg、Ge、Sn、Pb、Se、Te 等中温元素和低温元素，但对于一些高温元素如 Ba、Be、Sr、Ni 等和稀土元素却显得无能为力。而 ICP-AES 和 ICP-MAS 除了能够对上述元素进行分析之外，还是分析高温元素和稀土元素最有效的方法。

雾霾气溶胶中的水溶性成分的浓度与大气降水的酸度有着密切关系。雾霾气溶胶的水溶性成分主要有硫酸盐、硝酸盐、亚硝酸盐、氟化物和氯化物以及少量的有机酸。离子色谱法（IC）可以用于测定气溶胶中的水溶性成分。一些发达国家和发展中国家的分析专家认为，分析测定 SO_4^{2-}、NO_3^-、Cl^-、NH_4^+ 等水溶性离子的最佳方法是离子色谱法。由于其不同形态时毒性等差异较大，需经特殊处理后测定。有人将大气气溶胶粒子捕集后，样品经处理可用高效液相色（HPLC）分离，用原子荧光光谱法测定阴离子态的 As。用阴离子交换及 HPLC 分离气溶胶中的元素和离子，用等离子发射光谱-质谱法（ICP-MS）分别测定了 Sb^{5+}、Sb^{3+}、$Sb(CH_3)_3$（三甲基锑）。

常规的有机污染物分析需经过采样、提纯、富集、分离检测等步骤，其分析方法可以分为层析法、色谱法和光谱法。层析法包括纸层析、柱层析和薄层层析（TLC）三种。高效液相色谱和气相色谱技术很早就用于有机物的检测，灵敏度极高且定量准确。光谱法则有紫外/可见分光光度法、荧光分析法、质谱法和核磁共振谱分析技术 4 个组成部分。用气相色谱与质谱（GC-MS）联机法测定城市大气气溶胶的 PAH 已经成为各国常用的重要手段。目前已经用此方法测定出了大气气溶胶颗粒物中 PAH 的种类数为 300～402 种。用 GC-MS 还可测定污染源气体中和气溶胶中挥发性有机物（VOCs）与气溶胶样本中的有机氯杀虫剂。

6.3.1.2　雾霾气溶胶样品分析的前处理方法

雾霾气溶胶样品采集后滤膜样品上的成分分析涉及很多方法，而样品在分析之前必须进行符合要求的处理，特别是气溶胶固体样品在进行化学分析和各种仪器分析时，必须将样品用酸或碱进行分解消化成溶液状态。国内外目前广泛使用的方法中常采用的几种样品前处理方法有碱式熔融法、灰化-碱熔融法、常压混酸消解法、高压消解法、索氏提取法、微波消解法。

（1）常规化学消解法

1）碱熔融法：是将采集的样品在干燥器内平衡干燥后，连同滤膜一起置于预先在底部铺有一定量 Na_2CO_3 或 K_2CO_3 的镍坩埚、银坩埚或铂金坩埚中，然后再在样品上覆盖一定量的 Na_2CO_3 或 K_2CO_3，在 $900\sim1\,100℃$ 熔融 $20\sim30$ min，使样品呈透亮状，微冷后，将其放入稀盐酸中浸取，溶液呈清亮态后，移入 $200\sim250$ mL 的容量瓶中，稀释至刻度。该方法得到的溶液可用于化学容量法或分光光度法定量测定气溶胶中的 SiO_2、Al_2O_3、CaO、MgO、MnO_2、TiO_2、Fe_2O_3 等氧化物。

2）灰化-碱熔融法：是将采集的样品在干燥器内平衡干燥后，连同滤膜一起置于石英坩埚或铂金坩埚中，先在茂福炉中 $800\sim850℃$ 灼烧有机物 $1\sim1.5$ h，然后加入适量的 Na_2CO_3 或 K_2CO_3 或 $NaOH$，在 $900\sim1\,100℃$ 熔融 $20\sim30$ min，使样品呈透明状，微冷后，将其放入稀盐酸中浸取，溶液呈清亮态后，移入 $200\sim250$ mL 的容量瓶中，稀释至刻度。该方法得到的溶液可用于化学容量法或分光光度法定量测定气溶胶中的 SiO_2、Al_2O_3、CaO、MgO、MnO、TiO_2、Fe_2O_3 等氧化物。

（2）高压消解法及微波消解法

1）高压消解法：将样品及滤膜剪成碎片，置于聚四氟乙烯内衬杯中，用少量水润湿，加入 3 mL 浓 HNO_3，置于电热板上轻微加热 2 h，再加 1 mL 浓 $HClO_4$ 和 1 mL 浓 HF，加盖，放入不锈钢罐体中，拧紧外套，置于烘箱中，在（190 ± 5）℃ 保温 $8\sim12$ h，冷却后取出内衬杯，开盖，置于电热板上先缓慢加热，然后提高温度至 200℃，继续加热直至 $HClO_4$ 白烟冒尽。冷却后，加入 2 mL 的 0.5% 的 HNO_3，继续加热使之溶解成透亮溶液，移入至容量瓶，用 0.5% 的 HNO_3 定容。这一消解方法获得的溶液能够用于 ICP-AES 和 ICP-MS 法测定气溶胶中的 Ag、B、Ca、Mg、Cu、Pb、Cr、Cd、Be、Co、Ni、Fe、Mn、Mo、Na、As、Sb、Bi、Ge、Al、Ti、Se、Sr、Ba、V、Zn 等元素。

2）微波消解法：是指在密闭容器里利用微波快速加热进行各种样品的酸溶解。密闭容器反应和微波加热这两个特点，决定了其完全、快速、低空白的优点。

①微波消解法的原理：绝缘体可以透过微波，它几乎不吸收微波的能量。如玻璃、陶瓷、塑料（聚乙烯、聚苯乙烯）、聚四氟乙烯、石英、纸张等，微波可以穿透它们向前传播。这些物质都不会吸收微波的能量，或吸收微波极少。微波密闭消解溶样罐用的材料是聚四氟乙烯、工程塑料等。

极性分子的物质会吸收微波（属损耗因子大的物质），如水、酸等。它们的分子具有永久偶极矩（即分子的正负电荷的中心不重合），极性分子在微波场中随着微波的频率而快速变换取向，来回转动，使分子间相互碰撞摩擦，吸收了微波的能量使温度升高。

微波加热是一种直接体加热的方式，微波可以穿入样品液的内部，在试样的不同深度，微波所到之处同时产生热效应，这不仅使加热更快速，而且更均匀。大大缩短了加热的时间，比传统的加热方式既快速又高效率。微波加热直接作用到物质内部，因而提高了能量利用率。

微波加热还会出现过热现象（即比沸点温度还高），在微波场中，其能量在体系内部直接转化。由于体系内部缺少形成气"泡"的"核心"，因而对一些低沸点的试剂，在密闭容器中，就很容易出现过热，可见，密闭溶样罐中的试剂能提供更高的温度，有利于试样的消化。

由于试剂与试样的极性分子都在 2 450 MHz 电磁场中快速地随变化的电磁场变换取向，分子间互相碰撞摩擦，相当于试剂与试样的表面都在不断更新，试样表面不断接触新的试剂，促使试剂与试样的化学反应加速进行。交变的电磁场相当于高速搅拌器，每秒钟搅拌 2.45×10^9 次，提高了化学反应的速率，使得消化速度加快。

②微波消解法应用于气溶胶粒子分析：将样品及滤膜剪碎，置于聚四氟乙烯消解罐中，加入少许水润湿滤膜样品，然后依次加入 3 mL HNO_3、1.5 mL $HClO_4$、1 mL HF，轻轻摇动消解罐，使样品完全被酸浸没，放置 1 h 进行室温预反应，然后加顶盖、防爆膜、容器盖；将样品消解罐置于有排气管的转子上，排气管与消解罐相连，消解罐对称放置；按各消解样品的性质设置升温程序，然后按程序进行消解。当微波通过试样时，极性分子随微波频率快速变换取向，在 2 450 MHz 的微波辐射下，分子每秒钟变换方向 2.45×10^9 次，分子来回转动，与周围分子相互碰撞摩擦，分子的总能量增加，使试样温度急剧上升。消解加热完毕并待样品消解罐冷却至室温后，取下并打开消解罐，加入适量的饱和硼酸溶液以络合过量的 F^-，再进行一次密闭微波消解，消解完毕后用稀硝酸定容至刻度。消解液放置待测。此溶液可用 ICP-AES 法测定样品中的 Al、Ba、Ca、Cr、Cd、Cu、Fe、K、Mg、Mn、Na、Pb、Sc、Si、Ti、V、Zn 等多种元素。

6.3.2 雾霾气溶胶样品的无机成分化学分析

目前国内外常用的雾霾气溶胶固体粒子样品的分析是一种有损分析手段，即将环境样品打碎、加热溶解、微波消解等手段使之变为清亮透明的液体，最后用不同的方法进行元素分析。这些分析手段中主要有化学容量法，也叫化学分析法；仪器分析法，如光电分析法，即电感耦合等离子原子发射光谱法（ICP-AES），电感耦合等离子-质谱法（ICP-MAS）、原子吸收法（AAS）、原子荧光法（AFS）等；电化学分析法和离子色谱分析法（IC）等。

（1）化学容量和分光光度分析法

由于从大气中采集的气溶胶样品大多来自工业污染源、土壤扬尘及沙尘，其主要成分为 SiO_2、CaO、MgO、Al_2O_3、Fe_2O_3，且含量可能在 5%～20%，次要成分为 TiO_2、MnO、SO_3，且含量可能在 0.5%～5%。因此，在没有先进仪器条件的实验室用化学容量法分析和分光光度分析上述化合物可为必需的选项。

1）化学容量法和重量法。

用化学容量法分析气溶胶固体粒子的样品前处理方法采用碱熔融法（见 6.3.1.2 气溶胶样品处理方法），样品处理后的溶液用氟硅酸钾容量法或重量法可分析样品中的 SiO_2；用络合滴定法可以测定样品中的 Al_2O_3、CaO、MgO、Fe_2O_3、TiO_2；用氧化还原滴定法可测定样品中的 MnO、Cr_2O_3。下面简要说明化学法测定 Al_2O_3、CaO、MgO、Fe_2O_3、TiO_2 的基本步骤。

①Fe_2O_3 的测定：从碱熔融法得到的溶液中吸取 50 mL 溶液，放入 300 mL 的烧杯中。加水稀释至 100 mL，用氢氧化铵（1+1）调节溶液 pH 至 2。加热至 70℃ 左右，加 10 滴 10%的磺基水杨酸钠指示剂溶液，在不断搅拌下用 0.015 mol 的 EDTA 标准溶液滴定至亮黄色。计算气溶胶样品中 Fe_2O_3 的含量。

$$Fe_2O_3 = \frac{T_{Fe_2O_3}V \times 5}{G \times 1\,000} \times 100 \tag{6-5}$$

式中，$T_{Fe_2O_3}$——每毫升 EDTA 标准溶液的体积，mL；

V——滴定时消耗 EDTA 标准溶液的体积，mL；

5——全部试样溶液与所分取试样溶液的体积比；

G——称取气溶胶样品的质量，g。

②Al_2O_3、TiO_2 的测定：在测定 Fe_2O_3 后的溶液中，加入 0.015 mol 的 EDTA 标准溶液 10～15 mL，再过量 5 mL（对 Al、Ti 而言），加水稀释至约 200 mL，将溶液加热至 70～80℃，加 15 mL 乙酸-乙酸钠缓冲溶液（pH=4.3），煮沸 1～2 min。稍冷一会儿，加 5～6 滴 0.2%PAN [1-（2-吡啶基偶氮）-2-萘酚]指示剂溶液，以 0.015 mol 的 $CuSO_4$ 标准溶液滴定至亮紫色（记下消耗 $CuSO_4$ 溶液的体积）。

向溶液中加入 15 mL 的 5%苦杏仁酸溶液，加热 1～2 min，取下，冷却至 50℃ 左右，加入 5 mL 的 95%乙醇、2 滴 0.2%PAN 指示剂，再用 $CuSO_4$ 标准溶液滴定至亮紫色。计算气溶胶样品中 Al_2O_3 和 TiO_2 的含量。

$$Al_2O_3 = \frac{T_{Al_2O_3}[V - (V_1 + V_2)K] \times 5}{G \times 1\,000} \times 100 \tag{6-6}$$

$$\mathrm{TiO_2} = \frac{T_{\mathrm{TiO_2}}V_2 K \times 5}{G \times 1\,000} \times 100 \tag{6-7}$$

式中，$T_{\mathrm{Al_2O_3}}$——每毫升 EDTA 标准溶液相当于 $\mathrm{Al_2O_3}$ 的毫克数（$\mathrm{Al_2O_3}$ 滴定度）；

$T_{\mathrm{TiO_2}}$——每毫升 EDTA 标准溶液相当于 $\mathrm{TiO_2}$ 的毫克数（$\mathrm{TiO_2}$ 滴定度）；

V—— 加入 EDTA 标准溶液的体积，mL；

V_1——第一次滴定时消耗 $\mathrm{CuSO_4}$ 标准溶液的体积，mL；

V_2——第二次滴定时消耗 $\mathrm{CuSO_4}$ 标准溶液的体积，mL；

K——每毫升 $\mathrm{CuSO_4}$ 标准溶液相当于 EDTA 标准溶液的毫升数；

5——全部试样溶液与所分取试样溶液的体积比；

G——称取气溶胶样品的质量，g。

③CaO 的测定：吸取 25 mL 碱熔融溶液，置于 400 mL 烧杯中，加 15 mL 的 2%氟化钾溶液，搅拌并放置 2～3 min。用水稀释至约 200 mL，加 5 mL 三乙醇胺（1+2）及适量的 CMP（钙黄绿素—甲基百里香酚蓝—酚酞指示剂），在搅拌下加入 20%KOH 溶液至出现绿色荧光后再过量 6～7 mL（pH＞13），用 0.015 mol 的 EDTA 标准溶液滴定至绿色荧光消失并转变为粉红色。计算 CaO 的含量：

$$\mathrm{CaO} = \frac{T_{\mathrm{CaO}}V_1 K \times 10}{G \times 1\,000} \times 100 \tag{6-8}$$

式中，T_{CaO}——每毫升 EDTA 标准溶液相当于 CaO 的毫克数（CaO 的滴定度）；

V_1——滴定时消耗 EDTA 标准溶液的体积，mL；

10——全部试样溶液与所分取试样溶液的体积比；

G——称取气溶胶样品的质量，g。

④MgO 的测定：吸取 25 mL 碱熔融溶液，置于 400 mL 烧杯中，加 15 mL 的 2% KF 溶液，搅拌并放置 2～3 min。用水稀释至约 200 mL，加入 1 mL 的 10%酒石酸钾溶液及 5 mL 三乙醇胺（1+2），搅拌，然后加入 25 mL $\mathrm{NH_4OH}$-$\mathrm{NH_4Cl}$ 缓冲液（pH10）及适量的酸性铬蓝 K-萘酚绿 B 指示剂，用 0.015 mol 的 EDTA 标准溶液滴定至纯蓝色。

$$\mathrm{MgO} = \frac{T_{\mathrm{MgO}}(V_2 - V_1) \times 10}{G \times 1\,000} \times 100 \tag{6-9}$$

式中，T_{MgO}——每毫升 EDTA 标准溶液相当于 MgO 的毫克数（MgO 的滴定度）；

V_1—— 滴定时消耗 EDTA 标准溶液的体积，mL；

V_2——滴定 Ca、Mg 含量时消耗 EDTA 标准溶液的体积，mL；

10——全部试样溶液与所分取试样溶液的体积比；

　　G——称取气溶胶样品的质量，g。

　　⑤SiO_2 的测定（氟硅酸钾容量法）：

　　样品制备。参照黏土用 NaOH 熔融分解样品的方法，将样品在 105～110℃烘干，称量后置于预先已熔有 6～7 g 的 NaOH 的银坩埚中，再用 1～2 gNaOH 覆盖在上面。盖上坩埚盖（应留有一定的缝隙），置于 650～700℃的高温炉中熔融 20 min（中间将熔融物摇动一次）。取出坩埚，冷却后放入一盛有 150 mL 左右热水的烧杯中，盖上表面皿，置于低温电炉上加热。待熔融物完全浸出后，取出坩埚并用少量 1∶5 的盐酸及热水洗干净坩埚及盖子，洗液并入烧杯中。然后一次性加入 25～30 mL 盐酸，立即用玻璃棒搅拌，使熔融物完全溶解。加入数滴硝酸，并加热至沸腾。将所得澄清溶液冷却至室温后，移入 250 mL 容量瓶中，用水稀释至刻度，摇匀，待测。此溶液可用于测定 Si、Fe、Al、Ti、Ca、Mg 等元素。

　　样品测定：吸取 50 mL 样品液，放入 300 mL 塑料杯中，加 10 mL HNO_3 及 10 mL 15%的 KF 溶液。冷却后加固体 KCl 至饱和，并放置 10 min。用快速滤纸过滤，塑料杯与沉淀物用 5%KCl 溶液洗涤 2～3 次。然后将沉淀物连同滤纸一起置于原塑料杯中，沿杯壁加入 10 mL 5%的氯化钾-乙醇溶液及 1 mL 的 1%酚酞指示剂溶液，用 0.15N NaOH 溶液中和未洗尽的酸，仔细搅动滤纸并擦洗杯壁，直至溶液呈红色。然后加入 200 mL 沸水（此沸水预先用 NaOH 溶液中和至酚酞呈微红色），以 0.15N NaOH 标准溶液滴定至微红色。

　　SiO_2 的百分含量按式（6-10）计算：

$$SiO_2 = \frac{T_{SiO_2}V}{G \times 1\,000} \times 100 \qquad (6\text{-}10)$$

式中，T_{SiO_2}——每毫升 NaOH 标准溶液相当于 SiO_2 的毫克数；

　　　　V——滴定时消耗 NaOH 标准溶液的体积，mL；

　　　　G——试样重量，g。

　　2）分光光度分析法。

　　分光光度分析法是一种经典的化学分析方法之一，它是利用物质呈现的不同颜色与光的密切关系，不同颜色的物质在不同波长的条件下都会对光产生吸收，根据光的吸收定律即朗伯-比尔定律，再根据物质的吸收光度求得物质的含量。光的吸收定律如式（6-11）所示：

$$A = kbc \qquad (6\text{-}11)$$

式中，A——摩尔吸收系数；

k——比例常数，它与入射光的波长和物质性质有关；

b——溶液厚度；

c——溶液浓度。

分光光度法在大气气溶胶分析中的应用，主要是测定其中的 SO_2、NO_x、O_3、NH_3、H_2S 及气溶胶固体粒子中高含量的 As、SiO_2、Cr^{6+}、Sb 和 Fe 等。

①SO_2 测定方法 A：

i）测定原理（甲醛缓冲液吸收-盐酸副玫瑰苯胺分光光度法）。空气中的 SO_2 被甲醛缓冲液吸收后，生成稳定的羟基甲磺酸加成化合物，在样品溶液中加入 NaOH 使加成化合物分解，释放出的 SO_2 与 HCl 副玫瑰苯胺、甲醛作用，生成紫红色化合物，根据颜色深浅，用分光光度计在 577 nm 处进行测定。

ii）标准曲线的绘制。取 14 支 10 mL 具塞比色管，分 a、b 两组，每组 7 支，分别对应编号，a 组按表 6-8 所列参数配制 SO_2 标准系列。

表 6-8 SO_2 标准系列（1）

管号	0	1	2	3	4	5	6
SO_2 标准液/mL	0	0.5	1	2	5	8	10
甲醛缓冲吸收液/mL	10	9.5	9	8	5	2	0
SO_2 含量/μg	0	0.5	1	2	5	8	10

b 组各管加入 0.05%PRA 使用溶液 1.00 mL，a 组各管分别加入 0.06%氨磺酸钠溶液 0.5 mL 和 1.5 mol/L NaOH 溶液 0.5 mL，摇匀。再逐管迅速将溶液全部倒入对应编号并装 PRA 使用溶液 b 管中，立即盖上塞子，摇匀后放入恒温水浴中显色。显色温度与室温之差应不超过 3℃，根据不同季节和环境条件按表 6-9 选择显色温度与显色时间。

表 6-9 SO_2 显色温度与时间对照表

显色温度/℃	10	15	20	25	30
显色时间/min	40	25	20	15	5
稳定时间/min	35	25	20	15	10
试剂空白吸光度	0.03	0.035	0.04	0.05	0.06

在波长 577 nm 处，用 1 cm 比色皿，以水为参比，测定吸光度。

用最小二乘法计算标准曲线的回归方程：

$$y = bx + a \tag{6-12}$$

式中，y——标准溶液吸光度 A 与试剂空白吸光度 A_0 之差（$A-A_0$）；

x ——SO_2 含量，μg；

b ——SO_2 回归方程式的斜率，$A/μg·SO_2/12\ mL$；

a ——回归方程式的截距（一般要求小于 0.005）。

本方法标准曲线斜率为 0.044±0.002。试剂空白吸光度 A_0 在显色规定条件下波动范围不超过±15%。正确掌握其显色温度、显色时间，特别在 25～30℃条件下，严格控制反应条件是试验成败的关键。

iii）样品测定。当样品为短时间采样时，将吸收管中样品溶液全部移入 10 mL 比色管中，用少量甲醛缓冲吸收液洗涤吸收管，倒入比色管中，并用吸收液稀释至 10 mL。加入 0.60%氨基磺酸钠溶液 0.50 mL，摇匀放置 10 min 以除去氮氧化物的干扰，以下步骤同标准曲线的绘制。

当采样时间为 24 h 时，将吸收瓶中样品溶液倒入 50 mL 比色管（或容量瓶）中，用少量甲醛缓冲吸收液洗涤吸收管，洗涤液并入样品溶液中，再用吸收液稀释至标线。吸取适量样品溶液（视浓度高低而决定取 2～10 mL）于 10 mL 比色管中，再用吸收液稀释至标线，加 0.60%氨基磺酸钠溶液 0.50 mL，摇匀。放置 10 min 以除去氮氧化物的干扰，以下步骤同标准曲线的绘制。

$$SO_2（mg/m^3）=（A-A_0）/（V_s·b）×V_t/V_a \tag{6-13}$$

式中，A ——样品溶液的吸光度；

A_0 ——试剂空白溶液的吸光度；

b ——SO_2 回归方程的斜率，$A/μg·SO_2/12\ mL$；

V_t ——样品溶液的总体积，mL；

V_a ——测定时所取溶液的体积，mL；

V_s ——换算成标准状况下（0℃，101.325 kPa）的采样体积，L。

②SO_2 测定方法 B：

i）测定原理（四氯汞钾溶液吸收-盐酸副玫瑰苯胺分光光度法）。SO_2 被四氯汞钾溶液吸收后，生成稳定的二氯亚硫酸盐络合物，再与甲醛及盐酸副玫瑰苯胺作用，生成紫红色络合物，根据颜色深浅，用分光光度法测定。

主要干扰物质为 NO_x、O_3、Mn^{2+}、Fe^{3+}、Cr^{6+} 等。加入氨基磺酸铵可消除 NO_x 的干扰，采样后放置一段时间可使 O_3 自行分解，加入磷酸和乙二胺四乙酸二钠盐可以消除或减少某些金属的干扰。

ii）标准曲线的绘制。取 8 支 10 mL 具塞比色管，按表 6-10 所列参数配制 SO_2 标准系列。

表 6-10 SO$_2$标准系列（2）

管号	0	1	2	3	4	5	6	7
SO$_2$标准液/mL	0	0.6	1	14	1.6	1.8	2.2	2.7
四氯汞钾溶液吸收液/mL	5	4.4	4	3.6	3.4	3.2	2.8	2.3
SO$_2$含量/μg	0	1.2	2	2.8	3.2	3.6	4.4	5.4

在以上各管中加入 0.50 mL 的 6.0 g/L 氨基磺酸铵溶液，摇匀，再加入 0.50 mL 的 2.0 g/L 甲醛溶液及 1.50 mL 的 0.016%盐酸副玫瑰苯胺，摇匀。室温为 15～20℃时，显色 30 min；室温为 20～25℃时，显色 20 min；室温为 25～30℃时，显色 15 min。显色后，用 1 cm 比色皿，于 577 nm 波长处，以水为参比，测定吸光度。以吸光度对 SO$_2$含量（μg），用最小二乘法计算回归方程式或绘制标准曲线。

iii）样品测定。样品若有浑浊物，应离心分离除去。样品放置 20 min，以使 O$_3$ 分解。如果是短时间采集的样品，可将吸收管中的吸收液移入 10 mL 具塞比色管中，用少量水洗涤吸收管并入具塞比色管中，定容为 5.00 mL，加 6.0 g/L 氨基磺酸铵溶液 0.50 mL，摇匀。放置 10 min 以除去氮氧化物的干扰，以下步骤同标准曲线的绘制。

如果 24 h 采集的样品，可将样品溶液移入 50 mL 容量瓶中，用少量的水冲洗吸收瓶，使样品溶液总体积为 50.0 mL，摇匀。吸取适量样品溶液置于 10 mL 具塞比色管中，用吸收液定容为 5.00 mL。以下步骤同短时间样品测定。

$$SO_2 （mg/m^3）= \frac{W}{V_n} \times \frac{V_t}{V_a} \qquad (6\text{-}14)$$

式中，W——测定时所取样品溶液中 SO$_2$含量，μg；

V_t——样品溶液总体积，mL；

V_a——标准状态下的采样体积，L。

③氮氧化物样品分析：

i）盐酸萘乙二胺分光光度法原理。空气中的 NO$_2$ 与串联的第一支吸收瓶中的吸收液反应生成粉红色偶氮液体，空气中的 NO 不与吸收液反应，通过酸性高锰酸钾溶液氧化管被氧化为 NO$_2$ 后，与串联的第二支吸收瓶中的吸收液反应生成粉红色偶氮液体。在波长 540 nm 处分别测定第一支吸收瓶和第二支吸收瓶中样品的吸光度。

ii）标准曲线的绘制。取 6 支 10 mL 干燥的具塞比色管，按表 6-11 所列数据配制 NaNO$_2$ 标准系列。

将各比色管中溶液摇匀，于暗处放置 20 min（室温低于 20℃时，显色 40 min 以上），在 540 nm 波长处，用 1 cm 比色皿，以水为参比，测定吸光度。以扣除空白试样后的吸光度为纵坐标，相应的标准溶液中 NO$_2$ 含量（μg/mL）为横坐标，绘制标准曲线。用最小二乘法计算标准曲线的回归方程：

$$y = bx + a \qquad\qquad (6\text{-}15)$$

表 6-11　$NaNO_2$ 标准系列

管　号	0	1	2	3	4	5
亚硝酸钠标准使用液/mL	0	0.4	0.8	1.2	1.6	2
纯水/mL	2	1.6	1.2	0.8	0.4	0
显色液/mL	8	8	8	8	8	8
亚硝酸根浓度含量/（μg/mL）	0	0.1	0.2	0.3	0.4	0.5

iii）样品测定。采样后，于暗处放置 20 min（室温 20℃时显色 40 min 以上），用水将采样瓶中的吸收液的体积补充至标线，摇匀，将样品溶液放置 1 cm 比色皿中，按绘制标准曲线的方法和条件测定试剂空白溶液与样品溶液的吸光度。若样品溶液的吸光度超过标准曲线的测定上限，可用吸收液稀释后再测定吸光度。计算结果时应乘以稀释倍数。

iv）样品中 NO_2 的计算：

$$NO_2（mg/m^3）= \frac{(A_1 - A_0 - a) \times V \cdot D}{V_0 \cdot b \cdot f} \qquad\qquad (6\text{-}16)$$

$$NO（以 NO_2 计，mg/m^3）= \frac{(A_2 - A_0 - a) \times V \cdot D}{V_0 \cdot b \cdot f \cdot k} \qquad\qquad (6\text{-}17)$$

$$NO_x（以 NO_2 计，mg/m^3）= C_{NO_2} + C_{NO} \qquad\qquad (6\text{-}18)$$

式中，C_{NO_2}——空气中 NO_2 的浓度，mg/m^3；

C_{NO}——空气中 NO 的浓度，mg/m^3；

A_1、A_2——串联的第一支吸收瓶和第二支吸收瓶中样品溶液的吸光度；

A_0——试样空白溶液的吸光度；

b 和 a——标准曲线的斜率（吸光度·mL/ μg）和截距；

V—— 采样用吸收液的体积，mL；

V_0——换算为标准状态（0℃，101.325 kPa）下的采样体积，L；

k——NO 氧化位 NO_2 的氧化系数，0.68；

D——样品的稀释倍数；

f ——Saltzman 试验系数，0.88（空气中 NO_2 浓度高于 0.72 mg/m^3 时，f 值为 0.77）。

④NO_2 的测定：

i）盐酸萘乙二胺分光光度法原理。空气中的 NO_2 与吸收液中的对氨基苯磺酸进行重氮化反应，再与 N-（1-萘基）乙二胺盐酸作用，生成粉红色的偶氮液体，在 540 nm 处，测定吸光度。

空气中的 O_3 浓度超过 0.25 mg/m^3 时，可使 NO_2 的吸收液略显红色，对 NO_2 的测定产生负干扰，采样时在吸收瓶入口处串联一段 15～20 cm 长的硅橡胶管，即可将 O_3 浓度降低到不干扰 NO_2 测定的水平。

ⅱ）标准曲线的绘制：同③氮氧化物样品分析。

ⅲ）样品测定：同③氮氧化物样品分析。

ⅳ）计算：

$$NO_2（mg/m^3）= \frac{(A_1 - A_0 - a) \times V \cdot D}{V_0 \cdot b \cdot f} \tag{6-19}$$

式中，A_1——样品溶液的吸光度；

A_0——试剂空白溶液的吸光度；

b——标准曲线的斜率，吸光度·mL/ μg；

a——标准曲线的截距；

V——采样用吸收液的体积，mL；

V_0——换算为标准状态（273K、101.325 kPa）下的采样体积，L；

D——样品的稀释倍数；

f—— Saltzman 实验系数，0.88（当空气中 NO_2 浓度高于 0.72 mg/m^3 时，f 值为 0.77）。

⑤O_3 的测定：

ⅰ）靛蓝二磺酸钠分光光度法原理。O_3 是一种淡蓝色的气体，是较强的氧化剂，空气中的 O_3 在磷酸盐缓冲液存在下，与吸收液中蓝色的二磺酸钠等摩尔反应，褪色生成靛红二磺酸钠。在 610 nm 处测定吸光度，根据蓝色减退的程度定量空气中 O_3 的浓度。

NO_2 使 O_3 的测定结果偏高，约为 NO_2 质量的 6%。

空气中 SO_2、H_2S、过氧乙酰硝酸酯（PAN）和 HF 的浓度分别高于 50 μg/m^3、110 μg/m^3、1 800 μg/m^3 和 2.5 μg/m^3 时，干扰 O_3 的测定。

空气中 Cl_2、NO_2 的存在使 O_3 的测定结果偏高。但在一般情况下，这些气体浓度很低，不会造成显著误差。

ⅱ）标准曲线的绘制。取 6 支 10 mL 具塞比色管，按表 6-12 制备 O_3 标准系列。

表 6-12　O_3 标准系列

管　号	0	1	2	3	4	5
IDS 标准工作溶液/mL	10	8	6	4	2	0
磷酸盐缓冲液/mL	0	2	4	6	8	10
O_3 含量/（μg/mL）	0	0.2	0.4	0.6	0.8	1

　　将各比色管中溶液摇匀，在 610 nm 波长处，用 10 mm 比色皿，以水为参比，测定吸光度。以 O_3 含量为横坐标，以零管样品的吸光度（A_0）与各标准样品管的吸光度（A）之差（A_0–A）为纵坐标，用最小二乘法计算标准曲线的回归方程：

$$y = bx + a \qquad (6\text{-}20)$$

式中，y——A_0–A；

　　　　x—— O_3 含量，$\mu g/mL$；

　　　　b——O_3 含量的斜率，吸光度·$mL/\mu g \cdot 10\ mm^{-1}$；

　　　　a——回归方程截距。

　　iii）样品测定。在吸收管的入口端串联一个玻璃尖嘴，用洗耳球将吸收管中的溶液挤入一个 25 mL 或 50 mL 的棕色容量瓶中，第一次尽量挤干净，然后每次用少量磷酸盐冲洗溶液，反复多次冲洗吸收管，洗涤液一并挤入容量瓶中，再滴加少量水至标线。按绘制标准曲线步骤测定样品的吸光度。

　　零空气样品的测定：用与样品溶液同一批制备的 IDS 吸收液，按样品的测定步骤测空气样品的吸光度：

$$O_3\ (mg/m^3) = \frac{(A_0 - A - a) \times V}{V_0 \cdot b} \qquad (6\text{-}21)$$

式中，A——样品溶液的吸光度；

　　　　A_0——零空气样品的吸光度；

　　　　a——标准曲线的截距；

　　　　V——样品溶液的总体积，mL；

　　　　b——标准曲线的斜率，吸光度·$mL/\mu g \cdot 10\ mm^{-1}$；

　　　　V_0——换算为标准状态（273K、101.325 kPa）下的采样体积，L。

　　⑥CO 的测定：

　　i）非分散红外吸收法原理。CO 对以 4.5 μm 为中心波段的红外辐射具有选择性吸收，在一定浓度范围内，其吸收程度与 CO 浓度呈线性关系，根据吸收值确定样品中 CO 的浓度。

　　水蒸气、悬浮颗粒物干扰 CO 测定。测定时，样品需经变色硅胶或无水氯化钙过滤管去除水蒸气，经玻璃纤维滤膜去除颗粒物。

　　ii）分析步骤。启动 CO 分析仪按说明书预热后，将高纯氮气连接在仪器进气口，调节操作板上零点电位器，使仪器指示值为零，重复 2～3 次。向仪器通入已知浓度的 CO 标准气体（满量程的 60%～80%），待仪器指示值稳定后，读取数值，重复 2～3 次。待仪器校准完毕后，抽取样品气体，待仪器指示稳定后进行样品测定，读取。

iii）计算：

$$CO（mg/m^3）= 1.25C \qquad (6-22)$$

式中，C——分析仪器指示的 CO 浓度，ppm；

　　1.25——CO 浓度从 ppm 换算为标准状态下质量浓度（mg/m^3）的换算系数。

⑦氟化物的测定：

i）滤膜—氟离子选择电极法测定氟化物的原理。空气中的氟化物与滤膜上的磷酸氢二钾反应后被固定：$K_2HPO_4 + KF = KH_2PO_4 + KF$。

滤膜用盐酸溶液浸渍后，KF 中的 F$^-$形式存在，当氟电极与含氟溶液接触时，电池的电动势（E）随溶液中 F$^-$活度的变化而发生改变（遵守能斯特方程）即：

$$E = E_0 - （2.303）/F \times \log C_{F^-} \qquad (6-23)$$

式中，E——与 $\log C_{F^-}$ 呈直线关系；

　　（2.303）/F——该直线斜率。

ii）标准曲线的绘制。取 6 个 50 mL 塑料杯，按表 6-13 配制氟化物标准系列，也可根据实际样品浓度配制，不得少于 6 个点（分别取等体积的 6 种标准使用溶液）。

表 6-13　氟化物标准系列

管　号	0	1	2	3	4	5
氟化物标准使用溶液/（μg/mL）	2.50	5.00	10.00	25.00	50.00	100.00
标准使用溶液取样量/mL	2.00	2.00	2.00	2.00	2.00	2.00
0.25 mol/L 盐酸溶液/mL	20.00	20.00	20.00	20.00	20.00	20.00
1 mol/L 氢氧化钠溶液/mL	5.00	5.00	5.00	5.00	5.00	5.00
TISAB 溶液/mL	10.00	10.00	10.00	10.00	10.00	10.00
氟含量/（μg/mL）	5.00	10.20	20.00	50.00	100	200.00

注：表中 TISAB 溶液为总离子强度调节缓冲液。其配制方法为：58.0 g NaCl，10.0 g 柠檬酸钠，50.0 mL 冰乙酸。加水 500 mL，溶解后加 5.0 mo/L NaOH 溶液约 135 mL，调节溶液 pH 值为 5.2，用水稀释至 1 000 mL。

iii）样品测定。取出石灰滤纸样品，剪成小碎块（约 5 mm × 5 mm），放入 100 mL 聚乙烯塑料杯中，加入 TISAB 缓冲液 25.0 mL 和水 25.00 mL，总体积 50.0 mL，在超声波清洗器中提取 30 min，取出放置过夜（加盖，防止放置时样品被污染）。

按标准曲线的测定方法，读取毫伏值后，根据回归方程计算氟含量或从标准曲线上查得氟含量。测定样品时的温度与绘制曲线时的温度之差不应超过±2℃。

空白值的测定：随机抽取 4～5 张未采样的石灰滤纸，分别用标准加入法进行测定，即在剪碎的空白石灰滤纸中加入 0.50 mL 的氟化钠标准使用溶液（10.0 μg/mL），然后按样品测定方法测定其氟含量，测定溶液总体积为 50.0 mL，取其平均值计算空白石灰滤纸的氟含量（空白石灰滤纸的氟含量每张不应超过 1 μg）；空白石灰滤纸的氟含量为测定值（μg）减去加入标准氟含量（5 μg）。

　　iv）计算：

$$氟化物 [F，μg/（dm^2·d）] = （W - W_0）/（S × n） \tag{6-24}$$

式中，W——石灰滤纸样品中的氟含量，μg；

　　　　W_0——空白石灰滤纸平均氟含量，μg；

　　　　S——样品滤纸暴露在空气中的面积，dm^2；

　　　　n——样品滤纸在空气中放置天数（准确至 0.1 d），d。

　　注：有关仪器、试剂及相关说明请参阅《空气和废气监测分析方法》（第四版）第一章，六氟化物中的（一）。

　　⑧大气中氨的测定：

　　i）次氯酸钠-水杨酸分光光度法测定原理。用稀硫酸溶液吸收空气中的氨气生成硫酸铵。在亚硝基铁氰化钠存在下，以酒石酸钾钠作掩蔽剂，铵离子、水杨酸和次氯酸反应生成蓝色化合物，根据颜色深浅，将分光光度计置于 698 nm 处，1 cm 比色皿，以水为参比，测定吸光度。

　　ii）标准曲线的绘制。取 7 支 10 mL 具塞比色管，按表 6-14 配制氯化铵标准系列。

表 6-14　氯化铵标准系列

管　号	0	1	2	3	4	5	6
氯化铵标准使用溶液/mL	0	0.20	0.40	0.60	0.80	1.00	1.20
氨含量/（μg/mL）	0	2.0	4.0	6.0	8.0	10.0	12.0

　　向各管中加入 1.00 mL 水杨酸－酒石酸钾钠溶液、2 滴亚硝基铁氰化钠溶液，用水稀释至标线，加入 2 滴次氯酸钠溶液，混匀，放置 1 h。用 1 cm 比色皿，于波长 698 nm 处，以水为参比，测定吸光度。以扣除试剂空白的吸光度对应氨含量（μg），绘制标准曲线。

　　iii）样品测定。将采样后的样品液移入 10 mL 具塞比色管中，用少量水洗涤吸收管，洗涤液并入比色管，加入 1 滴 1.0 mol/L 氢氧化钠溶液并用水稀释至标线，混匀。吸取一定体积（视样品浓度而定）样品溶液于另一支 10 mL 具塞比色管中，以下步骤同标准曲线的绘制，测定吸光度。由扣除试剂空白后的吸光度，计算或从标准曲线上查出氨含量。

　　iv）计算：

$$氨（NH_3，mg/m^3） = W/V_n × V_t/V_a \tag{6-25}$$

式中，W——测定时所取样品溶液中氨含量，μg；

V_n——标准状态下的采样体积，L；

V_t——样品溶液的总体积，mL；

V_a——测定时所取样品溶液体积，mL。

注：有关仪器、试剂及相关说明请参阅《空气和废气监测分析方法》（第四版）第一章，八中的氨（一）。

⑨大气中挥发性有机物（VOCs）的测定：

i）固体吸附-热脱附气相色谱-质谱法测定 VOCs 的原理：将采集后的样品管放入加热器中迅速加热，待分析的物质从吸附剂上脱附后，由载气带入气相色谱的毛细柱中，经色谱分离后由质谱进行定性定量分析。

ii）标准物质的准备：

标准气体：使用高压罐储存的标准气体，必须符合国家标准，使用国外的标准气体必须符合 NIST/EPA 认证的标准，并且样品必须在有效期内使用。标准气体的稀释需要使用动态稀释法。

液体标准溶液：配制挥发性有机物标准溶液，一般使用高纯的甲醇为溶剂，配制液体标准溶液时，分析物质的质量与采样过程中进入采样管的量在同一个数量级。

iii）液体样品加到采样管的方法。将已老化的采样管作为色谱柱装到气相色谱的填充柱进样口上，调节载气的流量为 100 mL/min，对于挥发性低于正十二烷的物质，可以用 5～10 μL 的微量进样器直接从未加热的进样口进样，对于挥发性高于正十二烷的物质，将进样口的温度加热到 50℃，以保证所有的液体全部蒸发。进样后继续通载气，直到溶剂穿过吸附剂而分析的物质定量保留到吸附剂上，一般需要 5 min。然后拆下吸附管，立即盖上密封帽。如果溶剂不易从吸附剂上穿透，则应尽量减少液体的进样量（0.5～1.0 μL）以减少溶剂对色谱的干扰。该方法不适用于使用多层吸附剂或沸点范围很宽的物质分析。

iv）热脱附进样器的操作。热脱附进样器在工作之前先核对系统是否漏气，然后根据仪器说明建立热脱附的条件，这些条件包括一级脱附温度、载气流速（一般在 200～300℃脱附 5～15 min，载气流量为 30～100 mL/min）、二级脱附温度、一级脱附与二级脱附之间的分流比、二级脱附和毛细柱之间的分流比。

v）色谱条件和质谱条件。可以根据需要选择内径 0.25、0.32、0.53 mm 的 30～50 m 的 100%的甲基聚硅氧烷毛细柱（DB-1）和 5%苯基 95%的甲基聚硅氧烷毛细柱（DB-5），所建立的色谱条件必须能够使苯和四氯化碳达到基线分离。下面为 DB-1 50 m×0.32 mm× 1 μm 毛细柱的色谱条件：载气 99.999%的氦气，流速 1～3 mL/min；起始柱温 30℃，保留时间 2 min；升温速度 8℃/min，最后在 200℃下使所有峰出完为止。质谱电子能量为 70 eV，质量范围为 35～300 amu，每个峰至少扫描 10 次，每个扫描不超过 1 s。质谱的性能检查：通过 4-溴氟苯进行核对，如果 BFB 调节的结果满足不了要求，必须对离子源等进行清洗和维护保养，以满足表 6-15 的要求；色谱柱条件：起始温度–50℃，保留 2 min，以 8℃/min 的速度升至 200℃，在 200℃保留至所有化合物出峰完毕。

vi）标注曲线的绘制：用标准气体向 5 个吸收管分别加入体积分数为 2 ppb、5 ppb、10 ppb、20 ppb、50 ppb 的标准液体 1 ng、5 ng、10 ng、20 ng、50 ng，在最佳的条件下进行热脱附近样测定。有条件的最好使用内标法，即向吸附管中加入含有甲苯-d_8、全氟苯、全氟甲苯做内标气体。

⑩样品的分析次序：

对于挥发性有机物的 GC-MS 分析，顺序为：

i）50 ng 4-溴氟苯（BFB）的调节仪器，BFB 的质量数和相对强度见表 6-15。

表 6-15　BFB 进行质谱调谐时各离子的峰及强度

质量数	相对强度	质量数	相对强度
50	质量数 95 的 8.0%～40.0%	174	质量数 95 的 50.0%～120.0%
75	质量数 95 的 8.0%～40.0%	175	质量数 174 的 4.0%～9.0%
95	基峰 100%	176	质量数 174 的 93.0%～101.0%
96	质量数 95 的 5.0%～9.0%	177	质量数 177 的 5.0%～9.0%
173	＜质量数 174 的 2.0%		

ii）标准曲线，曲线各点的相对校正因子的 RSD 小于或等于 25%，相对响应因子大于或等于 0.010。

iii）空白分析。

iv）样品分析。

v）中间浓度检验。

3）分析浓度的计算。

①气体中化合物浓度计算：

$$C = A/V_s \tag{6-26}$$

式中，C——气体分析物质的浓度，μg/m³；

　　　A——样品中分析物质的含量，ng；

　　　V_s——标准状态下（0℃，101.325 kPa）的采样体积，L。

$$V_s = \frac{P \cdot V \times 273}{(273 + t) \times 101.235} \tag{6-27}$$

式中，V——实际采样体积，L；

　　　P——采样时的大气压，kPa；

t——采样时的温度，℃。

②使用内标测量时应对相应因子的计算：

$$RRF = \left[\frac{(I_s) \times (C_{is})}{(I_{is}) \times (C_s)} \right] \qquad (6-28)$$

式中，I_s——目标化合物的峰面积；

C_s——目标化合物的浓度，μg/mL；

I_{is}——内标化合物的峰面积；

C_{is}——内标化合物的浓度，μg/mL。

③样品中分析物质浓度的计算：

$$C_a = \left[\frac{(I_s) \times (C_{is})}{(RRF) \times (I_{is})} \right] \qquad (6-29)$$

注：关于挥发性有机物分析的质量保证和质量控制请参考《空气和废气监测分析方法》（第四版）第 566～572 页。

4）采用采样罐采气的气相色谱-质谱法测定。

①方法原理。

用经特殊处理的不锈钢罐采集空气样品，然后进行样品预浓缩和去除惰性气体后，用气相色谱分离和质谱仪或多项检测器技术测定环境空气中的挥发性有机物（VOCs）。用采样罐采样时，先对采样罐进行清罐（清罐方法见本章 VOCs 采样方法中不锈钢罐采样中的清罐方法）；用 Nafion 渗透膜除去样品中的水分（用渗透膜除去样品中水汽时，某些极性有机化合物可能与水分共存丢失掉）。

②样品采集后的预处理。

样品的富集方法有两种，一种为低温采样，采样管填充 20～40 目的玻璃珠，将采样管放在液氮中捕集样品；另一种为常温采样，采样管中填充一些吸收剂。

i）样品的预处理条件。

低温捕集：捕集温度–150℃；样品体积～100 mL；吸附剂捕集：捕集温度27℃，样品体积～1 000 mL。

ii）样品的脱附条件。

低温捕集：脱附温度 120℃，脱附流速～3 mL/min 氦气，脱附时间 60 s，吸附剂捕集：脱附温度可变；脱附流速～3 mL/min 氦气，脱附时间小于 60 s。

iii）捕集后恢复采样条件。

初始使用烘烤条件，120℃，24 h；每次进样后，120℃，5 min；吸附剂捕集：初始使用烘烤条件，根据吸附剂确定，每次进样后，在烘烤条件下保持 5 min。

③仪器条件：

参考《空气和废气监测分析方法》（第四版）第 574 页表 6-1-4。

④仪器校准：

质谱部分用调谐校准，整个系统必须符合质量保证部分所要求的各项指标。

⑤采样罐处理：

如采样罐中的压力小于 83 kPa（＜12 psig①）时，必须用零氦气加压至 137 kPa（20 psig）以保证有足够的样品进行分析。如果增加罐压，稀释因子的计算为：

$$D_F = Y_a / X_a \qquad (6\text{-}30)$$

式中，X_a——稀释前的罐压；

　　　Y_a——稀释后的罐压。

⑥GC-MS 扫描分析：

首先编好 GC-MS 分析仪器与预冷冻浓缩系统的操作程序，打开标准气体罐和内标气体罐，启动操作程序，制作标准曲线。然后，将各盛有样品的 SUMMA 采样罐置于自动进样器上并连接好，打开阀门，与制作标准曲线的相同方法进行试验。

⑦定性和定量分析：

定性分析：以谱库检索和保留时间。定量分析：先把各种物质的标准曲线回归方程计算出来，然后用质谱的定量软件进行定量。校准曲线使用 5 个点，各点的浓度（体积分数）分别为 1 ppb、2 ppb、5 ppb、10 ppb 和 25 ppb。5 个点相对校正因子的相对标准偏差小于或等于 30%，其中有两个化合物小于或等于 40%。

注：关于挥发性有机物分析的质量保证和质量控制请参考《空气和废气监测分析方法》（第四版）第 575～576 页。

（2）雾霾气溶胶固体颗粒物中金属元素的分析

随着分析技术的发展和分析仪器的更新，无机元素的分析技术越来越现代化，原子吸收法、ICP-AES 法、ICP-MS、X-射线荧光分析法已经取代了化学分析法和分光光度法。近些年来，在线分析仪器也进入各个行业的分析中，例如，飞行时间质谱器，对于气溶胶中成分的元素分析于在线解析中已经得到了较为广泛的应用。

符合上述性能分析的仪器，电感耦合等粒子发射光谱仪（ICP-AES）和电感耦合等离子质谱仪（ICP-MAS）是最适合的，也最适用于雾霾气溶胶固体粒子的无机元素分析。20 世纪 90 年代，电荷耦合检测器（CID）和电荷注入检测器（CCD）成功地应用在中阶梯光栅光谱仪上。CID 和 CCD 可把样品中全部元素的所有谱线全部记录下来进行"全谱"测定。这是发射光谱分析检出技术的一个飞跃。

---

① 1 psig≈6 894.76 Pa，psig 为英制压力单位。

1) 原子吸收光谱法。

原子吸收光谱法是一种常用的测定大气气溶胶固体粒子中重金属的方法。刘昌岭等用石墨炉原子吸收法连续测定大气颗粒物中 Cu、Co、Pb、Cd、Cr 和 Ni 6 种元素，其检出限在 $1.9 \times 10^{-12} \sim 1.6 \times 10^{-10}$ g。李连科等用大流量采样器和 Whatman 滤膜采集海洋气溶胶样品，以硝酸-高氯酸为消解体系，石墨炉原子系吸收法测定其中的 Cu、Pb 和 Cd，方法检出限分别为 1.8 ng/m^3、1.41 ng/m^3、1.71 ng/m^3。用 AAS 法研究了大连海域大气气溶胶固体粒子中元素与离子浓度、富集程度和相互关系等物理及化学特征。Pina 等在墨西哥一冶金工厂附近收集了 300 多个颗粒物样品，采用原子吸收法测定了其中 Pb、Cd、As、Cu、Ni、Fe 和 Cr 7 种元素。陈立奇等用石墨炉原子吸收法测定了气溶胶中水可溶态及酸可溶态 Mn、Fe、Pb、Cu 和 Cd。用石墨炉原子吸收法分析了中国第三次南极考察和环球科学考察中收集的颗粒物样品中水可溶性和酸可溶性金属元素。刘昌岭等用石墨炉原子吸收法和 ICP-AES 测定了颗粒物样品中 16 种金属元素的浓度，讨论了其浓度的变化和来源，并初步估算了大气颗粒物中这些重金属元素在黄海海域的沉降通量。

由于原子吸收分光光度法分析大气气溶胶样品用量大，一次性分析元素少，费时，对难挥发性元素用火焰激发比较困难，即便与石墨炉相结合也难以激发 V、Ti、Zr、Sr、Ba、Be 和稀土元素。因此，原子吸收分光光度法不适用于多元素分析，对采样量少的大气气溶胶样品无法进行全元素分析。在此不对该方法作详细的讨论。

2) 原子荧光光谱分析。

① 原子荧光分析法的原理。

气态自由原子吸收特征波长辐射后，原子的外层电子从基态或低能级跃迁到高能级经过 8~10 s，又跃迁至基态或低能级，同时发射出与原激发波长相同或不同的辐射，称为原子荧光。原子荧光分为共振荧光、直跃荧光、阶跃荧光等。

发射的荧光强度和原子化器中单位体积该元素基态原子数成正比。基于电子跃迁的选择性，可以利用仪器进行定性和定量分析。定量分析的基础在于荧光强度与元素的浓度存在以下关系：

$$I_f = \phi \text{Io} \left(1 - e^{-K_\lambda LN}\right) \tag{6-31}$$

式中，I_f——荧光强度；

ϕ——荧光量子效率，表示单位时间内发射荧光光子数与吸收激发光光子数的比值，一般小于 1；

Io——激发光源辐射强度；

K_λ——波长时的峰值吸收系数；

L——吸收光程长度；

N——单位体积内的基态原子数。

对于给定的元素来说，当光源的波长和强度固定、吸收光程固定、原子化条件固定，在元素浓度位于合适范围时，荧光物质的质量浓度有如下简单的关系：

$$I_f = K\rho \qquad\qquad (6\text{-}32)$$

式中，I_f——原子荧光强度；

　　　ρ——被测物质的质量浓度；

　　　K——常数。

②原子荧光光谱仪的分析性能。

ⅰ）有较低的检出限，灵敏度高。特别对 Cd、Zn 等元素有相当低的检出限，Cd 为 0.001 ng/cm^3、Zn 为 0.04 ng/cm^3。现已有 20 多种元素低于原子吸收光谱法的检出限。由于原子荧光的辐射强度与激发光源成比例，采用新的高强度光源可进一步降低其检出限。

ⅱ）干扰较少，谱线比较简单。采用一些装置，可以制成非色散原子荧光分析仪。这种仪器结构简单，价格便宜。

ⅲ）分析校准曲线线性范围宽，可达 3～5 个数量级。

ⅳ）能实现多元素同时测定。由于原子荧光是向空间各个方向发射的，比较容易制作多种仪器，因而能实现多元素同时测定。

③原子荧光分析在环境分析中的应用。

陈丽琼等用原子荧光光谱法测定了大气颗粒物中的砷和汞。周卫静用微波消解—氢化物发生原子荧光法测定大气颗粒物样品中的重金属元素 As、Cd、Pb、Hg、Zn。该方法 As、Cd、Pb、Hg 的检出限分别为 0.168 μg/L、0.030 μg/L、0.310 μg/L、0.023 μg/L。As 方法的加标回收率为 90.2%～96.8%，Cd 的加标回收率为 90.2%～98.6%，Hg 的加标回收率为 91.0%～94.3%，Pb 的加标回收率为 93.7%～99.2%；As 和 Cd 元素的相对标准偏差分别为 3.5%～7.8% 和 1.1%～4.8%；Pb、Hg 元素的相对标准偏差分别为 2.6% 和 2.2%。大气颗粒物的分析结果见表 6-16。

表 6-16　微波消解－氢化物发生原子荧光法测定大气颗粒物中 As、Cd 浓度的结果

样品	测量结果		加标量		测定值		加标回收率/%	
	As	Cd	As	Cd	As	Cd	As	Cd
降水/（μg/L）	20.13	0.32	10	0.5	29.28	0.79	91.50	94.00
降雪/（μg/L）	23.75	0.46	10	0.5	32.77	0.92	90.20	92.00
PM$_{2.5}$/（μg/m^3）	0.048	0.008 3	0.069	0.017 3	0.207	0.023 9	96.80	90.21
PM$_5$/（μg/m^3）	0.084	0.012 1	0.173	0.017 3	0.244	0.028 2	91.70	93.60
PM$_{10}$/（μg/m^3）	0.194	0.015 9	0.173	0.017 3	0.352	0.032 3	92.90	94.80
TSP/（pg/m^3）	0.288	0.028 9	0.173	0.017 3	0.455	0.044 7	93.60	91.30

用硼氢化钾发生器和原子荧光光谱仪联合测定 Pb、Hg 的结果见表 6-17。

表 6-17　大气颗粒物中 Pb、Hg 的测试结果

样品	含量/（μg/m³）		加标量/（μg/m³）		加标测定值/（μg/m³）		标准回收率/%	
	Pb	Hg×10^{-3}	Pb	Hg	Pb	Hg×10^{-3}	Pb	Hg
PM$_{2.5}$	0.378	3.918	0.753	4.518	1.060	7.736	93.7	91.7
PM$_5$	0.497	4.357	0.753	4.518	1.189	8.076	95.1	91.0
PM$_{10}$	0.784	6.224	0.753	4.518	1.499	10.011	97.3	93.2
TSP	1.167	9.531	0.753	4.518	1.905	13.248	99.2	94.3

生态环境部已将《环境空气和废气　颗粒物中砷、硒、铋、锑的测定　原子荧光法》（HJ 1133—2020）作为行业标准发布。

6.4　现代仪器分析方法

6.4.1　ICP-AES 分析法

6.4.1.1　ICP-AES 的工作原理

电感耦合等离子体焰矩温度可达 6 000～8 000K[①]，当将试样由进样器引入雾化器，并被氩载气带入焰矩时，则试样中组分被原子化、电离、激发，以光的形式发射出能量。不同元素的原子在激发或电离后回到基态时，发射不同波长的特征光谱，故根据特征光的波长可进行定性分析；元素的含量不同时，发射特征光的强弱也不同，据此可进行定量分析，其定量关系可用式（6-33）表示：

$$I = aC^b \qquad (6-33)$$

式中，I——发射特征谱线的强度；

　　　C——被测元素的浓度；

　　　a——与试样组成、形态及测定条件等有关的系数；

　　　b——自吸系数，$b \leqslant 1$。

ICP-AES 分析是在氩气经过等离子体火炬的过程中，通过射频发生器发射的交变电磁场提高电离速度，并且和别的氩原子进行碰撞，这种连锁反应让许多氩原子电离，组成原子和离子以及电子的粒子混合气体，形成等离子体。

不同元素的原子其激发或者是电离的过程中能够发射出特征光谱，因此，等离子体发射光谱可以用作检测样品中存在的元素。特征光谱的强和弱与样品中等待检测元

---

① 1 K＝−272.15℃。

素的浓度有着较大的关系，和标准系列溶液作比较，就能够检测出样品中每个元素的含量。

6.4.1.2　ICP-AES 全谱分析仪的分析性能

ICP-AES 是一种多元素同时分析仪器，一次分析只需溶液样品 2～5 mL。结合特殊进样技术和测量瞬态信号的电子学装置可分析微升量的溶液样品。

①ICP 能够在同一工作条件下使大多数元素得到最佳的激发，因此，对于分析元素的数目只要元素发射的信号是在接受范围内，原则上金属元素全部都可分析。低浓度的碱金属分析测定 B、C、P、D、N、S 时，需要真空光谱仪或通气驱除光谱仪中的空气。

②ICP-AES 有良好的检出限，多数元素在 0.00x～0.0x μg/mL。检出限良好是因为中心通道内温度足够高，气溶胶在通道内经历时间较长，又处在无氧环境中，因而原子化较完全，亚稳态氩原子、氩离子、电子参与附加的激发和电离，离子线的增加尤其显著。

③由于采用蠕动泵稳态进样，以及由于试样不进入放电区，对高频放电稳定性的影响很小，因此 ICP-AES 的精密度良好。在数百倍于检出限的浓度下，对同一浓度测量的相对标准偏差在 0.5%～3%的范围内，与仪器设备、操作仔细程度、样品和所测的元素有关。

④ICP-AES 的准确度取决于标准样品与被分析样品匹配到何种程度。在优化 ICP 工作参数条件下，ICP-AES 的增殖干扰很低，用纯水溶液简单标样可达到相对误差小于 10%准确度。

⑤工作曲线的线性范围可达 4～6 个数量级，因此可分析痕量、微量和少量的组分。

⑥与电弧、火花、化学火焰等光源相比，ICP 的基体效应轻微得多。

6.4.1.3　ICP-AES 在大气气溶胶分析中的应用

作者在 2012 年 2 月用 SP-1000C 型大流量采样器采集了郑州市 1.5 m 和 40 m 处的雾霾气溶胶固体粒子（PM_{10}）和 $PM_{2.5}$，用三酸法（$HNO_3+HF+HClO_4$）在微波消解装置中进行消解处理后，得到清凉透亮的样品溶液，用 Thermo Elemental 公司的 IRI-Advantage 型全谱直读 ICP-AES 光谱仪测定了 Ag、Al、As、Ba、Be、Ca、Cd、Co、Cr、Cu、Fe、K、Mg、Mn、Mo、Na、Ni、Pb、Sb、Se、Sn、Sr、Ti、Tl、V、Zn 等 26 种元素。检测器使用了 512×512 元素 CID 检测器，CID 工作温度为$-48.8℃$，400 nm 处的分辨率分别为 0.012 nm 及 0.018 nm。采用气动旋流硬质玻璃雾化室和硬质玻璃同轴 B 型气动雾化器，雾化器溶液提升量为 1.0 mL/min。输出功率 950 W；载气压力 30 psi；积分时间：短波 25 s，长波 5 s。

用上述条件对郑州市大气气溶胶进行分析的结果见表 6-18。

表6-18　郑州市 1.5 m 和 40 m 处大气气溶胶的微粒和化学物质含量　　单位：$\mu g/m^3$

高度	测得气溶胶微粒中化学物质含量											
1.5 m PM$_{10}$	Ag	Al	As	Ba	Be	Ca	Cd	Co	Cr	Cu	Fe	K	Mg
	0.000 1	10.159	0.002	0.241	0.002	12.599	0.003	0.004	0.063	0.061	2.516	1.559	1.934
	Mn	Mo	Na	Ni	Pb	Sb	Se	Si	Sn	Sr	Ti	Tl	Zn
	0.199	0.003	2.708	0.013	0.033	0.001	0.005	27.623	0.017	0.106	0.258	0.003	0.323
40 m PM$_{10}$	Ag	Al	As	Ba	Be	Ca	Cd	Co	Cr	Cu	Fe	K	Mg
	0.000 1	8.552	0.005	0.208	0.002	10.191	0.005	0.002	0.044	0.075	2.722	1.567	1.438
	Mn	Mo	Na	Ni	Pb	Sb	Se	Si	Sn	Sr	Ti	Tl	Zn
	0.137	0.001	2.228	0.014	0.068	0.001	0.01	25.42	0.022	0.101	0.231	0.004	0.486
1.5 m PM$_{2.5}$	Ag	Al	As	Ba	Be	Ca	Cd	Co	Cr	Cu	Fe	K	Mg
	0.000 1	6.049	0.002	0.351	0.001	13.031	0.002	0.003	0.055	0.044	2.196	1.882	1.521
	Mn	Mo	Na	Ni	Pb	Sb	Se	Si	Sn	Sr	Ti	Tl	Zn
	0.067	0.001 3	1.663	0.027	0.002	0.000 4	0.004	24.341	0.014	0.131	0.281	0.003	0.412
40 m PM$_{2.5}$	Ag	Al	As	Ba	Be	Ca	Cd	Co	Cr	Cu	Fe	K	Mg
	0.000 1	5.027	0.003	0.292	0.001	11.034	0.002	0.000 2	0.042	0.054	2.120	1.113	1.026
	Mn	Mo	Na	Ni	Pb	Sb	Se	Sn	Sr	Ti	Tl	Zn	
	0.047	0.000 6	1.876	0.021	0.004	0.000 2	0.006	0.018	0.102	0.232	0.004	0.329	

　　由于 ICP-AES 法与化学分析法和常规仪器分析法相比，能同时进行多元素分析，用样品量少，检出限低，不但能进行常量元素和微量元素分析，还能进行稀土元素分析。因此 ICP-AES 法常常被国内外分析工作者用于环境样品测定（如水质样品、固体废物样品和气体样品），还用于大气气溶胶固体微粒的成分分析。

6.4.2　质谱分析技术

6.4.2.1　分析原理

　　样品的待测物质分子吸收能量（在离子源的电离室中）后产生电离，生成离子，分子离子由于具有较高的能量，会进一步按化合物自身持有的碎裂规律分裂。生成一系列确定组成的碎片离子，将所有不同质量的离子和各离子的多少按质荷比记录下来，就得到一张质谱图。由于在相同实验条件下每种化合物都有其确定的质谱图，因此所得到的谱图与已知谱图对照，就可确定待测化合物。用电场和磁场将运动的离子（带电荷的原子、分子或分子碎片）按它们的质荷比分离后进行检测。测出了离子的准确质量，就可以确定离子化合物的组成。由于核素的准确质量是一个多位小数，绝不会有两个核素的质量是一样的，而且不会有一种核素的质量恰好是另一个核素的整数倍。

6.4.2.2　质谱仪的工作原理

　　质谱仪是测定物质质量的仪器，基本原理是将分析样品（气、液、固相）电离（Ionization）

为带电离子（ion），带电离子在电场或磁场的作用下可以在空间或时间上分离；M 电离正离子或负离子，这些离子被检测器（detector）检测后即可得到其质荷比（mass-to- charge ratio，m/z）与相对强度（relative Intensity）的质谱图（mass spectrum），进而推算出分析物中分子的质量。透过质谱图或精确的分子量测量可以对分析物做定性分析，利用检测到的离子强度可做准确的定量分析。质谱仪的种类很多，但是基本结构相同。质谱仪的基本构造主要分成五个部分：样品导入系统（sample inlet）、离子源（ion source）、质量分析器（mass analyzer）、检测器（detector）及数据分析系统（data analysis system）。纯物质与成分简单的样品可直接经接口导入质谱仪；样品为复杂的混合物时，可先由液相或气相色谱仪分离样品组分，再导入质谱仪。当分析样品进入质谱仪后，首先在离子源对分析样品进行电离，以电子、离子、分子或光子将样品转换为气相的带电离子，分析物依其性质成为带正电的阳离子或带负电的阴离子。产生气相离子后，离子即进入质量分析器进行质荷比的测量。在电场、磁场等物理作用下，离子运动的轨迹会受场力的影响而产生差异，检测器则可将离子转换成电子信号，处理并储存于计算机中，再以各种方式转换成质谱图。此方法可测得不同离子的质荷比，进而从电荷推算出分析物中分子的质量。

6.4.3　ICP-MS 法分析技术

ICP-MS（Inductively coupled plasma-mass spectrometry，电感耦合等离子体质谱仪）是一种将 ICP 技术和质谱结合在一起的分析仪器，由 ICP 焰炬、接口装置、质谱仪组成。ICP-MS 分析技术即电感耦合等离子-质谱技术，是 20 世纪 80 年代发展起来的新的分析测试技术。它以独特的接口技术将 ICP 的高温（7 000K）电离特性与四极杆质谱仪的灵敏快速扫描的优点相结合成为一种新型的元素和同位素分析技术，它几乎可以分析地球上所有的元素。

6.4.3.1　ICP-MS 分析的原理及性能

（1）原理

ICP 利用在电感线圈上施加强大功率的高频射频信号在线圈内部形成高温等离子体，并通过气体的推动，保证了等离子体的平衡和持续电离，在 ICP-MS 中，ICP 起到离子源的作用，高温的等离子体使大多数样品中的元素都电离出一个电子而形成了一价正离子。质谱是一个质量筛选和分析器，通过选择不同质核比（m/z）的离子来检测某个离子的强度，进而分析计算出某种元素的强度。ICP 作为质谱的高温离子源（7 000K），样品在高温中心通道中进行蒸发、解离、原子化、电离等过程。离子通过样品离子传输系统进入高真空部分的四极杆快速扫描质谱仪，通过高速顺序扫描分离测定所有离子，并通过高速双信道模式对四极杆分离后的离子进行检测，浓度线性动态范围达 9 个数量级，从 ppt、 ppb 到 1 000 ppm 进行直接测定。ICP-MS 仪器分为离子源、离子传输系统、离子分离系统和离子检测系统等几个部分。

（2）功能

在分析能力上，它可以取代传统的无机分析技术，如 ICP-AES 技术、石墨炉原子吸收技术等。与传统无机分析技术相比，ICP-MS 技术具有低的检出限、宽的动态线性范围、干扰因素少、分析精密度高、分析速度快，以及可提供精确的同位素信息等分析特性。它的应用领域包括环境样品分析，比如自来水、地表水、地下水、海水以及各种土壤、污泥、废弃物和大气颗粒物等。ICP 激发的元素谱线简单，MS 技术检测模式灵活多样，通过谱线的荷质比进行定性分析，通过谱线全扫描测定所有元素的大致浓度范围，即半定量分析，不需要标准溶液，多数元素测定误差小于用标准溶液校正而进行定量分析。将同位素比测定这一重要功能，用于地质学研究、环境样品研究及生物学研究上的追踪试验及同位素示踪。

6.4.3.2 ICP-MS 在环境样品分析中的应用

近年来，ICP-MS 在环境样品分析中起到了重要作用。环境样品多种多样，包括大气、气溶胶、水、岩石、沙土、泥土、污泥以及和生态环境相关的各种动植物样品。为保证所测定结果的准确性，对于环境样品的分析所采用的分析仪器、分析方法、采样方法等国内外都有严格的法规规定，发布和出版了众多的采样方法、分析方法、规范和标准，其中有我国生态环境部和美国国家环保局所规定的 ICP-MS 技术用于饮用水、地表水、地下水和大气颗粒物各种金属元素分析。

ICP-MS 不仅部分取代了 ICP-AES、GF-AAS 和冷原子吸收技术，而且还可以测定后者不能测定的一些特殊要求的项目。ICP-MS 技术还可用于直接测定海水中与环境污染或水文变化相关的元素。如监测海水中的痕量有毒元素：Pb、Hg、Cd、As、Sn、Cu、Zn 等。

ICP-MS 可以分析元素周期表中所有金属元素，检出限在 1 ppt 以下。同时可以分析绝大部分非金属元素，例如，As、Se、P、S、Si、Te 等，检出限低于 1 ppb，如果配合使用氢化物发生器，这些非金属的检出限可以改善 10 倍以上。被广泛应用于半导体、地质、环境以及食品检测等行业中。

赵金平等用 ICP-MS 分析了广州市雾霾期间 PM_{10} 中的 K、Al、Fe、Mn、Cu、Pb 和 Zn 等 27 种元素的浓度，讨论了这些元素在灰霾与非灰霾期的浓度特征。廖可兵等用 ICP-MS 分析了大气颗粒物中 Be、Mg、Al、V、Cr、Mn、Fe、Co、Ni、Cu、Zn、Cd、Sb、Pb 等微量金属元素。

李潮流等用 ICP-MS 测定了青藏高原念青唐古拉峰冰川区夏季风期间大气气溶胶中 Li、Be、B、Na、Mg、Al、K、Ca、Sc、Ti、V、Fe、Mn、Zn、Ga、As、Rb、Sr、Y、

Cd、Cs、Ba、Tl、Pb、Bi、Th、U 等 27 种元素。

2018 年唐晓星将激光剥蚀-电感耦合等离子体联用系统（LA-ICP-MS）用于大气颗粒物采样膜的直接分析，建立了大气颗粒物中 11 种金属（Be、Mn、Fe、Co、Ni、Cu、Zn、Se、Sr、Cd、Pb）含量快速分析的新方法。该研究使用与实际采集样品一致的空白滤膜作为固体标样基质，通过滴加液体标准样品的方法，制备出一系列不同浓度的固体标准样品。采用径线剥蚀法对固体样品进行测量，避免了固体标样制备中由于色谱层析作用引起的测量误差。测量了 Pb 信号的强度，对 LA-ICP-MS 系统关键参数进行了优化，最终确定：激光束直径为 135 μm、剥蚀频率为 20 Hz、激光能量为 6 MJ、冷却气流速为 14 L/min、辅助气流速为 0.8 L/min、载气流速为 0.6 psi。通过内标校正元素的选择，确定 Pt 作为内标校正元素能够极大地提高校正曲线的相关系数，0.98（Se）～0.999 8（Cu）。并对大气颗粒物采样膜上 11 种金属的空间分布进行了研究，结果表明，11 种金属有 3 种类型：一是主要分布在滤膜中心，其他位置含量基本为零；二是滤膜边缘含量明显高于其他位置；三是中心位置边缘。

冷蒸汽发生器（CV）能将样品中的 Hg（Ⅱ）转化成蒸汽 Hg^0 后，引入分析系统，将其与 ICP-MS 联用，大大提高了 Hg 分析的灵敏度，被广泛用于 Hg 含量及同位素比值分析。该研究搭建的冷蒸汽发生器-电感耦合等离子体质谱联用系统（CV-ICP-MS），可有效避免样品中 Pb 的干扰，为 Pb 作为内标校正元素提供了可能性。在最佳工作条件下，CV-ICP-MS 对 Hg 灵敏度约为传统溶液进样 ICP-MS 的 45 倍，长期稳定性（4 h）约为 0.1%。通过对 Hg 同位素参考物质的分析，Pb 作为内标校正元素，其结果与 Tl 没有明显的不同，间接证明了 Pb 可作为 Tl 的替代元素，用于 Hg 同位素比值的分析。

Golomb 等用 INAA 和 ICP-MS 分析了干湿沉降样品中的金属元素浓度，计算了干湿沉降速率。Paode 等采用 ICP-MS 分析了颗粒物中 Pb、Cu 和 Zn 的含量，测定了这些人为源金属的干沉降通量和粒径分布。Pecheyan 等采用低温气相色谱和 ICP-MS 分析了欧洲几个城市大气中的挥发性金属和准金属化合物，讨论了它们在不同采样点的分布。Pecheyan 等采用低温气相色谱和 ICP-MS 分析了欧洲几个城市大气中的挥发性金属和准金属化合物，讨论了它们在不同采样点的分布。

6.4.3.3　ICP-MS 对气溶胶固体粒子中微量元素的分析实例

高瑞英用 PerkinElmer SCIEX 公司 Elan6100 ICP-MS 仪分析了广州大气 TSP 和 PM_{10} 中 Li、Be、Na、Mg、Al、Si、P、K、Ca、Sc、Ti、V、Cr、Fe、Mn、Co、Ni、Cu、Zn、Ga、Ge、Rb、Sr、Y、Zr、Nb、Mo、Cd、Sn、Sb、Cs、Ba、La、Ce、Pr、Nd、Sm、Eu、Gd、Tb、Dy、Ho、Er、Tm、Yb、Lu、Hf、Ta、W、Hg、Tl、Pb、Bi、Th、U 等 58 种元素，其中浓度比较高的有 20 种。将其中的 15 种元素列于表 6-19 中。

表 6-19 2002 年 9 月广州市大气 TSP 和 PM_{10} 中元素的体积浓度 单位：ng/m^3

元素		TSP			PM_{10}		
		均值	最低值	最高值	均值	最低值	最高值
污染元素	As	32.3	1.2	92.4	8.8	3.2	15.4
	Cu	33.1	14.2	52.5	42.7	23.7	74.6
	Pb	227.3	163.9	327.1	183.7	125.5	255.9
	Zn	368.3	64.2	1 139.9	317.3	53.6	718.2
	Se	2.4	1.2	3.8	2.7	1.3	4.2
地壳元素	Ti	161.9	63.1	460.8	53.9	5.9	116.2
	Al	284.6	94.1	503	87.2	31.9	260.6
	Si	2 758.3	983.2	4 587.3	1 182	324.3	2 013.7
	P	131	45.9	198.2	107.9	36.5	180.4
	K	584	295	1 057.4	612.3	272	1 123.6
	Ca	2 113.1	700.4	3 680.2	748.3	55.3	1 948.1
	V	26.8	6.1	57.2	5.6	1.6	8.7
	Cr	3.4	2.3	4.9	4.4	2.1	7.7
	Mn	92.1	12.6	186.4	23.4	10	41.1
	Fe	1 488.7	457.6	2 493.6	624.5	136.8	1 365.4

6.4.4 气相色谱分析技术

6.4.4.1 气相色谱分析的原理

气相色谱原理与分馏类似。它们都主要利用混合物中各个组分的沸点（或蒸气压）的差异对其组分进行分离。但是，分馏通常用于常量的混合物的分离，而气相色谱所分离的物质则要少得多（微量）。色谱分析法是一种分离技术。色谱分析是一种多组分混合物的分离、分析工具。它主要利用物质的物理性质对混合物进行分离，测定混合物的各组分，并对混合物中的各组分进行定量、定性分析。

气相色谱分析是使混合物中各组分在两相间进行分配，其中一相是不动的固定相，另一相（流动相）携带混合物流过此固定相，与其发生作用，在同一推动力下，不同组分在固定相中滞留的时间不同，依次从固定相中流出，又称色层法或者层析法。组分在固定相与流动相之间不断进行溶解、挥发（气液色谱），或通过吸附、解吸过程而相互分离，然后进入检测器进行检测。

气相色谱仪是以气体作为流动相（载气）。当样品被送入进样器后由载气携带进入色谱柱。由于样品中各组分在色谱柱中的流动相（气相）和固定相（液相或固相）间分配或吸附系数的差异。在载气的冲洗下，各组分在两相间作反复多次分配，使各组分在色谱柱中得到分离，然后由接在柱后的检测器根据组分的物理化学特性，将各组分按顺序检测出来。

气相色谱仪中有一根流通型的狭长管道，这就是色谱柱。当分析物在载气带动下通过色谱柱时，不同的样品因为具有不同的物理和化学性质，与特定的柱填充物（固定相）有着不同的相互作用而被气流（载气，流动相）以不同的速率带动。由于每一种类型的分子都有自己的通过速率，从而得到分离。检测器用于检测柱的流出流，从而确定每一个组分到达色谱柱末端的时间以及每一个组分的含量。分析物的分子会受到柱壁或柱中填料的吸附，使通过柱的速度降低。当化合物从柱的末端流出时，它们被检测器检测到，产生相应的信号，并被转化为电信号输出。影响物质流出柱的顺序及保留时间的因素包括载气的流速、温度等。通过物质流出柱（被洗脱）的顺序和它们在柱中的保留时间来表征不同的物质。

6.4.4.2　气相色谱在雾霾粒子成分分析中的应用

20 世纪 70 年代，我国开始将气相色谱应用于环境污染分析。80 年代初，气相色谱法被确定为环境有机分析方法；90 年代，我国发布的空气污染物的分析方法推荐了 20 多种气相色谱分析方法。几年后有将其列为环境监测的必用方法。目前我国生态环境部已将气相色谱法作为标准（《空气和废气监测分析法》）在全国环保系统应用。

气相色谱法在大气有机污染物应用得最为广泛，尤其是在挥发性有机物的分析中起到的作用最大。

（1）气相色谱法测定挥发性卤代烃

①原理：

该方法采用活性炭采样，二硫化碳解析，分析氯甲基苯、三氯甲烷、四氯化碳、氯苯、氯溴乙烷、邻二氯苯、对二氯苯、1,1-二氯乙烷、1,2-二氯乙烯、1,2-二氯乙烷、六氯乙烷、1,1,1-三氯甲烷、1,1,2-三氯乙烷、1,2,3-三氯丙烷共 14 种卤代烃。

用 FID 检测器卤代烃的检出限为 0.01 mg/每个样品，用 ECD 检测器卤代烃的检出限为 0.01 μg/每个样品。

②色谱条件：

使用毛细管柱（DB-1 30 m×0.25 mm×0.5 μm 或 DB-1 30 m×0.32 mm× 0.5 μm）或填充柱（固定相为 SP-2100 或含有 0.1% Carbowax 1500 的 SP-2100）载气为氦气，使用 FID 检测器时空气和氢气的流量可以根据仪器说明书要求确定。

③标准曲线：

卤代烃的分析采用外标法，向 5 mL 容量瓶或 2 mL 带盖的玻璃瓶中加入 100 mg 的活性炭，然后加入卤代烃的标准溶液（和内标化合物），最后加入 CS_2 使 CS_2 和标准溶液的总体积为 1 mL，卤代烃标准曲线一般需要 3～5 个不同浓度点，最低浓度点应接近于方法的检测限，各点的响应因子的相对标准偏差大于或等于 0.995 时，标准曲线合格。

④样品预处理：

将样品管中的活性炭的前段和后段分别移至 5 mL 的容量瓶或 2 mL 的玻璃管中，弃去聚酯泡沫和玻璃毛，加入 1 mL 纯化过的 CS_2，放置 30 min 后进样分析（用内标法是在加入 CS_2 之前先加入内标化合物）。

⑤计算：

按与标准曲线相同的程序测定样品中各分析物质的浓度，记录保留时间和峰面积（峰高），以保留时间进行定性，峰高和面积定量。计算公式如下：

$$W = (W_s \times V_e/V_i) /1\,000 \tag{6-34}$$

式中，W——样品中分析物质的总量，mg；

W_s——根据标准曲线计算样品进样后计算分析物质的量，ng；

V_e——CS_2 加入活性炭中的量，mL；

V_i——仪器的进样量，μL。

$$C = (W_f + W_b - B_f - B_b) / V_s \tag{6-35}$$

式中，C——标准状态下分析物质的浓度，mg/m^3；

W_f——吸附管前段活性炭中分析物质的量，mg；

W_b——吸附管后段活性炭中分析物质的量，mg；

B_f——空白吸附管前段活性炭中分析物质的量，mg；

B_b——空白吸附管后段活性炭中分析物质的量，mg。

$$V_s = (P \times V \times 273) / (273 + t) \times 101.325 \tag{6-36}$$

式中，P——现场采样时的大气压，kPa；

V——实际采样体积，L；

t——实际采样温度，℃；

V_s——标准状态下的采样体积，L。

（2）总烃和非甲烷总烃的分析方法

①原理：

用气相色谱仪以火焰离子化检测器分别测定空气中总烃及甲烷烃的含量。两者之差即非甲烷烃的含量。

以氮气为载气测定总烃时，总烃的峰中包括氧峰，气样中的氧产生正干扰。在固定色谱条件下，一定量氧的响应值是固定的。因此，可以用净化空气求出空白值，从总峰中扣除，以消除氧的干扰。该方法的检出限为 0.2 ng（以甲烷计，仪器噪声的 2 倍，进样量 1 mL）。

②色谱条件：

柱温：80℃；检测器温度：120℃；气化室温度：120℃。载气：氮气流量 70 mL/min；燃气：氢气流量 70～75 mL/min；助燃气：空气流量 900～1 000 mL/min。

③定性分析：

a. 样品经 1 mL 定量管，通过六通阀进入色谱仪空柱，总烃只出一个峰，不能将样品中的各种烷烃、烯烃、芳香烃，以及醛、酮等有机物分开。b. 样品经 1 mL 定量管，通过六通阀进入色谱仪 GDX-502 柱时，空气峰及其他烃类与甲烷均分开。c. 配制已知气样，根据保留时间，可对气样各种成分进行定性分析。

④定量分析：

a. 将气样、甲烷标准气体及除烃净化空气，依次分别经 1 mL 定量管，通过六通阀计入色谱仪空柱。b. 分别测量总烃峰高 h_t（包括氧峰）、甲烷标准气峰高 h_s 以及除烃净化空气峰高 h_a。c. 将气样及甲烷标准气体，经 1 mL 定量管，通过六通阀进入 GDX-502 柱，测量气样中甲烷的峰高 h_m 及甲烷标准气体的峰高 h_s。

⑤计算：

$$总烃（以甲烷计，m^3）= [(h_t - h_a)/H_s] \times C_s \qquad (6\text{-}37)$$

$$甲烷（mg/m^3）= \frac{h_m}{h'_s} \times C_s$$

式中，h_t——气样中总烃峰高（包括氧峰），mm；

　　　h_a——除净化空气中氧的峰高，mm；

　　　h_s——甲烷标准气体经空柱后测得的峰高，mm；

　　　h_m——气样中甲烷的峰高，mm；

　　　h'_s——甲烷标准气体的浓度，经 GDX-502 柱测得的峰高，mm；

　　　C_s——甲烷标准气体的浓度，mg/m³，即 ppm×（16.0/22.4）（16.0 为甲烷的分子量）。

说明：a. 气相色谱所用气体流量比：氮气：氢气：空气 ＝1：1：13～14，助燃气体用量比通常用量稍大一些。b. 净化空气处理量以 500～600 mL/min 为宜。在 GDX-502 柱上出烃类峰为合格。c. GDX-502 柱使用前，应在 100℃左右老化 24 h。d. 不锈钢空柱，实际是柱内填充 80～100 目的玻璃珠。

气相色谱对有机化合物具有有效的分离、分辨能力，而质谱则是准确鉴定化合物的有效手段。由两者结合构成的色谱-质谱联用技术，可以在计算机操控下，直接用气相色谱分离复杂的混合物（如原油、岩石抽提物）样品，使其中的化合物逐个地进入质谱仪的离子源，可用电子轰击，或化学离子化等方法，使每个样品中所有的化合物都离子化。

6.4.5 气相色谱-质谱分析技术

6.4.5.1 气相色谱-质谱分析的原理

气相色谱技术是一种物理的分离方法。利用被测物质各组分在不同两相间分配系数（溶解度）的微小差异，当两相做相对运动时，这些物质在两相间进行反复多次的分配，使原来只有微小的性质差异产生很大的效果，而使不同的组分得到分离。实际上通过样品组分沸点之间的差异先后进柱，然后在气体流动相和固定相之间分配系数的差异进一步分离。

质谱分析是一种测量离子荷比（电荷-质量比）的分析方法，即作为气相色谱的检测器，使试样中各组分在离子源中发生电离，生成不同荷质比的带正电荷的离子，形成离子束，经加速电场的作用，进入质量分析器。在质量分析器中，利用电场和磁场使发生相反的速度色散，相对的谱库检索碎片信息，给出此信息与某化学物质匹配程度，将它们分别聚焦而得到质谱图，从而确定其质量，达到对物质进行定性的目的。

气相色谱-质谱联用结合了二者的优点，弥补了各自的缺陷，因其具有灵敏度高、分析速度快、鉴别能力强等特点，可同时完成待测组分的分离和鉴定，特别适用于多组分混合物中未知组分的定性定量分析、化合物的分子结构、化合物分子量测定。气相色谱-质谱联用能将一切可气化的混合物有效分离并准确定性、定量其组分。气质联用在生活和研究中的许多领域都得到了广泛的应用，是目前能分析 pg 级样品信息的主要工具。

6.4.5.2 气相色谱-质谱技术在雾霾粒子分析上的应用

翟德业等用气相色谱-质谱联用分析了兰州市夏、秋、冬季大气颗粒物中的有机成分。经分析，兰州市的大气颗粒物中存在 32 种有机物，以烷烃和烯烃物质为主，同时存在酯类、醇类、酮类物质。其仪器参数见表 6-20。

表 6-20　GC-MS 主要仪器控制参数

参数(GC)	设定值	参数(MS)	设定值
载气	高纯氮气（大于或等于 99.99%）	电离方式	电子轰击
色谱柱	SE-54(中科院兰州化物所色谱中心，80 m×0.25 mm×0.25 μm	离子源电压/eV	70
		离子源温度/℃	230
手动/自动进样	安捷伦 7673 型 100 位自动进样器	四极杆温度/℃	15
进样量	0.4 μL，无分流	全扫描/选择性离子扫描	全扫描
进样口温度	300℃	扫描质量范围	50~550
柱流量	1.0 mL/min 恒流模式，60℃维持 2 min	扫描频率/（次/s）	2.96
升温程序	升温至 300℃，速率 6℃/min，300℃维持 30 min	倍增器电压/V	1 600

兰州市秋季大气颗粒物中有机成分检出 21 种，是两年检出有机物最多的季节，见表 6-21。

表 6-21　兰州市秋季颗粒物中有机成分

序号	有机物成分	出峰时间/min	序号	有机物成分	出峰时间/min
1	戊烷	7.59	12	3-甲基-2-丁酮	11.46
2	2-甲基-2-丁烯	7.93	13	2-甲基-己烷	11.69
3	2-甲基戊烷	8.81	14	2-己烯	11.77
4	甲基环丁烷	8.89	15	2,3-二甲基戊烷	11.85
5	3-甲基戊烷	9.16	16	3-甲基己烷	12.04
6	正己烷	9.56	17	庚烷	12.98
7	乙酸乙酯	9.94	18	2,5,5-三甲基-2-己烯	19.23
8	2,2,3-三甲基丁烷	10.25	19	3,5,5-三甲基-1-己醇	24.55
9	2,4-二甲基戊烷	10.41	20	3-乙基-1-辛醇	26.12
10	2-甲基-1-戊烯	10.56	21	2,4,4-三甲基-1-己烯	26.00
11	3,3-二甲基戊烷	11.36			

兰州市冬季大气颗粒物中有机成分检出 10 种，为两年中有机物检出最少的，见表 6-22。

表 6-22　兰州市冬季大气颗粒物中有机物成分

序号	成分	出峰时间/min
1	2-丁酮	9.57
2	乙酸乙酯	9.98
3	丁烷	10.37
4	戊烷	10.79
5	3-甲基-2-丁酮	11.52
6	丙烯酸丁酯	12.42
7	2-戊酮	12.55
8	3,5,5-三甲基-1-己醇	12.93
9	4,5-二甲基-1-己烯	15.38
10	3-甲基-1-辛烯	18.44

冬季大气颗粒物中的有机物在种类上与夏、秋两季有了巨大的变化，在所检索到的有机污染物中，仅有 3 种有机物（乙酸乙酯、3-甲基-2-丁酮在夏、秋两季均出现过，3,5-5-三甲基-1-己醇仅在秋季出现过）在夏、秋两季中出现过，其他的 7 种有机物均是第一次被检索到。

6.5 气溶胶中可溶性离子分析

大气气溶胶中存在着许多阴离子和阳离子化合物，这些化合物用普通的化学分析法和其他仪器分析法测定是比较困难和繁杂的，近些年发展起来的离子色谱分析使各种离子化合物的分析测定手续大大简化，并且可同时测定多种离子。离子色谱是高效液相色谱的一种，是分析阴阳离子的一种液相色谱方法，该方法具有选择性好、灵敏、快速、简便等优点，并且可以同时测定多种组分。离子色谱分析法在用于环境样品分析的同时，也被用于大气气溶胶粒子中的阴、阳离子分析。

6.5.1 气溶胶粒子中的可溶性离子

由于大气气溶胶粒子是由地壳元素组成的物质，一些物质是由阴离子和阳离子构成的化合物。常见的可溶性阴离子有 SO_4^{2-}、NO_2^-、NO_3^-、F^-、Cl^-、Br^-、PO_4^{3-}。另外，还有 SiO_3^{2-}、ClO_4^-、S^{2-}、CO_3^{2-}、SO_3^{2-}、OH^- 等。常见的可溶性阳离子有 K^+、Na^+、Ca^{2+}、Mg^{2+}、NH_4^+，根据气溶胶固体粒子的物相分析上述常见离子的晶体物质一般为 $CaSO_4 \cdot 2H_2O$、K_2SO_4、Na_2SO_4、$(NH_4)_2SO_4$、NH_4Cl、NH_4NO_3、$CaCO_3$、NaF、CaF_2、$NaCl$、$CaCl_2$、KCl、Na_3PO_4、$Ca_3(PO_4)_2$ 等。这些可溶性离子一般分布在云、雾、霾和悬浮的颗粒物中。随着酸性离子的剧增，一些离子与水反应，形成酸雨降至地面。我国一些城市气溶胶中 SO_4^{2-} 的浓度为 $3\sim50$ μg/m³，NO_3^- 的浓度为 $1\sim40$ μg/m³，F^- 为 $0.1\sim3.0$ μg/m³，Cl^- 为 $0.1\sim10$ μg/m³，NH_4^+ 为 $2\sim30$ μg/m³，Ca^{2+} 为 $2\sim15$ μg/m³，Mg^{2+} 为 $0.1\sim2$ μg/m³，K^+ 为 $1\sim7$ μg/m³，Na^+ 为 $1\sim5$ μg/m³。据报道，我国一些城市降水中 SO_4^{2-} 含量大致为 $28.8\sim205.5$ μmol/L，Cl^- 为 $0.1\sim183$ μmol/L，NO_3^- 为 $8\sim50.32$ μmol/L，H^+ 为 $0.16\sim84.5$ μmol/L，NH_4^+ 为 $45.8\sim143.5$ μmol/L，Ca^{2+} 为 $19.9\sim143$ μmol/L，Mg^{2+} 为 $0.9\sim28.3$ μmol/L，Na^+ 为 $10.1\sim175.2$ μmol/L，K^+ 为 $7.87\sim59.2$ μmol/L。

6.5.2 气溶胶中可溶性离子分析

6.5.2.1 水溶性离子分析的仪器

（1）离子色谱仪的构造

离子色谱仪一般由流动相输运系统（输液泵）、进样系统（进样阀）、分离系统（色谱柱）、抑制或衍生系统（抑制器）、检测系统（离子检测器）及数据处理系统等几部分组成，其组件构造见图 6-17。

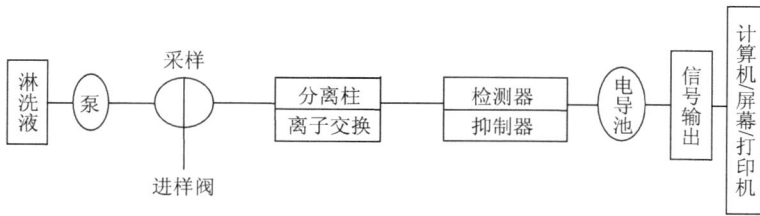

图 6-17　离子色谱仪系统构造示意

①输液泵：双头往复泵是常用的一种输液泵，它由电机带动凸轮转动，两个柱塞杆往复运动，吸入排出流动相。两个柱塞杆的移动有一个时间差，正好补偿流动相输出的脉冲，因而流速相当平稳。

②进样阀：常用的进样方法是六通阀进样，这种方法进样量的可变范围大，耐高压，而且易于自动化。

③色谱柱：分离系统的主要元件是色谱柱，它是色谱分离过程中存放固定相的场所。离子色谱仪的柱填料是离子色谱仪研究的热点，是离子色谱仪发展的主要推动力。

④抑制器：对于抑制型（双柱型）离子色谱系统抑制系统是极其重要的一个部分，也是离子色谱区别于高效液相色谱的最重要特点。

离子色谱仪的抑制系统有树脂填充抑制柱、纤维抑制器、微膜抑制器、电解抑制器等。它们用于离子的交换和对淋洗液进行再生。

⑤离子检测器：离子检测器分为电化学检测器和光学检测器，电化学检测器包括电导、直流安培、脉冲安培和积分安培等，而光学检测器包括紫外、可见光和荧光检测器。

电导检测是离子色谱检测方式中最常用的。目前采用较多的方法有双极脉冲化学抑制型电导检测五电极检测和模拟信号交流锁相放大等技术。

⑥数据处理：通过 A/D 转换将数据采集于电脑，通过对采集的数据分析得到相关的色谱信息，经数据工作站对离子色谱信息进行处理和离子色谱的泵检测器自动进样器等进行控制。

（2）离子色谱分析的原理

离子色谱测定样品中阴、阳离子是利用离子交换进行分离的。首先由抑制柱抑制淋洗液，扣除背景电导，然后利用电导检测器进行测定。根据混合标准溶液中各阴离子和阳离子出峰的保留时间，以及峰高可定性和定量样品中的阴、阳离子。

6.5.2.2 大气气溶胶固体粒子中阴、阳离子分析

（1）气溶胶固体粒子中 F⁻、Cl⁻、Br⁻、NO₂⁻、NO₃⁻、SO₄²⁻、PO₄³⁻等阴离子分析

1）气溶胶样品的处理。

对于气溶胶固体样品，需要测定特定阴离子的水的溶出形态，或者在一定条件下的形态特征，需要选择合适的浸出方法，既不破坏样品中的离子形态，又能够得到高的回收率。

可用模拟自然水浸出的办法或用超声波振荡浸出的办法，将所测离子从样品中浸出到溶液中，然后用离子色谱仪测定溶液中的有效成分或有害成分。因此，模拟自然界中水对固体物质的浸取方式是测定固体物质中有效成分或有害成分的一种常用的分析方法。而浸取液除水以外，还可以用适量的酸、碱、盐或缓冲溶液以提高浸取的效率。

将用玻璃纤维膜采集的气溶胶样品称取一部分，按照样品∶水等于 1∶50 的重量比放入具塞三角瓶中，在超声波清洗器中振荡浸 30 min，静置 2 h，取上层清液，浸取液用 0.2 μm 微孔滤膜过滤后定容至 25 mL，待测。

2）标准曲线的制作。

配制不同浓度的 F⁻、Cl⁻、Br⁻、NO₂⁻、NO₃⁻、SO₄²⁻、PO₄³⁻标准系列混合溶液。以此混合标准溶液进入离子色谱仪制作标准曲线。使曲线的几何斜率尽量接近于 1（与横坐标成 45°），以使两个轴上的读数误差相近。应用最小二乘法计算标准曲线的斜率 b 和截距 a，求出标准曲线的回归方程为 $y = bx + a$。相关系数绝对值应为 $|r| \geq 0.999$。

3）样品的可溶性阴离子测定。

设定离子色谱的分析条件，确定淋洗液浓度（4～10 mmol）、流速（0.8～1.2 mL），样品液进样体积（10 mL）。滤液直接进入离子色谱分析，采用面积外标法定量计算。分析过程中，应以每分析 20 个样品为一个阶段，之后应用混合标准溶液对标准曲线进行漂移校正。离子色谱仪基线应平稳，漂移不应超过±310%F.S。

4）结果计算。

采用外标面积法定量计算。用式（6-38）计算大气气溶胶粒子中阴离子浓度（μg/m³）。

$$阴离子浓度 = \frac{C \times V_a}{V_{nd}} \qquad (6\text{-}38)$$

式中，C——测定时样品溶液定容体积中的阴离子浓度，μg/L；

V_a——测定时所取样品溶液稀释后的体积，L；

V_{nd}——标准状态下空气的采样体积，m³。

（2）气溶胶固体粒子中 K^+、Na^+、Ca^{2+}、Mg^{2+}、NH_4^+ 等阳离子分析

1）气溶胶样品处理。

将玻璃纤维膜采集的气溶胶样品称取一部分，按照样品：水等于 1：50 的重量比放入具塞三角瓶中，在超声波清洗器中振荡浸 30 min，静置 2 h，取上层清液，浸取液用 0.2 μm 微孔滤膜过滤后定容至 25 mL，待测。

2）标准曲线的制作。

配制不同浓度的 K^+、Na^+、Ca^{2+}、Mg^{2+}、NH_4^+ 标准系列混合溶液。以此混合标准溶液进入离子色谱仪制作标准曲线。使曲线的几何斜率尽量接近于 1（与横坐标成 45°），以使两个轴上的读数误差相近。应用最小二乘法计算标准曲线的斜率 b 和截距 a，求出标准曲线的回归方程为 $y=bx+a$。相关系数绝对值应为 $|r| \geq 0.999$。

3）样品的可溶性阳离子测定。

设定离子色谱的分析条件，确定淋洗液浓度、流速，样品液进样体积。阳离子色谱条件：CS12A 4 mm 色谱柱，阳离子色谱分离柱，CG12A 4 mm，阳离子色谱保护柱；抑制器：CSRS-ULTRA 4 mm 阳离子抑制器；淋洗液：20 mmol/L 甲烷磺酸；淋洗液流速：0.8 mL/min；进样量：50 μL。

滤液直接进入离子色谱分析，采用面积外标法定量计算。分析过程中，应以每分析 20 个样品为一个阶段，之后应用混合标准溶液对标准曲线进行漂移校正。离子色谱仪基线应平稳，漂移不应超过 ±310% F. S。

4）结果计算。

按式（6-39）计算样品中阳离子的浓度：

$$\text{阳离子（mg/L）} = \frac{h - h_0 - a}{b} \tag{6-39}$$

式中，h——样品元素的峰高（或峰面积）；

　　h_0——空白峰峰高（或峰面积）测定值；

　　b——回归方程的斜率；

　　a——回归方程的截距。

（3）大气气溶胶固体粒子和液体中阴、阳离子分析实例

利用离子色谱仪对商丘和郑州的气溶胶颗粒物中的水溶性阴离子和阳离子进行了测定。

1）样品前处理。

称取收集于玻璃纤维膜上样品 0.5 g，于 100 mL 的三角瓶中，加去离子水 50 mL，浸润后超声 30 min，静止 30 min，取上清液过 0.22 μm 尼龙滤膜，滤液稀释 10 倍后直

接进样。

2）气溶胶颗粒物阴离子分析中所用仪器和操作的相关参数。

气溶胶颗粒物阴、阳离子分析中使用的仪器和工作过程的相关参数见表 6-23。

表 6-23 阴、阳离子分析中所用仪器和操作的相关参数

检测项目	常见阴离子	常见阳离子
仪器型号	ICS 2000	ICS 2000
色谱柱类型尺寸及 S/N 号	IonPac AS19 分析柱，250 mm×4 mm，S/N 4956 IonPac AG19 保护柱，50 mm×4 mm，S/N 5268	IonPac CS12A 分析柱，250 mm×4 mm，S/N 19579 IonPac CG12A 保护柱，50 mm×4 mm，S/N 18675
抑制器类型、工作方式及 S/N 号	ASRS 300 4 mm，自循环模式，S/N 11860	CSRS 300 4 mm，自循环模式，S/N 5238
淋洗液组成及流速	EG 产生 KOH，梯度 0～18 min，15 mM；18～30 min，15～40 mM；30.1～35 min，15 mM；1.0 mL/min	EG 产生 MSA，等度 20 mM，1.0 mL/min
进样体积及进样方式	自动进样，25 μL	手动进样，25μL

3）阴离子标准曲线和线性方程。

气溶胶粒子中阴离子分析的标准曲线和线性方程的相关参数见表 6-24。

表 6-24 阴离子标准曲线和相关参数表

序号	保留时间/min	阴离子	校正类型	浓度范围/（mg/mL）	截距 b	斜率 a	相关系数/%
1	3.83	F^-	LOff	0.3～3	−0.005	0.523	99.91
2	6.09	Cl^-	LOff	0.5～5	−0.025	0.313	99.995
3	7.57	NO_2^-	LOff	0.01～0.1	−0.001	0.513	99.9
4	9.5	Br^-	LOff	0.02～0.2	0.002	0.101	99.9
5	10.91	NO_3^-	LOff	5～50	−0.082	0.199	99.999
6	14.71	SO_4^{2-}	LOff	7～70	−0.111	0.241	99.996
7	29.29	PO_4^{3-}	LOff	0.1～1	−0.003	0.163	99.9

4）样品分析结果。

样品分析结果见表 6-25。

表 6-25　气溶胶颗粒物 PM₁₀ 样品中阴离子测定结果　　　单位：μg/m³

样品名	离子	平均浓度	样品名	离子	平均浓度
商丘 1# PM₁₀	F^-	1.631	郑州 1# PM₁₀	F^-	3.856
	Cl^-	3.897		Cl^-	6.687
	NO_2^-	0.014		NO_2^-	0.026
	Br^-	0.044		Br^-	0.075
	NO_3^-	29.34		NO_3^-	27.92
	SO_4^{2-}	45.42		SO_4^{2-}	48.95
	PO_4^{3-}	0.136		PO_4^{3-}	0.250
	Na^+	2.578		Na^+	3.065
	NH_4^+	9.079		NH_4^+	18.21
	K^+	3.494		K^+	5.940
	Mg^{2+}	0.726		Mg^{2+}	1.265
	Ca^{2+}	7.608		Ca^{2+}	10.54
商丘 2# PM₁₀	F^-	0.380	郑州 2# PM₁₀	F^-	4.806
	Cl^-	0.750		Cl^-	5.788
	NO_2^-	0.006		NO_2^-	0.016
	Br^-	0.010		Br^-	0.037
	NO_3^-	13.42		NO_3^-	37.95
	SO_4^{2-}	37.48		SO_4^{2-}	44.88
	PO_4^{3-}	0.102		PO_4^{3-}	0.362
	Na^+	1.846		Na^+	3.651
	NH_4^+	6.165		NH_4^+	17.85
	K^+	2.833		K^+	6.768
	Mg^{2+}	0.639		Mg^{2+}	0.987
	Ca^{2+}	5.575		Ca^{2+}	8.866

本章参考文献

[1]　环境保护部. 环境空气颗粒物源解析监测方法指南（试行）（第二版）[S]. 2014.

[2]　环境保护部. HJ 836—2017 固定污染源废气低浓度颗粒物的测定重量法[S]. 北京：中国环境科学出版社，2017.

[3]　国家环境保护总局，国家技术监督局. GB/T 16157—1996/XG1—2017《固定污染源排气中颗粒物测定与气态污染物采样方法》行业标准第 1 号修改单[S]. 北京：中国环境科学出版社，2017.

[4] 生态环境部. 关于 HJ 836 低浓度颗粒物采几个样品问题的回复[EB/OL]. http //www.mee.gov.cn/hdjl/hfhz/201903/t 20190321_696841.shtml，2019-03-21.

[5] 国家环境保护总局. HJ/T 397—2007 固定源废气监测技术规范[S]. 北京：中国环境科学出版社，2007.

[6] 空气和废气监测分析方法（第四版）[M]. 北京：中国环境科学出版社，2003.

[7] Paul A. Baron，Klaus Willeke . Aerosol Measurement Principles，Techniques，and Applications[M]. 北京：化学工业出版社，2007.

[8] 邹本东，徐子优，华蕾. 密闭微波消解电感耦合等离子体发射光谱（ICP-AES）法同时测定大气颗粒物 PM_{10} 中的 18 种无机元素[J]. 中国环境监测，2007，23（1）：6-10.

[9] 李尉卿，毛晓明，李舒，等. 郑州市近地层 1.5 米和 40 米处大气气溶胶中微量元素及晶体物质的分布[J]. 现代科学仪器，2007，2：92-95.

[10] 建筑材料科学研究院. 玻璃陶瓷化学成分分析[M]. 北京：中国建筑工业出版社，1985.

[11] 建筑材料科学研究院，水泥化学分析[M]. 北京：中国建筑工业出版社，1986.

[12] 盛立芳，郭志刚，高会旺，等. 渤海大气气溶胶组成及物源分析[J]. 中国环境监测，2005，1：18-23.

[13] 崔淑敏，李尉卿. CID-ICP-AES 法同时测定煤矸石中 13 种微量元素[J]. 分析实验室，2006，2（2）：29-32.

[14] 王燕萍. ICP-OES 法测定大气和废气颗粒物中的金属元素[J]. 环境保护科学，2012，38（4）：78-80.

[15] 林学辉，刘昌岭，张红，等. 等离子体发射光谱法同时测定大气气溶胶中多种金属元素[J]. 岩矿测试，1998，17（2）：143-146.

[16] 高恩革，秦松，陈俊英，等. 攀钢片区大气 TSP 中主要无机污染物状况调查[J]. 四川冶金，2001（6）.

[17] 赵金平，谭吉华，毕新慧，等. 广州市灰霾期间大气颗粒物中无机元素的质量浓度[J]. 环境化学，2008，27（3）：322-326.

[18] 廖可兵，刘爱群，聂西度，等. 大气颗粒物中微量金属元素的质谱分析[J]. 武汉理工大学学报，2006（12）：58-61.

[19] 李潮流，康世昌，丛志远，等. 青藏高原念青唐古拉峰冰川区夏季风期间大气气溶胶元素特征[J]. 科学通报，2007（17）：79-85.

[20] 黄晶，王晨曦，姚佳. ICP-MS 在大气颗粒物重金属分析中的应用研究[J]. 环境科学，2015，40（8）：140-157.

[21] 唐晓星. 大气颗粒物中重金属分析的 ICP-MS 联用技术方法及应用[D]. 中国科学院大学物理研究所，2018.

[22] Golomb D，Ryan D，Eby N，et al. Atmospheric deposition of toxics onto massachusetts bay—I. metals[J]. Atmospheric Environment，1997，31（9）：1349-1359.

[23] 高瑞英. 广州大气颗粒物化学成分的研究与表征[D]. 华南理工大学，2003.

[24] 陈丽琼，杨晓红，张榆霞，等. 原子荧光光谱法测定大气颗粒物中砷、汞的研究现状及展望[J]. 理化检验—化学分册，2015，32（8）：1203-1207.

[25] 周卫静. 大气颗粒物中重金属元素的测定研究[D]. 河北大学，2009.

[26] 王小如. 电感耦合等离子体质谱应用实例[M]. 北京：化学工业出版社，2005.

[27] 王凯雄，胡勤海. 环境化学[M]. 北京：化学工业出版社，2006.

[28] 王玲玲，王潇磊，南淑清，等. 郑州市环境空气中挥发性有机物的组成及分布特点[J]. 中国环境监测，2008，24（4）：66-69.

[29] 廖可兵，刘爱群，聂西度，等. 大气颗粒物中微量金属元素的质谱分析[J]. 武汉理工大学学报，2006，28（12）：58-61.

[30] 翟德明，周围，鹿晨昱，等. 气相色谱-质谱联用分析兰州市大气颗粒物中的有机物[J]. 光谱实验室，2012（5）：3142-3147.

[31] 张肇元，崔连喜，于晓青，等. 苏玛罐采样—预浓缩—气相色谱/质谱法分析环境空气中64种挥发性有机物[J]. 环境科学技术，2015（17）：120-147.

[32] 张启钧，吴琳，毛洪钧，等. 机动车尾气颗粒物采样测试方法及其应用[J]. 环境污染与防治，2015，37（12）：79-84.

第7章 雾霾气溶胶粒子数浓度分析和
质量浓度无损化学成分分析

7.1 雾霾气溶胶粒子数浓度分析

7.1.1 雾霾气溶胶粒子数浓度的采样和分析

（1）激光粒子计数器的原理

光学传感器的探测激光经尘埃粒子散射后被光敏元件接收并产生脉冲信号，该脉冲信号被输出放大，然后进行信号处理，通过与标准粒子信号进行比较，将对比结果用不同的参数表示出来。空气中的微粒在光的照射下会发生散射，称为光散射。光散射和微粒大小、光的波长、微粒折射率和微粒对光的吸收等因素有关。但就散射光强度和微粒大小而言，有一定的基本规律，即微粒散射光的强度随着微粒表面积的增加而增大。这样只要测定散射光的强度就可推知微粒的大小，实际上每个微粒产生的散射光强度很弱，是一个很小的光脉冲，需要通过光电转换器的放大作用，把光脉冲转变为信号幅度较大的电脉冲。然后再经过电子线路的进一步放大和识别，从而完成对大量电脉冲的计数工作。此时电脉冲数量对应于微粒的个数，电脉冲的面积对应于微粒的大小。激光粒子计数器工作原理如图 7-1 所示。

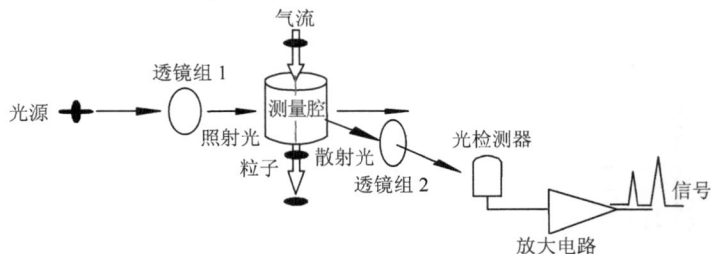

图 7-1 激光粒子计数器工作原理示意

（2）激光粒子计数器的组成

激光粒子计数器由激光器、测量腔、光电转换器和检测器、流量监控系统、气泵、过滤器和电路系统组成，见图7-2。

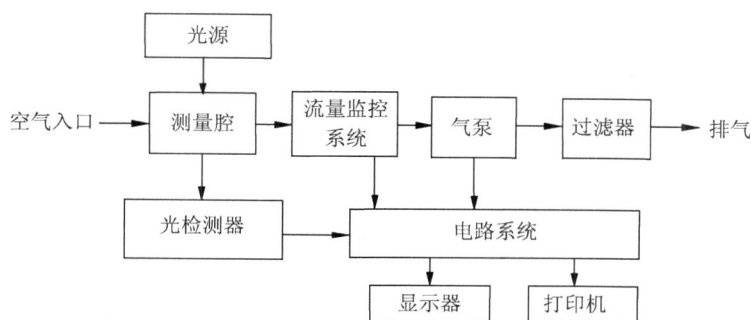

图 7-2　激光粒子计数器的构成示意

（3）雾霾气溶胶样品数浓度的采集

雾霾气溶胶中的固体粒子和液体粒子的含量表示方法有质量浓度、体积浓度和数浓度。质量浓度和体积浓度在前面的章节中已经提及，在此不再赘述。激光粒子计数器测定的是空气当中的粒子数，即每立方米空气中存在的气溶胶固体或液体粒子个数。气溶胶样品数浓度的采集步骤如下：

①仪器在开始采样前应先自净，先将自净头开机5～10 min，一般以确保仪器内部无残留粒子。

②采样时一定要用等动能取样头，避免采样管堵塞、弯死，采样管不要太长。尘埃粒子计数器的测量值有两种表示方式：总计方式和分计方式。总计方式指测量值为大于或等于该粒径的粒子数，分计方式指测量值为大于或等于该粒径的同时又小于下一相邻粒径的粒子数。

7.1.2　数浓度测定大气气溶胶粒子的实际应用

雾霾研究课题组利用LCS-3S型激光粒子计数器测定了郑州市5个样点的气溶胶粒子数浓度。

（1）测定条件

测定时间2′10″，温度23℃，相对湿度40%。

①模式：浓度模式。

②室内、室外风速2.7～3.2 m/s。

③测试粒径：0.3 μm、0.5 μm、2.0 μm、5.0 μm、10 μm。

（2）气溶胶固体粒子几种粒径数浓度的测试精密度

分别在室内静风和室外风速 2.7~3.2 m/s 条件下，开始时延时 10 s，每次测试间隔 3 s，连续检测 10 次，求得各种条件下的精密度，见表 7-1。

表 7-1　激光粒子计数器测定大气气溶胶时对各种粒径的精密度　　　　单位：个/m³

粒子粒径	150 m², 高 10 m 的室内			室外，风速 2.7~3.2 m/s		
	0.3μm	2μm	10μm	0.3μm	2μm	10μm
最小值	98 483 189	7 632 000	215 012	1 184 100 452	7 442 648	147 794
最大值	1 003 363 430	8 032 065	247 577	1 217 664 221	8 883 967	232 129
平均值	992 091 616	7 896 296	230 877	1 206 057 891	8 208 383	194 972
RSD/%	1.45	1.67	4.1	1.08	5.49	15

由表 7-1 可以看出，大气中的固体气溶胶粒子数浓度与粒径尺度成反比，即粒径越小，数浓度越大，反之越小。激光粒子计数器的测定精度随粒径的增大而减小。室内测定的精度比室外测定的精度要高，其原因是室外的气溶胶受风速和大气环境的影响。

（3）粒径档准确度的试验

根据《尘埃粒子计数器性能试验方法》（GB/T 6167—2007）提供的方法确定仪器粒径档的准确度：

①将试验用气溶胶由待检尘埃粒子计数器的采样吸入口吸入，其浓度为最大饱和浓度的 1/10，其所含标准粒子的粒径宜选用小于待检尘埃粒子计数器标明的粒径档的 5%。

② 将多通道脉冲幅度分析仪连接到待检粒子计数器的输出端，按照粒子档响应电压的确定方法，得到对应于粒径 d_i 的响应电压值 V_i 和半区值 ΔV_i。

③ 重复上述测量操作，得到至少 3 个粒径所对电压和半区值，绘制粒径 d_i 与电压 V_i 的关系曲线，见图 7-3 和图 7-4。

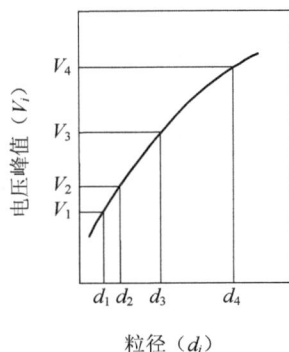

图 7-3　粒径与电压关系曲线（1）　　　　　图 7-4　粒径与电压关系曲线（2）

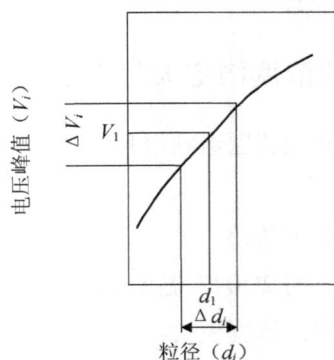

④根据式（7-1）计算粒径档的准确度：

$$\varepsilon = \frac{D_i' - d_i}{d_i} \times 100 \qquad (7\text{-}1)$$

式中，ε——粒径档准确度，%，ε 应优于 5%；

　　d_i——试验用气溶胶中的标准粒径，μm；

　　D_i'——根据粒径档准确度试验中粒子的标准粒径确定 V_i 值查得的粒子粒径，μm。

（4）根据式（7-2）计算粒径的分辨率

$$b = \frac{\Delta D_i}{d_i} \times 100 \qquad (7\text{-}2)$$

式中，b——粒径分辨率，%；

　　d_i——试验用气溶胶中的标准粒径，μm；

　　ΔD_i——依据图 7-4 确定的半区值 ΔV_i 所对应的粒径区间，μm。

（5）郑州市市区气溶胶固体粒子数浓度的测定

课题组于 2009 年 5 月 12 日对郑州市市区的 5 个区进行采样，采样高度 1.5～2 m，分别采集 0.3 μm、2 μm、10 μm 粒径，连续采样 4 次，每次时间 2'10''，取平均值。记录采样点气象条件。对郑州市雾霾气溶胶质量浓度进行监测研究，并与数浓度进行对比，结果见表 7-2。

表 7-2　郑州市市区各点气溶胶固体粒子的数浓度（个/m³）和质量浓度（mg/m³）

粒子粒径	0.3 μm	2 μm	10 μm	TSP	PM₁₀	功能区划
市东区	592 581 361	5 544 786	217 934	0.4	0.378	经济工业技术开发
市西区	697 353 969	5 408 293	210 002	0.386	0.3	技术开发
市中区	542 216 308	6 166 424	215 012	0.405	0.349	行政居民
市南区	832 395 524	6 360 121	270 539	0.476	0.413	交通居民
市北区	963 167 023	7 995 135	313 959	0.512	0.429	交通交汇和建筑施工区

由表 7-2 可以看出，在监测的 5 个区域内数浓度和质量浓度的测试结果还是比较一致的。

7.2　扫描电镜/X 射线能谱分析

大气气溶胶污染物的污染源庞多复杂，对于源和受体样品的单颗粒气溶胶分析已经成为大气气溶胶源解析的一个必要手段。由于影响气溶胶粒子辐射平衡、气候，以及能见度和健康效应的是单颗粒的物理化学特征，因此分析气溶胶单颗粒的特征具有重要的意义。电子显微镜/电子能谱法可以同时提供颗粒物的形貌、化学成分和粒度分布等信息。这些信息是无法通过质量浓度和总体化学成分分析得到的。同时，根据颗粒物成分的分类，通过对环境大气中大量颗粒（几千或几万个）的统计分析还可以得出定量或半定量的数浓度分析结果，1993 年，Artaxo 等用扫描电子探针（scanning nuclear microprobe，SNM）对南极大气气溶胶作了单颗粒分析。

扫描电镜/X 射线能谱分析不仅能进行样品的面扫描，还可以对样品中的某一点、某一线性面进行扫描，使其对气溶胶中的某一特殊物质进行元素分析，以便较为准确地确定气溶胶的来源。

7.2.1 扫描电镜/X 射线能谱系统的工作原理

扫描电镜/X 射线能谱（SEM/EDX）系统的工作原理是：电子束轰击样品以后经过多次弹性和非弹性散射后，会在样品的上方产生二次电子、特征 X 射线、背散射电子、俄歇电子、阴极荧光等，一部分入射电子所积累的总散射角大于 90°，重新返回表面溢出，称为背散射电子（也称为一次电子）。背散射电子占入射电子的比率和原子序数是密切相关的。对于原子序数高的原子，由单向高角度偏离所产生的背散射电子的数量相对比较多，所以电子的绝大部分初始能量都保存下来。相反，对于原子序数小的元素，多方向低角度散射占主导地位，所以电子的能量损失更大。因此，对于背散射电子图像，含有高原子序数元素的颗粒物的亮度相对较大，而主要由低原子序数元素组成的颗粒物的亮度较小。由高能量的入射电子将原子导带、价带或少量内壳电子激活电离，受激电子逸出样品，这种电子称为二次电子。此外，有很少一部分背散射电子在离开样品表面时由于其能量较低，也作为二次电子被二次电子探测器接收。二次电子和背散射电子的区别是二次电子的能量低于 50 eV，而背散射电子的能量大于 50 eV。由于二次电子的能量很低，所以只有距离试样表面很近（对于不导电样品，如岩石样品，为 5～50 nm 深）的表层产生的二次电子才能逸出试样。二次电子的产率不像背散射电子那样与元素的原子序数有密切的相关关系。在应用扫描电镜分析大气气溶胶粒子时，通常使用的是二次电子图像。用于检测二次电子的检测器，可将从试样各方向发出的二次电子全部收集起来，因此二次电子图像具有很强的立体感。

高能电子除了引起大量的价电子电离外，还将引起一定数量的内层电子激发或电离，使原子处于能量较高的激发态，这是一种不稳定的状态，较外层的电子会迅速补充内层电子空穴，使原子能量降低，趋于较稳定的状态（叫作跃迁）。例如，在高能入射电子的作用下，使一个 K 层电子电离，原子体系就处于 K 激发态，能量为 E_K，如果 L_2 层一个

电子向 K 层跃迁，原子体系由 K 激发态变成 L_2 激发态，能量 E_K 降低为 E_{L_2}，伴随释放始、终状态能量差（E_K）释放能量的形式有两种：发射特征 X 射线光子和俄歇电子，两者必居其一。

若以 X 射线形式直接释放能量，其波长（以 K_{a_2} 为例）为：

$$\lambda = \frac{hc}{E_K - E_{L_2}} \tag{7-3}$$

式中，h——普朗克常数；

c——光速。

由于对于一定的元素，E_K，E_{L_2}，…都有确定的特征值，所以发射的 X 射线波长也有特征值，叫作特征 X 射线。特征 X 射线的波长与光子能量之间的关系为：

$$\lambda = \frac{hc}{E} \tag{7-4}$$

E 就是相应跃迁过程始、终态的能量差，这表明了特征 X 射线的波长和光子能量不同元素的特征之一。通过检测特征 X 射线可以对样品的化学成分进行分析。

入射电子的散射轨迹见图 7-5。

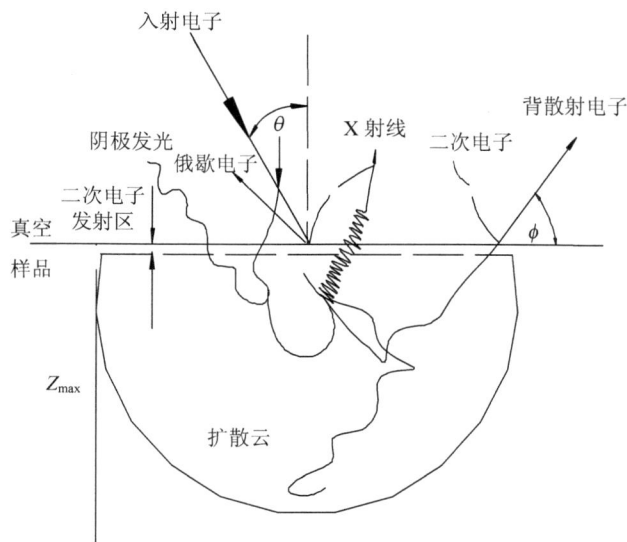

图 7-5　入射电子的散射轨迹（张铭诚等，1987）

注：图中 Z_{max} 指入射电子的最大穿透深度；θ 指入射电子的入射角；ϕ 指返回表面的出射角。

7.2.2 扫描电镜/X 射线能谱的系统组成

扫描电镜/X 射线能谱系统的部件主要包括电子枪、真空系统、样品室、透镜成像系统、二次电子检测放大系统、X 射线检测系统等。

电子枪是产生和发射电子束的地方,其主要类型包括热电子发射型和场发射型,其中,热电子发射型电子枪可以使用钨灯丝和六硼化镧两种发射器。由于扫描图像的空间分辨率取决于电子束的直径,高分辨率的 SEM 图像取决于直径很小的电子束的电流大小,因此,提高电子源的亮度可以得到更高的分辨率。因为六硼化镧电子发射枪发射的电子亮度较普通钨灯丝的亮度高一个数量级,而场发射枪发射的电子亮度又较六硼化镧电子发射枪发射的电子亮度高一个数量级,因此场发射扫描电镜的图像分辨率有了更大的提高。

由于电子束只能在真空下产生和操纵,所以真空系统对于电子显微镜十分重要。真空系统主要包括真空泵和真空柱两部分。真空泵用来在真空柱内产生真空。有机械泵、油扩散泵以及涡轮分子泵三大类,机械泵加油扩散泵的组合可以满足配置钨枪的 SEM 的真空要求,但对于装置了场发射枪或六硼化镧枪的 SEM,则需要机械泵加涡轮分子泵的组合。

成像系统和电子束系统均内置在真空柱中。真空柱底端为密封室,用于放置样品。之所以要用真空,主要基于以下两个原因:电子束系统中的灯丝在普通大气中会迅速氧化而失效,所以除在使用 SEM 时需要用真空以外,平时还需要以纯氮气或惰性气体充满整个真空柱。为增大电子的平均自由程,使得用于成像的电子更多。电子束系统由电子枪和电磁透镜两部分组成,主要用于产生一束能量分布极窄的、电子能量确定的电子束用以扫描成像。

电子枪是利用热发射效应产生电子,一般用六硼化镧枪制成。六硼化镧枪寿命介于场致发射电子枪与钨枪之间,为 $200 \sim 1\,000$ h,真空度一般在 10^{-7} 托里以上。电子枪发射的电子在 $5 \sim 30$ kV 的加速电压下被加速,再通过一系列的电磁透镜系统会聚成为极细的电子束。

7.2.3 气溶胶分析时扫描电镜样品的处理

在进行扫描电镜观察前,要对样品作相应的处理。扫描电镜样品制备的主要要求是尽可能使样品的表面结构保存好,没有变形和污染,样品干燥并且有良好的导电性能。

①样品的干燥:扫描电镜观察样品要求在高真空中进行。无论是水或脱水溶液,在高真空中都会产生剧烈的汽化,不仅影响真空度,污染样品,还会破坏样品的微细结构。

因此，样品在用电镜观察之前必须进行干燥。

②样品的导电处理：气溶胶样品经过脱水、干燥处理后，其表面不带电，导电性能也差。用扫描电镜观察时，当入射电子束打到样品上，会在样品表面产生电荷的积累，形成充电和放电效应，影响对图像的观察和拍照记录。因此，在观察之前要进行导电处理，使样品表面导电。常用的导电方法有真空镀膜法。

真空镀膜法是利用真空镀膜仪进行的。其原理是在高真空状态下把所要喷镀的金属加热，当加热到熔点以上时，会蒸发成极细小的颗粒喷射到样品上，在样品表面形成一层金属膜，使样品导电。喷镀用的金属材料应选择熔点低、化学性能稳定、在高温下和钨不起作用以及有高的二次电子产生率、膜本身没有结构。现在一般选用金或碳。金属膜镀层的厚度一般为 10～20 nm。

7.2.4 扫描电镜/X 射线能谱在大气气溶胶固体粒子成分分析中的应用

本书作者用捷克 TESCAN 扫描电镜、牛津/射线能谱仪分析了郑州、洛阳、商丘、驻马店、鹤壁、信阳、开封和浙江温岭市石塘镇大气气溶胶固体粒子 TSP、PM_{10} 和 $PM_{2.5}$ 中的 Si、Al、Ca、Cl、Cu、F、Fe、Hg、K、Mg、Mn、Na、S、Pb、Ti、V 和 Zn。

7.2.4.1 分析仪器和工作参数

①分析仪器：TESCAN 扫描电镜/牛津 X 射线能谱仪。

②电镜工作参数：二次电子；高压 20 kV；放大倍数 200～1 000；束斑电流 6A；镀金。

③能谱工作参数：采样时间 120 s；死时间 5 s。

7.2.4.2 标准化样品配置

① 模拟气溶胶样品分别配置不同含量 Si、Al、Ca、Cl、Cu、F、Fe、Hg、K、Mg、Mn、Na、S、Pb、Ti、V 和 Zn 的系列标准样品，见表 7-3。

表 7-3　能谱分析气溶胶样品标准系列　　　　　　　　单位：　W%

元素＼系列	Si	Al	Ca	Mg	Cu	Fe	Hg	K	Mn	Na	Pb	Ti	V	Zn	Cl	F	S
1	46	22	15	3.0	0.2	5.0	0.1	1.5	1.5	2.5	0.5	0.5	0.1	1.1	0.5	0.2	0.3
2	43	19	16	4.0	0.3	7.0	0.1	2.5	1.0	3.0	0.4	1.0	0.2	0.5	1.0	0.5	0.5
3	40	17	18	5.0	0.5	6.0	0.2	3.0	2.5	4.0	0.5	0.7	0.2	0.8	0.7	0.3	0.6
4	48	14	20	2.0	1.0	3.0	0.1	3.0	1.5	1.0	1.7	0.3	0.5	0.2	0.1	0.8	
5	50	13	22	0.8	0.8	4.0	0.3	1.5	2.0	1.0	0.3	1.3	0.5	2.0	1.2	0.2	0.1

②将上述标准系列进行标准化，然后以该系列为标准再进行测定 2 次，求平均值，保存数据，机内绘制标准曲线。

③准确度试验：因为大气气溶胶的基本组成与地壳中土壤元素很相似，所以选择与气溶胶样品成分基本相近的我国土壤标准参考物质或沉积物标准参考物质，进行定量分析。与参考值进行比较，以确定这种方法的准确度，结果见表7-4。

表7-4 用牛津 X 射线能谱仪测定土壤标准参考物质　　　　　　　　　　单位：mg/g

元素 参考物	Si	Al	Ca	Mg	Fe	K	Mn	Na	Ti	P
参考值	28.6	7.5	2.75	1.79	4.02	2.02	0.11	1.72	0.47	0.1
测得值	27.4	7.54	3	1.5	4.07	2.28	0.15	1.55	0.39	0.12
误差	−1.2	0.04	0.25	−0.29	0.05	0.26	0.04	−0.17	0.08	0.01

④精密度的测定：选择标准系列 3，在相同条件下连续测定 11 次，测定每一种元素的相对标准偏差（RSD），结果见表7-5。

表7-5 用牛津 X 射线能谱仪测定模拟气溶胶样品的精密度

元素 项目	Si	Al	Ca	Mg	Fe	K	Na	Ti	Cl	S	O
最大值/%	21.32	6.01	12.38	2.12	2.96	1.83	1.91	0.59	1.24	2.72	48.38
最小值/%	20.84	5.78	11.78	2.01	2.74	1.69	1.67	0.52	1.06	2.32	47.98
平均值/%	21.08	5.92	12.13	2.06	2.85	1.74	1.81	0.56	1.15	2.53	48.17
标准偏差	0.16	0.06	0.17	0.04	0.07	0.04	0.07	0.02	0.05	0.13	0.13
C_V/%	0.76	1.01	1.4	1.94	2.46	2.3	3.87	3.57	4.35	5.14	0.27

⑤用 TESCAN 扫描电镜/牛津 X 射线能谱仪测定了郑州、洛阳、商丘、驻马店、鹤壁春季气溶胶样品和浙江温岭市石塘镇冬季雾霾气溶胶固体粒子样品中的化学成分，结果见表7-6。

表7-6 河南 5 个城市及浙江温岭气溶胶粒子主元素 X 射线扫描电镜/能谱分析结果平均值

单位：mg/g

元素 测点	Na	Mg	Al	Si	S	Cl	K	Ca	Ti	Mn	Fe	Zn
郑州	1.29	1.28	5.36	14.80	4.09	0.86	1.65	10.5	0.28	0.20	2.5	0.23
洛阳	0.94	0.55	7.48	12.40	7.60	0.34	0.94	14.8	0.11	0.21	1.49	0.24
商丘	0.92	0.44	6.24	7.56	7.10	0.52	0.75	13.3	0.10	0.20	1.54	0.23
驻马店	0.80	0.53	6.67	10.4	3.82	1.07	0.88	14.4	0.10	0.18	1.12	0.15
鹤壁	0.56	0.54	7.00	11.70	5.48	0.27	0.83	14.7	0.10	0.12	1.13	0.16
浙江温岭	1.88	0.85	5.10	8.70	6.48	1.49	0.89	13.5	0.10	0.10	1.00	0.49

由以上论述可以看出，X 射线扫描电镜/能谱分析对大气气溶胶中的主量元素和次量元素的测定是比较有效的，特别是一些气溶胶中含 Si、Al、Ca、Mg、Na、K 和 S 较高的元素，分析的准确度是比较可靠的。而这些元素在高浓度下用其他仪器分析是比较麻烦的。但对于气溶胶中低浓度的微量元素用该仪器测量是不准确的，有待于进一步研究。

7.3　X 射线荧光光谱分析

X 射线荧光光谱法有如下特点：X 射线荧光光谱仪的分辨率高，对轻、重元素测定的适应性广，从元素 Be 到元素 U 均可测定；重元素的检测限可达 ppm 量级，轻元素稍差，对高低含量的元素测定灵敏度均能满足要求。X 射线荧光谱线简单，相互干扰少，样品不必分离，不需要进行分解，分析方法比较简便；分析浓度范围较宽，从常量到微量都可分析。分析样品不被破坏，分析快速，准确。除用于物质成分分析外，还可用于原子的基本性质，如氧化数、离子电荷、电负性和化学键等的研究。

样品可以是固体、粉末、熔融片、液体等，分析对象适用于炼钢、有色金属、水泥、陶瓷、石油、玻璃等行业样品。无标半定量方法可以对各种形状样品进行定性分析，并能给出半定量结果，结果准确度对某些样品可以接近定量水平，分析时间短。薄膜分析软件 FP-MULT1 能作镀层分析、薄膜分析。测量样品的最大尺寸要求为直径 51 mm，高 40 mm。

X 射线荧光分析法用于物质成分分析，检出限一般可达 $3^{-10} \sim 10^{-6}$ g/g，对许多元素可测到 $10^{-7} \sim 10^{-9}$ g/g，用质子激发时，检出可达 10^{-12} g/g；强度测量的再现性好。

7.3.1　X 射线荧光光谱分析的基本原理

当能量高于原子内层电子结合能的高能 X 射线与原子发生碰撞时，驱逐一个内层电子而出现一个空穴，使整个原子结构处于不稳定的激发态，激发态原子寿命为 $10^{-12} \sim 10^{-14}$ s，然后自发地由能量高的状态跃迁到能量低的状态。这个过程称为弛豫过程。弛豫过程既可以是非辐射跃迁，也可以是辐射跃迁。当较外层的电子跃迁到空穴时，所释放的能量随即在原子内部被吸收而逐出较外层的另一个次级光电子，此称为俄歇效应，也称为次级光电效应或无辐射效应，所逐出的次级光电子称为俄歇电子。它的能量是特定的，与入射辐射的能量无关。当较外层的电子跃入内层空穴所释放的能量不在原子内被吸收，而是以辐射形式放出，便产生 X 射线荧光，其能量等于两个能级之间的能量差。

利用初级 X 射线光子或其他微观离子激发待测物质中的原子，使之产生荧光（次级 X 射线）而进行物质成分分析和化学态研究的方法称为 X 射线荧光光谱法。

7.3.2 X 射线荧光光谱分析的基本构造

X 射线荧光光谱仪主要由激发、色散、探测、记录及数据处理等单元组成。激发单元的作用是产生初级 X 射线。它由高压发生器和 X 光管组成。后者功率较大，用水和油同时冷却。色散单元的作用是分出所需波长的 X 射线。它由样品室、狭缝、测角仪、分析晶体等部分组成。通过测角器以 1∶2 速度转动分析晶体和探测器，可在不同的布拉格角位置上测得不同波长的 X 射线而作元素的定性分析。探测器的作用是将 X 射线光子能量转化为电能，常用的有盖格计数管、正比计数管、闪烁计数管、半导体探测器等。记录单元由放大器、脉冲幅度分析器、显示部分组成。通过定标器的脉冲分析信号可以直接输入计算机，进行联机处理而得到被测元素的含量。

X 荧光光谱仪有两种基本类型：波长色散型（WD-XRF）和能量色散型（ED-XRF）。以 X 荧光的波粒二象性中波长特征为原理的称为波长色散型，以能量特征为原理的称为能量色散型，见图 7-6。

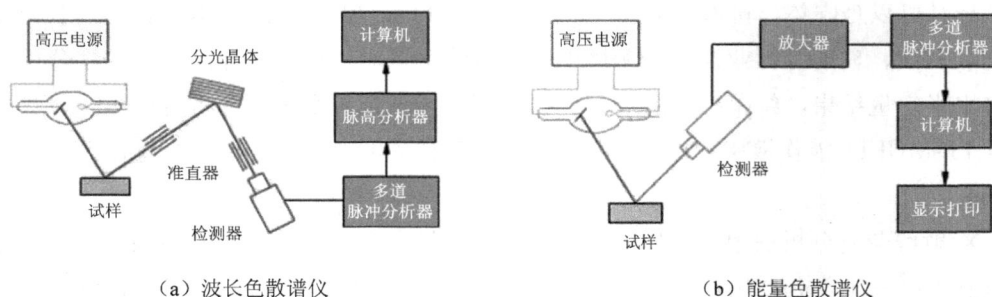

（a）波长色散谱仪　　　　　　　　（b）能量色散谱仪

图 7-6　波长色散型和能量色散型 X 射线荧光仪原理图

7.3.3 X 荧光光谱分析的优缺点

7.3.3.1 优点

①分析速度快。测定用时与测定精密度有关，但一般都很短，10～300 s 就可以测完样品中的全部待测元素。

②X 射线荧光光谱跟样品的化学结合状态无关，而且跟固体、粉末、液体及晶质、非晶质等物质的状态也基本上没有关系。（气体密封在容器内也可分析）但是在高分辨率的精密测定中却可以看到有波长变化等现象。特别是在超软 X 射线范围内，这种效应更为显著。波长变化用于化学位的测定。

③非破坏性分析。在测定中不会引起化学状态的改变，也不会出现试样飞散现象。

同一试样可反复多次测量，结果重现性好。

④X 射线荧光分析是一种物理分析方法，所以对在化学性质上属同一族的元素也能进行分析。

⑤分析精密度高。目前含量测定已经达到 ppm 级别。

⑥制样简单，固体、粉末、液体样品等都可以进行分析。

7.3.3.2　缺点

①定量分析需要标样。

②对轻元素的灵敏度要低一些。

③容易受元素相互干扰和叠加峰影响。

7.3.4　X 射线荧光光谱分析在大气气溶胶粒子成分分析中的应用

河南省环科院利用 X 射线荧光光谱法将 2008 年 1—12 月采集的郑州市气溶胶固体样品中的 Al、As、Ba、Br、Ca、Co、Cr、Cu、Fe、K、Mg、Na、Ni、P、Pb、Si、V 和 Zn 等 20 种元素进行了分析测定。

7.3.4.1　分析仪器与工作参数

①分析仪器：3080E2 型 X 射线荧光光谱仪（日本产）。

②工作参数：X 射线管电压 50 kV，管电流 50 mA，粗狭缝 C，视野光栏直径 30 mm。

③分析线测量时间 40 s，背景线测量时间 10 s。

7.3.4.2　人工标准系列试样的制备

将研磨至 300 目的标准物质（GSD1～12）分别准确称取 0.0 mg、2.0 mg、4.0 mg、6.0 mg、8.0 mg、10.0 mg、12.0 mg、14.0 mg、16.0 mg、18.0 mg、20.0 mg，分别置于 ϕ 30 mm 的 11 个圆形滤膜上，滴加 1～2 滴 10% 的聚乙烯醇水溶液（分析纯试剂），涂匀，自然晾干后，在上述条件下测量并制作工作曲线。

7.3.4.3　XRF 对气溶胶样品分析的精密度

用 12 个相同含量的试样按表规定的测量条件在 3 天内进行重复测量，求得每一种元素的相对标准偏差 RSD，结果见表 7-7。

表 7-7　XRF 对气溶胶样品分析的精密度

元素	RSD/%	元素	RSD/%	元素	RSD/%	元素	RSD/%
Na	0.633	K	0.159	Mn	1.17	Zn	1.5
Mg	0.745	Ca	0.311	Fe	0.177	As	5.08
Al	0.418	Ti	0.113	Ni	2.04	Ba	1.69
Si	0.072	Cr	4.21	Cu	1.39	Pb	8.73

7.3.4.4 XRF 对气溶胶粒子样品的分析

用 XRF 对郑州市 5 个点位雾霾气溶胶粒子样品（PM_{10}）中 12 种常量元素和部分污染微量元素进行了测定，结果见表 7-8。

表 7-8　XRF 对郑州市雾霾粒子 PM_{10} 样品分析结果　　　　单位：$\mu g/Nm^3$

元素＼样点	市西区		市东区		市中区		市北区		市南区	
	最大	平均	最大	平均	最大	平均	最大	平均	最大	平均
Na	2.34	1.86	2.54	1.95	2.87	2.23	2	1.78	2.14	1.86
Mg	1.2	1.02	1.29	1.09	1.48	1.11	1.26	0.99	1.18	0.89
Al	8.77	5.76	7.89	4.87	9.66	7.65	8.31	5.08	8	4.99
Si	13.9	12.5	15.4	13.5	17.9	16.4	13.7	11.5	12	10.9
K	1.35	1.3	1.46	1.36	2	1.89	1.15	1	1.2	1
Ca	7.12	6	7.88	6.56	8.9	7.53	6.76	5.99	7.88	7
Ti	0.33	0.2	0.35	0.28	0.45	0.4	0.3	0.16	0.3	0.19
V	0	0	0	0	0	0	0	0	0	0
Cr	0.08	0.07	0.09	0.08	0.07	0.06	0.08	0.07	0.07	0.06
Fe	0.77	0.6	0.88	0.79	1.19	0.72	2.1	1.25	1	0.74
Zn	0.2	0.17	0.25	0.23	0.3	0.28	0.28	0.25	0.29	0.25
Mn	0.039	0.03	0.047	0.037	0.051	0.04	0.038	0.029	0.039	0.031
As	0.01	0.01	0.01	0.01	0.01	0.01	0.01	0.01	0.01	0.01
Cu	0.002	0.001	0.002	0.001	0.002	0.002	0.004	0.002	0.003	0.002
Ba	1.25	1.05	1.36	1.2	1.77	1.6	1.35	1.3	1.18	1.1
Pb	0.04	0.02	0.03	0.03	0.06	0.05	0.05	0.04	0.03	0.03

王开燕等用日本理学 RIX3000 荧光光谱仪对北京市冬季气溶胶的污染特征，以及来源分析研究中对大气颗粒物中的无机元素进行了测定，结果见表 7-9。

表 7-9　2004 年北京市北郊气溶胶元素浓度　　　　单位：ng/m^3

元素＼项目	平均值	标准差	最大	最小	AF	元素＼项目	平均值	标准差	最大	最小	AF
Al	2 371.9	788	3 446.9	1 374.6	0.91	Fe	3 308.0	1 301.2	5 120.0	1 811.6	1.0
S	2 820.9	1 717.5	6 120.9	890.4	9	Ni	26.3	10.7	43.8	11.9	1.2
Cl	2 435.0	1 746.4	5 288.9	412.9	2.0	Cu	105.5	78.5	321	31.5	2.7
K	2 016.9	1 045.1	4 200.5	844.6	1.7	Zn	502.7	328	1 155.5	156.9	2.0
Ca	5 541.6	2 114.7	8 218.2	2 477.3	1.0	As	77.1	55.5	200.3	29.3	2.2
Ti	290.1	103.3	450.8	156.2	1.0	Pb	264.6	133.5	503.1	58.0	1.7
V	35.9	10.1	47.6	19.7	0.8	Se	68.1	16.6	110.6	46.9	0.9
Cr	109.3	97.7	341.9	28.7	1.8	Br	87.5	25.9	119.2	49.5	0.8
Mn	102.7	65.1	239.2	15.8	2.2	Sr	78.7	5.9	129.9	39.3	1.2

7.4　在线飞行时间质谱分析技术

气溶胶飞行时间质谱仪是一种在线单颗粒分析技术，它能在极短时间内同时测定亚微米级气溶胶的粒径和化学成分。它的这种特性能够满足在变化的气象条件中气溶胶的高时间分辨率的测定，而且在大气气溶胶单颗粒质谱分析研究中验证了它的这种能力。

飞行时间质谱仪有着比较快的扫描速度，以微秒作为记录一张质谱所需的时间的计量单位，此种仪器有着比较宽的质量范围，能够对测定 m/z 为 10 000 以上的离子加以测定。

7.4.1　飞行时间质谱分析原理

对离子从离子源到达检测器的时间加以测量为飞行时间质谱仪的原理。离子束在离子源中产生，之后加速并且对它们从离子源到检测器的时间进行测量均包含在此过程中。有一漂移管位于其间，一般 2 cm 长。在加速区，所有离子接受相同的动能，然而它们的质量有所差异，所以，有着不一样的速度，通过漂移管到达检测器的时间（TOF）也有所不同。由此可见，离子相对较轻，那么速度就会相对较快，而如果离子较重，那么速度就会较慢。很显然，其到达检测器的时间决定了离子的 m/z 值。

单颗粒气溶胶飞行时间质谱基本原理见图 7-7。

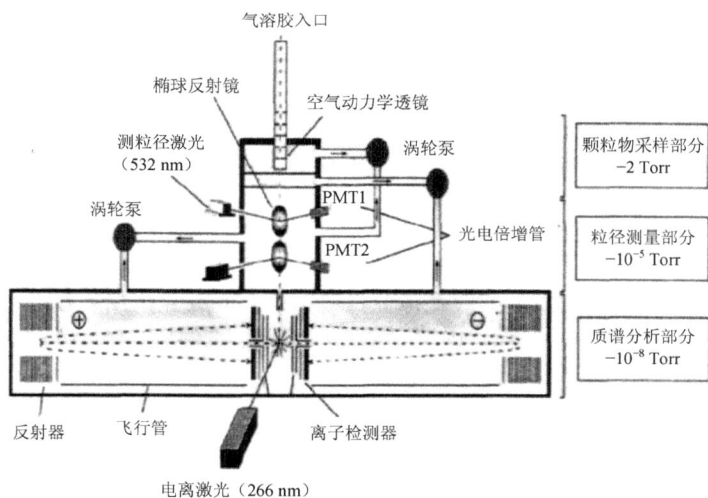

图 7-7　单颗粒气溶胶飞行时间质谱基本原理图

飞行质谱在大气颗粒物测定的原理是，将实际大气中的气溶胶快速移入质谱离子源区，立即进行电离和检测。颗粒物首先汇集为单个颗粒束，单个颗粒经逐一测径后通过激光等方法电离为带电碎片，在真空腔中飞行，最后通过微通道板检测器得到各颗粒物质谱信号。单颗粒气溶胶质谱仪具有真空进样系统、激光测径系统、离子化系统和质谱检测系统4部分。

飞行时间质谱仪作为一种非常常用的质谱仪。一个离子漂移管为这种质谱仪的质量分析器。通过离子源产生的离子加速后从无场漂移管中进入，并用相同的速度向离子接收器飞去。

气溶胶时间飞行质谱仪（aerosol time of flight mass spectrometer，ATOMS）可以同时在线检测气溶胶单颗粒的空气动力学直径和化学组分。它由颗粒采样区、颗粒粒径检测区和飞行时间质谱区质谱分析3部分组成。

7.4.2　飞行时间质谱仪的特点

①优点：飞行时间质谱仪有非常简单的结构，比较快的扫描速度，而且能够检测的分子量范围比较大。

②缺点：分辨率比较低是传统飞行时间质谱仪的主要缺点，由于离子在离开离子源时有着不同的初始能量，使具有相同质荷比的离子达到检测器有一定的时间分布，导致降低了分辨能力。

7.4.3　飞行时间质谱仪在雾霾气溶胶监测中的应用

由于飞行时间质谱仪能够对组成颗粒物的特殊化合物加以鉴别，所以其能提供考察粒子与周围气体以及其他颗粒物之间的动态化学过程的新视角。若二次化学反应或者半挥发性化合物损失这样传统的滤膜或碰撞器气溶胶采样方法的固有问题能够通过实时化学组分分析加以消除。

单颗粒分析是目前国际和国内大气颗粒物研究的一个前沿。因为单颗粒分析能够提供全颗粒物分析方法所无法提供的大量信息。同时单颗粒分析所需的采样时间短，很少质量的样品就可以进行分析，这使得分析大气颗粒物中短期组分变化的测量更精确。

用飞行时间质谱仪测量大气颗粒物。气溶胶颗粒空气动力学粒径的测量是基于颗粒的物理性质。当气体突然膨胀，气体分子会加速运动，悬浮于气体的颗粒也会被加速。而颗粒加速的程度取决于颗粒的粒径。如果粒径越小，颗粒获得的加速便越大，其加速后的最终速度也会越大。因而颗粒速度可以与粒径建立一一对应的关系。颗粒速度可以利用测量颗粒通过已知距离的时间来获得。通过两束平行的激光检测颗粒遇到激光的时刻。当颗粒与激光束相遇时，激光被散射，散射光会由光电倍增管转化为电信号，从而记录颗粒与激光束相遇的时刻。由于两束激光的距离已知，因而颗粒速度就等于距离除以两束激光检测到颗粒的时刻差。颗粒速度与粒径的对应关系可以由制作标准曲线确定，将已知粒径的颗粒（标准小球）通入 ATOFMS，记录颗粒的速度，从而得到拟合的标准曲线，用于大气气溶胶颗粒的观测。

ATOFMS 检测颗粒化学组分的过程为：当颗粒经过两束激光时，颗粒速度可以被计算出来，从而获得颗粒进入飞行时间质谱管的时刻。在颗粒到达飞行时间质谱管，一束强紫外激光发射并击中颗粒，激光的能量被颗粒吸收，颗粒的化学成分蒸发并形成离子。然后离子的质荷比以及离子的数量可以被飞行时间质谱仪检测。

飞行时间质谱仪在大气气溶胶分析中应用实例：郑州市环境监测站利用灰霾站多组分在线观测数据（如在线离子、重金属、碳组分等）和单颗粒质谱在线监测，获取颗粒物化学成分和颗粒类别组成及变化趋势，并基于两种方法高时间分辨率的特点，分析重污染过程成因。

（1）单颗粒质谱样品的分析

仪器实时采集的环境受体颗粒物可实时自动进行分析，真空瓶采集的源样品直接仪器进样分析，尘样通过再悬浮后接仪器进行分析。在线单颗粒气溶胶质谱仪（SPAMS）对采集到的污染源样品进行质谱测量，可获取环境受体及污染源样品中 $PM_{2.5}$ 单颗粒的质谱（正、负离子）检测结果，同时获得颗粒物粒径和颗粒数等信息，再利用示踪离子判别法、自适应共振神经网络算法（ART-2a）等方法对颗粒物进行分类和来源解析。

（2）环境受体单颗粒质谱采样质控

在线单颗粒气溶胶质谱仪的质量控制包括：规范的仪器安装及工作环境、日常监测中仪器的维护和质量控制，以及数据质量检查（数据有效性）等。利用自适应共振神经网络算法对中原区、高新区、上街区、经开区和荥阳市 5 个监测点位在线采集获得海量颗粒物进行聚类，将化学组成相近的颗粒物归为同类，分类过程中使用的分类参数为相似度 0.75，学习效率 0.05。考虑到基本能够包括大气颗粒物的主要成分，且能够更好地辅助颗粒物的溯源，最终确定了 10 类颗粒物，它们分别为元素碳颗粒、混合碳颗粒、重金属颗粒、富钾颗粒、左旋葡聚糖颗粒、有机碳颗粒、高分子有机物颗粒、富钠颗粒、矿物质颗粒和其他颗粒。

颗粒物的类别在一定程度上可反映点位受到污染源的影响情况。如富钾和左旋葡聚糖颗粒是生物质燃烧的示踪类别，其中富钾颗粒还能指示二次污染，矿物质主要来自扬尘，富钠颗粒主要来自海盐或内陆盐湖，重金属颗粒主要来自工业过程，元素碳、混合碳、有机碳等碳质颗粒，则主要来自燃料的不完全燃烧，可能来自燃煤、生物质、汽车尾气等。

将所有监测时段（秋冬季、春季、夏季）所有监测点位的颗粒物类别占比作平均，得到郑州市 2018 年 10 月至 2019 年 7 月的总颗粒物类别占比分布结果，见第五章图 5-12。从图中可以看出，监测期间郑州市首要污染成分是元素碳颗粒（43.1%），次要成分为富钾颗粒（18.6%），有机碳颗粒排第三位（10.9%），矿物质颗粒、重金属颗粒和左旋葡聚糖颗粒分别为 8.9%、7% 和 5.4%；其余的化学成分类别占比较低，均在 5%以下。

7.5　霾气溶胶的物相分析技术

X 射线粉末衍射是利用物质的晶态结构的不同来对其进行鉴定的方法。利用衍射仪法不但可以方便、快捷、准确和自动进行数据处理晶体物质的定性分析，还可以通过国内外先进的分析软件进行定量分析，目前已成为晶体相分析的主要方法。这种方法也被用来进行大气气溶胶的物相分析。

7.5.1　X 射线衍射的工作原理

当一束单色 X 射线入射到晶体时，由于晶体是由原子规则排列成的晶胞组成，这些规则排列的原子间距离与入射 X 射线波长有相同数量级，故不同原子散射的 X 射线相互干涉，在某些特殊方向上产生强 X 射线衍射，衍射线在空间分布的方位和强度，与晶体结构相关。

X 射线是一种波长为 $10^{-2} \sim 10^{2}$Å 的电磁波，介于紫外线和 γ 射线之间。X 射线的波长 λ（Å）、振动频率 ν 和传播速度 C（m/s）符合：

$$\lambda = C / \nu \tag{7-5}$$

X 射线与其他电磁波一样，具有波粒二象性，可看作具有一定能量 E、动量 P、质量 M 的 X 光子流。

$$E = h\nu \tag{7-6}$$

$$P = h / \lambda \tag{7-7}$$

式中，h——普朗克常数。

由式（7-5）至式（7-7）可得到 X 射线波长与 X 光子能量的关系为：

$$E = h \cdot C / \lambda \approx 12.4 / \lambda \tag{7-8}$$

首先，X 射线具有很强的穿透能力，可以穿透黑纸及许多对于可见光不透明的物质。当穿过物质时，能被偏振化并被物质吸收而使强度减弱。其次，X 射线沿直线传播，即使存在电场和磁场，也不能使其传播方向发生偏转。最后，X 射线肉眼不能观察到，但可以使照相底片感光。在通过一些物质时，使物质原子中的外层电子发生跃迁产生可见光；通过气体时，X 射线光子与气体原子发生碰撞，使气体电离。

7.5.2　X 射线衍射仪的结构与组成

7.5.2.1　X 射线衍射仪的组成

X 射线衍射仪以布拉格试验装置为原型，融合了机械与电子等多方面的技术成果。X 射线衍射仪由 X 射线发生器、X 射线测角仪、辐射探测器、辐射探测电路、控制操作和运行软件的计算机系统五个基本部分组成。

7.5.2.2　X 射线衍射仪的构造

X 射线发生器主要由 X 射线管、高压变压器、电压和电流调节稳定系统等构成。为保证 X 射线机的稳定工作及其运行的安全性和可靠性，必须为其配置其他辅助设备，如冷却系统、安全防护系统、检测系统等。X 射线管是 X 射线机最重要的部件之一。目前常见的 X 射线光管均为封闭式电子 X 射线管，而大功率 X 射线机一般使用旋转阳极 X 射线光管，图 7-8 为 X 射线光管示意图。

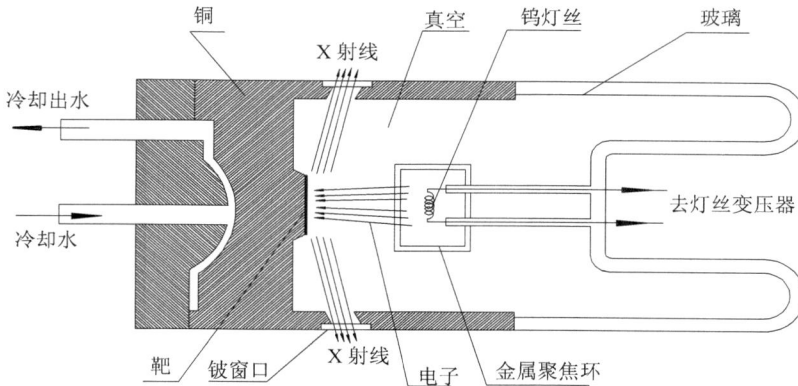

图 7-8　X 射线光管示意图

X 射线光管实质上就是一个真空二极管，其结构主要由产生电子并将电子束聚焦的电子枪（阴极）和发射 X 射线的金属靶（阳极）两大部分组成。电子枪的灯丝用钨丝烧成螺旋状，通以电流后，钨丝发热释放自由电子。阳极靶通常由传热性能好，熔点高的金属材料（如铜、钴、镍、铁、钼等）制成。整个 X 射线光管处于真空状态。当阴极和阳极之间加以数十千伏的高电压时，阴极灯丝产生的电子在电场的作用下被加速，并以高速射向阳极靶，经高速电子与阳极靶的碰撞，由阳极靶产生 X 射线，这些 X 射线通过用金属铍（厚度约为 0.2 mm）制成的窗口射出，即可提供给试验所用。X 射线光管工作时，高速电子轰击阳极靶，一部分能量转化为 X 射线，而大部分能量转化为热能，使阳极靶温度急剧升高，因此为防止阳极靶过热而使 X 射线管损坏，必须对阳极靶进行冷却，目前主要采用循环水冷却。

　　X 射线测角仪是 X 射线的接收装置，它是围绕试样旋转的监测系统。试样到接收器的距离始终保持不变，为了达到这一目的，试样一般都要压制成平面，试样的旋转速度为接受其转动角速度的一半，即 θ：2θ 测角仪。另一种试样水平放置不转动，便于研究液态结构，X 射线衍射仪的成像原理与聚集法相同，但记录方式及相应获得的衍射花样不同。衍射仪采用具有一定发散度的入射线，也用"同一圆周上的同弧圆周角相等"的原理聚焦，不同的是其聚焦圆半径随着 2θ 的变化而变化。测角仪结构示意图见图 7-9。

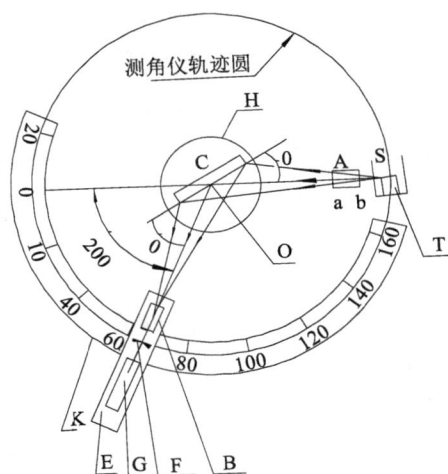

图 7-9　测角仪结构示意图

A—入射光线；B—散射狭缝；C—样品台；E—狭缝条；F—接受狭缝；G—计数器光栏；

K—罗兰刻度盘；S—入射狭缝；T—X 射线源

7.5.3　X 射线衍射仪对雾霾气溶胶的物相分析

　　晶体的 X 射线衍射图像实质上是晶体微观结构的一种精细复杂的变换，每种晶体的结构与其 X 射线衍射图之间都有着一一对应的关系，其特征 X 射线衍射图谱不会因为他种物质混聚在一起而产生变化，这就是 X 射线衍射物相分析方法的依据。制备各种标准单相物质的衍射花样并使之规范化，将待分析物质的衍射花样与之对照，从而确定物质的组成相，就成为物相定性分析的基本方法。鉴定出各个相后，根据各相花样的强度正比于该组分存在的量（需要做吸收校正者除外），就可对各种组分进行定量分析。目前常用衍射仪法得到衍射图谱，用"粉末衍射标准联合会（JCPDS）"负责编辑出版的"粉末衍射卡片（PDF 卡片）"进行物相分析。

　　物相分析仪和计算机软件联合应用，将 PDF 卡片中的标准数据输入计算机中预测得到的数据进行比较，利用计算机辅助检索，就可判断出晶体物质的相，即进行定性分析。再从相反的角度出发，根据标准数据（PDF 卡片）利用计算机对定性分析的初步结果进行多相拟合显示，绘出衍射角与衍射强度的模拟衍射曲线，进行定量分析。

7.5.4　X 射线粉末衍射分析在大气气溶胶物相分析中的应用

7.5.4.1　X 射线粉末衍射法对大气气溶胶物相分析概述

X 射线粉末衍射是利用物质的晶态结构的不同来对其进行鉴定的方法，是一种快捷、简便的对晶体材料进行物相分析的方法。它已应用在环境土壤污染和工业固体废弃污染物等一些方面的监测上，国内外也有用于环境空气中气溶胶总悬浮微粒的分析，但报道很少。由于总悬浮微粒中主要是无机化合物晶体，所以可用 X 射线粉末衍射来分析其物相。

吕森林等 2005 年 5 月对北京市城区采集的 PM_{10} 进行了 XRD 定量分析。结果表明，石英和黏土矿物以及非晶质分别占到 24.1%、28.5%和 20%，斜长石和方解石分别占到 10.4%和 8.1%，其他矿物总共不到 10%。同时也表明北京春季大气中可吸入颗粒物的矿物组分以硅铝酸盐为主，同时存在碳酸盐、硫酸盐、硫化物、铁的氧化物、黏土矿物，以及难以鉴定的矿物；然而在夏季的样品中，矿物的种类有所减少，但是有新的物种出现，如氯化铵、硫酸铵等，表明存在强烈的大气化学反应。石英、方解石和石膏在所有样品中都有存在，对石英、方解石而言，它们是地壳中最常见的矿物种类，也是被人类使用最多的矿物，结合它们在光学显微镜下有磨圆的棱角，推测北京大气中的石英、方解石经过运移，应是来自外地或是二次扬尘的产物；对石膏来说，由于它有清晰的针状、长柱状晶体，晶形保存完好，没有磨蚀现象，加之空气中的 CaO 和 SO_2 非常容易结合成 $CaSO_4$，应是大气化学反应形成的二次颗粒物。

岳爱民等报道的 X 射线衍射分析样品的制片方法很值得借鉴。在 X 射线衍射分析制片中由于总悬浮微粒一次采集样品量少，所以给制片带来一定困难。样品量在 0.5 g 左右时，可直接将其压在浅槽的玻璃样品板上。当样品量少于 0.1 g 时，可选用一块单晶硅片做基片，大小以可镶入铝样品板样品槽为好。单晶硅片应选用晶面指数（H，K，L）为（511，400，531）的硅片，这样的芯片衍射峰在高角度一侧（$2\theta>80°$），对待测样影响不大。在测量样品前应扫描单晶硅片确定其衍射峰位置，以便在实际测量样品时扣除其衍射峰。最后用火棉胶将微量样品粘在硅片中心位置，应保证样品表面平整，不要出现凹凸面，否则将会影响衍射峰位置。

有人 2006 年对天津市区大气连续监测点位 24 h 连续采集 TSP 样品分析，工业和居民区采暖期其主要污染源来自工业燃烧烟尘、工业粉尘排放及居民采暖燃煤和冬季的沙尘。样品中α-SiO_2、(Na，Ca)Al(Si，Al)$_3$O$_8$、KAl$_2$Si$_3$AlO$_{10}$(OH)$_2$、CaMg(CO)$_2$、Fe$_2$O$_3$和CaCO$_3$化合物含量较高。交通区汽车含铅汽油燃烧排放，产生大量PbO与空气中的CO$_2$反应生成Pb$_2$CO$_4$。

7.5.4.2　雾霾气溶胶物相定性分析

课题组于2005年冬季到2012年春季分别对河南省的郑州市、洛阳市、商丘市、驻马店市和鹤壁市等5个城市1.5～5 m和40～80 m高的雾霾气溶胶TSP、PM$_{10}$和PM$_{2.5}$进行了采样，将其中的TSP和PM$_{10}$用X射线粉末衍射法进行了定性和定量分析。郑州市的分析结果见图7-10、图7-11和表7-10。

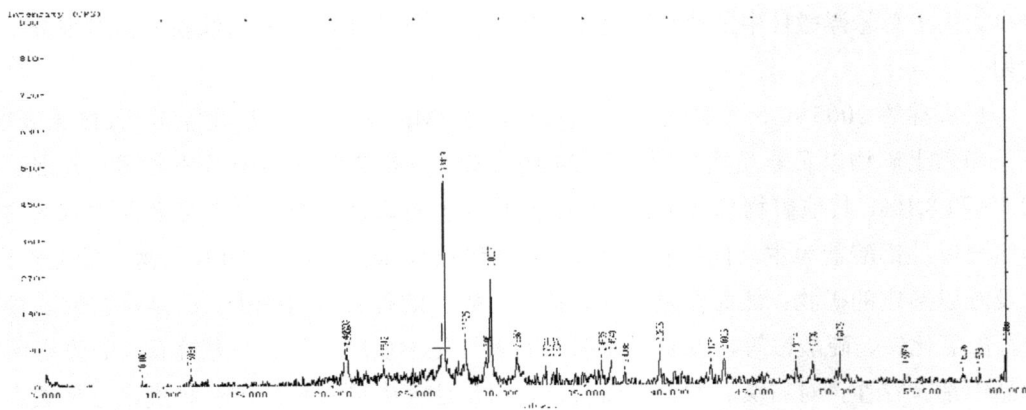

图 7-10　1.5 m 高度 TSP 的 XRD 谱图

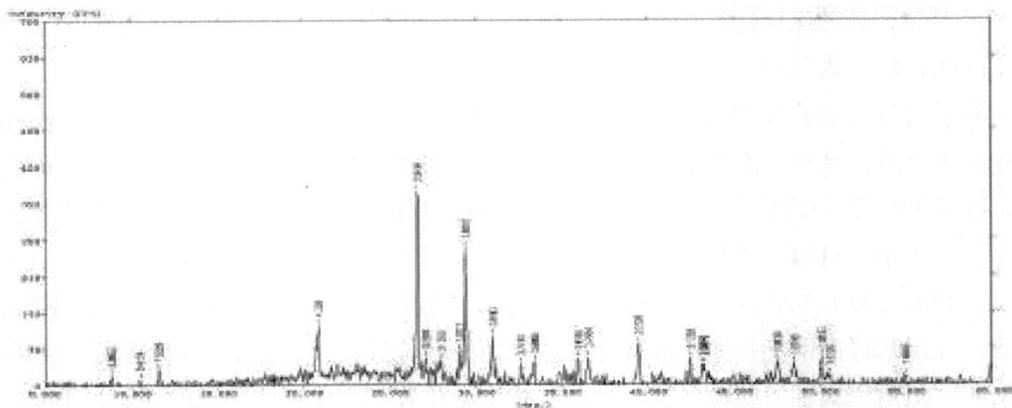

图 7-11　40 m 高度 TSP 的 XRD 谱图

表 7-10　郑州市距地面两种高度大气气溶胶 TSP 中的主要物相组成

采样高度	分子式	晶体名称	分子量	晶格常数			晶系
1.5 m	$CaAl_2Si_2O_8 \cdot 4H_2O$	Gismondine	350.27	a10.03	b10.61	c9.84	单斜
	$PbSiO_3$	硅铅石	283.28	a12.25	b7.059	c11.24	单斜
	SiO_2	石英	60.080	a4.903		c5.393	六方
	$CaSO_4 \cdot 2H_2O$	二水石膏	172.17	a6.284	b15.21	c5.677	单斜
	$CaCO_3$	方解石	100.09	a4.983		c17.02	三方
40 m	$\alpha\text{-}SiO_2$	石英	60.080	a4.903		c5.393	六方
	$CaSO_4 \cdot 2H_2O$	二水石膏	172.17	a6.284	b15.21	c5.677	单斜
	$CaCO_3$	方解石	100.09	a4.983		c17.02	三方

表 7-10 显示，在近地层 1.5 m 或 40 m 处大气气溶胶 TSP 和 PM_{10} 中，晶体结构以钙和铅的硅酸盐及钙质硫酸盐晶体为主，特别是 $CaSO_4 \cdot 2H_2O$，而这些晶体相以单斜晶系和三方晶系为主。PM_{10} 样品晶体衍射图见图 7-12 和图 7-13，表 7-11 给出了分析结果。

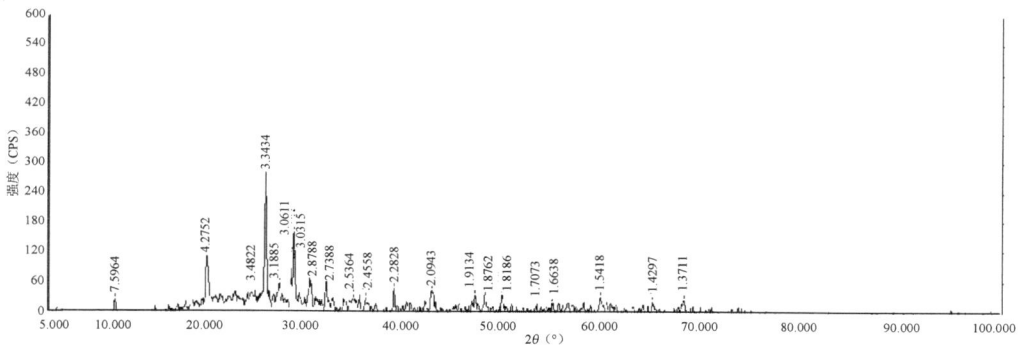

图 7-12　1.5 m 高度 PM_{10} 的 XRD 谱图

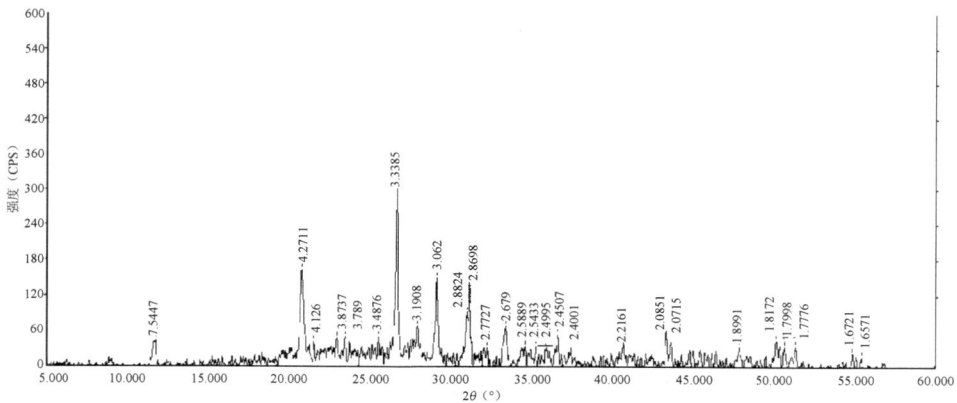

图 7-13　40 m 高度 PM_{10} 的 XRD 谱图

表 7-11　不同高度气溶胶 PM_{10} 中的主要物相组成及晶格常数

采样高度	分子式	晶体名称	分子量	晶格常数			晶系
1.5 m	K(Al，Cr，Mg)$_2$(Si，Al)	含铬海绿石	399.41	a5.256	b9.088	c10.15	单斜
	SiO_2	石英	60.080	a4.903	b4.903	c5.393	六方
	$CaSO_4 \cdot 2H_2O$	硬石膏	172.17	a6.284	b15.21	c5.677	单斜
	$CaCO_3$	方解石	100.09	a4.983		c17.02	三方
	$Ca_5(SiO_4)_2(OH，F)_2$	Reinhardbraunsite F-rich	418.58	a11.46	5.052	c8.840	单斜
40 m	$CaSO_4 \cdot 2H_2O$	硬石膏	172.17	a6.284	15.21	c5.677	单斜
	$2CaO_3Si_3O_9 \cdot H_2O$	吉水钙硅石	310.43	a9.740	b9.740	c22.40	六方

7.5.4.3　雾霾气溶胶中主要物相的定量分析

课题组用 SP-1000C 型大容量悬浮微粒采样器和 PM_{10}-1000 型切割器，采集了成分复杂的气溶胶样品，经过样品处理，用 Y-2000 型 XRD 扫描仪采集谱图，用全谱拟合精修的方法进行定量计算，气溶胶粒子样品定量分析拟合图见图 7-14。

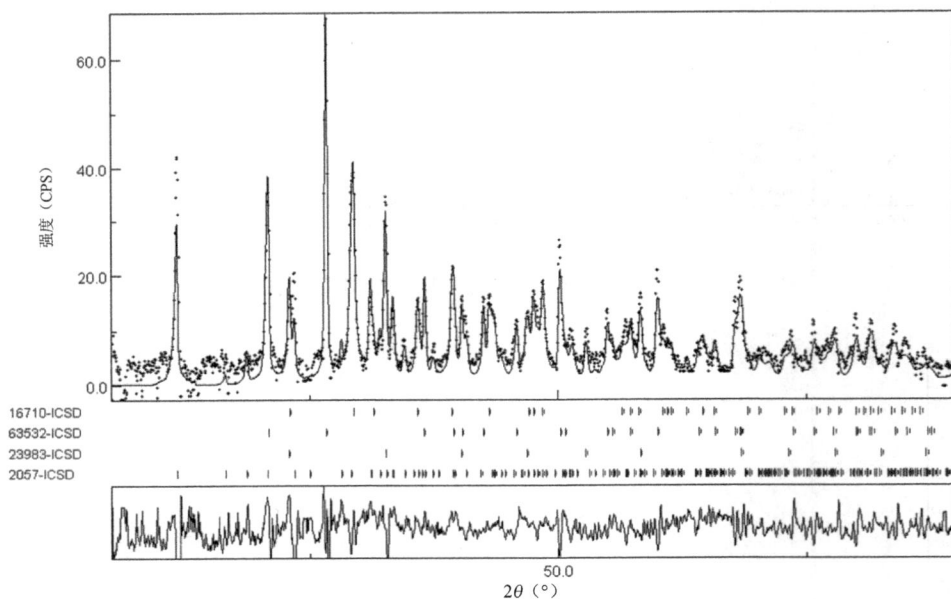

图 7-14　气溶胶粒子样品定量分析拟合图

用 XRD 衍射分析仪器大气气溶胶粒子物相分析的特点：

①用 XRD 仪器，结合 MDI Jada、Maud 软件和 Findit 数据库对 SiO_2、$CaCO_3$、

$CaSO_4 \cdot 2H_2O$、NH_4Cl 为主体的混合体系的大气气溶胶样品进行拟合定量分析，对于大部分物相而言，该仪器的精度 RSD 小于 4%；大部分物相的方法精度 RSD 小于 5%。

②根据对模拟气溶胶样品系列测定的准确度和加标试验，高含量物相（20%～50%）的误差小于或等于 6%，低含量（5%～10%）物相的试验误差大于或等于 9%。方法适于雾霾样品半定量和定量分析。

③在衍射分析中除了相邻衍射峰和重叠峰干扰之外，对于气溶胶样品来说，还存在样品处理过程化学反应的干扰。

7.6　雾霾气溶胶固体粒子的形貌分析

扫描电镜/X 射线能谱仪不仅能测定大气气溶胶中各种化学成分，还能测定其中各物质不同的形貌，这可以有助于了解气溶胶的化学组成，解析污染物来源。上述讨论中讲述的气溶胶颗粒物中含有飞灰、各种花粉、炭粒、病菌、细菌和金属盐类，都只是限于文字和语言上的描述，却很少用图片的形式显示它们的形貌。在对河南郑州、洛阳、商丘、驻马店、鹤壁和浙江温岭市石塘镇大气气溶胶采样、分析的基础上，还对其中的污染物形貌进行了分析。

7.6.1　扫描电镜及工作参数

①分析仪器：TESCAN 扫描电镜；②工作参数：二次电子为高压 30 kV；放大倍数 2～50 kx；束斑电流 12 μA；样品表面镀金。背散射为高压 20～30 kV；束斑电流 12～17 μA；镀金。

7.6.2　气溶胶固体样品中物质形貌分析

大气气溶胶中的固体粒子分为土壤扬尘、燃煤飞灰、硫氧化物与钙离子生成的硫酸钙、经化学反应生成的二次粒子、有机质固体粒子、天然海盐、工业钡盐和其他类型工业排放物。

春季气溶胶样品中物体形貌分析：由于河南春季是春暖花开的季节，是一年四季中较为干旱的季节，河南省大气气溶胶中含有的物质多以土壤扬尘（图 7-15）、沙尘、建筑粉尘、粉煤灰（图 7-16）、树木花粉（图 7-17～图 7-19）、油菜花花粉（图 7-20）和病菌为主，大气气溶胶见图 7-21～图 7-23。在东海岸的浙江温岭石塘镇的气溶胶中还有海洋生物卵和生物体（图 7-24～图 7-26）。

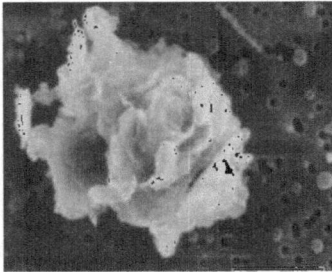

图 7-15　土壤扬尘矿物颗粒

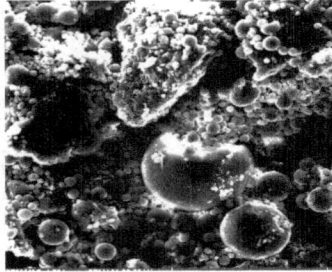

图 7-16　电厂粉煤灰颗粒微观形貌

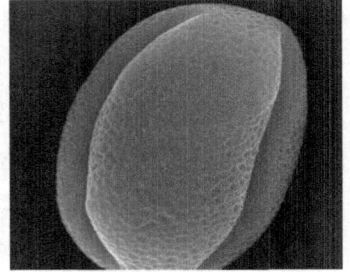

图 7-17　紫荆花花粉（正面观）

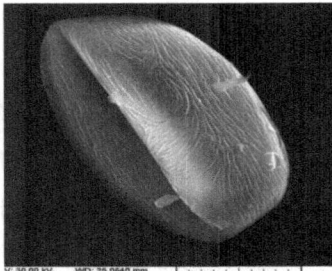

图 7-18　樱花花粉（侧面观）

图 7-19　垂柳花粉（正面观）

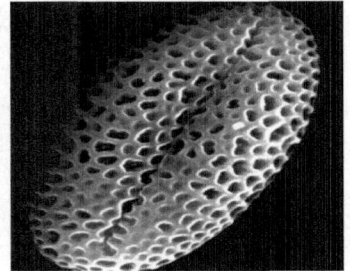

图 7-20　油菜花花粉（正面观）

图 7-21　郑州 50 m 空中采集
的气溶胶形貌

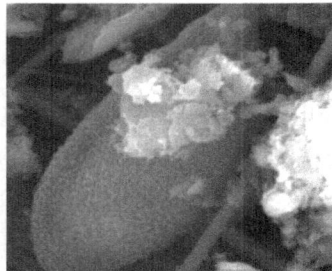

图 7-22　鹤壁大气气溶胶中的
花粉和土壤颗粒

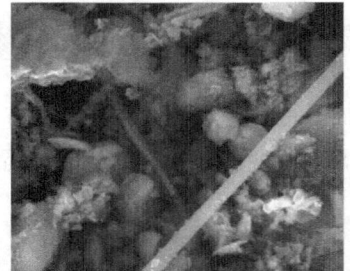

图 7-23　驻马店 100 m 空中
气溶胶样品形貌

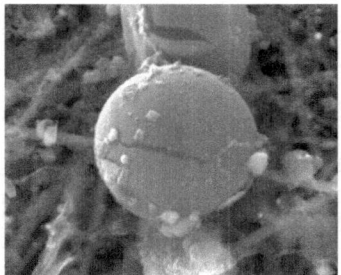

图 7-24　温岭海边海洋气溶
胶生物卵的形貌

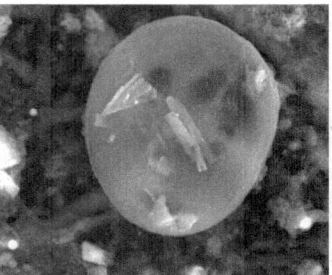

图 7-25　温岭海边海洋气溶胶
生物体形貌

图 7-26　温岭海边采集的海洋
气溶胶形貌

　　由电镜图像可知，道路尘多数颗粒呈现为表面较光滑、质地致密，粒径较大；个别粒径较小，形状不规则，表面粗糙、明暗相间，有片状、蜂窝状结构，有絮状、丝状结构，粒径不均匀，平均粒径约为 10 μm，最大粒径为 100 μm，最小粒径为 0.1 μm。土壤风沙尘（图 7-27）颗粒表面光滑明亮，质地致密，形状较为规则，可见其天然晶体结构；平均粒径约为 30 μm，最大值为 80 μm，最小值为 5 μm。沙尘天气的气溶胶（图 7-28）主要以矿物颗粒为主，约占总数的 60%以上，同时还含有一些粒度较细的颗粒，建筑类气溶胶粒子呈现无棱角，表面不光滑，包括煤烟聚集体、燃煤飞灰和盐类等。

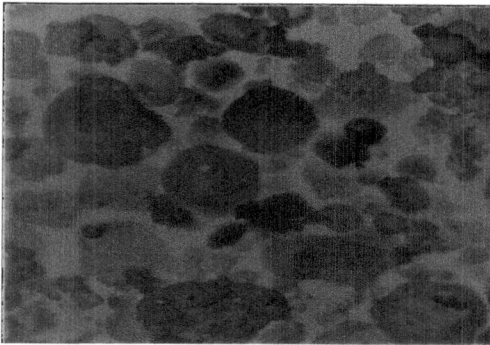

图 7-27　土壤风沙尘微观形貌

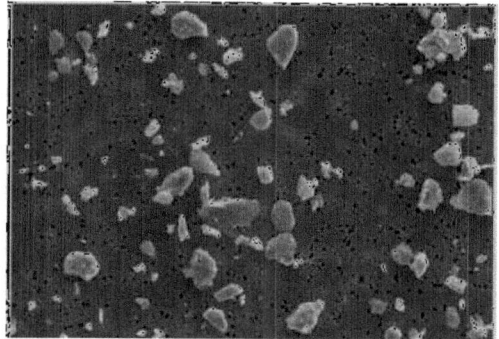

图 7-28　沙尘天气矿物颗粒的微观形貌

　　多数形状较规则，少数为较大球状颗粒，平均粒径约为 10 μm，最大粒径为 30 μm，约占总量的 2%，最小粒径为 0.1 μm（图 7-29），约占 80%。此外观察到的有害成分还有碳粒子（图 7-30），在大气中呈现多孔性絮状体。以 C、H、O、N 为主要成分的有机物颗粒（图 7-31）在大气中呈现不规则透明体。图 7-29 是城市春季气溶胶中常见的悬铃木花粉、垂柳花粉、油菜花粉等是花粉过敏源，其粒径约 5 μm，易被人体吸入，造成过敏。电镜还观察到 NaCl 和硫酸钙晶体（图 7-31～图 7-33），主要源于海洋气溶胶和工业排放的 SO_2 与 Ca^{2+} 在大气中反应产物。

图 7-29　建筑粉尘微观形貌

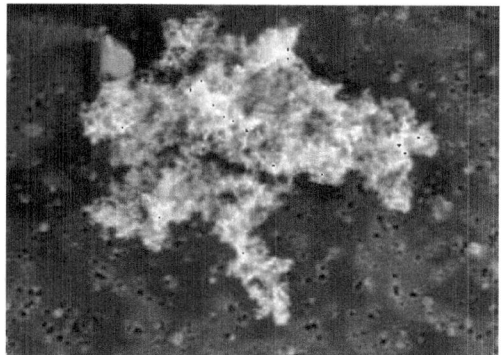

图 7-30　以碳为主的气溶胶颗粒

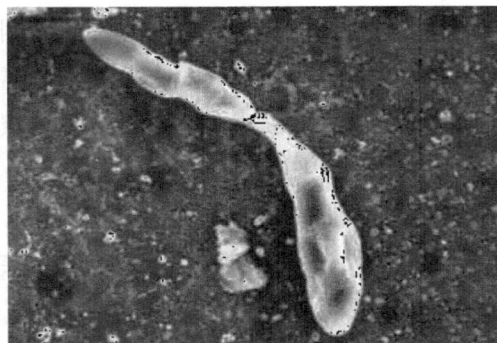

图 7-31 有机颗粒 C、H、O、N 元素

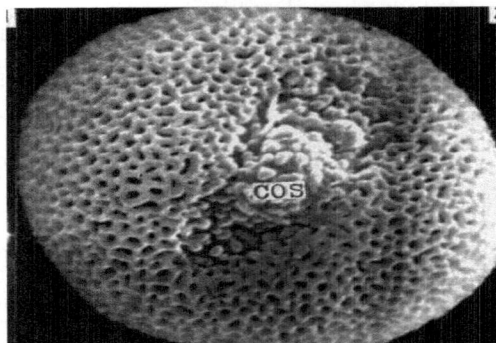

图 7-32 悬铃木花粉赤道面观

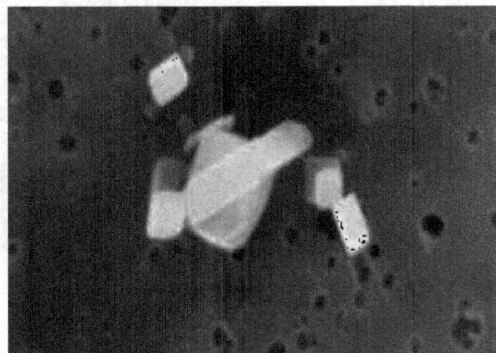

图 7-33 海盐气溶胶中的晶体（以 NaCl 为主）

图 7-34 含硫—钙元素的气溶胶晶体颗粒

本章参考文献

[1] 陈成新，李名兆. 尘埃粒子计数器的原理和使用[J]. 计量测试与检定，2004，14（6）：33-35.

[2] 李尉卿，孙军涛，李舒. 用国产 XRD 仪定量分析大气气溶胶中主要晶体物质[J]. 现代科学仪器，2009（3）：107-114.

[3] 成荣钊，武建刚，武莉莉，等. 含颗粒物试样的电子探针定量分析[J]. 电子显微学报，1985，2：1-9.

[4] 刘咸德，李玉武，董树屏，等. 生物质燃烧颗粒物的定量分析和化学形态[J]. 环境化学，2002，21（3）：209-217.

[5] 王开燕，张仁建，王雪梅，等. 北京市冬季气溶胶的污染特征及来源分析[J]. 环境化学，2006，25（6）：776-780.

[6] 董树屏，李金香，李琭. 应用扫描电镜能谱系统对大气颗粒物中单颗粒的观测和识别[J]. 电子显微

学报，2006，25（增）：328-329.

[7]　Noble C A，Prather K A.Mass Spectrom Review[J]. 2000，19：248-274.

[8]　Murphy D M. Mass Spectrom Review[J]. 2007，26：150-165.

[9]　Artaxo P，et al. Nuclear microprobe analysis and source apportionment of individual at mospheric aerosol particles[J] . Nuclear Instruments and Methods in Physics Research，1993，B75：521-525.

[10]　杨帆. 运用单颗粒气溶胶飞行时间质谱对城市大气气溶胶混合状态的研究[D]. 复旦大学，2010.

[11]　郑州市环境监测中心站，中科三清科技有限公司. 郑州市环境监测中心站 2018 年大气颗粒物源解析项目验收报告，2019.

[12]　尹婷，胡世祥，姜雪娇，等. 基于 X 射线荧光分析原理的大气重金属在线分析仪的维护与质控[J]. 中国环境监测，2017，33（5）：75-81.

[13]　吴春萍，王鸿宇，翁桅，等. 电子探针分析方法及其在电接触材料研究中的应用[J].电工材料，2014（4）：33-37.

[14]　冯小姣. 大气环境中黑碳和二次气溶胶的电子探针微区技术分析[D]. 太原：山西大学，2020.

[15]　刘咸德，李玉武，董树屏，等. 生物质燃烧颗粒物的定量分析和化学形态[J]. 环境化学，2002（3）：209-217.

[16]　吕森林，邵龙义，TIM Jones，等. 北京 PM_{10} 中矿物颗粒的微观形貌及粒度分布[J]. 环境科学学报，2005（7）：863-869.

[17]　岳爱民，刘明光，裴光文，等. 空气中总悬浮颗粒物的 X 射线衍射定性分析研究[J]. 中国环境监测，1999（1）：36-38.

[18]　刘田，裴宗平. 枣庄市大气颗粒物扫描电镜分析和来源识别[J]. 环境科学与管理，2009(2)：155-159.

第8章　大气污染气象学

无论雾霾气溶胶的来源是天然的，还是人为的，它们扩散和传播都离不开气象条件和地面的特征，尤其是气象条件对雾霾的分布、扩散、滞留有着密切的关系。大气中的各种物质随风向、风速、大气湍流运动、气温的垂直分布及大气稳定度等因素的影响，其浓度和粒度在不同地区的扩散和滞留会出现非常大的区别。因此在研究大气中雾霾性质和污染化学的同时，了解和研究影响大气运移和污染规律的气象条件是非常必要的。

8.1　大气层的气象要素

8.1.1　大气层的垂直结构

大气层的垂直结构是指气象要素的垂直分布情况，如气温、气压、大气密度和大气成分的垂直分布等。根据气温在垂直于下垫层面（指地球表面）方向上的分布，将大气层分为对流层、平流层、中间层、暖层和散逸层等5个层面。

（1）对流层

大气层的最底层。对流层的厚度因纬度而异，在赤道附近厚度为16~18 km，中纬度地区为10~12 km，两极地区为8~10 km。夏季略厚，冬季略薄。对流层的主要特征为：①集中了整个大气质量的75%和几乎全部的水蒸气（90%以上），主要的大气现象发生在该层中，是天气变化最复杂、对人类活动影响最大的一个层；②大气温度随高度增加而降低，每升高100 m 平均降温0.65℃；③空气具有强烈的对流运动，主要是由于下垫面受热不均匀及其本身特性不同所造成；④温度和湿度的水平分布不均匀，在热带海洋的上空，空气比较温暖潮湿，在高纬度内陆上空空气比较寒冷干燥，因此空气经常发生大规模的平移运动。

因受地表影响，对流层又分为两层。对流层的下层大约1.5 km 的厚度内，气流受地面阻滞和摩擦的影响大，称为边界层（或摩擦层）。其中气流从地面到50~100 m 上空的一层又称为近地层。该层是人类活动的重要场所，人类排放的气体污染物几乎集中在此；在近地层中，垂直方向上热量和动量的交换甚微，故上下气温之差很大，达1~2℃。高于地表 1 km 以上，因气流受地面摩擦力的作用较小，故称为自由大气层，主要天气过程雨、雪、雹的形成均在这一层。

在对流层的顶部有一个厚度为 1~2 km 的过渡层，称为对流顶层。该层的水蒸气和污染物基本不随高度的变化而变化，极冷的温度像一层屏障，对垂直气流有很大的阻挡作用，上升的水汽、尘埃多聚集在其下面。水蒸气凝结成冰无法到达能被剧烈的高能紫外辐射光解的高度，避免了因光解产生的氢（H）逃离地球大气。

（2）平流层

从对流层顶到 50~55 km 的大气层即平流层。从对流层顶到 35~40 km，温度随高度的变化很小，一般维持在-55℃左右，气温趋于稳定，故称为同温层。从 35 km 高度以上到平流层顶温度随高度上升迅速增高，气温达到 270~290 K（-3℃左右），该层称为逆温层。

平流层中因下冷上热，空气没有垂直对流运动，主要为大气平流运动。该层空气稀薄，水分极少，很少发生天气现象，所以进入平流层中的大气污染物在该层滞留时间很长，但该层大气含尘量低，透明度高；在 15~35 km 内，集中存在有 20 km 厚的臭氧层。因臭氧吸收紫外线辐射，故能使平流层的气温升高。臭氧层的存在保护了地球上的生命免受紫外线的伤害。但是，进入平流层的氟氯碳能与臭氧发生反应，致使臭氧层被破坏。

（3）中间层

从平流层顶到 80 km 左右的空间称为中间层。中间层的特点是，气温随高度的上升而降低，其顶部气温即 80 km 左右可降低到最低温度-83℃以下，空气更为稀薄。而大气的对流运动强烈，垂直混合明显。

（4）暖层

也称为热层，是从中间层顶部到 800 km 高度的空间层。该层在强烈的太阳紫外线和宇宙射线的作用下，氧气对太阳紫外线有强烈的吸收，大气温度随高度升高而急剧上升。该层空气极为稀薄，O_2、N_2 分子在太阳紫外线和宇宙射线的作用下发生高度电离，成为离子和电子，因此该层又称为电离层。

（5）散逸层

暖层以上的大气层统称为散逸层。该层大气处于高度电离状态，空气极为稀薄，由于受到地心引力作用很小，大气粒子处于不断向宇宙太空逃逸的过渡状态，空气粒子的运动速度很快。它是地球大气的最外层，该层气温随高度升高略有增加。

8.1.2 主要气象要素

表示大气状态的物理量和物理现象，称为气象要素。气象要素主要有气温、气压、湿度、风向、风速、云况和能见度等。

（1）气温

气温一般是指离地面 1.5 m 高处的百叶箱中观测到的空气温度。它一般用摄氏度（℃）表示，或用热力学温度（K）表示，理论上常以绝对温度计。大气层之间的温度是不同的。

气温对大气气溶胶的输送、扩散和滞留有一定的影响。气温的高低能使对流层大气产生扰动，形成风，对气溶胶的水平分布和垂直分布产生较大影响。破坏大气的稳定度，能使大气的压力增大或减小。

（2）气压

在地球重力场的作用下，大气对地球表面给予的压力，称为大气压力。单位面积所承受的大气压力称为大气的压强。在静止的大气中，任意一点的气压值等于该点单位面积上的大气柱重量。大气压单位用 Pa 表示。$1Pa = 1N/m^2$。气象上常采用百帕（hPa）作单位，1 hPa=100Pa。国际上规定温度 0℃、纬度 45°海平面上的气压为一标准大气压，即 1 个标准大气压 P_0 = 101.325Pa = 1 013.25 hPa。

过去使用的气压单位还有 mb，hPa 与 mb 和 mmHg 的换算关系：1 hPa = 100Pa = 1 mb ≌ 0.75 mmHg。

（3）气湿

空气的湿度称为气湿，它表示空气含水量的多少。常用的表示方法有绝对湿度、水汽压、饱和水汽压、相对湿度、比湿、水汽体积分数及露点等。其中以相对湿度使用得最多，是空气中水蒸气分压（水汽压）与同温度下的饱和水汽压的比值，用百分数表示。

①水汽压：大气中所含水汽产生的压力称为水汽压（e），它的单位用压强单位，用帕（Pa）、毫巴（mb）和毫米汞柱（mmHg）表示。但空气中的水汽压并不是无限制的，在一定温度和一定体积下，气体容纳水汽分子的数量是有一定限定的，如果空气的水汽压达到这个限度，这时的空气叫作饱和空气，否则就叫作不饱和空气；如果水汽含量超过这个限度就叫作过饱和空气。饱和空气中的水汽压叫作饱和水汽压（E），又叫作最大水汽气压。

饱和水汽压的大小与温度有密切关系。当温度升高时，饱和水汽压的数值增加；温度降低时，饱和水汽压的数值减小。

②绝对湿度：是指单位体积空气中的水汽含量，即在 $1 m^3$ 空气中水汽含量称为湿气的绝对湿度。绝对湿度的单位为 g/cm^3 或 kg/m^3，绝对湿度的方程为：

$$\rho_w = \frac{p_w}{R_w T} \tag{8-1}$$

式中，ρ_w——空气的绝对湿度，kg/m^3（湿空气）；

$\qquad p_w$——水汽分压，Pa；

$\qquad R_w$——水汽的体积常数，$R_w = 461.4 J/(kg \cdot K)$；

$\qquad T$——空气温度，K。

③相对湿度：空气绝对湿度与同温下饱和空气的绝对湿度的百分比。其表达式为：

$$\varphi = \frac{\rho_w}{\rho_v} \times 100\% = \frac{p_w}{p_v} \tag{8-2}$$

式中，φ——空气的相对湿度，%；

$\qquad \rho_v$——饱和绝对湿度，kg/m^3（饱和空气）；

$\qquad p_v$——饱和空气的水汽分压，Pa。

④露点：在一定气压和水汽含量条件下，如果气温逐渐下降，空气湿度将相对增加，当水汽压达到饱和状态时，水开始凝结成露，此时的温度叫作露点温度，简称露点。

⑤风和风速：气象上将水平方向的空气运动称为风，铅直方向的空气运动称为升降气流或对流。风是一个矢量，具有大小和方向。风的方向用风向表示，风的大小用风速表示。

风速是指单位时间内空气在水平方向运动的距离，单位为 m/s 或 km/h。气象部门通常测定的风向、风速是指一定时间的平均值。

⑥能见度：大气能见度是反映大气透明度的一个指标。能见度是指视力正常的人在当前天气条件下，能够从天空背景中看到或辨认出的目标物（黑色、大小适度）的最大水平距离，也称为气象视程。单位为 m 或 km。按观测者与目标物的所在高度不同分为水平能见度、斜视能见度和铅直能见度 3 类。能见度表示大气清洁、透明的程度。

影响能见度的因子主要有大气透明度、灯光强度和视觉感阈。大气能见度和当时的天气情况密切相关。当出现降雨、雾、霾、沙尘暴等天气过程时，大气透明度较低，因此能见度较差。通常将能见度观测值分为 10 级，见表 8-1。

表 8-1　能见度分级和白日视程

能见度级别	白日视程/m	能见度级别	白日视程/m	能见度级别	白日视程/m
0	<50	4	1 000～2 000	8	20 000～50 000
1	50～200	5	2 000～4 000	9	>50 000
2	200～500	6	4 000～10 000		
3	500～1 000	7	10 000～20 000		

8.1.3 大气稳定度

8.1.3.1 大气稳定度的概念

大气某一高度的气团在垂直方向上稳定的程度，叫作大气稳定度。它表示空气是否安于原在的层次，是否易于发生垂直运动，即是否易于发生对流。假想在大气中割取出一块与外界绝热密闭的气团，当气团受到某种气象因素的扰动时，产生向上或向下运动。如果它自起点移动一段距离后，又有返回到原来位置的趋势，那么这时候的大气是稳定的；如果它继续移动，没有返回原来位置的趋势，则这时候的大气是不稳定的。大气稳定度与气温垂直递减率有着密切的关系。大气垂直运动的增强或减弱，即大气稳定度取决于气温垂直递减率（γ）与干绝热递减率（γ_d）之对比。大气稳定度可以用大气的垂直温度的递减率来判断。

8.1.3.2 大气稳定度的判断

当$\gamma > 0$时，即大气的垂直温度随高度增加而降低时，大气为不稳定状态。

当$\gamma < 0$时，即大气的垂直温度随高度增加而增加时，呈现出逆温，此时大气为稳定状态。温度随高度增加得越快速，则大气越稳定。

当$\gamma = 0$时，温度不随高度而变化，则可认为大气稳定度是处于中性的。

8.1.3.3 大气稳定度分类

大气稳定度与天气现象、时空尺度及地理条件密切相关，其级别的准确划分非常困难。目前国内外对大气稳定度的分类方法已达 10 余种，应用较广泛的有帕斯奎尔法（Pasquill）和特纳尔法（Turner）。帕斯奎尔法用地面风速（距离地面高度 10 m）、白天的太阳辐射状况（分为强、中、弱、阴天等）或夜间云量的大小将稳定度分为 A～F 6 个级别，见表 8-2。大气的污染状况与大气稳定度有着密切的关系。

表 8-2 大气稳定度等级

地面风速（距地面 10 m 处）/（m/s）	白天太阳辐射			阴天的白天或夜间	有云的夜间	
	强	中	弱		薄云遮天或低 5/10	云量小于或等于 4/10
<2	A	A～B	B	D		
2～3	A～B	B	C	D	E	F
3～5	B	B～C	C	D	D	E
5～6	C	C～D	D	D	D	D
>6	D	D	D	D	D	D

8.1.3.4　逆温

具有逆温的大气层是强稳定的逆温的大气层。某一高度上的逆温层像一个盖子一样阻碍着下面的气流垂直运动，因而污染的空气不能穿过逆温层向上扩散，有可能造成下面的空气严重污染。空气污染事件大多都发生在有逆温层和静风的条件下。根据逆温层底的高度可将逆温分为辐射逆温、下沉逆温、湍流逆温、锋面逆温和地形逆温等 5 种。

（1）辐射逆温

由于地面强烈辐射冷却而形成的逆温称为辐射逆温。在晴天少云或无云、风速不大的夜间，地面很快辐射冷却，贴地气层冷却最快，空气自下而上被冷却。近地气层降温多，远地面气层降温少，而形成自地面开始的逆温。

辐射逆温厚度为数十米到数百米，辐射逆温在陆地上常年可见，尤其冬季最强。中纬度地区的冬季，辐射逆温层可达 200～300 m，有时可达 400 m 左右。高纬度地区的辐射逆温层可达 2～3 km。冬季晴天无云、微风的白天，由于地面辐射超过太阳辐射，也会形成逆温层。

（2）下沉逆温

由于空气下沉压缩增温而形成的逆温称为下沉逆温，又称为压缩逆温。如图 8-1 所示，当高压区内某一层空气发生下沉运动时，因气压逐渐增大，以及气层向水平方向的辐射，其厚度减小（$h'<h$）。这样，气层顶部比底部下沉的距离要大（$H>H'$）。因此，顶部绝热增温比底部多而形成逆温。

（3）湍流逆温

低层空气的湍流混合而形成的逆温称为湍流逆温。图 8-2 示意出了湍流逆温的形成过程，AB 表示气层在湍流混合前的气温分布，气温递减率 $\gamma>\gamma_d$，经过湍流混合后气层温度分布将逐渐趋近于 γ_d，如图 8-2 中 CD 所示。在混合层与未发生湍流的上层空气之间出现了过渡层 DE，即逆温层。这种逆温层厚度不大，约十几米。

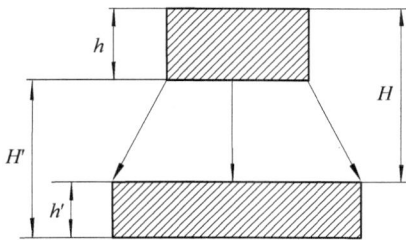

图 8-1　下沉逆温的形成过程

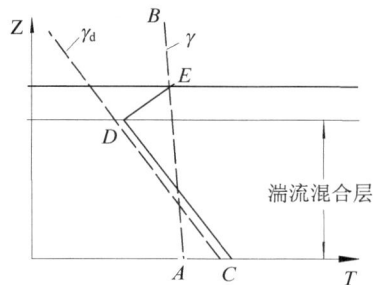

图 8-2　湍流逆温的形成过程

（4）锋面逆温

对流层中冷暖空气相遇，暖空气密度小，爬到冷空气的上面，两者之间形成一个倾斜的过渡区锋面。在锋面上如果冷暖空气的温度相差比较明显，也会出现逆温，称为锋面逆温。图8-3给出了锋面逆温示意图。在实际的大气中出现的逆温，有时是由几种原因共同形成的，比较复杂，所以必须具体分析。

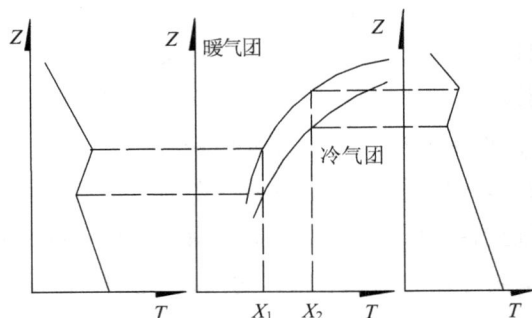

图 8-3　锋面逆温示意图

（5）地形逆温

该逆温是由于局部地区的地形而形成的。例如，在盆地或谷地中，当日落进入夜晚时，由于山坡散热较快，使坡面上的大气温度比谷、盆地中大气温度低，这种冷空气就沿斜坡下沉，使谷、盆地中温度较高的暖空气抬升，形成了上层气温比低层气温高的逆温。

8.1.3.5　大气扩散参数

大气扩散的参数是指一般正态模式中的 δ_x、δ_y、δ_z（下标 x、y、z 分别是直角坐标系的三个方向）；扩散参数可以现场测定：根据当地、当时的测定试验有以下方法：示踪剂法、平移球法、放烟照相法、固定点测量法。

经验估算法应用最多的是 P-G 扩散法，此外还有一些其他的经验估算法。P-G 扩散曲线法应用前述的大气扩散模式估算污染物浓度时，需要确定源强 Q、平均风速、有效源高 H、扩散参数。Q 值可由计算或实测得到，值可由多年的风速观测资料得到，H 的计算如上所述，余下的问题仅是如何确定 σ_y 和 σ_z。帕斯奎尔（Pasquill）于 1961 年推荐了一种仅需常规气象观测资料就可估算出 σ_y 和 σ_z 的方法。吉福德（Gifford）进一步将它做成应用更方便的图表，所以这种方法又简称 P-G 曲线法。

这一方法首先根据太阳辐射情况（云量、云状和日照）和离地面 10 m 高处的风速（帕斯奎尔称为地面风速），将大气的扩散稀释能力划分为 A～F 6 个稳定度级别。然后根据大量扩散试验的数据和理论上的考虑，用曲线来表示每一个稳定度级别的 σ_y 和 σ_z 随距离的变化。这样就可用前面导出的扩散模式进行浓度估算了。有关大气参数的 P-G 扩散曲线幂函数数据见表 8-3 和表 8-4。

表 8-3　横向扩散参数幂函数表达式数据（取样时间 0.5 h）

扩散参数	稳定度等级（P.S）	α_1	γ_1	下风距离/m
$\sigma_y = \gamma_1 \chi^{\alpha_1}$	A	0.901 074	0.425 809	0～1 000
		0.850 934	0.602 052	＞1 000
	B	0.914 370	0.281 846	0～1 000
		0.865 014	0.396 353	＞1 000
	B～C	0.919 325	0.229 500	0～1 000
		0.875 086	0.314 238	＞1 000
	C	0.924 279	0.177 154	0～1 000
		0.885 175	0.232 123	＞1 000
	C～D	0.926 849	0.143 940	0～1 000
		9.886 940	0.189 396	＞1 000
	D	0.929 418	0.110 726	0～1 000
		0.888 723	0.146 669	＞1 000
	D～E	0.925 118	0.098 563 1	0～1 000
		0.892 794	0.124 308	＞1 000
	E	0.920 818	0.086 400 1	0～1 000
		0.896 864	0.101 947	＞1 000
	F	0.929 418	0.055 363 4	0～1 000
		0.888 723	0.073 333 48	＞1 000

表 8-4　垂直扩散参数幂函数表达式数据（取样时间 0.5 h）

扩散参数	稳定度等级（P.S）	α_2	γ_2	下风距离/m
$\sigma_y = \gamma_2 \chi^{\alpha_2}$	A	1.121 54	0.079 990 4	0～300
		1.523 60	0.008 547 71	300～500
		2.108 81	0.000 211 545	＞500
	B	0.964 435	0.127 190	0～500
		1.093 56	0.057 025 1	＞500
	B～C	0.941 015	0.114 682	0～500
		1.007 00	0.075 718 2	＞500
	C	0.917 595	0.106 803	0
	C～D	0.838 628	0.126 152	0～2 000
		0.756 410	0.235 667	2 000～10 000
		0.815 575	0.136 659	＞10 000
	D	0.826 212	0.104 634	1～1 000
		0.632 023	0.400 167	1 000～10 000
		0.555 360	0.810 763	＞10 000

扩散参数	稳定度等级（P.S）	α_2	γ_2	下风距离/m
$\sigma_y = \gamma_2 \chi^{\alpha_2}$	D~E	0.776 864	0.111 771	0~2 000
		0.572 347	0.528 992	2 000~10 000
		0.499 149	1.038 10	>10 000
	E	0.788 370	0.029 752 9	0~1 000
		0.565 188	0.433 384	1 000~10 000
		0.414 743	1.732 41	>10 000
	F	0.784 400	0.062 076 5	0~1 000
		0.525 969	0.370 015	1 000~10 000
		0.322 659	2.406 91	>10 000

在平原地区农村及城区远郊的扩散参数选取按表 8-3 和表 8-4 中 A、B、C 级稳定度查算，D、E、F 级稳定度则须向不稳定方向提半级后由表 8-3 和表 8-4 查算。

小风和静风（0.5 m/s≤u_{10}<1.5 m/s）0.5 h 取样时间的扩散参数见表 8-5。

表 8-5　小风（0.5 m/s≤u_{10}<1.5 m/s）和静风（u_{10}<0.5 m/s）扩散参数的系数γ_{01}、γ_{02}

扩散参数	γ_{01}		γ_{02}	
	u_{10}<0.5 m/s	0.5 m/s≤u_{10}<1.5 m/s	u_{10}<0.5 m/s	0.5 m/s≤u_{10}<1.5 m/s
A	0.93	0.76	1.57	1.57
B	0.76	0.56	0.47	0.47
C	0.55	0.35	0.21	0.21
D	0.47	0.27	0.12	0.12
E	0.44	0.24	0.07	0.07
F	0.44	0.24	0.05	0.05

注：$\sigma_x = \sigma_y = \gamma_{01} T$，$\sigma_z = \gamma_{02} T$。

大气污染气象学对大气气溶胶污染物在大气中形成、扩散、运移、分布起着重要作用。大气的温、压、湿、风决定着大气的稳定性。温、压、湿、风波动不大，大气则处于稳定状态，在一些地区就容易形成各种逆温层，气溶胶污染物不易在大气中扩散和稀释，可能会长时间聚集于地面，从而造成地面大气污染。如果温、压、湿、风波动很大，大气处于不稳定状态，气溶胶污染物易于扩散和稀释，地面的大气质量就越清洁。

8.2　大气污染物的输送和风

8.2.1　大气污染物输送的作用力

大气污染物的输送是在各种力的作用下进行的。作用于大气的力为气压梯度力、重力、地转偏向力、摩擦力（即黏滞力）和惯性离心力。这些力之间的不同结合，构成了不同形式的大气运动和风。

风的形成。大气的水平运动（风）是因为大气受水平方向的作用而形成的。作用于大气的水平力有 4 种：① 水平气压梯度力。由于水平方向气压差的存在而作用于单位质量空气上的力。② 地球自转偏向力。即由于地球自转而产生的使运动着的大气偏离气压梯度力方向的力，又称科里奥利力。③惯性离心力。以曲率半径 r 做曲线运动的单位，质量空气所受的惯性离心力。④ 摩擦力。分为外摩擦力和内摩擦力。前者是运动空气所受到的下垫面的阻力，大小与运动速度和下垫面的粗糙度成正比，方向与运动方向相反。后者是方向不同或速度不同的两层空气之间因存在黏性产生的摩擦力。水平气压梯度力是使空气运动的直接动力，其他 3 个力是在空气开始运动以后才产生并起作用的。下面具体分述：

（1）水平气压梯度力

单位质量的空气在气压场中受到的作用力，称为气压梯度力。此力可分解为垂直和水平方向两个分量。垂直气压梯度力虽大，但由于有空气重力与之平衡，所以空气在垂直方向所受作用力并不大。水平气压梯度力虽小，但却是大气运动的主要原因。水平气压梯度力 G 的大小，与空气密度 ρ 成反比，与水平气压梯度 $\partial P/\partial n$ 成正比，即

$$G= - \partial P / \partial n\rho \qquad (8\text{-}3)$$

式中表明，只要水平方向存在气压梯度，就有水平气压梯度力作用于大气，使大气由高压侧向低压侧运动，直到有其他力与之平衡为止。举例说明，实际大气中空气密度 $\rho=1.293\,\mathrm{kg/m^3}$，水平气压梯度 $\partial P/\partial n=1\,\mathrm{hPa/}$赤道度（1 赤道度=111 km），则可算出 $G=7\times10^{-4}\,\mathrm{N/kg}$。在这一水平气压梯度作用下，1 kg 可获得 0.07 cm/s^2 的加速度，如果此力持续 3 h，可使风速由 0 增大到 7.6 m/s。可见尽管水平气压梯度力很小，但却是大气水平运动的直接动力。

（2）地球自转偏向力

由于地球自转而产生的使运动着的大气偏离气压梯度方向的力，称为地球自转偏向

力。如果以 v、ω、ϕ 分别表示风速、地球自转角速度、当地纬度，以 D 表示水平地球自转偏向力，则有：

$$D = 2v\omega\sin\phi \qquad\qquad (8\text{-}4)$$

地球偏向力具有如下性质：①伴随风速的产生而产生；②水平地转偏向力的方向垂直于大气运动方向，在北半球指向运动方向的右方，在南半球则指向运动方向的左方；③由于与运动方向垂直，所以只改变风向，不改变风速；④该力正比于 $\sin\phi$，随纬度增加而增大，在两极最大（$2v\omega$），在赤道为零。

（3）惯性离心力

当大气做曲线运动时，将受到惯性离心力的作用。其方向与大气运动方向垂直，由曲线路径的曲率中心指向外；其大小与大气运动的线速度的平方成正比，与曲线半径成反比。实际上，由于大气运动曲率半径一般很大，所以惯性离心力通常很小。

（4）摩擦力

运动速度不同的是相邻两层大气层之间以及贴近地面运动的大气和地表之间，都会产生阻碍大气运动的阻力，即摩擦力。前者称为内摩擦力，后者称为外摩擦力。外摩擦力的方向与大气运动的方向相反，其大小与运动速度和下垫面的粗糙度成正比。内摩擦力与外摩擦力的向量和称为总摩擦力。摩擦力的大小随大气高度不同而不同，在近地层中最为显著，高度越高，作用越弱，高度在 $1\sim 2$ km 处摩擦力始终存在。所以一般把 $1\sim 2$ km 以下的大气层称为摩擦层，摩擦层以上的大气层称为自由大气层。在讨论自由大气运动时，摩擦力可忽略不计。

由上可知，水平气压梯度力是引起大气运动的直接动力。其他三力视具体情况而定。

8.2.2　大气边界层中风随高度的变化

在大气边界层中，由于摩擦力随高度增加而减小，当气压梯度不随高度变化时，风速将随高度增加而增大，风向与等压线的交角随高度的增加而减小。在北半球如果把边界层中不同高度的风矢量用矢量图表示，并把它们投影到同一水平面上，把风矢量顶点连接起来，就得到一个风矢量迹线，称为艾克曼（Ekman）螺旋线，见图 8-4。从地面向高空望去，风速和风向完全接近了地转风。以上讨论的是理想的大气边界层，而实际的大气中，风矢量的变化没有那么整齐。

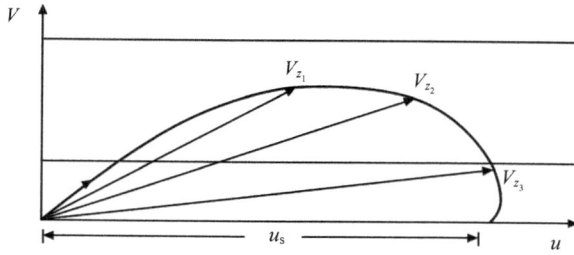

图 8-4　艾克曼螺旋线

8.2.3　近地层中的风速廓线的模式

平均风速随高度发生变化的曲线称为风速廓线，其数学表达式称为风速廓线模式。近地层的廓线模式有多种，常用的有以下两种。

8.2.3.1　对数律风速廓线模式

中性层结时近地层的风速廓线，可用对数律模式描述：

$$\bar{\mu} = \frac{\mu^*}{k} \ln \frac{Z}{Z_0} \tag{8-5}$$

式中，$\bar{\mu}$ ——高度 Z 处的平均风速，m/s；

　　　μ^* ——摩擦速度，m/s；

　　　k ——卡门（Karman）常数，常取 0.4；

　　　Z_0 ——地面粗糙度，m。

表 8-6 给出了一些有代表性的地面粗糙度。实际的 Z_0 和 μ^* 值，可利用不同高度上测得的风速值按式（8-5）求得。在近地层中性层结条件下应用对数律模式的精度较高，但在非中性层结条件下应用，将会产生较大误差。

表 8-6　有代表性的地面粗糙度

地面类型	Z_0/cm	有代表性的 Z_0/cm
草原	1～10	3
农作物地区	10～30	10
村落、分散的树林	20～100	30
分散的大楼（城市）	100～400	100
密集的大楼（大城市）	400	>300

8.2.3.2　指数律风速廓线模式

由实测资料分析得知，非中性层结时的风速廓线，可以用指数律模式描述：

$$\bar{\mu} = \bar{\mu}_1 \left(\frac{Z}{Z_1} \right)^m \tag{8-6}$$

式中，$\bar{\mu}_1$——已知高度 Z_1 处的平均风速，m/s；

m——稳定度参数。

参数 m 的变化取决于温度层结和地面粗糙度，为 $0<m<1$ 的分数，层结越不稳定时 m 值越小，m 值最好取实测值。当无实测值时，在高度 500 m 以下，可按《制定地方大气污染物排放标准的技术方法》（GB/T 13201—91）选取，见表 8-7。

表 8-7 参数 m 值

稳定度		A	B	C	D	E、F
m	城市	0.15	0.15	0.20	0.25	0.30
	乡村	0.07	0.07	0.10	0.15	0.25

一般来说，在中性层结条件下，指数律模式不如对数律模式准确，特别是在近地层。但指数率在中性条件下，能较满意地应用于 300～500 m 的气层，而且在非中性条件下应用也较为准确和方便。所以在大气污染浓度估算中应用指数率较多。

8.2.4 地方性风场

（1）海陆风

海陆风是海风和陆风的总称。它发生在海陆交界地带，是以 24 h 为周期的一种大气局地环流。海陆风是由于陆地与海洋的热力性质的差异而引起的。如图 8-5 所示，在白天，由于太阳辐射，陆地升温比较快，在海陆与大气之间产生了温度差、气压差，使低空大气由海洋流向陆地，形成海风，高空大气从陆地流向海洋，形成反海风，它们同陆地上的下降气流一起形成了海陆风局地环流。在夜晚，由于有效辐射发生了变化，陆地比海洋降温快，在海陆之间产生了与白天相反的温度差、气压差，使低空大气从陆地流向海洋，形成陆风，高空大气从海洋流向陆地，形成反陆风，它们同陆地下降气流和海面上升气流一起构成海陆风局地环流。

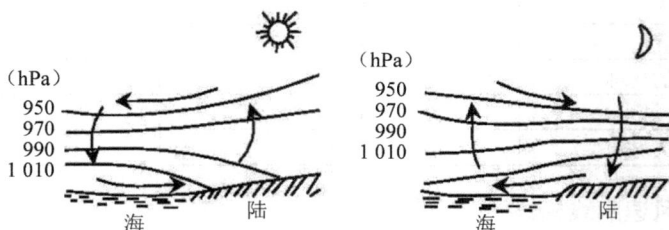

图 8-5 海陆风环流

在大湖泊、江河的水路交界地带也会产生水陆风局地环流，成为水陆风。但水陆风的活动范围和强度比海陆风要小。

由此可知，假设建设在海边的工厂，必须考虑海陆风的影响，因为有可能出现在夜间随陆风吹到海面上的污染物，在白天随海风吹回来，或者进入海陆风局地环流中，使污染物不能充分地扩散稀释而造成严重污染。

（2）山谷风

山谷风是山风和谷风的总称。它发生在山地，以 24 h 为周期的局地环流。山谷风在山区最为常见，它主要是山坡和谷地受热不均而产生的，如图 8-6 所示。在白天，太阳先辐射到山坡上，使山坡处的大气比谷地上同高度的大气温度高，形成了由谷地吹向山坡的风。在高空形成了山坡吹向山谷的反谷风。它们同山谷上升气流和谷底下降气流一起形成山谷局地环流。在夜间，山坡和山顶比谷地冷却得快，使山坡和山顶的冷空气顺山坡下滑到谷底，形成山风。在高空则形成了山谷向山顶的反山风。它们同山坡下降气流和谷地上升气流一起构成山坡风局地环流。

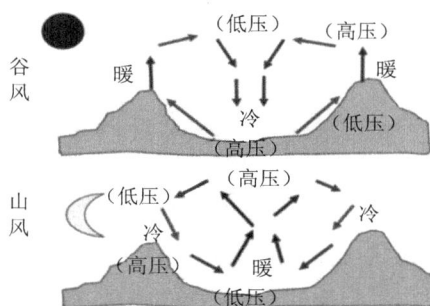

图 8-6　山谷风环流

山风和谷风的方向是相反的，但比较稳定。在山风与谷风的转换期，风向是不稳定的，山风和谷风均有机会出现，时而山风，时而谷风。此时，若有大量污染物排入山谷中，由于风向的摆动，污染物不易扩散，在山谷中停留时间较长，有可能造成严重的大气污染。

（3）城市热岛环流

城市热岛环流是由城乡温度差引起的局地风。产生城乡温度差异的主要原因是：①城市人口密集，工业集中，能源消耗量大；② 城市的覆盖物（如建筑、硬化路面等）热容量大，白天吸收太阳辐射快，夜间散发热量缓慢，使低空空气冷却变缓；③城市上空笼罩着一层烟雾和 CO_2，使地面有效辐射减弱。

由此可知，城市热量净收入比周围乡村多，平均气温比周围乡村高（特别是夜间），于是形成了所谓城市热岛。

由于城市温度通常比乡村高（尤其是夜晚），气压比乡村低，所以可以形成一种从周围乡村吹向城市的局地风，称为城市热岛环流或城市风（图 8-7）。这种风在城市市区汇合便会产生上升气流带到郊区积累起来，然后又通过从郊区吹向市区的风把这些污染物和郊区工厂排放的污染物一起带到市区，使城市空气质量恶化。因此，如果城市周围有较多的工厂排放污染物，就会使污染物向市区输送，造成城市市区污染，尤其是夜间城市上空有逆温存在时，这种污染会更严重。

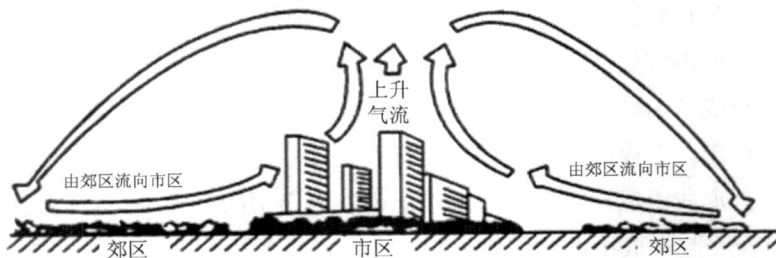

图 8-7　城市与乡村之间的热岛环流

8.2.5　大气湍流

大气湍流是指大气以不同的尺寸做无规则运动的流体状态。风速有大有小，具有阵发性，并在主导风向上也还出现上下左右无规则的阵发性搅动，这种无规则阵发性搅动的气流称为大气湍流，也叫大气乱流。大气污染物的扩散，主要靠大气湍流的作用。

假设大气正在做有规则的运动，那么，从烟囱或其他污染源排放出的烟气受风的作用传输到下风向时，只有烟云本身的分子扩散，这时烟云几乎是一个粗细变化不大的一条烟管运动。但是，实际并非如此，烟云向下风向飘移时，除本身的分子扩散外，还受大气湍流作用，使烟团周界逐渐扩张，烟气在大气中扩散的特征取决于是否存在湍流及湍涡的尺度（直径），见图 8-8。

图 8-8（a）为无湍流时，烟团仅仅依靠分子扩散，使烟团变大，烟团的扩散速率非常缓慢，其扩散速率比湍流扩散小 5～6 个数量级；图 8-8（b）在远小于其尺度的湍流中扩散，由于烟团边缘受到小湍涡的扰动，逐渐与周边空气混合而缓慢膨胀，浓度逐渐降低，烟流几乎垂直向下风向运动；图 8-8（c）为烟团在与其尺度接近的湍涡中扩散，在湍涡的切入卷出作用下烟团被迅速撕裂，大幅度变形，横截面快速膨胀，因而扩散较快，烟流呈小摆幅曲线向下风向运动；图 8-8（d）为烟团在远大于其尺度的湍流中扩散，烟团受大湍流的卷吸扰动影响较弱，其本身膨胀有限，烟团在大湍涡中夹带下做较大摆幅

的蛇形曲线运动。实际上烟云的扩散过程通常不是仅由上述单一情况所完成，因为大气中同时并存的湍涡具有不同的尺度。

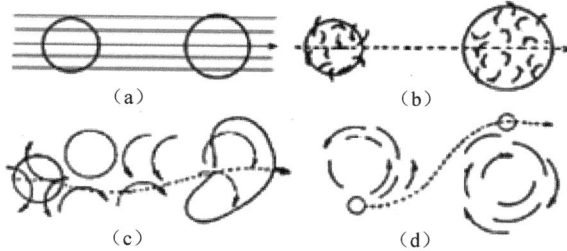

（a）　　　　　　　　　　（b）

（c）　　　　　　　　　　（d）

图 8-8　大气湍流作用下的烟团扩散

8.3　气象条件对大气雾霾的影响

8.3.1　雾霾形成气象条件的概述

许多研究认为，边界层（PBL）高度、弱风（空气流动停滞）、高的相对湿度和逆温层等是霾发生的有利气象因素。Chen 和 Wang（2015）利用日能见度数据研究了 1960—2012 年中国华北雾霾变化及其大气环流。结果表明，北纬冬季严重雾霾事件的发生与对流层低层偏北风减弱和逆温异常的发展、对流层中层偏东风减弱和对流层高层偏东北亚急流的发展普遍相关。这些因素为该地区霾事件的维持和发展提供了有利的大气背景；华北平原内风速和风向的分布以及地形对雾霾分布有决定性影响。华北平原南部减弱的东南风导致太行山脚下污染物浓度高，雾霾事件频繁发生。

据 Fu 等报道，2007 年 1 月 19 日是长江三角洲历史上最严重的气溶胶污染日，上海 $PM_{2.5}$ 和 PM_{10} 每小时浓度分别达到 466 $\mu g/m^3$ 和 744 $\mu g/m^3$ 的峰值。冷锋前异常的停滞弥散条件在此次高污染事件中起主导作用，相对湿度为 88%，地表和高空逆温以及小于 1 m/s 的低风速。据 Wu 等（2008）报道，当中国珠江三角洲地区发生重霾时，对流层中层的纬向环流较强，地面的风较弱。

恶劣气象条件包括地表弱风、低混合层、厚的逆温层和对流层中下层可能会输送大量水分的异常南风水蒸气与污染物；在不同能见度范围下气象参数、气相前体物和气粒转换会发生变化。Zhang 等（2015）发现，行星边界层从 1.24 km 下降到 0.53 km 时，风速从 1 m/s 下降到 0.5 m/s，这表明较弱的传输/扩散，可能会导致雾霾的发生。由辐射、高压脊、下沉锋面或海洋平流等因素引起的逆温可以起到抑制大气污染物混合层发展和扩散的作用。Yang 等（2015）发现，逆温层发生在地面 130 m 以上的高度，阻止了北京特大城市大气污染物的垂直扩散。Zhang 等（2015）通过引入 PLAM 指数（参数化为将气溶胶污染与气象要素联系起来的参数指数——PLAM），假设污染物浓度增加约 60%可能是由于恶劣的气象条件造成的。

除了当地的气象条件，天气模式对于描述大气扩散条件也很重要，因为它是区域空气污染变化的主要驱动力；发现 2013 年 1 月中国东部东亚冬季风相对于气候平均异常弱，这使得南方湿润空气更频繁地渗透，导致了平静稳定的条件。Qu 等（2013）也曾报道过气候和天气系统的变化会产生类似的影响，他们发现西太平洋副热带高压的增强和扩展导致天气更加稳定和潮湿，使中国东部夏季能见度下降。Wang 和 Chen（2016）认为，秋季北极海冰范围的变异性是中国东部冬季霾形成的重要强迫因素。Xu 等（2016）的一项模拟研究和实地测量表明，青藏高原（TP）热强迫的年际变化与中国中东部冬季霾的发生呈正相关。中央区域霾的频繁发生与冬季季候风的减弱、向下气流的增强和中央区对流层低层大气稳定性的增加以及高原上游的热异常有关。

大气霾事件的发生还受污染物大气运输的影响。对于华北平原来说，北临燕山，西临太行山和黄土高原，东临渤海，华北平原南部地势平坦，工业消耗量高，是一个不利于扩散的半开式盆地地形，当西南风和东南风盛行时，污染物的运移会加剧区域性空气污染。虽然次生气溶胶物种在区域交通事件中占主导地位，但有机物和黑碳在局部形成的霾事件中占主要部分。Gao 等于 2016 年应用 WRF-Chem 模型模拟了 2010 年 1 月发生的霾事件，并指出，通过远距离输送，约 64.5%的空气污染物来源于北京的 $PM_{2.5}$。

与北京相似，上海附近的高气溶胶浓度不仅是由当地的人类活动造成的，也有通过长途运输从其他地方运移来的。Chen 等（2012）通过 HYSPLIT 模型发现上海附近对流层上层的污染物也受到远距离输送的影响。Zhang 等（2015）发现，12 月 5 日至 7 日形成的严重雾霾，上海的空气污染主要来自周边省份（安徽、江苏、浙江）和东部中部省份（山东、河北）。Li 等（2015a，2015b，2015c，2015d）基于 PM 空气源解析技术（PSAT）方法，结合了带有扩展功能的综合空气质量模型（CAMx），得出的结论是，在 2013 年 1 月中国东部地区发生的 $PM_{2.5}$ 严重雾霾污染事件期间，通过长途输送到上海和苏州的 $PM_{2.5}$ 贡献率分别为 37%和 44%。2013 年 1 月，上海、北京和东海偏远岛屿华鸟岛同时出现雾霾时，Wang 等（2015）测量了 $PM_{2.5}$ 及其主要化学成分。通过潜在源区识别技术的后向气团轨迹显示，中国北部和长江三角洲上空的气团明显侵入中国东部近海。华鸟岛的 As、Cd、Cu、Zn、Al 质量比上海更接近于北京，表明东海海洋气溶胶受到了来自中国北方的污染物的人为远距离输送的严重影响。Tang 等（2016）量化了造成 PM_1 的区域性资源，2013 年 12 月，使用在线测量结合 PMF 和 LPDM 两种建模方法对雾霾中的污染进行了研究，他们发现区域运输是造成 PM_1 形成的主要来源。

通常雾霾形成的条件有五个。第一，有一定量和一定浓度的大气颗粒物。第二，大气中有相对多的硫酸盐、硝酸盐、氯离子和氨离子。第三，大气中有足够的水分，在雾霾形成的过程中以供颗粒物、硫酸盐、硝酸盐、氯化物和铵离子对水汽的吸收、增长壮大。第四，条件稳定的大气分层和低风速。大气对流层的风速为微风或静风，不会造成污染物扩散。第五，大气的对流层处于稳定状态，即对流层的气温形成了较厚的逆温层。

①受逆温层影响的地区，大气都趋于稳定，对流不易发生；因此，随寒潮所带来的逆温外，一般逆温现象都会引致地面风力微弱；空气中的悬浮粒子因聚集而使空气的质素变得恶劣。②在寒冷的冬天，当一股寒冷空气袭击之后，风小天晴，气温缓升，这时人们会渐渐感到空气越来越污浊，如果地面层空气湿度较大，则浓雾遮天蔽日，空气污染更加严重，对人体健康构成威胁。所有这些，多是由于大气结构出现"逆温"现象的结果。③在逆温层中，较暖而轻的空气位于较冷而重的空气上面，形成一种极其稳定的空气层，就像一个锅盖一样，笼罩在近地层的上空，严重地阻碍了空气的对流运动，基于这种原因，近地层空气中的水汽、烟尘以及各种有害气体，无法扩散，飘浮在逆温层下面的空气层中，有利于云雾的形成，从而降低了能见度。

在不同的气象条件下，污染物的稀释和扩散能力差异很大。在不同的大尺度环流条件下，当地的气象条件和边界层的结构可能会发生变化，从而对大气污染的形成产生重大影响。因此，了解雾霾事件（特别是持续性雾霾事件）发生的一种方法是研究循环条件以及相关环境和动态因素对雾霾形成的影响。

发达和人口稠密的地区，例如，北京、天津和河北省西南部，每年有 30 多天雾霾天。特别是在 2005 年前后北京、天津以北、石家庄、邢台和唐山的北部市区每年有超过 50 天的阴霾天。

霾主要发生在冬季，然后在春季和秋季，夏季发生的频率最低。Wu 等发现大多数在中国北部持续 3 天或更长时间的霾事件发生在秋季和冬季。

8.3.2 雾霾发生时气象条件的案例

8.3.2.1 华北雾霾天气的气象环境条件

当空气中存在大量污染物，而且大气分层稳定时，污染物无法迅速扩散，从而导致雾霾天气的形成。因此，霾天增加的原因包括人类活动和气候变化。在过去的 50 年中，华北的冬季温度呈上升趋势，而表面风速则呈明显下降趋势。温度的升高可能导致大气中水蒸气的增加，并且由于雾状颗粒的吸湿性生长特性，水蒸气是形成雾状的重要因素。

此外，地表风速的降低会削弱污染物的扩散。因此，温度升高和表面风速降低可能会导致更多的阴霾天。每天最大风速等于或低于 6 m/s 的阴霾日被定义为"弱风日"和阴天，每天最大风速高于 6 m/s 的阴霾日被定义为"强大风天"。研究发现，在华北地区，大多数情况下弱风日明显增加，而强风日明显减少。这些趋势对空气污染物的扩散有很大的负面影响，对霾的发生有积极的影响。值得注意的是，对华北地区冬季阴霾天数增加的影响是最大风速为 7～8 m/s。大气分层稳定性的变化会影响空气的垂直交换能力，大气稳定分层使得形成雾霾天气。

（1）华北持续的雾霾事件

持续雾霾事件大致可以分为两种类型。第一种类型是纬向西风（ZWA）型雾霾，当持续的雾霾事件发生时，东亚主要受 500 hPa 中层纬向环流控制，华北地区受纬向西风的影响，说明高纬度寒冷干燥空气侵入该地区较少。第二种类型是高压脊（HPR）型雾霾。持续雾霾事件时中国大陆主要被一个弱高压脊所主导，华北则受该高压脊前方西北气流的控制。当华北地区发生严重的持续雾霾时，中国大陆以低海平面气压异常高位为主，而沿海岸带以东的邻近海洋上空异常高位。高纬度地区的北风减弱并且气温升高。因此，华北地区普遍存在西风和西南风异常，对流层下部风速较弱。由于西风和西南风，周围地区的污染物很容易被运到华北。同时，由于燕山向北的阻挡，污染物不易向外扩散。相反，它们聚集在这个地区。此外，西南风有利于将温暖湿润气流输送到华北，为雾霾颗粒的吸湿性生长创造了有利的水分条件。

从另一个角度来看，持续雾霾严重时对流层底层温度升高，850～1 000 hPa 时温度升高较快，导致对流层下部的异常逆温。这种逆温可以增加边界层处大气分层的稳定性。异常的逆温可以减弱污染物的垂直扩散，进一步导致持续雾霾的长期维持。

（2）雾霾维持的动态条件

垂直运动对污染物的垂直扩散和稀释至关重要。上述两种持续性霾事件发生期间，华北地区风扩散从地面到对流层中层呈现"辐合—辐散—辐合"的三层结构。这种上辐合下辐散的风分布有利于气流下沉运动。对流层中下部的垂直下沉运动可能是持续雾霾事件形成的一个非常重要的动力机制。900 hPa 以下的浅层辐合层有利于污染物在华北周边地区的聚集。同时，对流层中下部受向下气流的控制，说明大气非常稳定，它将抑制污染物的垂直扩散。因此，这些条件有利于雾霾天气的维持和加重。

边界层受到地表的直接而强烈的影响，其厚度决定了污染物扩散的有效风量，即大气环境容量。对流层中下部的垂直下沉运动会挤压大气边界层，使其厚度减小。边界层高度越低，大气环境容量越低，有利于雾霾天气的发生、扩大和加重。此外，由于雾霾的影响，到达地表的太阳辐射减少，地表热流减少。这种降低倾向于抑制边界层高度的发展，而边界层被抑制的结构进一步减弱了污染物的扩散，导致重度污染的产生。这种雾霾和边界层高度的正反馈机制导致了华北地区大气污染更加严重。

综上所述，①在气候变暖背景下，冬季气温持续升高，地面风速下降，华北地区大气相对稳定，对霾日数的增加有显著影响。

②在大尺度环流方面，华北地区持续严重雾霾事件多发生在区域风异常（ZWA）环流或高压脊环流下。华北地区受区域风异常或对流层中上层西北气流的控制。在持续重度霾事件发生时，华北地区主要受边界层异常西南风的影响，地面风速较弱。这些条件可以将污染物从周边地区和充足的水分输送到中国北方，为持续的雾霾事件提供物质和湿度条件。

③在对流层中下部华北上空形成一股较深且稳定的向下气流，有利于边界层高度降低，形成逆温。较低的 PBL 高度可显著降低大气污染物扩散的潜在能力，导致华北地区污染物浓度较高。

8.3.2.2 雾霾在盆地区域形成的气象条件

四川盆地区域性大气污染过程的特征及其形成、维持机制已成为研究热点。人为源排放和气象条件是重污染天气形成的主要原因，气象条件对雾霾的形成、维持和沉降过程有重要影响。风速较小、静小风频率高，使污染物的水平扩散能力受到限制；空气湿度大有利于颗粒物吸湿增长和二次转化，造成污染加重；逆温现象和低边界层高度会降低大气环境容量，使污染物在有限空间内不断累积。当高空盛行西风气流或槽后为西北气流时，四川盆地通常呈静稳的天气形势，在无其他天气系统影响的情况下，大气扩散条件不利，污染物易累积。

四川盆地包含成都平原、川南和川东北三大经济区，是长江经济带的重要组成部分，也是拓展全国经济增长的重要环节。四川盆地位于青藏高原东缘，由边缘山地和内部盆地两部分构成，盆地的边缘由西部横断山脉、东部川东平行岭谷、北部大巴山脉、南部云贵高原围绕而成。盆地内部自西向东由西部平原、中部丘陵和东部平行岭谷构成。受特殊地形影响，盆地内风速小，静风频率大，尤其表现在冬季，南下冷空气通常对盆地影响较小，大气水平运动较弱，污染物易聚难消。

从区域上来看，盆地西侧的成都平原地区边界层高度较高，其次为川东北地区，川南地区模拟值最小。边界层高度是影响大气污染物在垂直方向上扩散能力的重要参数，边界层高度越高（低），越（不）利于污染物扩散。结合实际污染情况来看，2018 年 1 月 9—24 日边界层高度模拟值最低的川南地区出现了 11 天中度及以上污染，其中，自贡出现 6 天重度污染，而模拟值相对较大的成都平原地区仅出现了 6 天中度及以上污染，其中，成都和绵阳出现 2 天重度污染。根据两组试验差值分布图可以看出，NCEP-FNL 与 ECMWF-ERA5 相比，边界层高度模拟值在盆地内部较大，而在盆地东北侧的高原则较小。

逆温会抑制空气的垂直运动，不利于污染物垂直扩散，造成污染物累积。逆温层高度越低，大气污染容量越小，污染物浓度越高。四川盆地是逆温发生频率较高的地区之一，且通常发生于冬季灰霾污染易发时段，使污染加重。

温廓线是气温的垂直变化曲线，可以判断是否发生逆温现象。以 2018 年 1 月 15 日 0：00（世界时间，本地时间为 8：00）模拟结果为例，可以看出，两组试验均能模拟出逆温现象，逆温强度模拟值分别为 1.22℃（NCEP-FNL）和 0.66℃（ECMWF-ERA5），NCEP-FNL 试验模拟值相对较大，逆温强度越强，逆温层越稳定，越有利于污染物持续累积，与 NCEP-FNL 试验相比，ECMWF-ERA5 的温度露点差（温度与露点温度的差值）较小，表明空气湿度较大，且 2 000 m 左右高空温度露点差为 0，表明空气达到饱和状态。通常情况下，近地面空气达到或接近饱和状态时易形成雾，有利于颗粒物吸湿增长，引发"雾霾"天气。在整个污染过程中，两组试验低空逆温（高度小于 1 500 m）发生频率模拟结果均为 43.8%，且结果显示，此次污染过程发生逆温时，常伴有高空逆温存在（3 000～4 000 m），此类多层逆温发生时更利于污染物累积和维持，易造成重污染过程。多层逆温频率模拟结果分别为 40.6%（NCEP-FNL）和 37.5%（ECMWF-ERA5）。

相对湿度增大引发的颗粒物吸湿增长是导致污染过程中颗粒物质量浓度突增的主要原因。NCEP-FNL 试验模拟的平均气温（8.99℃）更接近观测值，而 ECMWF-ERA5 试验模拟的相对湿度（59.23%）与观测值差异更小，与 NCEP-FNL 相比，ECMWF-ERA5 模拟的相对湿度均方根误差、偏差较小，分别为 9.83%和−0.83%，但前者模拟的气温偏差值较小，为−0.04℃。

盆地内部为模拟区域的低风速区，相对湿度模拟值在 60%以上，气温高于西部山地地区。NCEP-FNL 模拟的盆地地区气温、相对湿度、风速小于 ECMWF-ERA5 模拟值，但边界层高度模拟值较大，ECMWF-ERA5 模拟的逆温强度相比较小，多层逆温频率较低，且温度露点差较小，表明空气更接近饱和状态。

Yuling Hu 等（2013）研究了中国西南地区冬季干旱和雾霾污染的大气相关结论是：

①1959 年至 2016 年西南海域冬季降水有三个主要波动。从 1959 年至 1979 年和 1980 年至 2012 年的下降趋势分别为−0.31 和−0.86 mm/a。从 2013 年至 2016 年，西南海域的冬季降水以 6.5 mm/a 的速度大幅增加。

②从 1959 年至 2016 年，冬季雾霾日在中国西南部上空发生了 3 次大的波动。从 1959 年至 1979 年，冬季雾霾日以 0.43 d/a 的速度增长；从 1980 年至 2012 年，冬季雾霾日以 0.26 d/a 的速度缓慢增长；从 2013 年至 2016 年，冬季雾霾日以 6.54 d/a 的速度快速增长。

③与中国西南部上空的冬季雾霾日相关的欧洲大陆上空的大气环流模式，与中国西南部冬季干旱有关。欧洲大陆的冬季环流与冬季干旱的相关性比与冬季雾霾日的相关性

更强，这表明冬季雾霾日的变化更为复杂，影响冬季雾霾日的因素也更加多样，例如，冬季干旱及其相关的大气环流会在西南半球诱发冬季雾霾污染。北极波动主要引起欧洲大陆上空的大气环流，与西南太平洋地区的冬季霾污染有关。

④与西南偏西的冬季雾霾日相关的太平洋和北大西洋海域温度及低环流异常，与西南偏西的冬季干旱有关。此外，海洋表面温度和低环流异常与冬季干旱的相关性比冬季雾霾日更为显著，这进一步表明冬季雾霾日的变化比冬季干旱更为复杂，并且冬季干旱及其相关的海洋表面温度和低环流异常可以诱发冬季雾霾日的变化。综合分析表明，与西南干旱相关的冬季干旱和冬季霾污染相关的海温及较低的环流异常是拉尼娜事件和北大西洋波动的负相。

8.3.3　雾霾在南方多雨地区形成的气象条件

对我国南方深圳地区出现雾霾的 8：00 时地面天气形势进行分析（表 8-8），各种天气形势下均有可能出现雾霾，地面形势为冷高压或变性高压脊时最有利于灰霾的出现，占 56%，其次是入海高压南侧；低压槽和冷锋前最不利于灰霾的出现。这里要特别指出的是，受热带气旋外围下沉气流影响也有利于雾霾的出现，如 2003 年 11 月 3 日受第 19 号热带风暴"茉莉"外围下沉气流的影响，深圳出现了有历史记录以来最严重的一次雾霾，日平均能见度仅有 5 700 m，早晨 8：00 点前后达到最低，为 1 800 m，同时伴随空气质量首次出现轻度污染。

表 8-8　深圳地区出现雾霾天气时的 8：00 时地面天气形势　　　　单位：%

地面形势	低压槽	冷锋前	冷锋过境	热带气旋外围下沉气流	弱冷空气偏东路补充	入海高压南侧	冷高压或变性高压脊
出现频率	4	4	6	6	10	14	56

出现雾霾时的地面风速一般比较小，以小于或等于 2.0 m/s 为多（63%），3.0 m/s 为次多（19%），当风速大于或等于 6.0 m/s 时，有利于污染物扩散，出现灰霾的概率不大。深圳出现灰霾天气以 NE 风最多，占 49%，与高压脊控制一致；风向为 SE、SW 和 S 风时出现灰霾的概率较小，分别占 8%、7% 和 6%，说明从海上吹来的空气水汽含量大，比较洁净，不利于灰霾的出现。从以上分析可以看出，深圳雾霾天气多出现在风速较小时（小于或等于 2.0 m/s）。

地面 24 h 变压：雾霾的出现与气压场有关，负变压时雾霾出现最多，为 56%；气压场变化不大时，出现雾霾的概率最小。说明气压场的减弱有利于雾霾的形成。

综上所述，在深圳影响雾霾出现的气象因素有地面天气形势、地面风向和风速，24 h

变压和最大连续不降雨天数。当地面受高压脊控制，吹东北风，风速小于或等于 2.0 m/s，24 h 变压小于 0 和月最大连续不降雨天数在 5 天以上最有利于雾霾的出现。

在广州秋冬季出现雾霾较多，春夏季少。这主要是由于秋冬季节冷空气活动频繁，广州市多位于变性高压脊内，空气干燥，气压稳定，风力微弱，地面附近的灰尘、汽车尾气难以扩散或稀释，从而导致雾霾天气的出现。而春夏季广州雨水充沛，雨水对空气中的灰尘等污染物起冲刷作用，不利于雾霾天气的形成。

雾霾天气的出现既与大气中的污染物浓度有关，也与天气形势和气象条件有关。雾霾天数年际变化多与大气中的污染物浓度有关，而月、季分布多受天气形势和气象条件所控制。

2013 年 12 月 8—15 日广州地区的霾事件，从气象条件来讲，出现了较高的相对湿度、低的风速等不利天气条件，有持续的弱冷空气进入，但由于冷空气强度较弱较浅，海拔1 500 m 及以上高空仍以南风为主。因此，在此次雾霾事件的前一阶段，停滞状态有利于污染物的积聚。气溶胶质量浓度的快速增加是能见度下降的主要原因。对于霾事件后期的能见度恶化，高的环境湿度导致气溶胶吸湿增长是主要原因。

根据 Zhengxuan Yuan，Jun Qin 等对武汉 2015 年 12 月 1 日至 2016 年 2 月 29 日严重雾霾日的研究分析，严重雾霾污染时期大气环流、边界层与近地面湍流有着密切的关系。他们得出的结论是，在武汉雾霾发生过程中存在明显的弱气压和几个鞍状分布。逆温层在重度雾霾发生前出现，在雾霾发生时变厚。雾霾日边界层结构指数较高，与边界层高度和湍流参数呈显著的负相关。风速一般在 5 m/s 以下，在选定的污染天气，风速很少超过 5 m/s。湍流变化特征具有特殊的表现形式，雾霾事件发生前尤为明显。雾霾过程前湍流强度始终达到异常峰值，低相对湿度污染过程前后湍流强度保持稳定。湍流动能和动量通量在重雾前均降至接近零的水平。在重雾霾过程之前，动量通量常出现异常扰动。这些扰动通常在低相对湿度污染过程之前和期间处于活跃阶段，这与保持高相对湿度的雾霾事件不同。太阳辐射与气溶胶质量浓度之间存在反馈机制，湍流异常地发生可能与波流相互作用对大气环流的调节有关。

本章参考文献

[1]　迈克尔·阿拉贝. 雾烟雾酸雨[M]. 邓海涛，译. 上海：上海科学技术文献出版社，2006.

[2]　郝吉明，马广大. 大气污染控制工程（第二版）[M]. 北京：高等教育出版社，2002.

[3]　Roy M Harrison，et al. Principles of environmental chemistry[M]. Published by The Royal Society of Chemistry，Cambridge，UK，2007.

[4]   Yihui Ding , Ping Wu, et al. Environmental and dynamic conditions for the occurrence of persistent haze events in north China[J]. Engineering, 2017（3）：266-271.

[5]   张懿，陈军辉，唐斌雁，等. 基于两种再分析资料的一次四川盆地大气污染过程气象要素数值模拟研究[J]. 环境科学学报，2020，40（9）：3093-3101.

[6]   江崟，曹春燕. 2003 年深圳市灰霾气候特征及影响因素[J]. 广东气象，2004（4）：14-15.

[7]   刘爱君，杜尧东，王惠英. 广州灰霾天气的气候特征分析[J]. 气象，2004，30（12）：69-72.

[8]   Hua Deng, Haobo Tan, et al . Impact of relative humidity on visibility degradation during a haze event [J]. A Case Study Science of the Total Environment，2016：569-570，1149-1158.

[9]   Zhengxuan Yuan，Jun Qin，et al. The relationship between atmospheric circulation，boundary layer and near-surface turbulence in severe fog-haze pollution periods[J]. Journal of Atmospheric and Solar－Terrestrial Physics，2020（200）：105216.

[10] Yuling Hu，Shigong Wang，et al. Formation mechanism of a severe air pollution event：a case study in the Sichuan Basin，Southwest China[J].Atmospheric Environment，2021（246）：118135.

[11] 郭倩，汪嘉杨，周子航. 成都市一次典型空气重污染过程特征及成因分析[J]. 环境科学学报，2018，38（2）：629-639.

[12] 王碧菡，廖婷婷，欧阳正午，等.2013—2017 年成都冬季空气质量状况改善评估[J].环境科学学报，2019，39（11）：3648-3658.

[13] 郝建奇，葛宝珠，王自发，等.2013 年京津冀重污染特征及其气象条件分析[J]. 环境科学学报，2017，37（8）：3032-3043.

[14] 宋明昊，张小玲，袁亮，等. 成都冬季一次持续污染过程气象成因及气溶胶垂直结构和演变特征[J]. 环境科学学报，2020，40（2）：408-417.

[15] 姚青，蔡子颖，刘敬乐，等. 气象条件对 2009—2018 年天津地区 $PM_{2.5}$ 质量浓度的影响[J]. 环境科学学报，2020，40（1）：65-75.

第 9 章　雾霾气溶胶污染的控制和治理

9.1　雾霾中硫酸盐的前期治理——工业脱硫技术

烟气脱硫工艺通常分为湿法、干法和半干法三类。各种烟气脱硫以使用钙基脱硫剂最为普遍。湿法烟气脱硫工艺以石灰/石灰石-石膏法为代表，技术成熟度高，脱硫效率稳定，可达 90%以上，目前是国内外工业化烟气脱硫的主要方法。干法、半干法烟气脱硫工艺以循环流化床半干法烟气脱硫技术最为先进，具有系统简单、投资费用低、占地面积小、适宜老机组改造等优点，脱硫效率也可达 90%以上，能与湿法相媲美，近年来得到较多的推广和应用。截至 2014 年，据环保部门的数据，烧结配备脱硫设施 526 台，脱硫烧结机面积为 8.7 万 m²，占烧结机总面积的 63%。根据中国环境保护产业协会统计，2019 年年底累计 8.9 亿 kW 煤电机组进行了烟气脱硫，达到了烟气超低排放水平，约占煤电总装机容量的 86%。2019 年钢铁超低排放改造项目中半干法与干法脱硫占比约为77.8%。20 世纪 80 年代，日本用氢氧化钠反应法、石灰吸收法和氨吸收法对工业排放的 SO_2 进行了烟气脱硫。截至 2012 年，美国已经将烟气脱硫共 468 台装有洗涤器的燃煤发电机组，总功率为发电量超过 185 000 MW，占发电量的 66%。

9.1.1　湿法脱硫工艺

湿法脱硫工艺（湿式 FGD（烟气脱硫））是目前使用的最常见的烟气脱硫方法，它包括多种工艺，使用了许多吸附剂，有多家公司生产制造。湿式脱硫工艺使用的吸附剂包括钙基、镁基、钠基吸附剂、氨和海水。钙基洗涤器是迄今为止最流行的，本节将讨论该项技术以及钠基和镁基吸收剂的使用、氨和海水脱硫过程。

9.1.1.1　湿法脱硫原理

石灰石-石膏湿法烟气脱硫的化学反应过程：SO_2 由气相穿过气液界面的扩散、溶解；溶解的 SO_2 的水合；在碱性介质中解离；$CaCO_3$ 固体颗粒的溶解及解离；最后形成石膏。总的反应是 SO_2 与 $CaCO_3$ 反应生成亚硫酸钙，部分生成硫酸钙。在原料里如果存在 MgO 或 $MgCO_3$，也会生成亚硫酸镁，或硫酸镁，或以 $Mg(OH)_2$ 的形式沉淀下来。其反应式如下：

$$SO_2（g）+ CaCO_3（s）+1/2H_2O == CaSO_3 \cdot 1/2H_2O（s）\downarrow + CO_2（g） \quad (9\text{-}1)$$

$$SO_2（g）+ MgCO_3（s）+1/2H_2O == MgSO_3 \cdot 1/2H_2O（s）\downarrow + CO_2（g） \quad (9\text{-}2)$$

石灰石-石灰湿法工艺是最流行的工业烟气脱硫方法。因简单性、廉价的吸附剂（石灰石）的可用性、可用的副产品（石膏）的生产、可靠性和高去除效率（可高达 99%）是这种方法流行的主要原因。虽然投资成本通常高于其他技术，但是该技术具有较低的操作成本，而且副产品具有效益。

在石灰/石灰石洗涤器中，用 5%～15% 的亚硫酸盐/硫酸盐浆液和氢氧化钙（$Ca(OH)_2$）或石灰石（$CaCO_3$）洗涤烟气。氢氧化钙是将石灰（CaO）熟化后在水中通过反应生成：

$$CaO + H_2O == Ca(OH)_2（s）+ 热量 \uparrow \quad (9\text{-}3)$$

在石灰石和石灰喷淋器中，含有亚硫酸盐/硫酸盐和新添加的石灰石或氢氧化钙的浆液被泵入喷淋塔吸收器中。SO_2 被吸收到浆体的液滴中，在浆体中发生一系列的反应。钙和吸收的 SO_2 之间的反应产生化合物半水硫酸钙（$CaSO_4 \cdot 1/2H_2O$）和二水硫酸钙（$CaSO_4 \cdot 2H_2O$）。这两种都能增强对 SO_2 的吸收，并进一步溶解石灰石和熟石灰。

在洗涤器中发生的反应是复杂的。石灰石和石灰基洗涤器的反应如下：

$$SO_2（g）+ CaCO_3（s）+1/2H_2O \longrightarrow CaSO_3 \cdot 1/2H_2O（s）+ CO_2（g） \quad (9\text{-}4)$$

$$SO_2（g）+ Ca(OH)_2（s）+H_2O \longrightarrow CaSO_3 \cdot 1/2H_2O（s）+3/2H_2O（l） \quad (9\text{-}5)$$

用于石灰石喷淋和石灰喷淋设备，经加氧反应，半水亚硫酸钙可转化为二水硫酸钙：

$$CaSO_3 \cdot 1/2H_2O（s）+3/2H_2O（l）+1/2O_2（g）\longleftrightarrow CaSO_4 \cdot 2H_2O（s） \quad (9\text{-}6)$$

但是，实际发生的反应要复杂得多，包括气－液、固－液和液－液离子反应的组合。在石灰石洗涤器中，下面的反应描述了反应过程。在吸收塔的气液接触区（湿式 FGD 吸收塔模块切面）SO_2 溶解成水态。石灰石洗涤器系统的典型示意图见图 9-1。

$$SO_2（g）\longleftrightarrow SO_2（l） \quad (9\text{-}7)$$

并被水解形成氢离子和硫酸氢盐：

$$SO_2（l）+H_2O（l）\longleftrightarrow HSO_3^- + H^+ \quad (9\text{-}8)$$

石灰石溶解在吸收剂液体中，形成钙离子和碳酸氢根离子：

$$CaCO_3（s）+H^+ \longleftrightarrow Ca^{2+} + HCO_3^- \quad (9\text{-}9)$$

然后进行酸碱中和反应：

$$HCO_3^- + H^+ \longleftrightarrow CO_2（l）+H_2O（l） \quad (9\text{-}10)$$

从泥浆中汽提 CO_2：

$$CO_2（l）\longleftrightarrow CO_2（g） \quad (9\text{-}11)$$

钙半水合物的溶解：

$$CaSO_3 \cdot 1/2H_2O \ (s) \ \longleftrightarrow \ Ca^{2+} + HSO_3^- + 1/2H_2O \ (l) \tag{9-12}$$

在洗涤塔系统的反应罐中，固体石灰石溶解成水状 [式（9-9）]，发生酸碱中和 [式（9-10）]，汽提 CO_2 [式（9-11）]，并且反应沉淀出亚硫酸钙半水合物。

$$Ca^{2+} + HSO_3^- + 1/2H_2O \ (l) \ \longleftrightarrow \ CaSO_3 \cdot 1/2H_2O \ (s) + H^+ \tag{9-13}$$

式（9-14）表示 SO_2 从气相到液相或水相的传质速率，传质速率表示为：

$$\frac{d(Gy)}{dV} = k_g \alpha (y - y^*) \tag{9-14}$$

式中，G ——气体摩尔流量，mol/s；

y ——烟气中 SO_2 的摩尔分数；

k_g ——气体膜传质系数，mol/（$m^2 \cdot s$）；

α ——界面表面积，m^2/m^2；

y^* ——气/液界面处的平衡 SO_2 浓度；

V ——气/液状态的体积，m^3。

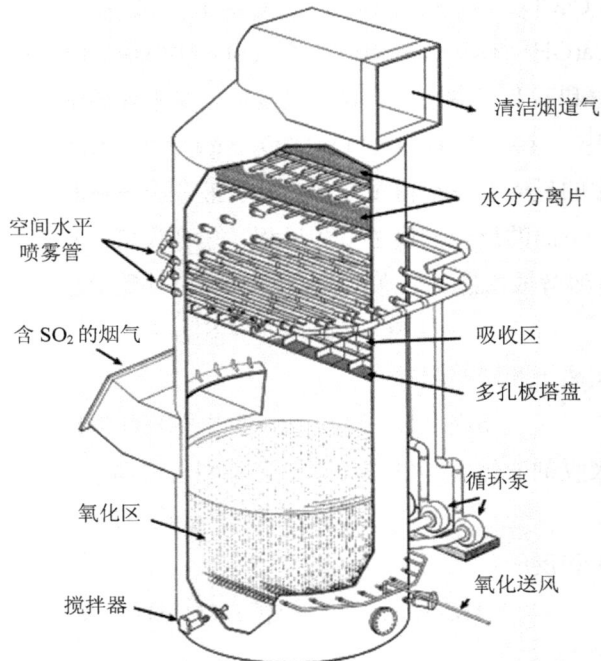

图 9-1　湿式烟气脱硫吸收塔模块剖视图

在石灰石基的湿式洗涤器中，气/液接触区的限速反应是石灰石的溶解反应[（9-15）]。石灰石溶解的反应速率为：

$$\frac{d[CaCO_3]}{dt} = k_c([H^+] - [H^+]_{eq})S_{pc}[CaCO_3] \qquad (9-15)$$

式中，$[CaCO_3]$——浆液中碳酸钙的浓度，mol/L；

k_c——反应速率常数；

$[H^+]$——氢离子浓度，mol/L；

$[H^+]_{eq}$——在以下温度下平衡的氢离子浓度，mol/L；

S_{pc}——浆液中石灰石的比表面积。

为了使半水亚硫酸钙在吸收塔中的结垢率降到最低，亚硫酸钙在吸收塔内气液接触区的溶解是必要的。当 CO_2 分压为 0.12 个大气压时，亚硫酸钙的平衡 pH 约为 6.3，这是烟气中 CO_2 的典型浓度。通常 pH 值保持在这个水平以下，以防止半水合物的亚硫酸钙溶解［即保持反应（9-12）继续向右进行］。

从吸收塔返回到反应槽的浆液的 pH 可低至 3.5，通过向槽中加入新制备的石灰石浆液，将 pH 提高到 5.2～6.2。反应池的 pH 值必须保持在低于水中碳酸钙平衡的 pH 值，即在 77°F[①]下为 7.8。

石灰洗涤器的反应方程式与石灰石洗涤器的反应方程式相似，不同之处在于以下反应分别代替了反应（9-16）和反应（9-17）：

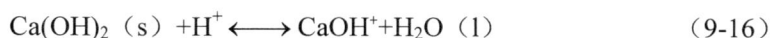

$$Ca(OH)_2（s）+H^+ \Longleftrightarrow CaOH^+ + H_2O（l） \qquad (9-16)$$

$$CaOH^+ + H^+ \Longleftrightarrow Ca^{2+} + H_2O（l） \qquad (9-17)$$

9.1.1.2 石灰石的强制氧化淋洗系统

石灰石的强制氧化淋洗系统（LSFO）是工业脱硫上最流行的系统之一。石灰石浆液用在一个开放的喷雾塔与原位氧化去除 SO_2 和形成石膏泥。与传统的石灰石脱硫系统［其产品是亚硫酸盐而不是硫酸钙（石膏）］相比，该工艺的主要优点是更容易对石膏泥进行脱水，更经济地处理洗涤产品固体，并减少了塔壁的结垢。LSFO 对 SO_2 的去除率大于 90%。

在 LSFO 系统中（图 9-2），热烟气从颗粒控制装置（通常是一个静电除尘器）出口进入喷淋塔，在里面与喷射的稀释石灰石浆接触。烟气中的 SO_2 与浆液中的石灰石反应，形成半水合物亚硫酸钙。压缩空气进入浆液产生气泡，导致亚硫酸盐自然氧化并水合形成二水合硫酸钙。在强制氧化的石灰石体系中，反应罐中的整体反应为：

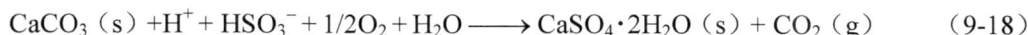

$$CaCO_3（s）+H^+ + HSO_3^- + 1/2O_2 + H_2O \longrightarrow CaSO_4 \cdot 2H_2O（s） + CO_2（g） \qquad (9-18)$$

---

① t_F（°F）=32+1.8 t（℃）。

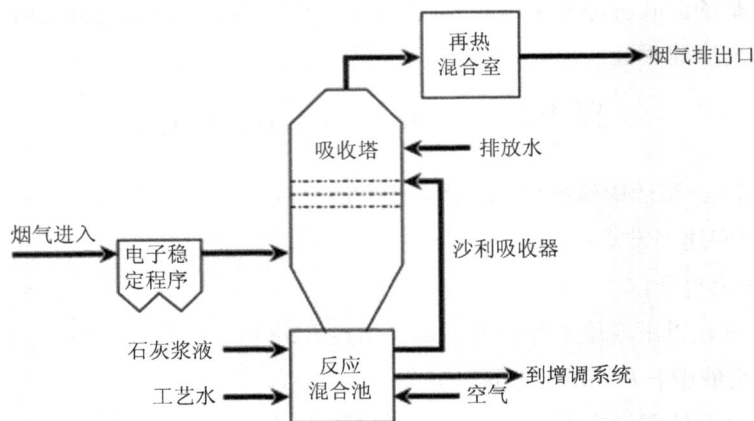

图 9-2 石灰石的强制氧化喷淋塔系统

石膏在反应罐中的结晶速率可表示为：

$$\frac{d[CaSO_4 \cdot 2H_2O]}{dt} = k(R-1)S_{pg}[CaSO_4 \cdot 2H_2O] \qquad (9-19)$$

其中，k 为结晶速率常数；$R = (A_{Ca^{2+}} \cdot A_{SO_4^{2-}} / K_{sp})$，$A_{Ca^{2+}}$ 为 Ca^{2+} 离子活度，$A_{SO_4^{2-}}$ 为 SO_4^{2-} 离子活度，K_{sp} 为溶解度；S_{pg} 为石膏的比表面积。R 是过饱和水平的量度：如果 R 大于 1，则溶液中有石膏过饱和；如果 R 小于 1，则溶液在石膏中处于亚饱和状态。

吸收剂石灰石通常以 1.1 mol $CaCO_3$/mol SO_2 的进料速率以含水浆料的形式进入开放式喷淋塔中，该工艺能够除去进口烟气中 90%以上的 SO_2。

9.1.1.3 LSFO 系统的优点和缺点

由于石膏晶体的存在和硫酸钙饱和水平的降低，降低了塔内表面的结垢电位。又可使系统具有更高的可靠性：

①石膏产品比传统石灰石系统生产的亚硫酸钙（$CaSO_3$）更容易过滤；

②最终处理产品的化学需氧量较低；

③强制氧化法使石灰石利用率高于常规系统；

④原料（石灰石）成本低，用作吸收剂；

⑤LSFO 比自然氧化系统更容易改造，因为该过程使用了较小的脱水设备。

该系统的缺点是为实现要求的 SO_2 去除效率，需相对较高的液气比，因此能耗较高。

9.1.2　钠钙双碱法脱硫

　　湿式钠基-石灰双碱法脱硫系统可以在燃烧高含硫量煤时获得较高的 SO_2 去除效率。系统的一个缺点是产生需要处理的废渣。

9.1.2.1　钠钙双碱法脱硫工艺

　　双碱法烟气脱硫技术是利用氢氧化钠溶液作为启动脱硫剂，配制好的氢氧化钠溶液直接装入脱硫塔洗涤脱除烟气中，用 SO_2 来达到烟气脱硫的目的，脱硫产物经过脱硫剂再生池还原成氢氧化钠再装入脱硫塔内循环使用。

　　（1）钠基-石灰双碱法脱硫原理

　　双碱法烟气脱硫工艺同石灰石/石灰等其他湿法脱硫反应机理类似，主要反应为烟气中的 SO_2 先溶解于吸收液中，然后离解成 H^+ 和 HSO_3^-；使用 Na_2CO_3 或 $NaOH$ 溶液吸收烟气中的 SO_2，生成 HSO_3^-、SO_3^{2-} 与 SO_4^{2-}，反应方程式如下：

$$Na_2CO_3（s）+SO_2（s）\longrightarrow Na_2SO_3（s）+CO_2（s）\uparrow \tag{9-20}$$

$$Na_2SO_3（s）+SO_2（s）+H_2O（l）\longrightarrow 2NaHSO_3（s） \tag{9-21}$$

$$Na_2SO_3（s）+1/2O_2（g）\longrightarrow Na_2SO_4（s） \tag{9-22}$$

伴随的轻微反应：

$$2NaOH（aq）+SO_2（g）\longrightarrow Na_2SO_3（s）+H_2O（l） \tag{9-23}$$

再生过程为：

$$Ca(OH)_2+Na_2SO_3\longrightarrow 2NaOH+CaSO_3 \tag{9-24}$$

$$Ca(OH)_2+2NaHSO_3\longrightarrow Na_2SO_3+CaSO_3\cdot1/2H_2O+3/2H_2O \tag{9-25}$$

氧化过程（副反应）：

$$CaSO_3+1/2O_2\longrightarrow CaSO_4 \tag{9-26}$$

$$CaSO_3\cdot1/2H_2O + 1/2O_2\longrightarrow CaSO_4 + 1/2H_2O \tag{9-27}$$

　　Wellman-lord 法利用亚硫酸钠吸收 SO_2，然后再释放出浓 SO_2 流体。在双碱法工艺中，大多数亚硫酸钠与 SO_2 反应转化为亚硫酸氢钠。有些亚硫酸钠被氧化成硫酸钠。必须对烟气进行预洗涤，以使烟气饱和并冷却到 130°F 左右。这样可以去除氯化物和剩余的飞灰，并避免在吸收器中过度蒸发，其流程见图 9-3。

　　该过程的基本吸收反应为：

$$SO_2（g）+Na_2SO_3（aq）+H_2O（l）\longrightarrow 2NaHSO_3（aq） \tag{9-28}$$

　　亚硫酸钠通过加热在蒸发器—结晶器中再生。同时产生高浓度的 SO_2 流体（即 90%）。总再生反应为：

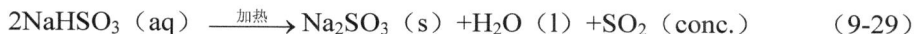

$$2NaHSO_3（aq）\xrightarrow{\text{加热}} Na_2SO_3（s）+H_2O（l）+SO_2（conc.） \tag{9-29}$$

产生的浓 SO_2 流体可以被压缩、液化和氧化来生产硫酸或还原成单质硫。

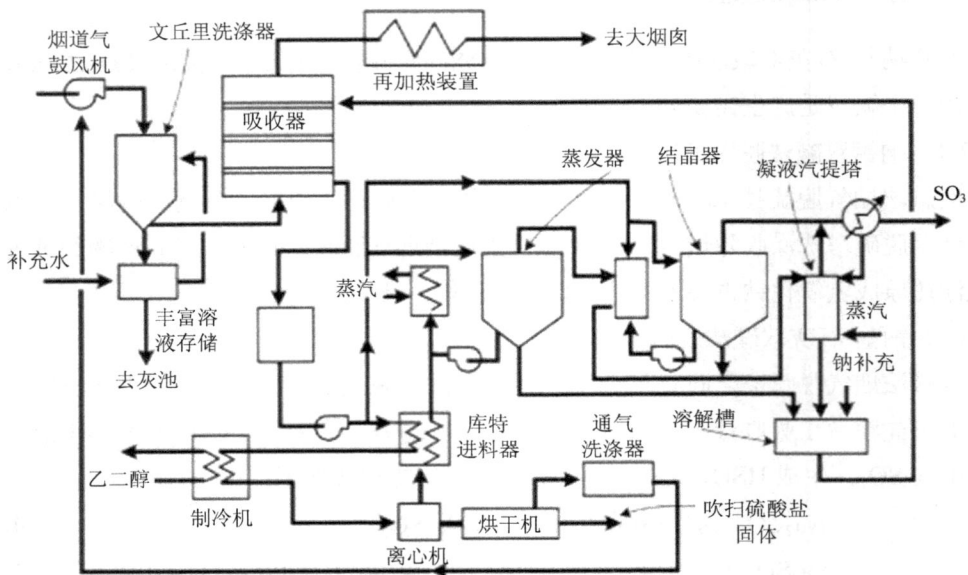

图 9-3　Wellman-lord 工艺流程

（2）双碱法的工艺过程

在钠钙双碱工艺中，热烟气退出微粒控制装置，进入一个喷淋塔，气体与喷入塔的硫酸钠溶液接触。一种初始电荷的碳酸钠（Na_2CO_3）直接与 SO_2 反应生成亚硫酸钠和 CO_2。然后亚硫酸盐与更多的 SO_2 和水反应生成亚硫酸氢钠（$NaHSO_3$）。有些亚硫酸钠被烟气中的过量氧气氧化而形成硫酸钠（Na_2SO_4）。不与 SO_2 反应，也不能通过添加石灰来生成硫酸钙。

脱硫工艺主要包括 5 个部分：①吸收剂制备与补充；②吸收剂浆液喷淋；③塔内雾滴与烟气接触混合；④再生池浆液还原钠基碱；⑤石膏脱水处理。

钠钙双碱法脱硫系统包括 3 个主要系统：烟气除尘脱硫系统、脱硫循环系统和脱硫试剂配制系统。其工艺流程为：锅炉烟气经静电除尘器净化之后，在引风机的作用下烟气通过管道进入旋流板喷淋塔，在塔内经多种脱硫除尘机理联合作用，钠碱吸收液与烟气充分接触反应，烟气中的 SO_2 被去除。烟气经脱硫处理之后，经烟囱排入大气。脱硫液在闭路循环系统内进行内循环或再生循环。塔内主循环靠主循环泵形成脱硫液的自身循环；从塔底部溢流分出一部分脱硫液再生、沉淀、澄清后由循环泵抽回送入脱硫循环塔内循环使用，最终脱硫产物在沉淀池中沉淀后与灰渣一并被机械捞出堆放或外送。石灰粉通过可控螺旋给料机加入灰化器中制成石灰浆液流入再生池。脱硫过程中钠碱成分的补充首先是在纯碱液储罐中配制成碱液，然后由碱液泵泵入清水池，以提高吸收推动力和脱硫效率，其流程见图9-4。

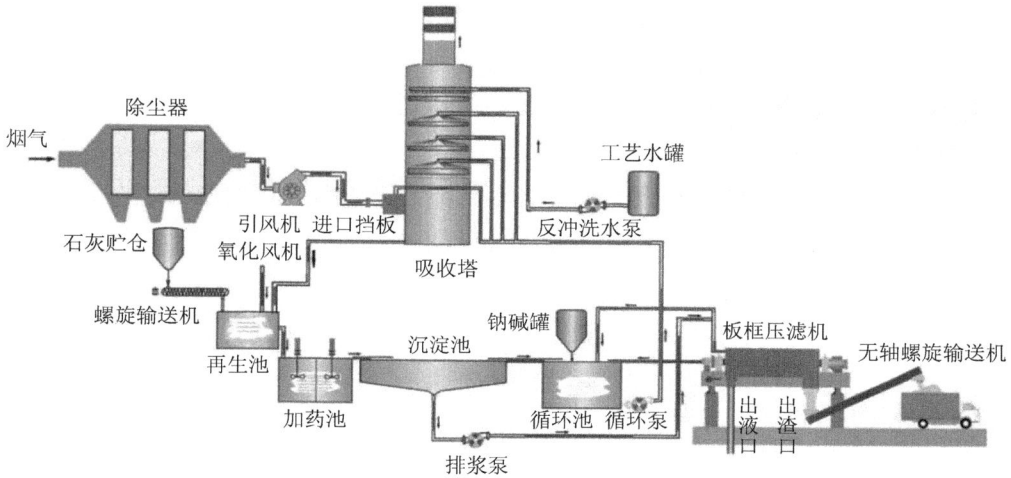

图9-4 钠钙双碱法的组成和工艺流程示意

（3）钠基-石灰双减法的优缺点

双碱法脱硫工艺降低了投资成本及运行费用，比较适用于中小型锅炉进行脱硫改造。

1）石灰双碱法比 LSFO 法具有多个优势。

● 钠碱吸收剂反应活性高、吸收速度快、液气比小、运行费用低；

● 塔内钠基清洁吸收，吸收剂、吸收产物的溶解度大，塔外再沉淀分离，可大幅度降低塔内和管道内的结垢；

● 排放的废渣无毒，溶解度极小，无二次污染；

● 钠碱循环利用，损耗少；石灰作为再生剂安全可靠，成本低；

● 溶液的 pH 相对较高，可防止腐蚀和侵蚀；

● 因吸收塔的液/气进料速率较小，故主循环泵较小；

● 由于泵较小，无喷嘴，水泵扬程低，管路不堵塞，故功耗较低；

● 运行过程液相比重不增加，灰水易沉淀分离，可降低水池的投资；

● 由于系统有高可靠性，维护工作量和材料成本较低；操作简便，系统可长期运行。

2）钠基-石灰双碱法的缺点。

① NaOH 或 Na_2CO_3 与 SO_2 反应，同时还会与烟气中的 CO_2 反应，生成 $NaCO_3$。而烟气中 CO_2 含量远高于 SO_2 含量，SO_2 与 NaOH 反应生成 Na_2SO_4 和 Na_2SO_3 的量很少。因为这两个反应同时进行，Na_2CO_3 产生量远大于 Na_2SO_4 和 Na_2SO_3 的量，Na_2CO_3 部分与

溶于水的 SO_2 再次反应，但 SO_2 在第一次喷淋洗涤后含量很少（部分与 NaOH 反应生成 Na_2SO_4 和 Na_2SO_3），二次反应后会出现大量的 Na_2CO_3 进入置换系统，故 CO_2 消耗 $Ca(OH)_2$ ［置换后实际消耗为 $Ca(OH)_2$］量很高（受脱硫效率、洗涤效率、停留时间影响）。

②Na_2SO_3 与石灰反应较快（置换系统内反应），但 Na_2SO_4 与 $Ca(OH)_2$ 很难反应，脱硫循环水中 Na_2SO_4 含量不断增加，脱硫效率不断降低，导致烟气排放超标，NaOH 消耗量大大增加。

③ Na_2SO_3 与 $Ca(OH)_2$ 反应段无有效手段控制反应效率，即无法控制置换效率，导致未经置换的 Na_2SO_3 氧化为 Na_2SO_4，因 $NaSO_4$ 很难与 $Ca(OH)_2$ 反应，导致了浪费和脱硫效率的降低。

④ 因置换系统无法分解 NaOH 和 $Ca(OH)_2$，故在喷淋水中的含量很高，会导致结垢。

9.1.3 氨法烟气脱硫工艺

氨法烟气脱硫工艺与石灰石-石膏脱硫工艺相似，不同之处在于，无水或含水氨用作洗涤剂，从烟气中去除 SO_2，最终产品是用作农业肥料的硫酸铵。氨基脱硫技术是于 20 世纪 70 年代初在日本和意大利发展起来的，用于生产化肥。

9.1.3.1 氨法烟气脱硫的原理

氨法烟气脱硫有两个基本化学反应过程：

①吸收：SO_2 吸收生成亚硫酸盐，即

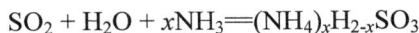
$$SO_2 + H_2O + xNH_3 =\!\!=\!\!= (NH_4)_xH_{2-x}SO_3$$

②氧化：亚硫酸盐氧化成为硫酸盐，即

$$(NH_4)_xH_{2-x}SO_3 + 1/2O_2 + （2-x）NH_3 =\!\!=\!\!= (NH_4)_2SO_4$$

氨法脱硫工艺是采用 NH_3 来吸收净化烟气的，包含了复杂的物理、化学过程。以下将从物理化学原理方面对工艺各阶段加以分析。烟气中的 SO_2 从烟气主体进入吸收液的过程是物理吸收和化学反应的过程，通过这个过程，使 SO_2 从气相进入液相而被捕获。

9.1.3.2 氨法脱硫工艺的化学流程

氨法脱硫工艺中的化学流程可分为如下几个步骤：

①烟气中 SO_2 溶解于水形成 H_2SO_3

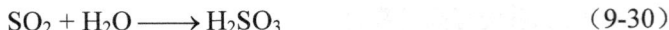
$$SO_2 + H_2O \longrightarrow H_2SO_3 \tag{9-30}$$

②氨吸收剂溶解于水形成氨水

$$NH_3 + H_2O \longrightarrow NH_4OH \longrightarrow NH_3 \cdot H_2O \tag{9-31}$$

③溶解于水形成的 $NH_3 \cdot H_2O$ 与溶解于水形成的 H_2SO_3 进行化学反应形成 $(NH_4)_2SO_4$

$$2NH_2 \cdot H_2O + H_2SO_4 \longrightarrow (NH_4)_2SO_4 + H_2O \tag{9-32}$$

④形成的$(NH_4)_2SO_3$在氧化空气的作用下氧化生成$(NH_4)_2SO_4$

$$(NH_4)_2SO_3 + 1/2O_2 \longrightarrow (NH_4)_2SO_4 \tag{9-33}$$

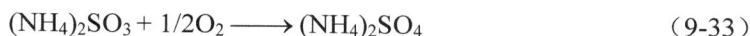

氨法脱硫过程的总化学反应式可以综合表示为：

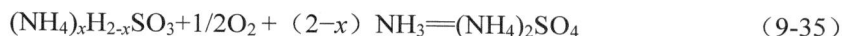

$$xSO_2+H_2O+xNH_3 = (NH_3)_x+H_2+xSO_3 \tag{9-34}$$

$$(NH_4)_xH_{2-x}SO_3+1/2O_2 + （2-x）NH_3 = (NH_4)_2SO_4 \tag{9-35}$$

虽然该综合反应式中列出了主要的反应物和生成物，但整个反应过程非常复杂，可以通过以下的一系列反应过程表示。

①脱硫塔中SO_2的吸收：烟气中的SO_2溶于水并生成亚硫酸

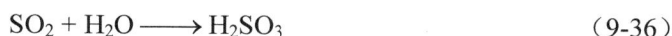

$$SO_2 + H_2O \longrightarrow H_2SO_3 \tag{9-36}$$

②亚硫酸同溶于水中的硫酸铵和亚硫酸铵反应

$$H_2SO_3 +(NH_4)_2SO_4 \longrightarrow NH_4HSO_4 + NH_4HSO_3 \tag{9-37}$$

$$H_2SO_3 +(NH_4)_2SO_3 \longrightarrow 2NH_4HSO_3 \tag{9-38}$$

③吸收剂氨的溶解

$$NH_3 + H_2O \longrightarrow NH_4OH \longrightarrow NH_4^+ + OH^- \tag{9-39}$$

由于反应（9-37）的进行，可以不断提供中和用的碱度及反应用的铵离子。氨同溶于水中的亚硫酸、硫酸氢铵和亚硫酸氢铵起反应。

④中和吸收的SO_2

SO_2极易与碱性物质发生化学反应，形成亚硫酸盐。碱过剩时生成正盐，SO_2过剩时生成酸式盐。

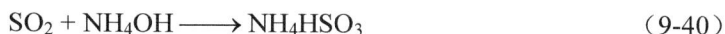

$$SO_2 + NH_4OH \longrightarrow NH_4HSO_3 \tag{9-40}$$

$$SO_2 + 2NH_4OH \longrightarrow (NH_4)_2SO_3 + H_2O \tag{9-41}$$

由于反应（9-40）、反应（9-41）的进行，可以使更多SO_2被吸收。

⑤（亚）硫酸（氢）铵氧化成硫酸（氢）铵

由于亚硫酸和酸性中间物质的形成，降低了 pH 值，因此通过添加氨，洗涤溶液的 pH 值保持在所需的水平。亚硫酸盐不稳定，可被烟气及氧化空气中的氧气氧化成稳定的硫酸铵。

向溶液中注入空气，可将剩余的亚硫酸盐氧化为硫酸铵：

$$2NH_4HSO_3 + O_2 \longrightarrow 2NH_4HSO_4 \tag{9-42}$$

$$2(NH_4)_2SO_3 + O_2 \longrightarrow 2(NH_4)_2SO_4 \tag{9-43}$$

⑥硫酸铵溶液浓缩后结晶析出硫酸铵固体

$$(NH_4)_2SO_4 + 水 \longrightarrow (NH_4)_2SO_4 固体 + 水蒸气$$

然后将硫酸铵溶液饱和，使溶液中的硫酸铵沉淀，干燥后产品可做肥料销售。即使在燃烧高硫燃料时，氨洗涤工艺也可以去除98%以上的SO_2。氨法脱硫的工艺流程见图9-5。

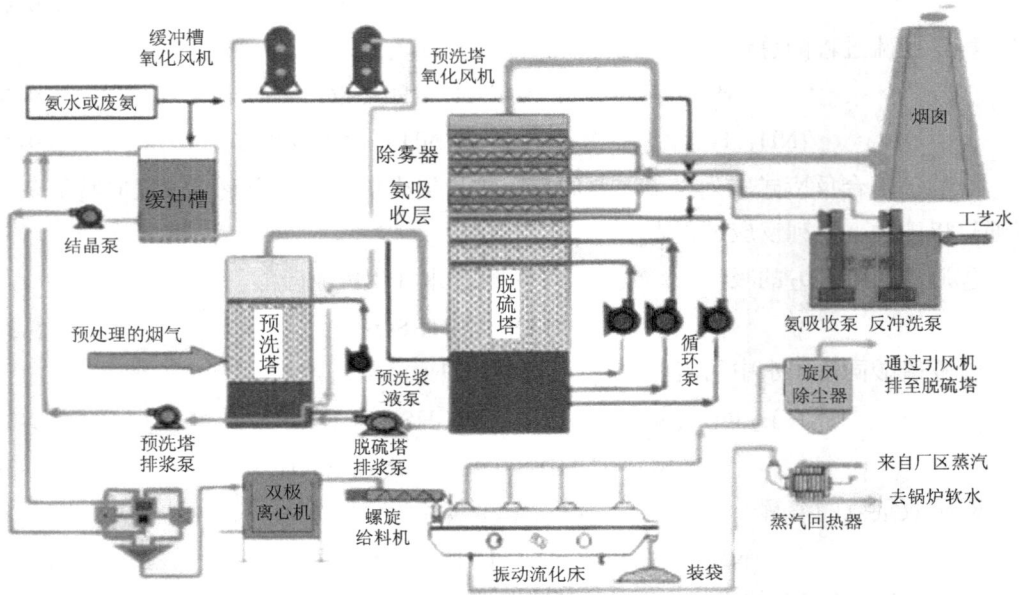

图9-5　氨法脱硫的工艺流程

9.1.3.3　氨法烟气脱硫的优缺点

（1）氨法烟气脱硫的优点

①速度快，能在瞬间完成，吸收剂利用率高，达95.97%，脱硫效率达95%～99%。②适应范围广，适合于中、高、低硫煤，对机组负荷变化适应性强，机组负荷在30%～100%波动时，脱硫装置也能正常运行，有较大的操作性。③原料易得。氨法以氨为原料，其形式可以是液氨、氨水和废氨气，原料氨有保证。④氨法脱硫的SO_2可资源化。可将污染物SO_2变为附加值较高的氮肥，变废为宝。⑤氨法脱硫不产生任何废水、废液和废渣，无二次污染。⑥设备占地面积少，一次性投资小，整个硫酸铵工序正常占地在500～600 m^2。氨法脱硫过程相对简单，设备较少。脱硫塔的阻力仅为1 000 Pa左右，无须设增压风机，电耗较石灰-石膏法要小得多。⑦氨法脱硫无新增的CO_2生成，低碳节能。

（2）氨法脱硫存在的问题

1）成本和消耗高。

以3×220 t/h锅炉为例，①脱硫剂氨价格较高，市场价格一般在2 500～3 000元/t，每小时用氨量在0.5～1 t。②电耗较高，一般每小时用电量在1 200～1 500 kW·h（电价约为0.5元/kW·h）。③水耗较高，一般每小时用水量在20～40 t（水价约为5元/t）。每小时脱硫剂消耗、电耗、水耗费用在 1 950～3 950 元。每小时硫酸铵产量为 2.5～5 t，硫酸铵按 400 元/t 计算，那么每小时销售的硫酸铵价格在 1 000～2 000 元。用 3 项耗费用减去硫酸铵销售价，那么每小时脱硫净亏 950～1 950 元。按年运行 8 000 h 计算，脱硫系统（不算人工费用、税费、检修费用）年亏损 760 万～1 560 万元。

2）腐蚀较重。

①化学腐蚀：二氧化硫遇水形成亚硫酸和硫酸，会和铁发生化学反应，对铁的腐蚀性较强。由于二氧化硫的不断存在，（遇铁的情况下）腐蚀会连续地发生。②结晶腐蚀：在烟气脱硫过程中，浆液中会有硫酸铵、亚硫酸铵和亚硫酸氢铵生成，会渗入防腐层表面的毛细孔内，当设备停用时，在自然干燥下产生结晶型盐，使防腐材料自身产生内应力而破坏，特别在干湿交替作用下，腐蚀更加严重。③冲刷腐蚀：由于氨法脱硫是饱和结晶，饱和状态下会有硫酸铵晶体析出，析出得越多，浓度就越大，浆液脱硫是在不间断的情况下连续循环的，那么析出的晶体会对设备造成连续的冲刷腐蚀，浓度越高，冲刷腐蚀越重，长时间运行后会把系统的薄的防腐层冲刷掉，是脱硫系统最严重的一种腐蚀。

3）有氨逃逸、气溶胶、气拖尾现象。

①氨逃逸产生的原因：反应时间短接触不充分，造成氨逃逸；氨水加得过多、过剩造成氨逃逸；由于氨的性质较活泼，造成氨逃逸；净烟气温度较高，造成氨逃逸；加氨位置不合理，造成氨逃逸。②气溶胶产生的原因：烟气流速大，造成浆液中小的固体颗粒随气体带出，产生气溶胶；除雾器性能差或损坏，造成浆液颗粒随气体带出，产生气溶胶；氨逃逸大，与烟气中的 SO_2 反应，生成硫酸铵，产生气溶胶。③烟气拖尾现象产生的原因：烟气中所含杂质较多及烟气流速过大产生烟气拖尾现象。

4）长周期运行有废浆液产生。

产生废浆液的原因：①除尘效果不好，前部工序带来的粉尘量超标，大量粉尘进入浆液造成硫酸铵结晶变小，直至呈泥浆状，成为废浆液。②氧化效果不好，结晶颗粒过小，离心机甩不出料，产生废浆液。

9.1.4　海水洗涤脱硫工艺

海水洗涤脱硫过程是利用海水的天然碱度（即海水的 pH 在 7.6～8.4），来自海水中的碳酸氢根离子（HCO_3^-）和碳酸根离子（CO_3^{2-}）的结合吸收 SO_2。海水具有很大的中和能力，能够实现高达 99% 的 SO_2 去除率。

9.1.4.1　海水洗涤脱硫的原理

烟气与海水反应的机理：一是烟气中的二氧化硫被海水吸收并与氧发生反应生成硫酸根离子与氢离子，由于氢离子浓度增加，海水的 pH 值降低；二是海水中碳酸根离子的大量存在，与氢离子反应生成二氧化碳和水，抵消了由于吸收 SO_2 造成的酸化作用，使 pH 值恢复正常，生成物二氧化碳部分溶于水中，其余的随气体离开海水处理厂。

海水脱硫工艺由 SO_2 吸收系统和海水处理厂两大系统组成。这个过程的化学过程与石灰强制脱硫法（LSFO）的化学过程相似，除了石灰石是完全溶解在海水中。SO_2 的吸收发生在吸收塔中，在吸收塔中海水和烟气在逆流中密切接触。当烟气与吸收塔中的海水接触时，烟气中的 SO_2 溶于水中形成亚硫酸氢盐（HSO_3^-），部分亚硫酸氢盐转化为亚硫酸盐（SO_3^{2-}）：

$$SO_2 + H_2O \longrightarrow HSO_3^- + H^+ \qquad (9\text{-}44)$$

$$HSO_3^- \longrightarrow SO_3^{2-} + H^+ \qquad (9\text{-}45)$$

亚硫酸氢盐和亚硫酸盐由于烟气中的氧气和海水而被氧化为硫酸盐：

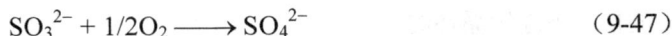

$$HSO_3^- + 1/2O_2 \longrightarrow SO_4^{2-} + H^+ \qquad (9\text{-}46)$$

$$SO_3^{2-} + 1/2O_2 \longrightarrow SO_4^{2-} \qquad (9\text{-}47)$$

由于 SO_2 溶解在海水中形成亚硫酸氢盐和亚硫酸盐，它们又被氧化成硫酸盐，产生氢离子（H^+），使海水酸化，降低其 pH 值。酸化后的污水在通过污水处理厂排放入海之前，再用海水中的碳酸氢盐和碳酸盐离子进行中和反应：

$$HCO_3^- + H^+ \longrightarrow CO_2 + H_2O \qquad (9\text{-}48)$$

$$CO_3^{2-} + H^+ \longrightarrow HCO_3^- \qquad (9\text{-}49)$$

中和步骤是通过从电厂冷却系统中加入更多的海水来获得所需的碱度。在向海洋排放之前，空气通过海水流出物吹入，确保亚硫酸氢盐和亚硫酸盐离子的充分氧化，从流出物中除去 CO_2 以提高中和效率，并补充海水中的溶解氧。

9.1.4.2　海水烟气脱硫的工艺

海水烟气脱硫工艺系统由烟气系统、吸收塔系统、供排海水系统、海水恢复系统等 4 部分组成。典型的海水烟气脱硫工艺见图 9-6。

（1）烟气系统

烟气系统的作用是将原烟气经除尘器除尘、增压分级升压、气-气换热器降温后引入吸收塔脱硫，脱硫后的烟气再经换热器升温后由烟囱排出。烟气温度越低，SO_2 吸收率越高，烟气温度较低可降低对吸收塔内防腐材料和填充料的要求。因此烟气进入吸收塔前必须降温，一般降至 80℃ 左右，烟气在吸收塔内经海水吸收净化后，温度进一步降低。当低于酸性烟气的露点时，容易出现结露，造成烟道及烟囱腐蚀；此外，低温不利于烟气扩散排放，会造成烟囱冒白烟，所以烟气排出吸收塔后一般需要经过换热器加热，使烟气升至 70℃ 以上，再经烟囱排入大气。

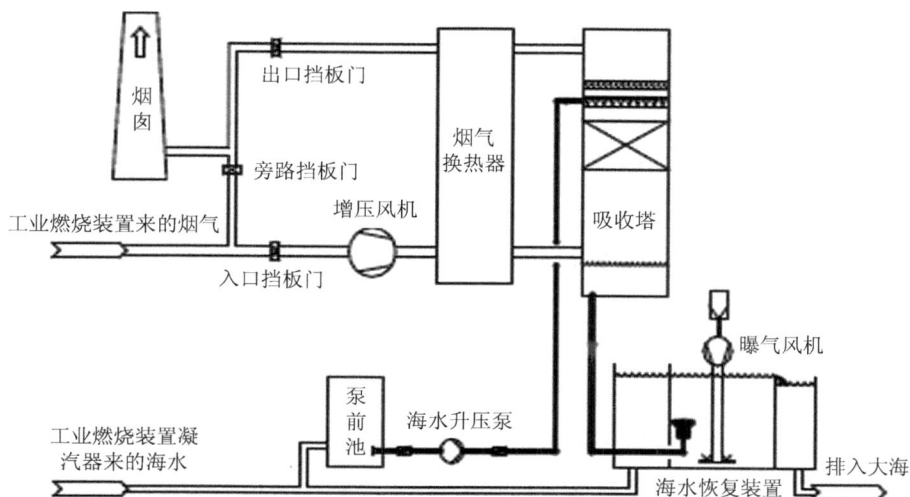

图 9-6　海水脱硫项目简单工艺流程示意

（2）吸收塔系统

吸收塔系统是海水脱硫系统的重要组成部分，SO_2 的吸收以及部分亚硫酸根的氧化都是由此完成的。自下部进入的烟气与吸收塔上部淋下的海水接触混合，SO_2 与海水发生化学反应，生成 SO_3^{2-} 和 H^+，使海水的 pH 值降低；脱硫后的烟气依次经过除尘器除去雾滴，烟气换热器加热升温后由烟囱排出。

（3）供排海水系统

供排海水系统的任务是将从凝汽器排出的海水抽取一部分到吸收塔，该部分海水占全部海水的 1/5 左右，吸收 SO_2 后的酸性海水通过玻璃钢管道流到海水恢复系统。从凝汽器排出的剩余海水自流到爆气池，与脱硫洗涤排出的水混合。

（4）海水恢复系统

洗涤烟气后的海水呈酸性，并含有较多的 SO_3^{2-}，不能直接排入海域。处理方法是将吸收塔排水引入恢复系统，与新鲜海水混合，向其中鼓入压缩空气，使海水中的溶解氧（DO）逐渐达到饱和，将亚硫酸盐氧化成稳定的硫酸盐，同时海水中的 CO_3^{2-} 与 H^+ 加速反应释放出 CO_2，使排水的 pH 值得到恢复。当 pH、COD、DO 达到排放标准后，再排入大海，处理后的海水硫酸盐每升仅增加几十毫克，占海水本底值的 3%左右，属于海水的正常波动范围。

9.1.4.3　海水烟气脱硫的优点

①不需要添加化学试剂，没有处理或处置的副产品。

②工艺简单、运行维护方便、设备投资低。采用海水脱硫技术，一座 2×900 MW 的

发电厂每年可节省运行成本 2.59 亿元（以 6 000 h 计），节省石灰石数十万吨，节约淡水 260 万 t。

③脱硫效率高，一般可达 90%，若采用海水加氢氧化钠，脱硫效率可达 95%以上。在发达国家 SO_2 去除率高达 99%。

④只需要海水和空气，不需要任何其他添加剂，避免了石灰石的开采、加工、运输和贮存，避免了废渣、废水等污染物的产生。

⑤脱硫后循环水的温升小于或等于 1℃，pH 值和溶解氧有少量降低，国外海水脱硫工艺对环境和生态影响表明，其排放的重金属和多环芳烃的浓度均未超过规定的排放标准。

9.1.4.4 海水烟气脱硫存在的问题

我国现已投运的海水脱硫装置的脱硫率一般在 90%左右，排水 pH 值普遍较低，海水对烟气脱硫系统存在的问题分析如下。

①海水对 SO_2 的吸收容量小，不能处理高含硫烟气，这是由海水的性质所决定的。海水的正常 pH 范围一般为 7.8～8.3，呈弱碱性，其含盐量约为 3.5%，具有一定的离子强度，这使得海水虽能吸收 SO_2，但吸收容量不大。因此，海水烟气脱硫目前仅适用于处理中低硫煤（含硫量小于或等于 1.5%）燃烧产生的烟气。

②脱硫率和排水 pH 值普遍偏低。海水烟气脱硫的脱硫率一般在 90%左右，而我国新环保标准对排水 pH 值的要求，由 6.5 提高到 6.8，导致早期投运的海水烟气脱硫机组必须进行改进，同时也对在建机组提出了更高的要求。

③曝气池占地面积较大，使得海水烟气脱硫装置规模过于庞大，成本增加。

④脱硫后的烟气由于结露而呈现严重的腐蚀性，加之脱硫后的海水呈酸性，这对脱硫设备使用的材料提出了更高要求。

⑤海水烟气脱硫技术和关键设备国产化率较低。我国已投运和在建的海水烟气脱硫装置所采用的技术主要来源于挪威 ABB Alstom 公司、日本富士化水公司和中国东方锅炉股份有限公司。

⑥海水脱硫工艺过程仅限于沿海发电厂。

⑦该工艺仅限于含硫低于 1.5%的燃料，否则附加工艺需要添加氢氧化钠或氧化镁等添加剂，以便在吸收器排出物排入海洋之前对其进行中和。

9.1.5 干法烟气脱硫技术

干法烟气脱硫技术（FGD）包括石灰或石灰石喷雾干燥、干式吸附剂喷射，包括炉体、省煤器、管道和混合方法，以及循环流化床洗涤器。这些工艺的特点是干式废物通常比湿式洗涤器的废物更容易处理。所有的干燥脱硫过程都是一次性的。

9.1.5.1　喷雾干燥法烟气脱硫

（1）石灰工艺的基本原理

将需要干燥的介质溶液通过喷雾装置高速旋转的强大动能在高温气体中雾化，利用高温气体的热量将雾滴水分蒸发形成干燥的粉状产品收集下来。烟气脱硫的干燥工艺是在干燥发生的同时也发生化学吸收反应，达到脱硫的目的。

在这个过程中，热烟气离开锅炉空气加热器，进入反应组合容器中。由石灰和可循环固体组成的泥浆被雾化/喷射到吸收器中。反应形成浆液：

$$CaO（s）+ H_2O（1）\longrightarrow Ca(OH)_2（s）+ 热 \tag{9-50}$$

烟气中的 SO_2 被吸收到泥浆中，与石灰和粉煤灰中的碱发生反应，形成钙盐：

$$Ca(OH)_2（s）+SO_2（g）\longrightarrow CaSO_3·1/2H_2O（s）+ 1/2H_2O（v） \tag{9-51}$$

$$Ca(OH)_2（s）+SO_3（g）+ H_2O（v）\longrightarrow CaSO_4·2H_2O（s） \tag{9-52}$$

（2）工艺过程

磨细的石灰石粉通过气力方式喷入锅炉炉膛，在 $900\sim1\,250℃$ 的炉内发生的化学反应包括石灰石的分解和煅烧、SO_2 和 SO_3 与生成的 CaO 之间的反应。颗粒状的反应产物与飞灰的混合物被烟气流带入活化塔中；剩余的 CaO 与水反应，在活化塔内生成 $Ca(OH)_2$，而 $Ca(OH)_2$ 很快与 SO_2 反应生成 $CaSO_3$，其中部分 $CaSO_3$ 被氧化成 $CaSO_4$；脱硫产物呈干粉状，大部分与飞灰一起被电除尘器收集下来，其余的从活化塔底部分离出来，从电除尘器和活化塔底部收集到的部分飞灰通过再循环返回活化塔中。

烟气中存在的氯化氢（HCl）也被吸收到浆液中并与熟石灰反应。与浆液一起进入的水被蒸发，这降低了温度并提高了洗涤后气体的水分含量。然后，洗涤后的气体通过喷雾干燥器下游的颗粒控制装置。收集到的一些反应产物（其中包含一些未反应的石灰）和粉煤灰被再循环到浆料进料系统中，其余的则被送到垃圾填埋场进行处置。影响吸收化学性质的因素包括烟道气温度、烟道气中的 SO_2 浓度以及雾化的浆料液滴大小。在反应器容器中的停留时间通常为 $10\sim12\,s$。石灰喷雾干燥法烟气脱硫工艺流程见图 9-7。

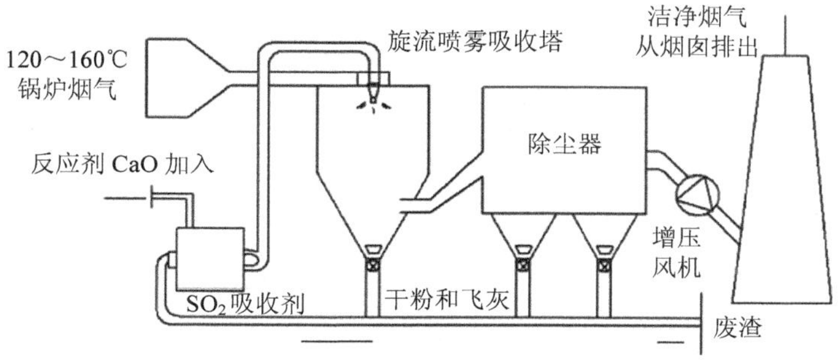

图 9-7　石灰喷雾干燥法烟气脱硫工艺流程

（3）石灰喷雾干法烟气脱硫的优点

①仅需将少量的碱性洗涤浆液泵入喷雾干燥机中即可。②该物流进入干燥机的气体，而不是系统壁。这样可以防止吸收器系统中的壁和管道被腐蚀。浆料和干燥固体的 pH 值很高，允许使用低碳钢材料而不是昂贵的合金。③喷雾干燥器产生的产品是干燥的固体，通过常规的干粉煤灰颗粒去除和处理系统，可消除对固体处理设备的脱水需求，并减少了相关的维护和操作要求。④由于所需的泵功率更少，因此总功率需求降低了。离开吸收器的气体体积饱和，不需要再加热，从而降低了投资成本和蒸汽消耗。⑤氯化物的浓度增加了 SO_2 的去除效率（而在湿式洗涤塔中，增加的氯化物浓度会降低效率），这使得冷却塔排污完成后，可以使用冷却塔排污来稀释泥浆。⑥石灰试剂吸收系统不太复杂，因此对实验室和维护人员操作要求低于湿式洗涤系统的要求。⑦干法喷钙脱硫工艺技术具有占地小、系统简单、投资和运行费用相对较少、无废水排放等。⑧如果将喷雾干法洗涤与其他 FGD 系统（例如，炉子或管道吸附剂注入）和颗粒控制技术（例如，脉冲喷射集尘室）结合使用，可以使用石灰石作为吸附剂，而不是使用成本更高的石灰。通过这种组合，SO_2 的去除效率可以超过 99%。

（4）石灰喷雾干法烟气脱硫的缺点

与 LSFO 系统相比，石灰喷雾干燥器存在一些缺点：①石灰喷雾干燥器工艺的主要产品是亚硫酸钙，因为只有 25%或更少的氧化成硫酸钙。②用于颗粒去除装置的容量比常规去除装置的容量大。③石灰蒸煮过程需要淡水，大约占系统需水量的一半。这与湿式洗涤器不同，在湿式洗涤器中，冷却塔水可用于石灰石研磨回路和大多数其他补充水应用。④喷雾干燥脱硫率只有 60%～80%，而且该技术需要改动锅炉，会对锅炉的运行产生一定影响。⑤石灰喷雾干燥过程需要比传统系统有更高的试剂进料比，以实现较高的去除效率。要达到90%的去除率大约需要 1.5 mol CaO / mol SO_2。石灰也比石灰石贵，所以操作成本增加。⑥如果使用更高的氯化煤粉和/或氯化钙，可以降低成本，因为氯化物可以提高去除效率并减少试剂消耗。

（5）应用实例

炉内喷钙炉后活化烟气脱硫工艺是一种较成熟的干法烟气脱硫工艺，在欧美都有商用业绩。芬兰 Inkoo 电厂 4 号机组（250 MW）于 1990 年投运，美国 Richmond 电厂 2 号机组（60 MW）于 1992 年投运，加拿大 Poplar River 电厂 1 号机组（300 MW）于 1990 年投运，加拿大 Shand 电厂发电机组（300 MW）于 1992 年投运。

石灰喷雾干法烟气脱硫（LIFAC）工艺需要在锅炉与电除尘器之间设置活化塔，在工艺的第一步，磨细的石灰石粉通过气力方式喷入锅炉炉膛中温度为 900～1 250℃的区域，在炉内发生的化学反应包括石灰石的分解和煅烧、SO_2 和 SO_3 与生成的 CaO 之间的反应。

颗粒状的反应产物与飞灰的混合物被烟气流带入活化塔中；在工艺的第二步，剩余的 CaO 与水反应，在活化塔内生成 $Ca(OH)_2$，而 $Ca(OH)_2$ 很快与 SO_2 反应生成 $CaSO_3$，其中部分 $CaSO_3$ 被氧化成 $CaSO_4$。

9.1.5.2　循环流化床干法脱硫系统

该技术是以循环流化床原理为基础，通过物料循环利用，在反应塔内吸收剂、吸附剂、循环灰形成浓相的状态，并向反应塔中喷入水，烟气中多种污染物在反应塔内发生化学反应或物理吸附；经反应塔净化后烟气进入下游除尘器，进一步净化烟气。

（1）主要工艺原理

再循环流化床脱硫塔中，$Ca(OH)_2$ 与烟气中的 SO_2 和几乎全部的 SO_3、HCl、HF 发生化学反应，主要化学反应方程式如下：

$$Ca(OH)_2+SO_2 \Longrightarrow CaSO_3 \cdot 1/2H_2O + 1/2H_2O \tag{9-53}$$

$$Ca(OH)_2+SO_3 \Longrightarrow CaSO_4 \cdot 1/2H_2O + 1/2H_2O \tag{9-54}$$

$$CaSO_3 \cdot 1/2H_2O + 1/2O_2 \Longrightarrow CaSO_4 \cdot 1/2H_2O \tag{9-55}$$

$$Ca(OH)_2+CO_2 \Longrightarrow CaCO_3+H_2O \tag{9-56}$$

$$2Ca(OH)_2+2HCl=CaCl_2 \cdot Ca(OH)_2 \cdot 2H_2O （>120℃） \tag{9-57}$$

$$Ca(OH)_2+2HF \Longrightarrow CaF_2+2H_2O \tag{9-58}$$

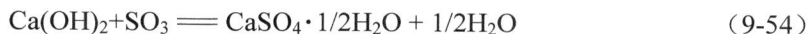

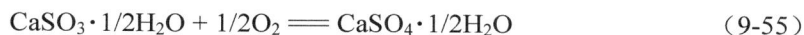

同时利用流化床高比表面积的颗粒层，可以在吸收塔中添加吸附剂和脱硝剂，达到同步脱除二噁英（PCDD/Fs）和 NO_x 等多污染物的目的。

（2）工艺过程说明

从锅炉空气预热器出来的烟气温度为 120～180℃，经预除尘后，从底部进入脱硫塔，（即 CFB 吸收塔），在此处高温烟气与加入的吸收剂、循环脱硫灰充分混合，进行初步脱硫反应，此处主要完成吸收剂与 HCl、HF 的反应。然后，烟气通过脱硫塔下部的文丘里管的加速，进入循环流化床床体；物料在循环流化床里气固两相由于气流的作用，产生激烈的湍流运动并混合作用，使之充分接触，在上升的过程中不断形成絮状物向下返回，絮状物在激烈湍流运动中不断解体重新被气流提升，形成类似循环流化床锅炉所特有的内循环颗粒流，使得气固间的滑落速度高达单颗粒滑落速度的数十倍；脱硫塔顶部结构进一步强化了絮状物的返回，提高了塔内颗粒的床层密度，使床内的 Ca/S 比高达 50 以上，SO_2 充分反应。循环流化床烟气干法脱硫系统流程图见图 9-8。

在文丘里的出口扩散管段设有喷水装置，喷入的水雾用于降低脱硫反应器内的烟气温度，使其降低至高于露点 20℃左右，SO_2 与 $Ca(OH)_2$ 的反应转化为可以瞬间完成的离子型反应。吸收剂、循环脱硫灰在文丘里段以上的塔内进行第二步反应，生成副产物 $CaSO_4 \cdot 1/2H_2O$。此外，还有与 SO_3、HF 和 HCl 反应生成的副产物 $CaSO_4 \cdot 1/2H_2O$、CaF_2、$CaCl_2 \cdot Ca(OH)_2 \cdot 2H_2O$

等。烟气在上升过程中，颗粒一部分随烟气被带出脱硫塔，一部分因自重重新回流到循环流化床内，增加了流化床的床层颗粒浓度和延长了吸收剂的反应时间。

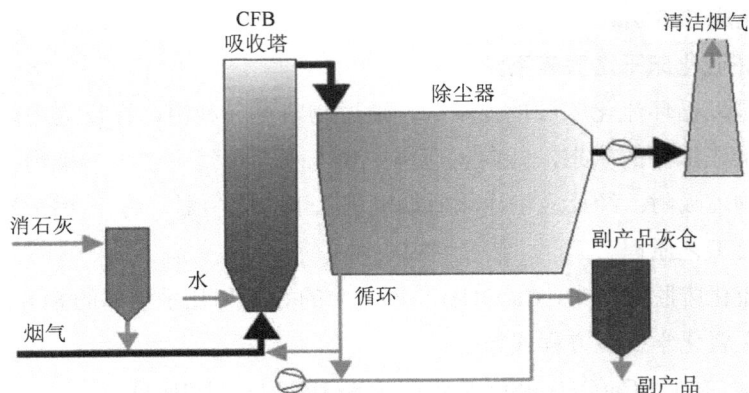

图 9-8　循环流化床烟气干法脱硫系统流程

SO_2 与 $Ca(OH)_2$ 的颗粒在循环流化床中的反应过程是一个外扩散控制过程，SO_2 与 $Ca(OH)_2$ 之间的反应速度主要取决于 SO_2 在 $Ca(OH)_2$ 颗粒表面的扩散阻力，或者是 $Ca(OH)_2$ 表面气膜厚度。当滑落速度或颗粒的雷诺数增加时，$Ca(OH)_2$ 表面的气膜厚度减小，SO_2 进入 $Ca(OH)_2$ 的传质阻力减小，传质速率加快，从而加快 SO_2 与 $Ca(OH)_2$ 颗粒的反应。

喷入降低烟气温度的水，以激烈湍动的、拥有巨大表面积的颗粒作为载体，在塔内得到充分的蒸发，保证了进入后继除尘器中的灰具有良好的流动状态。

净化后的含尘烟气从脱硫塔顶部侧向排出，然后转向进入脱硫后除尘器进行气固分离，再通过引风机排入烟囱。经除尘器捕集下来的固体颗粒，通过除尘器下部的脱硫灰再循环系统，返回脱硫塔继续参加反应，如此往复循环。

（3）应用实例

1）山西榆社发电厂二期工程。

翟吉等报道了山西榆社发电厂二期工程装机容量 $2 \times 300\ MW$ 机组安装循环流化床烟气干法脱硫装置。脱硫参数见表 9-1。

按照设计工艺要求，在吸收床层压降大约为 1.6 kPa，喷水后出口温度为 70～75℃的情况下，脱硫除尘岛系统主要设备：电除尘器系统、吸收塔及烟道、流化风系统、蒸汽加热系统、物料循环系统、气力输送系统、仪器仪表控制系统、CEM 烟气在线监测系统、电力系统等。3 号脱硫岛年运行 5 670 h，CaO 消耗量为 33 625.7 t；4 号脱硫岛年运行 5 499 h，CaO 消耗量为 34 367.5 t，Ca/S 为 1.3～1.43，脱硫效率为 85%～93%，出口颗粒物浓度均小于 100 mg/m³，最小值小于 50 mg/m³。脱硫效果见表 9-2。

表 9-1 脱硫参数

项目名称	单位	设计煤种	校核煤种 1	校核煤种 2
吸收塔尺寸	mm	10 500×56 500		
设计脱硫效率	%	≥91	≥91	≥91
吸收塔入口烟气量	Nm/h	1 116 000（湿标）		
吸收塔出口烟气温度	℃	≥75		
	Ca/s	≤1.22	≤1.26	
脱硫除尘器总阻力	kPa	≤2.0	≤2.1	
吸收剂耗量(生石灰)	t/h	≤4.4	≤5.75	
系统运行耗电量	kW	≤2 105	≤2 180	
系统运行耗水量	t/h	≤31.8	≤33.2	

表 9-2 除尘脱硫性能效率结果

项目名称		单位	试验数值 1	试验数值 2	保证值
机组负荷		MW	283	285	
主蒸汽流量		t/h	935.84	935.95	
主蒸汽压力		MPa	16.56	16.78	
煤中硫含量		%	1.86	1.86	
石灰石纯度		%	65.06	65.06	
脱硫除尘岛进口烟气温度		℃	148	147	
脱硫除尘岛进口 SO_2 含量		mg/Nm³	4 012.66	5 443.13	
脱硫除尘岛出口 SO_2 含量	甲侧	mg/Nm³	325.82	465.56	
	乙侧	mg/Nm³	333.20	441.67	
	平均	mg/Nm³	329.51	453.62	
脱硫效率	甲侧	%	91.88	91.45	
	乙侧	%	91.69	91.89	
	平均	%	91.79	91.67	≥91%
Ca/S	实测值		1.49	1.35	≤1.26
	修正值		1.23	1.21	
脱硫除尘岛石灰粉平均耗量		t/h	13.33	15.19	≤5.75
脱硫除尘岛平均耗水量		t/h	57.53	55.29	≤31.8
脱硫除尘岛平均耗电量		kW	1 920	1 939	≤2 105
脱硫除尘岛系统总阻力	甲侧	kPa	2.36	2.33	
	乙侧	kPa	2.40	2.34	
	实测平均	kPa	2.38	2.34	≤2.10
	修正值	kPa	2.09	2.12	
脱硫除尘岛系统总漏风率	甲侧	%	3.85	3.88	
	乙侧	%	3.78	3.84	
	平均	%	3.82	3.86	≤4

项目名称		单位	试验数值		保证值
			1	2	
脱硫除尘岛平均噪声		dB	78.48		≤85
脱硫除尘岛出口烟气温度		℃	78	76	≤75
实测 NO_x 排放量	甲侧	ppm	570.13	561.10	
	乙侧	ppm	568.13	548.70	
	平均	ppm	569.13	554.90	
NO_x 排放量（折算到 O_2=6%，标准状态下）	甲侧	mg/Nm³	851.29	837.81	
	乙侧	mg/Nm³	858.18	829.30	
	平均	mg/Nm³	854.74	833.56	≤500
脱硫除尘岛出口粉尘排放量	甲侧	mg/Nm³	40.99	39.77	
	乙侧	mg/Nm³	39.65	39.89	
	平均	mg/Nm³	40.32	39.83	≤100

2）郑州荣奇热电能源有限公司 1 号机组脱硫改造工程。

2015 年 4 月 14 日脱硫设施投入运行。目前主要污染物达到超低排放标准要求，成为国内首台 670 t/h 自然循环中储式煤粉锅炉，采用烟气循环流化床半干法脱硫工艺改造达到超低排放的机组。该技术在 1×210 MW 机组运行成功，各项指标达到环保要求。出口烟气浓度实现 SO_2 小于或等于 35 mg/Nm³、烟尘浓度小于或等于 5 mg/Nm³ 的超低排放要求。

（4）烟气循环流化床干法脱硫技术的优点

①脱硫装置前无须安装高效预除尘器；②脱硫副产品为干灰；③无须烟气再热装置（始终在烟气露点温度以上运行）；④几乎 100%脱除 SO_3 的酸性气体，脱硫下游装置烟气无露点，因此下游装置无须防腐；⑤SO_x 脱除率可达 90%以上；⑥脱硫塔无须加内衬，采用普通碳钢材料即可，烟囱也无须防腐；⑦占地面积小；⑧不受烟气负荷限制，对锅炉负荷适应性强，运行负荷范围为 0～100%；⑨控制简单；⑩无废水产生；⑪一次投资及运行费用低。

（5）循环流化床干法烟气脱硫存在问题及原因分析

①当烟气入塔温度过高或过低时，都会影响脱硫效率。当入塔烟温过高时，喷水降温不到反应温度，脱硫效率难以提高；当入塔温度过低时，喷入水雾化量过少，脱硫反应难以进行，会影响脱硫效率。

②烟气脱硫效率低，需检查消石灰活性。$Ca(OH)_2$ 纯度一般大于 85%。如果 $Ca(OH)_2$ 含杂质多，或 $Ca(OH)_2$ 的存放时间过长，$Ca(OH)_2$ 与 CO_2 发生反应，遇水产生潮解，脱硫剂的活性相应降低，会严重影响脱硫效率。

③要提高脱硫效率，增大 Ca/S 比。但增大到一定程度，脱硫效率增加趋缓，此时运行费用也会大幅增加。

④脱硫效率随 SO_2 入口浓度的增加而下降，如果超过设计值，脱硫效率难以提高。SO_2 入口浓度一般不超过 1 800 mg/Nm³。

⑤压力降越高，固气比越大，循环倍率越大，参与反应的床料多，脱硫效率高。如果压力降过大，烟气负荷稍一波动，极易造成"塌床"。脱硫塔压降一般不超过 1 600Pa。

⑥烟气流场分布不均，在吸收塔内呈湍流、偏流状态，水雾、脱硫灰碰到塔内壁或塔内构件很容易结块，形成块状后会越积越多，结块松散时，会造成大块脱硫灰落入塔下部，运行过程中需要定时排灰。

⑦若烟气塔内反应段温度低于 65℃，干燥段温度低于 70℃，操作运行很难控制，易造成湿壁黏灰，后续布袋糊袋和灰斗堵灰概率也大大增加。

⑧塔内压力降得过低，当低于 600 Pa 以下时，内循环灰过湿，容易产生塔内湿壁黏灰和后续布袋糊袋、灰斗堵灰。

⑨ 如果外循环灰湿度大，在流化槽段结团，导致大量大颗粒脱硫灰入塔，这些颗粒与循环流化床设计流速不同，循环流化床系统床料失稳最终塌床。床层压降过大超过设定值，在烟气负荷波动较大时，如烟气量低于正常负荷的 75%，净烟气再循环挡板门不能及时打开，烟气速度小于流化速度极易"塌床"。

9.2　雾霾中硝酸盐的前期治理——工业脱氮技术

燃煤 NO_x（NO、NO_2 等）的排放与酸雨、光化学雾霾、低能见度和细颗粒物的形成有关，是近几十年来人们关注的焦点，也给人体健康带来危害。在过去的十年里，中国的 NO_x 排放量几乎呈指数级增长。在 2010 年 NO_x 排放量将达到 850 万 t。

9.2.1　NO_x 的形成

工业锅炉炉内燃烧过程中产生的 NO_x 是 NO、NO_2 的混合物，有时还包括 N_2O。锅炉煤粉烟气中 NO_x 的含量超过 90%。NO_x 形成的 3 个相互关联的基本过程是：①由燃料中的氮（燃料氮氧化物）形成的氧化物；②气体氮与氧气的直接反应（热氮氧化物）；③在燃料中存在碳氢化合物时将气态氮转化为氧化物提示氮氧化物。

9.2.1.1　燃料氮的氧化

这一过程中氮来自固体和液体。化石燃料中含有大量的氮化合物，这些氮化合物大多是蛋白质分解的产物。在燃料热解过程中，主要的含氮化合物转化成 HCN，少量生成 NH_3。在固体燃料中，产生的 HCN 和 NH_3 的比例取决于煤气化程度——煤气化程度越大，氨含量越小。燃料中包含的氮化合物在火焰中分解，产生更简单的氮化合物——胺

（=NH，—NH$_2$）和氰化物（C≡N），然后它们转化为含氮原子自由基，与含氧化物反应非常快。上述氮氧化物受以下两种相反方式的整体反应控制（图9-9）。

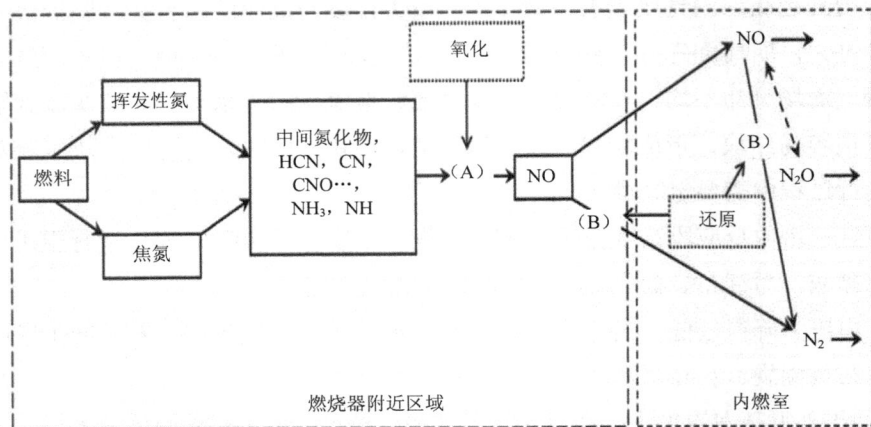

图 9-9　燃料氮转化为氮氧化物示意

①路径 A——氧化：氮化合物与氧（主要是 O 和 OH）反应转化为 NO。

②路径 B——还原：氮化合物通过产生的 NO 转化为 N$_2$。

通过对燃料燃烧生成 NO$_x$ 的研究，得出以下结论：

①温度对这两个过程的影响很小；

②向 NO 的转化程度随燃烧区域氧浓度的增加而增加；

③转化率随着初始氮含量的增加而降低。

降低燃料中 NO$_x$ 的生成可以通过减少火焰中的氧或与另一种燃料交换来实现，这种燃料含有较少的氮，燃烧过程中氮转化为氧化物的速率也较低。

9.2.1.2　热 NO 的形成

该过程是基于气体氮和氧气之间的直接反应：

$$N_2 + O \longrightarrow NO + N \tag{9-59a}$$

$$N + O_2 \longrightarrow NO + O \tag{9-59b}$$

在降低燃烧条件下，还会发生以下反应：

$$N + OH \longrightarrow NO + H \tag{9-59c}$$

当温度低于 1 500℃时，空气过剩系数 $\lambda > 1$，少量的 NO 可氧化为 N$_2$O。

只有当燃烧区域温度超过 1 300℃时，才会以这种方式产生大量的 NO 排放。对于只含有 N$_2$ 形式的燃料来说，热过程至关重要。因为它的活化能很高，在反应（9-59）中，热 NO 的生成强烈依赖于温度。因此，通过降低炉内温度，消除局部温度最大值，降低最高温度区的氧含量，可以限制其发生。这是通过空气和燃料的分级、烟气再循环，以及从火焰吸收热量的强度增加实现的。

9.2.1.3 NO 的快速形成

除上述提到的形成过程之外，还有所谓的快速过程，该过程为在燃料中包含的碳氢化合物存在下将分子氮转化为氧化物。在火焰前沿区，由于存在 CX 自由基，与反应（9-60）相比，吸热反应少得多，N≡N 化学键发生断裂。

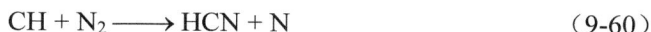

$$CH + N_2 \longrightarrow HCN + N \tag{9-60}$$

该反应的产物是参与图 9-9 反应的化合物，图 9-9 描述了燃料 NO_x 的生成。在煤炭燃烧过程中，以这种方式形成的 NO_x 所占的份额很小，但在天然气燃烧的情况下会具有一定份额。

9.2.1.4 N₂O 的形成

煤在燃烧过程中除了释放 NO 外，还会释放一定量的 N_2O（图 9-9 中虚线）：

$$NCO + NO \longrightarrow N_2O + CO \tag{9-61}$$

在某些中间产物（例如 H_2O）存在下，分子氮也可氧化为 N_2O：

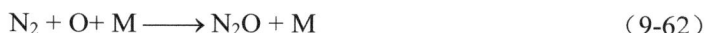

$$N_2 + O + M \longrightarrow N_2O + M \tag{9-62}$$

产生的 N_2O 在 900℃ 以上的温度下迅速分解为 NO：

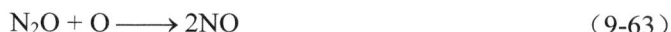

$$N_2O + O \longrightarrow 2NO \tag{9-63}$$

在粉状燃料炉中几乎不存在这种物质。因此，式（9-62）和式（9-63）代表了分子氮通过中间组分 N_2O 转化为 NO 的另一种化学反应。

当温度降低到 900℃ 以下时，N_2O 的含量比 NO 的含量要高。这意味着在实际中，这一过程在流化床锅炉中非常重要，因为在它们中燃烧温度不超过 850℃。在这样的锅炉中，由于氧化氮与脱硫反应中形成 $CaSO_4$，N_2O 含量的上升幅度更大：

$$2NO + CaSO_3 \longrightarrow CaSO_4 + N_2O \tag{9-64}$$

因此，属于温室气体的 N_2O 的排放在流化床锅炉 NO_x 排放的总体平衡中可能具有特别重要的意义。燃烧温度升高有利于 N_2O 的生成减少。然而，这对干式脱硫工艺的有效性有负面影响。

9.2.1.5 NO 的氧化

NO 实际上是炉子中发生的唯一产物（NO_2 和 N_2O 的总含量不超过 10%），NO 被氧化成 NO_2。大气中臭氧起主要作用，根据以下反应将 NO 氧化为毒性更大的 NO_2：

$$NO + O_3 \longrightarrow NO_2 + O_2 \qquad\qquad (9\text{-}65)$$

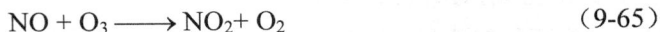

NO_2 的最大浓度取决于局部臭氧的浓度，向大气中排放 NO 是破坏包围地球的臭氧层的因素之一。此外，双原子 NO 向三原子 NO_2 的转化增强了温室效应。

9.2.2 燃烧过程中降低 NO_x 排放的方法

燃烧过程中降低 NO_x 排放的方法有干法和湿法之说。干法包括选择性催化还原烟气脱氮、选择性非催化还原法脱氮。湿法包括碱液吸收法、酸吸收法、氧化吸收法、还原吸收法和络合物吸收法等。

9.2.2.1 干法降低 NO_x 的方法

在锅炉内燃烧过程中生成的总 NO_x 中，NO 占 90%以上。降低烟气中 NO_x 浓度是通过主要方法（改造锅炉工艺）和次要方法（使用适当的反应物进行烟气处理）实现的。

第一种方法是在炉内将 NO 还原为 N_2。这个过程有以下简化过程：

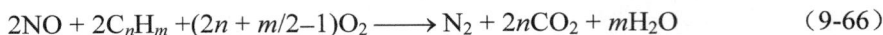

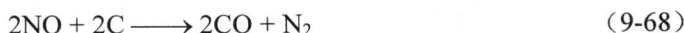

$$2NO + 2C_nH_m + (2n + m/2 - 1)O_2 \longrightarrow N_2 + 2nCO_2 + mH_2O \qquad (9\text{-}66)$$

$$NO + NH_2 \longrightarrow N_2 + H_2O \qquad\qquad (9\text{-}67)$$

$$2NO + 2C \longrightarrow 2CO + N_2 \qquad\qquad (9\text{-}68)$$

发生上述反应的条件是：还原气氛、CH_x 和 NH_x 型自由基的存在。在其他燃烧区中必需的还原自由基的来源是煤挥发物燃烧后残留的焦炭，或者是在第一区之后供应的附加燃料。大量测试证明，当增加不同化学计量比的炉中液位量时，NO_x 的排放量会减少。这些方法有两个基本过程：①空气分级（图 9-10）；②空气和燃料分段（图 9-11）。

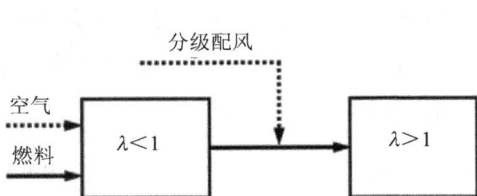

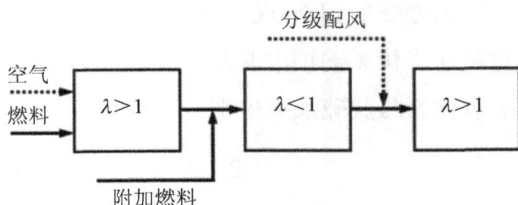

图 9-10　通过空气——λ 过剩空气数分段　　图 9-11　根据空气和燃料分级
　　　　　降低 NO_x 的原理　　　　　　　　　　　　降低 NO_x 的原理

第二种方法是在两个基本过程的基础上运用的：①选择性催化还原（SCR）；②选择性非催化还原（SNCR）。

（1）空气分级

火焰中存在的含氮自由基与过量氧发生反应并形成氧化物，但在氧不足的情况下，反应产物为分子氮。利用这种现象（空气分级）可以通过减少氧气浓度降低区域中的 NO_x 形成来降低锅炉的 NO_x 排放量。

长期试验表明，使用所谓的"过燃空气""空气分级燃尽风（over-fire air，OFA）"，通过适当的 OFA 喷嘴输送到燃烧器的亚化学计量区域，在褐煤锅炉中燃烧煤粉和 NO_x 400～500 mg/m³，可以实现 NO_x 500～600 mg/m³ 的排放。

为了提高空气分级效率，可以使用有动力或增压过燃空气 OFA 系统来提供更好的烟气和空气混合。也有其他系统，如 LNCFS 或 PSP 方案，但其 NO_x 减排的有效性并不十分理想。

（2）空气和燃料的分级

为了实现 NO_x 300 mg/m³ 和更低的排放，考虑只使用同样进行燃料分级的系统（图9-12）。该过程基于反应类型式（9-62）。第二燃烧区的自由基来源是在该燃烧区之前引入的附加燃料。附加燃料的作用还可以满足焦炭燃烧后剩余的煤的挥发分。其中一种可能性是所谓再燃的原理，另一种可能性是空气分级低 NO_x 燃烧器运行的基础。

经典的再燃烧由直接执行图 9-12 中所示的方案组成。PF（煤粉流量）锅炉中的"附加燃料"，可以使用由少量空气或再循环烟道气输送的单独的煤流（需要细磨）。该过程的最后阶段是将空气输送到一个或多个级别的 OFA 喷嘴。

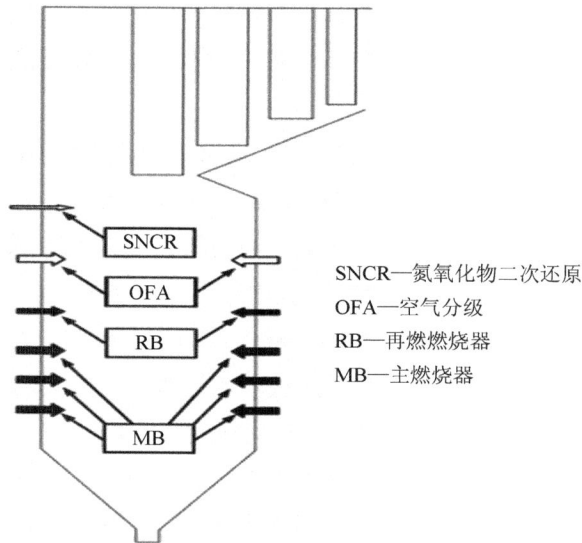

SNCR—氮氧化物二次还原
OFA—空气分级
RB—再燃燃烧器
MB—主燃烧器

图 9-12　空气分级和 SNCR

1）再燃烧技术。

"再燃烧"是指使用附加的燃料在火焰中产生的有害物质的燃烧，它首次出现在参考文献[30]，经验证明，再燃烧的效率是非常依赖于局部条件和在测试系统中从 25%到 67%变化。可以理解为，使用气体或石油进行再燃烧比使用煤炭进行再燃烧更为有效。因为含氧介质（空气或烟道气）对于粉煤是必不可少的，也因为煤向火焰中引入一些燃料——氮（用于再燃的煤有时需要进行更精细地研磨，也有一些解决方案用微粉化煤）。再燃烧技术可以与空气分级（各种 OFA 解决方案）和降低 NO_x 排放的辅助方法（例如 SNCR）结合使用。根据参考文献[29]，低 NO_x 燃烧器（GE Flamemast EER Gen Ⅲ）与再燃烧的技术结合，NO_x 排放可达到 240 mg/m^3。

MACT（三菱先进燃烧技术）系统也采用了再燃原理。MACT 系统显著降低了氮氧化物的排放（与不重复燃烧的操作相比，降低了大约 2 倍）。MACT 允许在高挥发分含量的硬煤（与不进行再燃烧的运行相比，降低了大约 2 倍）上获得 NO_x 120～210 μg/m^3 的排放。后来，三菱重工开发了另一种称为 A-MACT 的技术，放弃了典型的重燃技术。

2）在燃料和空气混合浓度不同的系统中，空气和燃料的分级。

该型号的第一个系统已由三菱公司在带有切向燃烧器（PM 燃烧器）的锅炉中引入。三菱所进行的试验表明，当一次空气与煤的比例为 3～4 kg/kg 时，NO_x 的产生量最大，这与挥发分燃烧的化学计量条件相对应。低于此值是由于氧气不足而产生的氮氧化物较少，高于此值则是因为火焰温度降低。因此，所描述结构的系统是高（CM - 浓混合物）浓度和低浓度（DM - 稀混合物）的粉状燃料燃烧过程中产生的氮氧化物数量的加权平均值。根据参考文献[32]，在高挥发性烟煤燃烧过程中，PM 燃烧器实现了 NO_x 200～280 mg/m^3 内的排放。

上述技术的进一步发展开发出了紧凑的 A-PM 燃烧器（图 9-13）。在这种解决方案中，CM（concentrated mixture）流和 DM（diluted mixture）流的分离在燃烧器喷嘴中使用特殊的粉尘分离器。扁平火焰由 CM 流组成，与中间的 DM 流连接。参考文献[29]中显示了一个应用示例。描述了现代化燃烧器，其中经典切向系统已被 A-PM 燃烧器取代，配有 AA 喷嘴，实际上是位于两级间的一种 SOFA 喷嘴。下部的 AA 喷嘴布置在炉子的各个角落，上部的 AA 喷嘴放置在炉壁的中间。对这种解决方案的测试表明，在高反应性澳大利亚煤炭燃烧过程中，其 NO_x 排放浓度为 300 mg/m^3。

该系统的进一步发展是基于新型 M-PM 燃烧器。与 A-PM 燃烧器相比，新型燃烧器使 NO_x 排放量减少 42%，飞灰中 UBC 含量减少 50%，H_2S 含量可以比 A-PM 燃烧器减少 30%。

上述系统的另一个变种是圆形超燃烧（CUF）。与经典的切向系统相比，这种变化包括将燃烧器布置在炉壁上并使其向下倾斜（图 9-14）。

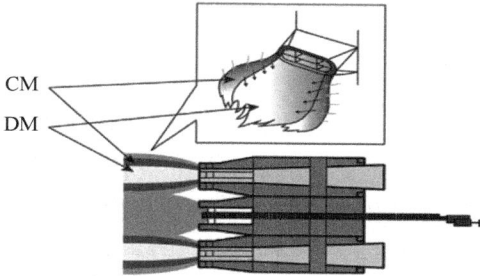

图 9-13　A-PM 燃烧器中 CM 和 DM 流的结构

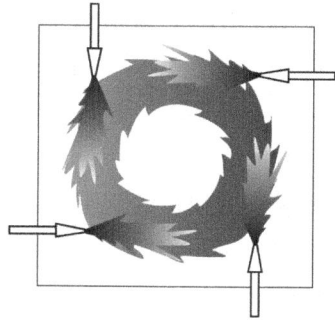

图 9-14　CUF 系统中燃烧器的配置

切向炉中燃烧器的向下倾斜，以及由改进的矿渣料斗引入的附加空气涡流也用于波兰和俄罗斯许多 PF 正在进行现代化改造的锅炉。炉中热量的释放和传递的增加（包括料斗的体积）导致了 NO_x 排放减少到 $350 \sim 400 \text{ mg/m}^3$。

安装在锅炉上的粉磨机配有现代化的分级机，其中粉煤和空气混合的分配被分成浓度显著变化的 PF 物流。用两根煤粉管道，70%～80%的燃料被引导至底排（CM）的燃烧器；剩余的 20%～30%的燃料将被送入顶排（DM）的燃烧器。在锅炉的前壁和后壁上，OFA 喷嘴安装有可调节的气流和出风角度。测试表明，即使在较旧的 VCM 系统中，也有可能实现 NO_x 排放在 300 mg/m^3 的水平。

上面描述的波兰 VCM 系统已经得到了进一步的发展。目前引入的解决方案如图 9-15 所示的方案，使用新型 CM 和 DM 燃烧器，并经常增加 OFA 喷嘴的数量。

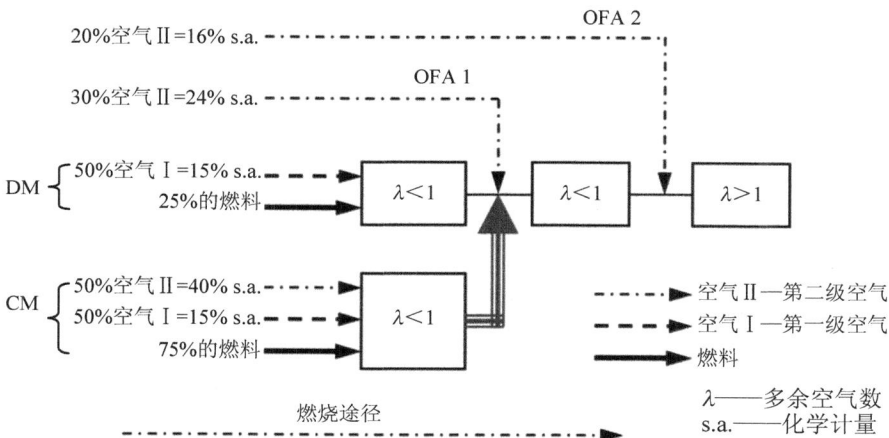

图 9-15　在 VCM 系统中通过空气级和燃料分级来减少 NO_x 的原理及其在波兰 PF 锅炉中使用的示例条件

（3）低 NO_x 燃烧器

所有低 NO_x 燃烧器都是旋流燃烧器，即使它们不是位于炉壁而是位于炉角。在经典的切向系统中，低 NO_x 的燃烧是通过空气阶段，或通过空气和燃料阶段，并经过整个炉子空气分级或空气和燃料分级进行的。

虽然从结构上看（一个空气/主燃料混合喷嘴和随后 2~3 个进料火焰的空气喷嘴），低 NO_x 燃烧器运行的是空气分级方法，但实际过程中更多的是空气分级和燃料分级方法。

20 世纪 80 年代，日本 Babcock-Hitachi 公司设计一个 HTNR 型燃烧器（图 9-16）。该燃烧器有一个火焰稳定器，可以明确地确定燃料的燃点，以及一个主燃料/空气混合喷嘴和旋涡系统，以及二次气流和三次气流，允许在火焰中定义化学计量区域。在靠近燃烧器的 A 区，会出现非常高的温度，导致燃料快速脱除挥发分和半挥发分的燃烧。在 B 区，主要是由于低浓度 O_2 下的焦炭汽化，产生了还原组分（对应于图 9-15 图解中的还原燃料）。在 A 区发生了大量的 NO 生成，而在 C 区则大大减少了 N_2 的生成。加入三次空气后，焦炭颗粒在 D 区以较低的温度燃烧。

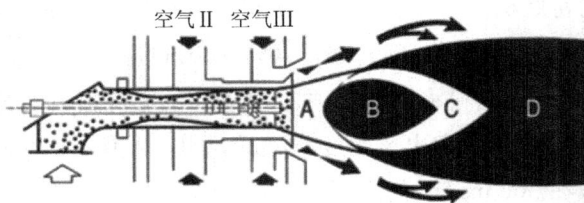

图 9-16　HTNR 型燃烧器的 NO_x 还原图例

1）HTNR 燃烧器（目前标记为 NR）。

在巴布科克-日立与芬兰（IVO-Fortum-Enprima）双方合作下进一步开发的。在 NR_2 和 NR_3 随后的变更中，旋涡叶片（图 9-16）被 PF 浓缩器取代，PF 浓缩器的形状是一个圆柱通道和文丘里喷管。图 9-17 给出了两种方案的充分比较。火焰有缩短和扩张的趋势。在 NR_3 燃烧器中，外部空气发生了更有效地分离（空气Ⅱ和空气Ⅲ），导致还原区大幅增加。

在带有 NR_3 燃烧器的锅炉中，与传统 HTNR 锅炉相比，NO_x 浓度降低了 2 倍。虽然以减少排放的形式获得了很好的效果，但最终的结果还是高于 NO_x 200 mg/m^3。因此，开发出了两段燃烧（TSC），包括一个改进的燃烧器，标记为 NR_4，形成还原区，炉膛上部 TSC 气孔（OFA）提供了氧化条件。

芬兰研制了一种新型的 NR_2 和 NR_3 燃烧器，称为 RI（rapid ignition）-Jet 燃烧器，适用于切向炉。

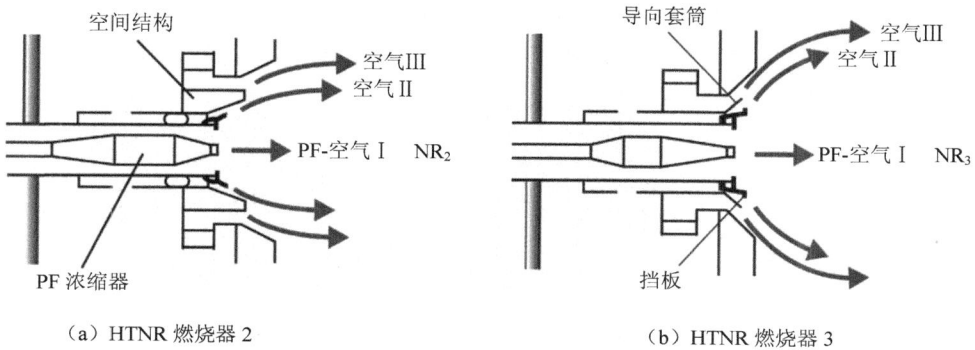

（a）HTNR 燃烧器 2   （b）HTNR 燃烧器 3

图 9-17   NR₂ 和 NR₃ 燃烧器比较

RI-Jet2 燃烧器如今已应用于一些热电厂，通过一些测量，实现了 NO_x 220～270 mg/m³ 水平的共燃生物质排放甚至到达 NO_x 200 mg/m³。NR 家族也有其他变化：用于褐煤燃烧的 NR- LE 和用于生物质与 RDF 燃烧的 RI-BIO。

针对褐煤燃烧系统，日本三菱公司开发了圆形射流燃烧器（RS 燃烧器）（图 9-18）。它将射流燃烧器与涡流燃烧器在火焰稳定性、点火和燃烧器邻区空气分段等方面的优势联系起来。燃烧器有一个辐射保护管，位于靠近燃烧器出口，也集中了颗粒流。DS 燃烧器和 RS 燃烧器都有一个火焰稳定环。

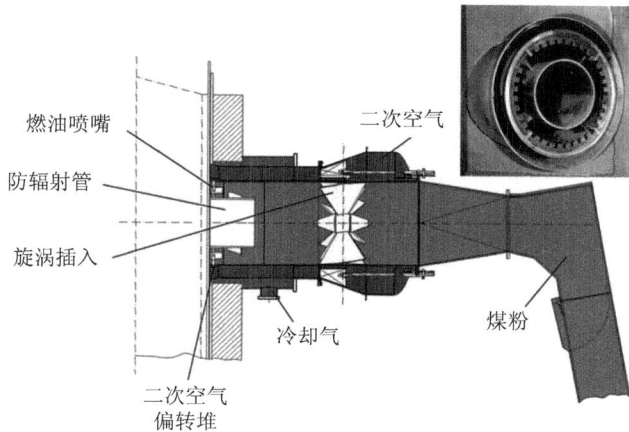

图 9-18   RS 燃烧器

2）旋转对置燃烧空气（ROFA）系统。

非对称位置喷嘴导致强烈旋转的 ROFA 系统如图 9-19 所示。ROFA 还通过改变颗粒在炉内的运动轨迹，增加了颗粒的停留时间，从而降低了灰分中的碳含量。高紊流混合阻止了层流区的产生，这有助于更有效地利用燃烧过程中炉内的烟气体积。其效果是更好地传热和降低燃烧多余空气，从而减少烟气损失。这些条件也会限制NO_x的产生。

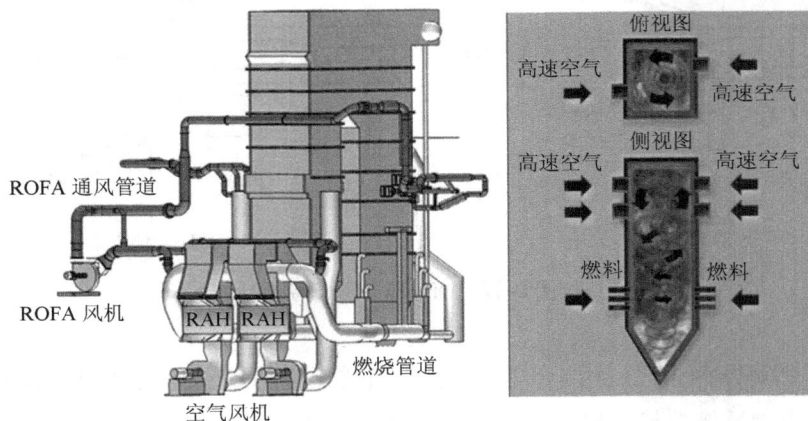

图 9-19　ROFA 布局结构

在某些情况下，ROFA 风机从 FD（系统环境 ROFA）之外输入冷空气。

9.2.2.2　降低 NO_x 的 SCR 法和 SNCR 法

（1）选择性催化还原方法（SCR）

1）选择性催化还原的原理。

SCR 过程是一种基于在催化剂存在下使用氨或尿素选择性还原氮氧化物的催化反应。之所以称为选择性是因为氨（或 NH_2 自由基是氨和尿素分解的中间产物）具有较大的选择性，与 NO 的化学亲和力比与 O_2 的亲和力强。如果还原剂是氨，则全局反应为：

$$4NO+4NH_3+O_2 \longleftrightarrow 4N_2+6H_2O \tag{9-69}$$

$$6NO_2+8NH_3 \longleftrightarrow 7N_2+12H_2O \tag{9-70}$$

如果还原剂为尿素，则反应为：

$$4NO+2CO(NH_2)_2+2H_2O+O_2 \longleftrightarrow 4N_2+6H_2O+2CO_2 \tag{9-71}$$

$$6NO_2+4CO(NH_2)_2+4H_2O \longleftrightarrow 7N_2+12H_2O+4CO_2 \tag{9-72}$$

首选氨，因为尿素（或更确切地说是异氰酸作为尿素分解的产物）对锅炉的对流表面有强烈的腐蚀性。尿素溶液用于 SCR 系统中，还原剂被注入炉上部的空隙中。

冷凝的（液态）无水氨转化为气态，是通过汽化器中的加热完成的，该汽化器可以通过电、蒸汽或热水加热。反应物质通过安装在催化剂入口的烟气管道中的注入格栅注入（图 9-20）。从运输和存储的角度来看，使用氨水的系统更安全。无水氨通常具有较低的投资和运营成本，但氨是有害物质。

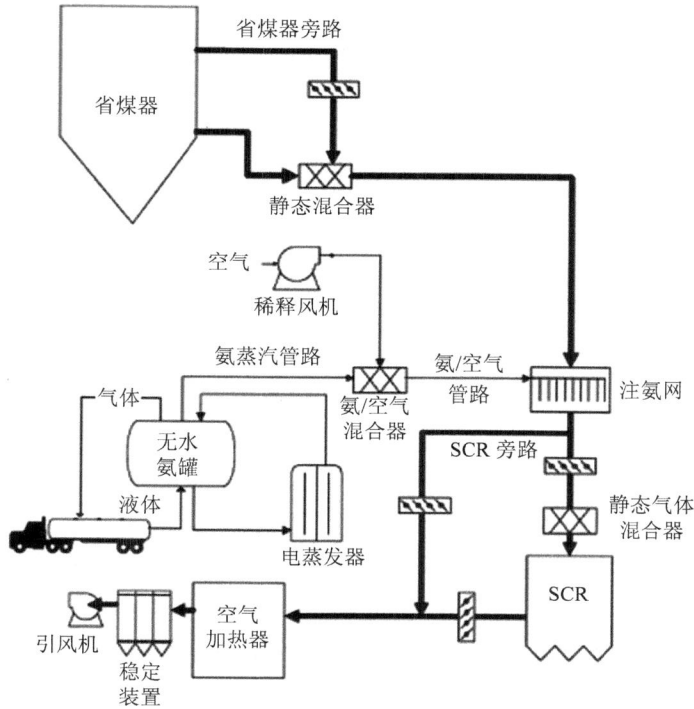

图 9-20　高粉尘 SCR 工艺流程

　　电站锅炉使用的催化剂必须满足几个要求：①稳定性（在锅炉运行条件下，耐温可达 500℃，耐碱金属离子、砷氧化物和飞灰侵蚀）；②在较高的温度范围内的高活性，以 TiO_2 为载体沉积的 V_2O_5 催化剂在 300~400℃时活性最高，而以 WO_3 或 $V_2O_5WO_3$ 为载体沉积的 TiO_2 催化剂在较高温度时活性最高；③SO_2 转化为 SO_3 的转化率低。

　　在特殊应用中，可使用沉积在矿物、金属或碳载体上的其他类型的催化剂，例如，含铜沸石或金属（例如，Pt，Fe，Mn 或 Cu）。催化剂可以设计成板状或蜂窝状结构（图 9-21）。

图 9-21　$DeNO_x$ 催化剂的实例（板式和整体式）

2）催化剂效率。

SCR 系统效率由式（9-73）定义：

$$\eta_{SCR} = \frac{C_1 - C_2}{C_1} \tag{9-73}$$

式中，C_1——不使用 SCR 系统的情况下烟道气中 NO_x 的浓度，%；

C_2——使用 SCR 系统的情况下烟道气中 NO_x 的浓度，%。

η_{SCR} 还可以根据式（9-74）计算得出：

$$\eta_{SCR} = \alpha\left(1 - e^{-\frac{K}{AV}}\right) \tag{9-74}$$

式中，K——催化剂活性，m_n/h；

AV——单位为 m_n/h 的区域速度；

α ——进口 NH_3/NO_x 摩尔比。

面积速度（AV）是烟道气流（m_n^3/h）与催化剂接触表面（m^2）的商。催化剂活性 K 可以在实验室测试中确定。活度取决于温度和 α （图 9-22）。比率 α 或 SRF（化学计量比率因子）定义为所注入试剂的摩尔数与去除的 NO_x 摩尔数的商。通常，这里假设包括少量的 NO_2，即每摩尔的 NO_2 需要 2 mol 的 NH_3，其中 $\alpha = 1.05$。对于使用尿素作为试剂的 SCR 系统，典型的 α 值为 0.525。

各种物质会使催化剂中毒可降低活性，如飞灰、As_2O_3、SO_3、HCl、CH 和 CO。根据参考文献[39]，由于粉煤灰中毒的结果，K/K_0 会导致在 0.8 的范围内催化剂的失活。K、Na、Li 中毒时，K/K_0 值可达 0.3，而气态砷中毒时，K/K_0 值可达 0.25。

AV 定义为空速 SV 除以催化剂孔表面积 $[m_n^3/(h\cdot m^3)$ 或 $h^{-1}]$（比表面积 SSA）。对于燃煤锅炉，典型的 SSA 值为 $300\sim1\,200\ m^2/m^3$。

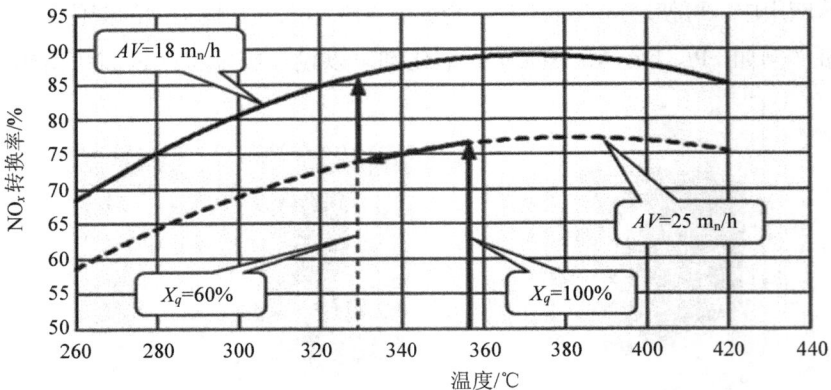

图 9-22 典型的 AV 和温度对 NO_x 转化率的影响

3）SCR 安装的类型。

电厂 SCR 系统有 3 种配置：安装在高粉尘的位置、低粉尘的位置和尾端位置（图 9-23）。最常用的高粉尘系统依赖于将催化剂置于空气加热器和微粒控制装置的上游。该系统的烟气温度足以使催化剂正常运行。

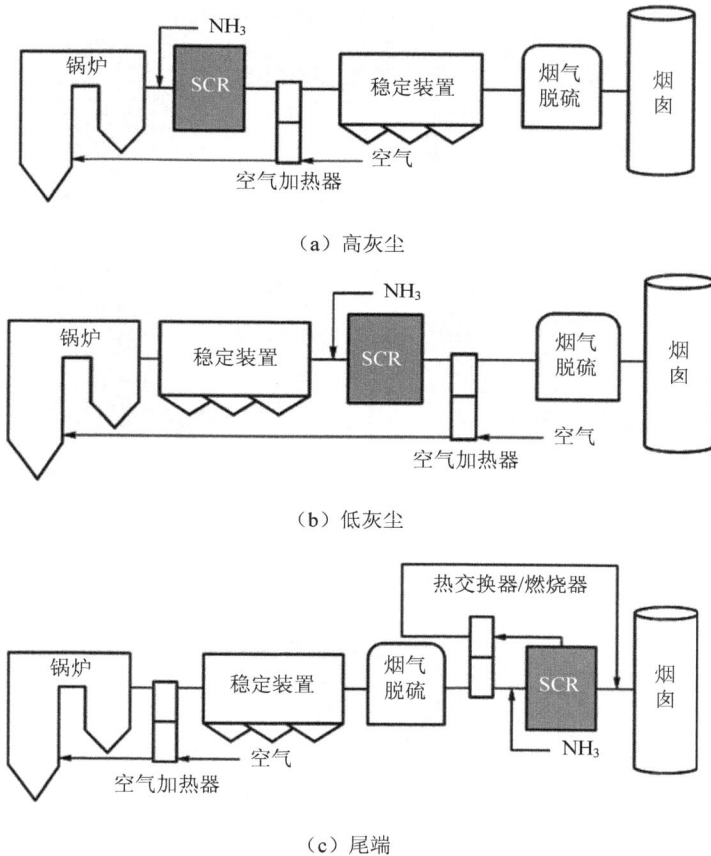

（a）高灰尘

（b）低灰尘

（c）尾端

图 9-23　发电厂中 SCR 系统的配置

电除尘器（ESP）和旋转空气加热器（RAH）之间 [图 9-23（b）] 催化剂低粉尘系统为催化提供合适的温度，且烟道气不含飞灰。仅适用于热静电除尘器（ESP）的锅炉。还可能有另一低粉尘系统，即脱硝装置在 ESP 和湿法脱硫之间。然后在催化剂入口对烟气再加热。

4）旋转空气加热器选择性催化还原系统。

在 SCR 过程中，锅炉烟气中的 NO_x 还原是在与蓄热式空气加热器相结合的反应器中进行的，允许使用二次还原 NO_x 的方法，无须承担附加反应器的成本。在欧洲和美国都进行过关于使用旋转空气加热器作为 SCR 反应器的研究。到目前为止进行的研究表明，使用 RAH 作为催化元素的容器可以很好地降低 NO_x 的排放。使用钢板作为催化剂衬底出现的问题导致了单片陶瓷催化剂的引入。3 种催化剂（含 0.5% Cu 和 1.5% Mn，含 1.5% Cu，含 1.5% Mn）见参考文献[45]（图 9-24 和图 9-25）。

图 9-24　置于 RAH 模型扇区中的经过测试的催化剂单元

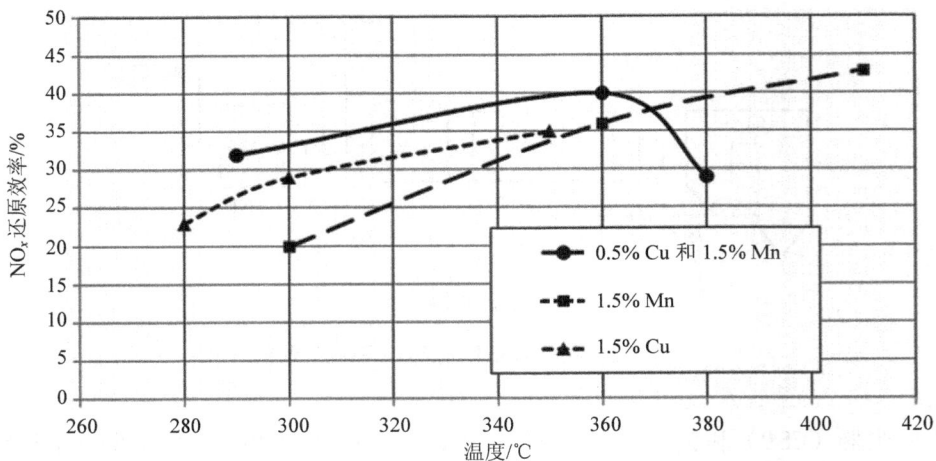

图 9-25　各种催化剂的氮氧化物还原效率比较

催化剂层的平均温度对 NO_x 还原影响最大。运行结果表明，催化剂上部的 η_{SCR} 值最大。这意味着催化剂必须位于 RAH 的热端，对设计具有相对较厚催化剂层的 RAH-SCR 系统的功能受到限制。对标记为 0.5% Cu 和 1.5% Mn 的催化元素，NO_x 的还原效果最好（29%～40%）。在 RAH 元素的典型温度下，它在 300℃ 以下表现出相对较高的效率。

（2）选择性非催化还原方法（SNCR）

1）选择性非催化还原原理。

SNCR 的整体反应类似于 SCR 式（9-70）～式（9-73）的反应，烟气温度与氨逃逸之间存在一定的关系。SNCR 的温度窗口范围是相对的，取决于 SNCR 系统效率的假定值或允许的最低 NO_x 还原量。窗口的第二个限制是最大允许氨逃逸（图 9-26）。图中窗口位于 920℃和 1 095℃温度之间（$\Delta t=175$ K）。假设最小允许 NO_x 降低 70%，则只在 920～1 060℃（$\Delta t=140$ K）。因此，喷射点通常位于锅炉燃烧室的上部。

根据式（9-74）定义的 SNCR 系统效率与烟气温度之间的简化关系见参考文献[48]

● 用尿素作试剂：

$$\eta_{SNCR} = 1.776\,261\times10^{-8}t^4 - 6.898\,445\times10^{-5}t^3 + 9.787\,056\times10^{-2}t^2 - 59.979\,15t + 1.341\,663\times10^4 \tag{9-75}$$

● 用氨水作试剂：

$$\eta_{SNCR} = 2.06\times10^{-8}x^4 - 7.902\,4\times10^{-5}x^3 + 0.110\,92x^2 - 67.419x + 149\,99 \tag{9-76}$$

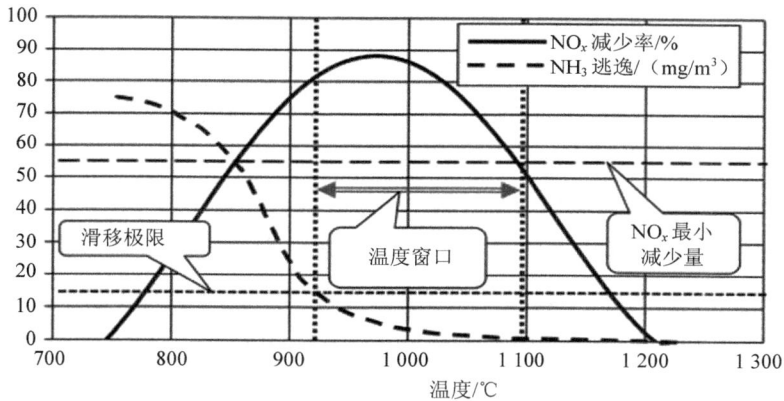

图 9-26　SNCR 系统效率和氨逃逸与烟气温度的关系图

对应于尿素在 740～1 220℃和氨在 725～1 162℃。测定系数的值（$R^2 = 0.828$ 和 0.858）意味着 η_{SNCR} 取决于烟气温度的比例超过 80%。其余份额包括其他变量的影响，例如，归一化化学计量比（NSR）和烟气成分。

这些相关性表明，在尿素用作反应物的情况下，SNCR 窗口温度略高于氨。尿素在 SNCR 系统效率的最大值在 970℃下大约为 88%，而氨气在 950℃下大约为 84%。

如前所述，NO_x 的还原效率取决于烟气成分和不同的运行参数。但是，工业上几乎从未测量过 H_2、CO 或 SO_2 的局部浓度以及试剂滴的停留时间。通常，仅通过声学或 HVT

高温计测量 SNCR 系统水平的温度分布。因此，烟气温度是所提出的相关性中的唯一变量。

反应时间在很大程度上取决于烟气温度。对于 950℃ 以上的温度，NO_x 的还原时间小于 0.1 s，而在 850℃ 时，所需时间约为 0.5 s。假设典型速度为 10 m/s，而 τ_p 从 0.1 到 0.5 s 的变化与 1～5 m 的烟气距离有关。因此，从反应物注入水平到适当减少水平，烟气温度必须达到 SNCR 温度窗口的几米空间。

如果药剂注入位置位于烟道气温度高于 SNCR 温度窗口范围的区域，则会发生氨氧化，从而增加烟道气中的 NO 浓度，而 NH_3 逃逸降至零。在 SNCR 温度窗口以下的温度，反应转化不完全，会导致 NH_3 逃逸增加。

反应物与烟气的适当混合可以获得有效的 NO_x 还原。最佳的试剂液滴对于蒸发速率有很大影响，因为过多的试剂液滴在高烟气温度下降低蒸发速率，在较低温度下增加 NH_3 逃逸。过少的液滴反而会导致试剂快速蒸发，从而导致 NO_x 还原的减弱。

反应物液滴（尿素溶液或氨水）在喷射的初始时间加热非常缓慢，因为通过蒸发热去除。液滴温度平均增加 60～80 K，与烟气温度无关，减少了 NO_x 不发生在初始阶段。随后，由于氨气的高压，H_2O 直接蒸发，氮化物（NH_2，NH_3）被释放，并由于辐射立即加热。它们的温度等于烟气温度，它必须在 SNCR 温度窗口的范围内，以发生 NO_x 还原。

由于尿素与 NO_x 的反应只有在溶液液滴完全蒸发后才会发生，因此尿素比氨的注入深度更大。使用尿素溶液作为试剂防止其在锅炉水冷壁附近的冷却区域释放，从而避免 NH_3 逃逸。因此，与使用氨相比，使用尿素作为试剂可以使其喷射到温度更高的区域，这对锅炉技术具有显著的促进作用。

使用氨水的优点是蒸发快，与氮氧化物反应快。因此，在锅炉内紧密间隔的受热面之间注入试剂时，首选氨水。氨水的另一个优点是它不易腐蚀受热面。腐蚀的来源是尿素分解产生的异氰酸。

2）工业应用。

工业应用的一个例子是由 EESA 和 Mehldau & Steinfath Umwelttechnik GmbH 现代化的 225 MW 硬煤锅炉的 ERSA 电厂中使用的系统。主要是采用了声波 AGAM 高温计，它可以对喷油嘴进行适当的控制。它被放置在较低注入水平下游的两个水平上，并位于 38.5 m 处。该系统还包括冷却水喷嘴，这些喷嘴可降低尿素流附近的烟气温度。测定的平均结果如下：

①不带 SNCR C_1 的 NO_2 的平均浓度为 317 mg/m³；

②SNCR C_2 中的 NO_2 浓度为 188 mg/m³；

③NH_3 泄漏浓度为 1.1 mg/m³；

④粉煤灰中的 NH_3 浓度为 38 mg/kg；

⑤耗水量 m_w 为 1 640 kg/h；

⑥空气消耗量为 161 m³/h。

平均效率 η_{SNCR} 为 40.7%。考虑到锅炉的尺寸（炉膛截面积为 19 m × 9 m），这一结果很令人满意。在 EESA 改造的 215 t/h PF 锅炉上也得到了类似的结果。相对较低的效率足以满足排放要求，因为锅炉配备了有效的一次 NO_x 减排系统。

3）提高 SNCR 效率的方法。

导致 SNCR 安装效率降低的主要问题：①在温度窗口之外注入试剂；②烟气与试剂混合不良。

为了解决第一个问题，通常使用连续温度测量系统和喷射器的自动控制系统。但是，如果通过改变最佳反应温度来影响 η_{SCR}，可以通过向烟气中添加合适的化学物质来实现。金属氢氧化物，如 NaOH、LiOH 或 KOH 可以改变温度范围（图 9-27）。与仅加入尿素相比，NaOH 不仅提高了 NO_x 的还原效率，还改进和显著扩展了 SNCR 的有效温度范围。

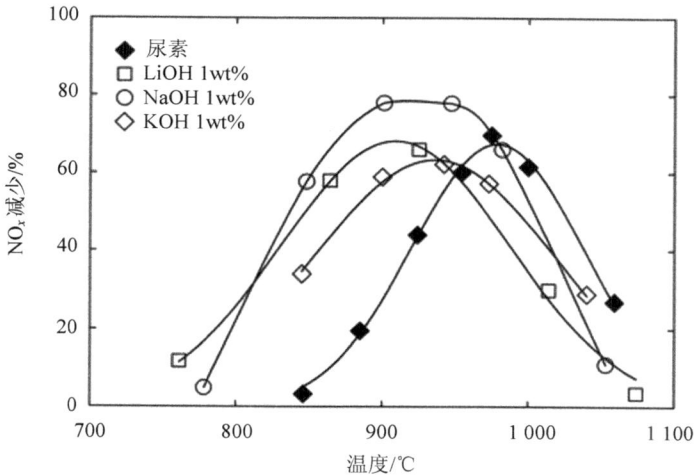

图 9-27　添加和不添加碱金属的 SNCR 工艺的 NO_x 还原效率和最佳反应温度窗口

瑞典 ECOMB 公司在 20 世纪 90 年代开发了 Ecotubes。它一开始是针对生物质燃烧的。但是，在许多实施中都证实了高效的污染减排，该技术将空中分段和 SNCR 相结合（图 9-28），使引入锅炉炉膛的多孔管，允许在受控模式下注入附加的空气。这些管也允许注入 SNCR 的反应物。

图 9-28　Ecotubes 操作原理和视图

通过相对较低的 NH_3/尿素消耗、低于 5 mg/m^3 的氨泄漏和低于 100 mg/m^3 的 CO 消耗，NO_x 还原效率达到 20%～70%，达到 NO_x 150 mg/m^3 的水平。精确注入空气可使氧气浓度降低到 2%～3% 时才能进行燃烧。

总之，在实际应用中，精心设计的 SNCR 系统在 PF 锅炉和炉排锅炉中 NO_x 还原效率可达到 40%～60%，而在城市生活垃圾锅炉中可达到 85%。

4）干法 SNCR。

使用干燥形式的尿素喷射。由于将尿素制备成干粉用气动输送比较困难，最好是将尿素与其他固体混合，作为一种试剂使用。具体方法如下：

● Halkornox 法是将埃洛石与尿素一起注入。

● 用脱硫吸附剂注入尿素。

Halkornox 方法涉及将尿素和埃洛石 [$Al_2Si_2O_5(OH)_4$] 的混合物注入满足 SNCR 反应窗口要求的锅炉空间。高岭土与尿素结合良好，其优点是降低氯的腐蚀和汞的吸附能力。此外，在干燥状态下引入吸附剂，避免了典型 SNCR 中蒸发水的锅炉效率的损失。

在 WR25 热水炉排炉上的试验表明，当尿素浓度为 25% 时，混合物的 η_{SNCR} 为 52%。氨逃逸量在 2 ppm 左右。与此同时，灰分中 Hg 的浓度增加了 1 倍。无论锅炉负荷如何，NO_x 370 mg/m^3 的初始浓度都可以降低到一个稳定的值，即 NO_x 200 mg/m^3。如果增加喷嘴数量，分层喷射尿素和自动化等措施，应还能进一步降低氮氧化物的排放。

研究是在一个 WP120 热水锅炉中进行的，其中尿素与 $CaCO_3$ 或 $Ca(OH)_2$ 的混合物被吹入燃烧室的 SNCR 窗口区域。当 NSR = 2.5 时，尿素与 $Ca(OH)_2$ 混合，NO_x 的 η_{SNCR} 为

38%，与 $CaCO_3$ 混合，NO_x 的 η_{SNCR} 为 36%。同时，随着 SO_2 浓度的降低，$Ca(OH)_2$ 为 60%，$CaCO_3$ 为 40%。

5）富试剂注入。

向还原气氛空间注入氨或尿素可产生非催化还原性 NO_x。在氧化气氛中，反应的温度窗口远高于经典 SNCR（图 9-29）。

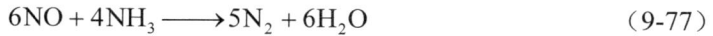

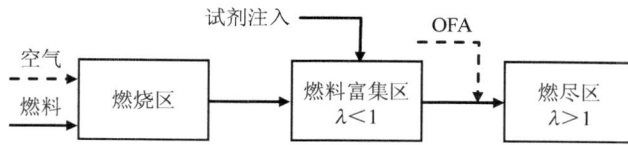

$$6NO + 4NH_3 \longrightarrow 5N_2 + 6H_2O \qquad (9-77)$$

图 9-29 富试剂注入过程示意

9.2.3 非氨或尿素的 NO_x 还原方法

除了使用氨或尿素作为试剂的经典 SCR 和 SNCR 外，根据不同的工艺，还有不同的降低 NO 排放的方法。这种方法是基于：

①将 NO 氧化为 NO_2、N_2O_4、N_2O_3 和 N_2O_5（NO_y），并在半干法和湿法烟气脱硫（FGD）系统中将其去除。

②斯考诺克斯（$SCONO_x$）技术。

9.2.3.1 NO 氧化为 NO_y 及其在烟气脱硫中的去除

为了能够在湿式（或半干式）烟气脱硫装置中去除 NO，NO 应该被氧化成 NO_2 和更高价态的氧化物，然后将其转化为硝酸。在臭氧存在的情况下：

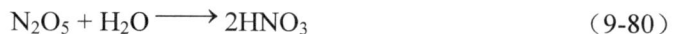

$$NO + O_3 = NO_2 + O_2 \qquad (9-78)$$

$$2NO_2 + 1/3O_3 = N_2O_5 \qquad (9-79)$$

$$N_2O_5 + H_2O \longrightarrow 2HNO_3 \qquad (9-80)$$

以上反应伴随有其他反应，大大降低了该方法的有效性。关键是要捕获 NO_2。研究证实，脱除氮氧化物的技术是可行的，该技术包括通过臭氧氧化 NO 和去除烟气脱硫中的 NO 氧化产物。H_2O_2、$Ca(ClO)_2$ 和其他物质也可以用作氧化剂。参考文献[52]的研究中表明 NO 的去除效率已达到 92%（在实验室条件下），而在参考文献[53]中描述的半工业工厂中的去除率约为 66%。

表 9-3　初始 NO_x 浓度为 120 ppm、停留时间为 0.5～1.5 s 时的 LoTOx 技术试验数据

温度/℃	NO_x 的去除率/%		
	低耗能，$O_3/NO_x \approx 1.6$	平均耗能 $O_3/NO_x \approx 2.0$	高耗能 $O_3 \approx 2.5$
116	54.7	63.1	88.7
135	59.4	82.8	90.8
149	43.7	69.4	90.0
160	43.2	60.5	86.1

SCR 的另一种技术是 SCONOx 技术，该技术是将 CO 和 NO 催化氧化成 CO_2 和 NO_2。此外，NO_2 被吸附在催化剂的处理表面。其中一种可能的催化剂是在掺杂铂的氧化铝（$Pt-K_2CO_3/Al_2O_3$）上负载碳酸钾。反应如下：

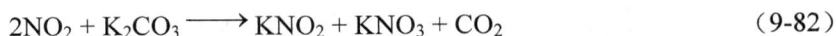

$$NO + 1/2O_2 \longrightarrow NO_2 \tag{9-81}$$

$$2NO_2 + K_2CO_3 \longrightarrow KNO_2 + KNO_3 + CO_2 \tag{9-82}$$

在无氧条件下，用蒸汽稀释的氢进行催化剂再生，生成 H_2O 和 N_2。

$$KNO_2 + KNO_3 + 4H_2 + CO_2 \longrightarrow K_2CO_3 + 4H_2O + N_2 \tag{9-83}$$

9.2.3.2　氮氧化物控制的组合技术

为了寻求 NO_x 还原系统的最低成本和最高灵活性，已经开发了组合（混合，分层）系统。这些技术包括非催化技术和催化技术。

这种系统的一个范例是 RJM 分层 NO_x 还原过程，该过程由以下技术组成：

①燃烧器的改造；

②空气分级（OFA）系统；

③NO_x 回火处理技术；

④选择性非催化还原（SNCR）技术；

⑤富试剂注入（RRI）技术。

该组合系统可以以最低的成本实现 PF 锅炉 90% 的 NO_x 减排。其优点是改装期停机时间短，通常为一周，而替代 SCR 需要 6～8 周。此外，仅使用 RRI 技术的前 3 个要素与 SCR 结合可以降低运行成本（减少尿素或氨的消耗），并延长催化剂的寿命。

表 9-4 中给出了相关的比较，假设升级前的初始 NO_x 排放量为 600 mg/m³。此值对应于在欧盟引入 IED 之前的限值。为了实现与 SCR 典型排放相同的排放（效率为 80%），单个系统单元必须达到较高的 BAT 效率水平。如果 NO_x 允许的排放量处于 60 mg/m³ 水平，则只有 SCR 可以达到该限值。

表 9-4　组合系统各单元的效率对其组合在初始 NO_x 浓度为 600 mg/m³ 时效率的影响

项目	低氮燃烧器	空气分级系统	NO_x 回火技术	SNCR	SCR
单一方法的有效性	40%	10%	5%	30%	80%
用组合方法的 NO_x 的浓度/（mg/m³）	360	324	308	215	120
单一方法的有效性	50%	15%	5%	35%	60%
用组合方法的 NO_x 的浓度/（mg/m³）	300	255	242	157	120
单一方法的有效性	60%	15%	5%	40%	80%
用组合方法的 NO_x 的浓度/（mg/m³）	240	204	194	116	120
单一方法的有效性	65%	15%	5%	45%	90%
用组合方法的 NO_x 的浓度/（mg/m³）	210	179	170	93	60

（1）SCR 脱硝技术的优缺点

1）SCR 脱硝技术的优点。

①相比 SNCR 技术工作温度低，工作温度范围为 225～420℃，无须 GGH，投资和运行成本较低；②无副产物，出口氨气逃逸浓度小于 3 ppm，几乎不形成二次污染；③装置结构简单，并且脱除效率高（可达 90% 以上）；④具有多种布置方式：高温高含尘布置方式（省煤器后、空预器前）、中温低含尘方式（除尘器后、烟囱前）、低温低含尘方式（湿法脱硫后、烟囱前）；⑤提供尿素、氨水和纯氨等 3 种还原剂供应方式，尿素的成本低；运行可靠，便于维护。

2）SCR 脱硝技术的缺点。

①烟气成分复杂，某些污染物可使催化剂中毒；②高分散度的粉尘微粒可覆盖催化剂的表面，使其活性下降；③系统存在一些未反应的 NH_3 和烟气中的 SO_2 作用，生成易腐蚀和堵塞设备的硫酸铵（$(NH_4)_2SO_4$）与硫酸氢铵（NH_4HSO_4），同时会降低氨的利用率；④投资与运行费用较高。

（2）SNCR 脱硝技术的优缺点

1）SNCR 脱硝技术的优点。

①相比 SCR 脱硝技术，SNCR 技术没有 SCR 脱硝技术的缺点，因为 SNCR 脱硝不需要催化剂；②SNCR 节省投资，适用于不需要快速高效脱硝的工业锅炉和城市垃圾焚烧炉；③可以直接施用尿素，且不存在 SO_2 转换为 SO_3 的问题；④系统简单：不需要改变现有锅炉的设备设置，而只需在现有的燃煤锅炉的基础上增加氨或尿素储槽、氨或尿素喷射装置及其喷射口即可；⑤阻力小：对锅炉的正常运行影响较小；⑥系统占地面积小：需要的较小的氨或尿素储槽，可放置于锅炉钢架之上而不需要额外的占地预算。

2）SNCR 脱硝技术的缺点。

①SNCR 氨的泄漏量大，污染空气，且在含硫燃烧时，由于$(NH_4)_2SO_4$形成，会使空气预热器堵塞。②对温度要求严格，温度过低 NO_x 转化率低；温度过高，NH_3 容易被氧化为 NO_x，抵消了氨的脱除效率；一方面降低了脱硝效率，另一方面增加了用量和成本。③SNCR 由于反应温度窗的缘故，反应时间以及喷氨点的设置和切换受锅炉炉膛或受热面积的限制，脱硝效率低、运行的可靠性和稳定性不好。④在化学反应发生足够迅速时，SNCR 过程会受动力扩散的控制，因此难达到较高效率。⑤炉膛内扰流的影响及脱硝剂混合程度难控制。

9.3 含氨废气的处理方法

9.3.1 概述

大量氨废气直接排入大气，不仅会造成氨产品损失，而且污染了环境，对人体健康造成危害。排放、扩散和沉积等仍然是当今氨排放的核心问题。全球 NH_3 排放量为 58.2 TgN/a（加洛韦，2005）。2007 年，我国的合成氨产量已突破 6 000 万 t，占世界总产量的 40%以上，混合废气中氨的含量达 3.5%以上。

氨挥发是一个关键问题，因为它不仅意味着肥料价值的损失，还对环境产生不利影响。氨也可以从大气中沉积，作为生长的营养来源可能对植物有益，但当过量的氮沉积在对氮敏感的生态系统中时，这可能会对生态系统产生负面影响。与环境中氧化型和还原型氮超过阈值浓度相关的潜在后果包括：①暴露于高浓度细颗粒气溶胶（PM$_{2.5}$）引起的呼吸系统疾病；②饮用水硝酸盐污染；③地表水体富营养化导致藻类过量生长和水质下降；④由于氮浓度升高，植被或生态系统发生变化；⑤与氧化亚氮（N_2O）增加相关的气候变化；⑥森林土壤氮饱和度；⑦通过硝化和淋溶使土壤酸化。

9.3.2 减少农业排放

9.3.2.1 控制家畜饲粮减少氮排泄

通过控制家畜的饲粮以减少氮排泄，旨在减少系统中可能导致 NH_3 排放的活性氮的数量，同时还在减少氮的级联效应。家畜饲养策略使饲料蛋白质含量更接近动物的需求及其当前生长阶段，可使猪的总氮排泄减少 20%，使家禽的总氮排泄减少 10%。牛、羊的氮排泄量取决于饲料中草料、青贮草料和干草的比例及其蛋白质含量。在保证施氮量不过量的前提下，用蛋白质含量较低的粗饲料（玉米、青贮、干草、秸秆等）替代部分鲜草，可降低排泄率。

①在非反刍动物（如猪）中，NH₃ 损失减少通过增加饲料中的纤维或降低饲料中的 N 含量，将 N 从尿液排泄到粪便中。一些研究表明，降低猪饲粮中粗蛋白质（crude protein，CP）和补充氨基酸可以减少 28%～79% 的粪氮排泄量。这是根据减少每单位 CP（粗蛋白）的氮排泄量平均减少 8%。Panetta 等（2006）报道，随着饲粮粗蛋白质水平从 17.0% 降至 14.5%，NH₃ 排放率从 2.46 mg/min 降至 1.05 mg/min。O'Connell 等（2006）观察到增加饲粮粗蛋白质含量为 22% 时，猪粪浆 NH₃ 排放量为 16%。对肉鸡和蛋鸡来说，降低蛋白质日粮导致氮排泄减少。因此，除了一些明显的例外研究表明，降低饲粮 CP 可显著减少猪饲养中 NH₃ 的损失和家禽经营成本。其他策略如补充沸石，抗生素和益生菌，植物油，植物提取物（富含单宁和皂苷）和外源酶已经被用于减少猪和牛粪中 NH₃ 的损失，并取得了一定的效果。在实践中，减少 NH₃ 排放的努力必须与动物生产性能平衡，以确定最佳蛋白质浓度和饮食中的形式。

②在反刍动物（如牛）中，饲粮组成也会显著影响尿中尿素的排泄，从而导致粪便中 NH₃ 的损失和饲粮氮的整体利用效率。一般来说，反刍动物有相对低效的膳食氮的利用效率，饲料氮会转移为牛奶蛋白氮，其最小值和最大值分别为 14% 和 40%，剩余的大部分氮通过尿液和粪便流失。在一定范围内，奶牛尿氮损失随饲粮粗蛋白质水平的降低呈线性下降，但不影响乳和乳蛋白产量及组成；Olmos、Colmenero 和 Broderick（2006）的研究中，以最低的 CP（13.5%）实现了 36% 的乳蛋白氮（MNE）。饲粮中添加 15.0%～18.5% 粗蛋白质的奶牛产奶量相近（32～39 kg/d），同时增加氮排泄和尿氮比例。减少奶牛尿氮排泄量主要是通过解蛋白（RDP）的形式减少氮的摄取量。De Boer 等（2002）利用预测（尿量）方程和化学分析（尿成分）的结合，证明了解蛋白氮平衡（在荷兰系统中称为 OEB 值）对减少奶牛氮损失的重要性。母牛每天尿氮排泄量呈线性增加。过量饲喂 RDP 导致解蛋白氮和乳尿素氮浓度增加，尿氮损失增加（增加 27%）。降低奶牛泌乳中后期饲粮（CP：15%～17%，解蛋白（RUP：5.5～7.3）（CP：12.5%～14%）可降低饲粮成本和奶牛排出的废物氮。然而，早期泌乳奶牛需要充足的解蛋白。在牛奶和 DMI 达到峰值之后，CP 特别是 RUP 需求随着牛奶产量的下降而下降。利用解蛋白保护氨基酸可以有效地利用低 CP 饲料进行生产。饲料粗蛋白（CP）从 18.6% 降低到 14.8%，在瘤胃保护蛋氨酸（最高可达 25 g/d）条件下，产奶量保持不变，MNE 从 26% 提高到 34%。低粗蛋白质（13%）饲粮中蛋氨酸的供应降低了尿氮在总排泄氮中的比例。饲粮中碳水化合物水平和利用率也对瘤胃氮利用和尿素产量有显著影响。增加泌乳的膳食净能量，从 6.48 MJ 到 6.77 MJ 减少尿素氮排泄，同时增加膳食 CP 水平从 15.1% 到 18.4%。

氨挥发与水体 NH₃ 在总氨氮（TAN）中的比例直接相关。一般来说，在恒定的温度下 pH 决定了 NH_4^+ 和 NH_3 之间的平衡，较低的 pH 有利于 NH_4^+ 的形成，因此，NH_3 的挥发较低，尿的低 pH 值可能是降低牛粪排放 NH_3 的关键因素。不同的饮食处理可以降低尿液 pH 值。阴离子盐和高可发酵碳水化合物水平可以将尿液 pH 值降低到 6.0 以下。在非反刍动物中，由有机物（苯甲酸）引起的饲料酸化或钙和磷酸盐可降低尿液 pH 值和猪粪的排放。

9.3.2.2 污染交换

一些减少氨排放的减排技术其副作用是增加其他污染物［如硝酸盐（NO_3^-）、一氧化二氮（N_2O）、甲烷（CH_4）］的损失。在考虑使用减排技术时，必须考虑到这些权衡，因为这种"污染交换"通常是不可取的。Brink 等（2001）研究了一些不同过程之间的潜在相互作用。RAINS 模型用于估计欧洲在一系列减少 NH_3 排放的情景下，计算了氨减排对 CH_4 排放、N_2O 排放和 NO_3^- 淋溶的影响，见表 9-5。

表 9-5　氨气减排技术对其他污染物损失的影响综述（改编自 Brink et al.，2001）

氨气减排选项	CH_4、N_2O 和硝态氮（NO_3^-）损失的影响	
	有利的	有害的
低氮饲料	减少 N_2O 和 NO_3^- 淋溶的排放	没有
空气洗涤器	N_2O 排放增加	没有
动物圈舍的适应性*	减少温室气体 CH_4 排放	氮氧化物排放量增加，NO_3^- 浸出
存储肥料的加盖	减少存储肥料 N_2O 的排放	N_2O 的现场排放增加，CH_4 排放增加和 NO_3^- 淋溶的增加
肥料的注入	没有	N_2O 排放量增加，NO_3^-
用硝酸铵代替尿素	没有	没有

注：*该分析涉及多种技术（例如，定期清洁，良好的地面设计，家禽粪便干燥等）。

必须认识到，很大部分仅仅是通过减少 NH_3 排放，在植物－土壤系统中储存了更多的氮。因此，该技术将减少大气中 NH_3 的含量，即减少来自氮沉降的半自然生态系统的硝酸盐淋溶和 N_2O 排放。全面的评估还需要充分考虑它们的相互作用。

9.3.2.3　土壤氨挥发的控制

农田氨的挥发是氮素以氨的形式从土壤或农田表面逸散到大气中的过程，其中氮肥使用所带来的氨挥发约占排放总量的 55.5%。我国 2018 年氮肥的施用量已达 5.65×10^7 t，土壤氨挥发非常严重，尤其是碱性土壤氨挥发占氮肥施用量的 23%。这既对土壤的氮肥流失造成影响，也对大气环境造成破坏。朱影等通过分析农田土壤氮挥发尿素的水解过程和硝酸盐异化还原成铵过程中，温度、水分、施肥剂量和施肥方式对氨挥发的影响。

阐述了控制土壤氨挥发的方法技术：①确定氮肥的适宜适用量；②采用缓控释肥技术；③深度施肥；④添加脲酶抑制剂；⑤施用土壤改良剂和氮肥增长剂；⑥用微生物菌剂控制氨挥发。

土壤氨挥发的控制措施如下：

（1）提高氮肥当季的利用率，减少氨的挥发损失

要确定作物的适宜施氮量，研发优化的氮肥管理措施，较高的氮肥施用会带来一定程度的增产效果，但也会对环境氨和氮的挥发产生影响，因此要在兼顾作物产量和生态环境的情况下，合理地实施氮肥用量。

我国夏季玉米的推荐施氮肥量不应超过 260 kgN/hm^2，在华北平原试验区，在不降低产量的情况下，施氮肥量可降至 157 kgN/hm^2。Wang D 等的研究报道了小麦产量在 8.0～9.0 t/hm^2 时，作物氮肥利用率为 15.5%～30.5%。Wang X 等的研究表明，施氮量为 210 kgN/hm^2 或 168 kgN/hm^2，分三段施与小麦或玉米时，既可保持作物产量又可减少氨的挥发。除了考虑增产等因素外，施氮量还应考虑实际情况适当增减。干旱地域因受水分的限制，施氮量应适当减少。高产地域，水分较充足的地域则可适量增加。

（2）采用缓控释肥技术

将缓控释肥应用于大田作物是当前农田土壤氨挥发减排的重点。肥料利用率较低的原因之一是肥料施用到土壤后养肥的释放时间和强度与作物养分需求之间的不平衡。缓控释肥在一定程度上协调了植物养分需求，延缓了肥料养分释放。使土壤始终保持较低的氮素水平，并持续供给作物吸收，从而提高了氮素利用率，减少了氨挥发。这已经在我国东北地区春季玉米种植过程中获得了成功，氮肥利用率提高了 18.23%～19.11%，氨挥发损失率降低了 35.04%～40.01%。

（3）深度施肥

深度施肥可以减少氨的挥发，增加作物对氮素的吸收。在土壤深层施用氮肥能够降低土壤中 NH_4^+ 的浓度和对 NH_4^+ 的固定作用，从而降低氨扩散到大气中的概率。与表面施肥相比，氮肥深施能显著提高作物产量 6.7%，同时可以减少氨挥发 61.7%，节约尿素用量 30%，在水稻种植过程中深施肥可使水稻的氮素回收率提高 26%～93%。氮肥深施是各种氨挥发控制方法中效果较大且稳定的施肥方法。其原因是：①减少氮肥与空气的接触面积；②增加土壤与尿素水解的铵离子的接触，增加对铵的固定；③降低土壤脲酶活性。

（4）添加脲酶抑制剂

脲酶是一种用于酰胺键的水解酶，能够催化尿素和有机氮的转化，有利于铵态氮的形成。脲酶活性的强弱能够直接影响土壤氨挥发过程，添加脲酶抑制剂能抑制脲酶活性，

使尿素在发生水解前进入深层土壤,与土壤形成交换性复合体,从而降低水解产生的 NH_4^+ 浓度,减少氨挥发。添加脲酶抑制剂可以延长尿素水解长达 10～20 天。比不加脲酶抑制剂的氨挥发减少 42.5%～55.1%。有研究证明添加脲酶抑制剂可使土壤氨挥发减少 25%～89%。

（5）施用土壤改良剂和氮肥增长剂

应用生物炭对 NH_4^+ 的物理吸附能够减少土壤氨挥发的原理包括:①生物炭巨大的比表面积能够提高土壤的离子交换能力,从而促进植物对土壤氮素的吸收;②生物炭的强吸收能力对土壤氮素具有一定的保留作用;③生物炭能够为土壤氮循环相关微生物如氨氧化和消化微生物等提供良好的生长环境,从而促进土壤生态系统养分循环,间接减少氨挥发;④生物炭的多孔性有利于土壤水分聚集,能够减少因土壤水分散失导致的氨挥发。由田间试验得知,增施 20 t/hm² 和 40 t/hm² 生物炭分别比单施氮肥的氨挥发量减少 24.07% 和 37.62%。

（6）用微生物菌剂控制氨挥发

微生物菌剂是一种绿色环保的新型肥料,能够降低氨挥发峰值期间的土壤 pH 值,从而减少氨挥发。微生物菌剂能够通过提高硝化微生物的丰度增强土壤硝化作用,促进 NH_4^+-N 转化生成 NO_3^--N,减少氮素以氨挥发的比例。我国北方碱性土壤地域,真菌类微生物菌剂绿色木霉菌与传统化肥配施,氨挥发量可降低 42.21%,添加微生物菌剂解淀粉芽孢杆菌和多粘芽孢杆菌后氨挥发量分别降低 20.28% 和 13.81%。

不同氨挥发控制技术比较见表 9-6。

表 9-6　不同氨挥发控制技术比较

控氨方法	种类/方法	效果	优点	缺点
缓控释肥	包膜材料缓控释肥;合成型微溶态缓控释肥	减少氨挥发 35.04%～40.01%	效果好,节约肥料、省工	技术要求高,成本昂贵
深施	直接深施;分层深施	减少氨挥发 26%～93%	效果好且较稳定	操作复杂,额外的机械动力成本
脲酶抑制剂	醌类;酰胺类;多元酸;多元酚	减少氨挥发 25%～89%	省工,不改变施肥方法	稳定性不高
土壤改良剂	生物炭;腐殖酸	减少氨挥发 13.4%～37.62%	不产生二次污染	对土壤微生物群落有影响
微生物菌剂	真菌类微生物菌剂;细菌类微生物菌剂	减少氨挥发 13.81%～42.21%	成本低,不产生二次污染	时间长,效果慢

9.3.3　减少非农业来源的排放

非农业来源的氨气排放量占总 NH_3 排放量的比例较小（英国为 15%）。因此，重点关注这一类排放源很难实现排放量的大幅减少。另外，由于来源不同，需要各种各样的技术。在某种情况下，特定行业排放大量的氨（例如，甜菜加工，污水处理，化肥生产），需要发挥减少氨排放的潜力。相比之下，减少诸如呼吸和汗水，吸烟或家用产品（如清洁剂）之类的次要来源的 NH_3 排放将具有挑战性。其他自然/非人为因素的非农业 NH_3 来源，其排放量不能减少，包括野生哺乳动物（例如，英国的大鹿种群）和海鸟聚集地。

道路运输也会产生大量的 NH_3 排放，即汽油汽车使用催化转换器（最初设计是为了减少 NO_x 排放）。

9.3.3.1　工业减少氨气排放的方法

制药、化肥、化工、硅胶等工业生产中会产生氨气废气，对环境造成破坏，必须经处理后才可排放。当前，对含氨气体进行治理的方法主要有吸附法、燃烧法、生物处理法及氧化法等多种方法。

氨气极易溶于水，因此在处理氨气废气时超日净化常采用喷淋法。喷淋塔内部含有填料过滤和水喷淋，伴有加药系统，添加稀硫酸溶液进行吸收。氨气接入设备后自下而上游走，经过下层的填料层过滤，然后经过自上而下加入稀硫酸溶液的喷淋系统进行吸收，氨气溶于水流至底部的水箱。经循环泵作用重复使用，经过一段时间，更换水箱中的水。氨气经过喷淋塔处理，被吸收排出，气体继续经风机作用从烟囱达标排放。

选择废气处理塔处理氨气废气的优点：

①根据氨气废气的性质，使用喷淋塔处理氨气废气，净化效率达 98%。

②废气处理塔外壳由耐腐蚀性 PP 材料制成，可抵抗氨气废气的腐蚀性，寿命长达10 年。

③废气处理塔可适应不同浓度的氨废气，性能稳定，运行过程中不干扰车间内生产设备的工作。

9.3.3.2　石油化工行业的氨减排

抚顺石油化工研究院（FRIPP）开发了"低温馏分油吸收－碱液吸收"工艺，处理酸性水罐顶恶臭气体，实现污染物的减排和治理。该方法主要利用催化裂化分馏塔或常压塔的粗柴油，经过降温后送入吸收塔，与酸性水罐区的排放气进行逆流接触，吸收油气、NH_3 和 H_2S。吸收塔顶气进入二级碱液吸收，进一步去除 H_2S。该工艺 NH_3 回收率可达 $60\% \sim 90\%$，H_2S 和有机硫化物回收率接近 100%，总烃回收率可达 95%，苯系物回收率可达 $90\% \sim 99\%$。

9.4 挥发性有机物的治理技术

治理 VOCs 的技术总体上可分为两大类，即回收利用技术和销毁技术。回收利用技术是通过物理方法，改变温度、压力或采用选择性吸附剂和选择性渗透膜等，对排放的 VOCs 进行吸收、过滤、分离，然后进行提纯处理，再进行资源化综合利用；销毁法技术是通过燃烧化学反应或生化反应，用热、光、催化剂或微生物等把排放的 VOCs 分解转化为其他无毒无害的物质。

9.4.1 回收利用技术

9.4.1.1 吸附法

吸附法是利用某些具有吸附能力的物质如活性炭、硅胶、沸石分子筛、活性氧化铝等吸附有害成分而达到消除有害污染的目的。

吸附法的基本原理是利用吸附质的表面分子的官能团所具有的极大的表面能，其微孔相对孔壁分子共同作用形成强大的分子场，形成较大的范德华引力来捕捉、截留、过滤 VOCs 气体分子，再经改变温度、压力，或用置换物置换等方式进行脱附再生，再经过冷凝或吸附回收挥发性有机化合物的方法。

吸收效果取决于吸附剂性质（比表面积、孔径与孔隙等）、气相污染物种类和吸附系统的操作温度、湿度、压力等因素。

9.4.1.2 吸收法

吸收法是指废气和洗涤液接触，以液体溶剂作为吸收剂，使废气中的有害成分被液体吸收，从而达到净化的目的，其吸收过程是根据有机物相似相溶的原理，常采用沸点较高、蒸气压较低的柴油、煤油作为溶剂，使 VOC 从气相转移到液相中，然后对吸收液进行解析处理，回收其中的 VOC，同时使溶剂得以再生。该方法不仅能消除气态污染物，还能回收一些有用的物质，可以用来处理气体流量一般为 $3\,000\sim15\,000\,\mathrm{m^3/h}$、浓度为 $0.05\%\sim0.5\%$（气体分数）的 VOC，去除率可达 $95\%\sim98\%$。该方法适用于高水溶性 VOCs，不适用于低浓度气体，这种方法技术比较成熟，可去除气态颗粒物，尤其对酸性气体去除效率高。

该方法的优点是对处理大风量、常温、低浓度有机物废气比较有效且处理费用低；能将污染物转化为有机产品。不足之处是对有机成分选择性大，容易出现二次污染；选择性溶剂多，容易增加成本；存在后续废水处理问题。

9.4.1.3　冷凝法

冷凝法是利用气态污染物在不同温度及压力下具有不同饱和蒸气压，在降低温度或增加大气压力条件下，使某些污染物凝结出来，以达到净化或回收的目的。其优点是所需设备和操作条件比较简单，回收物质纯度高。缺点是净化程度不高，耗能较高。

9.4.2　销毁技术

9.4.2.1　燃烧法

燃烧法分为直接燃烧法、热力燃烧法和催化燃烧法。

（1）直接燃烧

把废气（VOCs）中可燃有害组分当作燃料直接燃烧。在燃烧过程中伴有明亮的火焰产生，故直接燃烧又称直接火焰燃烧。因此，该方法只适用于净化含可燃有害组分浓度较高的废气，或者用于净化有害组分燃烧时热值较高的废气，因为只有燃烧时放出的热量能够补偿向环境中散失的热量时，才能保持燃烧区的温度，维持燃烧的持续。直接燃烧的设备包括一般的燃烧炉、窑，或通过某种装置将废气导入锅炉作为燃料气进行燃烧。直接燃烧的温度一般在 1 100℃左右，燃烧的最终产物为 CO_2、H_2O 和 NO_x。直接燃烧法不适于处理低浓度的废气。

石油炼制厂或石油化工厂所产生的有机废气通常排放到火炬燃烧器直接燃烧，不仅浪费资源，而且造成大气污染，近年来已较少使用。

（2）热力燃烧法

热力燃烧用于可燃有机物质含量较低的废气的净化处理，是在废气中 VOCs 浓度较低时添加燃料以帮助其燃烧的方法。在热力燃烧中，被净化的废气不作为燃料，而是在含氧量充足时作为辅燃气体；当废气中氧的含量较低时，需要加入空气来辅燃。在进行热力燃烧时，一般是用燃烧其他燃料的方法（如煤气、天然气、油类等），把废气温度提高到热力燃烧所需的温度，使其中的气态污染物进行氧化，分解成为 CO_2、H_2O 和 N_2 等。热力燃烧所需的温度较直接燃烧低，为 540～820℃。工艺简单、投资小，适用于高浓度、小风量的废气，但对安全技术、操作要求较高。热力燃烧工艺见图 9-30。

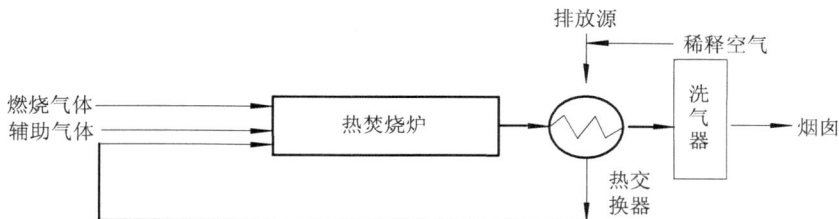

图 9-30　热力燃烧工艺流程

为使废气温度提高到有害组分分解温度，热力燃烧过程需用辅助燃料燃烧来供热。但辅助燃料不能直接与全部净化处理的废气混合，那样会使混合气中可燃物的浓度低于燃烧下限，以至于不能维持燃烧。如果其以非空气为主，只要有足够的氧，就可以用部分废气使助燃料燃烧，使燃气温度达到 1 370℃左右，用高温燃气与其余废气混合达到热力燃烧的温度。这部分用来助燃辅助燃料的废气叫助燃废气，其余部分叫旁通废气。若废气以惰性气体为主，即废气缺氧，不能起到助燃作用，则需要用空气助燃，全部废气均作为旁通废气。

热力燃烧的过程可分为 3 个步骤：①辅助燃料燃烧，提供热量；②废气与高温燃气混合，达到反应温度；③在反应温度下，保持废气有足够的停留时间，使废气中可燃的有害组分氧化分解，达到净化排气的目的。

热力燃烧炉的主体结构包括两部分：①燃烧器，其作用是使辅助燃料燃烧生成高温燃气；②燃烧室，其作用是使高温燃气与旁通废气湍流混合达到反应温度，并使废气在其中的停留时间达到要求。按所使用的燃烧器的不同，热力燃烧炉分为配焰燃烧器系统和离焰燃烧器系统两大类。

配焰燃烧系统的热力燃烧炉使用配焰燃烧器。配焰炉中的火焰间距一般为 30 cm。燃烧室的直径为 60～300 cm。配焰燃烧器是将燃烧配布成许多小火焰，布点成线型。废气被分成许多小股，分别围绕许多小火焰流过去，使废气与火焰充分接触，这样可以使废气与高温燃气在短距离内即可迅速达到完全的湍流混合，配焰方式的最大缺点是容易造成灭火。配焰燃烧器主要有火焰成线燃烧器、多烧嘴燃烧器、格栅燃烧器等。

离焰燃烧器系统的热力燃烧炉使用离焰燃烧器。在离焰炉中，辅助燃料在燃烧器中燃烧成火焰产生高温燃气，然后再在炉内与废气混合到反应温度。燃烧和混合两个过程是分开进行的。虽然在大型火焰炉中可以设置 4 个以上的燃烧器，但对于大部分废气而言，它们并不与火焰接触，仍是依靠高温燃气与废气的混合，这是离焰燃烧炉不易熄火的主要原因。离焰燃烧炉的长径比一般为 2～6，为促进废气与高温燃气混合，一般应在炉内设置挡板。离焰燃烧炉的优点是可利用废气助燃，因此对于含氧量低于 16% 的废气也适用；对燃料种类的适应性强，可用气体燃料，也可用油作燃料，还可以根据需要调节火焰大小。

各种燃烧法的性能比较见表 9-7。

表 9-7　燃烧法处理 VOCs 运行的性能比较

燃烧工艺	直接燃烧法	热力燃烧法	催化燃烧法
处理范围/（mg/m³）	＞5 000	＞5 000	＞5 000
最终产物	CO_2，H_2O	CO_2，H_2O	CO_2，H_2O
投资	较低	低	高
运行费用	低	高	较低
燃烧温度/℃	＞1 100	700～870	300～450
其他	易爆炸，热能浪费并易产生二次污染	可回收热能	VOCs 中如含有重金属、尘粒等，会引起催化剂中毒，预处理较严格

9.4.2.2　催化氧化技术

催化氧化技术的工作原理是 VOCs 在 250～450℃温度的环境和相关催化剂的条件下，发生氧化反应，生成 CO_2 和 H_2O，从而达到处理 VOCs 的目的。

光催化技术是光照在半导体的条件下，当光子能量高过催化剂的吸收阈值时，半导体的价带电子能够从价带电子跃迁到导带（导带是由自由电子形成的能量空间，即固体结构内自由运动的电子所具有的能量范围。对于金属而言，所有价电子所处的能带就是导带），产生光生电子和空穴，继而空气中的纳米颗粒物表面形成超氧负离子，最后和催化剂表面形成羟基自由基，将挥发性有机物转化成 CO_2 和水等无毒无害物质。

下面重点分述几个处理 VOC 的主要技术。

9.4.3　UV 光氧催化法及准分子法处理 VOCs

（1）UV 光氧催化技术原理

UV 光氧催化分解 VOCs 的原理，一是利用 185 nm 波长紫外线高能量及强氧化性来分解有机气体，即空气中的氧气吸收 UV-D 后，化学键被打开，使之裂解成游离状态的原子或基团（C^*、H^*、O^*）；同时通过裂解混合空气中的氧气，使之形成游离状态的氧，并结合成臭氧 [$O_2 + UV \longrightarrow O^- + O^*$（活性氧），$O + O_2 \longrightarrow O_3$]，具有强氧化性的臭氧与有机废气分子被裂解生成的原子发生氧化反应，形成 H_2O 和 CO_2。整个过程不超过 0.1 s，净化效果与废气分子键能、废气浓度以及含氧量有关。

以苯分子为例，光解氧化的机理见图 9-31。

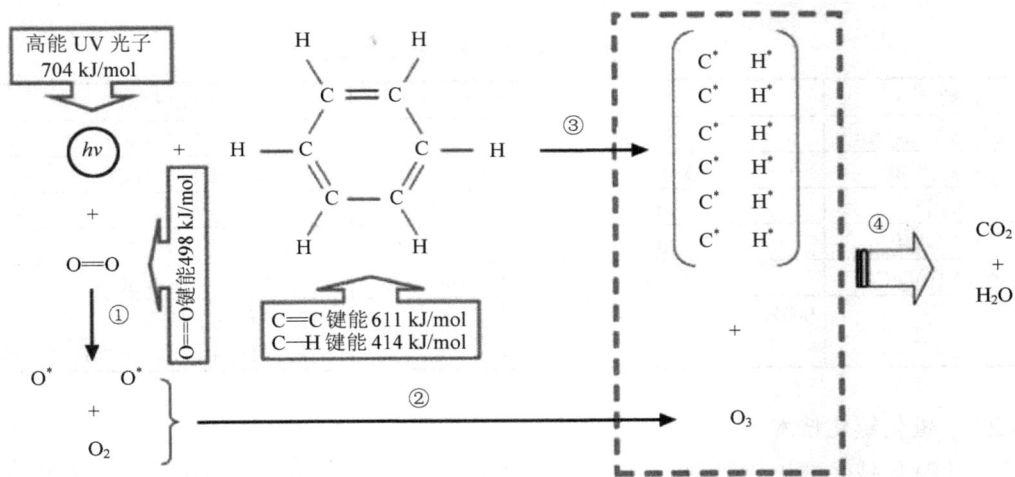

图 9-31　光解氧化的原理

　　目前废气处理用光解紫外线主要是利用 185 nm 持续与 O_2 结合产生的臭氧来分解有机气体。二是利用 185 nm 波长的高能量紫外线打断有机物的分子键。185 nm 紫外线的光子能量高达 647 kJ/mol，大多数化学物质的分子结合能比 185 nm 波长的能量低，因此，污染物分子键经过 185 nm 高能紫外线光能的裂解能被打断，而大多数有机废气是 C、H、O 结构的，且化学键小于 185 nm 紫外线能量，所以能把这些有机废气在有 O_2 的情况下分解成 CO_2 和 H_2O。三是利用 254 nm 波长在催化剂的存在下分解有机物废气。二氧化钛在 254 nm 波长照射下，激发物质表面电子，可连续发生能级跃迁，使电子飞出，形成具有强氧化能力的空穴（正穴）和具有超强还原能力的电子；空穴/电子对与表面和空气中的水反应后产生活性氧[O]和氢氧自由基[OH]等活性物质。

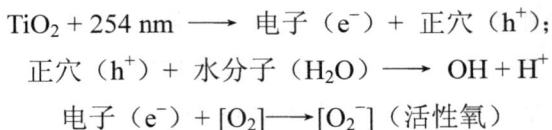

$$TiO_2 + 254\ nm \longrightarrow 电子（e^-）+ 正穴（h^+）;$$
$$正穴（h^+）+ 水分子（H_2O）\longrightarrow OH + H^+$$
$$电子（e^-）+ [O_2] \longrightarrow [O_2^-]（活性氧）$$

　　光触媒反应形成的空穴/电子对与表面和空气中有机物结合发生氧化还原反应，可彻底将其氧化成水等无害物质；反应后产生活性氧[O]和氢氧自由基[OH]等活性物质；另外，空穴/电子对与表面和空气中水反应后产生活性氧[O]和自由基[OH]是具有极强的氧化作用的，不仅能氧化破坏微生物，也可将有机污染物完全氧化破坏。

　　（2）光催化材料

　　国内用于 UV 光氧催化处理 VOCs 废气最多的催化剂是锐钛石（TiO_2）。锐钛石的光催化反应过程在很大程度上依靠光子激发，所以有足够激发锐钛石的光子，才能提供足够的能量，光催化反应并不是凭空产生的，它需要消耗光能量。

（3）影响 UV 光催化法处理 VOCs 效果的因素

1）废气浓度的影响。

UV 光催化治理 VOCs 适合的应用范围主要包括喷涂车间、印刷、电子、制药、食品等行业产生的低浓度有机废气，对于 20～200 ppm 的浓度效果较好，随着 VOCs 浓度增高，降解效率也会随之降低。目前广泛采用的是 185 nm 和 254 nm 两个波段的真空紫外灯，这是由于真空紫外灯发射的紫外线能量强度有限，单位时间内光解能量不足，效率下降。所以单纯地增加灯管的数量是无法解决高浓度有机气体问题的，紫外光解技术不适合中高浓度 VOCs 气体。

2）相对湿度的影响。

在一定的湿度条件下，氧气吸收了大部分 185 nm 紫外线，但是随着湿度的进一步增加，一部分是水蒸气与氧气竞争吸收 185 nm 波长的紫外线，水蒸气吸收了更多的 185 nm 紫外线，同时产生更多的羟基自由基。水蒸气与活性氧反应生成羟基自由基，羟基自由基的氧化性要强于臭氧和活性氧，从而光解的速度明显加快，促进单位时间内对于废气去除率的增加，相对湿度在 30%～65%，光解效率上升，相对湿度超过 70% 后逐渐下降。

3）风速和湿度差的影响。

风速越大，水蒸气进出口的湿度差越小，也就是说风速越大，羟基自由基产生量的值也越少。因此，在风速小的工况下，羟基自由基对挥发性有机物 VOCs 的贡献大；在风速大的工况下，羟基自由基对有机物降解的作用就会变得十分有限，在低浓度下，延长停留时间并不能等效地增加废气去除效率。

4）生成副产物的影响。

实际工程实践中，VOCs 的光催化氧化反应会生成酮、醛等中间产物，对环境造成二次污染，见表 9-8。

表 9-8　用 GC-MS 对不同反应过程中定性出的中间产物和它们的相对丰度

中间体	相对丰度/10^6			
	UV/TiO_2	O_3-PCO	UV/O_3	O_3/TiO_3
苯甲醛	0.5	0.45	0.6	0.35
苯甲酸	—	0.25	0.5	—
甲酸	2.7	—	7	—
乙酸	3.9	—	9	—
苯甲醇	—	—	0.2	—

注：photocatalytic oxidation（PCO）光催化氧化。

5）光源的选择。

一般选择 185 nm 和 254 nm 两个波段的真空紫外灯。真空紫外设备进口的风速影响了紫外灯的灯管表面温度，灯管表面温度与紫外灯的发光效率有直接关系，灯管表面温度高于某一数值时会直接影响其发光效率。臭氧协同真空紫外线对很多有机废气是有降解效果的。254 nm 的紫外线可以促进臭氧产生氧自由基，从而氧化废气分子，臭氧在真空紫外条件下与空气中的水蒸气可产生羟基自由基，羟基自由基可氧化甲苯等废气。

6）反应时间的影响。

在实际应用中，由于 VOCs 不断排放，通过处理设备的 VOCs 时间很短，从而导致了降解率偏低，达不到应有的效果。

由图 9-32 可知，短时间内（1 s 左右）单独使用 UV 光解设备对 VOCs 降解率很低。在实际应用中，即使延长反应时间，对 VOCs 的降解率也仅在 10% 左右。

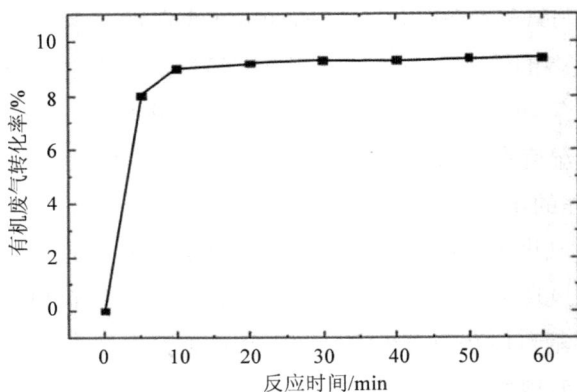

图 9-32　反应时间与有机废气降解率

7）催化剂的影响。

二氧化钛是一种半导体，具有锐钛矿（anatase）、金红石（rutile）及板钛矿（brookite）三种晶体结构，其中只有锐钛矿和金红石结构具有光催化特性。如果采用市面上的二氧化钛材料（建筑材料），不具有锐钛矿型二氧化钛性能，完全没有催化光解功效。

锐钛矿型二氧化钛的导带与价带之间的间隙（称为能隙）为 3.2 eV 光子，而金红石型二氧化钛为 3.0 eV，故金红石需要的光能大于 3.0 eV，而锐钛矿需要大于 3.2 eV 的光子。光子的能量 E 与波长 λ 之间成反比关系：$E = hC/\lambda$，由此可知，波长小于 380 nm 的光可将锐钛型的二氧化钛激发。虽然锐钛矿被激发需要较多的能量，但锐钛矿的二氧化钛光触媒具有更强的氧化能力，因此它被应用得更为广泛。粒径接近 7 nm 时，锐钛矿要比金红石更为稳定。

8）设备空间布局和结构的影响。

目前 UV 光催化治理 VOCs 设备的自动化程度低，基本还没有自动检测和监控功能，所以对产品的整体效果不能进行有效的效率评估。要合理地处理好催化剂的布置、数量，要准确处理好透光性和气体的流速，要进行合理的能量匹配和结构优化。

UV 光解催化处理适应的挥发性有机废气主要有以下几大类：硫化氢、硫醇类、硫醚类、氨类、胺类、吲哚类、硝基、烃类、醛类。

（4）UV 光解催化处理 VOCs 运行中存在的问题

作者到数家产生 VOCs 和采用 UV 光解处理 VOC 的企业进行了考察，发现这些企业的光解设备运行存在以下问题。

①处理设备的紫外灯管上沾满粉尘和油腻，这说明从源到设备内的 VOC 气体没有经过有效滤膜的过滤，而直接将粉尘和油腻带入处理设备内，即沾染粉尘和油腻后的紫外灯管提供的紫外线被油腻遮挡。

②大部分设备管理者不懂设备工作原理，也不知道怎样更换灯管。

③许多 UV 光解设备制造厂所用的催化剂为普通 TiO_2，而不是锐钛石和金红石，根本没有催化效果。

④由于没有有效过滤，涂有催化剂的内壁容易被油腻遮盖，即失去催化作用。

9.4.4 冷凝法处理 VOC 技术

物质在不同的温度和压力下，具有不同的饱和蒸气压。对应于废气中的有害物质的饱和蒸气压下的温度称为该混合气体的露点温度。即在一定压力下，某气体物质开始冷凝出现第一个液滴时的温度，即露点温度。因此，混合气体中有害物质的温度必须低于露点，才能冷凝下来。在恒压下加热液体，液体开始出现第一个气泡时的温度，简称泡点。冷凝温度一般在露点和泡点之间，冷却温度越接近泡点，则净化程度越高。

VOCs 的冷凝： 在压力为 P，温度为 t 时，VOCs 在如图 9-33 所示的系统中进行部分冷凝，已知进料中，组分的摩尔分率为 z_i，计算液化率 f 以及冷凝后冷凝液的组成 x_i 和未凝气体的组成 y_i。

液化率 f 指冷凝后冷凝液的量占进料 VOCs 量的摩尔分率，则有：

$$f = B/F \qquad (9-84)$$

冷凝器中的物料衡算方程：

$$F = B + D \qquad (9-85)$$

式中，B——冷却液排出摩尔流率，kmol/h；

F——进料 VOCs 摩尔流率，kmol/h；

D——未凝气中 VOCs 排除流率，kmol/h。

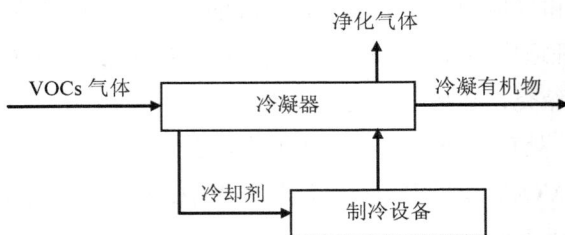

图 9-33　冷凝法的工艺流程

将式（9-83）代入式（9-85）得到：

$$F=（1-f）F+fF \tag{9-86}$$

对 i 组分作物料平衡：

$$F \cdot z_i = （1-f）F + f \cdot F \cdot x_i \tag{9-87}$$

整理得：

$$z_i = （1-f）^* y_i + f^* x_i \tag{9-88}$$

根据气液平衡关系 $y_i = m_i^* x_i$，并将该式代入式（9-88）得：

$$x_i = \frac{z_i}{(1-f)m_i+f} = \frac{z_i}{m_i+(1+m_i)f} \tag{9-89}$$

$$y_i = \frac{z_i}{(1-f)+f/m_i} = \frac{z_i \cdot m_i}{m_i(1-f)+f} \tag{9-90}$$

根据式（9-89）、式（9-87）和 $\sum_{i=1}^{n} x_i = 1$、$\sum_{i=1}^{n} y_i = 1$，可求得 f、x_i、y_i。

从式（9-89）、式（9-90）可知：式中只有 z_i 为已知数，要求 x_i、y_i、f，还要知道 m_i，式（9-89）和式（9-90）的求解可分为以下两种情况：

①指定工艺条件（温度 t、压力 P）求 f 及 y_i。根据已知 P、t，计算出相应条件下的 m_i，再假设 f，利用式（9-89）求出 x_i，如果 $\sum x_i = 1$，那么假设 f 有效。否则，需要重新计算或用式（9-90）求出 y_i，并用 $\sum y_i$ 是否等于 1 检验。

②指定 f，求操作条件及相应条件下的组成。由泡点和露点定义可知，当 $f=1$ 时的温度为泡点温度，当 $f=0$ 时的温度为露点温度。冷凝温度介于泡点温度和露点温度之间。

计算时,先求出泡点温度和露点温度,再假设冷凝温度为 t,并求出 m_i,将 m_i 代入式(9-89),求出 x_i,以 $\sum x_i = 1$ 检验假设温度正确与否,或将 m_i 代入式(9-90)中求出 y_i,用 $\sum y_i = 1$ 来检验。

冷凝时所移出的热量 Q_c 可以由热量衡算得到:

$$Q_c = F\sum_{i=1}^{n}H_i z_i - D\sum_{i=1}^{n}H_i y_i - B\sum_{i=1}^{n}h_i x_i \qquad (9-91)$$

式中,H_i——组分 i 的气相焓;

h_i——组分 i 的液相焓。

有了 Q_i,就可以利用热交换方程求得冷凝器的换热面积,利用热平衡方程求得所需冷却或冷冻介质的流量。

冷凝法处理 VOCs 的适用范围:可用于处理高浓度有机废气,特别是组分单纯的气体回收;适用于废气体积分数 10^{-2} 以上的有机蒸汽;常作为其他方法的前处理。

9.4.5 蓄热式催化燃烧法技术(RCO)和蓄热式热氧化燃烧技术(RTO)

9.4.5.1 蓄热式催化燃烧法技术(RCO)

(1)催化燃烧反应原理

催化燃烧技术实际上为完全的催化氧化,即在催化剂的作用下,使气体中的有害可燃组分完全氧化为 CO_2 和 H_2O。由于绝大部分有机物均具有燃烧性能,因此,催化燃烧法已成为净化 VOCs 的有效和重要手段。

RCO 废气治理法主要是利用催化燃烧技术与蓄热式焚烧技术两者相结合的一种废气处理工艺,有效地结合了两者的优点。其原理是通过蓄热燃烧或添加催化剂进行低温燃烧,利用燃烧技术将有机废气彻底降解为 H_2O 和 CO_2,即当有机废气进入蓄热床时吸收热量,提升温度,然后进入加热室进一步加热至反应温度,同时另一个蓄热床进行吸热保温,有机废气再引入催化反应室,此时废气已经达到催化剂作用下的反应温度,进而进行低温氧化反应,净化成无害物质排出,这时另一边蓄热式的阀门打开,引入废气,按照上述过程往复进行废气净化工作。有机废气在较低温度下在对苯二甲酸催化剂的作用下被完全氧化和分解,达到净化气体的目的。在催化燃烧过程中,催化剂的作用是降低反应的活化能,同时使反应物分子富集在催化剂表面,以提高反应速率。借助于催化剂,有机废气可以在较低的起燃温度下无焰燃烧并且释放大量热量,同时氧化分解成 CO_2 和 H_2O。RCO 催化燃烧的催化剂反应原理见图 9-34。

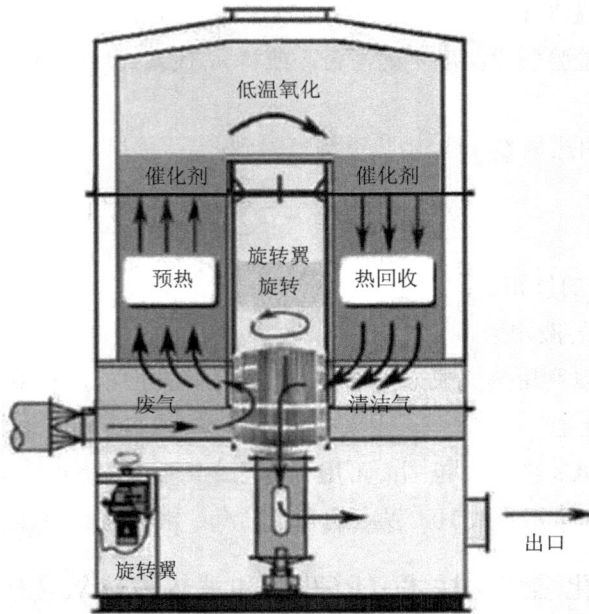

图 9-34   RCO 催化燃烧的催化剂反应原理

（2）催化燃烧的工艺流程

催化燃烧炉系统工艺流程示意见图 9-35。催化燃烧工艺有分建式与组合式两种。分建式流程，有预热器、换热器、反应器均作为独立设备分别设置，其间用相应的管路连接，一般用于处理废气量较大的场合；组合式流程将预热、换热及反应等部分组合安装在同一设备中，即所谓催化燃烧炉，流程紧凑，占地面积小，一般适用于小气量处理。

催化燃烧与直接、热力燃烧工艺参数对比见表 9-9。

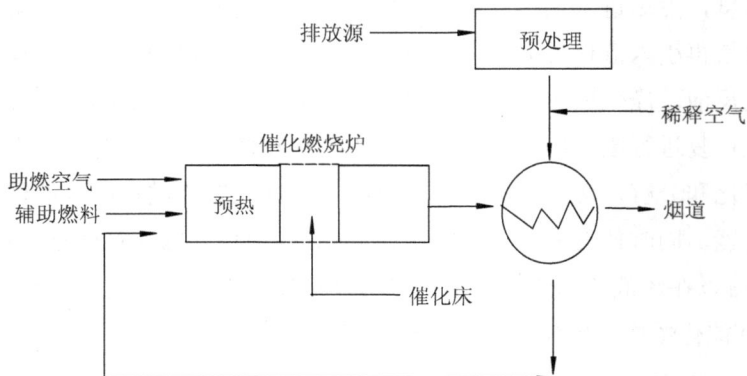

图 9-35   催化燃烧炉系统工艺流程示意

表 9-9　催化燃烧与直接、热力燃烧参数对比

燃烧方式	预热温度/℃	燃烧温度/℃	燃烧描述	NO_x产生
直接燃烧	不预热	1 100	高温火焰中停留	产生少量的NO_x
热力燃烧	540～820	700～1 100	高温滞留，无火焰	少量NO_x
催化燃烧	100～400	200～450	催化剂表面无焰燃烧	几乎没有

9.4.5.2　RCO 催化燃烧设备的结构

RCO 催化燃烧设备由废气预处理、预热装置、催化燃烧装置、防爆装置组成。

（1）废气预处理

为了避免催化剂床层的堵塞和催化剂中毒，废气在进入床层之前必须进行预处理，以除去废气中的粉尘、液滴及催化剂的毒物。

（2）预热装置

RCO 催化燃烧设备的预热装置包括废气预热装置和催化剂燃烧器预热装置。因为催化剂都有一个催化活性温度，对催化燃烧来说称为催化剂起燃温度，必须使废气和床层的温度达到起燃温度才能进行催化燃烧，因此，必须设置预热装置。但对于排出的废气本身温度就较高的场合，如漆包线、绝缘材料、烤漆等烘干排气，温度可达 300℃以上，则不必设置预热装置。

（3）催化燃烧装置

一般采用固定床催化反应器。反应器的设计按规范进行，应便于操作和装卸催化剂，方便维修。

（4）防爆装置

为膜片泄压防爆，安装在主机的顶部。当设备运行发生意外事故时，可及时裂开泄压，防止意外事故发生。

9.4.5.3　VOCs 废气处理催化燃烧法特点

①VOCs 废气处理起燃温度低，能源消耗少。含烃类的 VOCs 气体在通过催化剂床层时，碳氢分子和氧分子分别被吸附在催化剂表面并被活化，因而能在 200～450℃较低温度下完成反应，氧化分解生成 CO_2 和 H_2O。由于反应温度低，热能消耗量少，催化燃烧达到起燃温度后，无须外界供热，能回收净化废气的热量。

②VOCs 废气处理适用范围广。催化燃烧几乎可以处理所有含烃类的 VOCs 废气。对于有机化工、涂料、造漆、印刷、食品加工等行业排放的低浓度、多成分、无回收价值的 VOC 废气，采用吸附-催化燃烧法处理效果更好。

③VOCs 废气处理效率高，无二次污染。用催化燃烧法处理有机废气的净化率一般可达 95%以上，最终产物为无害的 CO_2 和 H_2O，且由于燃烧温度低，能大量减少NO_x生成，

不会或者减少造成二次污染。

④进入催化燃烧装置的气体首先要经过预处理，除尘、液滴和有害组分，避免催化床层的堵塞和催化剂的中毒。

⑤进入催化床的气体温度必须达到所用催化剂的起燃温度，催化反应才能进行。因此，对于低于起燃温度的进气，必须进行预热使其达到起燃温度。气体预热方式可以采用电加热也可以采用烟道气加热，目前应用较多的为电加热。

⑥催化燃烧反应放出大量的反应热，燃烧尾气温度较高，必须回收这部分热量。

⑦VOCs 治理涉及行业众多，由于工艺投资大，运行维护成本高。

9.4.5.4 蓄热式热氧化燃烧技术（RTO）

蓄热式热氧化燃烧简称 RTO 技术，最早出现在美国加利福尼亚州的一个金属成品厂的卷材连续涂覆线；由于其热回收效率的大幅度提高，在欧美国家迅速推广并应用于工业 VOC 废气的处理。RTO 经历了两室到三室再到多室的发展历程。由于 RTO 对有机物去除效率、适用范围和低运行费用等方面的优势，是工业 VOC 废气处理的主要设备。

（1）RTO 的工作原理

蓄热式热力焚烧炉是一种高效的有机废气处理设备，其工作原理是，先对有机废气进行预处理，再将其通入炉体内，加热至 730～780℃，使废气中的有机成分发生氧化还原反应，生成小分子有机物（如 CO_2 和 H_2O），经风机、烟囱排入大气。氧化产生的高温气体经陶瓷蓄热体时，使陶瓷升温开始"蓄热"，用于后续进入的有机废气，可节省大量的燃料。RTO 在工作的过程中全程回收热量，热能回收率达 95% 以上。

（2）RTO 的结构

RTO 设备处理 VOC 的形式有二室、三室和旋转 RTO，根据客户需求还可设计成五室、六室、七室等结构形式。RTO 包括：炉体、支脚、隔离槽、换气口、第一蓄热室、第二蓄热室、第三蓄热室、燃烧室、蓄热体、辅助燃烧器、燃烧嘴；主体结构由蓄热体、燃烧室、燃烧嘴和切换阀等组成。

1）蓄热体：蓄热体是 RTO 系统的热量载体，它直接影响 RTO 的热利用率，其主要技术指标：①蓄热能力：单位体积的蓄热体所能存储的热量越大，蓄热室的体积越小。②换热速度：材料的导热系数可以反映热量传递的快慢，导热系数越大热量传递越迅速。③热震稳定性：蓄热体在高低温之间连续多次地切换，在巨大温差和短时间变化的情况下，极易发生变形以至于碎裂，堵塞气流通道，影响蓄热效果。④抗腐蚀能力：蓄热材料接触的气体介质多具有强腐蚀性，抗腐蚀能力将影响 RTO 的使用寿命。

2）燃烧室：燃烧室是工业废气中可燃组分转变为无害成分的主要场所，在 RTO 启动或者燃烧室内温度过低时，燃烧器便会启动，提供热量。有机废气通过换向阀规律地进入 RTO，在燃烧室内充分氧化后有规律地排出。

3）切换阀：切换阀是 RTO 焚烧炉进行循环热交换的关键部件，必须在规定的时间内准确地进行切换，其稳定性和可靠性至关重要。因为废气中含有大量粉尘颗粒，切换阀的频繁动作会造成磨损，累积到一定程度会出现阀门密封不严、动作速度慢等问题，会极大地影响使用性能。

4）燃烧嘴：燃烧嘴的主要目的是不让气体与燃料混合得过快，这样会形成局部高温；但也不能混合过慢导致燃料出现二次燃烧甚至燃烧不充分。为了确保燃料在低氧环境下燃烧，需要考虑到燃料与气体间的扩散、与炉内废气的混合以及射流的角度和深度，这些参数应在设计之初根据实际的工艺需求准确计算，否则会直接影响 RTO 的焚烧效果。

北京科技大学 2010 年改造设计的 RTO。焚烧炉采用环形布局，分为 6 个蓄热室：2 个蓄热室用于进气，3 个蓄热室用于排气，1 个蓄热室用于吹扫。这样的布置方案既结构紧凑，又能满足进气、排气和吹扫的要求。蓄热室内充填陶瓷蜂窝蓄热体，蓄热室流通面积为 0.243 m^2；共放置 5 层蜂窝蓄热体并预留增加 2 层陶瓷蜂窝蓄热体的空间。燃烧室内衬 200 mm 绝热保温材料；设计燃烧室外壁温度低于 70℃。焚烧炉炉体上设置 2 个安全防爆泄压阀和 6 个检修门；检修门用于充填蓄热体。启动助燃系统燃烧器选用美国 MAXON 公司出品 OVENPAK 燃烧器，自带风机和比例调节阀。焚烧炉启动时加热能力为 1 256 040 kJ/h，启动时间为 20～40 min。为满足焚烧炉启动时的最大加热能力需求，采用 4 个液化气罐并联安装供气方案。此方案允许焚烧炉启动后正常运行时，可以关闭 2 个液化气罐（可以在运行中更换液化气罐）。燃气供应系统设置玻璃转子流量计旁路；在需要计量时，用于液化气实际消耗量的测量。设置独立的储气间存放液化气瓶，储气间配备换气通风设备和可燃气体检测报警装置。换向阀设计是保证焚烧装置性能的决定性因素。要求换向阀的泄漏量能够控制在 3% 以下，其核心问题是如何解决高温条件下旋转灵活和密封的矛盾。六位九通换向阀将 6 个蓄热室的进气、排气和吹扫的换向集于一体，采用旋塞阀结构。这样的结构既可以保证良好的密封性，又能满足阀体与阀芯之间活动灵活的要求。阀体由气动执行器驱动，每 30 s 转动一次；每次旋转 60°，即实现一个蓄热室的换向。

我国改造设计的 RTO 结构原理见图 9-36。

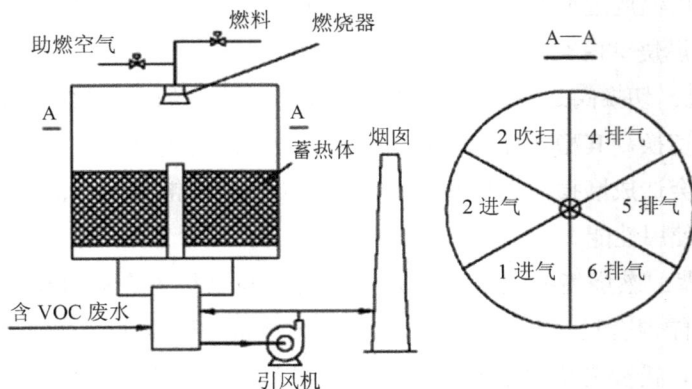

图 9-36 我国改造设计的 RTO 结构原理

首先废气通过管道经 RTO 进口阀 [三向切换风阀（poppet valve）] 进入第 1 个蓄热填充床催化床（catalyst bed）发生氧化反应燃烧分解，经燃烧室充分燃烧后的高温净化气体通过第 3 个蓄热填充床被冷却后，部分冷却净化气体吹扫第 2 个蓄热填充床，部分冷却净化气体经 RTO 引风机进入尾气吸收系统，喷淋吸收后达标排放至大气环境中，3 个蓄热填充床依次经历加热（氧化分解）、冷却、吹扫等 3 个步骤，通过 RTO 进口阀、出口阀、吹扫阀自动切换，周而复始，循环操作。

（3）RTO 处理 VOC 的优、缺点

1）优点。

可实现与 RCO 配合使用，适用于大风量、低浓度，适用于有机废气浓度 100～20 000 ppm。其操作费用低，有机废气浓度在 450 ppm 以上时，RTO 装置无须添加辅助燃料；净化率高，两床式 RTO 净化率能达 98% 以上，三床式 RTO 净化率能达 99% 以上，并不产生 NO_x 等二次污染；全自动控制、操作简单、安全性高。在处理大流量低浓度的有机废气时，运行成本非常低。

2）缺点。

①较高的一次性投资，一般情况下投资需要几百万元，有的需要上千万元，燃烧温度较高，不适合处理高浓度的有机废气，有很多运动部件，需要较多的维护工作。

②蓄热体在长时间运行后经常会破损碎裂，抗热震稳定性能较差是最大的问题。蓄热材料需要放置在温度变化大且存在腐蚀性气体的环境中，长时间受巨大温差引起的应力影响，蓄热材料的抗热震稳定性能必须要好；又考虑到设备制造成本，需要选用高密度材料以减少蓄热室体积。但一般情况下密度越大，抗热震稳定性越差。

③偏流方面，在蓄热室内的热交换过程中，如果废气在蓄热室内出现偏流，经过多

次循环后易导致蓄热体温度不均匀产生热应力，超出蓄热体极限时，就会引起变形。

④二次燃烧方面的气体喷口和燃料喷口一般情况下是独立的，有利于形成低氧环境，进而形成均匀的温度场，提高加热效果。在设计时需要准确选取气体和燃料两股射流的参数，参数选取不合适易造成燃烧不充分，混合气体在进入蓄热室后，和燃料会重新接触产生二次燃烧，释放出的局部高温很容易熔化蓄热体。

⑤由于温度过高（750～1 000℃）会产生燃料型氮氧化物，该生成物占 60%～95%。在生成燃料型 NO_x 的过程中，首先是含氮的有机物或空气中的氮经过热解产生 N、CN、HCN 和中间产物基团，然后被氧化成 NO_x。

9.4.5.5 转轮浓缩+冷凝回收系统概述

转轮浓缩系统是引进国际领先转轮浓缩技术，结合自主研发的废气冷凝回收技术，开发出的一种高效溶剂回收系统。系统将吸附技术和冷凝回收技术有机结合，产品集成度高，可将成分单一、回收价值高、大风量、中高浓度的有机废气经过吸附—脱附—冷凝过程回收高价值的溶剂，变废为宝，实现资源再利用。

（1）转轮浓缩+冷凝回收系统工艺原理

有机废气经预处理和初步冷凝回收后，进入浓缩转轮。浓缩转轮的核心是蜂巢状转轮，为特殊的吸附材料——疏水性沸石，沸石对挥发性有机物的气体有高效率的吸附能力，VOCs 废气通过转轮，沸石吸附 VOCs 并将干净气体排放至大气中。被吸附的 VOCs 由脱附区用高温脱附，脱附气体为高浓度低流量浓缩废气，此浓缩废气再导入冷凝系统，可回收液态溶剂。

（2）转轮浓缩+冷凝回收系统技术优势

采用不燃的沸石分子筛为吸附材料，安全性好，杜绝着火隐患；吸附材料寿命长（5～10 年）；结构强度高，耐水性好；微孔分布丰富，孔道均匀，与空气接触的表面积大，吸附效率高。风阻力低，一个厚度 400 mm 的转轮，在迎风风速 2 m/s 时压力降只有 180 Pa（国内活性炭纤维吸附装置，厚度 150 mm，迎风速度 0.2 m/s，阻力 3 000 Pa）；传质效率高，与直径 3 mm 的球状分子筛相比，传质效率提高 1 倍以上；与两塔间歇切换的固定床切换相比较，具有净化效率高、出口浓度稳定的特点。

处理高效：净化效率可达 95%，环保达标；运行稳定：吸脱附稳定连续，脱附温度达 200℃；维护费用低：吸附材料寿命长；没有控制阀；投资少：浓缩 15 倍以上。

可多种工艺组合：与冷凝系统组合可回收有价溶剂；与 RTO、CO 组合可回收有机污染物氧化余热，实现高效、经济运行。

自动化程度高：全自动 PLC 自动控制，优化系统运行模式，操作维护方便，运行稳定可靠。

9.4.6　活性炭处理 VOC 技术

含 VOCs 的气态混合物与多孔性固体接触时，利用固体表面存在的分子吸引力或化学键力，把混合气体中 VOCs 组分吸附留在固体表面，这种分离过程称为吸附法。

9.4.6.1　活性炭吸附的原理

活性炭的吸附可分为物理吸附和化学吸附。

①物理吸附主要发生在活性炭去除液相和气相杂质的过程中。活性炭的多孔结构提供了大量的表面积，利用多孔性固体吸附剂处理流体混合物，使其中所含的一种或多种组分浓缩于固体表面上，以达到分离的目的。应该指出的是，这些被吸附的杂质分子直径必须要小于活性炭的孔径，才可能保证杂质被吸收到孔径中。

②化学吸附又称活性吸附，是由于吸附剂表面与吸附质分子间的化学反应力所致的化学吸附。即利用发生在活性炭表面的化学官能团、表面杂原子和化合物的反应进行化学吸附。不同的表面官能团、杂原子和化合物对不同的吸附质有明显的吸附差别。在活性炭的表面形成的大量羟基、羧基、酚基等含氧表面络合物，不同种类的含氧基团是活性炭上的主要活性位，它们能使活性炭的表面呈现微弱的酸性、碱性、氧化性、还原性、亲水性和疏水性等。

9.4.6.2　活性炭吸附有机气体的工艺

含 VOCs 的混合气体先去除颗粒状污染物后，再经过低压器调整压力，然后进入吸附床进行吸附净化，净化后的气体排入大气环境。当吸附床 I 内的活性炭饱和后，通过阀门转换至吸附床 II 进行吸附。向吸附床 I 通入蒸气进行脱附，解吸出来的蒸气（空气）混合物冷却后由浓缩器、分离器进行分离，脱附后的活性炭用热空气干燥后循环使用，一般可重复使用 5 年。

9.4.6.3　活性炭对废气吸附的特点

活性炭吸附 VOCs 性能最佳，原因在于其他吸附剂（如硅胶、金属氧化等）具有极性，在水蒸气共存条件下，水分子和吸附剂极性分子进行结合，从而降低了吸附剂吸附性能，而活性炭分子不易与极性分子相结合，从而提高了吸附 VOCs 能力。

①对芳香族化合物的吸附优于对非芳香族化合物的吸附。②对带有支键的烃类物质优于对直链烃类物质的吸附。③对有机物中含有无机基团物质的吸附总是低于不含无机基团物质的吸附。④对分子量大和沸点高的化合物的吸附总是高于分子量小和沸点低的化合物的吸附。⑤吸附质浓度越高，吸附量也越高。⑥吸附剂内表面积越大，吸附量越高。活性炭吸附 VOCs 的工艺流程见图 9-37。

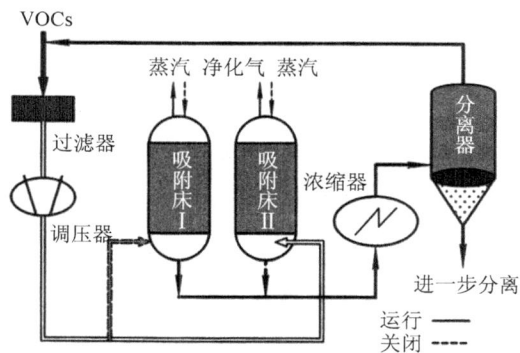

图 9-37　活性炭吸附 VOCs 的工艺流程

9.4.6.4　活性炭的吸附容量

对工程应用而言，吸附容量直接决定了吸附质在吸附床中的停留时间和吸附设备的规模。通过吸附试验可得到吸附质在指定吸附剂中的吸附容量曲线。这里，简单介绍利用波拉尼（Polanyi）曲线估算吸附容量。吸附量随吸附饱和常数变化的曲线见图 9-38。

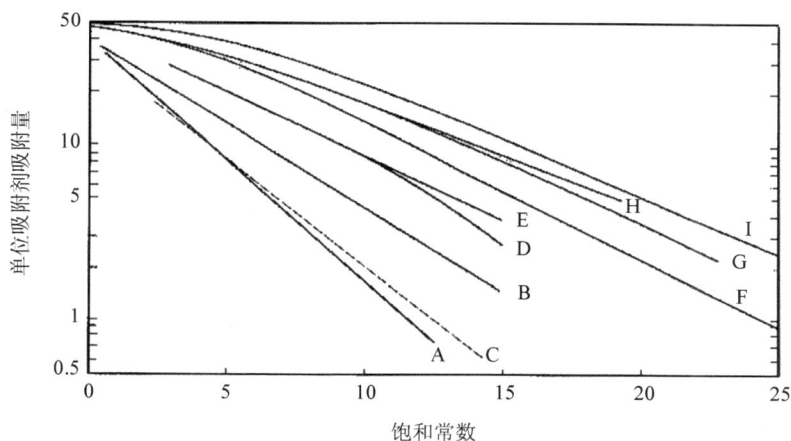

图 9-38　吸附量随吸附饱和常数变化的曲线

图中：曲线 A、B、C 是以硅胶为吸附剂，曲线 D～I 是以不同种类活性炭为吸附剂，吸附质是 $C_1～C_6$ 的链烷石蜡和烯烃。

9.4.6.5　多组分吸附

一般来讲，化合物的被吸附性与其相对挥发性近似呈负相关，一些有机液体的相对挥发度见表 9-10。因此，含多组分有机蒸汽的气流通过活性炭层时，在开始阶段各组分均等地吸附于活性炭上。但是随着沸点较高组分在床内保留量的增加，相对挥发性大的蒸汽开始重新汽化。达到穿透点后，排出的蒸汽大部分由挥发性较强的物质组成，在此阶段，较高沸点的组分开始置换较低沸点的组分，并且每种其他组分都重复这种置换过程。气流中存在两种或两种以上的挥发性有机化合物时：①分子量较大的有机化合物的吸附有取代低分子量有机化合物的趋势，即轻组分以较快的速率通过吸附床。因此，可实现轻组分与重组分的分离。另外，多组分蒸汽同时吸附加大了传质区高度，有可能需要增长吸附床长度。②炭的保持力可能会减弱。③多组分有机物吸附时，给定各系统的效率将会降低。④混合物的爆炸下限将直接随着各种单一组分爆炸下限变化。必须十分注意操作安全问题。

表 9-10　一些有机液体的相对挥发度

物质名称	相对挥发度	物质名称	相对挥发度
乙醚	1	乙醇（94%）	8.3
二硫化碳	1.8	正丙醇	11.1
丙酮	2.1	醋酸异戊酯	13
乙酸甲酯	2.2	乙苯	13.5
氯仿	2.5	异丙醇	21
乙酸乙酯	2.9	异丁醇	24
四氯化碳	3	正丁醇	33
苯	3	二乙醇-甲醚	34.5
汽油	3.5	二乙醇-乙醚	43
三氯乙烯	3.8	戊醇	62
二氯乙烷	4.1	十氢化萘	94
甲苯	6.1	乙二醇-正丁醚	163
醋酸正丙酯	6.1	1,2,3,4-四氢化萘	190
甲醇	6.3	乙二醇	2.625

（1）活性炭的吸附热

工业上计算时，对于物理吸附，常常取吸附热等于其凝缩热。但这种假定会引起较大的误差，因为物理吸附的吸附热等于凝缩（$q_{凝}$）与润湿热（$q_{润}$）之和。只有当前者相对后者很大时，才可忽略不计润湿热，而且这里的 $q_{润}$ 是某阶段的所谓微分润湿热，不是全部的所谓积分润湿热。即这里的润湿是活性炭固体颗粒的局部表面为液体润湿时所放出的热，不是手册中通常给出的将固体完全浸入所放出的热。因此应当从手册中直接查取吸附热，而不要采用查取凝聚缩热和润湿热之后相加的方法。表 9-11 列出了若干有机物质不同温度时在活性炭上的吸附热，条件是用 500 kg 活性炭吸附 1 kmol 蒸汽。

表 9-11　若干有机物质不同温度时在活性炭上的吸附热

有机物质	分子式	吸附热/（kJ/mol）	
		273K	298K
氯乙烷	C_2H_5Cl	50.16	64.37
二硫化碳	CS_2	52.25	64.37
甲醇	CH_3OH	54.76	58.16
溴乙烷	C_2H_5Br	58.1	—
碘乙烷	C_2H_5I	58.52	—
氯甲烷	CH_3Cl	38.46	38.46
氯仿	$CHCl_3$	60.61	60.61
四氯化碳	CCl_4	63.95	64.37
二氯甲烷	CH_2Cl_2	51.83	53.5
甲酸乙酯	$HCOOC_2H_5$	60.61	—
苯	C_6H_6	61.45	57.27
乙醇	C_2H_5OH	62.7	65.21
乙醚	$(C_2H_5)_2O$	64.79	60.61
氯代异丙烷	$Iso\text{-}C_3H_7Cl$	54.76	66.04
氯代正丁烷	$n\text{-}C_4H_9Cl$	—	48.49
氯代正丙烷	$n\text{-}C_3H_3Cl$	61.03	65.21
2-氯丁烷	$sel\text{-}C_4H_9Cl$	—	62.7

实际计算有机蒸汽的吸附热时可以忽略温度的影响。对一些有机化合物，吸附热与吸附蒸汽量的关系可利用式（9-92）估算：

$$q = m\alpha^n \tag{9-92}$$

式中，q——吸附热，kJ/kg 炭；

α——已吸附蒸汽量，m^3/kg 炭；

m、n——常数，其值见表 9-12。

表 9-12　吸附热与吸附蒸汽量的估算值

有机物质	分子式	吸附热/（kJ/mol）	
		273K	298K
氯乙烷	C₂H₅Cl	0.915	1 716
二硫化碳	CS₂	0.920 5	1 816
甲醇	CH₃OH	0.938	2 021
溴乙烷	C₂H₅Br	0.9	1 885
碘乙烷	C₂H₅I	0.956	2 273
氯仿	CHCl₃	0.935	2 210
甲酸乙酯	HCOOC₂H₅	0.907 5	2 083
苯	C₆H₆	0.959	2 342
乙醇	C₂H₅OH	0.928	2 214
四氯化碳	CCl₄	0.93	2 301
乙醚	(C₂H₅)₂O	0.921 5	2 229

　　有研究表明，经过氧化铁或臭氧处理过的活性炭具有更好的吸附能力，氧化后的活性炭具有更强的亲和力，对各种有机气体的吸附有效传质系数比未经处理过的活性炭更大。也有部分 VOCs 不易被解吸，不易用活性炭吸附，如表 9-13 所示。

表 9-13　难以从活性炭中除去的 VOCs

丙烯酸	丙烯酸乙酯	谷胱醛	皮考啉
丙烯酸丁酯	2-乙基己醇	异佛尔酮	丙酸
丁酸	丙烯酸二乙基酯	甲基乙基吡啶	二异氰酸甲苯酯
丁二胺	丙烯酸异丁酯	甲基丙烯酸甲酯	三亚乙基四胺
二乙酸三胺	丙烯酸异癸酯	苯酚	戊酸

　　（2）活性炭吸附的优、缺点

　　优点：①可处理大风量、低浓度的有机废气；②可回收溶剂；③不需要加热；④净化效率高，运转费用低；能源消耗较低，应用起来比较经济；⑤通过脱附冷凝可回收溶剂有机物；⑥应用方便，只要与空气相接触就可以发挥作用；⑦活性炭具有良好的耐酸碱性和耐热性，化学稳定性较高。

　　缺点：①废气净化前要进行预处理；②仅限于低浓度；③设备庞大，占地面积多。④吸附量小，物理吸附存在吸附饱和问题，随着吸附剂的消耗，吸附能力也变弱，使用一段时间后可能会出现吸附量小或失去吸附功能；⑤吸附时，存在吸附的专一性问题，对混合气体，可能吸附性会减弱，同时也存在分子直径与活性炭孔径不匹配，造成脱附现象。

9.4.6.6 纤维型活性炭吸附法

活性炭纤维是以有机纤维为前驱体通过不同途径制得的，其微孔孔道长度在几微米到几十微米之间，比颗粒活性炭孔径小 2～3 个数量级，故其吸附解析速度比活性炭快 2～3 个数量级；活性炭纤维比表面积大 1 000～2 500 m^2/g，加之颗粒活性炭微孔中有一定的封闭孔和半封闭孔难以参与吸附，而活性炭纤维中全为开放性孔，因而具有更大的有效比表面积。据相关报道，活性炭纤维吸附容量为颗粒活性炭的 2～40 倍，见表 9-14。

表 9-14　有机物的平衡吸附容量（25℃时饱和蒸气压下的吸附容量）

吸附质	ω（正丁硫醇）	ω（二甲硫醚）	ω（二硫化碳）	ω（四氯化碳）	ω（三氯乙烯）	ω（乙醛）	ω（苯）	ω（甲苯）	ω（苯乙烯）	ω（环己烷）	ω（丙酮）
ACF	1 104.8	686.6	723	763.6	1 350	52	325.9	333.3	327.6		319.3
GAC	613	436.6	520.1	540.8	54	12	213.3	243.4	219.4	185.1	224.3

该技术以活性炭纤维（颗粒）为吸附剂，油气先通过冷却器进行降温，然后进入活性炭纤维（颗粒）吸附箱，油气组分吸附在吸附剂表面，然后再经过变温脱附，富集的油气用饱和蒸汽脱附出来，进入冷凝器。液态化学品进入储罐，净化后的尾气经排气管排放。

（1）吸附原理

当两种相态不同的物质接触时，其中密度较低物质的分子在密度较高的物质表面被富集的现象和过程就是吸附，具有吸附作用的物质称为吸附剂，一般为密度相对较大的多孔固体。废气中的有机成分被吸附到活性炭纤维的微孔中，从而在炭纤维微孔内形成一层平衡的吸附浓度，由于分子之间拥有相互吸引的作用力，当一个分子被活性炭内孔捕捉后，会导致更多的分子不断被吸引，直到填满活性炭纤维孔隙为止。但是，不是所有的微孔都有吸附作用，这些被吸附的有机物分子的直径必须是要小于毛细孔的孔径，即只有当孔隙结构略大于有机物分子的直径，能够让有机物分子完全进入的情况下才能保证被吸附到微孔中，过大或过小都不行，需要通过不断地改变原材料和活化条件来创造具有不同的孔径结构的吸附剂，从而适用于各种有机物的吸附。在吸附饱和后，采用蒸汽脱附法，将吸附在活性炭纤维孔径内的有机分子脱附出来并回收。

（2）纤维型吸附回收工艺

活性炭纤维吸附工艺可分为一级吸附工艺、二级或多级吸附工艺。①预处理—吸附：去除酸碱腐蚀物质、固体颗粒物或液滴等夹带物，降低废气温度后经风机加压进入吸附器，有机组分在穿透活性炭纤维床层时被吸附，吸附净化后的气体从顶部排放。②脱附—再生：吸附回收工艺采用水蒸气将有机物脱附，使活性炭纤维再生。脱附蒸汽从吸附器顶部进入，加热活性炭纤维床层，脱附有机物。脱附后的活性炭纤维湿度和温度都很高，需向吸附器内吹扫空气，使炭纤维吸附床迅速降温降湿，随后进入下一循环。③冷凝回收：脱附产生的混合蒸汽经冷凝器冷凝回收液态混合液，混合液通过重力分层、蒸馏、精馏等手段回收有机物。

活性炭纤维的主要特点有：①孔隙发达，有丰富的孔，比表面积大；②纤维直径细，孔口直接开口在纤维表面，吸附扩散路径短，接触面积大，接触均匀；③孔径均匀，分布窄，吸附选择性较好；④孔分布呈单分散态，主要由微孔组成，只有少量的过渡孔，有效吸附孔比率高；⑤工艺灵活性大，可制成纱、布、毡或纸等多种制品。

活性炭纤维吸附 VOCs 的工艺流程见图 9-39。

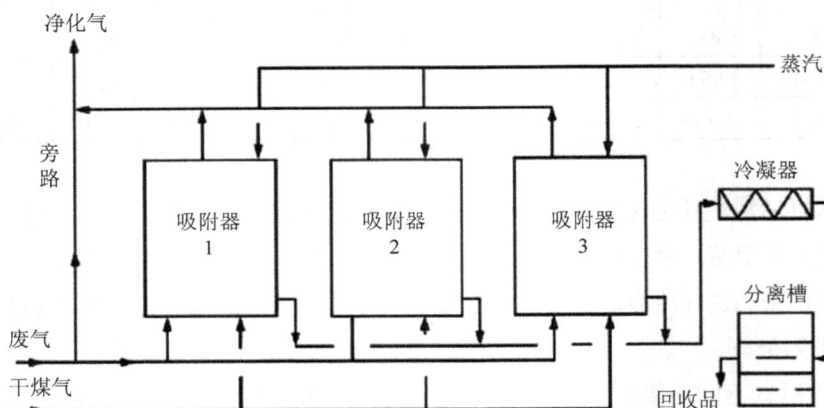

图 9-39 活性炭纤维吸附 VOCs 的工艺流程

9.4.7 准分子真空紫外灯在挥发性有机物光解上的运用

准分子（excimer）是"受激二聚物"（excited dimer）的缩写，是指混合气体（惰性气体或卤素气体）受到外来能量的激发所引起的一系列物理及化学反应中曾经形成但转瞬即逝的分子，其寿命几十毫微秒。因谐振腔内充入不同的气体混合物而有不同波长的准分子紫外光产生。光解（photolysis）是指化合物被光分解的化学反应。

准分子灯发射的紫外光具有单光谱特性，狭窄的光谱线和单色紫外辐射光谱使得它能用更集中的功率来进行光处理，并拓宽紫外线辐射的应用。通过用不同准分子体配比获得不同单色波长（126 nm，172 nm，222 nm 或 308 nm 等 22 种）的高强度的准分子紫外光。2000 年德国的 Heraeus 公司已开发出 3 个波长（308 nm，222 nm，172 nm）系列的 DBD 激发准分子紫外灯。这种激发出的能量足以打开大多数分子键，能实现传统低压汞灯很难或根本不能实现的光化学反应。目前在处理有机废气中用得比较多的是 172 nm

波长，它的光子能量高达 7.2eV。引发传统光源很难或根本不能实现的光化学反应，在国际上被誉为紫外光发生技术领域的一个里程碑。准分子光处理器克服现有技术瓶颈，以其高能量密度、低反应温度、反应面积大、反应时间短的特点，在环境保护等领域获得广泛的应用。

目前已研制成功的准分子激光器有惰性气体准分子（Xe2，Kr2，Ar2）激光器、惰性气体单卤化物准分子（RF，RCl，RBr）激光器等，其发光光谱位于紫外、真空紫外范围。

（1）准分子紫外灯的构造

一种低廉、高效的非相干性紫外光源———准分子紫外灯的研究。准分子紫外光源的灯体结构见图 9-40。

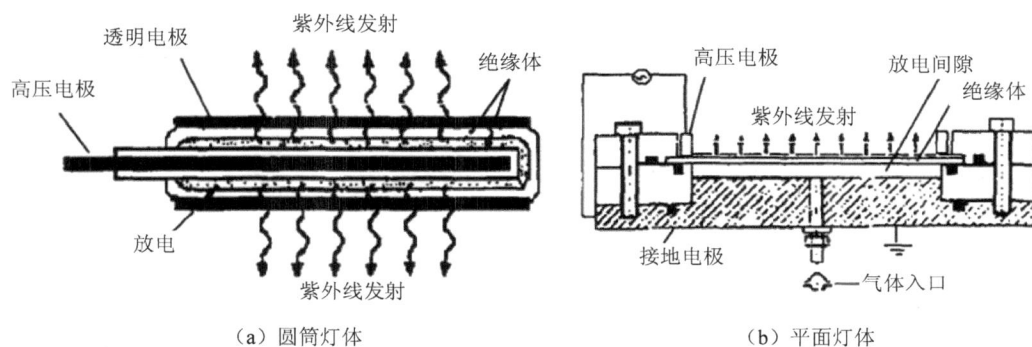

（a）圆筒灯体　　　　　　　　　　　　（b）平面灯体

图 9-40　准分子紫外灯结构

（2）准分子紫外灯光解有机废气的基本原理

有机、恶臭废气中的有机物及恶臭物质被 172 nm 高强度紫外光照射，发生光化学反应降解为小分子或直接矿化为 CO_2 和 H_2O；同时，废气中含有的 H_2O 与 O_2 经 172 nm 紫外照射后，产生氧化性极强的·O 活性氧原子和·OH 羟基自由基，浓度可达传统紫外灯生成的数十倍，大分子有机物、臭气污染物被这些高浓度瞬态活性基团强烈氧化，最终被矿化成 CO_2、H_2O 等无害或低害产物，从而达到除废、除臭目的。准分子紫外灯的光解原理示意见图 9-41。

准分子光解废气处理设备中的处理系统配置了国际上最新一代紫外光源——准分子光源，其高能光子足以打开自然界绝大多数分子键，光强可达到传统紫外灯的上千倍，彻底克服了现有光解/光催化技术瓶颈，能高效光解废气，如氨、三甲胺、硫化氢、甲硫氢、甲硫醇、甲硫醚、二甲二硫、二硫化碳和苯乙烯，硫化物、苯、甲苯、二甲苯等有机污染物；废气中氧和水分子在准分子真空紫外作用下，生成的·O 活性氧原子和·OH 羟基自由基等活性基团浓度可达传统紫外灯生成的数十倍，大分子废臭气污染物被这些高浓度瞬态活性基团强烈氧化，最终被矿化成 CO_2、H_2O 等无害或低害产物，从而达到除废、除臭目的，实现达标排放。

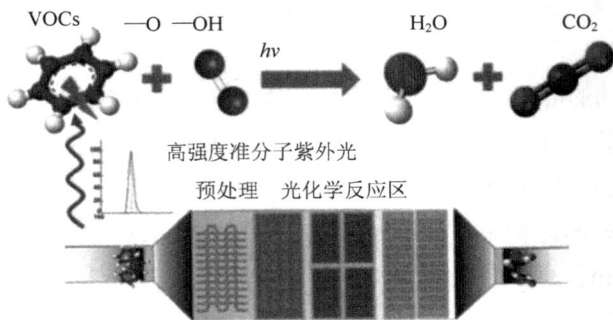

图 9-41　准分子紫外灯的光解原理示意

9.4.8　生物法处理 VOCs 废气

9.4.8.1　生物法处理 VOCs 的原理

VOCs 生物净化过程的实质是附着在滤料介质中的微生物在适宜的环境条件下，利用废气中的有机物成分作为碳源和能源，维持其生命活动。利用微生物的生命活动对废气中的污染物进行消化代谢，将废气中的有害物质转变成简单的无机物（如 CO_2 和 H_2O），即细胞物质。实质上是一种氧化分解过程，它通过附着在介质上的活性微生物来吸收 VOCs，将污染物转化为无害的水、CO_2 及其他无机盐类。

9.4.8.2　生物法处理挥发性有机气体的工艺

在废气生物处理过程中，有生物过滤法、生物吸收法和生物滴滤法等。

（1）生物过滤工艺

1）过滤塔净化挥发性有机废气工作原理。

气相主体中 VOCs 首先经历由气相到固/液相传质过程，然后才在固/液相中被微生物降解。用于进行气体降解的微生物种类繁多，可分为自养菌和异养菌两类。自养菌利用无机碳为能源，可用于生物脱臭，而异养菌是通过有机物的氧化得到能量和营养。然后在适当的温度、pH 值和氧气的条件下，较快地完成有机污染物的降解。在生物滤塔运行初期，微生物对有机物有一个适应过程，其群种及数量分布逐步向处理目标有机物的微生物转化。通常情况下，对易降解有机物，大约需驯化 10 天，而对难降解的有机物，需接种相应微生物，才能缩减驯化期，确保生物降解正常进行。

2）生物过滤塔净化 VOCs 的工艺流程。

VOCs 气体由塔顶进入过滤塔，在流动过程中与已接种挂膜的生物滤料接触而被净化，净化后的气体由塔底排出。定期在塔顶喷淋营养液，为滤料微生物提供养分、水分并调整 pH 值，营养液呈非连续相，其流向与气体流向相同。塔中的填料是具有吸附性的滤料，多由木屑、堆肥、土壤和比表面积、孔隙率大的活性炭混合而成。填料上附着生长着丰富的微生物，通过它们的新陈代谢活动，各类有机废气会被分解为 CO_2、H_2O、NO_3^- 和 SO_4^{2-}，从而得到有效净化的目的。生物过滤法只有一个反应器，液相、生物相都是不流动的，气液接触面积大，使用的滤池投资少而且运行费用低，对苯系物和醛酮等挥发性物质有很好的去除效果。

生物过滤塔降解 VOCs 工艺流程见图 9-42。

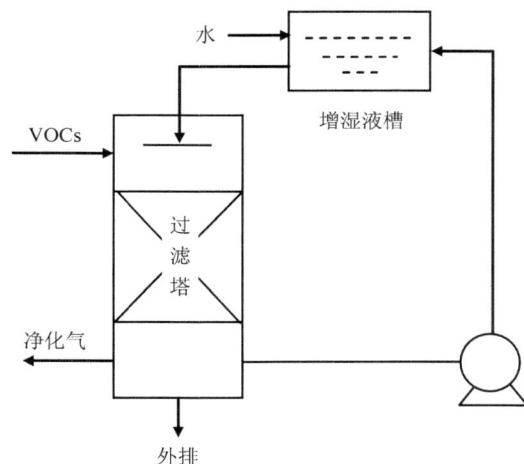

图 9-42　生物过滤塔降解 VOCs 工艺流程

3）生物过滤塔降解模型。

VOCs 在生物过滤塔中的降解可视为传质和生化反应的联合过程，因此只要建立起气相主体在滤料介质中的传质模型和生物降解模型，即可建立其降解的整体模型。本模型将生物滤塔的传质和生物降解过程作为两相处理，即气相主体和液/固相，有效地分离了 VOCs 在滤塔中的吸附效应和生物降解效应。在过滤塔启动阶段（干态），滤料的吸附效应起主要作用，吸附饱和并接种微生物后，生物降解则起主导作用。生物过滤塔降解模型见图 9-43。

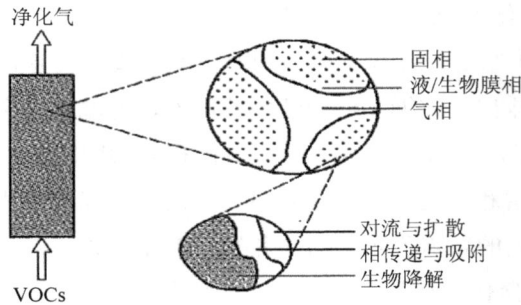

图 9-43　生物过滤塔降解模型

（2）生物滴滤塔

该法集生物吸收和生物过滤于一体。污染物的吸收和降解同时发生在一个反应器内。容器中的填料一般是碎石、陶瓷、聚丙烯小球、颗粒活性炭等比表面积大的物质，起到微生物生长载体的作用。事先将营养液喷洒到填料表面，流出塔底并回收利用。废气从反应器底部进入，流经填料。填料上微生物的生物膜可以充当生物滤池，对气相及液相中的物质起到氧化作用。采用生物滴滤法可以通过更换回流液体去除微生物的代谢产物，具有很大的缓冲能力。特别适合降解之后产生酸性代谢产物的物质，例如，卤代烃，含 S、N 的有机物等。

一些企业采用的生物滴滤塔其内部结构和流程是，以生物滤塔主体为填充塔，内有一层或多层填料，填料表面是由微生物区系形成的几毫米厚的生物膜。可溶性无机营养液从塔上方均匀地喷洒在填料上，液体自上而下流动，然后由塔底排出并循环利用。有机废气由塔底进入生物滴滤塔，在上升的过程中与湿润的生物膜接触而被净化，净化后的气体从塔顶排出。

1）滴滤塔工艺流程。

生物滴滤塔工艺流程如图 9-44 所示。VOCs 气体从塔底进入，在流运过程中与已接种挂膜的生物滤料接触而被净化，净化后的气体从塔顶排出。滴滤塔集废气的吸收与液相再生于一体，塔内增设了附着微生物的填料，为微生物的生长、有机物的降解提供了条件。启动初期，在循环液中接种了经被试有机物驯化的微生物菌种，从塔顶喷淋而下，与进入滤塔的 VOCs 同向流动，微生物利用溶解于液相中的有机物质，进行代谢繁殖，并附着于填料表面，形成微生物膜，完成生物挂膜过程。气相主体的有机物和氧气经过传输进入微生物膜，被微生物利用，代谢产物再经过扩散作用进入气相主体后外排。

微生物膜是包含细菌及其他生物群落的黏质膜，由好氧区、厌氧区两部分组成，其厚度、生物量是由有机物负荷决定的，一般为 0.5～2.0 mm，增加有机物的负荷，膜的厚度能增长到一个较大的有效厚度，该厚度又与液气比、填料类型、有机物类型、空塔气速、温度及微生物的性质等因素有关。此外，当生物膜较厚时，有机物在未达到整个膜厚时就已经消耗掉了，导致厌氧区的细菌往往处于内源呼吸状态，内源呼吸的细菌附着在填料表面上的能力较差，使生物对有机物的代谢能连续稳定地进行。

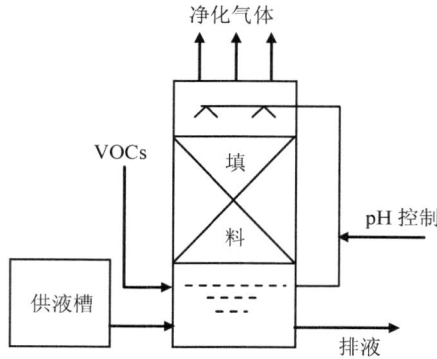

图 9-44　生物滴滤塔工艺流程

生物滴滤塔所用的填料多为粗碎石、塑料、陶粒等，填料表面形成几毫米厚的生物膜。可用于生物滴滤床的填料应满足以下条件：①大的比表面积一般在 $100\sim300$ m²；②很好的持水性能；③有利于代谢产物的排出；④具有较好的机械强度。

假设将膜按单向底物扩散过程处理，底物在 y 方向扩散，稳态时，微元 dxdydz 的物料衡算方程为：

$$N = {}_{(y+\mathrm{d}y)}\mathrm{d}x\mathrm{d}z + r(a\mathrm{d}x\mathrm{d}y\mathrm{d}z) = N_{-y}\mathrm{d}x\mathrm{d}z \tag{9-93}$$

整理得：

$$\frac{N_{-y-\mathrm{d}y} - N_{-y}}{\mathrm{d}y} + ra = 0,\quad 即\ \frac{\mathrm{d}N}{\mathrm{d}y} + ra = 0 \tag{9-94}$$

式中，r——dxdydz 体积内微生物单位表面面积去除底物的速度；

a——单位体积中所含活性微生物的总表面积。

生物膜内底物的横向通量由费克定律确定，并代入式（9-94）得：

$$D_c\frac{\mathrm{d}^2c}{\mathrm{d}y^2} - ra = 0 \tag{9-95}$$

式中，D_c——膜扩散系数。

r 用米—门公式表达 $r=ac/(k+c)$（其中 a、k 通过米门试验求得），代入式（9-95）得，边界条件：当 $y=0$ 时，$c=c^*$；当 $y=L$ 时，dc/d$y=0$。

$$D_c \frac{\mathrm{d}^2 c}{\mathrm{d} y^2} - \frac{\alpha a c}{K + c} = 0 \tag{9-96}$$

VOCs 在液膜内的传递模型假定：整个系统为稳态；水膜内无纵向混合，且无化学反应；底物的纵向通量 $N_z = rc$；气水交界面营养物传递无限制；在进口量 $z=0$ 处不存在底物的浓度梯度；水膜内的流速分布服从层流分布；底物的横向通量按费克公式计算。即，

$$r = \upsilon_s \left[1 - \frac{(\delta - y)^2}{\delta^2} \right] \qquad N_y = -D \left(\frac{\partial c}{\partial y} \right) \tag{9-97}$$

微元 $\triangle x \triangle y \triangle z$ 内的物料衡算方程：

$$(\Delta y \Delta x)(c + \frac{\partial c}{\partial z} \Delta z) r - \Delta y \Delta x r c = -D \left(\frac{\partial c}{\partial y} - \frac{\partial^2 c}{\partial y^2} \Delta y \right) \Delta x \Delta z - \left(-D \frac{\partial c}{\partial y} \Delta x \Delta z \right) \tag{9-98}$$

简化并将 $r = r_s \left[1 - (\delta - y)^2 / \delta^2 \right]$ 代入得：

$$D \frac{\partial^2 c}{\partial y^2} = r_s \left[1 - \frac{(\delta - y)^2}{\delta^2} \right] \frac{\partial c}{\partial z} \tag{9-99}$$

初始条件： $C|_y, \ 0 = K_h C_g$

边界条件： $\frac{\partial c}{\partial y} \Big|_{\delta \cdot c} = 0$

$$-D \frac{\partial c}{\partial y} \Big|_{o \cdot z} = N^* \tag{9-100}$$

滴滤塔降解 VOCs 模型的简化：前面所建立的 VOCs 降解模型涉及参数过多，计算复杂，与用于实际滤塔设计仍有较大距离。为此，本节建立 VOCs 降解简化模型，确定模型有关参数，指导设计工作。

设填料高度为 H，气体流量为 Q，液体流量为 J，入口气相甲苯浓度为 C_{gi}；液相浓度为 C_h，出口气相甲苯浓度为 C_{go}，液相浓度为 C_{lo}，滤塔润周长度为 W，生物膜厚度为 L，水膜厚度为 δ。K_h 为滴滤塔中液/固相和气相有机物的浓度分配系数，传质通量 N 为单向传递。则，

$$N = EN^* = E \frac{\alpha a L c^*}{k + c^*} \tag{9-101}$$

式中，N^*——无扩散阻力时，单位时间内，面积 1 m^2、厚度 L 的体积中所含微生物的总表面积上消耗的底物量；

E——有效系数即有传质阻力与没有传质阻力条件下的反应速率之比。

假设稳态时滤塔中膜的厚度不变，细菌在膜内分布均匀，微生物总表面积 a 与米门常数 α 的乘积应为一常数，以 k_0 代替。当 $c=0$ 时，$E=0$。在试验范围内，E 正比于 c^*，并 $E=fc^*$，代入式（9-101）得：

$$N = \frac{fLk_0c^{*2}}{k+c^*} \tag{9-102}$$

建立 Δz 微元内滴滤塔稳定运行条件下物料衡算方程：

$$C_z + Jc_z' - NW\Delta z = Qc_{z+\Delta z} + Jc_{z+\Delta z}' \tag{9-103}$$

式中，$c_z' = K_h c_Z$；$c_{z+\Delta z}' = K_h c_z + \Delta_z$。

整理得：

$$\frac{c_{z+\Delta z} - c_z}{\Delta z} = -\frac{NW}{Q + JK_H} \tag{9-104}$$

将式（9-102）代入式（9-104），令 Δz 趋近于零并省略下标得：

$$\frac{dc}{dz} = -\frac{1}{Q + JK_h} \frac{fLk_0Wc^{*2}}{K+c^*} \tag{9-105}$$

将 $c^* = k_{hc}$ 代入式（9-105），并积分得滴滤塔降解 VOCs 的简化模型：

$$K_h \ln\frac{c_g}{c_{gi}} = K\left(\frac{1}{c_g} - \frac{1}{c_{gi}}\right) - \frac{fLk_0K_h^2W_z}{Q + JK_h} \tag{9-106}$$

低浓度时，K 远远小于 K_{hc}，则得滴滤塔降解 VOCs 的近似模型：

$$c_g = c_{gi} \times \exp\left[-\frac{fLk_0K_hW_z}{Q + JK_h}\right] \tag{9-107}$$

同理，得出滴滤塔生成 CO_2 的简化模型：

$$[CO_2] - [CO_2]_i = R_c c_{gi}\left[1 - \exp\left(-\frac{fLk_0K_hW_z}{Q + JK_H}\right)\right] \tag{9-108}$$

式中，R_c——理论 CO_2 生成量与 VOCs 降解量之比，对于甲苯 $R_c=3.348$ mg[CO_2]/mg[甲苯]。

2）生物滴滤塔与传统生物过滤器的主要区别。

通过强化喷淋，有效地控制填料床内微生物的生态环境，以及广泛采用了人工或天然惰性填料，或者复合填料，避免了填料的自然降解，相对于其他生物处理技术具有基质谱广、负荷高、可操作性强等优点。

（3）生物法处理有机废气的优、缺点

生物法处理 VOCs 工艺性能的比较见表 9-15。

表 9-15　生物法处理 VOCs 工艺性能的比较

工艺	系统类别	适用条件	运行特性	备注
生物洗涤塔	悬浮生长系统	气量小、浓度高、易溶、生物代谢速率较低的 VOCs	系统压降较大、菌种易随连续相流失	对较难溶气体可采用鼓泡塔、多孔板式塔等气液接触时间长的吸收设备
生物滴滤塔	附着生长系统	气量大、浓度低、有机负荷较高以及降解过程中产酸的 VOCs	处理能力大、工况易调节，不易堵塞，但操作要求较高，不适合处理入口浓度高和气量波动大的 VOCs	菌种易随流动相流失
生物过滤塔	附着生长系统	气量大、浓度低的 VOCs	处理能力大，操作方便，工艺简单，能耗少，运行费用低，对混合型 VOCs 的去除率较高，具有较强的缓冲能力，无二次污染	菌种繁殖代谢快，不会随流动相流失，从而大大提高去除效率

1）生物过滤法的优、缺点。

①优点：处理能力大，设备少，操作方便，工艺简单，能耗少，投资运行费用低，对混合型 VOCs 的去除率较高，具有较强的缓冲能力。

②缺点：占地面积大，废气体积流量低，只能处理低浓度污染物，过程不能控制，基质浓度高时，生物量增加快易堵塞滤料，影响传质效果。

2）生物滴滤塔的优、缺点。

①优点：处理能力大，设备投资成本和运行成本低，可调节 pH 值，增加营养物质，不易堵塞。

②缺点：操作要求高，不适合处理入口浓度高和气量波动大的 VOCs；过滤床的使用时间有限，要求中间的空隙大，不能使用过多生物量。

3）生物洗涤法的优、缺点。

①优点：能较好地控制其中的过程，污染物高集中的转移，过程适用于建模，有很高的操作稳定性，填料不易堵塞，占地面积相对较小。

②缺点：投资成本高，运行费用高，使用设备多，需要外加营养物质，能产生过多

的生物量，水处理是其中的难题，吸收阶段有可能发生堵塞。

生物法处理 VOCs 技术的优缺点比较见表 9-16。

表 9-16　生物法处理 VOCs 技术的优缺点比较

工艺	设备	操作	VOCs 去除效果	投资及运行费用	占地面积
常规 VOCs 处理技术	多	复杂	高	高	少
生物处理技术	多	简单	高	低	多

9.5　臭氧的污染控制方法

臭氧是地球大气中的一种微量气体，它是由大气中氧分子受太阳辐射分解成氧原子后，氧原子又与周围的氧分子结合而形成的，含有 3 个氧原子。大气中 90%以上的臭氧存在于大气层的上部或平流层，离地面有 10～50 km，是需要人类保护的大气臭氧层。还有少部分的臭氧分子徘徊在近地面，仍能对阻挡紫外线有一定作用。但是，近年来发现地面附近大气中的臭氧浓度有快速增高的趋势，令人担忧。多余的臭氧与铅污染、硫化物等一样，源于人类活动，汽车、燃料、石化等是臭氧的重要污染源。

臭氧是光化学烟雾的主要成分，它不是直接被排放的，而是转化而成的，比如汽车和工业排放的氮氧化物和 VOCs，只要在阳光辐射及适合的气象条件下就可以生成臭氧。

WHO 臭氧安全限制：$O_3 < 0.10$ ppm，GS 臭氧安全限制：$O_3 < 0.05$ ppm，超过以上浓度就会对人体、动植物产生危害。

9.5.1　大气对流层 O_3 升高的原因

目前，世界上臭氧不降反升，有 3 个方面的原因。第一，O_3 的前体物 NO_x、VOC 的排放是造成臭氧污染的主要原因之一。目前我国这两种污染物的排放量依旧居高不下，通过治理，高架源（工厂烟囱等产生高空排放的污染源）的氮氧化物治理有一定成效，但移动源和大量工业炉窑下降不显著，而 VOCs 排放源点多、分散，治理基础薄弱，成效不是很明显，导致臭氧污染尚未得到有效控制。第二，极端天气条件有利于臭氧形成。多地平均气温同比升高，尤其是华北、华东、华中地区，降雨量大幅减少，普遍下降了 50%，个别地区下降了 80%。从更大时间尺度来看，2013—2019 年，有 5 个最暖年份。2019 年 5 月 1—3 日，北京等地出现了罕见的 30℃以上高温，其中 7 个省份、180 个气象观测站超过 35℃，有的达 40～41℃，均突破了 5 月气温极值，导致 O_3 升高。第三，全球臭氧背景值不断提升，平均每年上升 1 μg。欧洲、美国、日本等北半球国家及地区臭氧浓度近几年也呈增长趋势。

VOCs污染物和氮氧化物是臭氧形成的重要前体物，控制臭氧污染，就要协同控制好挥发性有机物和氮氧化物的排放。例如，使用天然气、太阳能、风能、生物质能等清洁能源，整治各类散乱污企业，限制煤炭等的消费总量；优化发展方式，改进工艺设计，在火电、钢铁、水泥建材、焦化、有色、石油炼制、化工、农药医药、包装印刷等重点行业实施清洁生产，减少污染物排放；控制城市机动车数量，进一步严格尾气排放标准，鼓励购买和使用清洁能源汽车，减少机动车尾气排放量。按照"大气污染防治行动计划"，通过采取综合防治措施，坚持政府调控与市场调节相结合、全面推进与重点突破相配合、区域协作与属地管理相协调、总量减排与质量改善相同步，形成政府统领、企业施治、市场驱动、公众参与的大气污染防治新机制。

臭氧的形成机制非常复杂，除了与太阳辐射、地理地形、气象气候等外部生成条件有关外，最主要的是和污染源的结构关系密切。臭氧是由空气中的NO_x和挥发性有机物（VOCs）在太阳光照射的作用下形成的污染物，在夏秋季节的午后浓度最高。我国臭氧污染之所以在近几年逐渐加重，主要有两方面原因。一方面是随着近些年来对$PM_{2.5}$等颗粒物的治理，部分地区大气通透性明显改善，更充足的光照给臭氧的形成创造了条件。另一方面是我国各种大气污染物的减排比例不协调，因此对$PM_{2.5}$和臭氧进行协同治理已成为改善空气质量的关键。

通过增加石化产业油气回收比例，降低工业用涂料的挥发性组分含量，对喷涂车间进行密闭改造等措施，降低工业生产领域的挥发性有机物排放量。

美国EPA制定空气污染物排放标准，据统计，美国针对大气污染物固定源的排放标准体系中涉及挥发性有机物（VOCs）的标准有20多项，涵盖了几乎全部的石油工业与化工行业，特别是对金属表面喷涂、聚氯乙烯、聚氨酯涂料等有机化工行业进行了严格的规定。

9.5.2 O_3的转化和清除

臭氧污染防治是一个"世界性难题"。许多学者认为，臭氧污染外因是气象，内因是排放，防治的唯一出路是抓好臭氧光化学反应的前驱物如挥发性有机物、氮氧化物等的减排，主要通过减少机动车尾气排放、削减重点企业污染物排放、控制加油站等油气挥发、减少溶剂使用、淘汰高污染车等方式来进行。

9.5.2.1 O_3在大气中的转化

在大气低层有很多过程可以使O_3损耗，其中主要是贴地层大气的光化学分解。一般来说，对流层中的O_3，可以被认为是比较保守的气体成分，它随着对流层中的气流运动而迁移。低层大气中的垂直运动可以将 O_3 输送到地表面，通过与地表面的化学反应而遭到破坏，这就是通常所说的 O_3 的沉降。O_3 在近地面的破坏速率和破坏程度主要取决于近地面大气中湍流扩散系数的变化和地表面的性质，不同地表类型对 O_3 的反应有很大差异，大量研究结果表明，陆地表面的 O_3 沉降速率通常要比海洋表面的相应值高出 10～15 倍，比冰雪表面的 O_3 沉降速率高出约 30 倍。对全球而言，通常 O_3 被地表面清除的最大值区位于北半球中纬度地区，北半球的 O_3 地表清除量是南半球的 2 倍。

对流层大气中的光化学过程一般进行得比较缓慢，在大气中 NO_2、NO、CO 等都会参与破坏 O_3 的光化学反应。NO 破坏 O_3 的最直接反应是 NO 夺取氧中的一个氧原子而生成 NO_2 和 O_2，而形成的 NO_2 可以通过光分解，移走一个氧原子重新形成 NO，新的 NO 又重新参与破坏 O_3 的反应。

大气中的自由基也会参与低层大气中 O_3 的破坏，自由基也称游离基。自由基的一个主要特性是它的化学反应活性高，它在大气中的反应往往是链式反应，容易导致基质的消耗和多种产物的形成。大气中的自由基种类很多，来源也很多，但大部分都是化学反应的中间产物，寿命很短。例如，人们熟知的 OH 自由基，它可以通过 O_3 的光解而产生，也可以与 O_3 反应生成氧气和过氧化氢，使 O_3 被破坏。许多研究结果证实了大气低层水汽浓度增加会导致 O_3 破坏过程加速，其最可能的原因就是涉及了 OH 自由基与过氧化氢（HO_x）的链式反应。另外，大气中的 O_3 被公认为是一种很强的氧化剂，它可以和大气中很多气体成分发生反应而遭到破坏。

9.5.2.2　大气中 O_3 的清除

大气中 O_3 的主要清除过程发生在平流层，尤其是从人类向大气中排放氯氟碳化合物物质之后，平流层 O_3 的清除过程加快了，破坏了原有的 O_3 生消平衡，使得臭氧层遭到了破坏。

氯氟碳化合物（CFCs）是人造化学物质。CFCs 的化学性质不活泼，它们在对流层中非常稳定，与大气其他成分不发生化学反应，一直垂直输送到平流层大气中，在太阳短波紫外线辐射的光化学作用下，分解出氯气和氯原子，而氯原子即可与 O_3 进行反应，生成 O 与 O_2，使大气中 O_3 总量下降，破坏了平流层的 O_3。

臭氧层的破坏和臭氧空洞的出现，是人类自身行为造成的；是人们在生产和生活中大量地生产和使用"消耗臭氧层物质"（ODS），以及向空气中排放大量的废气造成的。

ODS 主要包括：CFCs、哈龙（Halon，全溴氟烃）、CCl_4、甲基氯仿、CBr_4 等物质。

在上述所有物质中，破坏力最强的（或者称为"罪魁祸首"）是 CFCs 和哈龙。而在人类生活中使用最多的就是 CFCs。

9.5.2.3 大气中臭氧的防治策略

①加强基础工作研究，加快 O_3 污染控制基础性科学研究。O_3 污染机理相对复杂，缺乏针对性控制手段，需要加快 O_3 污染控制的理论研究，提出更有针对性的控制举措。如持续更新大气污染物排放清单，开展挥发性有机物源谱测试，提高重污染诊断与空气质量预测预报能力；逐步开展 VOCs 的源解析工作。

②O_3 的生产量与 VOCs 和 NO_x 并不是简单的线性关系，因此不能简单地通过控制前体物的排放量来降低大气中 O_3 的浓度。学习国外经验，用经验动力学模拟方法（EKMA）对臭氧前体物进行识别研究。不同浓度的臭氧前体物 NO_x 和 VOCs 均可生成一个 O_3 峰值，利用这一峰值和相应的前体物浓度就可以得到关于臭氧峰值的 EKMA 曲线，该曲线可以直观地反映 O_3 和前体物的非线性关系。

③推进移动源污染控制，一是有效控制机动车污染排放。控制中、重型机动车增长，加快制定控制货车、大中型客车等单车排污量大的车型增长调控措施，实现零增长。逐步淘汰黄标车、老旧车等高污染车辆。二是控制非道路机械污染。全面提升工程机械（挖掘机、压路机、打桩机等）使用的燃油品质，达到国Ⅲ及以上标准。三是控制船舶污染。推进船舶排放控制区建设，逐步实现水域所有船舶使用 0.5%以下低硫油，主要靠泊港区建成岸电系统，到港船舶必须使用岸电。

9.6 物理沉降对雾霾气溶胶粒子的清除

雾霾气溶胶粒子的清除过程大体上包括干清除和湿清除两种方法，从另一个角度来讲又可将其分为物理清除和化学清除。而雾霾气溶胶的清除率又包括了空气中的转化率和输送率。

9.6.1 雾霾气溶胶固态、液态粒子及气态污染物的干清除过程

清除过程是指大气中气态、液态或固态的污染物最后离开大气降落到地面的过程。大气中干清除的方法是在晴天的情况下，液态、气态或固态的污染物通过沉降或吸附的方式停留在下垫面或植物枝叶上或降落到地面上。

9.6.1.1 气溶胶固态、液态粒子的干沉降

干沉降即利用重力使空气中的颗粒物在与植物、地表接触时发生沉降而被去除。粒径越小干沉降的效果越差，粒径越大效果越明显。从全球范围来计算通过干沉降去除的细微颗粒物的量占 TSP 总量的 10%～20%，故干沉降对 PM_{10} 的去除效果并不明显。

（1）污染物的沉降速度和输送阻抗

在空气动力学中，通常用干沉降通量定量描述大气固、液、气态污染物，即干沉降过程造成的由大气向地表在单位面积和单位时间内迁移的量。若将沉降通量和气溶胶在地面大气中的浓度联系起来，大气气溶胶的干沉降速度 $\upsilon_d(z)$ 可由式（9-109）定义：

$$\upsilon_d = -\frac{F}{C(z)} \tag{9-109}$$

式中，F——单位面积上的沉降通量；

$-C$——气溶胶污染物质量浓度，负号表示向下的通量为负，从而使向下的沉降速度定义为正值；

υ_d——大气气溶胶的干沉降速度。

由于 C 是地面以上高度 z 的函数，所以 υ_d 也是高度 z 的函数，假设 F 在一个合适的高度范围内为常数。显然，只要知道 $\upsilon_d(z)$ 和 $C(z)$，便可由此式计算出沉降通量 F。

气溶胶整个运移输送过程可分为 3 个过程：①边界层中的湍流输送；②贴地层的层流输送；③直接的地表作用。每个过程都有其相应的沉降速度，而总的沉降速度为三者叠加。沉降速度由物种本身以及大气和地表的状况所决定。一般来说，边界层和地面沉降速度较小，它们是制约总沉降速度的主要因子。常用输送阻抗来计算总沉降速度。

若用欧姆定律类比，浓度相当于电压，通量相当于电流，则 $1/\upsilon_d(z)$ 相当于电阻。于是污染物输送阻抗相当于 r，那么，

$$r = \frac{1}{\upsilon_d(z)} \tag{9-110}$$

即输送阻抗与沉降速度成反比。每一个输送过程都有其相应的分阻抗。以 r_a 表示空气动力学输送的输送阻抗，以 r_b 表示贴地层输送的贴面层阻抗，以 r_c 表示地面相互作用的地面阻抗。总阻抗 r 相当于这三个分阻抗的串联，即，

$$r = r_a + r_b + r_c \tag{9-111}$$

引入阻抗概念可大大简化总沉降速度的计算。例如，当考虑粒子受重力影响时，可引入重力沉降阻抗 r_g，在计算总阻抗时，只需将 r_g 与 r_a、r_b、r_c 并联，然后按电路的计算规则计算总阻抗，由式（9-109）可计算出沉降速度。

（2）空气动力学在气溶胶输送中的作用

大气气溶胶污染物由大气到黏性副层的输送运移是通过湍流扩散和重力沉降机制实现的。由于湍流的随机性，使得因湍流输送的气溶胶污染物由高浓度区到达低浓度区，从而形成一个没有强浓度梯度的比较均匀的系统。气溶胶中的固体粒子和气体

可通过湍流扩散机制进行输送和运移，而通常只对粒径大于 $1\ \mu m$ 的粒子考虑重力沉降作用。粒子经历一段极短暂的时间后，会达到相对稳定的运动速度，即重力沉降末速度 υ_g。

当用 F_a 表示物理量 C 通过近地层的垂直湍流通量时，那么，

$$F_a = K \frac{\partial C}{\partial Z} \tag{9-112}$$

式中，K——湍流交换系数；

$\quad\quad C$——物理通量；

$\quad\quad F_a$——垂直湍流通量。

动量交换系数 K_M 可由式（9-113）求得：

$$K_M = \frac{ku_*z}{\phi_M(\xi)} \tag{9-113}$$

热量交换系数 K_T 由式（9-114）求得：

$$K_T = \frac{ku_*z}{\phi_T(\xi)} \tag{9-114}$$

上述两式中，k——卡曼常数；

$\quad\quad u$——摩擦速度；

$\quad\quad \varphi_M$——动量函数；

$\quad\quad \varphi_T$——温度廓线的函数；

$\quad\quad \xi$——任意变量。

对式（9-114）在近地层内积分，得：

$$F_a = (C_1 - C_0) / (\int_{z_0}^{z_1} \frac{\psi(\xi)}{ku_*z} dz) \tag{9-115}$$

（3）附面层运移输送对气溶胶的作用

大气气溶胶污染物由湍流带进地面附近的贴地层，到达地面后完成其余路程则取决于附面层运移输送机制。这些机制包括扩散、粒子的拦截、惯性运动及重力沉降等。此外，静电力、热漂移和扩散漂移也会对粒子干沉降产生影响。

对微细气溶胶粒子，布朗运动扩散是主要的运移输送机制。微细气溶胶粒子由于受周围空气分子碰撞而引起布朗运动。其均方位移 $\overline{x^2}$ 与布朗扩散系数 D 和时间 t 有关：

$$\overline{x^2} = 2Dt \tag{9-116}$$

对于污染气体，由于分子扩散系数 D 较大，故在一宏观时间间隔内会有较明显的位移，而对大气气溶胶粒子，由于 D 值较小，其位移也会较小。而在黏性副层（一般厚度不超过 1 mm）这种位移是不能忽略的。

扩散漂移同热漂移一样是粒子受漂移力作用的结果。当某一成分沿某一方向运动时，在系统压力维持定常条件下，会存在其他空气分子的反向浓度梯度而出现的反向扩散。例如，当水面蒸发时，水汽分子离开表面的通量伴随着空气分子向着蒸发表面的通量。而蒸发表面是水汽分子的源，不应是空气分子的汇，若使系统压力维持定常，则空气分子的扩散通量必须被离开蒸发表面的实际空气流所平衡，导致这种空气流推动气溶胶粒子远离表面。相反，当蒸汽粒子凝结时，气溶胶粒子便在空气流的驱动下趋向表面。由于水汽从湿表面地向上扩散，使气溶胶次微米粒子的沉降会稍有减少。

9.6.1.2　气溶胶干沉降的测量试验及其沉降率

气溶胶中细粒子从低层大气向下垫面的迁移，主要有 3 个物理过程：一是气溶胶粒子从大气边界层通过大气湍流输送，向地表近黏性的片流层运移；二是由于片流层中湍流的消失，粒子通过分子扩散作用，向下输送到地表面；三是表面（指植被、土壤、水面和雪面等）对粒子的吸附作用。在实际的气溶胶沉降测量中很难满足上述三个条件，在实际的应用中，只需测出它的总效果，即粒子向下输送的净通量，便可计算出干沉降的速度和沉降率。

作者用激光粒子尘埃测定仪，迅速测定 3 m 和 10 m 高处粉煤灰粒子和空气中尘埃粒子等气溶胶粒子的浓度，用式（9-117）计算气溶胶的沉降率。表 9-17 列出了室内试验高度 3 m 和 10 m 处 3 种粒径粉煤灰气溶胶的干沉降率。

$$\eta = \left(\frac{n_t - n_i}{n_t}\right) \times 100\% \qquad (9-117)$$

式中，η——气溶胶沉降率；

n_t——起始段气溶胶总浓度数；

n_i——定时段气溶胶实测浓度数。

由表 9-17 可知，在静风和空气湿度为 40%～50%的条件下，粉煤灰微粒的沉降率随时间的增加而增加，随着粒径的增大而增加，即气溶胶粒子的干沉降率与粒子的粒径有密切的关系，对大粒子（$\phi \geqslant 2\ \mu m$），随粒径的增大，沉降率也增大。这是由于粒子越大，重力沉降作用越大，当粒子粒径大于 5 μm 或 10 μm 时，粒子干沉降率完全受重力沉降作用所控制。

表 9-17　试验高度为 3 m 和 10 m 时不同时间粉煤灰的干沉降率

粒径/μm	高度/m	不同时间段的沉降率/%					高度/m	不同时间段的沉降率/%				
		0.5	1.0	2.0	3.0	4.0		0.5	1.0	2.0	3.0	4.0
0.3	3	16.3	35.5	46.5	54.3	60.7	10	27.4	55.7	68.7	72.9	75.5
	1	12.7	32.1	41.3	52.2	58.4	1	13.5	48.5	58.0	69.3	72.7
2.0	3	48.1	81.3	90.7	95.4	97.4	10	69.0	86.9	89.6	95.7	98.1
	1	29.7	78.3	88.8	94.5	96.8	1	30.6	64.9	77.7	89.9	97.7
10	3	82.3	97.9	99.6	97.4	99.9	10	84.1	88.8	90.5	98.5	99.9
	1	71.5	95.8	99.1	96.8	99.7	1	32.3	78.1	87.3	98.6	99.9

表 9-18 列出了室内试验高度 10 m，且有空气对流和湍流扩散存在时粉煤灰大气气溶胶的干沉降率。

表 9-18　在试验高度 10 m，且有空气对流和湍流存在时粉煤灰的干沉降率

粒径/μm	高度/m	不同时间段的干沉降率/%				
		0.5	1.0	2.0	3.0	4.0
0.3	10	27.4	36.7	24.9	30.9	46.4
	2	7.6	9.8	13.4	18.9	33.3
2	10	65.2	80.1	78.6	81.8	86.0
	2	15.0	69.2	39.6	39.1	48.8
10	10	67.7	88.8	87.2	91.9	93.5
	2	23.0	77.1	47.8	41.5	50.2

由表 9-18 可知，与静风条件相比，在空气对流和湍流存在的条件下，无论是气溶胶大粒子还是细粒子，其沉降率都小于静风条件下的沉降率。尤其是在 2 m 高处，其沉降率显得更小，且 2μm 和 10μm 气溶胶粒子各时段的沉降率无明显的规律性。这可归结于近地面被风吹起的尘粒产生的二次扬尘所作出的贡献。另外，气溶胶粒子的干沉降速度与下垫面状态有关。在郑州的大气气溶胶中土壤的扬尘占的比例较大，为此作者用土壤细粉粒子作了干沉降试验以便与粉煤灰比较，见表 9-19。

表 9-19　在试验高度 10 m，且有空气对流和湍流存在时土壤的干沉降率

粒径/μm	高度/m	不同时间段的干沉降率/%				
		0.5	1.5	2.5	3.5	4.0
0.3	10	5.7	8.5	—	5.7	12.4
	2	1.4	3.6	8.4	16.9	4.2
2	10	32.0	16.7	35.9	54.9	66.3
	2	4.2	24.9	28.8	37.6	48.1
10	10	79.8	85.5	85.5	84.9	87.9
	2	48.3	44.2	37.8	51.5	51.4

由表9-18和表9-19可以看出,在相同条件下粉煤灰的干沉降率高于土壤的干沉降率。

表9-20还列出了高度15 m,空气湿度60%时自由大气中气溶胶粒子的5小时内的干沉降率。不论是国内还是国外,野外测得的沉降速度都比室内风洞测得的沉降速度大。

表9-20　试验高度15 m时,空气湿度60%时自由大气中气溶胶的干沉降率

粒径/μm	高度/m	不同时间段的干沉降率/%					
		10：00	11：00	12：00	13：00	14：00	15：00
0.3	10	4.9	9.5	7.3	17.8	17.4	21.9
	2	2.4	2.0	4.9	11.6	17.7	21.6
2	10	15.3	38.8	52.0	60.8	61.5	68.9
	2	10.4	27.9	46.1	51.5	49.4	56.6
10	10	1.8	55.5	58.2	65.5	70.9	75.2
	2	0.9	23.1	57.5	44.0	13.4	51.5

表9-20数据还说明从早上10：00开始,随着时间的增加自由大气中气溶胶的沉降率呈逐渐下降的趋势,特别是2 μm、10 μm的粒子变化最大,但对于0.3μm的粒子变化就较小,而且有一定的波动。这种变化也基本印证了一个气象常识,早晨空气中的尘粒是多的,而下午及晚间的空气质量是较好的。

另外,上述也表明,大气气溶胶粒子干沉降率不仅取决于气溶胶本身的性质（如粒径、形状、密度等）,还取决于大气的性质（如大气的温度结构、气压场、温度场和大气的稳定度）以及地表特征（如植被状况、地物分布等）。还要考虑空气的流动性和湍流情况。

有关气溶胶粒子的干沉降速度可用式（9-118）计算:

$$V = \frac{D_p}{N} = V_d + V_s \tag{9-118}$$

式中,D_p——气溶胶干沉降通量,μg/（cm²·s）;

N——气溶胶粒子浓度;

V_d——气溶胶粒子的沉降速度;

V_s——气溶胶粒子降落时的摩擦速度,cm/s。

$$D_p = -K_z \frac{\partial N}{\partial Z} + V_s N \tag{9-119}$$

式中,K_z——高度Z处的湍流扩散系数。

$$V_s = \frac{2r_p^2 \rho_p g}{9\mu} \quad (\text{斯托克斯方程}) \tag{9-120}$$

$$V_d = -K_m \frac{\partial N}{\partial Z} = \frac{\overline{w'u'(\overline{Z})}}{u(Z_2) - u(Z_1)}[N(Z_2) - N(Z_1)] \tag{9-121}$$

式中，u'——水平风速的动脉值；

$\quad\quad w'$——垂直风速的动脉值；

$\quad\quad r_p$——气溶胶粒子的半径；

$\quad\quad \rho_p$——气溶胶粒子的密度；

$\quad\quad \mu$——空气动力黏滞系数，一般取 1.8×10^{-4}；

$\quad\quad g$——重力加速度；

$\quad\quad u(Z_2)$——高度 Z_2 处的水平平均风速；

$\quad\quad u(Z_1)$——高度 Z_1 处的水平平均风速；

$\quad\quad \overline{Z}$——平均高度；

$\quad\quad N(Z_2)$——高度 Z_2 处粒子浓度；

$\quad\quad N(Z_1)$——高度 Z_1 处粒子浓度。

上述式（9-120）和式（9-121）表明，气溶胶的干沉降速度与大气稳定度有密切关系。由于稳定大气的湍流运动比不稳定的湍流运动弱得多，即 $\overline{w'u'}$ 小；平均风速在贴地常通量层中的垂直切变却比不稳定大气强得多，即 $u(Z_2)>u(Z_1)$，所以此时沉降速度小，反之亦然，由于两种状态下的干沉降速度相差较大，故在实际应用中需加以区别。在稳定层结下，各种粒径尺度的粒子干沉降速度均比不稳定大气层结下的干沉降速度小几倍到一个数量级。

9.6.2　雾霾气溶胶固态、液态粒子及气态污染物的湿清除过程

大气气溶胶的湿沉降是指由于大气中的水凝物（如云、雾、雨、雪、冻雨）降落，将大气中的气溶胶固态粒子、液态粒子及其气态物质携带至地表面上的植被、土壤、水面的过程。在雨水降落的过程中携带和聚集了气溶胶微粒和一些气体，尤其是降水过程经过城市工业区烟羽或边界层时，湿清除的效果更加明显。

9.6.2.1　气溶胶固体粒子的润湿性

气溶胶固体颗粒与液体接触后能否相互附着或附着难易程度的性质称为气溶胶粒子的润湿性。当粒子与液体接触时，如果接触面能扩大而相互附着，称为润湿性气溶胶；如果接触面趋于缩小而不能附着，则称为非润湿性固体气溶胶。固体气溶胶粒子的润湿性与其粒子的种类、粒径和形状、生成条件、组分、温度、含水率、表面粗糙度及荷电

性等性质有关。例如，水对飞灰性气溶胶的润湿性要比对滑石粉产生的气溶胶粒子好得多；球形颗粒的润湿性要比形状不规则表面粗糙的颗粒差；粒子越细，润湿性越差，如石英气溶胶的润湿性虽好，但是当粒度很细时，润湿性将大为降低。气溶胶的润湿性随压力的增大而增大，随温度的升高而下降。气溶胶固体粒子的润湿性还与液体的表面张力及粒子与液体之间的黏附力和接触方式有关。

9.6.2.2 云和降水对气溶胶粒子的清除

气溶胶粒子的湿清过程是从云形成的那一刻开始的。气溶胶粒子是云形成的必不可少的条件。发生在云内的成核水汽凝结的过程称为云内清除，发生在云下，降水物落出云底，到达地面前对气体和粒子携带聚集的清除的过程称为云下清除。

（1）云凝结核的核化对气溶胶和污染气体的清除

云中的核化过程清除可溶的、吸湿性粒子比清除对水没有亲和力的颗粒更容易。同样，可溶的、化学活性大的痕量气体比容易起反应的化学物质更容易清除。由于成核作用以及有关的云物理过程引起的云内清除和被下落的水凝物碰撞、吸收引起的云下清除不同，所以云内清除，首先是由水汽在云凝结核上凝结而生成云滴。云凝结核的尺度通常在亚微米量级，其组成主要是硫酸铵盐或硫酸氢铵盐。硫酸铵盐大约在相对湿度 80% 条件下即可吸湿潮解，因而即使大气水汽未达饱和，粒子尺度也会吸湿而长大。

对一定质量的上述固液气溶胶粒子都存在一个临界的平衡水汽压，它取决于粒子的组分和粒径，且通常具有低的过饱和度。当环境条件达到过饱和要求时，粒子即生成云滴。空气在有充足的水分和降温条件下就可使空气团水汽达到饱和，水汽均质成核所需的过饱和度为 320%，即相对湿度超过 420%。云中可能达到的水汽过饱和度与气块抬升速度和云凝结核的状况等有关，层状云中最大的过饱度大约为 0.1%，积状云可达 0.1%～1%。当空气团抬升过程中达到过饱和后，随着大量粒子凝结活化，空气团的过饱和度即会下降，从而抑制了部分更小粒径粒子的活化。云空气团中没有活化的更小粒径的粒子，可能通过布朗碰并过程为云滴所捕获，由于这些粒子尺度范围主要在爱根核段，其所含的化学组分粒子总量中的比例甚小。

（2）云下雨滴对气溶胶粒子的清除

云下清除是指雨滴（或其他降水粒子）在降落过程中，主要通过惯性碰并过程和布朗扩散作用，捕获气溶胶粒子，使之从大气中清除的过程。可以解释为，云滴形成后，有两种可能：①水分部分地或全部地再蒸发；②形成雨滴下降，在雨滴下落过程中，雨滴冲刷着所经过空气柱中的气体和气溶胶颗粒物，将其带至地面的清除或冲刷过程。

云滴在过饱和水汽条件下，可因水汽凝结而增大，如果无气溶胶粒子或气体溶入，其溶液浓度或随之而降低。在一定的水汽过饱和度条件下，云滴粒径的增长率是随粒度加大而变小，因而云滴不可能仅通过水汽凝结过程而长大为雨滴。云滴可以通过互相的随机碰撞、合并而长大，产生少量的大尺度的滴（这些大滴也可能由冰晶融化而来），大滴在下落过程中，由于和云滴间的落速差而发生重力碰并迅速长大，最后成为雨滴落出云底。这种碰并过程同时也是云水组分转为雨水组分的过程。

雨滴自身的降落速度 U（m/s）为：

$$U = 9.58\left\{1 - \exp\left[-\left(\frac{R_p}{0.885}\right)^{1.147}\right]\right\} \tag{9-122}$$

式中，R_p——雨滴粒径，mm。

当雨滴粒径 $R_p = 2$ mm 时，$u = 8.83$ m/s，降落 1 000 m 仅需不到 2 min。通常雨滴粒径主要为 0.05～2.5 mm。因此，雨滴在大气中的停留时间很短，只有一些快速反应，如离子反应，强氧化剂 H_2O_2、O_3 及重金属离子 Mn^{2+}、Fe^{3+} 等对 S（IV）的氧化反应才会对雨滴的化学组成产生影响，而大多数的慢反应对雨滴的影响较小。

雨滴对气溶胶粒子有较大的冲刷清除能力，但在 0.5～1 μm 有一个清除盲区，降水的冲刷作用对这部分粒子的清除效应很小。

云下清除可以看作是一种指数衰减过程，空气中气溶胶粒子浓度变化率可以表示为：

$$\frac{\mathrm{d}n}{\mathrm{d}t} = -\Lambda_n \tag{9-123}$$

式中，n——物种（气溶胶粒子）浓度；

Λ——降水清除系数（s^{-1}），它表示大气中气溶胶粒子在单位时间内被雨滴捕获后清除的比率。通常将 Λ 表示为降水强度（I）的指数形。

$$\Lambda = AI^B \tag{9-124}$$

式中，系数 A、B 与气溶胶谱和雨滴谱、气溶胶粒子的质量密度、雨滴的数密度以及气溶胶粒子和雨滴的碰并系数有关。只有通过大量的观测和拟合，才能获得 A、B 值。

不同粒度段的气溶胶粒子和雨滴碰并的机理是不相同的。对超细粒子的爱根核主要是布朗碰并；对粗模粒子的巨核则是通过惯性重力碰并而被雨滴所收集；处于中间段的亚微米粒子可能通过电迁移和热致迁移过程与雨滴碰并，其碰并效率最低。不过在云内，这一段恰是凝结核化发生的主要范围，有较高的清除效率。

云内和云下清除是气溶胶粒子降水清除的两个组成部分，它们对降水组成的相对贡献，不同的研究者在不同的地方、不同的时间、用不同的方法得到了不同的结论。雨水清除对雨水中 SO_4^{2-} 的清除率一般为 25%～68%，而冲刷则为 32%～75%。从 SO_2 转化而通过湿沉降去除的 SO_4^{2-} 占 15%～75%，而以 SO_4^{2-} 形式直接湿沉降去除 SO_4^{2-} 占 25%～85%。

总之，雨除和冲刷过程受大气污染程度和许多环境参数的影响，这就使得雨水清除和冲刷的相对重要性在不同地理区域、不同源排放和不同气象条件等情况下有不同的结论。

（3）气溶胶湿沉降的测量试验及其沉降率

河南课题组的科研人员在静风或微风、空气相对湿度 50%～60%、温度 32～40℃条件下，用气溶胶发射装置将粒径小于或等于 20 μm 的粉煤灰向 10 m 的高度发射（分别发射在 20 m² 和 100 m² 范围内），发射后让其自然沉降。用激光粒子测定仪迅速测定 10 m 和 1 m 处粉煤灰粒子和空气中粒子等气溶胶粒子的浓度；然后用喷雾装置分别在 1 m 和 10 m 上空喷洒清水 15 min，分时段（0.5 h、1.0 h、2 h、3 h、4 h）测定高度 10 m 和 1 m 的气溶胶浓度。用式（9-125）计算气溶胶的湿沉降率。结果见表 9-21。

$$\eta_i = \frac{n_t - n_i}{n_t} \times 100\% \tag{9-125}$$

式中，η_i——某时段气溶胶沉降率；

　　　　n_t——前期测得的初始浓度；

　　　　n_i——后期测得的浓度。

表 9-21　试验高度为 10 m 时不同时间粉煤灰的湿沉降率

粒径/μm	高度/m	不同时间段的沉降率/%				
		0.5 h	1.0 h	2.0 h	3.0 h	4.0 h
≥0.3	10	18.2	18.8	36.6	40.8	36.1
	2	27.5	32.1	41.3	36.3	37.6
≥2.0	10	78.7	87.5	93.0	93.8	84.7
	2	45.5	74.5	75.8	75.5	54.5
≥10	10	63.5	99.6	99.7	99.9	83.2
	2	46.0	76.9	82.8	78.1	71.2

由表 9-21 实验数据得知，与表 9-19 相比大气气溶胶的湿沉降率比干沉降率要快，特别是大颗粒的气溶胶粒子，1 h 左右，10 m 高度的沉降率就达到了 99.6%，2 m 高度的沉降率达到了 76.9%。对于 0.3 μm 的气溶胶来讲，无论是湿沉降还是干沉降，其沉降率都比较小，而且不随时间的增加而有明显变化。与湿沉降的速度相比，粉煤灰比土壤的沉降速度快（表 9-22），其原因在于，粉煤灰是一种多孔性、含铝量和含钙量较高的活性吸湿材料，其比表面积大于土壤。它可以较快地吸收空气中的水分和吸附空气中的固体气溶胶粒子，使其自身体积迅速增大，重量加重，从而使沉降加速。

表 9-22　试验高度为 10 m 时不同时间土壤的湿沉降率

粒径/μm	高度/m	不同时间段的沉降率/%				
		0.5 h	1 h	2 h	3 h	4 h
≥0.3	10	14.4	24.7	16.6	12.4	9.9
	2	7.7	11.6	2.46	—	9.1
≥2.0	10	82.2	85.8	84.6	83.3	83.5
	2	36.6	40	18.7	26.8	29.3
≥10	10	93.7	95.1	94.1	84.1	93.2
	2	46.9	47.1	62.3	46.6	79.2

　　结合河南省风沙天气相对较多，气溶胶固体粒子主要来自土壤扬尘的特点，用人工发射的方法将土壤细粉发射到 10 m 高处，并分别测试了 0.3 μm、2 μm、10 μm 土壤固体气溶胶的干沉降率、在加湿情况下测试湿沉降率，结果见图 9-45。

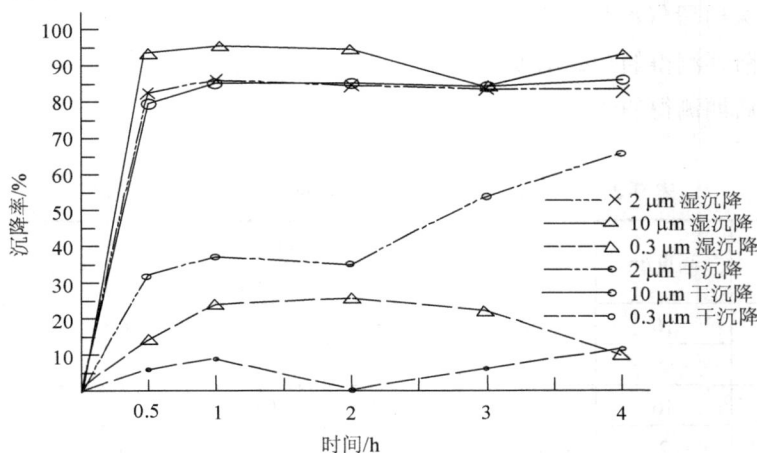

图 9-45　空气中土壤气溶胶的干湿沉降率

　　由图 9-45 可知，三种粒径的土壤扬尘的湿沉降率明显大于干沉降率，尤其是在发射后的前 1~2 h，无论是湿沉降率还是干沉降率基本趋于增长趋势。在干沉降过程中 0.3 μm 的粒子沉降率显得最小，而湿沉降过程中 10 μm 的沉降率最大。在沉降过程中，在 2~4 h 时各尺度粒子的沉降率会出现明显下降的现象。

9.7　大气气溶胶的化学清除

　　大气气溶胶的化学清除是指在一定湿度、温度和静风或微风条件下，将化学物质（如化学除尘剂、润湿剂、抑沉剂或成核剂）释放到气溶胶浓度大的大气空间内，以及人为排放的污染物在空气中经一系列连锁化学反应形成的化学清除剂，对气溶胶气体、固体和液体施加影响，达到减少或清除的目的。

9.7.1　化学沉降剂对大气气溶胶的清除

9.7.1.1　气溶胶化学沉降剂的分类和对气溶胶的清除原理

气溶胶的润湿、黏结等过程是一个非常复杂的物理化学过程。在气溶胶清除的过程中不但涉及气溶胶的吸附和凝并，更重要的还涉及表面化学问题。根据两相物理的状态，可将界面分为：气－液、液－液、气－固、固－液和固－固 5 个类别。通常将其参与组成的相面叫作表面，其余的叫作界面，二者也常常通用。

由于化学清除涉及表面张力和表面自由能，在此必须要弄清这两个概念。

（1）表面张力

即促使液体表面收缩的力叫作表面张力，液体表面相邻两部分之间，单位长度内互相牵引的力。表面张力是分子力的一种表现。它发生在液体和气体接触时的边界部分，是由于表面层的液体分子处于特殊情况决定的。液体内部的分子和分子间几乎是紧挨着的，分子间经常保持平衡距离，稍远一些就相互吸引，稍近一些就相互排斥，这就决定了液体分子不像气体分子那样可以无限扩散，而只能在平衡位置附近振动和旋转。在液体表面附近的分子由于只显著受到液体内侧分子的作用，受力不均，使速度较大的分子很容易冲出液面，成为蒸汽，结果在液体表面层（跟气体接触的液体薄层）的分子分布比内部分子分布稀疏。相对于液体内部分子的分布来说，它们处在特殊的情况中。表面层分子间的斥力随它们彼此间的距离增大而减小，在这个特殊层中分子间的引力作用占优势。

（2）表面自由能

即在体系中，液膜在外力的作用下扩大时外力对体系做功。在恒温恒压的条件下，此功等于体系吉布斯自由能的增量 ΔG，ΔG 由式（9-126）求得：

$$\Delta G = \gamma \times 2l \times \Delta d \tag{9-126}$$

其中，$2l \times \Delta d$ 为此过程中体系表面积改变值，于是表面张力 $\gamma = \dfrac{\Delta G}{2l \cdot \Delta d}$，故 γ 为恒温恒压下增加单位表面积时体系吉布斯自由能的增量，即比表面自由能，简称表面自由能。

表面张力和表面自由能是两个具有不同意义的物理量，在应用上各有特色。采用表面自由能概念，便于用热力学原理和方法处理界面问题，对各种界面有普适性。特别是对于固体表面，由于力的平衡方法难以应用，用表面自由能更合适。而表面张力更适用于试验，对解决流体界面的问题具有直观、方便的优点。

用化学沉降剂清除大气气溶胶的原理就是利用表面张力和表面自由能这两个能量对气溶胶作用，促使潮湿的空气和细雾中水滴的表面张力从 75×10^{-5} N/cm^2 降到 25×10^{-5} N/cm^2 以下。从而提高了水滴对气溶胶固体粒子的亲和力和渗透力，使水滴能快速渗透到大气气溶胶固体粒子中，增加粒子的重量，另外，由于固体粒子的渗透和润湿而发生了体积膨胀，增加了润湿粒子的表面积，提高了气溶胶固体粒子的吸附能力，从而又提高了捕捉其他粒子的能力。当水滴与固体气溶胶粒子发生碰撞时，被润湿的气溶胶粒子本身重量增大，粒子与粒子之间发生黏聚，小粒子变成大粒子，借助自身的重力和地球的引力，逐渐下沉，以达到气溶胶清除的目的。

9.7.1.2　气溶胶沉降剂的分类

根据沉降剂的物理化学性质及对气溶胶作用情况可将其分为三类：润湿型沉降剂；凝并型成核剂；吸湿型化学沉降剂。

（1）润湿型沉降剂

润湿型沉降剂用于粉尘的降尘机理，其理论基础就是利用表面化学中的液体对固体表面的润湿规律、气溶胶固体粒子的可润湿性质和表面化学物质可降低溶液表面张力的特性来润湿气溶胶固体粒子，从而增加粒子的粒径，加速固体粒子的沉降速度的一种物理化学方法。

可以将气溶胶固体粒子的润湿过程看作是非理想状态的液固润湿过程。在潮湿的水汽中，由于水的表面张力较高，一般的尘粒具有低能表面，不能自动铺展，要使得能自动铺展，最好、最直接的方法就是加入表面活性剂。由于表面活性剂在气溶胶固体粒子表面上的定向吸附，分子以非极性基朝向粒子表面，极性基朝向水溶液，表面活性剂的分子会在水溶液的表面形成紧密的定向排列，即形成界面吸附层，由于界面吸附层的存在，使得水的表层分子与空气接触状态变化，接触面积大大缩小，导致水的表面张力降低，同时朝向空气的疏水基与固体微粒之间有吸附作用，这等于将气溶胶粒子放到了水中，得到充分的润湿，使水在其上充分铺展。其实质是通过表面活性剂在尘粒低能表面上的吸附，将低能表面转化为高能表面，从而使水在其表面上得以铺展。对铺展润湿起主要作用的水溶液的表面张力，如果润湿剂的加入可使水溶液的表面张力降至低于固体的临界表面张力，则润湿剂水溶液就会自然在其上铺展。影响润湿性能的主要原因是表面最外层的原子或集团性质，不同的润湿剂在润湿性能上的差别在于它们在水表面上的吸附层的碳氢部分排列的紧密程度，排列越紧，水的表面张力越小，其润湿性越好。

（2）凝并型成核剂

凝并型成核剂是一种具有强吸附或吸收能力的，在气溶胶中（无论是固态的、液态的、气态的气溶胶）都能够起到一定的晶核作用，使周围的气溶胶微粒发生凝并的化学物质。它是一种以高聚物为主体成分的化学沉降剂。当其与废气及烟雾或大气中的分子或微粒相接触时，分子中的官能团就会与气溶胶微粒污染物发生凝并和缔合，使粒径、体积和重量增大并迅速沉降下来，从而达到加速气溶胶沉降的目的。

众所周知，在人工影响天气的过程中，常用 AgI、干冰、尿素、乙醛、食盐、氯化钙和硝酸铵作为晶核，释放于冷云或者暖云之上或者其中，这些物质在云雾与云中或雾中与水滴结合，起到晶核作用。在吸附和碰撞的作用下产生凝并，雨滴逐渐增大和密度的增加，在重力的作用下产生降水，起到了气溶胶固体粒子污染物的清除作用。

与人工降雨相同，对于大气中的固态气溶胶粒子、液态气溶胶粒子和气态气溶胶污染物也可采用凝并型成核剂将它们从空气中清除。目前，国内外对凝并型成核剂有一定的研究，在工矿企业有一定的应用，但还没有用来治理大气气溶胶的污染。工矿企业常用的凝并型成核剂一般有脂肪醇聚氧乙烯醚、氯化钠、氯化钙、硫酸钠、非离子表面活性剂、高效吸水性凝并型成核剂。几年来研究最多、沉降效率较高的是高效吸水性凝并型成核剂。而高效吸水凝并型成核剂又分为淀粉系列高吸水性树脂、纤维素系列高吸水性树脂、蛋白质系列高吸水性树脂、含氮天然及衍生物高分子系列吸水性树脂、合成聚合物系列高吸水性树脂、共混物及复合物系列高吸水性树脂等。

（3）吸湿型化学沉降剂

吸湿型化学沉降剂是利用一些吸水、保湿能力很强的化学材料的特性，将一些固体或液体吸湿剂喷洒到大气气溶胶中，就会使大气中的细微颗粒保持较高的含水率而产生溶胶，形成大的颗粒，起到沉降作用。

卤化物（$MgCl_2$、$CaCl_2$、$NaCl$ 等）及它们的结晶水合物均是易潮解的物质，有很好的吸湿性。因此，可用于马路扬尘、水泥厂上空面源除尘、矿石和露天煤矿爆破开采时粉尘的沉降剂等。

卤化物沉降气溶胶的原理是：当用卤化物溶液治理大气气溶胶时，水在润湿的气溶胶尘粒中能形成水化膜，促使气溶胶尘粒的凝聚。随着气溶胶粒子的逐渐增大，其沉降速度也随之增加。另外，吸湿性盐类在大自然中有很高的吸湿性。其吸湿量随环境相对湿度的增加而增加，当吸湿后形成的盐水溶液的蒸汽压力与空气中水的蒸汽压力相等时，吸湿就停止；如果大于空气中水的蒸汽压力，则开始蒸发；反之，则吸湿。因此，即使在干燥的气候条件下，也可使吸湿剂从空气中吸收一定的水分，保持吸湿后气溶胶的含水量。同时，吸湿性溶解在气溶胶颗粒孔隙水中，提供阴离子与已经存在于气溶胶粒子中的离子进行交换，且吸附在颗粒表面，提供连接颗粒的离子，使气溶胶粒子聚集和凝集，并由此增强相邻颗粒之间的静电吸引力，使气溶胶粒子黏结，粒径增大，从而达到沉降的目的。

9.7.2 无机型气溶胶沉降剂在大气污染防治中的应用

吸湿无机盐材料很多，如 $MgCl_2$、$CaCl_2$、$NaCl$、Na_2SiO_2、$AlCl_3$、活性氧化铝、硅胶等。它们的来源不同，价格不等，且吸湿抗蒸发效果也不同。沉降剂研究的基本原则是选用来源广，价格较低，使用方便，吸湿好。同时还要考虑沉降剂是否会给大气或地面带来二次污染。

课题研究小组在空气污染治理的研究中分别用粉煤灰、氯化钙、硅胶-$CaCl_2$ 合剂等大气气溶胶的沉降剂进行了研究。其程序为，用水调节室内湿度为 70% 左右，以土壤微粉为大气气溶胶污染物，用气溶胶发生器将一定量的土壤微粉在空中播撒，其后立即用粒子计数器测定空气中的气溶胶粒子数。然后，用气球装载一定量的气溶胶沉降剂在高于播射土壤气溶胶污染物的上空爆破播撒，1h 后测定沉降剂对气溶胶的浓度。其后每隔 1h 测定一次气溶胶浓度，并计算其沉降率。用无机沉降剂沉降雾霾气溶胶的结果见表 9-23。

表 9-23 无机型雾霾气溶胶沉降剂对大气气溶胶 2h 的沉降率

粒径/μm	高度/m	增钙超细粉煤灰/%		CaCl₂/%		硅胶/%		胶联润湿剂/%		硅胶-CaCl₂/%	
		1	2	1	2	1	2	1	2	1	2
≥0.3	10	35.5	46.5	12.5	18.8	5.66	6.13	8.11	16.3	10.7	12.9
	1	32.2	41.3	12.2	21.7	3.95	4.46	8.34	17.1	6.7	9.82
≥2.0	10	81.3	90.7	72.6	86.2	57.5	73.7	76.9	90.8	32.4	64.3
	1	78.3	90	71.4	87.7	41.8	61.9	75.2	90.5	33.6	58.8
≥10	10	97.9	99.6	97.5	99.7	90.5	97.8	96.1	98.1	74.5	96.5
	1	95.8	99.1	95.5	99.7	67.6	90.9	94.5	98.1	83.1	96.8

结果说明胶联润湿剂和增钙超细粉煤灰对大气气溶胶的沉降率比较好，它们都能在 2h 左右使大于 2.0 μm 的气溶胶粒子的沉降率达到 90%，使大于 10 μm 的气溶胶粒子的沉降率达 98% 以上。

增钙超细粉煤灰是一种含氧化钙大于 10%、细度小于 10 μm 的硅酸盐材料。具有一定的吸水性、吸附性和成核性。作者所用增钙粉煤灰的物理化学性质见表 9-24。

表 9-24 增钙超细粉煤灰的物理化学性质

化学成分及含量/%								物理性质			
SiO₂	Al₂O₃	Fe₂O₃	CaO	MgO	K₂O	Na₂O	SO₃	烧矢量	细度/μm	需水量/%	比表面积/(m²/kg)
48.9	28.1	3.88	13.2	1.5	1.1	1.22	0.31	0.92	8.5	93	500

由表 9-24 中化学含量可知，粉煤灰中含 Al_2O_3 28.1%，含 CaO 13.2%，如此高的 CaO 加上 2.32%钾钠量，足以激发 SiO_2 和 Al_2O_3 的活性，使粉煤灰的吸附性能大大提高。超细粉煤灰的物理性质的 3 个指标分别为细度、需水量和比表面积，粉煤灰中 CaO 与水的强烈反应，为粉煤灰提供了较好的吸水性和成核性，因此表 9-23 中增钙粉煤灰的沉降率才如此之高。

9.8　严重雾霾天气的应急治理研究和试验

自 2012 年以来，中国和世界一直都在寻求一种治理突发性严重雾霾的方法，无论是环保部门、科研部门还是气象部门都使用了各种手段，对突发性雾霾的极端天气仍束手无策。后来人们想起了用人工降雨的方法湿沉降大气中的颗粒物，但是苦于空中无云，碘化银和干冰等催化剂起不到作用。再后来气象部门用液氮在飞机场消雾的方法治理雾霾也无济于事。

9.8.1　液氮去除雾的试验研究

9.8.1.1　液氮的性质

液氮：液态的氮气，是惰性的，无色，无臭，无腐蚀性，不可燃，温度极低。氮构成了大气的大部分（体积比 78.03%，重量比 75.5%）。氮是不活泼的，不支持燃烧。汽化时大量吸热接触造成冻伤。

在常压下，液氮温度为 –196℃；1 m^3 的液氮可以膨胀至 696 m^3 21℃的纯气态氮。在高压下成为低温的液体。汽化潜热 9.96×10^4 J/kg，液氮（常写为 LN_2）是氮气在低温下形成的液体形态。氮的沸点为 –196℃。

液氮是一种制冷剂，是制氧过程的副产品，其资源丰富，制备、存储容易，价廉，对环境无污染，是"绿色催化剂"。成冰率 $10^{12} \sim 10^{13}$ 个/g，与干冰、液态 CO_2 相当。在 0℃以下均可使用。被广泛用于人工增雨和消雾外场试验，是人工影响天气攻关项目中研究和推荐催化剂之一。

9.8.1.2　液氮在人工影响天气方面的应用

（1）人工降水的原理

人工催化降水的原理主要依据人们对云中自然降水形成过程的了解。按目前的认识水平，冷云降水的形成主要是冰晶效应，即冷云中能否产生降水的主要因素取决于冰晶的有无。认为暖云中降水的形成主要是碰并效应的作用，即暖云中能否产生降水的主要因素取决于大水滴的多少。所谓人工降水是指当云中产生降水条件不满足的情况下，人为地补充这些必需的条件，促使降水发生。也就是说催化冷云降水必须补充冰晶，催化暖云降水必须补充大水滴。因此，目前人工催化降水的方法主要是向云中引入某些催化剂（如碘化银、干冰、液氮等）来改变云滴的相态或谱分布以影响其增长的微观物理过程，促使降水形成。

改变云的这种胶性稳定状态的做法称为云的催化，这是目前人工降水最常用的方法。

冷云的催化。冷云指云体有一部分或全部温度处于0℃以下的云。根据贝吉龙理论（或冰晶效应），胶性稳定状态的维持是由于冷云中缺乏冰晶，云滴得不到增长，降水不能形成。要使降水产生，则在云中加入适量制冷剂或人工冰核，使云中冰晶增多，发生冰晶效应，冰晶不断增长到一定程度发生沉降，加上凝华和冲并增长，降水质点增大下降，降水形成。

暖云的催化。整个云体温度高于0℃的云称为暖云，如南方夏季的浓积云、层积云。暖云中缺乏大水滴，则在云中撒入吸湿性催化剂（如食盐），或直接撒入大水滴，促使云中大小水滴数目增加，加速冲并增长的过程，破坏其胶性稳定状态，达到降水的目的。

（2）催化剂

1）冷云催化剂。

冷云催化剂主要有制冷剂、无机冰核和有机冰核。无机冰核和有机冰核统称为人工冰核。在云中直接播撒制冷剂，可使云中部分区域迅速降温，促使冷却水滴自发冻结，在云中产生大量冰晶。主要的制冷剂有碘化银、干冰（固体二氧化碳）、液氮、液态丙烷等。例如，干冰在一个标准大气压下，其升华温度为 -79℃。当冷云中投入干冰后，干冰很快升华，从云中吸收大量的热量，在它的周围薄层内便形成一个冷区，在此冷区内，有大量冰晶生成，冰水共存，产生冰晶效应，从而产生降水。干冰一般采用飞机播撒。

2）暖云催化剂。

暖云催化剂主要是吸湿性物质，如食盐、氯化钙、尿素、硝酸铵等。这些物质吸湿性强，无毒性。通常将这些物质研细为 $100\sim101\ \mu m$ 的粒子，用飞机撒入云中，它们能很快长大成大云滴，激发重力冲并过程。但由于所需量大，因而催化作业时要求飞机载量大。

3）液氮催化剂的运用。

1994 年 8 月，浙江省人影办在杭州市郊区用液氮作催雨剂 300 L，当飞机喷洒液氮催雨剂 30 min 后，便开始降水。1994 年 2 月 17 日晚至 18 日晨，首都机场大雾，能见度仅30 m，喷洒液氮消雾试验，90 min 后能见度即达到 1 000 m，并持续 2 h；1992 年 6 月，英国用液氮进行人工造雪，使室内滑雪成为现实，使用 20 t 液氮和 100 m^3 水，可造出 100 m^3 的雪。

北京市人工影响天气办公室于 2000 年利用液氮在冷云中播撒来实现贝吉龙

（Bergeron）过程为基本原理，以触发"冰水"变化的发生，促使过冷云滴成晶致雨，达到有效增加降水，研究开发了液氮人工降水技术。

（3）人工消雾

在北京、四川等地，曾做过一些消雾的科研试验，即用液氮等制冷剂，使雾滴变成冰晶掉落地面。

人工消雾分为人工消暖雾和人工消过冷雾。人工消过冷雾的方法是用飞机或地面设备，将液氮、干冰、液化丙烷等催化剂播撒到雾中，产生大量冰晶，它们通过冰水转化过程，夺取原雾滴的水分、雾滴便蒸发而冰晶不断长大降落地面，雾便消失。这种方法效果显著，已能实际应用。人工消雾也有直接采用降水方法的，如使用碘化银为代表的冰核就是这样。碘化银的晶体和冰晶相似，这可以使水汽凝结在其上面。

1）人工消雾的原理和方法。

①消冷雾是由瑞典气象学家 1933 年提出来的。他认为，在云雾中必须有冰核存在，水汽才能以它为中心，结成冰晶降落下来。人工消除过冷雾的基本原理是在雾中引入强冷催化剂强烈降温促发过冷雾中冰相的出现，通过冰核活化或同质核化或两者兼而有之产生大量冰晶，然后通过冰晶合并汽化扩散凝华吸附等过程，形成雪花降到地面达到消雾的目的。②消暖雾（高于 0℃）则常用加热法，即提高气温，使雾滴蒸发，效果一般良好，但耗能较多，重要机场才使用。正在试验的方法有：a. 撒吸湿性粉末（如氯化钙等）入雾中。其作用有两个方面，即粉末吸收水分后，降低空气湿度，使雾滴蒸发；粉末上凝结长成的水滴在下降途中冲刷雾滴。b. 用直升飞机下冲的干、暖气流与雾混合，降低雾中湿度使雾蒸发。③在雾中喷撒大量带电质粒，促进雾中的碰并过程，加速雾滴沉降。

2）消除过冷雾的基本方法。

①碘化银法；②干冰（固态 CO_2）法；③丙烷法；④液氮法（LN_2）。目前常用的催化剂中，碘化银成本较高；干冰播撒，贮存很不方便。而液氮则克服了如上的不足。液氮沸点温度为 −196℃，播入冷云中饱和与湿空气和云滴混合可产生大量冰胚与冰晶。液氮致冷作用强、廉价和无污染而被普遍采用，超声速气流法，因其经济、方便、用空气作原料，所需动力不大、可连续作业等特点而受到关注，但一次性投资较多，在国内尚未进行实地大范围的试验研究。

3）液氮在消除过冷雾中的应用。

用液氮消除过冷雾的研究，该试验在国内外进行了很多次，效果还比较理想。张铮等试验研究的结果是：①液氮在云室中生成冰晶的时间很快，播撒液氮 2 min 后，生成冰晶的数目约为冰晶生成总数的 90% 左右，冰晶生成的有效时间可延长至 4~5 min 后。云室温度影响最高冰晶生成率的出现时间，最高的冰晶生成率随温度降低距播撒液氮的时间缩短。②在–17.0～0℃云室温度范围液氮的成核率为 $10^{11}\ g^{-1}$，与云室温度相关不大，但与液氮的播撒量有关。

张蕾等于 1994 年 2 月在北京沙河机场用液氮作催化剂进行了 3 次消除过冷雾试验，第三次试验结果为气象条件：07:00 时温度 –4.6℃，相对湿度 98%，静风，能见度 50 m；08:00 时温度 –4.2℃，相对湿度 96%，静风，能见度 30 m；8:30 时逆温层顶高 210 m，雾层厚度 50～120 m，整层风向为 SSW，风速 1～2 m/s，200 m 以下风向 SW 和 S，风速 1 m/s。

08：56 时在 E 处开始第三次播撒作业，沿公路在 3 km 距离内往返播撒，初始加压到 5 kg/cm²，原地播撒 3 min 后，开始以 20 km/h 的车速进行播撒压强 3.45 kg/cm²。消雾作业后的能见度变化和冰晶出现时间分布见图 9-46。

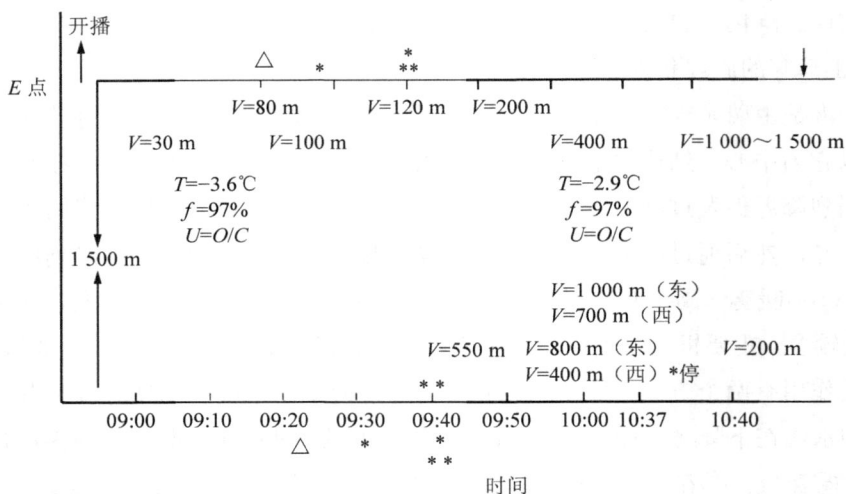

图 9-46　1994 年 2 月 18 日消雾作业后能见度变化和冰晶出现时间的分布

由图 9-46 中探测资料可知，即使在静风的条件下，大剂量连续播撒后产生的冰晶和降雪的水平范围可达 100 m 以上。由图可见，09:00 雾中出现冰晶；09:20 雾中冰晶增多，能见度开始转好为 80 m；09:30 观测到雾中有雪晶，能见度 100 m；09:40 雾中出现大量雪晶下降，能见度 120 m；09:50 出现雪晶，能见度 200 m；10:00 时雾中出现雪晶，能见度 400 m；10:37 雾中降雪晶，能见度改善到 1 000～1 500 m；10:40 试验结束，能见度又恢复到 200 m。

液氮消雾试验证实了在过冷雾中喷洒液氮后，迅速出现大量冰晶和雪晶。由于冰晶和雪晶从雾中沉降到地面，致使能见度得到改善，并能促使雾层逐渐消散。

1996 年 12 月 15 日，北京地区出现了雾和浓雾，首都机场大雾是从 14 日开始出现的，直到 15 日 17:00 雾消散，历时 18 个小时。当时能见度小于 500 m 时段达 7 个小时，最低能见度降到 200 m。15 日 08:00 探空曲线分布表明，地面辐射冷却形成了较强的逆温，层结较为稳定，形成了大面积的辐射雾。天气条件：试验场气温 -2.4℃，相对湿度为 100%，地面风速为 1 m/s，风向不定，能见度 200 m。

该试验从 08:10 在东场地南端开始向北方沿途作业，11:20 结束，历时约 3 个小时，播撒液氮 12 t。在播撒液氮前后及消雾过程中的能见度变化见图 9-47。

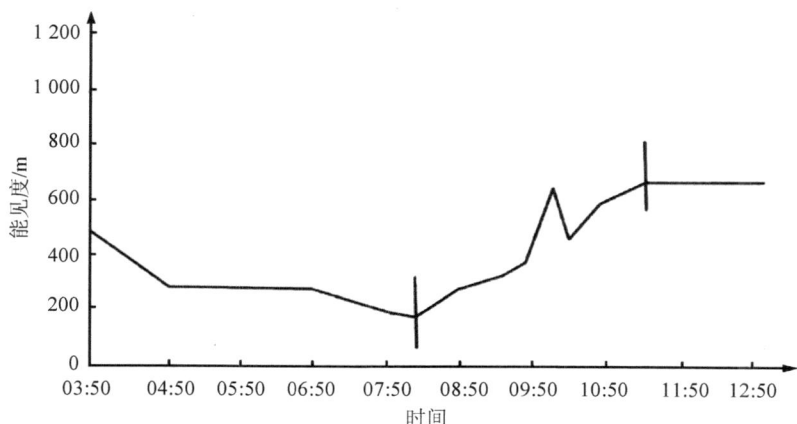

图 9-47　消雾作业能见度随时间变化

从图 9-47 中可知，08:10 开始作业，能见度为 200 m，喷撒液氮之后，沿途观测到出现冰晶，并有大雪花落地，地面见到薄层积雪和米雪，能见度转好。10:00 时能见度已达到 780 m。

9.8.1.3　国外人工除雾的方法

国外人工除雾研究也不断展现新的技术和方法。2003 年，德国柏林和勃朗登堡州的化学工程技术人员研制出一种新设备，它能在不添加任何化学物质的情况下将空气中的冷雾去除掉，同时不污染环境。冷雾由空气中飘荡着的微小水滴形成，这些微小水滴的温度一般在 0℃ 以下，它们因缺少结晶核便形成了雾。新除雾办法的原理是将干冰撒入雾中，让干冰担当结晶核的作用。试验中，研究人员先将干冰粉碎成体积为立方毫米量级的颗粒，然后用高能辐射喷嘴再将其加速到 1 000 km/h 后从 50 m 高处撒向浓雾。这时，雾便与干冰相撞，微小水滴马上与 -80℃ 的干冰一起生成雪粒。一开始，雪粒的重量很轻，能被气流吹动，这样压缩空气炮射程以外的雾气也能被除掉。大约 2 min 后，雾气中的微小水滴便是雨或是冰粒落到地面。

9.8.2 液氮消除雾霾的研究试验

雾霾天气一般状况比较静稳，空气流动性差，雾霾条件下人工增雨的难度较大。在极特殊的局地雾霾情况下，对能见度做一些试验，但大范围雾霾采取人工方式缓解的可能性很小。

9.8.2.1 基础研究试验

课题组于 2009 年 12 月 11 日早晨 6:00 在荥阳王村乡孤柏渡村南水北调干渠旁用液氮和 CMJ（催化剂）对能见度 50 m 的雾进行了消雾霾试验。喷洒药剂之前天气条件：气温 1℃，湿度为 96.7%，静风。用美国 TSI 的 AeroTRAK 粒子计数器测得雾霾气溶胶数浓度为 1 350 784 216 个/m³，喷液氮和催化剂 10 min 后能见度达到 300 m，气溶胶浓度为 679 486 427 个/m³。但过 15 min 后又恢复，湿度回到 83%，气溶胶浓度为 1 178 686 807 个/m³。

9.8.2.2 催化润湿剂的研制，冷凝剂的选择

用 CMJ 和液氮除霾剂除霾减霾的原理是：CMJ 是一种无毒、无害的有机空气润湿剂，它能将空气中的亲水性粒子和中性粒子较快地润湿，同时也加大了空气的湿度。液氮是从空气中的氮气分离出来经过高压液化后形成无毒、无害的液体。液氮的密度为 $8.05 \times 10^2 \, \text{kg/m}^3$，表面温度为 −195.8℃，汽化潜热 $9.96 \times 10^4 \, \text{J/kg}$。液氮在大气中蒸发膨胀很快，膨胀系数为 600。当云室温度为 −3～−9℃时滴入一滴或两滴液氮，形成冰核的数量可达 $10^9 \sim 10^{10}$ 个/g。在空中播撒液氮后，能出现大量冰晶，在微风（0.3～1.1 m/s）条件下，冰晶能维持 4～7 min。

空气中的雾霾粒子与 CMJ 作用后先被润湿，空气湿度变大，湿的雾霾粒子被液氮冷凝，形成由冰晶主导的大颗粒，迅速沉降，能见度逐渐变清晰。加之液氮对空气的迅速冷却，冷空气又向热空气扩散，可以改观逆温层的层流。实现周边大面积的空气质量向好的方面转变。

9.8.2.3 机场雾霾 PM$_{2.5}$ 浓度检测

2018 年 12 月 2 日 10 时课题组选择郑州上街机场乘贝尔 407 直升机观测了地面、150 m、300 m、600 m 高空的气溶胶浓度和各高度段的地面 PM$_{2.5}$ 浓度 1.013 mg/m³；150 m 处为 0.852 mg/m³；300 m 处为 0.727 mg/m³，600 m 处为 0.689 mg/m³。此时地面的气象条件为气温 1℃，相对湿度 93%～100%，能见度 200 m，风速 2 m。这与黄鹤等于 2007 年 10 月 10 日至 2008 年 9 月 30 日天津边界层气象观测塔得到的 PM$_{2.5}$ 质量浓度规律基本相似，见表 9-25 和图 9-48。

表 9-25 2008 年天津不同高度上各污染物浓度统计特征

高度/m	O₃			NO₂			PM₂.₅		
	年均值/ 10⁻⁹	超标率/ %	样本数	年均值/ 10⁻⁹	超标率 /%	样本数	年均值/ (mg/m³)	超标率/ %	样本数
40	27.82	1.97	4 265	21.57	0	338	75.09	49.2	340
120	29.7	0.99	6 860	15.45	0	336	81.41	53.1	301
220	39.39	1.32	7 979	23.31	1.75	341	62.70	39.9	335

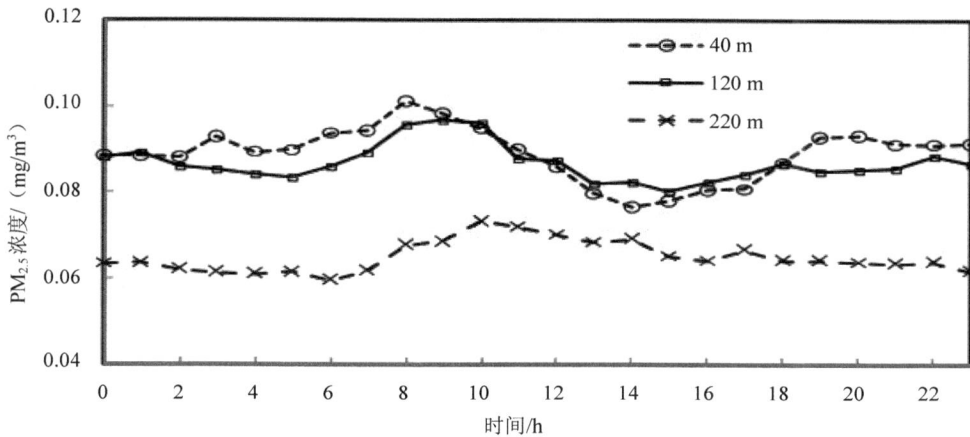

图 9-48 不同高度上 PM₂.₅ 浓度平均日变化

9.8.2.4 国内近年来除霾的试验

2017 年 12 月 5 日，由成都市人工影响天气中心、成都市环境保护科学研究院协作开展除雾霾试验，分析研究了成都上空的逆温层特征，并用液氮做了消除雾霾试验，其目的是"探索通过人工干预近地面逆温层改善局部大气扩散条件，进而改善空气质量的有效途径"。

9.8.3 消除雾霾的计划

9.8.3.1 飞机的选型

由于雾霾污染面积大，厚度在 500～1 000 m，需用喷洒的催化剂较多，计划喷洒 12～15 t 润湿剂和冷却剂，用小型飞机一次载运的数量太少，喷气式飞机和螺旋桨飞机又需要跑道，飞行高度较高，不易掌控高度，故选用载重量较大的直升机。

河南课题组先后考察了新舟 60 气象飞机、贝尔 407 直升机和米-171 直升机。选择米-171 直升机作播撒药剂的飞机（图 9-49 至图 9-52）。

图 9-49   米-171 直升机外形

图 9-50   米-171 直升飞机的舱室内部

图 9-51   液氮喷洒过程中对飞机及设备的影响试验

图 9-52   液氮喷洒释放 10 min 后旁边 1.5 m 处的气温（−35.7℃）

9.8.3.2   润湿剂喷雾装置和机载液氮的播撒设备的选择

目前用于润湿剂喷雾的装置有多种，如高压喷雾除尘降温加湿系统，机载 GP-81 喷雾装置，静电喷雾系统都是可选的设备。高压微喷雾系统能使超微小的雾滴达到 5～10 μm，可极大地提高蒸发效率，使水的蒸发量大大提高，在水的汽化过程中吸收热量，降低温度、提高空气相对湿度。静电喷雾系统能够有效地提高除霾的效率，特别是对粒径小于 10 μm 的细颗粒物尤其显著。荷电水雾除尘对吸入性颗粒物具有较好的捕集效果，能有效捕集直径为 0.1～2 μm 的雾霾粒子。航空器上安装静电喷雾系统能增加雾滴沉积数，减少雾滴漂移，对飞机仪表、设备不会产生任何影响。因此，试验选用机载静电喷雾系统。

机载液氮播撒装置目前国内已使用的有两种，即陕西省人影中心研制的 LC 播撒设备和甘肃省有关单位研制的机载液氮播撒装置。机载 LC 播撒装置本来是由国外引进的用于播撒 CO_2 的一项技术。现在也被用于播撒液氮。它是由储液钢瓶、可调节倾角支架、排液管和喷头组成。储液钢瓶可耐压 15 MPa，以保证在飞机上使用安全，钢瓶中的 LC 是一种气液共存的催化剂。支架可承受足够的载荷，并方便调节支架角度（10°～15°），以保证钢瓶口完全浸没在 LC 中。排液管为耐高压和低温的聚四氟乙烯软管或内径为 2～4 mm 的紫铜管。喷头为精加工的孔径 0.6 mm 的紫铜管。LC 技术已在我国多地推广使用。

在此基础上，研究小组又征求飞机管理人员和飞行人员的意见，根据飞机的外部情况设计并制造了多孔式喷管，限定 8～10 min 将 3 t 液氮和催化润湿剂喷洒完毕，并保证喷孔在喷出时不堵塞。液氮喷出 1 m 处测得的气温为 −35.7℃。1 m 之外的温度降到 −10℃左右。这样对飞机本体不会造成冻伤。以米-171 飞机为例，仓内部的罐体容器为 3 000 L 特种不锈钢，由国内专用压力容器厂家制造。

9.8.3.3　消除雾霾作业时机的选择

在郑州的冬、春季是雾霾天气高发季节，而在一天之内大气颗粒物 PM_{10} 和 $PM_{2.5}$ 浓度较高的时间则发生在早晨的 6:00 到 9:00 和下午的 17:00 到 21:00。因此，选择这两个时段实行消霾除雾作业可以最大限度地达到目的。另外，早晨 6:00 到 9:00 正是人们出行上班的时间，如果在早晨 7:00～8:00 播撒除霾剂，既可消除或减少雾霾，使能见度提高，又不干扰市民的正常生活，而且还能利用太阳能蒸发没有被液氮冷凝成冰晶的微细水滴，进一步提高能见度。

本章参考文献

[1]　腾斌. 半干法烟气脱硫的实验及机理研究[D]. 杭州：浙江大学，2004.

[2]　李春青，普红平. 国内外对 SO_2 的治理[J]. 天津化工，2006，20（6）：39-41.

[3]　雷仲存. 工业脱硫[M]. 北京：化学工业出版社，2001.

[4]　王文龙，董勇，任丽，等. 干法/半干法脱硫中脱硫剂利用率及脱硫灰利用研究[J]. 热能动力工程，2009，24（4）：490-493.

[5]　Soud H N. Developments in FGD[N]. London：IEA Coal Research，2010.

[6]　Wark K，Warner C F，Davis W T. Air pollution：Its Origin and Control[M]. 3rd ed. Menlo Park，California：Addison Wesley Longman，Inc.，1998.

[7]　蔡建海，温广军，黄子俊，等. 烟气脱硫技术的现状与进展[J]. 矿业快报，2008（3）：12-15.

[8]　闫小红. 烟气脱硫技术的应用及展望[J]. 太原科技，2006（7）：27-29.

[9]　欧阳云，任如山. 湿法烟气脱硫脱硝技术研究进展[J]. 广州化工，2016，44（24）：12-14.

[10]　吉田中雄. 污染物质の防除技术[J]. 环境保全の化学技术，1981：68-72.

[11]　United States Energy Information Administration. Annual energy review 2011[N]. U.S. Department of Energy，2012.

[12]　EPA（United States Environmental Protection Agency）. Clean Air Interstate Rule，Acid Rain Program，and Former NO_x Budget Trading Program 2012 Progress Report[A]，2013.

[13]　朱法华，张静怡，徐振. 我国工业烟气治理现状、困境及建议[J]. 中国环保产业，2020，10：15-16.

[14] Zhu Q. Non-calcium Desulphurization Technologies[A]. London：IEA Clean Coal Centre，2010.

[15] 刘超，王勇. 湿式氨法脱硫技术在煤粉锅炉烟气脱硫中的应用[J]. 化工设计通讯，2016，42（6）：15.

[16] Soud H N. Developments in FGD[A]. London：IEA Coal Research，2010.

[17] Stultz S C，Kitto J B，editors. Steam：its generation and use[M]. 40th ed. The Babcock and Wilcox Company，1992.

[18] Kitto J B，Stultz S C，editors. Steam：its generation and use[M]. 41 st ed. The Babcock and Wilcox Company，2005.

[19] Radcliffe P T. Economic evaluation of flue gas desulfurization systems[M]. Palo Alto，California：Electric Power Research Institute，1991.

[20] Srivastava R K. Controlling SO_2 emissions：a review of technologies[M]. U.S. Environmental Protection Agency，November 2000.

[21] 董学德，彭斯干，唐崇武，等. 烟气海水脱硫技术及其应用[J]. 中国电力，1996，27（10）：52-57.

[22] 李忠华. 脱硫海水恢复试验研究[J]. 电力环境保护，2003，19（1）：16-18.

[23] 王思粉，冯丽娟，李先国. 浅析我国海水烟气脱硫技术及改进[J]. 热力发电，2011，40（1）：4-7，18.

[24] 李志伟，薛学民，张兆祥，等，邯峰发电厂一期 2×660 MW 机组烟气脱硫循环流化床干法脱硫工系统介绍[C]. 循环流化床锅炉技术 2010 年会. 2010.

[25] 姜文成. 干法脱硫在电厂的运用[J]. 新疆电力技术，2008，98（3）：44-45.

[26] 翟吉，王文彦. 烟气循环流化床干法脱硫技术及其应用[C]. 火力发电节水技术研讨会论文集，2006.

[27] 汲传军. 烟气循环流化床干法脱硫技术研讨及常见问题分析[J]. 环境与可持续发展，2015，40（6）：90-92.

[28] Husam Malassa，Mutaz Al-Qutob，Mahmoud Al-Khatib，et al. Directive 2000/76/EC of the European Parliament and of the Council of 4 December 2000 on the Incineration of Waste[J]. Journal of Environmental Protection，2013，4（8）.

[29] Moyeda D. Experience with reburn for NO_x emissions control[N]. DOE NETL Conference on Reburning. Morgantown，2004.

[30] Wendt JOL，Sterling CV，Matovich MA. Reduction of sulfur and nitrogen oxides by secondary fuel injection，14 Symposium（International）on Combustion[J]. The Combustion Institute，Pittsburgh，PA，1973，14（1）：897-904.

[31] Sato S，Kobayashi Y，Hashimoto T，et al. Retrofitting of Mitsubishi low NO_x system[J]. MHI，Ltd. Technical Review，2001，38（3）.

[32] Takahashi Y, Sakai M, Tokuda K, et al. Practical application of pulverized coal fired low NO_x PM burner for 250 t/h industrial boiler[N]. MHI Technical Review, June 1984.

[33] Kunimoto T, Yamamoto K, Kaneko S, et al. NO_x-arme Feuerungstechnik. 18 Jahre Forschung, Entwicklung und Erprobung (German) [J]. VGB Kraftwerkstechnik, 1991, 71 (3).

[34] Saito M, Domoto K, Tanaka R, et al. The new low-NO_x burner[J]. VGB PowerTech, 2013 (10): 56-62.

[35] Hirayama Y, Hishida M, Yamamoto Y, et al. Operation results of power station with petroleum coke firing boiler[J]. Mitsubishi Heavy Industries, Ltd. Technical Review, 2007, 44 (4).

[36] Furtak D. Die Technologie des "Niedertemperaturwirbels" Eine Methode zur Begrenzung der NO_x Emissionen (German) [J]. VGB PowerTech, 2004. 10.

[37] Yano T, Kiyama K, Sakai K, et al. Low NO_x combustion technologies for lignite fired boilers[N]. Power Gen 2003.

[38] Dernjatin P, Savolainen K, Mäki-Mantila E, et al. Development of new low-NO_x burners for tangentially fired power plants using lignite, hard coal and biomass[N]. Conf. Proc. Power-Gen Europe 2000, Helsinki, 2000, 7: 20-22.

[39] Sorrels J L, Randall D D, Schaffner K S, et al. EPA Air Pollution Control Cost Manual Chapter 2. Selective Catalytic Reduction[M], 2019.

[40] Hilber M, Thorwarth H. Lab-scale assessment of different parameters influencing the operational behavior of SCR-DENO$_x$-catalysts[N]. VGB PowerTech, 2012-10.

[41] Schreifels J J, Shuxiao W, Jiming H. Design and operational considerations for selective catalytic reduction technologies at coal-fired boilers[J]. Front. Energy, 2012, 6 (1): 98-105.

[42] Kotter M, Lintz H G, Turek T. Katalytische Stickoxid-Reduktion in einem rotierenden Wärmeübertrager (German) [J]. Chem. -Ing. Tech, 1992, 64 (5): 446-448.

[43] Pronobis M, Wejkowski R, Kułażyński M. NO_x control for pulverised coal fired boilers[J]. Pol. J. Environ, 2009, 18 (1B): 183-187.

[44] Wejkowski R, Wojnar W. Selective catalytic reduction in a rotary air heater (SCR - RAH) [J]. Energy, 2018, 145: 367-373.

[45] Pronobis M, Wejkowski R, Jagodzińska K, et al. Simplified method for calculating SNCR system efficiency[J]. Conference Energy and Fuels. E3S Web of Conferences, 2011, 14 (10).

[46] Von der Heide B. Advanced SNCR technology for power plants. Power-Gen International Las Vegas, 2011: 13-15.

[47] Sorrels J K, Randall D D, Richardson Fry C, et al. EPA Air Pollution Control Cost Manual Chapter 1

Selective Catalytic Reduction[M]，2019.

[48] Wejkowski R，Kalisz S，Ciukaj S，et al. Full-scale study of dry SNCR method for small furnaces firing solid fuels[C]. XXII International Symposium on Combustion Processes Polish Jurassic Highland（Jura Region），Poland September，2015：22-25.

[49] Kuropka J. Odazotowanie spalin z elektrociepłowni（Polish）[J]. Ochrona Środowiska，1999，72（1）.

[50] Gostomczyk M A，Kordylewski W. Simultaneous NO_x and SO_2 removal in wet and semi-dry FGD[J]. Archivum Combustionis，2010，30：1-2.

[51] Yue li，Liu Linlin，Wang Wen Chen，et al. Simultaneous Desulfurization and Denitrification of Flue Gas by the La Doped Vanadium-titanium Photocatalysts[C]. BITfs 6th Annual Globa Conngres sof Cata lysis-2015，58. Xian，China.

[52] Reid IAB. Retrofitting lignite plants to improve efficiency and performance[A]. IEA Clean Coal Centre，2016，4.

[53] Andreoli S. Catalytic processes for the control of nitrogen oxides emissions in the presence of oxygen[D]. Politecnico di Torino，2016.

[54] Galloway，J N the global nitrogen cycle：past presebt and future[J]. Sci. China Ser，2005，48：669-667.

[55] Alexander N，Hristov Kami L，Grandeen Jen K Ropp，et al. Effect of Yucca schidigera-based surfactant on ammonia utilization in vitro，and in situ degradability of corn grain[J].Animal Feed Science and Technology，2004，115（3-4）：341-355.

[56] Dragositsab U，Theobalda M R，Placeb C J，et al. The potential for spatial planning at the landscape level to mitigate the effects of atmospheric ammonia deposition[J].Environmental Science & Policy，2006，9（7-8）：626-638.

[57] Velthof G L，Bruggen C，Groenestein C M. A model for inventory of ammonia emissions from agriculture in the Netherlands[J].Atmospheric Environment，2012（46）：248-255.

[58] Olmos J J，Colmenero G A，Broderick.Effect of amount and ruminal degradability of soybean meal protein on performance of lactating dairy cows[J].Journal of Dairy Science，2006，89（5）：1635-1643.

[59] Groff E B，Wu Z，Milk production and nitrogen excretion of dairy cows fed different amounts of protein and varying proportions of alfalfa and corn silage[J].Journal of Dairy Science，2005，88（10）：3619-3632.

[60] Misselbrook T H，Broderick G A，Grabber J H. Dietary Manipulation in dairy cattle：laboratory experiments to assess the influence on ammonia emissions[J]. Journal of Dairy Science，2005，88（5）：1765-1777.

[61] Broderick G A. Effects of varying dietary protein and energy levels on the production of lactating dairy

cows[J]. Journal of Dairy Science，2003，86（4）：1370-1381.

[62] 孙猛，徐媛，刘茂辉，等. 天津农田氮肥施用氨排放量估计及分布特征分析[J]. 中国生态农业学报，2016，24（10）：1364-1370.

[63] 邹娟，胡学玉，张阳阳，等. 不同地表条件下生物碳对土壤氨挥发的影响[J]. 环境科学，2018，39（1）：348-354.

[64] 中华人民共和国国家统计局. 农村经济持续发展乡村振兴迈出一大步——新中国成立 70 周年经济社会发展成就系列报告之十三[R/OL].（2019-08-07）[2020-01-12]. http://www.stats.gov.cn/tjsj/zxfb/20190807_1689636.html.

[65] Ju X T，Zhang C. Nitrogen cycling and environmental impacts in upland agriculture soils in North：A review[J]. Journal of Integrative Agriculture，2017，16（12）：2848-2862.

[66] 朱影，庄国强，吴尚华，等. 农田土壤氨挥发的过程和控制技术研究[J]. 环境保护科学，2020，46（6）：88-96.

[67] Wang D，Xu Z，Zhao J，et al. Excessive nitrogen application decreases grain yield and increases nitrogen loss in a wheat-soil system[J].Acta Agriculturae Scandinavica，Section B-Soil & Plant Science，2011，61：681-692.

[68] Wang X，Zhou W，Liang G，et al. The fate of ^{15}N-labelled urea in an alkaline calcareous soil under different N application rates and splits[J].Nutrient Cycling in Agroecosystems，2016，106（3）：311- 324.

[69] Linquist B A，Liu L，Van Kessel C，et al. Enhanced efficiency nitrogen fertilizers for rice systems：meta-analysis of yield and nitrogen uptake[J].Field Crops Research，2013，154：246-254.

[70] Huang S，Lv W，Bloszies S，et al. Effects of fertilizer management practices on yield-scaled ammonia emissions from croplands in China：a meta-analysis[J].Field Crops Research，2016，192，118-125.

[71] Huda A，Gaihre Y K，Islam M R，et al. Floodwater ammonium nitrogen use efficiency and drying under triple rice cropping system[J].Nutrient Cycling in Agroecosystems，2016，104：53-66.

[72] Liu X，Wang H，Zhou J，et al. Effect of N fertilization pattern on rice yield，N use efficiency and fertilizer-N fate in the Yangtze River Basin，China[J]. Plos one，2016，（18）：1-20.

[73] 程效义，刘晓琳，孟军，等. 生物炭对棕壤 NH_3 挥发、N_2O 排放及氮肥利用效率的影响[J]. 农业环境科学学报，2016，35（4）：801-807.

[74] Sutton，M A，Dragosits U，Tang Y S，et al. Ammonia emissions from non agricultural sources in the UK[J] . Atmos. Environ. 2000，34：855-869 .

[75] Sladewski E，Wojdan K，Swirski K，et al. Optimization of combustion process in coal-fired power plant with utilization of acoustic system for in-furnace temperature measurement[J]. Appl Therm Eng，2017，123：711-720.

[76] Johnny Rodrigues Soares，Heitor Cantarella，et al. Ammonia volatilization losses from surface-applied urea with urease and nitrifification inhibitors[J].Soil Biology & Biochemistry，2012（52）：82-89.

[77] 汪霞. 微生物菌剂对碱性土壤氨挥发的控制及其机理研究[D]. 合肥：中国科学技术大学，2017.

[78] 孟超，要栋梁. 硅胶和活性炭对氨气的吸附研究[C]. 中国环境科学学会年会论文集，2010：1599-1902.

[79] Ukwuani A T，Tao W. Developing a vacuum thermal stripping-acid absorption process for ammonia recovery from anaerobic digester efluent[J]. Water Res.，2016，106：108-115.

[80] De-Bashan L E，Bashan Y. Recent advances in removing phosphorus from was tewater and its future use as fertilizer（1997-2003）[J]. Water Res.，2004，38：4222-4246.

[81] 郝吉明，马广大. 大气污染控制工程[M]. 北京：高等教育出版社，2002.

[82] 刘鑫，徐丽，王灏瀚. 关于 VOCs 有机废气处理技术研究进展[J]. 四川化工，2016（4）.

[83] 陆震维. 有机废气的净化技术[M]. 北京：化学工业出版社，2011.

[84] 陈金胜. RCO 工艺开发及其对合成革行业 VOCs 废气处理工程示范[D]. 浙江大学，2017.

[85] 李长英，陈明功，盛楠，等. 挥发性有机物处理技术的特点与发展[J]. 化工进展，2016，35（3）：917-925.

[86] 谢银花. VOC 废气处理技术探讨[J]. 化工管理，2021（21）：61-62.

[87] Sameh W Montaz，Thomas J Truppi，Joseph J Seiwert Jr. Sizing up RTO and RCO heat transfer media[J]. Pollution Engineering，1997，28（12）：34-38.

[88] 汪涵，郭桂悦，周玉莹，等. 挥发性有机废气治理技术的现状与进展[J]. 化工进展，2009，28（10）：1833-1840.

[89] 萧琦，姜泽毅，张欣欣. 多室蓄热式有机废气焚烧炉工程应用研究[J]. 环境工程，2011，29（2）：69-72.

[90] 秦娜. 生物过滤法净化有机废气[D]. 北京化工大学，2010.

[91] 陈宗柱. 电离气体发光动力学[M]. 北京：科学出版社，1996.

[92] 徐金洲，梁荣庆，任兆杏. 一种新型的紫外光源——准分子紫外灯[J]. 真空科学与技术，2001，21（4）：298-302.

[93] Eliasson B，Gellert E.Investigation of Resonance and Excimer Radiation from a Dielectric Barrier Discharge in Mixtures of Mercury and the Rare Gases[J]. Appl Phys，1990，68（5）：2026-2037.

[94] Eliasson B，Kogelschatz U.UV Excimer Radiation from Dielectric-barrier Discharge[J]. Appl Phys B，1988，46：299-303.

[95] 曹学成，王伟民. 液氮成冰作用和特征，液氮人工增雨技术[M]. 北京：气象出版社，1997.

[96] Fukuta N. Project Mountain Valley Sunshine-Pro-gress in Science and Technology[J]. Appl Meteor，

1996：1483-1493.

[97] 黄庚. 液氮消冷雾微观结构的演变分析[J]. 气象，2006，32（3）：28-31.

[98] 硕福民. 浙江用液氮进行人工降雨[J]. 深冷技术，1994（6）：40.

[99] 张铮，任婕，韩光，等. 液氮消雾成冰性能的实验研究[J]. 北京大学学报（自然科学版），1996，32（3）：372-378.

[100] 张蔷，郭恩铭，刘建忠，等. 雾的宏微观物理结构与人工消雾研究[M]. 北京：气象出版社，2008.

[101] 宋润田，王伟民. 首都机场人工消雾试验的效果检验[J]. 气象科技，2000（3）：43-45.

[102] 黄鹤，孙玫玲，张长春，等. 天津城市主要大气污染物浓度垂直分布[J]. 环境科学学报，2009，29（12）：2478-2483.

[103] 成都科技治霾又有新进展了：给冬天的"被子"捅个洞[N]. 红星新闻，2017，12.

[104] 李林，董勇，崔林，等. 荷电水雾脱除超细颗粒物的研究进展[J]. 化工进展，2010，29（6）：1143-1147.

[105] 茹煜，周宏平，贾志成，等. 航空静电喷雾系统的设计及应用[J]. 南京林业大学学报，2011，35（1）：91-94.

[106] 李尉卿，崔娟. 郑州市大气气溶胶数浓度和质量浓度时空变化研究[J]. 气象与环境科学，2010，33（2）：7-13.

[107] 刘奇. 工业区上空飞机喷雾去除颗粒物的探讨[J]. 工业安全与环保，2012，38（10）：4-6.

[108] 袁颖. 水雾静电格栅除尘过程的计算机模拟研究[D]. 北京：北京化工大学，2005.

[109] 李媛媛，黄新皓. 美国臭氧污染控制经验及其对中国的启示[J]. 世界环境，2018，1：26-29.

[110] 杜祯宇，殷惠民，张烃. 细颗粒物与臭氧协同控制的方法和必要性[J]. 世界环境，2018，1：19-20.

[111] 雷坚志，刘久国. 环境空气中臭氧分布特征和超标原因分析[J]. 四川环境，2016，35（4）：90-94.

[112] 吴兑. 温室气体与温室效应[M]. 北京：气象出版社，2003.

[113] 杨峰，刘春蕾，李洁，等. 国内外臭氧污染防治方法及其对南京的启示[J]. 安徽农学通报，2017，23（2-3）：54-57.

第 10 章　机动车尾气对大气雾霾的贡献和防治技术

10.1　机动车尾气对大气雾霾的贡献

10.1.1　机动车尾气污染物排放现状

　　机动车尾气排放已经成为城市和区域空气污染中增长最快的污染源。虽然目前我国机动车保有量不及发达国家，但这些年车辆主要集中于大中型城市，使得我国一些大中型城市的机动车污染排放问题日益突出。

　　自 1886 年德国人 C.F.Benz 发明第一辆汽车以来，到第二次世界大战前全球机动车不足 5 000 万辆，"二战"以后到 20 世纪 60 年代初，这一段时间机动车缓慢增长，60 年代以后增长速度加快，到 2008 年全球机动车总数已超过了 8 亿辆。近几十年来随着各国经济迅速发展，机动车数量显著增长。世界机动车保有量在今后 30 多年（2020—2050 年）内仍高速增长，其中发达国家机动车保有量大致不变，而发展中国家机动车保有量增长较迅速。2010 年，世界汽车的保有量将增加到 10 亿多辆，2050 年将增加到 30 多亿辆。

　　2008 年中国机动车数量位居世界第二，达到 1.5 亿辆，与美国一起（2.5 亿辆）两国约占世界机动车总数的 1/3。中国城市车流量正在迅速发展与演变，为强雾霾事件贡献了大量的二次气溶胶粒子。

　　据报道，截至 2017 年年底，中国机动车保有量达 3.10 亿辆，其中汽车 2.17 亿辆；机动车驾驶人达 3.85 亿人，其中汽车驾驶人 3.42 亿人。

　　据公安部统计，2020 年全国机动车保有量达 3.72 亿辆（表 10-1）。其中，汽车 2.81 亿辆，机动车驾驶人达 4.56 亿人，其中汽车驾驶人 4.18 亿人。

表 10-1　上牌保有的总体口径分析

指标	单位	2014	2015	2016	2017	2018	2019	2020	2018年增速/%	2019年增速/%	2020年增速/%
全国机动车保有量	亿辆	2.64	2.79	2.9	3.1	3.27	3.48	2.72	5.5	6.4	6.9
全国汽车保有量	亿辆	1.54	1.72	1.64	2.17	2.4	2.6	2.81	10.6	8.3	8.1
汽车占机动车比率	%	58.6	61.8	66.9	70.0	73.4	74.7	75.5	4.8	8.3	8.1
新注册登记机动车数量	万辆	2 777	3 115	3 252	3 352	3 172	3 214	3 328	−5	1.3	3.6
新注册登记汽车数量	万辆	2 188		2 752	2 813	2 673	2 578	2 424.06	−5.0	−3.6	−6.0
新注册登记汽车增速	%		9.0	15.4	2.2	−5.0	−3.5	−6.0			
新注册登记载货汽车数量						326		416			18.4
汽车保有量净增	万辆	1 707	1 781	2 212	2 301	2 285	2 122	2 100	−0.8	−7.1	−1.0
载货汽车保有量	万辆				2 342	2 570					
汽车报废测算	万辆	481	604	540	509	388	456	324	−23.8	17.6	−29

数据来源：公安部。

10.1.2　全球机动车污染物的排放量

2009 年，全国机动车排放污染物 5 143.3 万 t，其中一氧化碳（CO）4 018.8 万 t，碳氢化合物（HC）482.2 万 t，氮氧化物（NO_x）583.3 万 t，颗粒物（PM）59.0 万 t。汽车是机动车污染物总量的主要贡献者，其排放的一氧化碳（CO）和碳氢化合物（HC）超过 70%，氮氧化物（NO_x）和颗粒物（PM）超过 90%。按车型分类，全国载客汽车一氧化碳（CO）和碳氢化合物（HC）排放量明显高于载货汽车，其中轻型载客汽车贡献率最大；载货汽车排放的氮氧化物（NO_x）和颗粒物（PM）明显高于载客汽车，其中重型载货汽车是主要贡献者。按燃料分类，全国汽油汽车一氧化碳（CO）和碳氢化合物（HC）排放量明显高于柴油汽车，超过排放总量的七成；柴油汽车排放的氮氧化物（NO_x）接近总量的六成，颗粒物（PM）超过九成。

2010—2014 年，我国机动车尾气排放量分别为：4 451.1 万 t、4 607.9 万 t、4 612.1 万 t、4 570.9 万 t、4 547.3 万 t，年均增长率 0.5%。

机动车排放的污染物主要包含 NO_x、颗粒物（PM）、碳氢化合物（HC）和 CO。2011 年，全国机动车四项污染物排放量 4 607.9 万 t，比 2010 年增加 3.5%，而汽车的排放量占到了机动车排放总量的 84.7%。其中，汽车对 CO、HC 的贡献比例分别达到了 80.6%、76.9%，而对 NO_x、PM 的贡献比例则分别高达 90.4% 和 94.9%。

2011 年，全国机动车排放的 PM 达 62.1 万 t，而汽车贡献了 94.9%，排放量达 59 万 t。

其中，按排放标准划分，保有量占 9.5%的国 I 前标准汽车贡献了其中 48.9%，而按燃料类型来分，保有量占 17.0%的柴油车则贡献了 99%以上。

美国加利福尼亚州南部的空气污染（雾霾），监测汽车尾气组成成分含有 CO、VOCs、NO_x、SO_x、CO_2、水蒸气（H_2O）、颗粒物（炭黑、油雾等）、臭气（甲醛、丙烯醛）等，其中 CO、HC、NO_x 是尾气的主要污染物成分，也是机动车排放的主要污染物成分。

VOCs 作为机动车尾气污染中一种重要的碳氢化合物，是形成光化学烟雾的重要前体物。城市 VOCs 浓度整体呈现的特点：交通稠密区＞工业区＞居民区＞休闲娱乐区，基本与交通量的分布趋势一致。

10.2 机动车污染物的形成机制

10.2.1 机动车自身产生的污染机理

10.2.1.1 发动机的负荷

发动机的负荷是由其运行工况、车辆装载质量等决定的，当发动机怠速、减速行驶时，由于负荷较小，化油器供给的混合气体燃烧速度较慢，不完全燃烧会导致 CO 的增加。同时由于气体温度较低，汽缸中激冷面上的燃油无法燃烧，会以碳氢化合物排出。即在怠速状态下，发动机排出的污染物最多。通常的汽油发动机为火花点火的四冲程汽油机。图 10-1 为四冲程汽油机结构示意图。

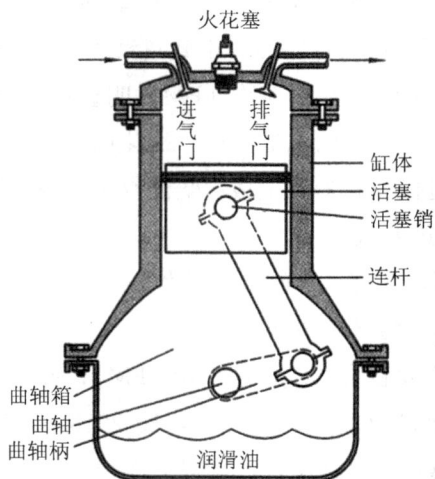

图 10-1　四冲程汽油机结构示意

在汽油机工作过程中，发动机推动活塞作上下往复运动，通过连杆、曲轴柄带动曲轴旋转，向外输出功率。活塞位于最上端时，曲轴角 $\theta=0°$，这时活塞的位置叫作上止点；活塞位于最下端时，$\theta=180°$，这时活塞的位置叫作下止点。火花点火式发动机的一个工作循环（也叫奥托循环）包括 4 个冲程（图 10-2）。

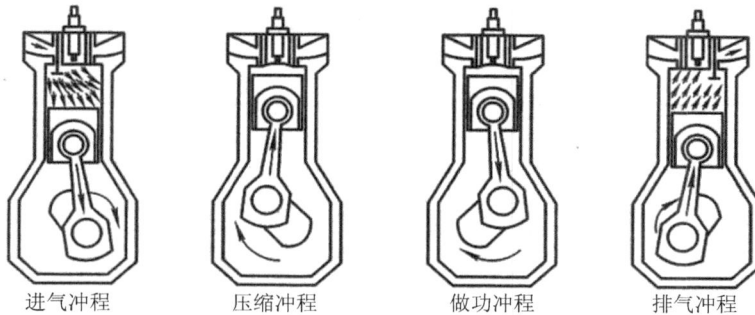

进气冲程　压缩冲程　做功冲程　排气冲程

图 10-2　四冲程火花点火式发动机工作循环示意

进气冲程：进气冲程开始时，活塞位于上止点，进气门打开，排气门关闭，曲轴旋转带动活塞向下移动，燃烧室容积加大，空气和燃料的混合物通过进气门进入缸体。活塞到达下止点时，进气过程结束。

压缩冲程：进气门和排气门关闭，活塞上移，进入燃烧室的空气和燃料被压缩，在接近上止点时，火花塞点火，室内气体燃烧。其总容积（V_a）与燃烧室容积（V_c）之比，称为压缩比（ε）：

$$\varepsilon = V_a / V_c \tag{10-1}$$

一般汽油机 ε 为 6～10，而柴油机 ε 为 16～24。做功冲程：燃烧气体推动活塞下移做功。

排气冲程：排气门打开，活塞上升，燃烧后的气体从汽缸中排出。排气冲程结束时，活塞位于上止点，接着进行下一个循环。

10.2.1.2　汽油机的污染来源

汽油机排气中的有害物质是燃烧过程中产生的，有 CO、NO_x 和 HC，主要是挥发性有机物（VOCs），这些碳氢化合物和 VOCs 包括了芳香烃、烯烃、烷烃、醛类等，以及少量的 Pb、S、P 等。其中，硫氧化物和铅化合物可以通过降低燃料中的含硫量以及采用无铅汽油来有效控制。目前排放法规限制的是 CO、HC、NO_x 和柴油车颗粒物等 4 种污染物。

汽油车的曲轴箱通风系统会泄漏排放一定量的污染物，此外，汽油箱通风、化油器泄漏和其他蒸发过程也排放一定量的 HC。对于一辆没有采用排放控制措施的汽车，其污染物来源和相对排放量见表 10-2。

表 10-2　汽油车污染来源及其相对比例

排放源	相对排放量（占该污染物总排放量的百分比/%）		
	CO	NO$_x$	HC
尾气管	98～99	98～99	55～65
曲轴箱	1～2	1～2	25
蒸发排放	0	0	10～20

汽车产生污染的根源在于驱动汽车运动的能量产生过程。虽然每升汽油约含有 3.5×10^7 J 的能量，但最终传递到汽车轮胎上的动力，却只有其中很小的一部分，60%～70% 的能量都转化为热能而浪费了。通常可以定义发动机的指示热效率 η_{it} 为指示功 W_i（kJ）与发动机实际所消耗的燃料热量 Q_i（kJ）之比；而发动机的有效功 W_e（kJ）与所消耗燃料热量 Q_i（kJ）之比称为有效热效率 η_{et}。记汽车传动系统的机械效率为 η_m，则：

$$\eta_{et}=W_e/Q_i=\eta_{it}\cdot\eta_m \qquad (10\text{-}2)$$

一般地，汽油机和柴油机的 η_{et}、η_{it} 和 η_m 的大致范围见表 10-3。

表 10-3　汽油机和柴油机的 η_{et}、η_{it} 和 η_m

名称	η_{it}	η_m	η_{et}
汽油机	0.3～0.4	0.7～0.9	0.25～0.3
柴油机	0.4～0.5	0.70～85	0.3～0.45

由此可见，通过提高发动机的热效率或者其他减少汽车发动机燃料消耗的方法（例如，减少车辆自重），对于减少汽车污染物排放总量是很重要的。更为关键的是，提高汽车燃料经济性是削减汽车排放温室气体总量的根本措施。

10.2.1.3　柴油机排放污染物的来源

据美国统计，大气污染中来自柴油机污染源的成分：CO 占 0.2%、HC 占 1.2%、NO$_x$ 占 2.9%、SO$_x$ 占 0.3%、C（碳粒）占 1.1%。相对于汽油机来说，柴油机排烟量大，而其他成分占比较小，因此对柴油机的排放不像汽油机那样做严格的限制。

由于柴油机经济性明显优于汽油机，因此近年来车用柴油机得到了大力的发展，2003 年，世界上柴油车比重占汽车总量的 35%。随着对光化学烟雾危害的认识，人们开始重视形成光化学烟雾的 HC 和 NO$_x$ 等汽车尾气排放成分。

（1）HC 的生成

柴油机排气中未燃碳氢化合物是由原始燃料和分解的燃油分子或者是由重新化合的

中间化合物（如醛、醇、酮、酚类等）所组成，少部分产生于润滑油。这些中间化合物即使浓度很低但气味很强，是形成柴油机特有的排气味道的主要成分。其中有芳香族 HC 产生"油质"气味，又有 HC 氧化物产生"焦烟"气味。柴油机中 HC 的生成直接与负荷（燃空比 FA）变化有关，因为柴油机中负荷调节是靠改变燃油喷射量来实现的。油量变化就会引起喷注内燃油分布状况、沉积在壁面上的油量、汽缸燃气压力和温度以及喷射持续期的变化。在怠速和极小负荷情况下，FA 很小，可以想象燃油喷注没有达到壁面，而且在核心处的浓度也很小的情况下，未燃烃的排出物主要在贫油火。

由于柴油机的燃烧是扩散燃烧，绝大部分工况的过量空气系数远大于汽油机，而且混合气浓度梯度极大，不同区域的 α 可在 0～∞，火焰外围区域 α 趋向于 ∞，即几乎没有燃油（尤其是小负荷时），因而受淬熄效应和油膜及积炭吸附的影响很小，这是柴油机 HC 排放低于汽油机的原因。一般认为柴油机燃烧过程中 HC 的产生主要有两种途径：其一是由于混合气过稀以致在燃烧室内不能满足自燃及扩散火焰传播的条件；其二是混合气过浓而不能着火及燃烧。在超出着火界限的过浓或过稀的混合气区域，会产生局部失火。如靠近喷油射束中心区域会形成过浓混合气，而喷油射束的周边区域会因过度混合产生过稀混合气。

燃烧过程后期低速离开喷油器的燃油混合及燃烧不良，也会产生部分 HC 排放。喷油器压力室容积对 HC 排放有重要影响，见图 10-3。

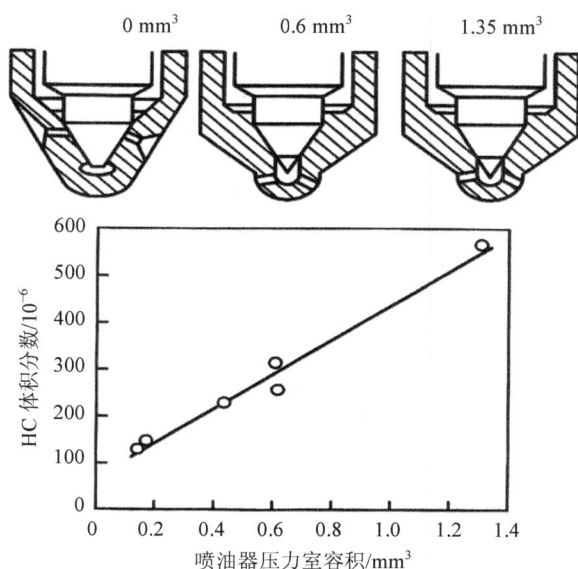

图 10-3　喷油器压力室容积

一般喷油器针阀密封座以下有一小空间，称为压力室。所谓压力室容积实际上还包括各喷孔的容积。喷油结束时，压力室容积中充满燃油；随着燃烧和膨胀过程的进行，这部分柴油被加热和汽化，并以液态或气态低速进入燃烧室内。由于这时混合及燃烧速度都极为缓慢，使得这部分柴油很难充分燃烧和氧化，从而导致大量的 HC 产生。随着对 HC 排放的重要影响压力室容积的减少，HC 排放明显下降；当压力室容积为 0 时，HC 排放浓度降低到体积分数约为 1.5×10^{-4}，对比压力室容积为 $1.35\ mm^3$ 时的 HC 排放浓度（体积分数近 6.0×10^{-4}），可以认为原机的 HC 排放中，由压力室造成的 HC 排放占到总量的 3/4 左右。同理，二次喷射或后滴等不正常喷油也会造成 HC 排放的上升。

（2）颗粒物及碳烟的生成机理

①颗粒物的成分：柴油机颗粒物的直径在 $0.1 \sim 10\ \mu m$，其中对人体和大气环境危害最大的是 $2.5\ \mu m$ 以下的颗粒物（$PM_{2.5}$）。近年来，随着排放法规的加严和柴油车的技术进步，颗粒物和碳烟的总排放量有明显下降，但细颗粒所占比重却在增大。如表 10-4 所示，柴油机微粒是由三部分组成的，即（干）碳烟（DS）、可溶性有机物（SOF）和硫酸盐。其中 SOF 基本来自未燃烧的柴油和润滑油，两者所占比重一般可认为大致相等。微粒中各种成分所占的百分比并不是一成不变的，它会随着工况、发动机类型和技术水平，以及油品特性等因素的不同而变化。

表 10-4　柴油机微粒的组成

成分	质量分数百分比/%
干碳烟（dry soot，DS）	40～50
可溶性有机物（sohuble organic fraction，SOF）	35～45
硫酸盐	5～10

②碳烟及颗粒物的生成机理：碳烟是烃类燃料在高温缺氧条件下裂解而形成的，其详细过程和机理，即从燃油分子到生成碳烟颗粒整个过程中的化学动力学及物理变化过程尚不十分清楚。一般认为，当燃油喷射到高温的空气中时，轻质烃很快蒸发汽化，而重质烃会以液态暂时存在。这些细小的重质烃液滴在高温缺氧条件下，直接脱氢碳化，成为焦炭状的液相析出型碳粒，粒度一般比较大。而蒸发汽化了的轻质烃，经过一系列复杂途径，产生气相析出型碳粒，粒度相对较小。

（3）NO_x 的产生机理

机动车产生的 NO_x 不来源于燃料，而是空气在汽缸内燃烧由于高温条件下氧和氮发生氧化反应产生的。在汽缸高温下其主要生成物为 NO，生成的 NO_2 量特别少；在高负荷的情况下 NO_2 的含量可以忽略不计。根据反应机理可知：

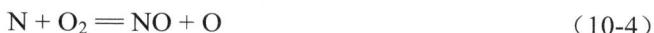

$$O + N_2 = NO + N \qquad\qquad (10\text{-}3)$$

$$N + O_2 = NO + O \qquad\qquad (10\text{-}4)$$

在式（10-3）和式（10-4）过程中，N_2、O_2、N、O 的浓度、燃烧所提供的高温以及高温持续时间决定了反应的速度和程度，并直接影响了 NO_x 的浓度。空燃比一定时，NO 的生成量随温度升高而增加，也随转速和负荷的增加而迅速增加。同时 NO 的生成也取决于火焰前锋中是否富氧，在空气过量系数 α 稍大于 1 时，NO 的生成量达到最高；当 $\alpha <$ 1 时，混合气越浓，NO 浓度越大；当 $\alpha > 1$ 时，过了产生 NO 的峰值以后，混合气稀薄，NO 浓度下降。由于 NO 的生成反应达到化学平衡需要一定的时间，而且这个时间要比每一循环中燃烧时间长，故为了降低 NO_x 的含量应着手降低火焰的高峰温度、缩短高温持续时间和采用适当的空燃比。大量的试验表明，要降低 NO_x 排放必然会引起燃油经济性不同程度地降低，引起热效率的降低和影响燃烧的彻底性。

（4）碳烟微粒与 NO_x 的平衡关系

从空气过剩系数 $\alpha = 0.6$ 开始，随 α 减小，碳烟生成量增大；受温度的影响，碳烟在 1 600～1 700 K 出现最大值。压力对碳烟的生成影响较小。尽管在 $\alpha > 0.6$ 区域内基本不会产生碳烟，但 NO 的生成量会随 α 的上升而增多，大约在 $\alpha = 1.1$ 时达到峰值。这样就在碳烟与 NO 之间产生如图 10-4 所示的 trade-off 关系，即降低碳烟的方法往往会引起 NO 的上升。这就是同时降低柴油机碳烟和 NO 的难点所在。如果能将 α 控制在 0.6～0.9 之间，则有可能使碳烟基本不产生以及 NO 的生成量也很少，这是近年来学术界提出的一种新的想法。但实际中如何将柴油机的 α 控制在这样一个狭窄的范围内，而又保证热效率不受影响，目前还没有可行的技术方案。柴油机总是在 $\alpha > 1$ 的稀混合气条件下运转，但由于柴油机是扩散燃烧，混合气的浓稀分布极不均匀，完全燃烧所需的空气要比预混合燃烧时多。直喷式柴油机的 α 对污染物生成的影响见图 10-5，与汽油机相比，CO、HC 和 NO_x 曲线有向稀区平移的趋势。CO 排放一般很低，不到汽油机的 1/10，只有在高负荷（$\alpha <$ 2）时才开始急剧增加。在中小负荷（$\alpha > 2$）时，由于在燃油喷雾边缘区域形成了过稀混合气以及缸内温度过低，造成 HC 排放有所上升，但仍比汽油机低得多。

NO_x 的生成规律与汽油机相同，但生成量低于汽油机，这主要与柴油机的混合气浓度分布不均匀有关。在考虑 NO_x 生成与 α 的关系时，不仅要看平均 α，也要看局部 α。柴油机中碳烟排放质量浓度随 α 的变化也在图 10-5 中示出。尽管在碳烟的生成机理中已讨论过，局部 $\alpha > 0.6$ 的区域，理论上不应产生碳烟，但由于柴油机混合气浓度分布得极不均匀，局部缺氧使得在整体 $\alpha \leqslant 2$ 以后，碳烟急剧上升。加强气流混合可以改善局部缺氧，使冒烟极限向化学当量比 $\alpha = 1$ 靠近，从而减少碳烟的产生。

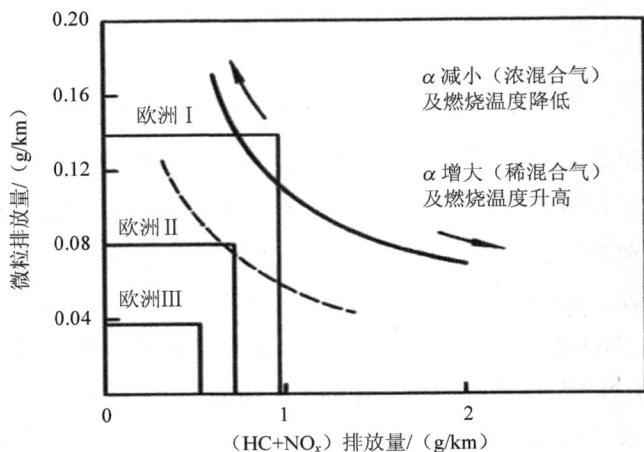

图 10-4　碳烟微粒与 NO_x 的平衡（trade-off）关系

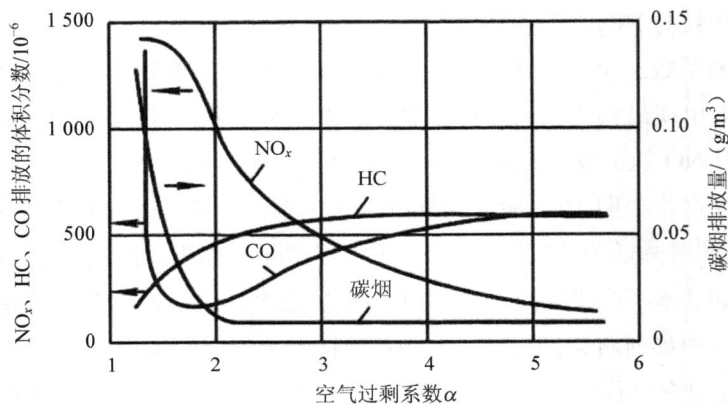

图 10-5　直喷式柴油机 α 对污染物生成的影响

（5）空燃比对柴油机排放的影响

图 10-6 为该直喷柴油机不同空燃比微粒粒径数量浓度分布曲线。试验结果表明，当空燃比从 11.8 变为 20.6 的过程中，排气微粒数量浓度分布曲线形状特征发生明显变化，当空燃比 A/F 为 11.8 时，微粒粒径数量浓度分布呈核模态和积聚模态双峰分布；当 A/F 为 13.2 时，变为核模态和初始颗粒的双峰分布；当 A/F 为 14.7 时，变为 3 峰分布；当 A/F 大于 14.7 时，仍为核模态和初始颗粒的双峰分布；数量浓度不断下降；当 A/F 为 20.6 时，变为核模态单峰分布。燃烧不充分，未燃燃料较多，在高温环境下燃料分子热解脱氢，由于环境缺氧导致离子重组形成多环芳香烃（PAH），PAH 进一步脱氢并相互集结成核从而形成核模态粒子。

由于核模态粒子数量较多且环境缺氧，一部分核模态粒子进一步通过表面生长和聚集形成初始颗粒（粒径 20～30 nm），初始颗粒在运动过程中碰撞聚合团聚，形成更长的链式结构，即积聚模态粒子（粒径大于 50 nm）。当 A/F=11.8 时，混合气较浓，有大量未燃燃料分子，且环境高温缺氧，有利于核模态和积聚模态的生成，因此数量浓度曲线形状表现为核模态、积聚模态双峰分布。当 A/F=13.2 时，混合气微浓，未燃燃料分子减少，生成核模态粒子数量减少，部分核模态粒子进一步生长聚集成初始颗粒，由于初始颗粒的浓度不够大，无法聚合生成大量积聚模态颗粒，因此数量浓度曲线形状表现为核模态和初始颗粒的双峰分布。当 A/F=14.7 时，为理论空燃比，此时燃料燃烧完全，未燃燃料分子很少，因此核模态粒子数量减少，同时环境中氧气没有剩余，核模态粒子表面生长为初始颗粒，且其浓度下降，因此数量浓度曲线形状表现为核模态和初始颗粒 3 峰分布。在 A/F 从 16.2 提高至 20.6 的过程中，混合气逐渐变稀，未燃燃料分子大量减少，氧气逐渐充足，未燃燃料分子热解脱氢后易被氧化，不利于先导物 PAH 的生成，因此核模态粒子数量逐渐减少，且初始颗粒数量快速减少，故数量浓度曲线形状从核模态和初始颗粒的双峰结构变为核模态单峰结构（图 10-6）。

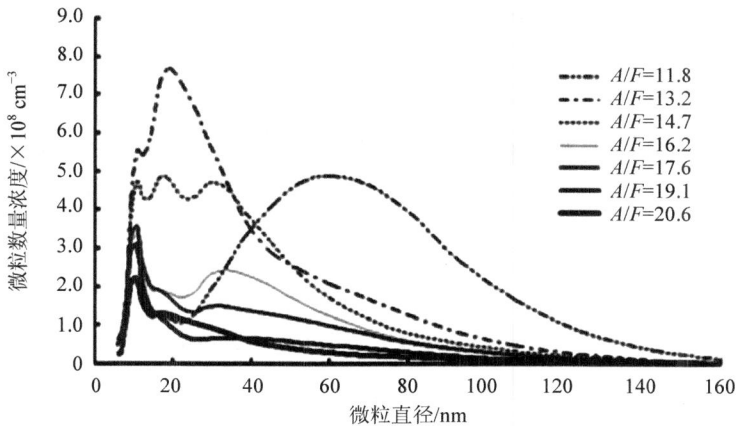

图 10-6　不同空燃比微粒粒径数量浓度分布曲线

10.2.1.4　柴油机与汽油机污染物排放的比较

与汽油发动机相比，柴油发动机通常在较高的空燃比下运行，HC 和 CO 可以得到比较完全的燃烧。直接将液体柴油喷入汽缸中，避免了器壁淬灭和间隙淬灭现象，所以 HC 的排出量通常很低。柴油发动机排放的 HC、CO 一般只有汽油发动机的几十分之一，中小负荷时其 NO_x 排放量也远低于汽油机，大负荷时与汽油机大致处于同一数量级甚至更高。柴油机的颗粒物排放量相当高，为汽油机的 30～80 倍。表 10-5 为汽油机与柴油机污染物排放浓度的对比。

表 10-5　汽油机与柴油机污染物排放浓度的对比

排放成分	汽油机	柴油机
CO/%	0.5~2.5	0.05~0.35
HC/10^{-6}	2 000~5 000	200~1 000
NO_x/10^{-6}	2 500~4 000	700~2 000
SO_2/%	0.008	<0.02
碳烟/（g/m^3）	0.005~0.05	0.10~0.30

　　因此，有别于汽油车以降低 CO、HC 和 NO_x 为主要排放控制目标，柴油机主要是以控制微粒（黑烟）和 NO_x 排放为目标。与汽油车不同的还有，柴油车基本不存在曲轴箱泄漏排放和燃油蒸发排放。

10.2.2　汽油机燃烧过程中污染物的形成

10.2.2.1　碳氢化合物的形成

　　碳氢化合物的排放浓度与空燃比有非常密切的关系。如果空燃比过浓或过稀都会使碳氢化合物排放浓度增加。汽车排放的 HC 有 100~200 种成分，它们来自未燃的燃油和润滑油。在以预混火焰形式燃烧的汽油机中，HC 与 CO 一样，也是一种不完全燃烧（氧化）的产物，因而与空气过剩系数 α 有密切关系。但即使在 $\alpha \geqslant 1$ 的条件下，往往也会产生很高的 HC 排放，这是因为淬熄和吸附等原因也会生成 HC。

　　（1）不完全燃烧

　　汽油机中不完全燃烧的原因主要有几个方面：怠速及高负荷工况时，可燃混合气处于 $\alpha < 1$ 过浓状态，加之怠速时残余废气系数较大，造成不完全燃烧；失火是汽油机 HC 排放的重要原因；汽车在加速或减速时，会造成暂时混合气过浓或过稀现象，也会产生不完全燃烧或失火。当然，即使在 $\alpha > 1$ 时，由于油气混合不均匀会因不完全燃烧而产生 HC 排放。

　　由于碳氢化合物是不完全燃烧的产物，如果空燃比小于理论空燃比，即燃料占比重时，而燃料本身就是碳氢化合物的组合体，那么剩下没有燃烧的燃料和生成的碳氢化合物在排出的气体中所占比重就会很大，会造成碳氢化合物排放度过高。

　　（2）壁面淬熄效应

　　是指温度较低的燃烧室壁面对火焰的迅速冷却（称激冷），使活化分子的能量被吸收，燃烧链反应中断，在壁面形成厚 0.1~0.2 mm 的不燃烧或不完全燃烧的火焰淬熄层（图

10-7），产生大量 HC。淬灭层在整个缸体中只是很少的一部分，但是由于发动机的富集作用，残留气体中 HC 的浓度非常高。淬熄层厚度随发动机工况、混合气湍流程度和壁温的不同而不同，小负荷时较厚，特别是冷启动和怠速时，燃烧室壁温较低，形成很厚的淬熄层。壁面淬熄效应产生的 HC 可占排气管排放 HC 的 30%～50%。另外，碳氢化合物来自汽缸的激冷边界层见图 10-8。

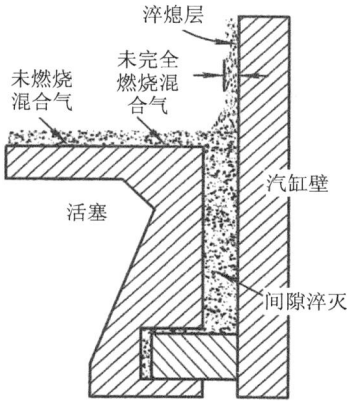

图 10-7　燃烧过程中的淬灭层

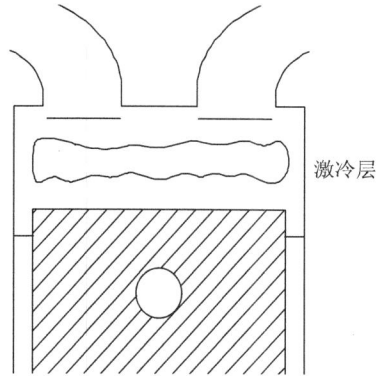

图 10-8　汽缸激冷边界层构造

　　在燃烧过程中火焰传播后在燃烧室壁面出现的激冷层靠近排气门的那一部分，在排气初期即剥落排出汽缸，排气后期由于活塞的推进也使激冷层卷进废气排出汽缸，这样由于激冷层中未燃烧的碳氢化合物也就排出汽缸，所以排气中的碳氢化合物的浓度大大增加，其中排放比例大致为排气行程初期占 40%、中期占 10%、后期占 50%。激冷层影响排气中的碳氢化合物的浓度，激冷层保持最薄厚度能有效地降低排气中的碳氢化合物的浓度，激冷层要想在最薄的范围内控制空燃比，必须使空燃比控制在稀的区域内，即大于 $A/F=16$ 的某一值，一般控制在 $A/F=17$ 左右为好，过高或过低都会加厚激冷层加大排气中的碳氢化合物的浓度。

　　如果混合气过稀火花塞点火不稳定火焰传播速度变慢，由于缺水和火焰传播速度变慢，直列排气门开放前，燃烧尚未结束，未燃烧的碳氢化合物就会排出汽缸增加排气中的碳氢化合物的浓度。综上 3 点空燃比必须控制在某一范围内才能有效地降低碳氢化合物的浓度，一般控制在下述范围，如图 10-9 所示。

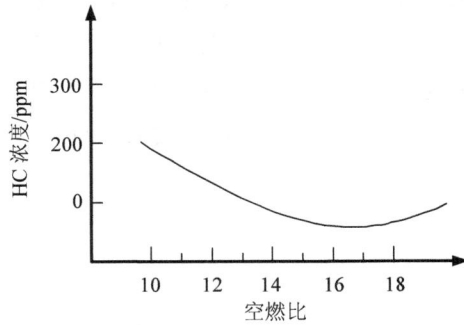

图 10-9　空燃比与 HC 浓度的关系

表 10-6 给出未净化处理的汽油机尾气中 HC 的典型组成。汽油中并不含甲烷、乙烷、乙炔、丙烯、甲醛及其他醛类，它们属于淬熄层的不完全燃烧产物。

表 10-6　汽油机尾气排放的主要 HC 种类

污染物种类	体积分数/10^{-6}	污染物种类	体积分数/10^{-6}
甲烷	170	二甲苯	50
乙烷	160	丙烯	49
乙炔	120	丁烯	36
甲醛	100	戊烯	35
甲苯	55	苯	22
醛类（不包括甲醛）	53		

10.2.2.2　NO 的形成

发动机所排出的氮的氧化物虽然含有少量 NO_2，但大部分是 NO，排出的 NO 在大气中氧化生成 NO_2，通常，把 NO 和 NO_2 统称为氮的氧化物。先从化学反应的方程式分析：

$$1/2O_2 + N_2 \longrightarrow NO + N \tag{10-5}$$

$$N + O_2 \longrightarrow NO + O \tag{10-6}$$

$$N + OH \longrightarrow NO + H \tag{10-7}$$

汽车发动机燃烧过程中主要生成 NO，另有少量的 NO_2。对普通汽油机，其 α 较小，一般 NO_2/NO_x=1%～10%；而对于柴油机，由于其 α 较大，一般 NO_2/NO_x=5%～15%。

（1）热力型 NO

图 10-10 是基于泽利多维奇模型对 CH_4 和空气混合物的计算结果。由图 10-10 可见，在理论空燃比时整个燃烧体系达到的温度最高，所以在较理论空燃比略稀的条件下 NO

浓度最大。稀薄燃烧区过量的空气吸收了部分热量，使温度有所降低；富燃区 O_2 含量少，平衡向左移，生成的 NO 也减少。影响 NO 生成量的主要因素是温度、氧气浓度和停留时间。

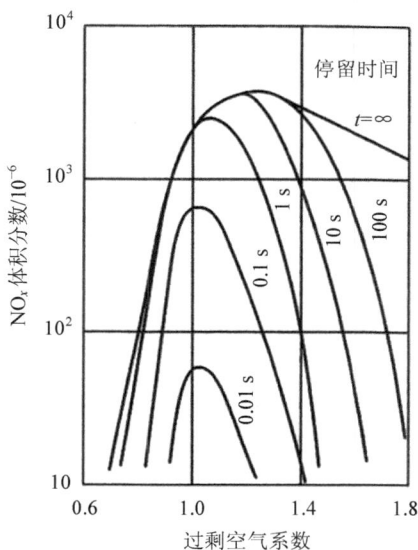

图 10-10　NO_x 浓度与空燃比和停留时间的关系

NO 的分解速度慢，在达到一定的浓度后，温度下降 NO 不能马上分解。

（2）瞬时 NO

瞬时 NO 的生成机理是 20 世纪 70 年代初才被提出的。首先由碳氢化合物裂解出的 CH 和 CH_2 等与 N_2 反应，生成 HCN 和 NH 等中间产物，并经过生成 CN 和 N 的反应，最后生成 NO。瞬时 NO 的生成过程是由一系列活化能不高的反应组成，因此并不需要很高的温度。内燃机中，$\alpha < 1$ 的过浓条件下容易产生瞬时 NO。但就燃烧过程中 NO 生成总量来看，瞬时 NO 只占很小的比重。

（3）燃料型 NO

燃料中的氮化合物分解后生成 HCN 和 NH_3 等中间产物，并逐步生成 NO，这一反应过程在小于或等于 1 600℃ 条件下就可进行。表 10-7 中给出了不同燃料的含氮率，其中柴油和重油不同程度地含有氮，而汽油可看作基本不含氮。一般车用柴油含氮率较低，基本可以不考虑燃料型 NO。因此，汽车发动机产生 NO 的 3 个途径中，燃料型 NO 的生成量很小，可以忽略不计；瞬时 NO 的生成量也较少且反应过程尚不完全清楚，也可暂不考虑；热力型 NO 为主要的生成来源。热力型 NO 生成量主要取决于生成速度，模拟计算时，NO 应采用化学动力学计算，而其他成分可采用化学平衡计算。

表 10-7 各种燃料的含氮率

燃料种类	含氮百分比（重量）/%	燃料种类	含氮百分比（重量）/%
中东系原油	0.09～0.22	柴油	0.002～0.03
C 重油	0.1～0.4	煤油	0.000 1～0.000 5
A 重油	0.05～0.1	煤炭	0.2～3.4

另外，对比各工况下的排放因子，其中排放因子在匀速状况下相差较大，最大达数倍，不同状况下车辆排放因子见表 10-8。总之，车辆在不同行驶工况下产生尾气排放量差异较大，尤其以加速工况尤为突出。并且，公交车沿线停靠站，频繁加减速对燃油经济性和排放更不利。

表 10-8 测试车辆不同状况下的排放因子

工况	排放因子/（g/km）	车辆 I	车辆 II	车辆 III	最大值	最小值	最大值/最小值
加速	NO_x	5.95	5.49	5.80	5.95	5.49	1
	HC	1.58	0.23	0.37	1.58	0.23	7
	CO	4.92	5.11	2.10	5.11	2.10	2
	CO_2	629.79	510.01	1 036.99	1 036.99	510.01	2
	PM	0.69	0.02	0.28	0.69	0.02	31
减速	NO_x	1.91	3.93	1.94	3.93	1.91	2
	HC	0.73	0.17	0.28	0.73	0.17	4
	CO	0.85	0.86	0.87	0.87	0.85	1
	CO_2	123.97	203.20	172.28	203.20	123.97	2
	PM	0.27	0.02	0.07	0.27	0.02	16
匀速	NO_x	4.46	4.78	3.65	4.78	3.65	1
	HC	0.79	0.17	0.29	0.79	0.17	5
	CO	3.40	2.90	1.28	3.40	1.28	3
	CO_2	405.41	338.27	426.44	426.44	338.27	1
	PM	0.44	0.01	0.15	0.44	0.01	38

10.2.2.3 炭烟颗粒的形成

炭烟颗粒主要来自柴油机，是柴油在燃烧过程中，由于高温缺氧而产生的，是产生臭味和黑烟的主要原因。它对人体健康的危害程度与颗粒的大小及组成有关，颗粒越小（直径小于 $0.3\,\mu m$），悬浮在空气中的时间越长，进入人体后的危害越大。炭粒不仅对人的呼吸系统造成危害，由于其存在孔隙，还能吸附 SO_2、VOCs、NO_x 及苯并芘等有毒物质。

10.2.2.4　挥发性有机物（VOCs）的形成

VOCs 包括未燃和未完全燃烧的燃油、润滑油及其裂解产物和部分氧化物，如苯、醛、烯和多环芳香族碳氢化合物等 200 多种复杂成分。主要来自排气管排放，曲轴箱泄漏，油箱、化油器蒸发三种排放源，对于汽油机来说，55%～65%的 HC 来自排气管排放，20%～25%来自曲轴箱泄漏，10%～20%来自燃料系统的蒸发（燃油蒸发）。HC 是引起光化学烟雾的重要物质。

汽车排放的尾气是 VOCs 的重要来源。在高温高压的汽车发动机内，未经燃烧或不完全燃烧的汽油转化为几百种 VOCs 类化合物，作为排气组分排入大气，形成光化学烟雾的决定因素之一。污染大气的 VOCs 类化合物见表 10-9。

表 10-9　污染大气的 VOCs 类化合物

类别	化合物
烃类	甲烷、乙烷、丙烷、丁烷、戊烷、己烷、乙烯、丁烯、苯、甲苯
卤代烃	一氯甲烷（CH_3Cl）、氯仿（$CHCl_3$）、四氯化碳（CCl_4）、1,2-二氯乙烷（$C_2H_4Cl_2$）、1,2-二氯丙烷（$C_3H_6Cl_2$）、三氯乙烯（C_2HCl_3）、氯苯（C_6H_5Cl）、二氯苯（$C_6H_4Cl_2$）
氟氯烃	CFC-11（$CFCl_3$）、CFC-12（CF_2Cl_2）
其他	甲醛、过氧乙酰硝酸酯(PAN, $RC(O)O_2NO_2$)

（1）VOCs 的光化学反应

①烷烃。丙烷是城市大气中主要光化学反应物，反应机制见图 10-11。

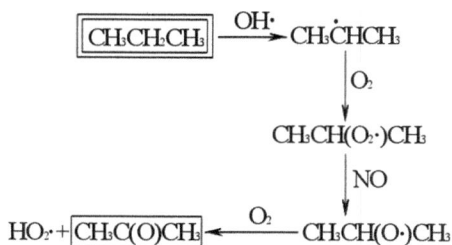

图 10-11　大气中丙烷的光化学反应机制

注：图中，☐中为反应物，☐中为产物，以下图中如此。机动车排放主要污染物——乙烷的光化学反应与丙烷相似。

丙烯是机动车排放的重要污染物，其化学反应机制见图 10-12。由图可见，大气丙烯发生光化学反应后最终产物是 CH_3CHO、HCHO 及少量的 $CH_3CH（ONO_2）CH_2OH$、$CH_3CH(OH)CH_2ONO_2$。

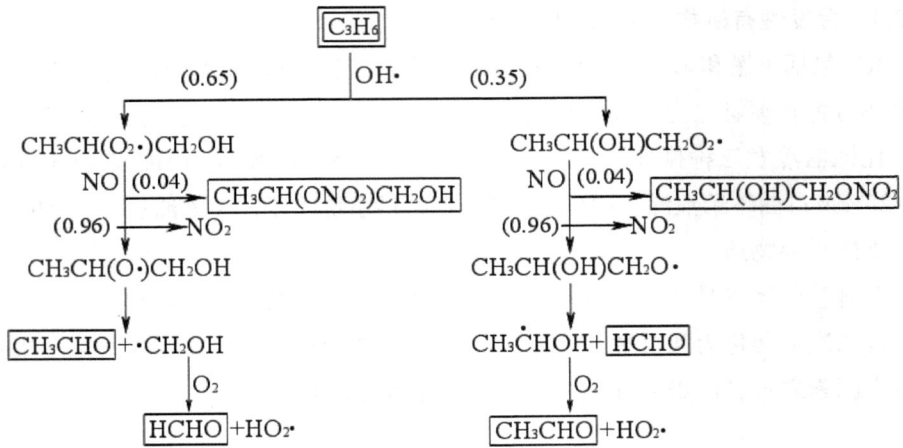

图 10-12　大气中丙烯的光化学反应机制

烯烃和 O_3 的反应主要有以下两种途径：

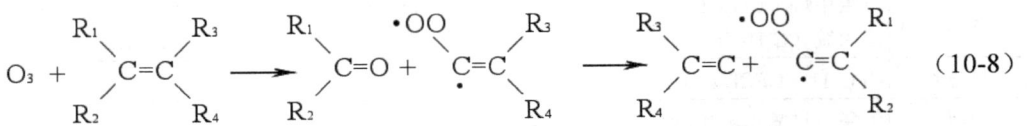

（10-8）

生成的自由基再与其他物质反应。

②芳烃。二甲苯、甲苯和苯等芳烃也是机动车排放的主要有机污染物，它们也是城市光化学烟雾形成反应的重要前体污染物。芳烃的光化学活性介于烷烃和烯烃之间，在大气环境中，芳烃发生的主要反应是其与 OH· 的反应。

大气中甲苯与 OH·、O_2 和 NO_2 发生光化学反应后的最终产物比较复杂，主要有：

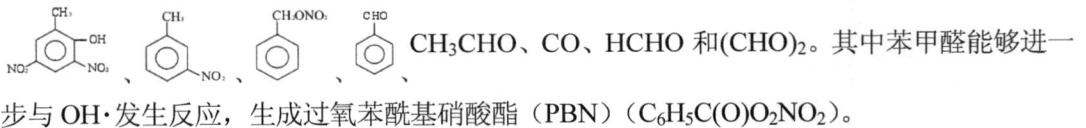、 CH_3CHO、CO、HCHO 和 $(CHO)_2$。其中苯甲醛能够进一步与 OH·发生反应，生成过氧苯酰基硝酸酯（PBN）（$C_6H_5C(O)O_2NO_2$）。

（2）醛类的光化学反应

甲醛是机动车排放的一类重要的醛类化合物，甲醛既是光化学烟雾污染的一次污染物，也是大气中碳氢化合物的氧化产物，即二次污染物。事实上，任何碳氢化合物光解过程中都会有甲醛产生。因此，甲醛的化学性质是所有碳氢化合物所共有的，甲醛对区域性光化学烟雾的影响很大。

有关研究表明，甲醛在波长 λ 为 290～370 nm 的光照下发生光解反应，甲醛在大气中发生的主要光化学反应机制见图 10-13。甲醛发生的光化学反应包括甲醛光解和与羟基发生反应后生成甲醛基（CHO·）、CO 和 H_2O。

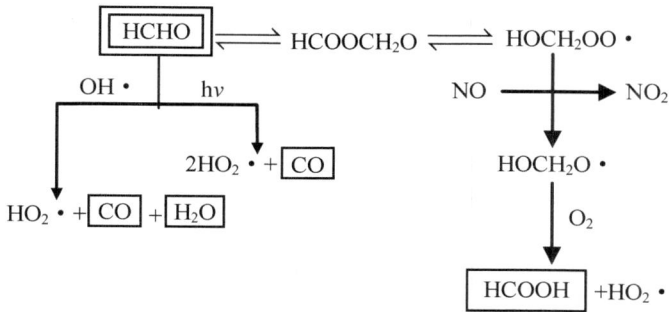

图 10-13　大气中甲醛的光化学反应机制

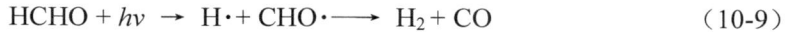

$$HCHO + h\nu \rightarrow H\cdot + CHO\cdot \longrightarrow H_2 + CO \qquad (10\text{-}9)$$

$$HCHO + OH \longrightarrow CHO\cdot + H_2O \qquad (10\text{-}10)$$

生成的甲醛基（CHO·）迅速与空气中的 O_2 反应，生成 $HO_2\cdot$ 和 CO。

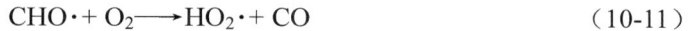

$$CHO\cdot + O_2 \longrightarrow HO_2\cdot + CO \qquad (10\text{-}11)$$

另外，HCHO 还能与 $HO_2\cdot$ 很快反应，生成的产物主要是 $HOOCH_2O\cdot$ 和 $HOCH_2OO\cdot$。

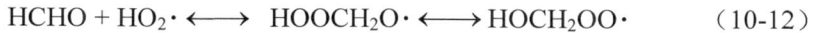

$$HCHO + HO_2\cdot \longleftarrow HOOCH_2O\cdot \longleftarrow HOCH_2OO\cdot \qquad (10\text{-}12)$$

以上各反应中生成的过氧基团能与大气中的 NO 反应，将 NO 转化为 NO_2 并生成 $HOCH_2O\cdot$，生成的 $HOCH_2O\cdot$ 能与大气中的 O_2 反应，最终生成 CHOOH。

$$HOCH_2OO + NO \longrightarrow HOCH_2O + NO_2 \qquad (10\text{-}13)$$

$$HOCH_2O\cdot + O_2 \longrightarrow CHOOH + HO_2\cdot \qquad (10\text{-}14)$$

从以上分析可以看出，甲醛发生光化学反应后的产物主要是 CO、H_2O 和 CHOOH，其间伴随有 NO 向 NO_2 转化和 H·、$HO_2\cdot$ 的形成过程。

10.3　机动车的结构与运行条件对污染物排放的影响

10.3.1　可燃比（A/F）的影响

在理论上空燃比附近，CO 曲线有一个拐点，当 A/F 减少时，可燃混合气过浓，燃油无法充分燃烧，CO 生成物便急剧增加；当 A/F 增大时，氧含量充足，燃油可以充分燃烧，使 CO 生成量减少，而且比较稳定。柴油机总是在 $\alpha > 1$ 的稀混合气条件下运转，但由于柴油机是扩散燃烧，混合气的浓稀分布极不均匀，完全燃烧所需的空气要比预混合燃烧时多。直喷式柴油机的 α 对污染物生成的影响与汽油机相比，CO、HC 和 NO_x 曲线有向稀区平移的趋势。CO 排放一般很少，不到汽油机的 1/10，只有在高负荷（$\alpha < 2$）时才

开始急剧增加。在中小负荷时（$\alpha > 2$），由于在燃油喷雾边缘区域形成了过稀混合气以及缸内温度过低，造成 HC 排放有所上升，但仍比汽油机低得多。NO_x 的生成规律与汽油机相同，但生成量低于汽油机，这主要与柴油机的混合气浓度分布不均匀有关。在考虑 NO_x 生成与 α 的关系时，不仅要看平均 α，也应看局部 α。柴油机中碳烟排放质量浓度的变化也在图 10-14 中示出。尽管在碳烟的生成机理中已讨论过，局部 $\alpha > 0.6$ 的区域，理论上不应产生碳烟，但由于柴油机混合气浓度分布得极不均匀，局部缺氧使得在整体 $\alpha \leqslant 2$ 以后，碳烟急剧上升。加强气流混合可以改善局部缺氧，使冒烟极限向化学当量比 $\alpha = 1$ 靠近，从而减少碳烟的产生。发动机产生污染物的产生量与空燃比直接相关，如图 10-15 所示，稀薄燃烧条件下发动机燃烧效率高，生成的 HC 和 CO 浓度低；富燃时燃烧不完全，生成的 HC 和 CO 较多。NO 的产生量在理论空燃比附近最高，是由于燃烧温度较高的缘故。

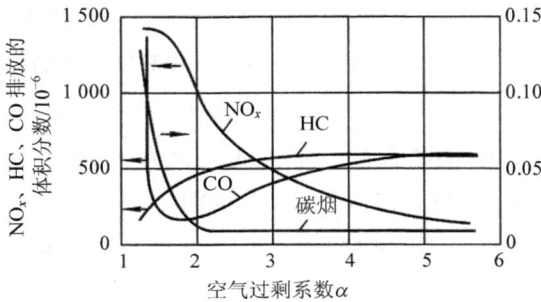

图 10-14　直喷式柴油机的 α 对污染物生成的影响　　图 10-15　不同空燃比下汽油机污染物的产生

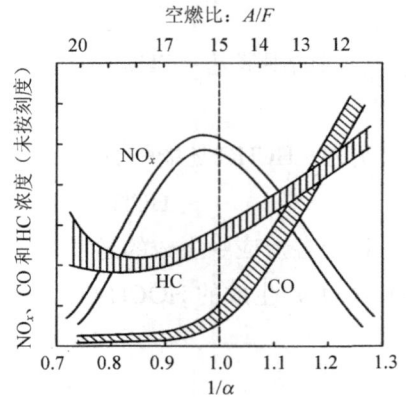

10.3.2　点火提前角的影响

随着点火提前角的增大，HC 和 NO_x 生成物都会加剧增加，其原因与燃烧时的速度、压力、温度等有关，当点火提前角增大到一定值后，由于燃烧时间过短，HC 和 NO_x 生成量便有所下降。当然，正确的调整点火正时非常必要，过迟点火提前角会使发动机动力下降，油耗增大，工作不稳。

10.3.3　发动机负荷和转速的影响

由于 NO_x 是高温燃烧室的生成物，当发动机的转速和负荷提高时，使汽缸的燃烧温度升高，NO_x 生成量随之增大，CO 和 HC 的生成量稍有增加，但影响较小。

炭粒的影响因素主要有空燃比、发动机的温度、转速和负荷以及燃烧室的形状，燃油的雾化情况等。空燃比过浓，温度过低，均不利于燃油的雾化和燃烧，使炭粒生成量增加；发动机转速和负荷增大，使燃烧温度提高，有利于完全燃烧，使炭粒的生成量减少。

10.3.4　发动机的内部结构的影响

车用发动机在正常运转情况下，HC 的生成区位于汽缸壁的四周处，故对整个汽缸容积来说是不均匀的，而且对汽缸排气过程而言 HC 的分布也是不均匀的。在发动机一个工作循环内，排气中 HC 的浓度会出现两个峰值，在这个阶段会产生大量的污染物。

壁面油膜和积炭的吸附：在进气和压缩过程中，汽缸壁面上的润滑油膜，以及沉积在活塞顶部、燃烧室壁面和进排气门上的惰性碳，会吸附未燃混合气及燃料蒸汽，膨胀过程和排气过程时压力降低，部分 HC 脱附进入燃烧产物中。这种由油膜和积炭吸附产生的 HC 占总数的 35%～50%。一些在用车，往往有较厚积炭层，当清除积炭后，HC 排放会降低 20%～30%。

另外，燃烧室中各种狭窄的缝隙（例如，活塞头部与汽缸壁之间形成的窄缝，火花塞中心电极周围，进排气门头部周围等处），由于面容比（表面积与容积之比）很大，淬熄效应十分强烈，火焰无法传入其中继续燃烧；而在膨胀和排气过程中，缸内压力下降，缝隙中的未燃混合气返回汽缸，并随排气一起排出。虽然缝隙容积较小，但其中气体压力高，温度低，因而密度大，HC 的浓度极高。这种现象也称为缝隙效应。

10.3.5　发动机运行条件对污染物排放的影响

发动机运转工况不同，污染物的生成量也大不相同。用传统化油器的汽车在加速和高速行驶时，由于燃烧温度高，因而 NO_x 排放浓度较高，CO 在怠速和加速时排放浓度较高，这是因为此时的空燃比偏小，怠速时温度较低并且残余废气比例也较高。减速时，CO 和 HC 的排放均较高，因为减速时汽油机节气门关闭，而发动机在汽车反拖下继续高速运转，气管中突然形成高真空度状态，使管壁上的液态燃油（油膜）急剧蒸发，形成过浓混合气而导致较高的 HC 和 CO 排放。汽油喷射式发动机在减速时不再供油，而且进气管中油膜少，因此 HC 和 CO 排放较少。而带有减速断油装置的改进型化油器情况也有改善。

传统的化油器汽油机在不同工况下污染物排放的成分见表 10-10。不同燃料机动车在不同状况下排放的污染物浓度见表 10-11。

表 10-10　化油器汽油机在不同工况下的排气成分

排气成分	怠速	加速	定速	减速
$HC/10^{-6}$	800	540	485	5 000
$NO_x/10^{-6}$	23	1 543	1 270	6
CO/%	4.9	1.8	1.7	3.4
CO_2/%	10.2	12.1	12.4	6

表 10-11　不同燃料机动车在不同状况下排放的污染物浓度

燃料	工况/（km/h）	CO_2/%	HC/ppm	NO_x/ppm	排气量
汽油车	怠速 0	4.00～10.0	300～2000	50～100	少
	加速 0～40	0.7～5.0	300～600	1 000～4 000	较多
	定速 40	0.5～4.0	200～400	1 000～3 000	多
	减速 0～40	1.5～4.5	1 000～3 000	5～50	少
柴油车	怠速 0	0	300～500	50～70	少
	加速 0～40	0.1	200	800～1 000	较多
	定速 40	0	90～150	200～1 000	多
	减速 0～40	0	300～400	30～35	少

　　此外，在发动机运行过程中，负荷、转速、点火时刻、外界空气温度、压力、湿度、使用的燃料等都会影响发动机污染物的形成。

10.3.5.1　汽油机运行条件的影响

　　①负荷的影响：发动机试验结果表明，当空燃比和转速保持不变，并按最大功率调节点火时刻时，改变发动机负荷，对 HC 的相对排放浓度几乎没有影响。但当负荷增加时，HC 排放量绝对值将随废气流量变大而几乎呈线性增加。

　　②转速的影响：发动机转速对 HC 排放浓度的影响则非常明显。转速较高时，HC 排放浓度明显下降，这是由于汽缸内混合气的扰流混合、涡流扩散及排气扰流、混合程度的增大改善了汽缸内的燃烧过程、促进了激冷层的后氧化，后者则促进了排气管内的氧化反应。

　　③点火时刻的影响：点火时刻对 HC 排放浓度的影响体现在点火提前角上。点火延迟（点火提前角减小）可使 HC 排放下降，这是由于点火延迟使混合气燃烧时的激冷壁面面积减小，同时使排气温度升高，促进了 HC 在排气管内的氧化。但采用推迟点火，靠牺牲燃油经济性来降低 HC 排放是得不偿失的。因此，点火延迟要适当。

　　④壁温的影响：燃烧室的壁温直接影响了激冷层厚度和 HC 的排气后反应。据研究，壁面温度每升高 1℃，HC 排放浓度相应降低 0.63×10^{-6}～1.04×10^{-6}。因此提高冷却介质温度有利于减弱壁面激冷效应，降低 HC 排放。

⑤燃烧室面容比的影响：燃烧室面容比大，单位容积激冷面积也随之增大，激冷层中未燃烃类总量必然也增大。因此，降低燃烧室面容比是降低汽油机 HC 排放的重要措施。

10.3.5.2　柴油机运行条件的影响

①喷油时刻的影响：柴油机喷油时刻（喷油提前角）决定了汽缸内的温度。喷油提前角 θ 增大，缸内温度较高，使 HC 排放量下降。在一台自然吸气式直喷柴油机上进行的试验证实，在实际工况下，当 θ 偏离最佳值时，缸内温度及反应区的气体环境均发生变化。θ 平均减小 1°CA，HC 的体积分数平均增加 8.97%；θ 平均增加 1°CA，HC 平均下降 1.97%。

②喷油嘴喷孔面积的影响：当循环喷油量及喷油压力不变时，改变喷孔面积不仅改变了喷油时间的长短，并且同时改变了油雾颗粒大小和射程的远近，即影响油气混合的质量，必将导致 HC 排放量的变化。有试验结果证实，在实际工况下，以喷孔直径为 0.23 mm 的四孔喷油嘴的喷孔面积为参考基础，当面积减小 1%时，HC 的体积分数相应减小 1.23%；当面积增加 1%时，HC 的体积分数相应增大 7.71%。这说明喷孔面积加大时，雾化和混合质量变差，HC 排放量增加幅度较大；反之，燃烧得到改善，但 HC 排放量降低幅度较小。

③冷却水进水温度的影响：冷却水温相对降低，将导致汽缸内温度降低，HC 排放量会相对增加。试验证明，以冷却水进水温度 75℃为比较标准，当进水温度下降到 65℃时，实际工况下的 HC 体积分数平均增加 37.21%。

④进气密度的影响：进入柴油机的空气密度降低，使缸内空气量减少，燃烧不完全，HC 排放量一般会增加。试验证明，进气压力在 0.094 7～0.096 7 MPa 的变化范围内，空气密度每下降 1%，实际工况下 HC 平均减少 0.99%。

10.4　机动车汽油发动机污染物的控制

不断提高汽油发动机的燃烧效率，减少污染物的排放，是发动机技术近 50 多年来持续进步的主要推动力。汽油车污染控制一般可以通过三个途径来实现：机内净化、机外净化、燃料系统改进与替代。

10.4.1　汽油车污染控制技术

10.4.1.1　机内净化技术

机内净化的方式一般有两种，一是改进发电机燃烧，二是控制有害物质产生。为控制有害气体的产生，需要了解其生成的决定性因素。研究表明，CO 的生成主要取决于空燃比，而 NO_x 的生成主要取决于最高温度。

减少汽油车污染排放的途径，可分为两大类：其一是通过对发动机的改进或调整，改造燃烧过程，以防止或减少污染物在机内的生成，进而降低污染排放；其二是将发动机排出的废气，用设置在机外的装置进行净化处理，进而降低污染排放。这些技术包括降低发动机燃烧室的面容比，改进点火系统（包括延迟点火提前角），提高燃烧过程的压缩比，采用多气阀汽缸设计，改善燃料供给系统，采用汽油喷射技术，引入废气再循环（EGR），使用电子控制的发动机管理系统等。应用这些技术已经使得现代的发动机污染物排放量比传统发动机减少 60%～70%。

（1）改进点火系统

一般发动机在压缩冲程结束前点火，可以得到最大的压缩比、最高的温度和压力。但降低燃烧温度有利于降低 NO_x 的浓度，所以往往采用延迟点火的办法，点火时间甚至可以延迟到活塞达到上止点后。图 10-16 显示了点火提前角对汽油机 HC 和 NO_x 以及燃油消耗率（brake specific fuel consumption，BSFC）影响的一例。在 $\alpha = 1$ 的条件下，随点火提前角的推迟，NO_x 和 HC 同时降低，燃油耗率却明显恶化。这时因为随点火提前角的推迟，后燃加重，使得热效率变差。

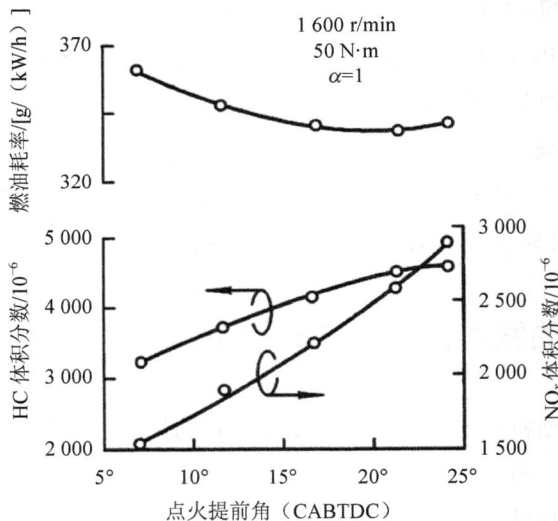

图 10-16　点火提前角对汽油机 HC 和 NO_x 排放的影响

但点火提前角推迟会导致排气温度上升，使得在排气行程以及排气管中 HC 氧化反应加速，使最终排出的 HC 减少。NO_x 排放降低主要是由于点火提前角的推迟，上止点后燃烧的燃料增多，燃烧最高温度下降造成的。采用高能电子点火系统，使点火系统初级电流由 3～4A 提高到 5～7A，加强了火花强度并延长了火花持续时间，从而加强了发动机的燃烧过程，可以降低 HC 的排放。无触点式晶体管点火系统使用信号发生装置代替传统的白金触点，不仅克服了触点装置的缺点，而且还便于电子方式实现点火提前的调整，常用的点火信号发生装置有电磁感应式、霍尔式和光电式三种。最新式的电控点火系统取消了分电器，采用线圈分配和二极管分配点火两种，简称直接点火系统（DIS）。

废气再循环为机内净化技术的一种。该技术的应用主要有两个目的，一是提高燃料的利用性；二是降低污染气体的产生。排气歧管与进气歧管相连，此设计可以使尾气通过排气歧管进入进气歧管，这部分尾气可以进行二次燃烧，使燃烧更加充分，从而减少有害气体的排放。

（2）电子控制汽油喷射技术

电子控制汽油喷射系统（EFI 系统）为另一种机内净化技术，是可能获得最佳空燃比的可燃混合气，从而控制 CO 的生成的技术。EFI 系统主要由三部分组成，分别为燃油供给系统、进气系统、控制系统。其工作原理为由控制系统控制其汽油喷射。不同电控汽油喷射系统的控制系统的布置不完全一样，但基本原理是一样的。

汽油喷射是将汽油直接喷入进气管或喷入汽缸的供油方式，缸内直喷压力较高，主要用于分层稀燃发动机，普遍应用的是缸外汽油喷射系统。从结构上可以将缸外汽油喷射分为单点喷射和多点喷射两种形式。单点喷射系统是将燃油喷入进气总管的节气门前，而多点喷射则是将燃油喷入每个汽缸进气门前的进气道或进气歧管内，两者的主要区别在于前者是数缸合用一只喷嘴供油，后者是每缸单独用一只喷嘴供油。单点喷射系统造价低，但仍存在各缸燃油分配不均及冷机运转时燃油在进气管壁沉积导致启动性欠佳等问题。多点喷射则不存在这种弊端，因而加速性能良好，动态反应灵敏，但成本相对较高，控制难度更大。

除以上两种通过机内净化降低污染物的排放外，还有改进燃烧室结构、改进点火系统等机内净化方式。机内净化技术的主要目的在于控制有害气体的生成，而机外净化技术的目的在于去除尾气中的有害气体。

10.4.1.2　机外净化技术

机外净化就是对尾气进行处理，通过改进排气管、二次空气喷射和催化反应器等技术净化尾气中的 CO、HC 和 NO$_x$。

（1）蒸发污染物控制技术

机动车（汽油车）除排放的尾气会污染大气外，它的燃油箱等燃料供给系统产生的汽油蒸汽，主要成分为 HC，直接向外排放，也会污染大气。汽油车的燃油蒸发占 HC 总排放量的 20%，是首要的污染源之一。

供油系统容易发生汽车燃油蒸发，通过五种方式产生：①热浸损失；②运转损失；③昼间换气损失；④渗透及迁移损失；⑤注油损失。

燃油蒸发控制（EVAP）技术，可阻止燃油蒸发从而与大气混合，同时收集该部分蒸发燃油，用于二次利用。

另一类防止汽油蒸发的技术为汽油车燃油蒸发排放物回收装置。可有效利用汽车发动机完成汽油蒸发吸附、脱附再生循环，使燃油蒸汽排放降低 95% 以上，节约燃油 5%～10%。

在化油器正中的排气管中设计许多褶叶，增加废气在夹空中的停留时间，突出的叶翅被废气加热，可汽化混合气中的残液以及作为 HC、CO 再循环的热源。二次空气喷射系统可将新鲜空气喷射到排气门附近，使高温废气中的 HC、CO 进一步燃烧。

（2）曲轴箱的污染物排放与控制

曲轴箱的污染物排放来自压缩和做功冲程中从缸体中逸出的气体。这些气体可以从活塞与缸壁的接合处的缝隙中逸出，这种现象叫作窜气。当发动机负荷增加时，曲轴箱排放量也增加。曲轴箱排放的气体由大约 85% 的未燃烧的空气燃料混合气和 15% 的燃烧产物组成，其中未燃烧 HC 是主要的污染物，窜漏气体中 HC 体积分数为（6～15）×10⁻³。

对曲轴箱排放污染物进行控制是最早实施的汽车排放控制措施之一。这种控制相对比较简单，主要办法是将窜漏的气体再循环进入发动机的进气管，然后在发动机汽缸中烧掉。早期的方法是将曲轴箱和空气滤清器连通，将外界新鲜空气从加油管盖的空气滤网输入曲轴箱，与窜气混合后被吸入空滤器，然后进入汽缸烧掉。

进入进气管的气体流量是由 PCV 阀控制的，以保证强制通风装置在任何工况下都能正常稳定的工作，确保曲轴箱气体不向大气泄漏。当发动机处于怠速或低速时，进气管真空度较高，PCV 阀会自动控制流量，使强制通风量减小；而在发动机高负荷工作时，控制阀会打开到最大流量状态。如果窜漏气体量大于 PCV 阀的流通能力时，曲轴箱中过量的窜气将通过空气滤清器连接管进入空气滤清器，进入汽缸再次燃烧，确保没有泄漏出现。此外，PCV 阀还具有防止发动机回火的功能，回火出现时进气歧管中压力骤增，迫使 PCV 阀全部关闭，从而避免回火火焰进入曲轴箱点燃窜气而损坏发动机。

10.4.1.3 燃料系统的改进与替代

改进汽油的油品组分和质量可以降低汽车有害污染物排放，并改善发动机动力性能和经济性。例如，可用含硫量低的优质汽油，用清洁燃料代替汽油。清洁燃料包括氢、液化石油气（主要成分为丙烷、丁烷及甲烷）、天然气、工业煤气以及甲醇和乙醇等液体燃料。这些燃料防爆性能好，有利于提高发动机压缩比，改善发动机性能，降低汽车排气量。

10.4.1.4　汽油车尾气排放后处理技术

尾气的后处理装置有很多种，常用的有热反应器、催化反应器、电晕处理器等。催化反应器为主要的机动车尾气后处理装置。

常见的排气后处理装置有氧化型催化转化器、还原型催化转化器、三效催化转化器等。氧化型和还原型催化转化器分别用来净化排气中的 HC、CO 和 NO，这些技术目前已经被三效催化净化技术代替了。

（1）催化反应装置

1）贵金属催化剂。

三效催化剂一般由贵金属、助催化剂（CeO_2 等稀土氧化物）和载体 $\gamma\text{-}Al_2O_3$ 组成。虽然有学者对稀土、过渡金属氧化物催化剂也进行了大量的研究开发，但实际应用还非常有限。稀土氧化物本身在催化反应中没有活性，但它与过渡金属氧化物相结合能显著提高催化剂活性。例如，CeO_2 具有很好的贮氧能力，常常作为缓冲空燃比变化的助催化剂使用。由于汽油中的铅（Pb）会使催化剂永久中毒，因此，应用催化转化器的前提条件是必须使用无铅汽油。汽油中较高的硫含量也会降低催化转化器的效率，虽然这种效应在一定程度上是可逆的，但随着全球性的排放法规日益严格，进一步降低汽油中的硫含量已成为汽油清洁化的必然趋势。

贵金属三效催化剂（TWC）使用 Pt、Rh 和 Pd 三种贵金属。这种催化剂可以同时催化转化 CO、HC 和 NO_x。汽车排放的尾气经过该催化装置时，催化装置中的铂催化剂会作用于 CO 以及 HC，使其催化氧化为 H_2O 和 CO_2，铑催化剂会作用于 NO_x，使其发生还原反应从而生成 N_2 和 O_2。

三效催化转化器（图 10-17，图 10-18）是在 NO_x 还原催化转化器的基础上发展起来的，它能同时使 CO、HC 和 NO_x 三种成分都得到高度净化。氧化反应和还原反应是可以同时发生的，关键是如何使三种污染物同时获得很高的净化效果。图 10-19 为不同空燃比下三种污染物的净化效率。由图可见，只有将空燃比精确控制在理论空燃比附近很窄的窗口（一般为 14.7±0.25），才能使三种污染物同时得到净化。为满足在不同工况下都能严格控制空燃比的要求，采用以氧传感器为中心的空燃比反馈控制系统，该系统只有在油喷射发动机上才能实现。常见传感器是 ZrO_2 传感器。典型的汽车尾气催化转化器使用多孔蜂窝陶瓷载体，表面涂覆活性 Al_2O_3（增大比表面积），负载铂（Pt）、钯（Pd）、铑（Rh）等贵金属或其他催化剂。除陶瓷载体外，也有使用金属载体。典型的整体多孔蜂窝状陶瓷载体，其蜂窝孔的内径约为 1 mm，在蜂窝孔内有大约 20 μm 厚的活性表层，孔间的壁面为多孔陶瓷材料，厚度为 0.15～0.33 mm。横截面上每平方厘米有 30～60 个通道。由于汽车排气温度变化大，运行路况复杂，因此，对催化剂载体机械稳定性和热稳定性要求都很高。

图 10-17 双床轴流式催化转化器

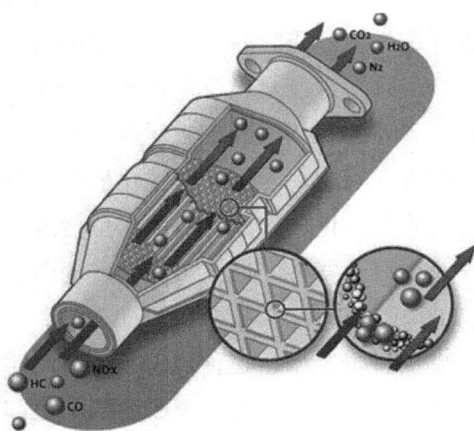

图 10-18 三效催化器原理示意

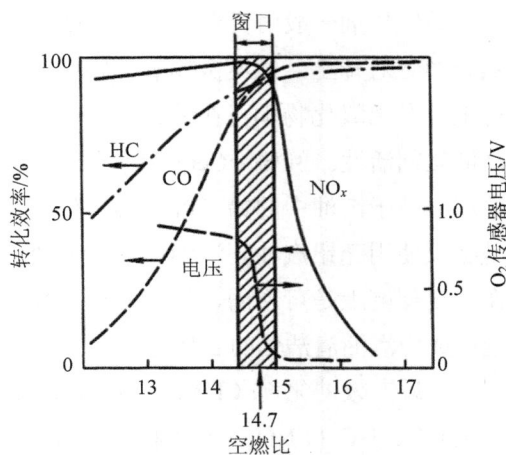

图 10-19 空燃比对三效催化净化器性能的影响

①贵金属催化剂在汽车尾气后处理上的优点。起燃温度低；活性较高；在低温时催化活性很强。

i）优良的净化效率：汽车排气中的主要有害成分 CO 和 HC 在催化剂作用下按下列反应变为无毒物质；贵金属催化剂能在上述反应中起良好的催化作用，从而达到消除机动车排气污染的目的。CO 净化效率可达 90% 以上，碳氧化物净化效率可达 85% 以上。

$$2CO + O_2 \longrightarrow 2CO_2 \tag{10-15}$$

$$4CH + 5O_2 \longrightarrow 4CO_2 + 2H_2O \tag{10-16}$$

ii）较低的起燃活温度：催化剂的起燃温度是衡量催化剂优劣的一项重要指标，用于机动车排气净化的催化剂起燃温度低，具有优越性。因为机动车的工作环境复杂，排气温度变化很大，催化剂的起燃温度低则表明该催化剂能在机动车工作的多数条件下起到净化作用，其减少污染物排放的实际效果就优于其他起活温度偏高的催化剂。贵金属催化剂的起燃温度明显低于其他类型的催化剂，这也是贵金属催化剂能承受较大的空速的一大特点。贵金属催化剂与非贵金属催化剂激活温度的比较见表 10-12。

表 10-12　贵金属催化剂与非贵金属催化剂激活温度的比较

催化剂类型	测试点	激活温度/℃	备注
国内研发贵金属催化剂	昆明	130～150	以净化 CO 达到 50%时的温度
	上海	200～220	以净化 CO 达到 50%时的温度
	长沙	190～210	以净化 CO 达到 50%时的温度
国内某号非贵金属催化剂	沈阳	300	以净化 CO 达到 50%时的温度
波兰产非贵金属催化剂	石家庄	320	以净化 CO 达到 50%时的温度

所谓空速即单位时间内通过单位体积或重量催化剂的反应气体体积或重量，通常用 1 h 内通过 1 L 催化剂的反应气体体积 L/h 表示。贵金属催化剂用于机动车排气净化一般可承受 80 000～100 000 h^{-1} 的空速。国外资料报道，最大承受空速已达到 150 000～170 000 h^{-1}，比其他类型的催化剂大 3～5 倍。由于贵金属催化剂可承受较大的空速，每台车的催化剂装量就可大大下降，这不仅减少了成本和贵金属消耗，而且还大大降低了净化器的阻力，使净化器对发动机功率和油耗的影响变得很小。

iii）使用寿命长：再生方法简便，在柴油机上的一次使用寿命达 1 500 h 以上，经过简单再生活化之后，又可继续装车，使用总寿命可达 5 000～7000 h。由图 10-20 示出的催化剂寿命曲线还可看出，贵金属催化剂在整个使用过程中保持高活性的时长同其他类型催化剂图中虚线比较起来在相同使用时间内能获得较好的消除污染效果。

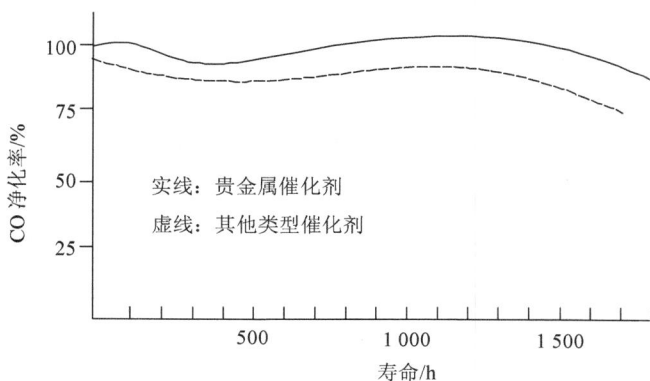

图 10-20　贵金属催化剂在柴油机废气净化中的寿命曲线

②贵金属催化剂的缺点。铂族金属（PGM）催化剂是目前汽车尾气排放后处理的标准催化剂。然而，除了它们的高成本外，由于被排气流中烃类的抑制，PGM 催化剂在低温（<200℃）下会受到 CO 氧化的影响。因此需要一些低成本、耐高温的非贵金属作为

催化剂来处理汽车尾气。

由于贵金属价格贵，资源有限，条件严格，故有不少研究者致力于非贵金属催化剂方面的探索，以期进一步降低汽车催化剂成本和适应将来高效燃烧的趋势。

总的说来，贵金属催化剂的缺点可归纳为三点：Pt、Pd、Ru 等元素资源有限，不能广泛开发；贵金属价格昂贵，成本高使开发受到限制；使用过程中会产生失活。

贵金属催化剂发生失活，因油或空气中有 S 和 Pb，在汽车使用过程中会发生中毒使催化剂失去作用。毒物与催化剂活性组分相互作用，形成很强的化学键，难以用一般方法将毒物除去以使催化剂活性恢复，这种中毒叫作不可逆中毒或永久中毒。

2）非贵金属催化剂。

非贵金属催化剂也是一种机动车尾气后处理装置，一般来说，非贵金属催化剂指的是过渡金属催化剂和由稀有元素组成的催化剂。

许多过渡金属，如 Cu、Co、Mn 等都能催化 CO 氧化反应，人们一直在努力用非贵金属代替贵金属作为 CO 氧化反应的催化剂。其中 Co 作为一种非贵金属催化剂，用于 CO 的氧化，近年来成为研究的热点之一，Co 氧化物甚至在室温下已表现出一定的 CO 氧化活性。

催化剂的活性与其物化性质有关，如活性氧、表面过剩氧及晶格参数等。大连理工学院张玉卓于 2009 年分别以 CeO_2、$Ce_{0.6}Zr_{0.4}O_2$ 和 $CeO_2/\gamma\text{-}Al_2O_3$ 为载体，以 CuO、NiO 和 Ag 为主催化剂制备了一系列非贵金属催化材料，并通过模拟汽车尾气的主要组成，研究了这些非贵金属催化剂在 $CO+C_3H_6+NO+O_2$ 反应体系中对 CO、C_3H_6 和 NO 的转化活性，考察了活性组分对催化活性的影响，然后将筛选出的催化剂进行了优化。研究结果表明：

①无论是以均匀沉淀法制备的 CeO_2、柠檬酸法制备的 $Ce_{0.6}Zr_{0.4}O_2$，还是浸渍法制备的 $CeO_2/\gamma\text{-}Al_2O_3$，铜基催化剂在模拟汽车尾气主要组分的气氛下都显示出良好的三效催化活性，$CuO/CeO_2/\gamma\text{-}Al_2O_3$ 催化剂整体的催化性能也优于 CuO/CeO_2 和 $CuO/CeO_{0.6}Zr_{0.4}O_2$。

②通过比较优化了 $CuO/CeO_2/\gamma\text{-}Al_2O_3$ 催化剂载体中 CeO_2 以及活性组分的担载量，然后将制备的最优催化剂与贵金属 $Pd/CeO_2/\gamma\text{-}Al_2O_3$ 催化剂进行了活性比较。发现 $CuO/CeO_2/\gamma\text{-}Al_2O_3$ 具有与贵金属催化剂相似的催化性能，而且明显降低了 CO 和 HC 的起燃温度，对于解决汽车的冷启动问题具有非常重要的意义。

③作为汽车尾气净化催化剂的一个重要指标，试验中还考察了催化剂的抗老化性能。将 $CuO/CeO_2/\gamma\text{-}Al_2O_3$ 样品高温老化之后进行活性测试，结果发现，老化样品依然具有较好的三效催化性能，老化之后，催化剂的起燃温度和完全转化温度提高得都较少，说明 $CuO/CeO_2/\gamma\text{-}Al_2O_3$ 催化剂具有很好的抗老化性能。

研究发现，当机动车尾气温度过高时，过渡金属的催化作用会降低，这是因为在高温情况下，过渡元素催化剂会烧结从而丧失活性。同时单使用稀土元素氧化物作为催化剂是无催化作用的。近年新的非金属催化剂一直在研究，美国橡树岭国家实验室研究人员（ORNL）于 2015 年 9 月 23 日宣布，开发出由 CuO、CoO 和 CeO_2（被称为"CCC"）组成的三元混合氧化物催化剂优于在模拟的排气流中用于 CO 氧化的合成的和商业上的铂族金属催化剂，显示出无法抑制的迹象，即无 NO_x、CO 和 HC 而使催化剂发生堵塞迹象。

3）非贵金属-稀土钙钛型催化剂的优点。

①稀土钙钛矿氧化物都有一定的氧吸附能力，主要是由于稀土钙钛矿结构的晶格缺陷所致，而晶格缺陷又与其结构密切相关。贮氧能力使催化剂在比较宽的空燃比范围内发挥较好的催化作用。在贫燃条件下稀土钙钛矿氧化物可以贮存 NO_x 分解的氧，加强 NO_x 转化，为富燃条件下又可释放一定的氧以供进一步氧化反应。

②具有较好的耐久性、热稳定性和一定的抗铅中毒能力，采用稀土钙钛矿氧化物催化剂时在使用含铅汽油和车况较差的条件下其使用寿命也能达到 $(5\sim10)\times10^4$ km。

③与贵金属 Pt、Pd 和 Ru 相比，稀土钙钛矿催化剂价格低得较多，如果用稀土作为汽车尾气催化剂可大大减少汽车生产成本，并节约贵金属资源。

4）非贵金属-稀土钙钛矿催化剂的缺点

①抗 SO_2 中毒能力较差。稀土钙钛矿氧化物的抗性能普遍较差，限制了其应用。尾气中含有 0.3×10^{-6} 时催化剂活性显著下降，且活性基本上无法恢复。

②用稀土钙钛矿氧化物处理汽车尾气时，对 NO_x 的催化转化效率最高约为 60%。而含有贵金属的催化剂能达 80%以上。

③起活温度较高。稀土钙钛矿氧化物催化剂的起活温度一般为 300～400℃，而汽车刚启动时尾气温度一般低于该温度，即汽车发动时尾气处理不完全。

（2）机动车用热反应器

热反应器一般采用耐热、耐腐蚀的不锈钢制成，其结构由壳体、外筒和内筒三层构成，中间加保温层，以增强内部保温。热反应器安装在排气总管出口处，由于有较大的容积和绝热保温部分，反应器内部的温度可达 600～1 000℃。同时在紧靠排气门处喷入空气（即二次空气），以保证 CO 和 HC 氧化反应的进行。CO 进行氧化反应的温度高于850℃，HC 进行完全反应的温度至少超过 750℃。热反应器必须为热反应提供必要的反应条件，通常在浓混合气工作条件下，热反应器产生大于 900℃的高温。通入二次空气时CO 和 HC 的转化率最高，但会使燃油经济性下降。对于稀的混合气工作的汽油机，无须供给二次空气，并可减少空气泵的能量消耗。一般情况下，热反应器对 CO 和 HC 的转化率可达 80%。

热反应器的处理对象为 CO 和 HC，目前，随着三效催化器的普及，20 世纪 90 年代开始生产的新车已不采用热反应器。由于摩托车的排气后处理装置要求结构简单和成本低廉，并且摩托车的主要排放污染物是 CO 和 HC，因而热反应器在摩托车上仍得到较多的应用。

1）涡轮增压和中冷技术。

发动机按照进气方式分为自然吸气和增压吸气两种方式，自然吸气就是发动机进气不经任何外力的辅助，完全通过汽缸的真空吸入空气。增压吸气，即增加进气压力，常用增压方式有两种：一是机械增压，二是废气涡轮增压。这里只谈涡轮增压。

最常见的涡轮增压是通过压缩空气来增加进气量。增压器与发动机无任何机械联系，是一种空压机，发动机在工作中排出的废气是高温高压的，通常会通过三元催化、消音器、排气管排出车外，涡轮增压就是利用这种排出的废气来推动涡轮增压器的涡轮转动，当发动机转速增快，废气排出的速度与涡轮转速同步增快，进气涡轮通过调整转速，对空气进行压缩，使其压力和密度大大增加，可使燃料更加充分燃烧，提高发动机的功率和燃烧效率。增压后可使功率提高 20%～30%。以 1.8 T 涡轮增压发动机为例，可等同于 2.3 L 的自然吸气发动机。

增压和中冷技术能改善柴油机的动力性和经济性。增压技术最常见的是废气涡轮增压，即利用发动机排出的高温废气，带动涡轮高速旋转，从而驱动压气机使汽缸进气充量提高。当不带中冷器时，由于进气温度升高等因素，导致最高燃烧温度上升，NO_x 排量增加；采用中冷时，可使进入汽缸内的空气密度进一步增大，从而提高发动机的动力性，减少发动机热负荷，降低排气温度，降低排放尤其是使 NO_x 排放浓度大大下降。

由于进气密度的大幅提高，柴油机功率可提高 30%～100%，燃油经济性也明显改善，CO、HC 和炭烟的排放都有一定程度的降低，柴油机采用进气涡轮增压后，由于进气温度较高，提高了最高燃烧温度，反而使 NO_x 的比排放增加。

2）颗粒过滤捕集器。

颗粒过滤捕集器是高效净化柴油机排气颗粒物的一种过滤技术，它利用一种内部孔隙极微小、能捕获微粒物的过滤介质来捕集排气中的微粒，捕集到的绝大部分是干的或吸附着可溶性有机成分的炭粒。然后采取不同的方法来燃烧（氧化）/清除过滤器中收集的颗粒物，使颗粒捕集器再生后循环使用。

颗粒过滤捕集器由过滤器和再生系统组成。排气中的颗粒物被过滤并集中在颗粒过滤器中，积累到一定程度后，会加大排气阻力从而影响性能，因此需定期清除颗粒过滤器中的颗粒物，使颗粒过滤器恢复原始状态，即使过滤器再生。过滤捕捉器的材料和结构决定其性能，再生系统则决定了系统的可靠性和寿命。过滤器滤芯材料应具有较高的过滤效率、低的流动阻力、较高的力学强度和热稳定性以及适应批量生产等特性。目前，常见材料有陶瓷纤维、陶瓷泡沫、金属比筛网和壁流整体式陶瓷等，通常的收集率达60%～90%。颗粒过滤器的净化效果已不是技术难题，但目前要解决的是装置再生问题。理论上，颗粒的主要成分是炭烟和有机物，可以进行燃烧再生，待其着火温度达 600℃，柴油机正常运转下的排气温度低于此温度，必须使用辅助措施点火。目前主要的再生方法有：

①加热再生。通过电加热或燃烧器、微波加热，提高排气温度，使颗粒在过滤器中的燃烧实现再生。

②强制再生。在大负荷时，对柴油机进气或排气强制节流，从而提高排气温度，使过滤器再生。

③催化再生。包括燃油添加剂或向过滤器喷射催化剂再生和连续再生。前二者使用的添加剂会造成二次危害，后者的典型结构是过滤器的前半部设置氧化催化器以提高温度，过滤器滤芯置于后半部分。德尔福公司拟采用带催化剂的过滤器技术，载体采用 SiC 或陶瓷，催化剂使 NO 氧化成 NO_2，NO_2 氧化成炭粒。

过滤效率随过滤介质的不同略有差异，一般对炭烟的过滤效率可达 60%～90%。从过滤效果、工作可靠性及再生情况考虑，应用最广泛的过滤介质有陶瓷泡沫体和壁流式陶瓷蜂窝体两种，金属丝过滤材料也有少量的应用。泡沫陶瓷属于体内过滤式，而蜂窝陶瓷则属于表面过滤式。在过滤过程中，微粒被吸附在介质的表面，随后，最初沉积下来的微粒团本身也参与对后续颗粒的过滤捕集。图 10-21 给出了一种整体式陶瓷蜂窝过滤器的滤芯示意图。

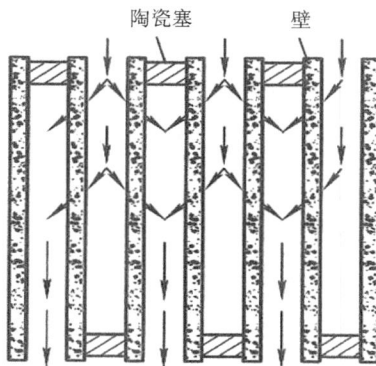

图 10-21　整体式过滤器的滤芯示意

（3）降低 NO_x 排放的措施

目前，降低 NO_x 排放的主要措施是采用以氨（包括氨水、尿素）作为还原剂的选择性催化还原技术，该技术在固定式柴油机上已成熟应用，但氨在汽车上难以携带且易造成污染，一般采用尿素水溶液，这就需要采用附加的容器和类似于汽油电喷系统的电控喷射装置以供应尿素水，系统相对复杂，目前仅适用于重型车。此外，尿素水溶液的供应也成为问题，影响了其实用性。该技术有待进一步完善。目前在欧洲普遍看好该技术，但在美国因受到美国环保局的反对而限制了其应用。

NO_x 吸附型催化还原技术源自直喷汽油机（GDI）技术，在稀混合气燃烧时吸收 NO_x，贫氧时（浓度高于理论空燃比）使之脱离并还原。该技术会影响发动机性能，同时系统复杂，成本高。综合考虑经济性等各方面，一般认为，要达到欧Ⅳ以上排放标准才需采用以上降低 NO_x 排放的技术，此前通过机内净化措施完全可满足标准要求。

10.4.2 汽油车排放污染控制的最新发展

由于闭环电子控制燃油喷射系统和三效催化净化技术的广泛应用，已经将汽油车尾气排放的污染物净化到了相当低的程度。一辆配备现代排放控制技术的汽车，其尾气排放的 CO、HC 和 NO_x，均比没有用排放控制技术的传统汽车减少90%以上。由于催化转化器需达到一定的温度才能正常工作，因此，在达到催化转化器起燃温度之前的几分钟冷启动状态，汽车尾气排放的污染物量在汽车排放的污染物总量中比例越来越高。随着排放法规对冷启动阶段的排放控制日益严格，近年来的三效催化净化技术主要是在改善冷启动净化性能方面进行提高，采取的技术措施包括催化转化器电加热装置、安装前置催化转化器等。

伴随全球性的 CO_2 排放总量控制趋势，提高汽油车的燃油经济性压力越来越大。因此，稀燃发动机技术，特别是缸内直喷分层稀燃技术，正在成为下一代汽油车的主流技术。稀燃发动机可以使用比常规发动机稀得多的混合气，因而具有明显的低油耗优势，如日本丰田公司的稀燃发动机空燃比达到了27。缸内直接喷射过程的燃料蒸发使缸内空气温度下降，有利于抗爆性的提高及充气效率的改善，而且过度反应性能良好。由于采用了适合发动机运行条件的燃烧方式，故大大减少了燃烧过程污染物的产生，显著提高了发动机的经济性。正在开发的稀燃发动机技术还有均质压燃技术。

（1）混合动力驱动的汽车开发运用

混合动力技术的特点在于能储存可再生利用的能源，通过暂时存储能源，可让系统始终处于最佳状态。内燃机处于低负荷状态时效率低，所以最初由蓄电池的电力启动车辆，在需要时再启动发动机。如果需要更大的动力，除发动机以外，还可加上电动机的动力，这样就可以减轻内燃机的负荷，使内燃机工作在效率最高状态，以提高车辆的总体效率。当行车所需动力减小时，可在不降低发动机负荷的前提下进行充电，从而确保高效率。在减速时，电动机即可变为再生制动器（发电机）进行发电以再生能源。随着时间的推移，世界各国越来越重视环境污染问题，控制汽车的有害排放也就成了压倒一切的问题，因此如美国和欧洲都制定了近期的和中长期的排放法规，以控制污染。由此各国发动机研究机构、各汽车生产厂家都相应作出了反应，研究生产符合这种严格的排放法规的汽车，增加自己产品的竞争力。它们采用各种有效的控制技术，甚至不惜牺牲其他的性能来满足低排放的要求，而现代的电子、微机技术在汽车内燃机上的应用，给这种严格要求低排放带来了新契机，它不但促进了汽车工业的进步，而且极大地推动了汽车排放污染净化技术的发展。未来柴油机技术的发展重点是进一步降低 NO_x 和 PM 的排放量。从国外的发展来看，欧 I 发动机一般通过机内净化措施及优化进气、燃烧过程、采用进气增压解决；欧 II 发动机在前述基础上进一步采用中冷技术和 EGR、电控燃油泵，部分机型采用氧化型催化器；欧III以上发动机在前述基础上为提高喷油压力一般采用电控共轨系统或单体泵、泵喷嘴，EGR 也广泛应用，同时采用氧化型催化器或颗粒过滤器，但前提是必须使用高品质燃油。

满足欧IV、欧 V 以上标准的机型目前处于研制中，需进一步对发动机进行优化，采用复合型催化器及降低 NO_x 排放的措施，这些措施都将大大提高发动机成本。研究代用燃料发动机能较好地解决该问题，目前康明斯和 IVECO 等已推出达到欧 V 标准的天然气发动机。在日本，天然气发动机已得到广泛应用。

（2）新能源电动汽车的开发

据统计，中国电动汽车累计销量占世界总量的 47%，电动公交车和电动卡车的销量更是占到全球的90%以上，"中国为世界节能减排作出了重要贡献"。

1）电动汽车的开发。

所谓的电动汽车是指全部或部分由电力驱动，并配置大容量电能储存装置的汽车，包括纯电动汽车、混合动力电动汽车和燃料电池电动汽车等三种类型。汽车领域使用的节能技术主要包括纯电力驱动、混合动力技术、汽车压燃技术和结构节能技术等。

近些年来，世界各国相继开发出的电动汽车污染物排放大大降低了对环境的污染，减少了对雾霾气溶胶的贡献。表 10-13 给出了世界各国电动汽车替代燃油汽车后对污染物排放的变化的百分比。

表 10-13　电动汽车替代燃油汽车的排放污染物的变化百分比　　　单位：%

国家	HC	CO	NO$_x$	SO$_2$	颗粒物
法国	−99	−99	−91	−58	−59
德国	−98	−99	−66	+96	−96
日本	−99	−99	−66	−40	+10
英国	−98	−99	−34	+407	+165
美国	−96	−99	−67	+203	+122

注：表中分析是针对轿车的，考虑了燃料的生命周期排放，包括尾气管排放、蒸发和车用汽油相关的炼油过程排放，以及电厂的排放。

2）纯电动汽车（图 10-22）。

是完全有可充电电池（如铝酸电池、镍镉电池、镍氢电池或锂电池）提供动力的汽车。这种汽车①无污染、噪声小；②结构简单，使用和修理都很方便；③能量转换率高，可回收制动、下坡时的能量，提高能量的利用率。

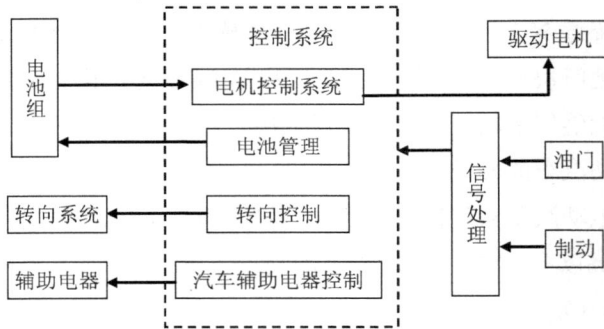

图 10-22　纯电动汽车的原理与构造

3）燃料电池电动汽车（图 10-23）。

是利用氢气和空气中的氧，在催化剂的作用下在燃料电池中经化学反应产生的电能，并作为主要动力源驱动的汽车。这种汽车：①能量转化率高，燃料电池的能量可达 60%～80%，为内燃机的 2～3 倍；②污染物零排放，燃料电池的燃料是氢和氧，生成物为清洁水；③氢燃料来源广，可从再生能源获得，不依赖石油燃料。

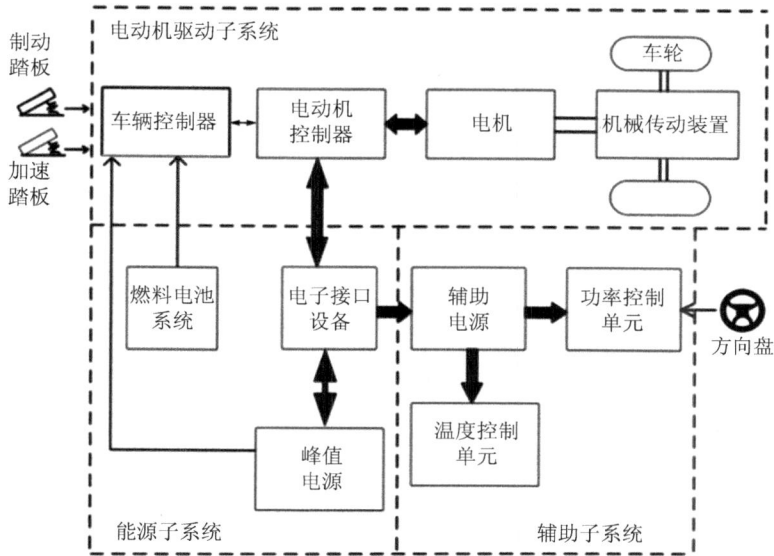

图 10-23　燃料电池电动汽车工作原理

4）混合动力技术。

混合动力电动车是使用电力和传统内燃机联合驱动的汽车，按动力耦合方式的不同可分为串联式混合动力、并联式混合动力和混联式混合动力。该类汽车：①采用小排量的发动机，降低了燃油消耗；②可使用发动机经常工作在高效低排放区，提高了能量转换效率，降低了排放；③将制动、下坡时的能量回收到蓄电池中再次使用，可降低油耗；④在繁华市区，可关闭内燃机，由电动机单独驱动，实现零排放；⑤电动机和内燃机联合驱动可提高车辆的动力性；⑥利用现有的加油设施，具有与传统燃油车相同的续航里程。

新能源电动汽车技术属于我国十分常见的混合动力技术，可以在车辆的内部设置两个动力源，即发动机动力源和电动机动力源，形成车体运动的直接驱动力，有成本低的优势，起步的扭矩也很大。混联类型。该类技术就是将并联类型和串联类型的混合动力技术进行融合处理，属于一种新型节能技术措施，与前两种技术相比，具有较高节能优势和作用，成本也能够控制在合理范围内。

5）汽车压燃技术。

汽车压燃技术在应用期间可以起到良好的带动与促进运行的作用，利用压燃形成火花，使得核心设备能够顺利运转。当前，我国很多汽车还在沿用传统的点火形式，与火花塞点火相比，活塞压燃点火技术能够提升压缩比，但会产生比火花塞点火大很多的噪声和振动。为了更好地平衡这两种技术，可以取长补短，整合优势，弥补缺陷。

10.4.3　有关机动车尾气排放的标准

我国从 2000 年开始实施国家第一阶段（简称国Ⅰ）汽车排放标准，之后又陆续颁布实施国Ⅱ、国Ⅲ、国Ⅳ标准，都是针对新生产轻型汽车的排放控制标准，它详细规定了新生产的轻型汽车气态污染物（CO、碳氢化合物和氮氧化物）和颗粒物的排放限值，以及配套的检测方法、燃料要求和申报程序等。从 2008 年已经开始实施新生产汽油车国Ⅳ标准，并将很快发布国Ⅴ标准。新标准将加严各类污染物的排放限值，进一步降低汽车排放污染。对于新生产的重型汽车（如载重卡车、大型客车等），从 2013 年 7 月 1 日开始实施国Ⅳ标准，从 2018 年开始实施国Ⅵ标准。

10.4.3.1　中国国家标准

- 车用压燃式发动机排气污染物排放限值及测量方法（GB 17691—2001）
- 车用点燃式发动机及装用点燃式发动机汽车　排气污染物排放限值及测量方法（GB 14762—2002）
- 农用运输车自由加速烟度排放限值及测量方法（GB 18322—2002）
- 摩托车排气污染物排放限值及测量方法（工况法）（GB 14622—2002）
- 轻便摩托车排气污染物排放限值及测量方法（工况法）（GB 18176—2002）
- 摩托车和轻便摩托车排气污染物排放限值及测量方法（怠速法）（GB 14621—2002）
- 车用压燃式、气体燃料点燃式发动机与汽车排气污染物排放限值及测量方法（中国Ⅲ、Ⅳ、Ⅴ阶段）（GB 17691—2005）
- 重型车用汽油发动机与汽车排气污染物排放限值及测量方法（中国Ⅲ、Ⅳ阶段）（GB 14762—2008）
- 轻型汽车污染物排放限值及测量方法（中国第五阶段）（GB 18352.5—2013）
- 轻型汽车污染物排放限值及测量方法（中国第六阶段）（GB 18352.6—2016）
- 重型柴油车污染物排放限值及测量方法（中国第六阶段）（GB 17691—2018）

10.4.3.2　欧美汽车排放标准

欧洲汽车废气排放标准是欧盟国家为限制汽车废气排放污染物对环境造成的危害而共同采用的汽车废气排放标准。欧洲柴油车尾气排放标准见表 10-14。

欧洲自 1992 年起实施欧Ⅰ；自 1996 年起实施欧Ⅱ；自 2000 年起实施欧Ⅲ；自 2005 年起实施欧Ⅳ；自 2009 年起实施欧Ⅴ；自 2014 年起实施欧Ⅵ。美国 1998 年，采纳 LEV Ⅱ排放标准，从 2004 年开始实施；2012 年颁布 LEVⅢ排放标准，并从 2015 年开始实施。

表 10-14　欧洲柴油车尾气排放标准　　　　　　单位：g/km

标准类别	时间	CO	NO$_x$	HC	HC+NO$_x$	微粒
欧洲 I 号标准	1992	2.72	—	—	0.97	0.14
欧洲 II 号标准	1996	1	—	—	0.7	0.08
欧洲III号标准	2000	0.64	0.5		0.56	0.05
欧洲IV号标准	2005	0.5	0.25		0.3	0.025
欧洲 V 号标准	2009	0.5	0.18		0.23	0.005
欧洲VI号标准	2014	0.5	0.08		0.17	0.005

2020 年 1 月 1 日，法规（EU）2019/631 生效，为新型乘用车和货车制定了 CO_2 排放标准。它取代并废除了之前的法规（EC）443/2009（汽车）和（EU）510/2011（货车）。该法规设定了从 2020 年、2025 年和 2030 年开始实施的欧盟范围内的 CO_2 排放目标，并包括一种激励零排放和低排放车辆采用的机制。随着新目标从 2020 年开始实施，在欧洲注册的新乘用车的平均 CO_2 排放量比上一年下降了 12%，电动汽车的份额增加了两倍。

本章参考文献

[1] 郭彦军. 机动车排放物 VOCs 对光化学臭氧生成的影响研究[S]. 2008.

[2] 孙冬梅. 机动车尾气污染状况及其控制技术[C]. 中国环境科学学会学术年会优秀论文集，2008.

[3] 黄伟. 汽车尾气污染及净化措施[J]. 湖南农机，2007（11）：172-173，177.

[4] 程煜群. 中美机动车尾气排放控制制度比较研究[S]. 2011.

[5] 郭芸. 城市道路设置公交专用道对机动车尾气排放的影响[S]. 2009.

[6] 王锋. 汽油发动机的排气污染与空燃比[J]. 淮阴工业专科学校学报，1995，4（3）：62-64.

[7] Seinfeld，J H，Spyros N，Pandis. Air pollution chemistry[M]. California Institute of Technology，1998.

[8] 刘俊峰，李金龙，白郁华，等. 大气光化学烟雾反应机理比较（II）. HOX 和光化学氧化产物的比较[J]. 环境化学，2001，20（4）：313-319.

[9] 刘俊峰，李金龙，白郁华，等. 大气光化学烟雾反应机理比较（I）. O_3 和 NO$_x$ 的比较[J]. 环境化学，2001，20（4）：305-312.

[10] 吴国正，马丽萍，贺克雕，等. 汽车尾气的污染与防治[J]. 广东化工，2007（5）.

[11] 夏青松. 欧IV发动机排气后处理技术[J]. 天津化学化工，2008，22（2）：5-8.

[12] 许光君. 柴油发动机尾气的来源及形成机理[J]. 辽宁交通科技，2005（12）：74-77.

[13] 陈文彬. 车用柴油机排放污染物生成机理及控制技术[J]. 广东交通职业技术学院学报，2004（4）：85-89.

[14] 张鹏飞. 轻型汽车行驶工况下车载测试单车排放特征的研究[D]. 西安：西安建筑科技大学，2007.

[15] 张富兴. 城市车辆行驶工况的研究[D]. 武汉：武汉理工大学，2005.

[16] 环保部. 机动车是雾霾的重要原因，未来五年还将新增 1 亿辆以上[N]. 中国能源报，2016-01-30.

[17] 李欣悦，吴文琪. 机动车尾气污染控制技术及发展趋势[J]. 知识就是力量，2018（12）.

[18] 金文才. 汽车排出气体的污染控制[J]. 环境科学，1983，4（4）：5-10.

[19] 钱伯章. 新的非贵金属催化剂用于低温排气后处理显示了作为低成本组分的前景[S]. 摘译自 Green Car Congress，2015-09-24.

[20] He H. An investigation on the utilization of perovskite-type oxide La1-xSrxMnO$_3$（M=Co0.77Bi0.20Pd0.03）as three-way catalysts [J]. Applied Catalysis B：Environmental，2001，33：65-80.

[21] 张玉卓. 非贵金属催化剂的制备及三效催化性能研究[D]. 大连：大连理工大学，2009.

[22] 唐敏康. 脉冲电晕放电等离子体净化柴油机尾气的应用研究[J]. 上海汽车，2007（2）：24-27.

[23] 王宪成，宁智，高希彦. 柴油机排气微粒静电金属丝网捕集器的试验研究[J]. 内燃机学报，2000，18（2）：124-126.

[24] 王可峰，李素艳. 车用柴油发动机排放污染物控制技术[J]. 商用汽车，2003（2）：63-65.

[25] 中华人民共和国交通部公路司. 汽车排放污染物控制实用技术 [M]. 北京：人民交通出版社，1999.

[26] 王建昕，傅立新，黎维彬. 汽车排气污染治理及催化转化器[M]. 北京：化学工业出版社，2000.

[27] 王伟，杜传进. 车用柴油机四效催化转化装置的研究与进展[J]. 交通科技，2006，214（1）：82-85.

[28] 马力. 陈清泉院士：中国发展新能源为世界减排作出贡献[J]. 今日中国，2021，70（4）：22-23.

[29] 王林江，郭子峰，吴群英，等. 柴油车尾气净化四效催化技术进展[J]. 工业催化，2009，17（增刊）：3-6.

[30] 郝吉明，马广大. 大气污染控制工程[M]. 北京：高等教育出版社，2002.